U0257145

“百部好书”扶持项目
GUANGDONG PUBLISHING

中国荷文化史

李尚志　陈煜初　著

海天出版社
HAITIAN PUBLISHING HOUSE
·深圳·

图书在版编目（CIP）数据

中国荷文化史 / 李尚志, 陈煜初著. — 深圳 : 海天出版社, 2022.11
ISBN 978-7-5507-3323-7

Ⅰ.①中… Ⅱ.①李… ②陈… Ⅲ.①荷花－文化－中国 Ⅳ.①S682.32

中国版本图书馆CIP数据核字(2021)第230662号

中国荷文化史
ZHONGGUO HEWENHUA SHI

出 品 人　聂雄前
责任编辑　陈　嫣　胡钟坚
特邀专家　刘　端
责任技编　梁立新
责任校对　叶　果　李　想
封面设计　龙墨文化 0755-83461000

出版发行　海天出版社
地　　址　深圳市彩田南路海天综合大厦（518033）
网　　址　www.htph.com.cn
订购电话　0755-83460239（邮购、团购）
设计制作　深圳市龙墨文化传播有限公司（电话：0755-83461000）
印　　刷　深圳市新联美术印刷有限公司
开　　本　787mm × 1092mm　1/16
印　　张　44
字　　数　750千
版　　次　2022年11月第1版
印　　次　2022年11月第1次
定　　价　480.00元

作者简介

李尚志 湖北洪湖人，研究员，广东省资深科普作家。曾主持并参加多项省部级研究课题并获奖。退休后，仍从事荷花、睡莲等水生植物的文化研究。出版著作《荷文化与中国园林》《水生植物造景艺术》《世界莲文化史》等20余部；译著《微型干插花艺术》《孙文莲》等；发表《江浙乃中国采莲文化形成的发源地》《莲花神西施其人其事》等学术论文（核心期刊）数十篇，科普文章（科学小品、科学散文、科学寓言等）300余篇。

陈煜初 浙江新昌人，高级工程师，杭州天景水生植物园创建人，杭州市水生植物学会理事长、中国园艺学会水生花卉分会副理事长、睡莲产业联盟和水生植物种质资源保护联盟名誉理事长。聘任国家林业和草原局林草乡土专家、中国风景园林学会科学传播专家、莲属栽培品种国际登录专家委员会专家等。主持、参与国家省市科研项目近20项，国家专利35项（其中发明专利4项）、国际专利2项；主持、参与制定国家行业标准、地方标准9项；发表论文150篇、著作11部；选育荷花、睡莲、鸢尾新品种30余个。获省部、市、省厅科技进步奖8项。被评为“2014年度中国花木产业年度人物”。

目　录

前　言

荷花，在地球上生存了亿万年，她无时无刻不在见证华夏文明古国的繁盛与衰落、荣耀和耻辱。当国家昌盛时，真乃“接天莲叶无穷碧，映日荷花别样红”，呈现一派繁荣景象；若国力有所衰退，则有如“一池莲叶一池黄，空余别意入梦香”。国力衰，荷事亦然。如今，时逢空前盛世的中国，荷花事业的发展突飞猛进，荷文化也不断得到弘扬和创新。荷花历经亿万年沧海桑田，荷文化也历经数千载翻天覆地的蜕变，应为其撰写一部历史以展现给世人。

荷文化是一个叙不尽、说不完的主题。她不仅沧桑悠久，精深广博，而且意蕴丰厚，灿烂辉煌，至今仍影响着我们这个时代。纵观古今，横览中外，在世界大花园里，尚未发现哪种植物像荷花一样，从功能到用途，自品格及奉献，如此全面，且如此完美。讲其功能：既可赏其美、闻其香、食其味，也能给人医治疾病、保健养颜，还适于避暑纳凉。清人李渔云：“荷叶之清香，荷花之异馥，避暑而暑为之退，纳凉而凉逐之生。”为许多传统名花所不及。叙其用途：叶制茶，花酿酒，藕烹菜，还具有净化水质、修复湿地之用途，让生态环境保持平衡。谈其品格：“出淤泥而不染，濯清涟而不妖，中通外直，不蔓不枝，香远益清，亭亭净植。”曾启迪无数前贤，现又激励万千今人。再述其奉献：荷花对人类的奉献，是无私的、完全的、彻底的。荷叶以其碧绿的本色衬托荷花的红艳，通过光合作用所得的营养供给莲藕。默默无闻，与世无争，它不计较个人得失，甚至连最后剩下的残叶败梗，也留给土壤，变成肥料，滋养下一代，真正做到了鞠躬尽瘁、死而后已。如今，荷文化这个主题，随着岁月的流逝，其内涵和底蕴也在不断地充实及丰厚。

荷文化涉及文学艺术、绘画工艺、宗教信仰、意识形态、食饮保健、园艺园林等诸多方面。自最早的《诗经》“山有扶苏，隰有荷华”到当今咏荷诗文，荷文化名句名篇可谓车载斗量，何止万千！在这数千年间，“清水出芙蓉，天然去雕饰”，“一茎孤引绿，双影共分红”，“小荷才露尖尖角，早有蜻蜓立上头”，“当年不肯嫁春风，无端却被秋风误”，“出淤泥而不染，濯清涟而不妖”等传诵不衰的经典名句，仍闪烁着哲理的光芒。荷花绘画从唐时吴道子《八十七神仙卷》中的荷花荷叶起始，到五代花鸟画家黄筌的《三色莲图》及南宋吴炳的《出水芙蓉图》，再至近现代画家齐白石、张大千、李苦禅等大家的绘荷名作，不可胜数。尤其是超写实油画家冷军的《莲蓬》，若不是专业人士辨别，甚至能被当作摄影作品。荷花工艺由春秋时期的莲鹤方壶到当今景德镇的饰荷陶瓷，款式图案，造型构思，真是五花八门，千姿百态。尤其是建筑工艺，由过去仅用于装饰的建筑部件莲纹瓦当、滴水及砖雕等，发展到当代整座建筑为荷花造型，如浙江嘉兴平湖的李叔同纪念馆、江苏常州武进莲花会议中心等，荷花建筑工艺空前繁盛。

荷花事业的发展与历代政权的关系十分密切。政局稳定，经济繁荣，荷花事业发展快，其栽培技艺也逐步地提高。南北朝时期出现盆栽荷花，清嘉庆年间杨钟宝写的史上第一本荷花专著《瓨荷谱》问世，书中仅记载 30 多个荷花品种。后来，国家政局不稳，战乱频繁，民间的荷花品种所剩无几。直至新中国成立特别是改革开放后，荷花研究进展迅速，荷花品种由过去的数十个扩展到当今近两千个，这不能不说是一次飞跃。这些五光十色、异彩纷呈的荷花品种，为园林水景增添了色彩，也丰富了荷文化的内涵。

荷文化应用于园林，最先是皇家园林。上林苑原为秦国之旧苑，秦始皇在位时扩大充实后，成为当时最大的皇家园林。到汉代，上林苑南至终南山北坡，北界渭河，东达宜春苑，西抵周至，已建成具有三十六处“园中之园”的大型皇家园林。据司马相如《上林赋》所述：“泛淫泛滥，随风澹淡，与波摇荡，奄薄水渚，唼喋菁藻，咀嚼菱藕。”苑内宫、殿、台、馆散布，大小湖泊纵横交错，荷菱遍植，鹭鸟成群。西园是东汉时期位于洛阳城的一座皇家园林，东晋王嘉《拾遗记》述：“渠中植莲，大如盖，长一丈，南国所献。其叶夜舒昼卷，一茎有四莲丛生，名曰‘夜舒荷’。亦云月出则舒也，故曰‘望舒荷’。帝盛夏避暑于裸游馆，长夜饮宴。”园内种植的荷花为南方所献。唐史学家姚思廉撰写的《梁书·武帝本纪》载：“天监十年元月乙酉，嘉莲一茎三花乐游苑。”天监十年（511）在梁武帝的皇家庭苑里就出现了品字莲。清代徐松撰的《唐两京城坊考》是研究唐时两京宫殿遗址、街坊布局、坊市制度、园林景观、风土人物及水陆交通等的一部重要著作，其中提到在隋唐时期，兴庆宫龙池植有荷花、菱角、芡实、藻类等水生植物，唐玄宗与杨贵妃乘画船行游池上，呈现一派歌舞升平景象。唐代武平一《兴庆池侍宴应制》吟：“皎洁灵潭图日月，参差画舸结楼台。波摇岸影随桡转，风送荷香逐酒来。”记载了当年兴庆宫龙池的荷景。2005 年，考古工作者在唐长安城大明宫太液池遗址发掘出了用于园道的莲纹方砖、用于亭榭的荷花瓦当和石狮子莲花座望柱；并在太液池湖底淤泥层发现大量的荷叶、莲梗和莲蓬遗存。这些出土遗存，足以证实荷文化在唐代皇家园林中曾有过的辉煌。降至宋、元、明、清各代，荷文化在皇家园林中的应用都有所扩建和发展。特别是在清代前中期，由于康熙帝和乾隆帝这对爷孙多次南巡，偏爱江南园林，大力推崇荷花造景，把荷文化在皇家园林中的应用、传承和发展，推向一个新的高潮。

当前是荷文化在园林中应用的复兴期，从五彩斑斓的荷花品种，到丰富多彩的造景手法，均高前人一筹，一年一度的全国荷花展览会更是为荷花造景提供了良好的平台。每年在这个平台上荟萃了许多来自大江南北、长城内外不同地方的荷花景致，可从中饱赏一道道荷文化视觉盛宴。这样的盛宴不仅在全国荷花展览会或荷花文化节出现，且在各地的园林水景中也随处可见。综上所述，随着国力的增强，园林技艺不断发展创新，不久的将来，则会迎来一个崭新的、内涵更丰厚的荷文化全盛期，实现爱莲人的梦想。

李尚志
2021 年 12 月于深圳不染书斋

序　一

荷花，是一种人见人爱的花。她的姿色，千百年来，不知倾倒多少痴情的人，为后世留下不计其数的绝品佳作。就造型而言，从春秋战国时期的莲鹤方壶、汉代的采莲画像砖、南北朝的莲花尊、唐代的银箔芙蕖、南宋的莲瓣银杯、元代的荷叶罐、明朝的掐丝珐琅缠枝莲纹碗、清代金银线绣荷瓣纹女单袍，直到 20 世纪我国招待国宾用餐时的莲瓣纹盖碗，都凝聚了历代无数人的匠心。赞荷诗文，从最早《诗经》"山有扶苏，隰有荷华"，《离骚》"制芰荷以为衣兮，集芙蓉以为裳"，到唐代李白"清水出芙蓉，天然去雕饰"，宋时周敦颐《爱莲说》"出淤泥而不染，濯清涟而不妖"，再到近代朱自清《荷塘月色》"曲曲折折的荷塘上面，弥望的是田田的叶子。叶子出水很高，像亭亭的舞女的裙"，这些跨越千年时空的妙句绝章，影响且润泽着一代代人的心田，让人感受到中国荷文化的博大精深。

荷文化丰富多彩，集观赏、食饮、药用、保健、修复生态、美化环境等多种用途于一体，甚至能由荷叶表面具自动清洁功能，而发明双亲性纳米自清洁仿生衣料和建筑涂料，这些都是其他传统名花所不及的。就荷花的食饮来说，从河姆渡多个新石器文化遗址出土的文物分析，早在远古时代先民就以摘莲掘藕来充饥。出现了文字后，《逸周书》中载有"鱼龙成则薮泽竭，薮泽竭则莲藕掘"之句，这证明周人仍承袭了史前先民掘藕的习俗。秦汉以后，莲藕广受社会各阶层喜爱。长沙马王堆西汉墓出土的一件漆鼎盛有莲藕片，可见莲藕在当时已成为贵族餐桌上的佳肴。唐代李白首创了一种吃莲藕法，被称为"八宝白藕饭"；而当时苏州出产的一种"伤荷藕"，是专供皇帝的贡藕；唐时也用荷花酿制碧芳酒。两宋时期，皇室菜肴中就有"莲花肉饼"。这一时期各地莲藕产区均有莲藕的各种食品，如"莲房脯""莲藕蜜饯"等，还发明了碧筒酒及莲子曲。至元、明、清三朝，莲藕的吃法更是花样繁多。从元代"冰盘雪藕"到明时的"莲子粥""莲子粉"等，制作及食用方法亦很有讲究，如高濂《四时幽赏录·乘露剖莲雪藕》："莲实（蓬）之味，美在清晨，水汽夜浮，斯时正足。若是日出露晞，鲜美已去过半……晓剖百房，饱啖足味。藕以出水为佳，色绿为美。"明代人对莲实、莲藕的吃法，是有讲究的。而清时的乾隆帝每次南巡时，都爱吃用莲烹制的"莲子鸭""燕窝莲子鸭”等。晚清时，慈禧太后每日必食用鲜莲子羹。近数十年间，我国的荷花事业迅速发展，目前全国种植莲藕面积达600万亩[1]，居世界第一。如湖北洪湖、安徽焦岗、江苏金湖等地，均是著名的莲藕之乡。我国对莲藕、莲子的保鲜及深加工等技术不断提高，发展了系列的莲藕产品。

每临炎夏，红荷盛开，清香远溢，令人惬意至极。这艳美、清香仅是荷花的一些表象，而其内涵则远不止这些。生长于湖池中的荷花，除了观赏和食用外，还是净化水体的功臣。于是，有关部门将荷花这些特色综合开发出适应现代人的农业旅游，如山东微山湖红荷湿地等，这也是荷文化的一种延伸。

通读《中国荷文化史》书稿，能了解我国荷文化底蕴的深厚。荷花艳丽端庄，清香淡雅，出淤泥而不染，人们赏荷，应提倡高雅的审美观。雅俗之间不以文化水平作分界，而以思想的纯洁为分野。古人曰，“清香而色不艳者为雅”。追求荷之雅，先要善于欣赏荷之美，赏荷并不只是去观花，也要完整地看她的全部环境。通过赏荷求雅，以提高思想境界，净化心灵。本书作者们知道我喜爱荷花，在此书出版之际，特邀我对荷文化说上几句。盛情难却，特此作序。

中国科学院院士

2018年7月10日

① 此数据由武汉市农科院莲藕专家刘义满研究员提供.

序　二

中国荷文化灿烂而悠久、博大且精深，不愧为百花园中的瑰宝、中华文化的奇葩。随着我国荷花事业的迅速发展，荷文化的研究也在不断地深入。千百年来，历代文人墨客为之留下无数名篇佳作。灿烂悠久的荷文化，在一年一度的全国荷花展览会，以及各地举办的荷花文化节中，呈现出创意新颖且丰富多彩的场景。每临夏日，赏荷的人们熙熙攘攘，川流不息，流连在莲湖畔，或往返于荷池间。那赏荷人中，有的观荷之艳丽，举机摄下其摇曳多姿的倩影；有的品荷之淡雅，挥毫绘就其超凡脱俗的清秀。但更多的是赞荷之高洁，用心感受其洁身自爱的美德。这就是荷花独具的文化内涵，也是荷花感人的魅力所在。

今天，我读了李尚志同志送来的《中国荷文化史》书稿，深受教育。作者倾注多年的心血和精力收集整理荷文化史料，从荷文化的发源、演变和发展，对荷花在文学、绘画、工艺、食饮、药用、宗教、园艺、园林等方面的广泛应用均做了较详细的陈述。荷花全身皆是宝，它不仅以美艳的姿色让人观赏，还是令人满意的经济作物，如湖北、湖南、江西、安徽、江苏、浙江、福建等省种植的莲藕和莲子，尤其是湖北孝感、江苏宝应的莲藕，及湖南湘潭、江西广昌的白莲，均是知名的地方特色农产品，行销面广。荷花除有很高的观赏价值和经济价值外，更有一种道德精神力量可激励人，如《爱莲说》中“出淤泥而不染”，那荷品荷格已成为人们道德规范之化身，也是各级政府反腐倡廉衡量做人的准则。

纵览荷文化发展历史，深感其内涵和特色。一是其历史悠久，可溯源至新石器时代的晚期，如河姆渡文化、良渚文化、跨湖桥文化等遗址出土的文物遗存可以证实。二是广泛装饰于陶瓷、建筑、雕塑、金银器、玉器、漆器、服饰、剪纸等艺术领域，可见于各地出土或收藏的文物，如河南郑州出土春秋时期的莲鹤方壶、南京下关墓葬出土南北朝时的莲纹砖、陕西法门寺地宫出土的银芙蕖、北京故宫博物院收藏的清代铜镀金嵌珐琅转鸭荷花缸钟及宝蓝地金银线绣整枝荷花大镶边女单袍等。这些充分地反映了我国荷文化的丰富多彩、灿烂辉煌。三是荷文化在皇家园林中广泛应用，并不断传承、弘扬、求新。从战国时期吴王夫差筑池植荷供西施欣赏，到清代康熙帝、乾隆帝南巡时，将江南园林水景移至承德避暑山庄、北京圆明园及颐和园等皇家园林，如“曲院风荷”“濂溪乐处”“观莲所”等，使荷花造景达到了一个新的高度。荷花还具有较高的食饮和药用价值，上自皇室下至百姓，广受欢迎。从明时李时珍《本草纲目》记载荷花“苦、甘、温、无毒。主治镇心益色，驻颜轻身”，到清代晚期慈禧太后以鲜莲瓣养颜，再到当今各地举办的荷花盛宴，这很大程度上丰富了我国的食饮文化和药用保健文化。四是惠及民众，影响人们的行为。改革开放后，荷文化得到了全面的发展和创新。经济方面，从荷花的种植到荷花的利用；文化方面，从诗歌、绘画、舞蹈到工艺创新；环境方面，从修复生态到农业旅游；精神方面，荷花那“出泥不染”的情操，已上升到道德、廉政层面成为做人准则，这是历史上任何一个时代都无法比拟的。

中国荷文化内涵丰富，深奥精微，在我国花文化宝库中特色独占。本书是一部叙述荷文化历史的专著，本书作者们能坚持数年完成书稿，这种锲而不舍的精神，让人敬佩。此书的出版对弘扬传统中国文化具有重要意义。故聊上数语，以为序。

华中农业大学校长、教授
中国工程院副院长、院士
邓秀新

二〇一八年六月十五日
于武昌狮子山

序　三

荷花是中国的传统名花之一，其文化历史悠久，灿烂辉煌，不愧为中华文化里的一朵奇葩。谈荷花的历史，先听听古植物学家是怎样说的。莲属植物是被子植物中起源最早的种属之一，大约一亿三千五百万年前在北半球的许多水域都有莲属植物分布。海南琼山和长昌盆地发现始新世早、中期的荷叶化石，距今约6000万－5000万年；广西宁明发现始新世的荷叶化石，距今约5000万年；黑龙江依兰县达连河煤矿采得始新世的荷叶印痕化石（*Nelumbo nipponica*），距今约5000万年；而辽宁盘山、天津北大港、山东垦利及广饶、河北沧州等地也发现有第三纪莲孢粉化石，距今约6500万－2000万年。还有黑龙江省嘉荫县发现距今约8300–8600万年晚白垩世的莲(*Nelumbo*)化石。可见，荷花的历史有多悠久。

接下来，再谈荷文化的历史。荷花服务于人类，这是新石器时代的事，距今约7000–6000年。从河姆渡文化遗址、仰韶文化遗址、跨湖桥文化遗址等出土的荷花花粉、莲实及舟桨文物遗存分析，史前的先民早以采莲掘藕来果腹充饥了，这就是荷文化的滥觞期。

荷文化的内容丰富，它涉及文学艺术、绘画工艺、食饮药用、宗教信仰、园艺园林等诸多方面。有关荷花种源及栽培历史，王其超教授在《中国荷花品种图志》中以“荷花种源及其分布”和“栽培史略与古代品种”分别陈述；后来，又在《中国荷花品种图志・续志》里辟写“中国荷花发展历程”和“灿烂的荷文化”两章，这些研究成果，可算得上为全国荷界后来者进一步探讨荷文化奠定了基础。纵观中国荷文化的发展历程，荷文化发展与历朝历代的政治、经济休戚相关。换言之，政局稳定，经济繁荣，荷文化发展就迅速且全面；相反，荷文化发展则停滞不前，甚至衰退。

1978年3月，中共中央、国务院在北京隆重召开全国科学大会。在会上中央领导人发出“树雄心，立大志，向科学技术现代化进军”的号召；明确指出“现代化的关键是科学技术现代化”，“知识分子是工人阶级的一部分”，并重申“科学技术是生产力”这一马克思主义基本观点，从而澄清了长期束缚科学技术发展的重大理论是非问题，打开“文化大革命”以来长期禁锢知识分子的桎梏。荷花事业也迎来了科学的春天。

从 1978 年到 2021 年是中国对外改革开放的 43 周年，也是中国荷文化弘扬、传承、发展和复兴的 43 年。1978 年科学的春天来临，荷花的研究项目又重新启动。后陆续有中国科学院武汉植物研究所、湖北省水产研究所、武汉市蔬菜研究所，以及杭州市园林局等，这些科研单位从不同角度同时对荷花也开展研究，在百花中独领风骚。从 1987 年在济南举办第一届全国荷花展览会开始到现在，连续不间断地举办了数十届。据不完全统计，受全国荷花展览会的影响，每年各地举行的荷花节（或莲花节，或莲花文化节，或莲藕节等）百余场次；在举办全国荷花展览会的同时，还主办“国际荷花学术研讨会”，与来自俄罗斯、泰国、日本、澳大利亚、美国、韩国等十多个国家的专家学者进行交流，在世界上的影响十分广泛。到本世纪初，通过改革开放，国际交流，全国各地的农林高校院所十分重视荷花研究，也涌现出一批拔尖的专业人才，对荷花品种种质资源、品种选育、栽培管理、园林应用等方面进行广泛且深入的研究，取得了一项又一项优秀的科技成果。在 40 多年里，倡导性地举办了全国荷花展览会，及各地方自发举办的荷文化节（或莲藕文化节）活动，有力地推动了荷花在育种、造景、修复、食饮、药用、保健、文学、诗歌、舞蹈、绘画、摄影、工艺、美术、宗教、科研、交流等诸多方面的发展，使得荷文化得以进一步传承、弘扬和创新。所以说，这 43 年正是我国历史上荷文化发展的复兴时期。

近期，作者将他完成的《中国荷文化史》书稿，送到我的案头，这本书将他所收集的荷文化史料整理成册，对各个时期荷文化的发展做了较详细的叙述。在此祝《中国荷文化史》成功出版，为此特说上几句，权作序。

中国花卉协会荷花分会会长
西南林业大学园林园艺学院院长、教授、博士生导师

陆找清

2021.11.16

第一章 Chapter One

绪论

荷花，即莲（*Nelumbo nucifera*）的通称。荷花作为我国十大传统名花之一[①]，其相关文化历史悠久，源远流长，灿烂辉煌。荷文化是中国花文化的重要组成部分。花文化按其形态，可分为物质文化和精神文化两方面。荷文化也是如此，其物质文化包含荷花食饮、药用等；精神文化囊括文学、绘画、摄影、工艺、宗教等[②]。花文化是与花卉有关的所有社会、文化现象，而进一步具体定义应该是人类对于花卉以审美观赏价值为主的资源价值认识欣赏、开发利用和创造发挥的全部活动与成果，虽然以物质资源为载体，但是以审美文化为核心[③]。纵观荷文化发展的历程，古代先民对荷花的审美，最先是以其经济性状为重要特征的，即首先视荷花的莲实、莲藕等为食粮，后逐渐地加深认识，将其特征造型于陶器等工艺。这样合乎“以功利的观点看待事物是先于以审美的观点看待事物”[④]的人类审美意识起源论。随着人们对荷花了解的深入，荷花的应用逐步地扩展和延伸；同时，这也是荷文化不断丰富和积累的过程。

① 牡丹列为群芳之首——我国十大传统名花评选揭晓[J]．中国花卉盆景，1987(9)：4.

② 周武忠．论中国花卉文化[J]．中国园林，2004(4)：56-57.

③ 程杰．论花卉、花卉美和花卉文化[J]．阅江学刊，2015(1)：109-122.

④ 陈辽．论普列汉诺夫对马克思主义美学思想的发展[J]．齐鲁学刊，1986(2)：92.

第一节　荷文化发展的背景与分期

一、荷文化发展的背景

纵观人类社会的历史长河，荷文化的发展历程，始终与各时期的政治、经济、意识形态等背景密不可分。人类的生存环境就是荷文化形成和发展的背景，主要有以下三个方面。

一是政治方面：政权掌控着政治和经济的命脉，通常统治者偏好某一事物，某一事物就得以发展；反之，则发展缓慢或发展停滞。从两周始，至清代止，在这近 3000 年间，荷花越来越常见于皇家园林，专为帝王嫔妃等少数人服务，如清时康熙和乾隆把江南的“曲院风荷”等景点，搬到北方皇家园林，就说明了这一点。同时，与荷花相关的文学、绘画、工艺、食饮、宗教等方面，也是如此。北宋时期，徽宗赵佶爱好绘画，注重宫廷画院的建设，并搜访名画充实内府收藏，使宫廷绘画得以兴盛并带有明显的贵族美术的特色。宋时的花鸟画（包括荷花绘画）继承五代的特点，其风格更加多样，工笔花鸟画进入一个繁荣时期。这就体现出宋代画院由于帝王的重视而得以发展。

二是经济方面：古代中国以农业为立国之本，地主阶级通过土地买卖等手段占有大量的农田，生活富裕，且掌握着知识文化而成为文人，他们有经济实力筑池植荷，经营园林。魏晋南北朝时期，荷花在私家园林中广泛应用，就是典型的例子。如西晋石崇的金谷园、南朝湘东王萧绎的湘东苑等，六朝几乎所有知名园池中都会种植荷花。唐时白居易的洛阳履道里宅院花园，也是以荷景取胜的园林。

三是意识形态方面：佛教自东传以来，逐渐成为古代中国传统思想的一部分。荷花在佛教典籍中常被称为“莲”“莲花”，也是佛教经典中常常提到的象征物。如佛国称为“莲花国”；佛教庙宇称为“莲刹”；念佛之人称“莲胎”，比喻住在莲花之内，如在母胎之中；佛眼称为“莲眼”，以青莲花比喻佛眼之好妙；胸中之八叶心莲花称为“莲宫”，即莲花般的内心境界；释迦牟尼的手称为“莲花手”；僧尼受戒称“莲戒”；僧尼之袈裟称“莲衣”；等等。《大智度论·释初品中尸罗波罗蜜之余》曰："譬如莲花，出自淤泥，色虽鲜好，出处不净。"[1] 表示佛是出自尘世而洁净不染的境界。人们观荷赏景寄情于山水，也就自然而然地打上佛家的烙印。

二、荷文化发展的分期

中国荷文化历史悠久，从史前的新石器时代晚期直至现代社会，长达 7000 多年。在这数千年漫长、不间断的发展过程中，荷文化形成悠久灿烂，且独树一帜的文化体系。总体来讲，中国荷文化的漫长演进，具有其独特的延续性。比较世界上其他文明古国，如古埃及、亚述、古印度等，其荷（包括睡莲）文化均昌盛一时，但由于内外因都曾中断过；唯有中国的荷文化自新石器时代晚期以来，代代相承，虽多有曲折，却从未中断。中国古代荷文化能得以持久地发展，是由于其为农耕经济、集权政治和封建文化所培植。

中国荷文化的分期与荷花栽培史的划分不同。王其超认为，荷花从野生引种栽培，到选育新品种，经历初盛、渐盛、兴盛、衰落和发展等不同历史时期。[2] 荷文化则除荷花的引种栽培外，还与文学、绘画、工艺、食饮、药用、宗教、园林等应用有关联。荷文化的发展也与历朝历代的政治、经济密不可分，政治稳定是经济繁荣的基础，而经济繁荣又是荷文化发展的重要保障；反之，政局不稳，社会动荡，荷文化就发展停滞或发展缓慢。因此综合各方面因素，本书将中国荷文化历史分为滥觞期、生成期、初盛期、渐盛期、兴盛期、衰落期和复兴期。

● **滥觞期**（新石器时代晚期）

从河姆渡文化、仰韶文化、良渚文化、跨湖桥文化等遗址出土的荷花花粉、莲子、木桨、木舟等遗存分析，新石器时代晚期是荷文化形成的滥觞期。在氏族社会（原始社会）里，生活于太湖周边的古人种稻作为主食，以菱、莲、芡等为辅食。先民在摘菱采莲的过程中，发明了砍伐树木造船桨，还烧制了荷叶或莲蓬造型的陶盆、罐和鬶等。这就是荷文化形成的滥觞期。

---

① 大智度论[OL]. 藏经阁http://www.baus-ebs.org/sutra/fan-read/008/1509/014.htm.

② 王其超，张行言. 中国荷花品种图志[M]. 北京：中国林业出版社，2004：10-17.

● **生成期**（约公元前22世纪末至公元前220年）

夏、商、西周为奴隶社会，春秋战国是奴隶社会向封建社会转变的过渡时期。地处长江沿岸的楚、吴、越列国，由于生产工具的改革，促进了农业的发展。从楚墓出土的莲子、藕、菱角等遗存，说明楚人具有丰富的莲采集经验和种植技术。据传吴王夫差在灵岩山上筑池植荷供西施欣赏，也说明这一时期的荷花已应用于宫苑。《诗经》《楚辞》和《逸周书》记有荷花，以及出土的莲鹤方壶等，反映荷文化在文学、食饮、工艺等方面已有了初步的发展，是为荷文化的生成期。

● **初盛期**（公元前220年至581年）

秦汉时朝廷实行中央集权的郡县制，以地主小农经济为基础的封建帝国形成，同时儒家学说逐步成为正统，佛教东渐，影响日深；到魏晋南北朝，地主小农经济与豪族庄园经济受到冲击，南北对峙，大帝国处于分裂状态。秦汉时社会稳定，经济有了发展，荷花在皇家园林中广泛应用，也促进了与之相关的诗歌、舞蹈、工艺等的发展；魏晋南北朝时期政局不稳，战争连绵，这时的士大夫文人回避政治，隐居山水，寄情草木，植荷造景。“南朝四百八十寺，多少楼台烟雨中”，帝王崇佛有力地促进了当时莲饰工艺的发展。荷文化的发展处于初盛期。

● **渐盛期**（581年至1279年）

从隋唐至五代，再到两宋，是荷文化发展的渐盛时期。大唐帝国崛起，社会稳定，经济繁荣，国势昌盛，且中央集权的官僚机构更健全完善，是一个充满活力的时代。而两宋时期，民族融合加强，封建经济继续发展，城市商业及海上贸易发达；文化高度繁荣，科技成就突出。荷文化在文学、工艺、宗教、药用、园艺、园林等方面得到蓬勃发展。尤其是莲饰在建筑、陶瓷、漆器、金银业、玉器、雕塑及服饰等工艺上的应用均有所突破。这一时期的荷文化逐渐走向繁荣。

● **兴盛期**（1279年至1840年）

元朝在政治上保留中原传统，以促进社会经济发展；到明清时，封建君主专制日益强化，清朝的专制尤其达到顶峰。此时在经济上仍以自然经济为主，但晚明开始出现资本主义萌芽。从元、明到清康乾时期，荷文化在文学、绘画、工艺、宗教、食饮、园艺及园林方面的传承和发展，均空前繁荣，尤其是“康乾盛世”刷新了荷文化在皇家园林中应用的历史。

● **衰落期**（1840 年至 1978 年）

乾隆末年，清廷财政就出现严重的亏空，到道光年间，朝廷财政极度匮乏，吏治极端腐败，军备严重废弛，清王朝迅速走向衰落。民国年间，军阀割据，战火不息，百姓民不聊生。中华人民共和国成立后，虽在“百花齐放”方针指引下，园林建设发生新的变化，但十年“文革”让刚获得新生的荷花事业又受到打击。从晚清至民国，再到 20 世纪 70 年代，整体上荷文化发展处于一种衰落状态。

● **复兴期**（1978 年至今）

1978 年中共中央隆重召开全国科学大会，在“树雄心，立大志，向科学技术现代化进军”的号召下，明确指出“现代化的关键是科学技术现代化”，并重申“科学技术是生产力”这一马克思主义基本观点，从而澄清了长期束缚科学技术发展的重大理论是非问题，荷花事业迎来科学的春天。随着改革开放的不断深入，我国各行各业稳步快速发展，国家强盛，社会安定，人民幸福。在这太平盛世里，荷文化在文学艺术、工艺美术、宗教信仰、廉洁政治、食饮药用、园艺技术、园林应用、企业经营、生态旅游、科学研究、国际交流等诸多方面获得全面发展和创新，进入发展的复兴期。

第二节　中国荷文化发展的特点

荷花是中国的传统名花，与牡丹、菊花、梅花、兰花等其他传统名花相比较，既有许多共性，也有其鲜明的个性。其个性可概括为四个方面。一是古老沧桑，全身为宝；二是诗画工艺，审美意趣；三是园林造景，意境含蕴；四是出泥不染，品格高尚。荷花的这些价值、特质、功能不断延伸和扩展，形成其主要的特点。

一、古老沧桑，全身为宝

在我国众多传统名花中，荷花算得上最古老的植物了。古生物学家研究化石表明，一亿三千五百万年以前，北半球许多水域都有莲属植物的分布。当时正值巨型爬行动物恐龙急剧减少的后期，莲在地球上生存的时间比人类祖先的出现（200 万年前）还早得多。古植物学家认为，莲属植物具有许多古老祖征，如花丝丝状，离生心皮，嵌生胎座，柱头顶生，子房上位，坚果、木质部无间隙，无带状维管束，无不规则维管束，二倍体起源等，所以莲属是最原始的属之一。它和水杉（*Metasequoia glyptostroboides*）、中国鹅掌楸（*Liriodendron chinese*）、银杏（*Ginkgo biloba*）等，同属于未被冰期的冰川吞噬而幸存之孑遗植物的代表。

远古先民对荷花的认知，以其具有食用价值为肇始。莲实、莲藕能充饥，需要到野外湖沼河滨去采摘。但采摘莲实（蓬）需要舟桨，后发明了舟桨，先民才得以驾舟采摘菱莲；而采莲则成为古代江南青年男女的一种农事活动。随着岁月的流逝，人们为了消除劳动中的疲倦，常发出前呼后应的呼喊。这种伴随劳动重复出现，且有强烈节奏和简单声音的呼喊，就是萌芽状态的民歌。时间降至汉魏南北朝时期，每逢荷花盛开时节，江南水乡的青年男女成群结队驾舟湖上采莲摘菱，那阵阵清脆悦耳的采莲歌声，仿佛空间在流动，时间在凝固，情景交融，令人陶醉。后来，这种采莲歌谣由专门机构乐府派人收集整理，发展为有乐器伴奏的相和歌及相和大曲等，上至朝廷官府，下达江南民间百姓，十分盛行，这就是中国采莲文化的形成、发展和演变。

时光荏苒，岁月如梭。久而久之，古人对荷花的认知也逐渐加深，发现荷花的许多部位（如莲蓬、莲藕）在食用充饥之外另有功用，比如荷叶硕大如盖，可遮阳挡雨，人们受此启发就发明了伞。到了现代社会，科学技术进步，荷花的用途就更多了。研究证实，荷花含有百余种有益于人类的营养元素，可医治疾病、保健养颜；其纤维用于纺纱织布，环保且健康。综上，荷花的这些优点，是牡丹、菊花、梅花等传统花卉所不具备的。

二、诗画工艺，审美意趣

在传统名花中：牡丹，雍容华贵，国色天香；梅花，凌寒独自开，暗香沁人；菊花，芳熏百草，色艳群英；兰花，刚毅气质，高洁典雅；月季，花中皇后，友谊象征。而荷花则集众花亮点于一身，且更显君子风范，成为历代文人墨客抒情寄怀之对象。

谈起荷花审美，中国最早的两部诗歌集《诗经》和《楚辞》均出现荷花意象。

《诗经》以荷花艳美比喻女性姿色，《楚辞》则以荷花比喻文人志行高洁，都表现出丰富的审美文化内涵。由此，荷花的审美经历朝历代文人的渲染和延伸，留下不可胜数的绝篇佳作，如盛唐李白“清水出芙蓉，天然去雕饰”，晚唐李商隐“秋阴不散霜飞晚，留得枯荷听雨声”，宋代李清照“兴尽晚回舟，误入藕花深处”，南宋杨万里“接天莲叶无穷碧，映日荷花别样红”及“小荷才露尖尖角，早有蜻蜓立上头”等，均为经久不衰的千古绝唱。在历代咏荷诗中，先秦、汉魏、南北朝时期 353 首，全唐诗 2071 首，宋诗 504 首，明诗 352 首，清诗 1097 首；而历代写荷词中，全唐五代词 98 首，全宋词 1539 首，金元词 315 首，全明词 1686 首；历代写荷散曲中，全元散曲 362 首，全明散曲 1024 首，全清散曲 472 首[①]。到近现代，各种书籍报刊发表的与荷花有关的诗歌，更是不计其数。

1923 年在河南新郑出土了莲鹤方壶，造型细腻新颖、结构复杂、铸造精美，堪称春秋时期青铜工艺的典范之作；而从陕西岐山出土的莲瓣纹瓦当，是战国时期的遗存物，五枚莲瓣之间各有箭头状叶纹，造型丰满富丽，是史上较早的荷花工艺造型。这些说明古人按自己的设想，模仿自然界中动植物的形貌去造型，为艺术的创作提供抒发的载体，培育了审美情趣。经过历朝历代的创意发展，荷花工艺可谓千变万化，丰富多彩。如荷造型或装饰的工艺有建筑、雕塑、陶瓷、漆器、金属装饰制品、玻璃工艺、秸秆工艺、现代家具、文房四宝、服装、刺绣及唐卡等；美术有年画、剪纸及灯彩、邮票工艺、广告艺术、大型舞台设计等，这些饰荷的工艺美术在传统的基础上，进行了大胆的改进和创新，谱写了时代新篇章。同时，荷花工艺的造型也为绘画艺术拓展了思路。五代后蜀宫廷画家黄筌擅长花鸟画，自成一派，所画荷花、禽鸟造型优美，骨肉兼备，形象丰满，赋色浓丽，勾勒精细，几乎不见笔迹，似轻色染成，谓之“写生”。荷花的绘画发展到当今，画种多样，不拘一格，如国画（写意和工笔）、油画、水彩画、漆画、版画等，更是形形色色，趣味横生。

三、园林造景，意境含蕴

园林植物是园林景观的主体，被赋予浓厚的文化寓意和情感寄托，间接反映出人们内心的思想境界及对社会和对自身价值的追求。园林植物造景主要通过对

① 潘富俊. 草木缘情：中国古典文学中的植物世界［M］. 北京：商务印书馆，2015：17-27.

植物自然美和意境美的营造而实现。所谓“意境”，意是寄情，景是遇物。情由景生，景由心造，情景交融而产生意境。因“情与景遇，则情愈深，景与情会，则景常新”。故“意境”赋予艺术以灵魂，灌注以生气，化景物为情思，变心态为画面，使景观意象含蓄、精致深邃，具有飘然于物外之情、弦外之音、画外之境、味外之致的特殊魅力。

相较于其他传统名花，荷花在园林中的应用更广泛。它既能盆栽、碗栽，清供于阳台，甚至玩赏于手掌之中；也可植于方圆数米小池，赏其端庄素雅，或艳丽芳姿；更能遍植于千亩万顷之湿沼，欣赏那迎风摇曳、碧波荡漾的自然景色。中国传统园林因地域差异，季相更替，从而导致其风格上的不同，也造成园林植物景观风格和特色的差异。一年四季枯荣之变，春花夏荫，秋实冬眠，动态变更，富有自然情趣。春夏秋冬，唯荷花四时之景，各具特色。

荷之春景，如唐诗人李群玉《新荷》吟：“田田八九叶，散点绿池初。嫩碧才平水，圆阴已蔽鱼。浮萍遮不合，弱荇绕犹疏。半在春波底，芳心卷未舒。”仲春时节，莲池刚舒展的圆叶，散铺于水面，新叶未抽出，春色仍盎然。荷之夏景，如南宋诗人杨万里《晓出净慈寺送林子方》咏：“毕竟西湖六月中，风光不与四时同。接天莲叶无穷碧，映日荷花别样红。”全诗先虚后实，突出“莲叶”和“荷花”给人带来的强烈视觉冲击力，莲叶无边无际，仿佛与天宇相接，气象宏大。它既写出莲叶之无际，又渲染天地之壮阔，具有极其丰富的空间造型感。荷之秋景，如晚唐李商隐《宿骆氏亭寄怀崔雍崔兖》诗咏：“竹坞无尘水槛清，相思迢递隔重城。秋阴不散霜飞晚，留得枯荷听雨声。”淅淅沥沥的秋雨，点点滴滴地敲打在枯荷上，那凄清且错落有致的声响，正是深秋最佳景致。荷之冬景，未见史籍记载。而已故著名荷花专家王其超《泰国巡礼》有诗：“不识冰雪不知春，四时繁衍四处生。隆冬擎盖连天碧，梦萦枯荷听雨声。”[①] 寒冬的泰国气候如夏，满湖碧盖生机盎然。这是作者出访泰国时，对比故国的冬日荷景所写。其实，雪花漫天的隆冬时节，我国北方的荷花景致，也呈现出另一番情调。如新浪博客牧之《荷塘雪景》诗吟：“梨花潇潇自飘洒，残荷惟有寒枝挂。冷气袭人尚不觉，情丝何须到天涯。”[②]

园林的意境美主要赋予植物情感和精神品质，以抒发人的价值追求、内心

① 王其超. 舒红集[M]. 北京：中国林业出版社，2006：264-265.

② 牧之. 荷塘雪景[OL]. http://blog.sina.com.cn/yhb8285.

情感，展现精神风貌。陈从周《梓室谈美》述："不知中国画理，无以言中国园林。"① 其意为对中国的绘画理论先有所了解，再来谈园林造景。荷花造景亦不例外，应讲究突出主景，配景往往是对主景起到彰显、烘托作用，景点的正面要突出视觉中心，景点的侧面则要简略。明代文震亨《长物志》述："于岸侧植藕花，削竹为栏，勿令蔓衍。忌荷叶满池，不见水色。"② 可见，前人在荷花造景方面，从理论到具体实施，均有明确见解。

四、出泥不染，品格高尚

古人赏荷认为，"茗赏者上也，谈赏者次也，酒赏者下也"。③ 而今人赏荷，很少有茗赏和酒赏之习惯，通常以静观为乐，故有"万物静观皆自得"之趣。其实，赏荷是一种精神享受，它不仅给人闻香观色，消暑解闷，还有修养身心的效果。

关于赏荷，笔者曾发表《赏莲四准则》一文④。首先，赏荷之色。颜色有深浅之分，浓淡之别。有的喜浓妆，要求色彩强烈；有的爱淡妆，要求色彩素净。南宋诗人杨万里有句"恰似汉殿三千女，半是浓妆半淡妆"。其二，赏荷之香。人常说"好花不香，香花不好"，说明色、香难以两全。而荷花则不然，色香兼备。前人品荷香，还要讲究香的浓、淡、远、久之别，认为荷香以清淡、远久见长。其三，赏荷之姿。花的姿态美有柔刚之分。而荷花姿态则以柔取胜。唐代皮日休"吴王台下开多少，遥似西施上素妆"，就把荷花比作美女，赏其柔弱之态。其四，赏荷之韵。古人认为：不谙荷韵，难入高雅境界。韵是指荷的风度、品德和特性。宋代周敦颐《爱莲说》："予独爱莲之出淤泥而不染，濯清涟而不妖。"这就是荷之韵。韵是内在美，荷花"出泥不染"的高尚情操，成了世间道德规范之化身，其精神内涵可概括为洁净纯朴、正直刚正和坚强自重，可以作为为人处世、执政为官的借鉴。

---

① 陈从周. 陈从周散文[M]. 广州：花城出版社，1999：194-196.

② 文震亨. 长物志[M]. 上海：同济大学出版社，1990：256-257.

③ 袁宏道. 瓶史[OL]. 说茶网http://www.ishuocha.com/show-459-71768.html.

④ 李尚志. 赏莲四准则[J]. 花木盆景·花卉园艺，2000(7)：40-41.

第三节　荷文化在中国花文化史中占有重要的地位

荷文化具有悠久的历史、丰富的内涵，灿烂而辉煌。历经数千年的社会积淀，荷文化底蕴更显丰厚与广博，且有着很高的文化价值及良好的社会效益、环境效益及经济效益，这在中国传统名花中超群绝伦，也在中国花文化史上占有极重要的地位。

一、灿烂悠久的文化历史

我国荷文化的历史悠久，可追溯至史前的新石器时代。这一时期虽没有文字记载，但各地文化遗址出土的遗存可证实荷文化的形成、发展与演变。如浙江余姚河姆渡遗址出土的荷花花粉化石及以荷叶或莲蓬造型的陶罐，说明远古先民以莲藕、莲蓬作为补充食物；从杭州萧山跨湖桥文化遗址出土的独木舟，可推测出我国采莲文化的形成与发展；从出土的古建筑构造及荷花在同时期世界文明古国的应用，便可忖度出荷花已应用于殷商时期的园林水景，等等。自有了文字记载以来，历朝历代以荷花为题材的诗词、绘画、工艺、食饮等层出不穷，发展到当今时代，更是包罗万象，推陈出新。

二、传统思想方面的影响

儒、释、道是古代中国传统思想的主流，尤其是佛家思想对荷文化的影响甚深。荷花在佛教中以“莲”的形象出现，几乎成了佛的代名词。佛教为何如此推崇莲？一方面是佛教诞生地印度盛产莲花，而早于佛教的婆罗门教、耆那教及印度教，都对莲顶礼膜拜。释迦牟尼创立佛教，便迎合民众的爱莲心理，以莲喻佛，促使佛教迅速传播，信众广泛。另一方面是莲之特性与佛教教义相吻合。佛教教义寻求解脱人生苦难，将人生视作苦海，希冀人能从苦海中摆脱出来。从尘世到净界，从诸恶到尽善，从凡俗到成佛，这些恰恰符合了莲的生长轨迹：生长在污泥浊水却超凡脱俗，不为污泥所染，最后开出无比鲜美的花朵。故诸佛典中，常有如“譬如莲花，出自淤泥，色虽鲜好，出处不净”，“吾为沙门，处于浊世，当如莲花，不为泥所污”[①]等词句。

除佛教外，北宋周敦颐有《爱莲说》，人们对荷花的审美，由外表的“清水出芙蓉”延伸到内在的“出淤泥而不染”。荷花的品格则被奉为“廉洁”和“洁身自好”的象征，成为大众特别是公职人员的道德规范，影响至今。

三、经济效益及社会效益

荷花事业，前景广阔。由于荷花全身是宝，利用价值高，经济效益亦大。按其应用途径，可分为花莲、子莲和藕莲。如今，荷花事业这三种类型已形成了中国生态农业的三大支柱产业链，发挥着越来越大的社会效益、环境效益和经济效益；同时，荷花与药用保健、纺织行业等关系也非常密切，其应用具有十分广阔的前景。

（一）经济效益

在我国十大传统名花中，荷花所产生的效益是最大的。目前为止，花莲的品种1000多个，广泛应用于园林水景中，尤其是各地荷花湿地旅游资源的开发利用，为花莲品种开辟了新的用途。花莲除提供种源直接交易，主要是通过园林应用，如门票收入、第三产业等间接地获取经济效益。子莲在江西广昌、福建建宁、湖南湘潭等地形成当地生态农业的支柱产业。藕莲在荷花产业中属最大的支柱产业，全国种藕面积达67万亩，居世界第一。如湖北孝感、蔡甸、洪湖，江苏宝应、金湖，安徽焦岗，湖南岳阳等地都是著名的莲藕之乡。从20世纪90年代起，我国开始进一步扩大莲藕种植面积，加大莲藕育种选种、种植、保鲜及深加工等方面的科技投入。随着种植加工技术的不断提高，除了原有的原藕、袋装藕、藕粉等传统型加工食品，现又衍生出以罐装藕汤、鲜藕汁、藕点心、荷叶茶、荷花蜂蜜、荷花粉、鲜藕面条为代表的一百多种莲藕新型加工食品，深受国内外顾客朋友欢迎。海外销售额更是连年大幅上涨，产品远销美国、德国、法国、加拿大、澳大利亚、韩国、日本等十余个国家，不断创下莲藕产品出口创汇的新高。

---

① 四十二章经[OL]. 殆知阁http://www.daizhige.org/佛藏/大藏经/经藏/经集部/四十二章经.html.

（二）社会效益

从古至今，荷花给人留下美好的印象，产生了良好的社会效益，主要有以下两个方面：一方面是荷花事业发展，荷事频繁，各地每年举办不同形式的荷花节，弘扬和发展荷文化，繁荣和丰富了荷文化的内涵；另一方面是荷花为修复湿地生态，使之可持续发展，发挥环境效益的同时，毋庸置疑，也获得了社会效益。

无论种植藕莲、子莲，还是观赏莲及大面积的荷花湿地，在获得经济效益的同时，也改善了自然生态环境。全国各地对荷花品种的选育，由 20 世纪 80 年代的 300 多个，发展到现在近 2000 个，品种形态各异，花色丰富多彩，这在很大程度上增添了园林水景的美感，提升了整个湿地生态环境的质量。

第二章 Chapter Two

荷文化滥觞期

（新石器时代晚期）

第一节　概　说

大约两亿年前，地球上尚无一年四季气候的变化。距今约一亿年前，盘古大陆因地球重力等因素的作用，开始被撕裂，形成不同的板块并开始缓慢漂移，逐渐形成现今大陆和海洋的地理分布格局。而古生物学研究表明，一亿三千五百万年前莲科莲属（*Nelumbo*）和睡莲科睡莲属（*Nymphaea*）植物同时存在于地球上，且一直分布到北极。在欧洲、库页岛、日本及我国浙江和海南的渐新世和中新世地层中，都出土了荷花（*Nelumbo*）和白睡莲（*Nymphaea*）的化石。

在尔后的全新世，人类社会已经进入新石器时代。全新世的基本气候特征为温暖湿润，但其间不断发生冷干气候事件。一般这些冷干气候期只有几百年，短的也许一两百年，却对人类社会的发展有很大影响。通过对青藏高原提取的冰芯记录进行氧同位素分析结果表明，当地中晚期全新世 7500 年以来存在四次显著的冷气候事件。这导致了华夏大地南涝北旱的气候格局，直接引发江浙一带良渚文化、两湖地区的石家河文化、山东海岱地区龙山文化、内蒙古岱海地区的老虎山文化、甘青地区齐家文化等新石器时期文化的衰落和终结。[①]

全新世发生的气候异常事件还带来洪水频发。洪灾一直是沿江河流域平原地区史前先民的心腹大患。古时的洪灾不仅影响农作物产量，也影响着荷花的繁衍。

---

① 吴文祥，刘东生．5500aBP气候事件在三大文明古国古文明和古文化演化中的作用[J]．地学前缘，2002(1)：155-162.

对没有文字记载工具的史前史，考古史料成了最有力的佐证。位于浙江余姚的河姆渡文化遗址出土的人工栽培稻、菱角、芡实遗物，荷花花粉化石，以及骨器、陶器、玉器、木器、木桨等各类质料组成的生产工具、生活用品等，足以证实新石器时代群居于江南湿沼地带先民的日常生活；并说明长江流域一带的先民以稻谷为主要食物，再辅以菱角、芡实、莲实（蓬）、莲藕等为补充食物。采莲、采菱需要有舟（船）一类的浮载工具，河姆渡文化遗址、跨湖桥文化遗址、良渚文化遗址等就出土了木桨和木舟遗存。完全有理由推测，在新石器时代生活于太湖周边，乃至长江流域一带的先民，已经有了下湖驾舟采莲采菱的生活习俗。

我国陶器最早发现于河南渑池的仰韶文化遗址，距今约 6700 年；此后陆续发现于河姆渡文化遗址、跨湖桥文化遗址、大溪文化遗址、良渚文化遗址、屈家岭文化遗址、马家窑文化遗址等。分析各文化遗址出土的陶器形状可得知，当时生活在湖沼地带的先民，按他们的原始审美观，以其周围的物体为造型模式，如动物体形，植物叶形、果形等，烧制出不同类别的陶器，其中，就有荷叶造型的陶器。

综上所述，参照史前（主要指新石器时代）荷花的生长状况、先民驾舟采莲活动、以莲实莲藕作补充食物及以荷叶造型的陶器等方面，可视这一时期为我国荷文化发展的滥觞期。

第二节　新石器时代的气候环境

一、新石器时代的气候特征

新石器时代（Neolithic）在考古学上指石器时代的最后阶段，它由英国考古学家卢伯克（John Lubbock）于 1865 年提出。这一时期大约从 1 万年前开始，结束时间从距今 5000 多年至 2000 多年不等。它按地质年代已进入全新世，继旧石器时代之后，或经过中石器时代的过渡而发展起来，属于石器时代的后期。

全新世亦称冰后期，也是地质历史上距离人类现存环境最近的一个阶段。就整个第四纪环境特征而言，它具有温暖湿润、气候环境相对稳定的特点，与人类现存环境特点最为接近，因此成为考古专家研究古气候环境的热点。尤其是全新世期间发生的若干气候变化事件，与人类演化和发展密切相关，这对未来气候变化的预测有着重要意义。荷花是有生命特征的植物体，在其生长发育过程中，常受到气候环境的影响。探讨这一时期气候环境的变化，对了解当时荷花的繁衍具有积极的意义。

考古学家通常运用冰芯、孢粉、黄土、湖泊和海平面变化记录等来探讨和揭示古代气候环境的变化状况。全新世我国曾发生过多次气候冷暖波动事件，其中最重要的事件是全新世大暖期。青藏高原的存在造成了中亚地区大气环流的改变，也形成了中国复杂的气候条件和独特的季风气候。这反映出西部高海拔区域对气候变化的响应度和敏感度都比东部低海拔区域强①。因我国地域辽阔，各地所反映的气候变化也有所不同。长江中游地区在全新世大暖期出现多次气温下降②。太湖地区早中全新世至少出现五次气候冷干、暖湿、干旱等异常事件，给太湖地区的先民带来了重要影响③。从花粉谱和多种树叶的鉴定可知，河姆渡遗址附近生长着茂密的亚热带常绿落叶阔叶林，林下地被层发育，蕨类植物繁盛，树上还绕着狭叶海金沙和柳叶海金沙（这两种海金沙现只分布于我国广东、台湾和东南亚地区）。鱼鳖类和沼池栖息动物遗骸的发现，水生草本植物种子、孢粉和大片泥炭层的存在，表明当时确有湖泊和沼泽。考古出土了亚洲象、犀牛、猕猴、红面猴等兽骨，它们是习惯于林中生活的热带亚热带典型动物。这些都说明当时气候比现在更为温暖湿润，大致接近于今两广和云南等地区的气候。高温、多湿、强光的气候特点，十分有利于稻谷的生长，同时也有利于荷、菱、芡等水生植物的生长。④

在距今一亿三千五百万年以前，北半球的许多水域都有莲属植物的分布。后冰期来临使得莲属植物在一些水域消失，在另一些水域则幸存下来。其原因在于全球性的气候变化，原来的全球性温暖变为寒冷。而荷花的生长与气温、光照有

① 何元庆，姚檀栋，沈永平，等．冰芯与其他记录所揭示的中国全新世大暖期变化特征[J]．冰川冻土，2003，25（1）：11-17.

② 郭立新．长江中游地区新石器时代自然环境变迁研究[J]．中国历史地理论丛，2004，19（2）：5-17.

③ 李兰．江苏太湖地区早全新世环境演变与遗址缺失原因的环境考古研究[D]．南京：南京大学，2011：113-114.

④ 任式楠．我国新石器—铜石器并用时代农作物和其他食用植物遗存[M]//任式楠文集．上海：上海辞书出版社，2005：411-457.

关，气温过低及光照不足，均会使荷花的发育受到影响或抑制。

二、新石器时代洪水频繁发生

全新世期间气候发生异常的同时，全球各地的洪水频发，尤其是中国长江中下游地区。洪灾一直影响着沿江河流域平原先民的生活，传说中的大禹治水就源于这个时期，所以《管子·山权数》曰“汤七年旱，禹五年水”①；《墨子·七患》曰“禹七年水”②；《淮南子·齐俗斋训》载“禹之时，天下大雨”③；《尚书·洪范篇》述“鲧湮洪水④”。而《孟子·滕文公上》亦载：“当尧之时，天下犹未平，洪水横流，泛滥于天下。”⑤而《庄子·秋水》亦曰：“禹之时，十年九潦，而水弗为加益；汤之时，八年七旱，而崖不为加损。”⑥

华夏地处欧亚东部，因喜马拉雅山的隆起，受季风气候和地形条件的限制，雨量年际变化大，且年内分配不均，多数地区的降水量集中在夏季的 6 月到 9 月，以暴雨形式出现较多，导致洪水灾害发生频繁。朱诚等人曾对长江中游地区全新世洪灾现象进行较系统分析，认为长江中游有四个洪水频发期，其中有两个洪水期发生在史前时期：第一个洪水期（8.0 ～ 5.5 kaBP），共发生特大洪灾九次；第二个洪水期（4.7 ～ 3.5 kaBP），也至少发生特大洪灾九次⑦。江汉湖群处于不稳定或持续变动期，这与屈家岭文化中晚期（4900 ～ 4600 cal.aBP）和石家河文化末期至夏代（4100 ～ 3800 cal.aBP）两次古洪水事件相对应，江汉平原地区（5000 ～ 3000 cal.aBP）异常洪水事件与全新世大暖期后期气候逐渐恶化过程在发生时间上相吻合⑧。

上述就是远古时代洪灾发生的基本状况。尧、鲧、禹时代洪灾普遍发生，且是一个漫长的多水期。传说中，面临滔滔洪水，大禹从鲧治水的失败中吸取教训，

① 管子[OL]. 殆知阁http://www.daizhige.org/子藏/法家/管子-28.html.

② 墨子[OL]. 殆知阁http://www.daizhige.org/子藏/诸子/墨子.html.

③ 何宁. 淮南子集解[M]. 北京：中华书局，1998：87.

④ 孔安国，孔颖达. 尚书正义[M]. 上海：上海古籍出版社，2007：447.

⑤ 孟子. 孟子[M]. 北京：万卷出版公司，2008：97.

⑥ 庄子[OL]. 殆知阁http://www.daizhige.org/道藏/藏外/庄子-8.html.

⑦ 朱诚，于世永，卢春成. 长江三峡及江汉平原地区全新世环境考古与异常洪涝灾害研究[J]. 地理学报，1997，52(3)：268-278.

⑧ 吴立. 江汉平原中全新世古洪水事件环境考古研究[D]. 南京：南京大学，2013：Ⅲ-Ⅳ.

改变堵的办法，对洪水进行顺势疏导，体现出他带领人民战胜困难的聪明才智。为治理洪水，他常年在外与民众一起奋战，并置个人利益而不顾，“三过家门而不入”，呕心沥血治水13年，终于完成了治水的大业。我们从大禹治水的故事中可知当时洪灾频繁发生，也可推测出这造成农作物及荷花等水生植物的巨大损失。水稻、荷花一类依水而生的植物，只适合于静态水域生长，若遇到险恶的气候和汹涌洪水，则不利于其繁衍。《诗经·陈风·泽陂》曰：“彼泽之陂，有蒲与荷。”[①]描述了位于陈国（今河南省淮阳、柘城及安徽省亳州）的荷花，这一带土地广平，无名山大川，多沼泽之地。“陂”指堤坝；洪荒年代，气候环境变化频繁，洪灾经常发生，故当地百姓筑起堤坝。笔者认为，这堤坝很有可能为大禹时代所遗留。

三、新石器时代荷花生长的状况

对全新世气候环境变化和洪灾频繁发生有了初步认识，就可以了解同时期荷花等水生植物的分布状况。孙湘君等研究河姆渡遗址的花粉遗存后指出：“孢粉谱中香蒲（*Typha latifolia*）、黑三棱（*Sparganium stoloniferum*）、菱（*Trapa natans*）、莲（*Nelumbo nucifera*）、大叶眼子菜（*Potamogeton distinctus*）水生植物花粉，说明遗址周围水域广阔，植物资源丰富。”[②]而良渚文化遗址研究将良渚文化时期分为五个阶段，其生态环境基本特征为：第一阶段（距今5300～4900年）的气候温暖，气温较今低，湖沼较多，水生植物不多见，主要有香蒲属和眼子菜属等；第二阶段（距今4900～4700年）的气候温暖湿润，与第一阶段相仿，湖沼交错，水域面积大，但水生植物不多见，主要有香蒲属、眼子菜属和狐尾藻属等；第三阶段（距今4700～4500年）前期气候温暖湿润，气温较今略高，后期逐渐变凉，水域缩减，地势抬高，平原扩大，水生植物不多见，主要有香蒲属、眼子菜属和狐尾藻属等，且前期较多，后期减少，说明水域也逐渐缩小；第四阶段（距今4500～4300年）气候凉爽，温度较第三阶段低，水域不多，水生植物很少，主要有香蒲属，说明水域不多；第五阶段（距今4300～4000年）气候凉爽而干燥，气温较今低，并发生海水侵入，水生植物前期仅香蒲一种，后期绝迹。

---

① 程俊英. 诗经译注[M]. 上海：上海古籍出版社，1985：152-248.

② 周昆叔. 环境考古[M]. 北京：文物出版社，2007：39-41.

“良渚文化早中期，遗址区域的气候条件对良渚古人显然是有利的。良渚文化第二期前后气候环境温暖湿润，十分适宜良渚古人的生活和耕作。”良渚文化遗址古孢粉植物群研究和古植物学进一步显示，到良渚文化的晚期，长江三角洲新石器时代气候出现向凉干转变的趋势，此时的年平均气温为 12.98 ～ 13.36℃，比今低 2.2 ～ 2.7℃，年平均降水量为 1100 ～ 1264mm，比今少 140 ～ 300mm。这种凉干气候对农作物生长有着破坏性的影响，同样也不利于荷花等水生植物的繁衍[①]。又据段宏振对白洋淀地区史前环境的研究：“进入新石器时代以后，地质历史进入相对温暖湿润的冰后期，使人类得以走出洞穴，来到白洋淀地区这样低平的水草肥美的平原地带生活。”[②] 至今，我国黑龙江地区许多大小湖泊及湿沼仍有野生荷花的分布。

在这里顺便提到“黄帝悬圃”一事。按史料记载推测，传说中的黄帝时代，大约在公元前两千五六百年，相当于新石器时代末期。而《山海经》《穆天子传》《庄子》《淮南子》《拾遗记》《太平经》等古籍中均谈及悬圃。圃内珍禽怪兽、奇花异草，无处不有，夸张神化的成分极浓。西汉史学家司马迁写《史记》时，认为“百家言黄帝，其文不雅驯，荐绅先生难言之”，则采取“择其言尤雅者”的态度，在《史记》中述及：“邑于逐鹿之阿，迁徙往来无常处，以师兵为营卫。”[③] 而《史记·五帝本纪》中“邑”仅是黄帝时代的聚落，迁徙不定，反映当时畜牧业占主导，先民过着逐水草而居的游牧生活。如今考古发现证实，新石器时代晚期的社会生活状况与司马迁所述十分接近。当然，“黄帝悬圃”中的奇花异草，极可能与荷、蒲、菱、芡有一定的关联。

① 郭青岭. 良渚文化人地环境因素初探［M］//国际良渚文化研究中心. 良渚文化探秘. 北京：人民出版社，2006：188-198.

② 段宏振. 白洋淀地区史前环境考古初步研究［J］. 华夏考古，2008（1）：39-47.

③ 史记［M］. 北京：中华书局，1959：46，6.

第三节 荷文化考古史料

荷花（*Nelumbo nucifera*）是地球上最早出现的被子植物种属之一，据古植物学家研究化石证实，一亿三千五百万年以前，北半球的许多水域都有莲属植物的分布[①]。当时正值巨型爬行动物恐龙急剧减少的后期，它们在地球上生存的时间比人类祖先的出现（200万年前）早得多。莲属（*Nelumbo* Adans.）化石"发现于北美、北极地区和亚洲阿穆尔河流（即黑龙江）的白垩纪，以及欧洲和东亚（库页岛、日本）的渐新世和中新世地层中"（图2-3-1）。[②]古植物学家研究亦指出，日本北海道、京都发掘出更新世至全新世（200万年前）的荷叶化石[③]（图2-3-2），与现在的荷花相似。中国海南岛第三纪沉积类型及古植物群落

图2-3-1 哈萨克斯坦渐新世地层出土的莲化石

图2-3-2 日本佐贺县杵岛出土的荷叶化石

图2-3-1引自［苏联］A.H.克里什托弗维奇. 古植物学［M］姚兆奇，张志诚等，译. 北京：中国工业出版社，1965：351；图2-3-2引自［日］松尾秀邦.ハスの葉の化石［N］. 蓮の話会報，平成10年，NO：3.首页.

① 王其超，张行言. 荷花［M］. 上海：上海科技出版社，1998：1-16.

② A. H. 克里什托弗维奇. 古植物学［M］. 姚兆奇，张志诚，等，译. 北京：中国工业出版社，1965：350-351.

③ 松尾秀邦. ハスの葉の化石［N］. 蓮の話会報，平成10年，NO：3，首页.

复杂多样。早第三纪主要为河湖相、湖泊相和湖沼相等陆相沉积，晚期发生海侵，开始出现海陆交互相沉积；古植物群落中有莲科的元丽莲（*Nelumbo protospeciosa* Saporta）植物化石。[①] 史料表明荷花花粉化石最早发现于苏格兰的侏罗纪地层中。白垩纪晚期和第三纪的古新世—上新世在欧亚大陆和北美广泛分布有荷花花粉化石。后来，由于冰川的影响和大洋洲与亚洲大陆的分离，才形成目前的亚澳—美洲的间断分布（图 2-3-3、4）。[②]

图 2-3-3　我国渤海沿岸地区早第三纪莲孢粉石

引自中国科学院武汉植物研究所. 中国莲[M]. 北京：科学出版社，1987：2.

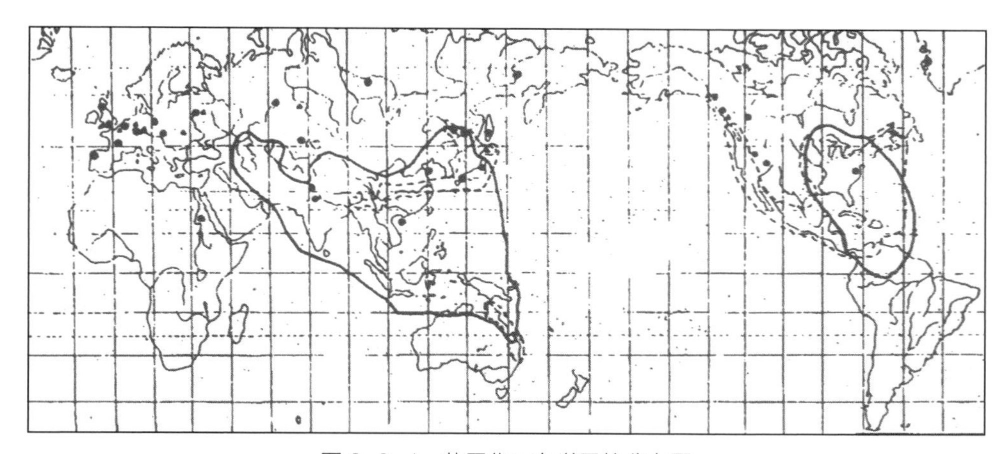

图 2-3-4　莲属化石在世界的分布图

图中黑点为莲属化石分布，引自倪学明等. 论睡莲目植物的地理分布[J]. 武汉植物学研究，1995.13（2）：138.

① 金建华，廖文波，王伯荪，等. 海南岛第三纪沉积环境与古植物群落的多样性及其变迁[J]. 生态学报，2002（03）：425-432.

② 倪学明，周远捷，於炳，等. 论睡莲目植物的地理分布[J]. 武汉植物学研究，1995.13（2）：138-139.

古植物学的研究表明，在距今一亿多年的古地层中，欧洲大陆、俄罗斯远东地区、日本及我国都发现有荷花的花粉化石。这就说明在古大陆尚未分裂成小板块并漂移之前，荷花和睡莲都生存在那里。盘古大陆大约一亿年前开始分裂并经过数千万年的漂移，才形成现今五大洲、四大洋的地理格局。在漫长的地球演变史中，荷花与睡莲在一些地域消失了，在一些地域则幸存下来。这主要有两个方面的原因：第一，全球性的气候变化，由原来的全球性温暖变为寒冷，全年温度平衡变为四季气温分明；第二，大陆板块的漂移、分隔和再联合，使得各板块处在不同的气候条件下。[①] 因此，我们可以说，在今天地球上有野生荷花分布的地域都是它的原产地，只是由于地球各板块所处的气候条件的不同和人类文明发展进程不同等多种因素的影响，荷花的变化与发展才表现得各有差异。它们各自适应于不同的地理自然气候条件，有的在热带，有的在亚热带和温带地域，从而产生了不同的生态类型。现在我国许多地域仍分布有荷花野生种，这应该是它们原来就生存在那里，而不是后来人们引种的。

莲属是较原始的属，该属只有两个种，但没有像其他科属植物一样表现出种群间的多样性。它们一个种分布在亚洲和大洋北部，另一个种分布在北美洲；它们之间似乎没有地缘上的联系。但我们知道，亚洲大陆和北美洲大陆有不少植物、动物是同属一个种的，如中国鹅掌楸和北美鹅掌楸为同一种，中国扬子鳄（*Alligator sinensis*）和美国密西西比河鳄鱼也为同一个种。因此，据黄国振推测，北美大陆和亚洲大陆原是同一板块，密西西比河水系和扬子江水系也原属同一水系，后来由于板块漂移，它们分隔开，中间出现了太平洋。因板块漂移而被隔开，原生长在同一板块上的同一原始种，被分隔在不同的板块上。[②] 由于大陆的漂移变迁和地球气候的变化，亚洲大陆板块和北美大陆板块处在不完全相同的气候条件下，特别是在第四纪以后，北美洲大陆和亚洲大陆的气候完全不同。前者长期处在较稳定的低温条件下，多雾且阳光不足；后者则处在明显的季节性气候变化的条件下，强光、高温、干燥且激烈变温。在这不同的条件下，前者的演化速度变慢了，后者则随气候条件的激烈变化演变得更为多样化。由此可推测，生长在北美的美洲莲（*N.lutea*）为原始种，花呈黄色，仍保留一些原始的性状，如组织坚实的花托、坚韧而光滑的叶柄和花梗、含高单宁且更细的块茎，其深绿色的叶

① 黄国振．荷花产地探源［J］．植物杂志，2003（3）：10.

② 黄国振．黄国振教授荷莲论文文选[CD].未公开发表。

片较厚，有利于在较低温度和阳光不足条件下进行光合作用。与之相反，生长在亚洲大陆及大洋洲北部的荷花（*N.nucifera*）原种，由于气候的剧烈变化、充足的阳光和干旱，花朵柔和的淡黄色被取代为白、粉、红等颜色。但如今荷花的花瓣上仍可见到黄色的痕迹，如在花瓣的下部、雄蕊和花托的基部。

据《中国荷花品种图志》所述："徐仁教授于四十年前在柴达木盆地发现荷叶化石，距今至少一千万年前。"[①] 又据《渤海沿海地区早第三纪孢粉》记载：在辽宁省盘山，天津北大港，山东省垦利、广饶及河北省沧州等地发现有两种莲的孢粉化石。第三纪热带植物地理区内的我国海南岛琼山长昌盆地地层中，也发现了莲属植物的化石[②]。以上发现说明荷花是冰期以前的古老植物之一，它和银杏、中国鹅掌楸、北美红杉（*Sequoia sempervirens*）、水杉等同属于未被冰期的冰川吞噬而幸存的孑遗植物。

新石器时代是考古学家、古植物学家们研究和探讨的热点。位于浙江余姚的河姆渡文化遗址，是我国目前已发现最早的新石器时代文化遗址之一。通过1973年和1977年两次科学发掘，出土了骨器、陶器、玉器、木器等各类质料组成的生产工具、生活用品、装饰工艺品以及人工栽培稻遗物、干栏式建筑构件，动植物遗骸等文物近7000件，其中在第4层及第3C层孢粉带中，发现了菱角、芡实遗物和荷花花粉化石（图2-3-5）[③]。说明当时先民除以稻谷为主要粮食外，还从事一定的采集活动，以莲实、莲藕、菱角和芡实作为补充食物。根据放射性碳素断代并经校正，河姆渡遗址的年代约为公元前6000年；而河南省郑州市大河村遗址，在其房基遗址 F_2 室台面上发现两颗碳化莲子，经 C_{14} 测定，距今5000年[④]。位于河南省舞阳县舞渡镇的新石器时代贾湖文化遗址中，"随处可见大量的鱼骨、蚌类、龟鳖、扬子鳄、丹顶鹤，以及菱角、水蕨、莲蓬等水生、沼生动植物遗骸，说明当时这里也有丰富的水热带资源"[⑤]。笔者分析认为，从南北各地发掘的考古文物表明，食用莲应始于新石器时代早中期。

① 王其超，张行言. 中国荷花品种图志[M]. 北京：中国建筑工业出版社，1989：2.

② 石油化学工业部石油勘探开发规划研究院，中国科学院南京地质古生物研究所. 渤海沿海地区早第三纪孢粉[M]. 北京：科学出版社，1978：118-119.

③ 浙江省文物考古研究所. 河姆渡：新石器时代遗址考古发掘报告上册[M]. 北京：文物出版社，2003：102.

④ 任式楠. 我国新石器—铜石器并用时代农作物和其他食用植物遗存[C]//任式楠文集. 上海：上海辞书出版社，2005：411-457.

⑤ 张朋川. 黄土上下[M]. 济南：山东画报出版社，2006：3-11.

A

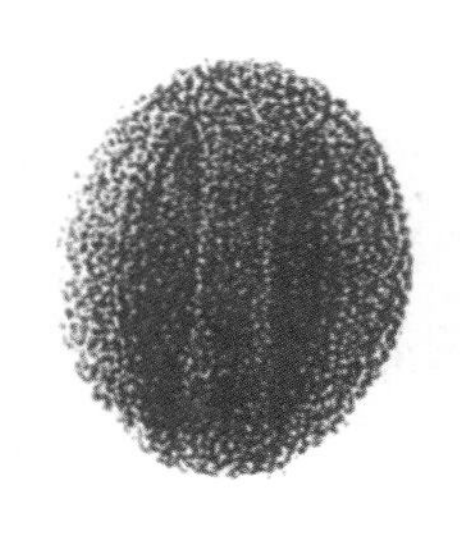

B

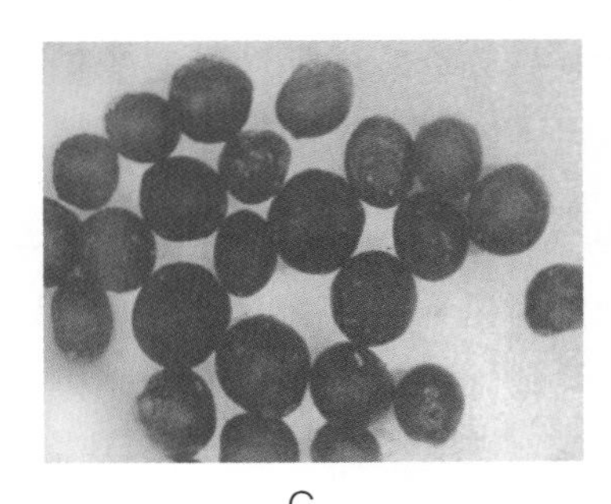

C

图 2-3-5　A. 河姆渡出土的菱角遗存　B. 荷花花粉化石　C. 芡实遗存

引自浙江省文物考古研究所. 河姆渡：新石器时代遗址考古发掘报告下册［M］. 北京：文物出版社，2003：102.

新石器时代早中期的气候环境温暖湿润，有利于人类活动，这从仰韶文化、贾湖文化、河姆渡文化及良渚文化遗址出土的荷花花粉遗存中可得到证实。南方新石器时代农耕文化遗址的地理环境，多数濒临古代河湖，遗址里又普遍出土各类水生动植物遗存，同时经常发现并已鉴定的不少人工栽培稻都属于水稻。我国新石器时代的粮食作物中，水稻的驯化确以长江流域及其以南地区为最早。而水生植物中菱、芡、莲，还有慈姑驯化的原产地，也主要在我国南方。

第四节　跨湖桥等文化遗址发掘的舟桨遗物

考古学家在研究河姆渡文化遗址时作出论断，距今 6000 多年前，当时的先民除以稻谷为主要粮食外，还采集莲实、莲藕、菱角和芡实作为补充食物[①]。由此可知，远古先民已把采莲、采菱作为一项重要的农事活动了。有关采莲、采菱所用的木舟（或船），在历代史籍中却无详细记载。据《周易·系辞》载："刳木为舟，剡木为楫，舟楫之利以济不通，致远以利天下。"[②]意指挖空树木为舟及削制

① 浙江省文物考古研究所. 河姆渡：新石器时代遗址考古发掘报告上册［M］. 北京：文物出版社，2003：218.

② 周易［OL］. 汉川草庐http://www.sidneyluo.net/b/b01/066.htm.

木头为桨楫。而汉代《淮南子·说山训》云："见窾木浮而知为舟。"[①] 很早以前先民就已认识到空木具有浮性，可用来载物，由此发明创造了舟船工具。但这些史料所载均未涉及史前。

"2002 年 11 月在杭州萧山跨湖桥新石器遗址上发掘的独木舟，对独木舟舟体的木质标本进行 C_{14} 年代测定，距今近 8000 年。……这是一艘残损的独木舟。残长 5.6m，一端保存基本完整，保存 1m 左右宽的侧舷。船头宽 29cm，离船头 25cm 处，船体宽呈一定弧线增至 52cm，这也是舟体的基本宽度。"[②]（图 2–4–1）"跨湖桥遗址发掘的独木舟，距离船头 1m 处有一片面积较大的黑炭面，东南侧舷内发现大片的黑焦面，西北侧舷内也有面积较小的黑焦面。这些黑焦面是当时借火焦法挖凿船体的证据。"[③]

图 2–4–1　杭州萧山跨湖桥遗址发掘的独木舟（李尚志摄于浙江省博物馆）

"良渚文化遗址出土了不少木桨。如浙江吴兴的钱山漾遗址就曾出土过一支木桨，木桨选用的是质地坚硬的青冈木，木桨通长 96.5cm，柄长 87cm（已腐朽）、叶宽 19cm，是用整块木料制成的，中间一脊贯穿桨叶连接柄部，整条木桨结实厚重。如此结实的木桨，使人们能想象出当时的独木舟体形是比较大型而且敦实的。杭州水田畈遗址也出土了 4 支木桨，这些木桨器型都比较大，桨叶比河姆渡的木桨大一倍，它实用性也大大超过后者。"[④] 在此之前，江苏武进发现一条距今 2000 多年、长达 11 米的独木舟；2002 年初，在苏州附近一处文化遗址

① 淮南子[OL]. 国学导航http://www.guoxue123.cn/zhibu/0301/00hnz/015.htm.

② 蒋乐平. 跨湖桥独木舟三题[C]//跨湖桥文化论文集. 2009: 29–34.

③ 王心喜. 中华第一舟[J]. 发明与创新, 2005(8): 40–41.

④ 吴振华. 杭州古港史[M]. 北京: 人民交通出版社, 1989: 99–105.

发现了 5000 年前的独木舟；而在浙江省河姆渡遗址上曾经发现 7000 年前的船桨和可充气浮于水面的兽皮，但没有发现木船的整体。河姆渡人既然可创造出各种工艺复杂的榫卯结构，那么当时也能制造较为先进的独木舟，应是毫无疑问的。1973 年河姆渡遗址第一期和 1977 年第二期发掘了多支木桨遗存，均为整段木料加工而成，无须使用榫卯或销孔之类套接，十分坚固。其柄部粗细适中，桨叶呈扁平柳叶状，且柄自上而下逐渐变薄，制作精致。值得重视的是，在这支木桨连接处，有阴刻直线和斜线构成的几何图案花纹，制作考究，装饰美观（图 2-4-2）。[①] 以上出土独木舟和木桨的史料，为我们研究古代采莲、采菱活动的起源提供了有力的科学依据。

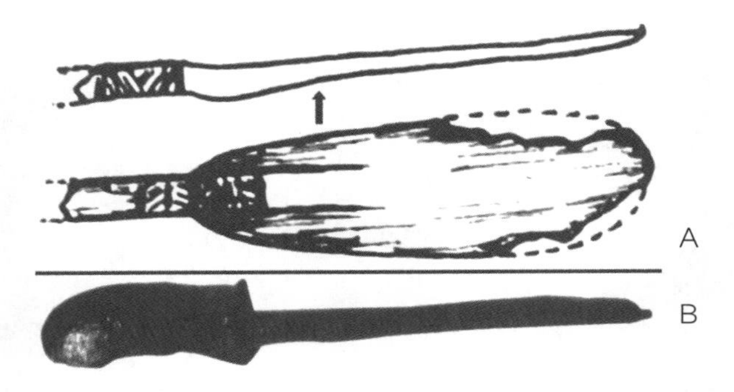

图 2-4-2　A. 河姆渡文化遗址出土的木桨　B. 良渚文化遗址出土的木桨

引自林华东. 浙江通史・史前卷[M]. 杭州：浙江人民出版社，2005：177-178.

跨湖桥文化遗址出土的独木舟，及河姆渡文化遗址出土的木桨，表明当时沿海的先民使用舟楫捕捞海洋生物，只是作为农业经济活动的补充；同时也证明当时浙江沿海的海洋经济和航海术已经发展到了较高水平。吴振华在研究出土独木舟和木桨时进一步论述：“夏朝始于公元前 2146 年，正是良渚文化的晚期，止于公元前 1675 年。商代是公元前 1760 年到公元前 1120 年，夏、商二代共历时 1000 多年。这个阶段特别是水上交通工具发生巨变的时代……至迟三千年前的商代，我国就已完成了由独木舟到木板船的变革，且此时的木板船已具有成熟的规制。”[②] 由此，我们可进一步推测，古代先民造船下海捕鱼，同样有可能造船在太湖及周边湿沼河溪采莲和采菱。因为采莲船比下海捕鱼船小巧且轻便，在制造

① 林华东. 浙江通史・史前卷[M]. 杭州：浙江人民出版社，2005：175-177.

② 吴振华. 独木舟与水文化的萌芽[C]//跨湖桥文化论文集. 2009：105-106.

工艺上也要简易，故有充分的理由断定，古代江南驾舟采莲、采菱活动，早在距今 5000 多年前的良渚文化晚期（或夏初期）就出现了。

第五节　河姆渡遗址出土的荷叶造型陶器

新石器时代的基本特征是农业、畜牧业的产生和磨制石器、陶器、纺织的出现。陶器改善了人类的生活条件，陶器业的产生是人类生产发展史上的一个重要里程碑。

我国是世界上最早出现陶器的国家。两万年前江西上饶万年县仙人洞出土的陶罐，就出自远古先民之手，并入选 2012 年美国《考古学》杂志评出的年度“十大考古发现”①。新石器时代陶器造型的起源同其他艺术的起源问题一样，属于发生学范畴的问题②。因年代久远，缺乏必要的实物还原当时的情形，多数观点都是学者靠逻辑推理得出的各种假说。

讨论原始陶器造型的萌生，需要考虑原始人的心理图景。远古陶器造型是先于先民的设计意识而存在的，天然的瓜、叶、果、茎在被人类用作陶器造型之前，都会有一个占据三维空间的造型。人类对陶器造型的感知和认识应该来源于对自然物的利用。日本学者柳宗悦曾有过阐述：“原始人没有太多的需要，或枝，或叶，或石块，基本上是天然的产品。人类曾有过用树叶做食具的历史，为了略微方便一些，只是对自然物进行了微量加工，这就是工艺最早的起源。”③恩格斯也有类似观点：“形的概念也完全是从外部世界得来的，而不是头脑中由纯粹的思维产生出来的。必须先存在具有一定形状的物体，把这些形状加以比较，然后才能构成形的概念。”④所以说，远古先民利用身边所熟知的植物花、叶、果等特征造型，也是自然之理。如城背溪文化遗址、大溪文化遗址、屈家岭文化遗址、崧泽文化遗址、河姆渡文化遗址等均出土了器盖造型呈荷叶状的陶器。

① 庞倩．陶器即媒介：对史前陶器文明的另一种诠释［D］．兰州：兰州大学，2015：16-17.

② 高纪洋．中国古代器皿造型样式研究［D］．苏州：苏州大学，2012：13-17.

③ 柳宗悦．工艺文化［M］．徐艺乙，译．桂林：广西师范大学出版社，2011：55.

④ 恩格斯．反杜林论［M］．北京：人民出版社，1993：37.

图 2-5-1 河姆渡出土新石器时代的线刻似莲瓣纹陶器盖

引自袁承志. 风格与象征——魏晋南北朝莲花图像研究[D]. 北京：清华大学，2004：32.

浙江余姚河姆渡文化遗址出土了新石器时代的线刻似莲瓣纹陶器盖（图 2-5-1）。[①] 河姆渡文化遗址中出土的第一期文化陶平底盘（C 型Ⅲ式 T224、C 型Ⅳ式 T221）和第二期文化陶器盖（A 型Ⅱ式 T235、T25），距今约 6000 年，其形状均仿荷叶所制（图 2-5-2）[②]。在第一层文化遗物中出现标本 T34 ① :2，通体锥刺圆点纹，直径 3 厘米。[③] 位于山东泰安城南 30 公里处的大汶口文化遗址，1959 年首次发现并挖掘，为距今 4000 ～ 5000 年的新石器时代晚期父系氏族遗址。遗址中出土高 24cm 的白陶封口鬶，其封口处有形象逼真的莲蓬状透气筛眼。上海青浦崧泽文化遗址出土的黑陶豆，以及良渚文化遗址出土的莲纹装饰的陶片，也距今约 6000 年[④]。实际上，此遗物类似莲蓬状。王其超为此做了客

A
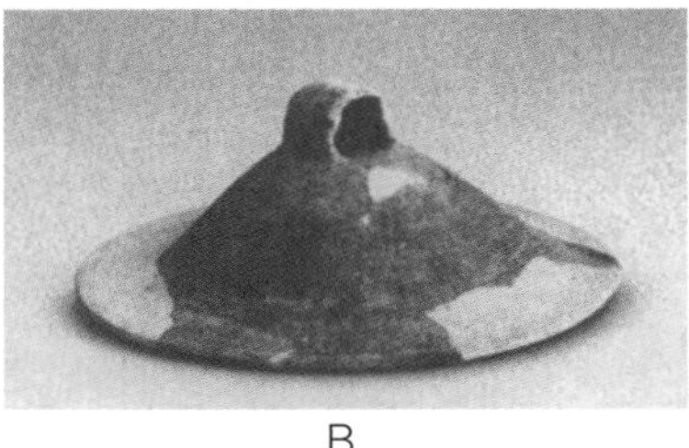
B
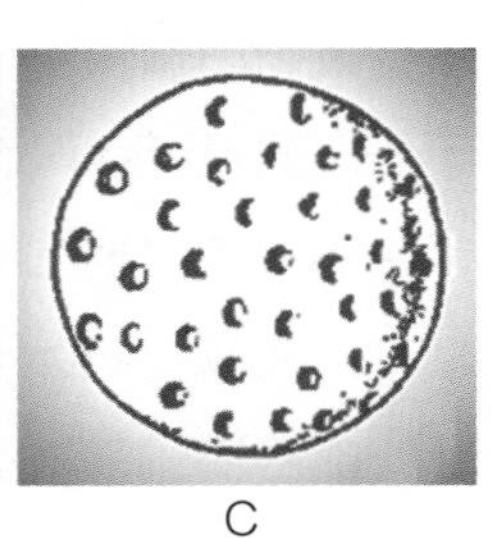
C

图 2-5-2 A. 河姆渡出土的陶平底（荷叶）盘 B. 河姆渡出土的陶器（荷叶）盖
C. 河姆渡出土的莲蓬状陶器

A、B引自浙江省文物考古研究所. 河姆渡：新石器时代遗址考古发掘报告/下[M]. 北京：文物出版社，2003：102；C引自浙江省文物管理委员会等. 河姆渡遗址第一期发掘报告[J]. 考古学报，1978(1)：91.

---

① 袁承志. 风格与象征——魏晋南北朝莲花图像研究[D]. 北京：清华大学，2004：30.

② 浙江省文物考古研究所. 河姆渡：新石器时代遗址考古发掘报告（上、下）[M]. 北京：文物出版社，2003：216–220.

③ 浙江省文物管理委员会，浙江省博物馆. 河姆渡遗址第一期发掘报告[J]. 考古学报，1978(1)：90–91.

④ 曹贵. 宜都新石器时代陶器审美形态研究[J]. 南京艺术学院学报，2012(6)：111–118.

观的描述：“倘若当时制陶艺人不曾见过莲蓬，摘食过莲实（或荷叶），对荷花审美留下不可磨灭的印象，决不可能凭空臆造的。”[1] 新石器时代的人在生活中最经常使用的日用器物，是各类陶器。古人按自己的设想模仿自然界中动植物的形貌去造型，这就为原始艺术的创作提供了抒发的载体，培育了原始的审美情趣[2]。

① 王其超，张行言．中国古代装饰工艺领域的荷文化[C]//灿烂的荷文化．北京：中国林业出版社，2001：60-65.

② 杨泓，郑岩．中国美术考古学概论[M]．北京：中国社会科学出版社，2008：11-23.

第三章 Chapter Three

荷文化生成期

（夏、商、周）

第一节 概 说

根据“夏商周断代工程”研究，夏代为公元前 2070 年至公元前 1600 年；商代为公元前 1600 年至公元前 1046 年。[①] 这就把我国的历史纪年由公元前 841 年向前延伸了 1200 多年，弥补了中国古代文明研究的一大缺憾。

盘庚迁都于殷（今安阳）约为公元前 1300 年，殷墟出土的青铜器皿和甲骨文说明殷商时期具有很高的青铜冶炼水平。这时的商朝也出现了文字。虽有了文字，但未有记载荷花的史料，有关荷花种植的情况只能从当时的自然环境、住宅建筑及与世界文明古国横向比较中寻找相关佐证。通常园林与住宅建筑有一定的关联。我国考古学的奠基人李济先生推测夏商时期建筑状况时，曾提出“有沼泽、园囿之可能”，这一阐述现在已得到了甲骨文、金文及地下考古发现的充分证实。

比较殷商时期前后的古埃及、古印度、亚述等世界文明古国，公元前 1500 至公元前 1000 年荷花、睡莲等水生植物在尼罗河、恒河和西亚两河文明古国的园林中均有栽种。约公元前 1450 年，埃及（北非）王国处于鼎盛时期，在国王或贵族豪富人家的庭院都布置有水池，池内种植睡莲、纸莎草等多种水生植物来美化庭院。睡莲和纸莎草花分别是上、下埃及的国花，上、下埃及合并后定睡莲为国花。两河流域文明指底格里斯河和幼发拉底河之间的美索不达米亚平原，大约公元前 4000 年苏美尔人就定居美索不达米亚。从公元前 2900 年

① 岳南. 考古中国：夏商周断代工程解密记[M]. 海口：海南出版社，2007：5-23.

开始，经历了苏美尔、阿卡德、巴比伦、亚述等王朝的更替。到了亚述帝国时期，国家强盛，农业发展迅速，同时也促进了园林的发展。王宫庭院筑有池塘，池中种植荷花。古印度文明最早在印度河流域兴起，也是人类最古老的文明之一。古印度有两部著名的史诗《摩诃婆罗多》和《罗摩衍那》，书中均歌颂和渲染了莲的美景。古印度宗教林立，最早的婆罗门教及后发展起来的印度教、佛教、耆那教等，都视莲为圣花，且顶礼膜拜。由此推测，荷花在殷商园林中得以应用是完全有可能的。

《逸周书》中“鱼龙成则薮泽竭,薮泽竭则莲藕掘”及“冬食菱藕”[①]等记录，反映了周代或战国时期生活在湿沼一带的人们已了解和掌握了莲藕（荷花）的生长习性及种植技术，也证实当时农业气候环境有利于莲藕的生长。莲藕已成为当时人们的一种食用蔬菜。

到了春秋战国时期，地处长江沿岸的楚、吴、越列国，由于气候环境温暖湿润，农业迅速发展，给当地的农作物及莲藕生产带来可喜的收成。

考古工作者在楚地境内发掘了五千余座墓葬。对湖北江陵两台山楚墓、荆门包山二号墓，河南信阳一号楚墓、信阳二号楚墓及湖南临澧九里遗址出土的藕、莲子、菱角等遗存进行研究分析可知，这些水生植物果实产于不同的季节。它们一次性下葬后至今两千多年尚能保存下来，说明楚人不仅有很丰富的采集经验、种植技术，还有很好的保鲜技术。

2500 年前吴王夫差为让宠妃西施欣赏荷花，在太湖之滨的灵岩山离宫修“玩花池”，移种太湖的野生红莲，是人工砌池栽荷专供观赏的最早记载。

传说中，勾践灭吴与西施有关。西施被送往吴国后，为了越王的复国之计，忍辱负重，终赢得吴王夫差的宠爱；而吴王筑玩花池植荷供宠妃欣赏，也博得西施的欢心。最终勾践挥师伐吴，夫差走向灭亡，西施也随范蠡泛五湖而去。后来，唐代大诗人李白《西施》道：“西施越溪女，出自苎萝山。秀色掩今古，荷花羞玉颜。浣纱弄碧水，自与清波闲。皓齿信难开，沉吟碧云间。勾践征绝艳，扬蛾入吴关。提携馆娃宫，杳渺讵可攀。一破夫差国，千秋竟不还。”[②]艺术性地描述了吴王夫差为宠妃筑池植莲的历史传说。从地方史料分析，传说中吴王夫差修筑玩花池供西施赏莲，有其特殊的历史背景。据《绍兴府志》记述：“若耶溪在城南，

① 太平御览[OL]. 中国社会科学网http://www.cssn.cn/sjxz/xsjdk/zgjd/sb/zsl_14311/tpyl/201312/t20131220_917651.shtml.

② 李白，瞿蜕园，朱金城. 李白集校注[M]. 上海：上海古籍出版社，1980：1288.

西施采莲于此。”若耶溪源出浙江省绍兴市若耶山，向北流入运河；而城南即指绍兴府城之南。溪旁有浣纱石古迹，相传西施浣纱于此，又故名浣纱溪。因家庭贫困，儿时的西施常在若耶溪中泛舟采莲。后来历代诗文中出现“西施采莲”之典，均由此而来。

在这一时期，“荷”字已经出现。据《尔雅·释草》:“荷，芙渠。其茎茄，其叶蕸，其本蔤，其华菡萏，其实莲，其根藕，其中的，的中薏。”[①]《说文解字·艸部》:“荷，扶渠叶，从艸，何声。”[②]后世“荷”与“何”通用，而有负担、负重之义，或者即由于其纤细的荷柄托起硕大的荷叶而为负担之故。在笔者看来，荷花之“荷”字也许是这样借用而来的。

《诗经》出现于春秋时期，是我国最早的一部诗歌总集，它全面地展示了春秋时期的社会生活，真实地反映了中国奴隶社会从兴盛到衰败时期的历史面貌，充满着现实主义精神。《诗经》中与荷花有关的诗歌，均隐喻青年男女的情爱。

而楚辞形成于战国时期，是屈原创作的一种新诗体，也是战国后期南方楚文化和北方中原文化相结合的产物，有着浓郁的地方特色，表现出深厚的浪漫主义色彩。它运用楚地的文学样式、方言声韵和风土物产等，具有浓厚的地方色彩，故名“楚辞”，对后世诗歌产生深远的影响。《楚辞》中共有九处谈及荷花。

东周时期的工艺品发展，由新石器时代的陶器制造到夏商的青铜铸造有了一个大的飞跃。1923 年在河南新郑李家楼郑公大墓内出土一对莲鹤方壶，现分别收藏于北京故宫博物院和河南博物院。最上面的壶盖由 10 组双层并列的青铜莲花瓣构成，每一片莲瓣还是镂空的形式；壶身上的纹饰制作为浅浮雕工艺，且还装饰阴线镂刻的龙、凤、虎等纹饰。2003 年 12 月 13 日，国家邮政局发行一套《东周青铜器》(2003-26T) 特种邮票，其中就有莲鹤方壶的单张纪念邮票。

---

① 尔雅[OL]. 国学导航http://www.guoxue123.com/jinbu/ssj/ey/015.htm.

② 说文解字[OL]. 汉典https://www.zdic.net/hans/%E8%8D%B7.

第二节　隰有荷华：荷花与文学

中国最早的两部诗歌总集《诗经》和《楚辞》分别产生于春秋和战国时期。《诗经》充满着现实主义精神，而《楚辞》表现出深厚的浪漫主义色彩。“《诗经》中的荷花是女性意味原型，奠定了女子和荷花之间固定的类比、隐喻关系；《楚辞》中的荷花是文人意味原型，奠定了‘香草美人’的比兴传统，是文人品格、政治命运的象征物。”[①]

一、《诗经》与荷花意象

《诗经》收集了西周初年至春秋中叶（公元前 11 世纪至公元前 6 世纪）的诗歌共 311 篇，反映了周初至周晚期约五百年间的社会面貌。孔子曾教育弟子读《诗经》以作为立言、立行的标准。先秦诸子多引述《诗经》中的句子，以增强说服力。《诗经》内容丰富，反映了劳动与爱情、战争与徭役、压迫与反抗、风俗与婚姻、祭祖与宴会，以及天象、地貌、动物、植物等，成为周代社会生活的一面镜子。

《诗经》中借花木比喻女子的美貌和恋情，其中的荷花意象与女子的美貌和恋情相关。荷花在《诗经》中有两处被提及，一是《诗经·郑风·山有扶苏》曰：

山有扶苏，隰有荷华。不见子都，乃见狂且。[②]

其意为：山上生长茂盛的大树，低洼湿沼到处开满艳丽的荷花。不见子都美男儿，却遇见癫狂的傻瓜。春秋时期郑国的疆域位于今河南中部，都城在新郑（今河南新郑），古时的新郑地区池塘、沼泽地较多，适合荷花的生长。此诗由高山、湿沼、扶苏（枝叶茂盛的树木）和荷花多个意象构成的意境，其中以“扶苏”与“荷华”喻男性和女性，描写男女约会时的欢快心情及调笑的情景。

---

① 俞香顺．中国荷花审美文化研究[M]．成都：巴蜀书社，2005：14-15.

② 程俊英．诗经译注[M]．上海：上海古籍出版社，1985：152-248.

二是《诗经·陈风·泽陂》曰：

彼泽之陂，有蒲与荷。有美一人，伤如之何！寤寐无为，涕泗滂沱。
彼泽之陂，有蒲与蕳。有美一人，硕大且卷。寤寐无为，中心悁悁。
彼泽之陂，有蒲菡萏。有美一人，硕大且俨。寤寐无为，辗转伏枕。[①]

其意为：池塘边围筑堤坝，而池塘里长着荷花，并伴生一些香蒲草。看见一个美男儿，心爱他也没办法；日夜思念得难入眠，让我眼泪鼻涕流。池塘边围筑堤坝，而池塘里长着莲蓬，并伴生有香蒲草。看见一个美男儿，身材高大品行好，日夜思念睡不着，让我心中受煎熬。池塘边上堤坝高，而塘中那含蕾的荷花伴有香蒲草。看见一个美男儿，身材高大有风度，让我日夜思念睡不着，翻来覆去真烦恼。

宋代朱熹认为："辗转伏枕，卧而不眠，思之深且久也。"[②]辗转反侧，不能入睡，其愁苦悲伤，可见一斑。这又是一首爱情诗，也是由池塘、香蒲和荷花多个意象构成的意境。陈国位于今河南省淮阳、柘城及安徽省亳州一带，因这里土地广平，无名山大川，多沼泽之地。洪荒年代，气候环境变化频繁，洪灾经常发生，故当地百姓筑起堤坝，以防洪水泛滥。后来，气候环境变暖，洪水减少，气温有利于农作物及荷花等水生植物的生长；因而，炎夏时节，男女青年站在堤坝上，见到满塘盛开的荷花，触景生情，思念梦中的情人。

二、《楚辞》与荷花意象

楚辞体是屈原创作的一种新诗体，运用楚地的文学样式、方言声韵和风土物产等，具有浓厚的地方色彩。编辑于汉代的《楚辞》是中国文学史上第一部浪漫主义诗歌总集，对后世诗歌产生深远的影响。

《楚辞》中谈及荷花意象（包括宋玉的《九辩》和《招魂》）共有九处。如《楚辞·离骚》有：

---

① 程俊英. 诗经译注[M]. 上海：上海古籍出版社，1985：248-249.

② 朱熹. 诗集传[M]. 北京：中华书局，2011：110.

制芰荷以为衣兮，集芙蓉以为裳。不吾知其亦已兮，苟余情其信芳。[①]

其意为：我用荷叶裁剪成上衣，再用荷花编织成下裳；没有人了解我又有何妨，只要自己内心知其芳香。三闾大夫在诗中以荷花制作衣裳，而以兰芷、薜荔、杜蘅、幽兰、秋菊等香草植物作为佩饰。其实，荷叶、荷花并不能编织成衣裳，是指穿着印有荷叶的上衣和染着荷花的下裳，示以高洁之意。因而，古人常将荷衣当作隐士之服，如汉代扬雄《反离骚》曰："衿芰茄（荷）之绿衣兮，被芙蓉之朱裳，芳酷烈而莫闻兮，不如襞而幽之离房。"[②]其"离房"乃隐者所隐之处。晋代陆机《应嘉赋》云："解心累于世罗，袭三闾之奇服（荷衣）。"[③]南齐时期孔稚珪《北山移文》亦述："焚芰制而裂荷衣，抗尘容而走俗状。"[④]这是作者嘲笑其友周颙弃隐居而出仕。

《楚辞·湘君》有：

采薜荔兮水中，搴芙蓉兮木末。心不同兮媒劳，恩不甚兮轻绝。[⑤]

其意为：迎湘君好像水中采薜荔，又好比在树梢上攀摘荷花；两人的心不同，媒人也徒劳，彼此间感情不深易轻抛。薜荔为桑科植物，常绿攀援或匍匐灌木，又名鬼馒头。宋代朱熹《楚辞集注》云："薜荔缘木，而今采之水中，芙蓉在水，而今求之木末，既非其处，则用力虽勤，而不可得。至于合昏而情异，则媒虽劳而昏不成，结友而交疏，则今虽成而终易绝，则又心志睽乖，不容强合之验也。"[⑥]薜荔长在陆地，荷花生于水中；要采薜荔于水中，而搴荷花于树梢，犹缘木求鱼，必然一无所得，比喻求爱不易。

《楚辞·湘夫人》有：

筑室兮水中，葺之兮荷盖……白玉兮为镇，疏石兰兮为芳。芷葺兮荷屋，缭之兮杜衡。[⑦]

① 屈原. 楚辞・离骚[M]. 陶夕佳，注译. 西安：三秦出版社，2009：8-24.
② 扬雄. 反离骚[M]. 影印本，1922（民国十一年）.
③ 陆机. 陆机诗文集：应嘉赋（并序）[OL]. http://www.ziyexing.cn/shici/luji/luji_05.htm.
④ 孔稚珪. 北山移文[OL]. http://book.kongfz.com/20138/479989241/.
⑤ 屈原. 楚辞・湘君[M]. 陶夕佳，注译. 西安：三秦出版社，2009：28-29.
⑥ 朱熹. 楚辞集注[M]. 香港：中华书局香港分局，影印本，1972.
⑦ 屈原. 楚辞[M]. 陶夕佳，注译. 西安：三秦出版社，2009：31-32.

其意为：宫殿筑在水中，荷叶盖在屋顶上……白玉压席镇四角，陈设石兰一片香；荷叶屋顶香芷盖，芬芳杜蘅绕房屋。朱熹注释说："此言其所筑水中之室，欲其芳洁如是也。"[①] 诗人用浪漫且夸张的手法描写水神所居住的环境，用荷叶盖屋顶的宫殿随着清风芳香飘逸，也体现出三闾大夫的避世之志、高洁之情。

《楚辞·少司命》有：

荷衣兮蕙带，倏而来兮忽而逝。夕宿兮帝郊，君谁须兮云之际。[②]

其意为：荷叶做衣，蕙做带，匆匆而来飘天外；傍晚投宿在天郊，云端又把谁等待。少司命是掌管人间生儿育女的天神。神仙穿着用荷叶制作的服饰，飘往于云天外，真是悠然自在。这是当时楚国的巫歌，古人视荷花为仙物，诗人借以表达了对内心痛苦的超脱。

《楚辞·河伯》有：

与女游兮九河，冲风起兮水横波。乘水车兮荷盖，驾两龙兮骖螭。[③]

其意为：和你同游黄河上，暴风骤起水翻卷；乘上水车荷为盖，两龙在中两螭旁。河伯为黄河之神，这是一首祭祀河伯的祭歌。战国时代人们把各水系的河神统称河伯。当时楚国国境未达黄河，所祭的是其他河神。与河神乘车顶覆盖荷叶的水车遨游天下，而由飞龙驾车，螭龙为骖，是何等的威赫。在此处，诗人用荷花等水生植物描述水神常用的衣服、屋宇和车乘等。

《楚辞·思美人》有：

令薜荔以为理兮，惮举趾而缘木。因芙蓉而为媒兮，惮褰裳而濡足。[④]

可想象到，诗人沿途游览，忽然看见树上长有薜荔，水上生着荷花，于是突发奇想，触发他在政治上的感慨，并说道：我本想请薜荔为我做介绍，又不愿抬脚去爬树；想请荷花为我来说合，又怕下水浸湿了我的双脚。这是说诗人自己一生孤芳自赏的操守。

---

① 朱熹. 楚辞集注[M]. 香港：中华书局香港分局，影印本，1972.

② 屈原. 楚辞[M]. 陶夕佳，注译. 西安：三秦出版社，2009：35-36.

③ 屈原. 楚辞[M]. 陶夕佳，注译. 西安：三秦出版社，2009：38-39.

④ 屈原. 楚辞[M]. 陶夕佳，注译. 西安：三秦出版社，2009：86-89.

《楚辞·九辩》有：

> 被荷裯之晏晏兮，然潢洋而不可带。[1]

其意为：身穿荷制短衫，无比美丽，可它松松散散，终难束扎。“裯”，《说文解字》曰：“衹裯，短衣也。”“荷裯”与“制芰荷以为衣”之“荷衣”一样，并非“以荷叶为衣”，而是指印染或绘绣有荷花一类图案的短衣。这类短衣是楚人常穿之服，《战国策·秦策五》载：“异人至，不韦使楚服而见，王后悦其状，高其知，曰：‘吾楚人也，而自子之。’乃变其名曰‘楚’。”[2]这种“楚服”是怎样的？《汉书·叔孙通传》载：“通降汉王。通儒服，汉王憎之。乃变其服，服短衣，楚制，汉王喜。”[3]这两则史料有力地证明，楚人常穿之服即短衣。楚人为何爱穿短衣？著名历史学家吕思勉在《秦汉史》一书中认为，一是“南方天气较热，好美观者虽尚宽博，求适体者究宜窄，故日常服用”；二是楚人尚武，“用武而短服者也”。[4]因而，楚地“被裯服”之俗也就成为必然了。

而《楚辞·招魂》有：

> 坐堂伏槛，临曲池些。芙蓉始发，杂芰荷些。紫茎屏风，文缘波些。[5]

其意为：坐进厅堂中手扶在栏杆上，对面是曲折的池塘；池中的荷花刚开放，菱叶和荷叶映衬在中央；紫叶荇菜浮于水面，水上映起绿色波光。诗人别出心裁，将这一处园林水景描写得淋漓尽致。厅堂临水而筑，池面弯曲有度，小荷鲜蕾初绽，间有菱叶映衬，点点荇叶漂荡，紫茎随波引长，实为佳景。

此外，屈原的《九歌》与楚国祭祀歌舞具有密切的联系，反映了楚国大型祭祀歌舞的盛况。歌舞共分为十一章，完整统一，内容博大丰富。楚国祭祀歌舞的基本特征：一是载歌载舞，尤其这种祭祀是群体参与；二是祭祀过程中的歌舞活动按巫的不同角色分工来表演；三是以《九歌》为代表的楚国祭祀之中有模拟花草鸟兽鱼虫之舞。东汉王逸《九歌章句》所记：“昔楚国南郢之邑，沅、湘之间，其俗信鬼而好祠。其祠，必作歌乐鼓舞以乐诸神。”[6]而恩格斯明确指出：“舞蹈尤

① 屈原. 楚辞[M]. 陶夕佳，注译. 西安：三秦出版社，2009：132-133.

② 战国策[OL]. 殆知阁http://www.daizhige.org/史藏/志存记录/战国策-6.html.

③ 汉书[OL]. 殆知阁http://www.daizhige.org/史藏/正史/汉书-64.html.

④ 吕思勉. 秦汉史[M]. 上海：上海古籍出版社，2006.

⑤ 方飞. 楚辞赏析[M]. 乌鲁木齐：新疆青少年出版社，2000：151-165.

⑥ 洪兴祖. 楚辞补注[OL]. 殆知阁http://www.daizhige.org/诗藏/楚辞/楚辞补注-2.html.

其是一切宗教祭典的主要组成部分。”[①] 这种舞蹈在《九歌》中的《湘君》《湘夫人》《河伯》《山鬼》等篇中都能看到。更久远的当是原始人类为捕获更多动物而跳的巫术舞蹈，而这种巫术舞蹈具有鲜明的功利性。发展到楚国的祭祀歌舞，模拟花草鸟兽舞的功利色彩大大削弱，娱乐性则大大增强，尽管《九歌》所述依然是巫术祭祀歌舞，但楚文化“人神杂糅”的特点决定了楚国祭祀的游戏性特征，这种游戏性很大一部分就来自人们装扮成“花草鸟兽鱼虫”而舞。[②] 楚人视荷为香草仙物，《九歌》中的《湘君》《湘夫人》《河伯》都有荷的诗句。在祭祀中歌舞的表演形式，《湘夫人》是以女巫扮湘夫人独唱独舞，而《湘君》则由男巫扮湘君独唱独舞。当唱及“筑室兮水中，葺之兮荷盖”“芷葺兮荷屋，缭之兮杜衡”和“采薜荔兮水中，搴芙蓉兮木末”句时，则有众巫的群舞相配合。可见，若进行追根溯源，《九歌》中这种巫术祭祀歌舞，就是现代荷花舞的鼻祖。

第三节　荷衣蕙带：荷花与工艺

夏、商、周各代，生活在湖沼湿地的先民以掘藕摘莲充饥。从逐渐认知荷花到种植荷花，再将荷花的形态特征应用于装饰工艺，这是一个发展过程。到了战国时期，才有了莲花瓦当、莲鹤方壶等工艺品的出现。

一、建筑莲饰文化

夏商时期的建筑，根据殷墟遗址、妇好墓葬可知主要是土木结构。到西周时，洛邑王城位于今河南洛阳，遗址已荡然无存。据《周礼·考工记》载：“匠人营国，方九里，旁三门，国中九经九纬，经涂九轨，左祖右社，面朝后市，市朝一夫。”[③] 宫殿位于王城中央最重要的位置，将太庙和社稷挟于左右，说明了西周时期的君权已凌驾于族权、神权之上，中国宫殿的总体格局大体初定。

① 马克思，恩格斯. 马克思恩格斯选集（第四卷）[M]. 北京：人民出版社，1972：88.

② 郑永乐. 先秦两汉魏晋六朝舞蹈文学研究[D]. 中国艺术研究院，2004：17-28.

③ 孙诒让. 周礼正义[M]. 北京：中华书局，1987：3423-3428.

从陕西岐山凤雏和扶风二处出土的周朝遗址中发现有板瓦、筒瓦和瓦当。有了瓦当，瓦当上就有不同的纹饰，如龙纹、凤纹、兽纹和网纹等。直到战国时期，才出现莲瓣纹瓦当（图 3–3–1）。从陕西凤翔豆腐村采集的瓦当，“圆形，直径 14.3cm，当面中心圆上伸出五个莲瓣，莲瓣之间各有一个箭头状叶纹，丰满富丽”①。

图 3–3–1　陕西凤翔出土的战国瓦当

引自赵力光. 中国古代瓦当图典［M］. 北京：文物出版社，1998：154.

二、荷花与青铜器、陶器及漆器工艺

东周时期的工艺品技术，由新石器时代的陶器制造到夏商的青铜铸造有了一个大的飞跃。从全国各地出土的文物中，可看出这一时期青铜器、陶器、漆器等工艺的制作水平。

（一）莲瓣纹青铜铸造工艺

东周时期的青铜铸造工艺，经过殷商及西周 300 多年的发展变化，其冶炼技术和工艺水平已达到炉火纯青的程度。壶是重要的盛酒器，数量众多，形式各异。春秋中期至战国，大多数青铜壶有盖，盖顶附圈足形捉手或环形钮，部分壶盖周缘还有莲瓣形饰物。壶的双耳多为铺首衔环式。少数壶有提梁，并有短链与盖钮相连（图 3–3–2）。②

① 赵力光. 中国古代瓦当图典［M］. 北京：文物出版社，1998：154.

② 倪玉湛. 夏商周青铜器艺术的发展流源［D］. 苏州：苏州大学，2011：158–160.

A　　B

图 3-3-2　A. 莲瓣双龙耳方壶　B. 莲瓣双龙耳圆壶

A、B引自倪玉湛. 夏商周青铜器艺术的发展流源[D]. 苏州：苏州大学，2011：160.

椭方壶主要流行于春秋中晚期，由前期的同型壶演化而来。莲花纹主要以浮雕的形式表现，见于西周晚期铜方壶盖部造型，流行至春秋时期。[①] 如著名的莲鹤方壶，壶上有冠盖，器身长颈、垂腹、圈足。该壶造型宏伟气派，装饰典雅华美。壶冠呈双层盛开的莲瓣形，莲瓣中央立一鹤，展翅欲飞；壶颈两侧用附壁回首之龙形怪兽为耳；器物外表刻满了蜿蜒的蟠螭纹，四角各饰一条经翼寻缘的飑龙，器座为两条张口吐舌的巨虬。这种莲瓣造型成为时代流行的式样，成为时代观念和艺术精神的象征。以莲花为装饰纹样的平面图案出现于战国时期，见于河南卫辉山彪镇 M1 出土的鼎，其盖面中心饰有莲花瓣纹，作六瓣莲花形，上饰卷云纹，花瓣间饰六个倒三角纹。

1923 年在河南新郑李家楼郑公大墓内出土一对莲鹤方壶，现分别收藏于北京故宫博物院和河南博物院。方壶细腻新颖，且结构复杂、铸造精美，堪称是春秋时期青铜工艺的典范之作。在通高为 116cm、重 65kg 的器身上下，装饰了各种纹样以及附加的配件，设计极其复杂，整个装饰工艺中采用了圆雕、浅浮雕、细刻、焊接等多种技法。莲鹤方壶精湛的工艺，反映了春秋大变革时期的时代风貌，同时也展现了春秋时期郑国铸造业水平。[②] “从莲鹤方壶所表现的圣洁气度，可以看出时代变革对制作者的心理影响，它是在革新时代产生的典型青铜器之一，具有重要的审美价值。”[③]（图 3-3-3）。1999 年仿制的莲鹤方壶被国务院指定为

① 杨远. 透物见人：夏商周青铜器的装饰艺术研究[M]. 北京：科学出版社，2015：149-150.

② 同上。

③ 杜迺松. 东周青铜器研究[J]. 故宫博物院院刊，1994(3)：3-17.

外交礼品，专门赠送给外国总统、首相等国家领导人。

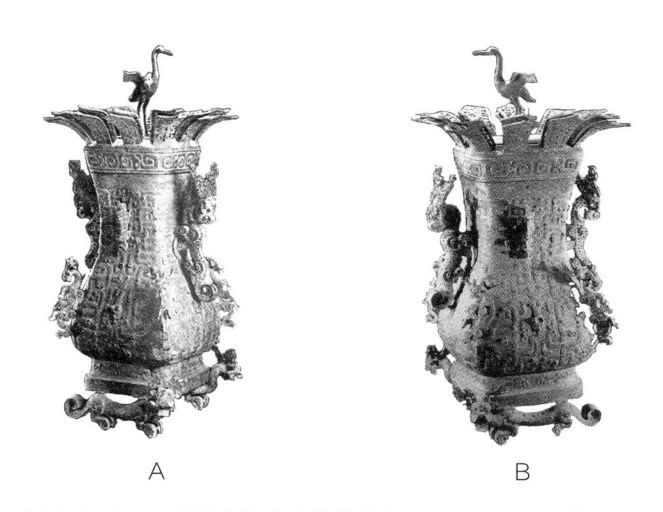

图 3-3-3　A. 河南新郑出土的莲鹤方壶（现藏于河南博物院）
　　　　　B. 河南新郑出土的莲鹤方壶（现藏于北京故宫博物院）

A引自向泽文. 河南博物院镇馆之宝“莲鹤方壶”维权纪实[J]. 中华商标，2014(4)：29；B引自中国国家博物馆编. 文物·中国春秋战国时代[M]. 香港：中华书局（香港）有限公司，2014：50.

（二）莲瓣纹陶器工艺品

荷花与天界隐晦的象征性关系，在先秦时期的楚地装饰纹样中就多有表现，其作为天界的象征图形，在传统装饰艺术中主要用于装饰器物的顶盖。1955 年在安徽寿县蔡侯墓出土的春秋时期蔡侯申方壶之壶盖部位，就装饰了荷瓣花纹；同墓出土的簋盖顶部，也装饰莲瓣纹。山西侯马地区东周墓中出土的陶壶，其盖上饰以直立而尖端向外展开的莲瓣图像，且春秋时期以莲瓣作壶盖装饰的做法非常流行。洛阳出土过一例旬君子壶（图 3-3-4 A）；1953 年洛阳烧沟 612 号战国墓中出土过彩绘陶（图 3-3-4 B）；湖北随州曾侯乙墓出土了一方座簋，其盖顶也作荷瓣纹；最典型的是湖北江陵望山出土的战国中期的陶方壶，其盖顶镂空成外移的荷瓣纹[①]。以上例子均说明春秋战国时期莲花在器物装饰上占有重要的地位。[②]

① 刘咏清. 楚国刺绣艺术研究[D]. 苏州：苏州大学，2012：103.

② 袁承志. 风格与象征——魏晋南北朝莲花图像研究[D]. 北京：清华大学，2004：30-32.

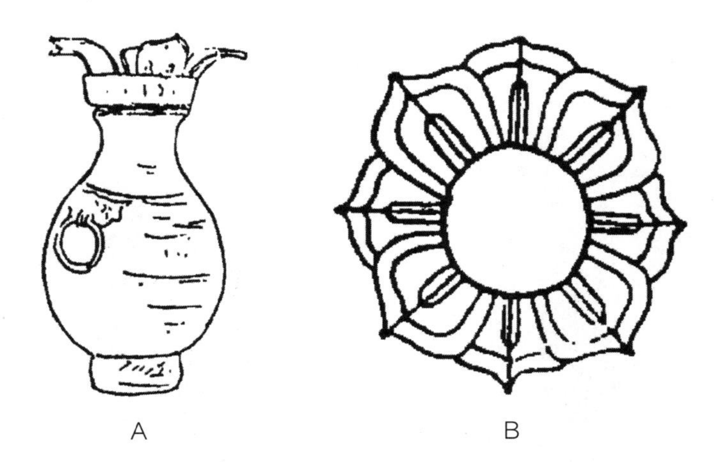

图 3-3-4　A. 洛阳出土的旬君子壶　B. 洛阳烧沟 612 号战国墓出土的莲瓣纹彩绘陶

引自袁承志. 风格与象征——魏晋南北朝莲花图像研究［D］. 北京：清华大学，2004：32.

（三）莲瓣纹漆器工艺

早在新石器时代，中国就已形成制漆工艺。浙江余姚河姆渡文化遗址出土的木胎漆碗，内外均有朱红色涂料，色泽鲜艳，造型美观，至今已有约 7000 年历史。到殷商时代，就出现了“石器雕琢，觞酌刻镂”的漆艺。漆工史上战国是一个有重大发展的时期，器物品种及数量大增，在胎骨做法、造型及装饰技法上均有创新。楚漆器既是立体的造型艺术，又是以漆、木为媒介的装饰彩绘艺术。[①]楚国盛产莲藕，为采莲之乡，而莲的形态为楚人制作漆器造型提供了素材。2000 年 2 月中旬，考古工作者在荆州市沙市区观音垱镇天星观村一组的天星观二号墓遗址上，发掘了一件战国时期的龙凤莲花彩绘豆遗存[②]（图 3-3-5 A），但对它的形状特征尚未具体描述。河南新郑李家村出土的彩绘莲花瓣陶豆，其口沿上有小圆孔 15 个，分布在口沿面一周，小圆孔上有弧面形状的莲花瓣。李家村出土的彩绘莲花瓣陶豆显然是对莲鹤方壶风格的继承[③]（图 3-3-5 B）。

① 张瑞瑞，王欣. 楚漆器造型风格及装饰特点初探［J］. 湖北社会科学，2005（7）：164-165.
② 荆州市博物馆. 湖北省荆州市天星观二号墓发掘简报［J］. 文物，2001（9）：4-21.
③ 周剑. 郑、韩文化比较初探［J］. 巢湖学院学报，2014，16（1）：89-93.

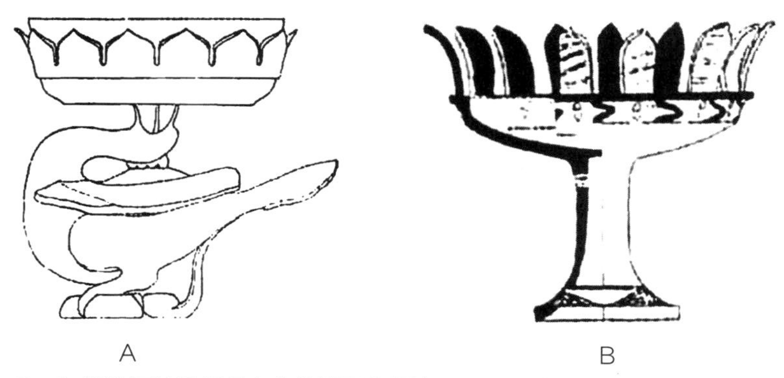

图 3-3-5　A. 湖北江陵天星观出土的战国莲花漆豆　B. 河南新郑出土的东周彩绘莲花陶豆

引自邵学海. 楚文化研究的一个重大问题——对“佛像入楚”的再质疑[J]. 学术界(双月刊), 2003(4): 100.

三、荷花与服饰文化

春秋战国时期，周天子的权力日趋衰微。“春秋五霸”“战国七雄”先后崛起，在服饰方面逐渐形成各自特色。楚国地处长江流域，从湖北江陵马山一号楚墓出土的战国中期服饰实物，有绢、罗、锦、纱、絛等各种衣物十余件，这些为目前所见最早的服饰实物。用荷饰衣裳，在楚墓出土文物中未见实物；而屈原的“制芰荷以为衣兮，集芙蓉以为裳”，是指印染或绘绣着荷花、荷叶一类图案的短衣。在服饰的色彩方面，楚人的衣着颜色富有变化，花纹艳丽繁缛，令人叹为观止。中原地区的衣服虽然也有朱、黄、绿、紫等色，但主要还是以黑色为主。可以说，楚人的服装色彩明显鲜艳丰富得多，颜色搭配也自由得多。

当时楚人信巫，而视荷为仙物，《楚辞·少司命》中形容为“荷衣兮蕙带，倏而来兮忽而逝”。[①] 少司命是掌管人间生儿育女的天神，神仙穿着用荷叶制作的服饰，飘往于云天外，真是悠然自在。《楚辞·九辩》中“被荷裯之晏晏兮，然潢洋而不可带”中[②]，“裯”指短衣。地处南方的楚国，天气较热，习惯穿短衣以求舒适。还有《墨子·明鬼下》云：“鲍幼弱，在荷襁之中。”[③] 荷襁是指包裹小儿的衣被。

①② 楚辞[OL]. 国学导航http://www.guoxue123.cn/jijijibu/0101/01cc/001.htm, http://www.guoxue123.cn/jijijibu/0101/01cc/007.htm.

③ 墨子. 墨子 · 明鬼下[OL]. 古诗文网http: //www.gushiwen.org/guwen/mozi.aspx.

“在楚文化考古出土的刺绣品植物纹中，荷花也是特征非常明显、楚人热衷于表现的题材之一”①。在楚国刺绣艺术的表现中，常将荷花和凤鸟组合在一起，它们共同的神性是“信巫鬼、重淫祀”的楚人关注、谛视、凝想的永恒对象，同时也是他们“天人相通”的美好生活理想的精神追求（图 3-3-6 A、B）。

此外，1992 年在山西曲沃晋国 M63 墓葬中出土了晋侯夫人佩戴的项饰，此项链由玛瑙珠和莲瓣形牌饰所组成。先秦时期，诸侯国夫人佩戴的项饰各式各样，通常项饰要与服饰相配才显华丽富贵，乃地位的象征。②

A

B

图 3-3-6　A. 楚地考古出土的刺绣品莲纹复原图之一　B. 楚地考古出土的刺绣品莲纹复原图之二

A、B引自刘咏清. 楚国刺绣艺术研究[D]. 苏州：苏州大学，2012：102.

第四节　碧藕素莲：荷花与食饮

中国的食饮文化灿烂悠久，源远流长。夏商过于久远，无相关史料。到两周时，南方的农业迅速发展，莲藕的种植、加工、贮藏等技术都达到了当时先进的水平。

① 刘咏清. 楚国刺绣艺术研究[D]. 苏州：苏州大学，2012：102-103.

② 吴爱琴. 先秦服饰制度形成研究[D]. 郑州：河南大学，2013：99.

一、两周的荷花种植

周继商后，农业气候环境发生着显著的变化。周代的气候经历了一个由周初的温暖，到之后约二百年的寒冷，再到春秋战国时期的温暖的变化过程[①]。暖湿的气候更适合荷花等水生植物的生长和繁衍。

西周有关荷花种植的情况，见诸传说。周穆王即位三十二年，巡行天下。据《拾遗记》载，一次，“时已将夜，王设长生之灯以自照……有冰荷者，出冰壑之中，取此花以覆灯七八尺，不欲使光明远也。西王母乘翠凤之辇而来……又进洞渊红花，嵰州甜雪，昆流素莲，阴岐黑枣，万岁冰桃，千常碧藕，青花白橘。素莲者，一房百子，凌冬而茂”。“生碧藕，长千常，七尺为常也。条阳山出神蓬，如蒿，长十丈”。[②]文中的“冰荷”“素莲”“千常碧藕”“一房百子”，并不可信，但都是以荷、莲、藕来说事。

《诗经》是我国最早的一部诗歌总集，它首次记载了荷花生长的情况。据《郑风·山有扶苏》“山有扶苏，隰有荷华”，[③]反映古时河南新郑沼泽湿地众多，有利于荷花的繁衍。而《陈风·泽陂》“彼泽之陂，有蒲与荷”，[④]表达了今河南淮阳、柘城及安徽亳州一带的荷花自然生态环境。

《逸周书》记载：“鱼龙成则薮泽竭，薮泽竭则莲藕掘。”[⑤]真实地反映了当时生活在湿沼一带的人们已了解和掌握了莲藕（荷花）的生长习性及种植技术，也证实当时农业气候环境有利于莲藕的生长。

春秋战国时期，地处长江沿岸的楚、吴、越列国，由于气候环境温暖湿润，农业也迅速发展。春秋中后期、战国前期楚国经济和文化发达，尤其是经济之繁荣，位居各国前列。这也给当地的农作物及莲藕生产带来可喜的收成[⑥]。湖北江陵雨台山楚墓中出土数粒菱角、莲子遗存；湖北荆门包山二号墓出土两竹笥共 12 节藕及百余颗菱角遗存，还有水生植物果实如菱角、莲子、藕遗存；湖南临澧九里楚墓出土藕、甜瓜子等遗存；湖北江陵雨台山古墓群出土菱角、莲子和湖北荆

① 竺可桢．中国近五千年来气候变迁的初步研究[J]．考古学报，1972(01)：15-38.
② 王嘉．拾遗记[M]．北京：中华书局，1981：65，66.
③ 程俊英．诗经译注[M]．上海：上海古籍出版社，1985：152-153.
④ 程俊英．诗经译注[M]．上海：上海古籍出版社，1985：248-249.
⑤ 黄怀信，张懋镕，田旭东．逸周书汇校集注（下）[M].上海：上海古籍出版社，2007：1248-1249.
⑥ 林奇．楚墓中出土的植物果实小议[J]．江汉考古，1988(02)：63-66.

门包山楚墓出土藕、菱角等遗存[①]。

比较分析出土的植物果实和现在的果实，可发现两千多年来楚地境内的地理气候环境与现在相比没有什么变化。有古云梦泽国之称的今湖北及湖南，江河密布，湖港沟连，故春秋战国楚墓中出土了藕、莲子、菱角等水生植物食物遗存。分析楚墓出土的植物果实遗存，部分属于野生，也有一部分是人工种植。莲子、藕、菱角无疑是野生的，因为藕细而长，节粗大，纤维多，属野藕，菱也不是家菱。随葬的藕分六节、分两层排列放于长约 30cm、高约 6cm、宽约 20cm 的竹笥中，荸荠的形状比较完整，枣的形状饱满圆实，栗子和菱角除呈黑色外，形状也一点没有变化。柿、梨等肉质已腐烂，但从籽实的排列位置看，好像放进的鲜果。既然这些植物食品下葬时都是新鲜的，在墓里存放数千年不腐蚀，可见楚人在保存食物上还有我们没有想象到的先进方法。

二、荷食文化

“西周时期，中原地区的人民普遍爱吃莲藕。……莲藕既可当水果吃，又可烹饪成佳肴，还可以做粥饭和制成藕粉”[②]。据《周礼·天官冢宰·笾人》记载，周王用膳除肉、鱼之外，还有“加笾之实，菱、芡、㮚脯……”[③]这些进献的菱角、芡实、栗子等食物就是蔬菜，也为周王所爱。其实，莲藕和菱角、芡实一样，也是周人重要的菜蔬之一。《逸周书》中就记载有“冬食菱藕”之句。[④]冬季处于农闲季节，湿沼湖塘的水位退却，古人可随时下湖采挖莲藕。可见，莲藕已成为先民的一种食用蔬菜了。

春秋战国时代，地处长江流域的楚国，因气候环境温暖湿润，又加上当时耕具改革，农业迅速发展。1987 年在湖北荆门包山二号楚墓出土的莲藕遗存，经鉴定为莲的根茎（藕鞭）。[⑤]楚地出土的植物遗存中，莲藕、莲子等是常见之物，这说明楚地盛产莲藕，楚人普遍以莲藕为食。至今，湖北孝感、洪湖、仙桃一带仍盛产莲藕，有喝莲藕汤的习惯。

---

① 王传明. 山东高青陈庄遗址炭化植物遗存分析[D]. 济南：山东大学，2010.

② 徐海荣. 中国饮食史·卷二[M]. 杭州：杭州出版社，2014：19.

③ 孙诒让. 周礼正义[M]. 北京：中华书局，1987：387.

④ 太平御览[OL]. 殆知阁http://www.daizhige.org/子藏/类书/太平御览-935.html.

⑤ 湖北荆沙铁路考古队. 包山楚墓发掘简报[J]. 文物，1988（05）：8-9.

春秋战国时期，古人对食物的保藏和管理有着较成熟的方法及措施。据徐海荣主编《中国饮食史》所记，一是冰藏法，如《诗经·豳风·七月》曰：“二之日凿冰冲冲，三之日纳于凌阴。”[①] 意指腊月把冰块击捣，正月里再将冰块藏于冰窖。二是井藏法，《拾遗记》云：“范蠡相越……收四海难得之货，盈于越都……如山阜者，或藏之井堑，谓之宝井。”[②] 范蠡是楚国人，将楚地所使用的井藏法带到越国。这在 1975 年和 1979 年湖北江陵发现公元前三、前四世纪的井窖的考古工作中得到证实。除冰藏法和井藏法外，还有干藏法、薰藏法和盐渍法。[③] 可见，在湖北、湖南、河南等地出土的楚墓中，发现莲藕、莲子、芡实、菱角等水生植物的根茎及种子等遗存保存尚好，这与当时的保藏措施和方法有一定的关联。

第五节　彼泽之陂：荷花种植与应用

夏、商未见荷花的史料记载。据《许州志》载，临颍西南莲花池，池上有看台，相传为商代时纣王与妲己的观莲处。[④] 西周到战国时期，荷花的种植技术及其在园林中的应用都有很大的提高和发展。

一、夏商时期荷花种植及应用

通常园林与住宅建筑有一定的关联。李济曾推测殷商时期建筑状况，认为“有沼泽、园囿之可能”[⑤]，那么，园林沼泽中引种或自然野生荷花等水生植物就更有可能。殷商时期是奴隶社会，奴隶主居住的建筑环境，有条件辟筑园囿种植稻、麦、蔬菜等作物，而沼泽引种莲藕、菱角、芡实、香蒲也是在情理之中的事。

“中国古典园林的雏形起源于商代，最早见于文字记载的是‘囿’和‘台’，

① 毛诗［OL］. 国学导航http://www.guoxue123.cn/jinbu/0101/03ms/000.htm.

② 王嘉. 拾遗记［OL］. 国学导航 http://www.guoxue123.com/zhibu/0401/01syj/009.htm.

③ 徐海荣. 中国饮食史·卷二［M］. 杭州：杭州出版社，2014：233-239.

④ 陈旸. 中华莲闻博览［M］. 广州：花城出版社，2006：44.

⑤ 李光谟. 李济与殷墟考古［J］. 殷都学刊，1989（3）：11-15.

时间在公元前 11 世纪，也就是奴隶社会后期的殷末周初。”①

司马迁《史记》曰：“益广沙丘苑台，多取野兽蜚鸟置其中。”②商纣称帝时，爱好蓄养珍奇动物，扩建园林，增设亭台楼阁，将野兽和飞鸟放进园里。可见，商后期的帝王园林已具有一定规模。

又据《诗经·郑风·山有扶苏》：“山有扶苏，隰有荷华。”③“从地理位置上讲，郑国处于殷商文化的中心区域，其深受殷商文化之浸淫自不待言。”④而《诗经·陈风·泽陂》曰：“彼泽之陂，有蒲与荷。”⑤意指池塘周围筑起堤岸，池中的香蒲伴生着艳丽的荷花。诚然，筑有堤的荷塘，就意味着出现“园”“囿”一类的园林，而不是自然野生的荷花景观⑥。可西周之后高温期结束，洪水逐年减少，随之进入了干凉时期。由此可见，筑有堤的荷塘很有可能是夏商时代所遗留的；换言之，殷商时期就出现了赏荷园林的雏形。

二、比较同时期世界文明古国的荷花应用

由于殷商时期无相关文字史料，我们只能从住宅建筑设计中探讨这一时期的园林水景，有了园林水景才可讨论荷花应用的可能性。为此，我们再比较一下殷商时期前后的古埃及、亚述、古印度等世界文明古国，其荷花在园林水景中应用的情况。公元前 1500 年至公元前 1000 年，荷花、睡莲等水生植物在尼罗河、恒河和西亚两河文明古国的园林中均得到应用⑦。约公元前 1450 年，埃及（北非）王国处于鼎盛时期，国王或贵族、豪富人家的庭院盛行布置水池，并在池内种植睡莲、纸莎草等多种水生植物来美化庭院（图 3-5-1）。

---

① 周维权. 中国古典园林史 [M]. 北京：清华大学出版社，2008：40-45.

② 史记 [M]. 沈阳：万卷出版公司，2008：42-47.

③ 程俊英. 诗经译注 [M]. 上海：上海古籍出版社，1985：152-248.

④ 马银琴. 两周诗史 [M]. 北京：社会科学文献出版社，2006：395-401.

⑤ 同③。

⑥ 马银琴. 两周诗史 [M]. 北京：社会科学文献出版社，2006：403-409.

⑦ 英国尤斯伯恩出版公司. 尤斯伯恩彩图世界史 • 古代世界 [M]. 姚乐野，译. 成都：成都地图出版社，2001：44-45.

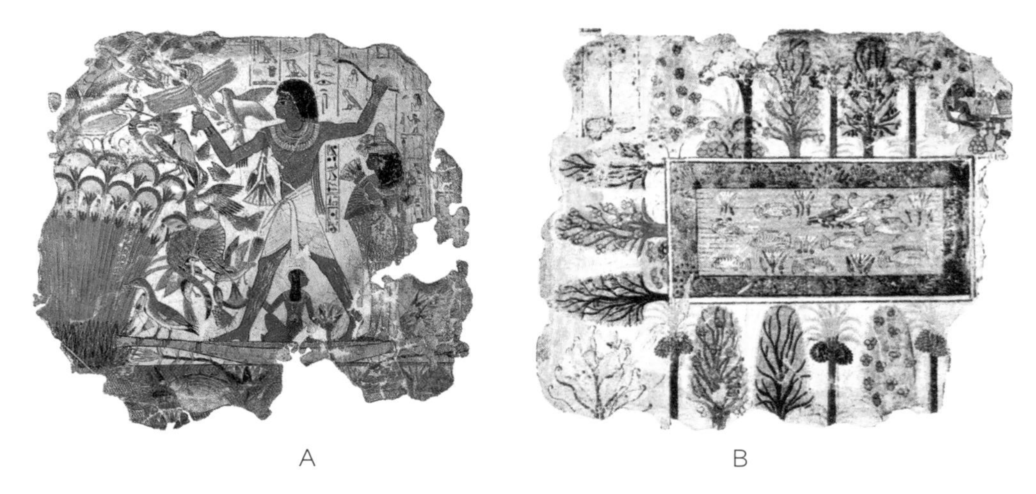

图 3-5-1 A. 埃及陵墓壁画中的睡莲和纸莎草 B. 古埃及贵族庭院水池盛开的莲花和鸟鱼

A引自《图说天下》编委会. 古埃及探秘[M]. 长春：吉林出版集团有限公司，2009：86；B引自《图说天下》编委会. 古埃及探秘[M]. 长春：吉林出版集团有限公司，2009：107.

两河流域文明即位于中亚地区底格里斯河和幼发拉底河之间的美索不达米亚平原（今伊拉克境内）的文明。大约公元前 4000 年苏美尔人就定居美索不达米亚平原。从公元前 2900 年开始，经历了苏美尔、阿卡德、巴比伦、亚述等王朝的更替。到亚述帝国时期，莲花图案大量应用于王宫建筑、雕塑中（图 3-5-2）。“公元前 800 年，美索不达米亚，一片长满红莲花的沼泽地里，一头凶猛无比的母狮扑向一个强壮的黑人。母狮咬住黑人的颈部贪婪地吸血，它的眉心上，象征森林王者的一块宝玉熠熠闪光，似乎在夸耀胜利者的得意。”[①] 在 2000 多年前遥远的古西亚，雕塑家用牙雕将这个令人惊心动魄的情景记录下来。牙雕作品用象牙、黄金与蓝宝石、红宝石镶嵌搭配，栩栩如生地描绘了红莲的美丽风姿和猛狮的残忍天性（图 3-5-3）。

① 尚永琪. 莲花上的狮子 • 内陆欧亚的物种、图像与传说[M]. 北京：商务印书馆，2014：2-3.

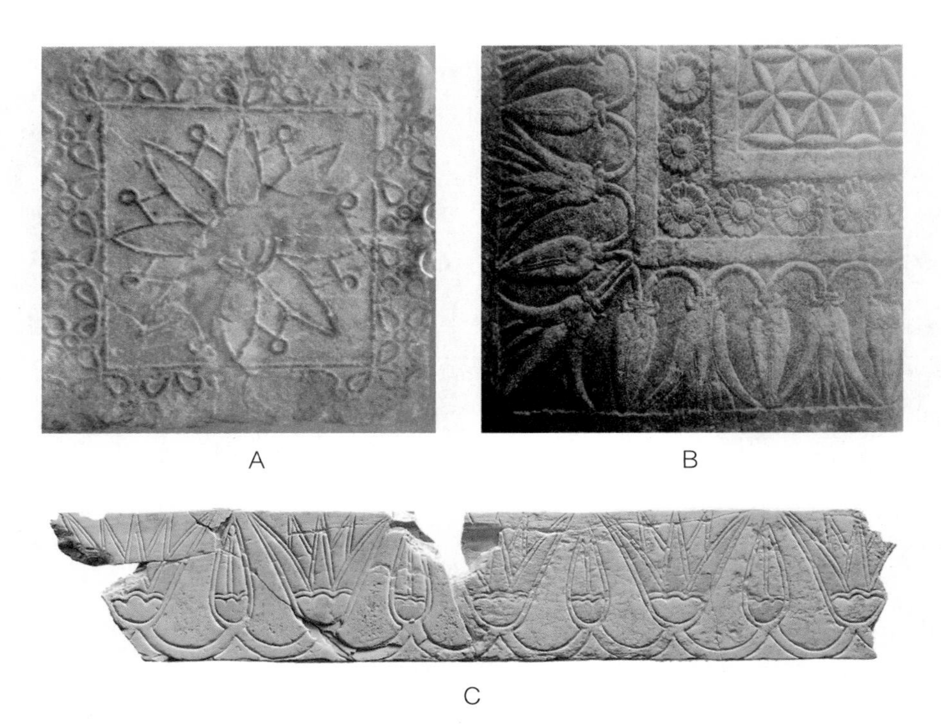

图 3-5-2　A. 美索不达米亚时期纳布神庙的莲纹砖　B. 约公元前 9 世纪至公元前 7 世纪亚述尼姆鲁德古城遗址的莲饰砖　C. 约公元前 9 世纪至公元前 8 世纪尼姆鲁德皇家建筑中刻有莲花和莲蕾的饰纹

A引自于殿利.巴比伦与亚述文明［M］. 北京：北京师范大学出版社，2013：498；B引自孙霄兵.人类莲花文明［M］. 北京：中国财富出版社，2017：272；C引自The Met［OL］. https://www.metmuseum.org/art/collection/search/325874.

图 3-5-3 《红莲与凶猛之狮》牙雕

引自尚永琪. 莲花上的狮子 • 内陆欧亚的物种、图像与传说［M］. 北京：商务印书馆，2014：3.

古印度文明最早在印度河流域兴起，也是人类最古老的文明之一。古印度属热带季风气候，也是荷花的原产地。如著名史诗《摩诃婆罗多》曰："池塘散发着阵阵莲香，池里还有各式各样的珍禽，盛开的荷花景色美丽如画，水中的游鱼和龟鳖更为这美景增色。"① 古印度宗教林立，最早的婆罗门教及后发展起来的印度教、佛教、耆那教等，都视荷花为圣花，且顶礼膜拜。至今，荷花仍是印度的国花（图 3–5–4）。

A　　B　　C

图 3–5–4　A. 古印度荷与鸭绘画　B. 古印度宫廷荷花舞蹈　C. 古印度莲花舞

引自毗耶娑. 摩诃婆罗多[M]. 金克木，赵国华，席必庄，译. 北京：中国社会科学出版社，2005. 插页图版.

以上比较，也为我们推测荷花在殷商时期就已应用于园林提供了理由。其一，当时的气候环境温暖湿润，有利于荷花的生长繁衍。其二，在殷商前后的世界文明古国中，埃及、亚述、印度等文明古国就已将荷花和睡莲布置于园林水景中，而与世界文明古国同时代的商王朝，也有"囿"和"台"的记载。其三，盘庚迁都后，商代的政治、经济和文化都有了比较迅速的发展，武丁时期达到了商代后期的极盛时期。国家繁荣，生活富足，社会稳定，当时的奴隶主贵族们就会有条件创造"园""囿"之类的园林来丰富文化生活。因而，在园囿或沼泽中种植（或野生）荷花用来观赏是有可能的。

① 毗耶娑. 摩诃婆罗多（一）[M]. 金克木，赵国华，席必庄，译. 北京：中国社会科学出版社，2005：343.

三、春秋吴王的玩花池

有了人工种植荷花，也就有了荷花在园林中的应用。传说中春秋时期吴王夫差的玩花池种植荷花供宠妃西施欣赏，这可算得上是我国最早的荷花专类园了。“栽培荷花供观赏，最初出自帝王的享乐需要，如 2500 年前吴王夫差为宠妃西施欣赏荷花，在太湖之滨的灵岩山（今江苏苏州）离宫修‘玩花池’，移种太湖的野生红莲，是人工砌池栽荷专供观赏的最早实例。”①这是 20 世纪 80 年代著名荷花专家王其超和张行言教授通过实地考察所得出的结论。

2002 年 4 月和 2009 年 7 月，笔者按王、张教授提供的线索，曾两度赴苏州木渎镇灵岩山观察玩花池遗址。玩花池的大小约 11.5 米见方，深 2 米左右；池中筑有石台，台上筑带有莲花座的宝葫芦。后来，有人修缮石台，并在石台西侧刻有“无量寿幢”四字。修缮后的玩花池焕然一新。如今，西施当年赏荷的盛景已不可寻觅，唯有一池绿水，随着清风，泛起阵阵涟漪（图 3–5–5）。笔者认为，吴王夫差筑“玩花池”植荷供西施欣赏，仅凭主观判断而无确凿的史料证实，难以置信。

图 3–5–5　传说中春秋时期吴王夫差所筑玩花池遗址

引自李尚志. 荷文化与中国园林［M］. 武汉：华中科技大学出版社，2013：14.

① 王其超，张行言. 荷花［M］. 上海：上海科技出版社，1998：1–16.

关于传说中玩花池的修建背景，史料中亦有零星记述。唐时陆广微在《吴地记》中，记载了泰伯十九世孙寿梦（前620—前561年）在苏州修建了吴国最早的帝王苑囿夏驾湖：“夏驾湖，寿梦盛夏乘驾纳凉之处，凿湖池，置苑囿。”[①]夏驾湖在现苏州古城西部吴趋坊一带，在寿梦之后，亦为阖闾、夫差游乐之所。北宋时，杨备有《夏驾湖》诗：“湖面波光鉴影开，绿荷红芰绕楼台。可怜风物还依旧，曾见吴王六马来。”[②]记述了夏驾湖的莲花景致。南宋时，此湖大概已不复存在。而范成大《吴郡志》云：“夏驾湖，在吴县西城下。吴王寿梦避暑驾游于此，故名。今城下但存外濠，即漕河也。河西悉为民田，不复有湖。”[③]苏州自春秋时期种莲起，至近代古城区以莲、荷命名的地名前后存有十二处。在现今司前街南端东侧三多巷的地段，古为一个大的莲花池，旧称“采莲泾”，清代顾震涛的《吴门表隐》与民国李根源的《吴县志》都曾记述，相传“吴王使美人采莲于此”[④]（图3-5-6）。

图3-5-6 《泛舟赏莲图》

引自何恭上. 荷之艺[M]. 台北：艺术图书公司，2001：13.

① 陆广微. 吴地记[M]. 南京:江苏古籍出版社. 1986：35-36.

② 姜光斗. 以论北宋七绝能手杨备[J]. 无锡南洋学院学报，2003(3)：75-78.

③ 范成大. 吴郡志[M]. 南京：江苏古籍出版社，1986：531-532.

④ 苏迷. 唐宋年间苏州的莲[OL]. 个人图书馆http://www.360doc.cn/article/5701732_435223720.html.

除了吴王的玩花池，《楚辞》也有“坐堂伏槛，临曲池些。芙蓉始发，杂芰荷些。紫茎屏风，文缘波些”① 的描述，那厅堂临水而筑，池面弯曲有度，小荷现蕾初绽，间有菱叶映衬，点点荇叶漂荡，紫茎随波引长，是一幅静谧优雅的园林水景图（图 3-5-7）。

图 3-5-7 “坐堂伏槛，杂芰荷些”

引自李尚志. 荷文化与中国园林［M］. 武汉：华中科技大学出版社，2013：26.

① 方飞. 楚辞赏析［M］. 乌鲁木齐：新疆青少年出版社，2000：151-165.

第四章 Chapter Four

荷文化初盛期

（秦、汉及魏、晋、南北朝）

第一节　概　说

秦统一后，设立了太乐和乐府掌管乐舞，但国祚不足十五年，加之秦末战火破坏，未留下咏荷相关文字。汉承袭秦的乐府机构，其内容也不断扩充和发展。汉乐府派人采集民间歌谣进行整理，配以乐舞供帝王享用。其中《相和歌·江南》“江南可采莲，莲叶何田田”反映了江南采莲的劳动生活情景。魏晋南北朝清商乐传播到江南，对江南民间的《吴歌》和《西声》产生重大影响，成为咏荷诗歌的繁荣时期。秦汉到南北朝的赋体文学异常活跃，是这一时代的特征。大赋家司马相如的《子虚赋》和《上林赋》均描述了荷花的自然生态及景观。而张衡的《东京赋》、张奂的《芙蓉赋》残篇，及魏晋曹植的《芙蓉赋》与《洛神赋》、闵鸿的《芙蓉赋》及《莲华赋序》、夏侯湛的《芙蓉赋》、潘岳的《莲花赋》等，把莲的艳美和高洁渲染到极致。

道教和佛教都视莲（即荷花）为圣花。道教以老子之“道”为最高信仰，以长生成仙为终极，托莲转世或食莲成仙，说明道教以莲作为得道的象征。而佛教在传播佛经的同时，也渲染莲“处于浊世，当如莲华，不为泥污”之教义。佛教与道教既相互排斥，又互相吸收，对莲的推崇即是一例。

秦汉时期的饰荷工艺在不断扩展丰富，到了魏晋南北朝，因受佛教的影响，饰荷工艺发展到一个高潮。这一时期的饰荷工艺主要应用于建筑（如藻井、梁、柱、墙壁等）装饰及瓦当、尊等。荷饰工艺不仅用于建筑，服饰方面也应用广泛。如“秦始皇令三妃九嫔，当暑戴芙蓉冠子”，帝王提倡，平民跟风，饰荷之风气普遍盛行。而此时兴起的一种“卷荷帽”更说明人们对荷花的由衷热爱。

秦汉时期的食物基本构成，仍沿袭着前朝的习惯。从食源分析，主要有植物性食物和动物性食物，植物性食物包括谷物、薯类、豆类、水果及蔬菜等；而动物性食物包括肉类、鱼类、蛋类及奶类等，其中莲藕归属蔬菜和水果类。因南方盛产莲藕，故这里的居民有食用莲藕的习俗。长沙马王堆汉墓出土近十片莲藕遗存，就是最好的实证。东汉《神农本草经》中记载了莲藕这种药食同源的食物，具有强身保健、延年益寿的功效。据长沙马王堆出土随葬遣策记有“鰿禺肉巾羹”“鲜鱯禺鲍白羹”，可知汉代人对莲藕的食用和药用的功能已十分清楚。南朝流传“荷叶包饭”的故事，也反映了南朝用荷叶包裹米饭已成为一种习俗。

荷花在水景中的应用始于皇家园林，汉代太液池中种植有荷花、菱茭等水生植物，两汉帝王嫔妃常游太液池，乘舟赏莲。到魏晋南北朝时，皇家园林建筑规模广阔，气势恢宏，因势诱导引水筑池，池中植荷造景，其景色秀美，清香飘逸，舒适宜人。此时莲藕种植技术也逐渐提高。如王羲之《柬书堂帖》中称“弊宇今岁植得千叶者数盆，亦便发花，相继不绝，今已开二十余枝矣”[①]，可见东晋的荷花已由池塘种植发展到盆植或缸植。

这一时期私家园林、文人园林及寺庙园林普遍兴起，大部分园林都筑有水景，有水便可植荷。如西晋石崇的金谷园，金谷水萦绕穿流其间，鸟鸣幽谷，鱼跃荷池，莲香绕岸的景色名满天下。南朝梁代时任湘东王的萧绎在江陵营建湘东苑，在其苑中专筑芙蓉堂，暑气袭来，荷风阵阵，临芙蓉堂前赏荷，令人顿感神清气爽，舒畅开怀。南朝几乎到了无园不植荷的地步，如谢朓、江淹、沈约、孙玚等名人的私园均有荷景。南北朝佛教盛行，植荷在寺庙园林中的应用更为普遍。而始于汉代的荷花插画，也是在佛前供花的影响下才得以迅速发展。

① 严可均．全上古三代秦汉三国六朝文［M］．北京：中华书局，1958：1608.

第二节　江南采莲：荷花与文学

一、荷花与乐府诗

秦代设立了太乐和乐府。据唐代杜佑《通典·职官七》中“秦汉奉常属官有太乐令及丞，又少府属官并有乐府令、丞”[①]可知，秦代太乐掌管宗庙祭祀所用舞乐，乐府则掌管供皇帝享乐用的世俗舞乐。1976年于秦始皇陵附近出土秦代编钟一枚，上镌秦篆“乐府”二字，也有力地证明了乐府最迟设立于秦代。乐府的任务就是收集编纂各地民间的各类歌谣，经乐官加以整理改编后，进行演唱及演奏等。但秦代国祚不足十五年，加之战火破坏，有关荷花的诗歌没有流传下来。

汉代沿袭了秦的乐府机构，据《汉书·礼乐志》云：“至武帝定郊祀之礼……乃立乐府，采诗夜诵，有赵、代、秦、楚之讴。以李延年为协律都尉，多举司马相如等数十人造为诗赋，略论律吕，以合八音之调，作十九章之歌。以正月上辛用事甘泉圜丘，使童男女七十人俱歌，昏祠至明。”[②]乐府自武帝至成帝期间的一百多年里，人员多达八百余人，成为一个规模庞大的音乐机构。其职能在武帝时得到了进一步强化，除组织文人创作朝廷所用的歌诗外，还广泛搜集各地歌谣。许多民间歌谣在乐府演唱，得以流传下来。文人所创作的乐府歌诗也不再像《安世房中歌》那样仅限于享宴所用，还在祭天时演唱。到了哀帝登基，才下诏罢乐府官，大量裁减乐府人员，所留部分划归太乐令统辖。此后西汉再无乐府建制。

降至东汉，朝廷管理音乐的机构，分为太予乐署和黄门鼓吹署。太予乐署的行政长官是太予令，相当于西汉的太乐令，隶属于太常卿；而黄门鼓吹署的行政长官，由承华令掌管，隶属于少府。黄门鼓吹之名西汉就早已有之，它和乐府的关系非常密切。由承华令掌管的黄门鼓吹署为天子享宴群臣提供歌诗，实际上发挥着西汉乐府的作用。

据宋代郭茂倩编撰的《乐府诗集》，汉乐府歌辞分为：郊庙歌辞、鼓吹曲辞

① 杜佑.通典[OL]. 殆知阁http://www.daizhige.org/史藏/政书/通典-51.html.
② 汉书[OL]. 殆知阁http://www.daizhige.org/史藏/正史/汉书-21.html.

和杂曲歌辞。这些歌辞都是配乐演唱的诗歌。其中，相和歌辞的音乐多是汉代在“街陌谣讴”的基础上，继承先秦楚声等传统而形成，主要在官宦巨贾宴饮、娱乐等场合演奏，也用于宫廷的元旦朝会与宴饮、祀神乃至民间风俗活动等场合；特点是歌者自击节鼓与伴奏的管弦乐器相应和，并由此而得名。相和歌辞所用的宫调，主要有瑟调、清调、平调三种，当时俗称宫调、商调、角调，统称为相和三调或清商三调，简称为清商乐。

魏晋南北朝的清商署，由两汉时期的乐府演变而来。汉魏时曹魏父子对清商乐酷爱无比。据《三国志·武帝纪》裴松之注引《曹瞒传》载：“太祖（曹操）为人佻易无威重，好音乐，倡优在侧，常以日达夕。”曹丕称帝后，干脆把清商乐独立出来，正式设立以女乐为主的清商署，以取代东汉的黄门鼓吹署。其后，西晋武帝司马炎对清商乐也情有独钟，他不仅继承和保留了曹魏时的清商署，且灭吴后还将收纳的五千名多才多艺的美貌吴姬充实其中，进一步加强和壮大了清商乐的实力。

东晋南迁，清商乐传播到江南，对江南民间的“吴声”和“西曲”产生了重大影响，形成南朝的所谓“新声”。这样，清商乐既囊括了汉魏以来北方流行的“中原旧曲”，又包括江南发展起来的“新声”。南北朝时期流行的清商乐，实际上是汉魏以来相和歌、相和大曲、清商三调和“吴声”“西曲”等流行通俗乐的总称。

以上这些由官署收集整理的民歌和文人的仿作，统称为乐府诗。宋人郭茂倩的《乐府诗集》是一部收录历代各种乐府诗最为完备的重要总籍。他将历代乐府诗分为郊庙歌辞、燕射歌辞、鼓吹曲辞、横吹曲辞、相和歌辞、清商曲辞、舞曲歌辞、琴曲歌辞、杂曲歌辞、近代曲辞、杂歌谣辞和新乐府辞等十二大类；其中咏荷（或莲）诗主要集中在相和歌辞、清商曲辞两类。这些诗不仅可用乐器演唱，还能以舞蹈表演。

汉代流传较广的有《江南》咏①：

江南可采莲，莲叶何田田，鱼戏莲叶间。
鱼戏莲叶东，鱼戏莲叶西，鱼戏莲叶南，鱼戏莲叶北。

此诗为汉代民歌，《相和歌辞·相和曲》之一，可算得上是江南采莲诗的鼻

① 郭茂倩. 乐府诗集[M]. 北京：中华书局，1979：384.

祖。诗中大量运用重复的句式和字眼，表现了古代民歌朴素明朗的风格。闻一多认为[①],《江南》中"'莲'谐'怜'声，是隐语的一种，这里是用鱼喻男，莲喻女，说鱼与莲戏，实等于说男与女戏"。可见,《江南》是一首情歌。

南梁萧统选编《昭明文选》中将汉代十九首深受乐府诗影响的五言诗辑为一组，称作"古诗十九首"，其中之一的《涉江采芙蓉》也吟咏了采莲的情形：

涉江采芙蓉，兰泽多芳草。采之欲遗谁，所思在远道。
还顾望旧乡，长路漫浩浩。同心而离居，忧伤以终老。[②]

诗中借助他乡游子和家乡思妇采集芙蓉来表达相互之间的思念之情，与《江南》"江南可采莲，莲叶何田田"的景象有异曲同工之妙。

曹丕有乐府诗《秋胡行》，以夏季荷景为起兴，运用由远至近、由景及情的手法，用虚拟之笔描述了少女的美好，用池中亭亭玉立的红莲烘托少女那娇羞迷人的神情。诗云：

泛泛绿池，中有浮萍。寄身流波，随风靡倾。
芙蓉含芳，菡萏垂荣。朝采其实，夕佩其英。
采之遗谁，所思在庭。双鱼比目，鸳鸯交颈。
有美一人，婉如清扬。知音识曲，善为乐方。[③]

而"朝采其实""采之遗谁"也明显是在描述采莲的过程。

至南朝，乐府诗中"采莲"这一题材更是繁盛起来，作品众多。其中《采莲曲》有了固定的格式，成为后世"词"这一诗歌体裁的先声，如：

南梁武帝萧衍的《采莲曲》：

游戏五湖采莲归，发花田叶芳袭衣。为君艳歌世所希。
世所希，有如玉。江南弄，采莲曲。[④]

---

① 谢琳．民间美术中"鱼"的性别象征——由"鱼穿莲"说起［J］．民族艺术，2008（4）：119-121.

② 郭茂倩．乐府诗集［M］．北京：新世界出版社，2014：294-295.

③ 魏耕原，张新科，赵望秦．先秦两汉魏晋南北朝诗歌鉴赏辞典［M］．北京：商务印书馆国际有限公司，2012：668-670.

④ 魏振东．采莲探源［J］．河北建筑科技学院学报（社科版），2006（1）：62-63.

南梁简文帝萧纲的《采莲曲》：

桂楫兰桡浮碧水，江花玉面两相似。莲疏藕折香风起。
香风起，白日低。采莲曲，使君迷。①

南朝梁武帝萧衍是一位雅好诗文、多才多艺的帝王，又出生于景色秀丽的江南，夏日对姿色娇艳的荷景多有吟唱。除《采莲曲》外，还有《首夏泛天池诗》：“薄游朱明节，泛漾天渊池。舟楫互容与，藻苹相推移。碧沚红菡萏，白沙青涟漪。新波拂旧石，残花落故枝。叶软风易出，草密路难报。”也是一首画面景物鲜明、色彩绚丽多彩、读来韵味深长的咏荷佳作。而其三子梁简文帝萧纲和七子梁元帝萧绎都是爱好诗文的君主，也写有不少咏荷诗赋。在萧衍父子三人的影响下，咏荷诗歌层出不穷，不乏名家之作，推动了梁代文学风气的兴盛。但其中艺术水平最高的，是南朝民歌《西洲曲》，此曲保留着民歌质朴天然的本色，描写了一位江南女子对情郎执着的思念。诗云：

忆梅下西洲，折梅寄江北。单衫杏子红，双鬓鸦雏色。
西洲在何处？两桨桥头渡。日暮伯劳飞，风吹乌臼树。
树下即门前，门中露翠钿。开门郎不至，出门采红莲。
采莲南塘秋，莲花过人头。低头弄莲子，莲子青如水。
置莲怀袖中，莲心彻底红。忆郎郎不至，仰首望飞鸿。
鸿飞满西洲，望郎上青楼。楼高望不见，尽日栏杆头。
栏杆十二曲，垂手明如玉。卷帘天自高，海水摇空绿。
海水梦悠悠，君愁我亦愁。南风知我意，吹梦到西洲。②

除了《西洲曲》这样的长诗之外，《乐府诗集》还收录了大量短小的民歌《读曲歌》。其中就有大量的咏荷诗：

千叶红芙蓉，照灼绿水边。余花任郎摘，慎莫罢侬莲。（之四）
思欢久，不爱独枝莲，只惜同心藕。（之五）
所欢子，莲从胸上度，刺忆庭欲死。（之九）

① 郭茂倩. 乐府诗集[M]. 北京：西苑出版社，2009：32.
② 魏耕原，张新科，赵望秦. 先秦两汉魏晋南北朝诗歌鉴赏辞典[M]. 北京：商务印书馆国际有限公司，2012：1381-1382.

侬心常慊慊，欢行由预情。雾露隐芙蓉，见莲讵分明。（之五十七）

谁交强缠绵，常持罢作虑。作生隐藕叶，莲侬在何处。（之五十九）

娇笑来向侬，一抱不能已。湖燥芙蓉萎，莲汝藕欲死。（之六十七）

欢心不相怜，慊苦竟何已。芙蓉腹里萎，莲汝从心起。（之六十八）

种莲长江边，藕生黄檗浦。必得莲子时，流离经辛苦。（之七十一）

人传我不虚，实情明把纳。芙蓉万层生，莲子信重沓。（之七十二）

紫草生湖边，误落芙蓉里。色分都未获，空中染莲子。（之八十四）

罢去四五年，相见论故情。杀荷不断藕，莲心已复生。（之八十七）

辛苦一朝欢，须臾情易厌。行膝点芙蓉，深莲非骨念。（之八十八）①

南朝还有著名的民歌《子夜四时歌》，分别以春夏秋冬四季，吟咏相思之情。其中的夏歌有不少咏荷诗句，如：

郁蒸仲暑月，长啸出湖边。芙蓉始结叶，花艳未成莲。

青荷盖渌水，芙蓉葩红鲜。郎见欲采我，我心欲怀莲。

盛暑非游节，百虑相缠绵。泛舟芙蓉湖，散思莲子间。②

此时的乐府诗还有“俭莲”这一典故。据《乐府诗集·古解题》曰：“王俭为南齐相，一时所辟皆才名之士。时人以入俭府为莲花池，谓如红莲映绿水。今号莲幕者，自俭始。”③讲述南朝齐代政治家、文学家王俭，用才名之士为幕僚，后世遂以“俭府”或“莲幕”为幕府的美称，谓其主客皆才俊。据《南史·庾杲之传》：“盛府元僚，实难其选。庾景行泛渌水，依芙蓉，何其丽也。”④后世就逐渐扩展和延伸出“一朵红莲”“依莲泛水”“幕下莲花”“幕中莲”“幕府红莲”“幕府莲”“庾杲莲”“泛绿依红”“泛芙蓉”“泛莲幕府”“王俭莲幕”“红莲入幕宾”“红莲幕”“红莲幕客”“红莲府”“红莲书记”“红莲开幕”“绿水红莲”“芙蓉客”“芙蓉幕”“莲幕”“莲府”“莲沼”“莲花幕”“莲花府”等，称赞用人之才。

---

① 郭茂倩．乐府诗集［M］．北京：西苑出版社，2009：215-218.

② 郭茂倩．乐府诗集［M］．北京：西苑出版社，2009：199-200.

③ 郭茂倩．乐府诗集［M］．北京：西苑出版社，2009.

④ 南史［M］．北京：中华书局，1975：796-797.

二、荷花与赋体文学

赋，是我国古代的一种文体，讲究文采、韵律，兼具诗歌和散文性质。它以“铺采摛文，体物写志”为手段，侧重于写景，借景抒情。赋起源于战国，而盛行于两汉。先秦诸子散文称“短赋”；以屈原为代表的骚体由诗向赋过渡，称“骚赋”；汉代正式确立赋的体例，称“辞赋”；魏晋时期称“骈赋”。两汉魏晋时，典籍中留下许多与荷花有关的赋，不少赋中也有与荷花相关的词句。

（一）秦汉时期

秦代没有流传下来写荷作品。至两汉时期，文学艺术繁荣，且汉时建立了赋体文的固定模式。著名大赋家司马相如的赋，描写细腻，辞藻华丽，结构谨严，卓绝汉代。其中《子虚赋》假设楚国的子虚和齐国的乌有先生展开对话，子虚夸耀楚国的云梦泽之大和楚王游猎盛况；乌有先生则赞美齐国山河壮丽、物产丰富。在两个人物的对答之中，作者运用华丽辞藻作了铺陈夸张的描写，伟貌奇观，光华璀璨，使人如临其境。而《上林赋》则由虚构的亡是公夸赞皇家园林，以压倒齐、楚两国，赋中对皇权的歌颂寓于对景观的描绘之中。

《子虚赋》中涉及荷花的句子如下：

其南则有平原广泽，登降陁靡，案衍坛曼，缘以大江，限以巫山。其高燥则生葴菥苞荔，薛莎青薠；其卑湿则生藏莨蒹葭，东蘠雕胡，莲藕觚芦，菴闾轩于，众物居之，不可胜图。其西则有涌泉清池，激水推移，外发芙蓉菱华，内隐钜石白沙。①

大意是：南面有平原大泽，地势高低不平，倾斜绵延，低洼的土地，广阔平坦，沿着大江延伸，直到巫山为界。那高峻干燥的地方，生长马蓝、形似燕麦草，还有苞草、荔草、艾蒿、莎草及青薠。那低湿之地，生长着狗尾草、芦苇、东蘠、菰米、菱花、荷藕、葫芦、菴、莸草，众多植物，生长在这里，数不胜数。西面则有奔涌的泉水、清澈的水池，且水波激荡，后浪冲击前浪，滚滚向前，水面上开放着荷花与菱花，水面下隐伏着巨石和白沙。

① 赵雪倩. 中国历代园林图文精选・第一辑[M]. 上海：同济大学出版社，2005：38-46.

《上林赋》中涉及荷花的句子如下：

泛淫泛滥，随风澹淡，与波摇荡，奄薄水渚，唼喋菁藻，咀嚼菱藕。①

大意是：任凭河水横流浮动，鸟儿随风漂流，乘着波涛，自由摇荡。有时，成群的鸟儿聚集在野草覆盖的沙洲上，口衔着菁、藻，唼喋作响，口含着菱、藕，咀嚼不已。

司马相如的《子虚赋》和《上林赋》中涉及荷花的句子，反映了汉代荷花生长的状况，以及荷花的原生态自然景观。

西汉文学家扬雄（前53—18）《蜀都赋》中涉及荷花的句子如下：

其浅湿则生苍葭蒋蒲，藿芧青苹，草叶莲藕，茱华菱根。②

大意是：那湿沼浅滩处生长着芦苇、菰草、香蒲、藿香、苎麻、荆三棱，及荷花、莲藕、菱角等水生植物。

东汉文学家、科学家张衡（78—139）《东京赋》中涉及荷花的句子：

濯龙芳林，九谷八溪。芙蓉覆水，秋兰被涯。渚戏跃鱼，渊游龟蠵。永安离宫，修竹冬青。③

东汉著名将领、学者张奂（104—181）之《芙蓉赋》残篇曰：

绿房翠蒂，紫饰红敷。黄螺圆出，垂蕤散舒。缨以金牙，点以素珠。④

宋人张预《十七史百将传》评价："孙子曰：'威加于敌，则其交不得合。'奂使羌不得交通而败薁鞬。又曰：'廉洁可辱。'奂正身洁己，而先零不能以货动。"⑤可见，张奂不仅骁勇善战，政绩卓著，还有着荷花那样出泥不染的高风亮节之情操。

（二）魏晋时期

魏晋时期盛行骈赋（亦称俳赋）。骈赋的特点，是通篇基本对仗，两句成联，

① 赵雪倩. 中国历代园林图文精选·第一辑[M]. 上海：同济大学出版社，2005：47-64.
② 扬雄，张震泽. 扬雄集校注[M]. 上海：上海古籍出版社，1993：16.
③ 赵雪倩. 中国历代园林图文精选·第一辑[M]. 上海：同济大学出版社，2005：76-84.
④ 严可均. 全上古三代秦汉三国六朝文[M]. 北京：中华书局，1958：822.
⑤ 张预. 十七史百将传[OL]. http://www.wenxue360.com/sikuquanshu/13688.html.

但句式灵活，多用虚词，行文流畅，词气通顺，音韵自然和谐。魏晋是一个美文的时代，骈赋则是这个时代最突出的标志。

曹魏时期，著名文学家、建安文学代表人物曹植（192—232）有《芙蓉赋》[①]：

览百卉之英茂，无斯华之独灵。结修根于重壤，泛清流而擢茎。退润王宇，进文帝廷。竦芳柯以从风，奋纤枝之璀璨。其始荣也，皎若夜光寻扶桑。其扬晖也，晃若九日出旸谷。

芙蓉骞翔，菡萏星属。丝条垂珠，丹荣加绿。焜焜烨烨，烂若龙烛。观者终朝，情犹未足。于是狡童媛女，相与同游，擢素手于罗袖，接红葩于中流。

此赋先赞美芙蓉（荷花）为百卉之灵，叙写莲的生长环境，结根重壤，擢茎清流；继而论及荷花无论进退都有美化帝王统治的功用；再描绘荷花亭亭之貌、端庄秀丽之姿，最后以“观者终朝，情犹未足”赞美荷花之美。

还有他的《洛神赋》写道[②]：“……远而望之，皎若太阳升朝霞。迫而察之，灼若芙蕖出渌波。”或谓此赋为曹植感怀其兄曹丕之妻甄氏而作，虽未有明证，但流传很广。唐代李商隐的《无题》诗中还说过：“贾氏窥帘韩椽少，宓妃留枕魏王才。”[③]总而言之，美丽的甄氏不幸而死，这很令人同情。曹植是个浪漫多情的才子，也许在他的心中隐约怀有这种同情之感，所以才写了《洛神赋》，这倒是很有可能的。

魏晋时期，文学家闵鸿（吴国大臣）写有《芙蓉赋》及《莲华赋序》，其中《芙蓉赋》云：

乃有芙蓉灵草，载育中川。竦修干以凌波，建绿叶之规圆。灼若夜光之在玄岫，赤若太阳之映朝云。乃有阳文修嫮，倾城之色。扬桂枻而来游，玩英华于水侧。纳嘉宾兮倾筐，珥红葩以为饰。感桃夭而歌诗，申关雎以自敕。嗟留夷与兰芷，听鹈鴂而不鸣。嘉芙蓉之殊伟，托皇居以发英。[④]

芙蓉生于碧波之中，吐红花，展碧盖，备受词客佳人赞赏。

① 严可均. 全上古三代秦汉三国六朝文[M]. 北京：中华书局，1958：1129.

② 严可均. 全上古三代秦汉三国六朝文[M]. 北京：中华书局，1958：1122.

③ 叶嘉莹. 叶嘉莹说汉魏六朝诗[M]. 北京：中华书局，2015：178-181.

④ 严可均. 全上古三代秦汉三国六朝文[M]. 北京：中华书局，1958：1452.

西晋时期，不少文学家都有写荷花的赋，如潘岳（247—300）的《莲花赋》：

伟玄泽之普衍，嘉植物之并敷。游莫美于春台，华莫盛于芙蕖。于是惠风动，冲气和。眄清池，玩莲花。舒绿叶，挺纤柯。结绿房，列红葩。仰含清液，俯濯素波。修柯婀娜，柔茎苒弱。流风徐转，回波微激。其望之也，晔若皦日烛昆山。其即之也，晃若盈尺映蓝田。①

《莲花赋》中“眄清池”指荷花生长所在地；“舒绿叶，挺纤柯。结绿房，列红葩”则写荷花各部位之姿态；“舒”“挺”“结”“列”摹其叶、柯、房、葩之状态，绿红相间，色彩鲜明；而以“仰含清液，俯濯素波”拟人手法彰显荷花之高洁。作者运用想象、夸饰、比喻的手法，塑造出荷花那明艳的形象，极为传神。

（三）南北朝时期

南北朝时，由于社会政治的原因，及文学思潮的影响，骈赋文进一步得到繁荣。“此时赋被用来状物抒情，而不用来美刺，只是作为感情发泄的工具。”②自然物象与内心的情感有密切的联系，情感受物色的感发而引起波动，借助自然物象的描述而宣泄。可见，楚骚抒情传统的回归与此时人们物我相感的“物感说”的兴盛，成为此时咏莲诗文繁盛的重要因素。采莲这一题材，不仅在乐府诗中广为吟咏，也在赋中得到了充分的体现，如：

南梁简文帝萧纲《采莲赋》云：

望江南兮清且空，对荷花兮丹复红。卧莲叶而覆水，乱高房而出丛。楚王暇日之观，丽人妖艳之质。且弃垂钓之鱼，未论芳萍之实。唯欲回渡轻船，共采新莲。傍斜山而屡转，乘横流而不前。于是素腕举，红袖长，回巧笑，堕明珰。荷稠刺密，亟牵衣而绾裳；人喧水溅，惜亏朱而坏妆。物色虽晚，徘徊未反。畏风多而榜危，惊舟移而花远。③

南梁萧绎《采莲赋》云：

紫茎兮文波，红莲兮芰荷。绿房兮翠盖，素实兮黄螺。于时妖童媛女，荡舟

① 严可均. 全上古三代秦汉三国六朝文[M]. 北京：中华书局，1958：1998.
② 罗宗强. 魏晋南北朝文学思想史[M]. 北京：中华书局，1996：19.
③ 严可均. 全上古三代秦汉三国六朝文[M]. 北京：中华书局，1958：2998.

心许，鹢首徐回，兼传羽杯。棹将移而藻挂，船欲动而萍开。尔其纤腰束素，迁延顾步。夏始春余，叶嫩花初。恐沾裳而浅笑，畏倾船而敛裾。故以水溅兰桡，芦侵罗袜。菊泽未反，梧台迥见。荇湿沾衫，菱长绕钏。泛柏舟而容与，歌采莲于江渚。①

图 4-2-1 古代宫廷《采莲图》

引自李尚志. 荷文化与中国园林[M]. 武汉：华中科技大学出版社，2013：38.

吴功正指出："赋虽写江南采莲，实为写皇家园林后苑中游园，画舫泛波的景象。"②又说："从两赋中可以看出，这是一种以采莲形式的游园活动，湖心荡舟，容与徘徊，有鹢首船头的画舫徐徐游荡，画船上频递羽杯饮酒，而妖童艳女，频抬素手，在湖中采莲，彩袖飘动，笑语荡漾。"（图 4-2-1）

此时，专门的咏物赋兴起，也有了专门咏荷的赋，如傅亮、鲍照、江淹等人的作品。

刘宋傅亮（374—426）《芙蓉赋》云：

考庶卉之珍丽，实总美于芙蕖。潜幽泉以育藕，披翠莲而挺敷。泛轻荷以冒沼，列红葩而曜除。微旭露以滋采，靡朝风而肆芳。表丽观于中沚，播郁烈于兰堂。在龙见而葩秀，于火中而结房。岂呈芬于芷蕙，将越味于沙棠。咏三闾之被服，美兰佩而荷裳。伊玄匠之有瞻，悦嘉卉于中渠。既晖映于丹墀，亦纳芳于绮疏。③

刘宋杰出的文学家、诗人鲍照（414—466）《芙蓉赋》云：

感衣裳于楚赋，咏忧思于陈诗。访群英之艳绝，标高名于泽芝。会春陂乎夕张，搴芙蓉而水嬉。抽我衿之桂兰，点子吻之瑜辞。选群芳之徽号，□□□□□□。抱兹性之清芬，禀若华之惊绝。单蓝阳之妙手，测淲池之光洁。烁彤辉之明媚，粲雕霞之繁悦。顾椒丘而非偶，岂圜桃而能埒。彪炳以蒨藻，翠茎而红波。

① 严可均. 全上古三代秦汉三国六朝文[M]. 北京：中华书局，1958：3038.

② 吴功正. 六朝园林[M]. 南京：南京出版社，1992：124-125.

③ 严可均. 全上古三代秦汉三国六朝文[M]. 北京：中华书局，1958：2575.

青房兮规接，紫的兮圆罗。树妖嫋之弱干，散菡萏之轻荷。上星光而倒景，下龙鳞而隐波。戏锦鳞而夕映，曜绣羽以晨过。结游童之湘吹，起榜妾之江歌。备日月之温丽，非盛明而谓何？若乃当融风之暄荡，承暑雨之平渥。被瑶塘之周流，绕金渠之屈曲。排积雾而扬芬，镜洞泉而含绿。叶折水以为珠，条集露而成玉。润蓬山之琼膏，辉葱河之银烛。冠五华于仙草，超四照于灵木。杂众姿于开卷，阅群貌于昏明。无长袖之容止，信不笑之空城。森紫叶以上擢，纷缃蕊而不倾。根虽割而琯彻，柯既解而丝萦。感盛衰之可怀，质始终而常清。故其为芳也绸缪，其为媚也奔发。对粉则色殊，比兰则香越。泛明彩于宵波，飞澄华于晓月。陋荆姬之朱颜，笑夏女之光发。恨狎世而贻贱，徒爱存而赏没。虽凌群以擅奇，终从岁而零歇。①

南梁著名政治家、文学家江淹（444—505）《莲花赋》云：

余有莲华一池，爱之如金。宇宙之丽，难息绝气。聊书竹素，傥不灭焉。

检水陆之具品，阅山海之异名。珍尔秀之不定，乃天地之精英。植东国之流咏，出西极而擅名。方翠羽而结叶，比碧石而为茎。蕊金光而绝色，藕冰折而玉清。载红莲以吐秀，披绛华以舒英。故香氛感俗，淑气参灵。踯躅人世，茵蒀祇冥。青桂羞烈，沉水惭馨。于是生乎泽陂，出乎江阴。见彩霞之夕照，觌雕云之昼临。既翕赩于洲涨，亦映暧于川浔。夺夜月及荧光，掩朝日与赩火。出金沙而延曜，被绿波而覃拖。冠百草而绝群，出异类之众伙。故仙圣传图，英隐留记。一为道珍，二为世瑞。发青莲于王宫，验奇花于陆地。若其江淡泽芬，则照电烁日。池光沼绿，则明璧洞室。曜长洲而琼文，映青崖而火质。或凭天渊之清峭，或植疏圃之蒙密。故河北棹歌之姝，江南采菱之女。春水厉兮楫潺湲，秋风驶兮舟容与。看缥芰兮出波，擎湘莲兮映渚。迎佳人兮北燕，送上客兮南楚。知荷华之将晏，惜玉手之空伫。看为谣曰，秋雁度兮芳草残，琴柱急兮江上寒。愿一见兮道我意，千里远兮长路难。若其华实各名，根叶异辞。既号芙蕖，亦曰泽芝。丽咏楚赋，艳歌陈诗。非独瑞草，爰兼上药。味灵丹砂，气验青雘。乃可剑弃海岫，龙举云崿。画台殿兮霞蔚，图缣缟兮炳烁。永含灵于洲渚，长不绝兮川壑。②

① 鲍照，钱仲联．鲍参军集注［M］．上海：上海古籍出版社，1980：10.
② 严可均．全上古三代秦汉三国六朝文［M］．北京：中华书局，1958：3149.

第三节　芙蕖渌波：荷花与绘画

秦朝国祚短暂，在绘画艺术方面，尤其是荷花画作，难有史料可寻。到了两汉，受前朝青铜器莲饰、砖瓦莲饰的示范和启迪，还包括文学在内的多样艺术溉泽与配合，制作画像砖的地区多且范围广泛，有大批画像砖作品呈现，汉画像砖逐步形成了自己的艺术风格，并取得可贵的艺术成就。从出土的《采莲图》《采莲渔猎图》等画像砖文物来看，古人运用现实主义与浪漫主义创作方法，形象且真实地记录了历史生活面貌。

魏晋南北朝时期的绘画，处于一个继往开来的变革时代。佛教艺术的传入，从内容到形式给这一时期的绘画注入新的血液。著名画家如顾恺之、谢赫、陆探微、张僧繇、宗炳、王微等，画艺超群，理论丰富。与秦汉时期的绘画不同，此时绘画不再注重现实本身，开始探索新的领域，如山水画作为一种独立科目，寻求新的意境和表现方式。画家在绘画中还提出许多美学问题，使绘画艺术从实践到理论都得到了很大发展。

一、汉代荷花图

（一）西汉《四神云气图》

1987 年考古工作者在河南永城芒砀山梁国王陵区柿园墓中，发现一幅南北长 5.14 米、东西宽 3.27 米、面积 16.8 平方米的《四神云气图》。该图位于墓室顶部，中部一条 7 米巨龙飞腾，东朱雀，西白虎，四周由怪兽、灵芝及云气纹图案装饰。壁画由青龙、白虎、朱雀、怪兽、灵芝、荷花及云气纹等组成图案。青龙在天，体态矫健，逶迤磅礴。青龙之足，酷似人足，前两足，一足踏云气，一足踏翼翅；后两足，一足接朱雀之尾，一足长出荷花。龙尾再生荷茎及花朵。青龙之上，有攀龙朱雀（凤凰），其嘴衔龙之角，胫生花朵，尾接祥云而又生荷花。于是构成“龙飞凤舞”、共游天际的主题画面。《四神云气图》气势恢宏，绘画手法细腻，线条飘逸，画面透射出一种王者的霸气和随意。而《四神云气图》中的荷花，则为道家仙风道骨之象征，导引逝者升天成仙（图 4-3-1）。[①]

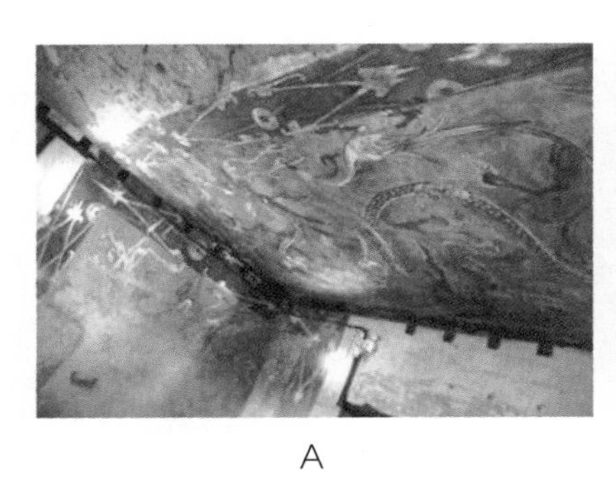
A

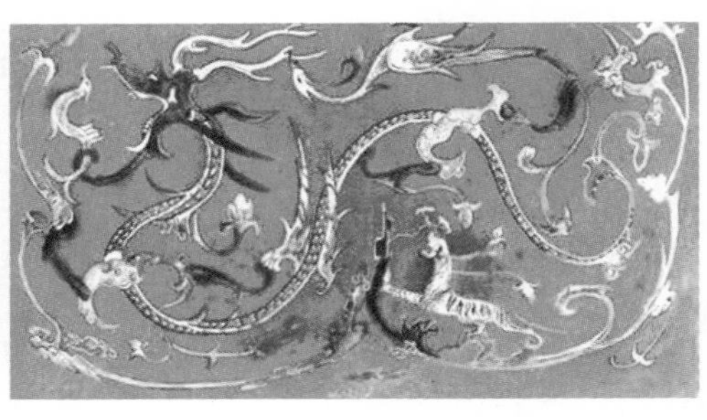
B

图 4-3-1　A.《四神云气图》　B.《四神云气图》（局部）

引自马红艳. 荷韵：画说荷花［D］. 青岛：青岛科技大学，2016：19.

（二）东汉《采莲图》画像砖

汉代画像砖在其思想和内容上，传承和发展前代的装饰艺术因素，如战国与秦代瓦当上的鹿、四神、鸿雁、双獾、夔凤等图像，战国彩绘陶的精美动物纹，秦画像空心砖拍印骑马射猎及宴请宾客等场面，先秦壁画的武王、成王等故事，战国帛画上的驭龙升天画面，战国锦绣中的多样动物图案，秦宫壁画的车马出行、仪仗人物、楼阙建筑等内容，青铜器上的宴饮、弋射、采莲、采桑、狩猎、徒兵搏斗、攻城、水战等内容；楚墓中漆绘锦瑟上的射猎、舞蹈、奏乐、宴饮、巫神等内容[②]。汉画像砖在多类题材上已形成每类均有系列画面的壮观景象，又创造了农业生产、制盐酿酒、集市贸易、经师讲学等新题材，有的新题材还表现了具体场景，甚至活动的全过程，并出现歌颂劳动的系列画面。

四川成都市新都区马家乡出土的《采莲图》和四川德阳出土的《采莲图》画像砖，画面均有相似之处：在一片平静的湖面上，二人乘舟采莲，四周莲花、荷叶玉立，莲蓬低垂，水下鱼、蟹潜游。画面劳动生活习俗浓厚，内容丰富完整，显示了画面构图的独立性和艺术感（图 4-3-2）。1987 年四川彭县（现为彭州市）出土的《采莲渔猎图》画像砖，画面左边是一个较大的池塘，池内飘荡着两条独木船。上边一条船上左一人用长竿撑船，船右首上伏一水狗，水狗注视水面。下边的一条独木船上，左一人撑船；中者张弓搭箭，欲射树上飞禽；右一人俯身

① 马红艳. 荷韵：画说荷花［D］. 青岛：青岛科技大学. 2016：18-19.

② 余锋. 汉画像砖艺术成就［J］. 中国陶瓷，2001，37（6）：52-54.

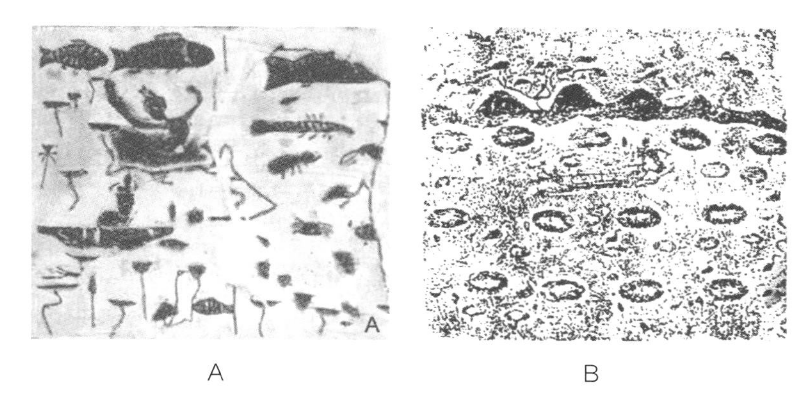

A　　B

图 4-3-2　A. 四川成都出土的《采莲图》画像砖　B. 四川德阳出土的《采莲图》画像砖

A李尚志摄；B引自李尚志. 荷文化与中国园林［M］. 武汉：华中科技大学出版社，2013：37.

A　　B

图 4-3-3　A. 四川彭州出土的《采莲渔猎图》画像砖　B. 四川大邑出土的《弋射收获图》画像砖

A引自袁曙光. 四川彭县等地新收集到一批画像砖［J］. 考古，1987（6）. 版图柒（3）；B引自马红艳. 荷韵：画说荷花［D］. 青岛：青岛科技大学，2016：22.

采莲。池内有众多的莲蓬与荷叶，还有水禽游于其间。砖右为池岸，岸上有树，树下有戏玩的小猴，树上还停有几只飞禽。树下一人转身用弓箭仰射树上的飞禽，箭已离弦，有一禽鸟被射中正往下坠。画面描绘了一幅生机勃勃的田园生产景象（图 4-3-3 A）。[①] 这方画像砖形象地说明了汉代池塘水产在农业生产中占有重要地位。

1972 年四川大邑安仁乡出土东汉画像砖《弋射收获图》，砖高 39.6 厘米，宽 46.6 厘米（现藏于重庆博物馆）。画像砖整个画面分成上下两部分，上部为弋射图，右边莲池，池面伸出莲叶，水中有鱼、鸭遨游，空中有大雁飞行；下部为收

① 袁曙光. 四川彭县等地新收集到一批画像砖［J］. 考古，1987（6）：533-537.

获图，一人挑担提篮，三人俯身割穗，另外两人似在割草。整个画面，简洁分明，内容丰富，将不同的空间自然地结合在一起，其劳动场面具有浓郁的生活气息（图 4–3–3 B）。①

（三）汉代荷花与画像石

画像石通常用于构筑墓室、石棺、享祠或石阙的建筑石材，其雕刻技法有阴线刻、凹面雕（主要图像轮廓内凹，细部用阴线表示）、凸平面雕或减地平面阴线刻（保留主要图像轮廓以内部分不动，将其余部分减地，细部再用阴线处理）、浮雕（浅浮雕、高浮雕）和透雕。根据现有出土资料，画像石萌发于西汉武帝时期，新莽时期有所发展。画像石的花草绘画较少，能称上花名的就更少。画像石的花草绘画中，好像只有莲花（荷花、芙蓉）一种，且多是由花瓣和莲子作四面对称的组合。如安徽宿州褚兰镇墓山孜出土画像石，原石的画面上，在莲花纹两边有伏羲和女娲，可见汉人对莲花的重视。从各地出土汉代画像石上的莲花图案来看，这一时期的绘画有了创造性的发展，或臻于成熟（图 4–3–4、图 4–3–5、图 4–3–6）。②

A

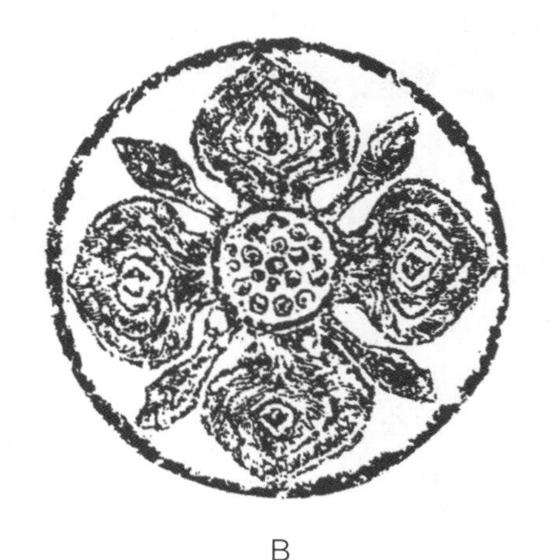

B

图 4–3–4　A. 江苏邳州出土的《四鱼莲花纹》画像石
B. 安徽宿州出土的《圆形莲花纹》（局部）画像石

引自张道一. 画像石鉴赏［M］. 重庆大学出版社，2009：359、358.

① 马红艳. 荷韵：画说荷花［D］. 青岛：青岛科技大学，2016：22.
② 张道一. 画像石鉴赏［M］. 重庆：重庆大学出版社，2009：357–358.

A　　　　B

图 4-3-5　A. 安徽宿州出土的《莲花游鱼》画像石
　　　　　B. 山东济南大观园出土的《荷花与日月》画像石

引自张道一. 画像石鉴赏[M]. 重庆大学出版社，2009：361、362.

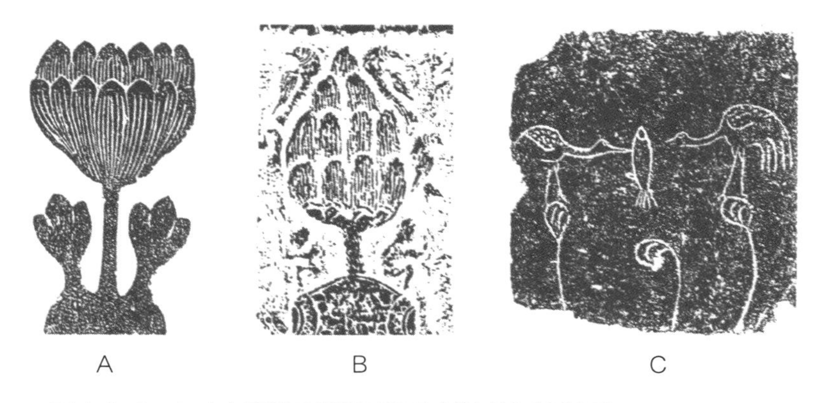

A　　　　B　　　　C

图 4-3-6　A. 山东嘉祥武梁祠画像石《“浪井”莲花图》
　　　　　B. 山东济宁喻屯镇城南张村出土的画像石《建鼓上的莲花纹》
　　　　　C. 安徽萧县出土的画像石《莲塘双鹤图》

引自张道一. 画像石鉴赏[M]. 重庆大学出版社，2009：359.

二、魏晋时期绘画

谈到绘画与文学的关系，古希腊抒情诗人西蒙尼德斯（Simonedes）曾说：“绘画是无声的诗，诗是有声的画。”[①] 东晋著名画家顾恺之的《洛神赋图》根据魏

① 毕小君. 绘画和诗歌的完美联姻——但丁·罗塞蒂的绘画对其诗歌《妹妹的睡眠》的影响[J]. 时代文学，2009(1)：73-74.

时曹植著名的《洛神赋》而作，是诗与画有机融合的范本。此卷一出，无人再敢绘此图，千载留名。画中绘青山、绿水、红日、彩霞、皓月、白云、荷花、秋菊、青松及鸿雁、游龙等为一景。“远而望之，皎若太阳升朝霞；迫而察之，灼若芙蕖出渌波”，以洛神比荷花，凌波水上，意境含蓄深远。远处凌波而来的洛神，衣带飘逸，动态委婉从容，目光凝注，表现出关切、迟疑的神情。人与神的思念之情溢于卷面，着实令人感动（图 4–3–7、图 4–3–8）。

图 4-3-7 《洛神赋图》（局部）

引自马红艳. 荷韵：画说荷花［D］. 青岛：青岛科技大学，2016：24.

图 4-3-8 《洛神赋图》（局部放大）

引自郑汝中. 飞翔的精灵［M］. 上海：华东师范大学出版社. 2016：124.

顾恺之（约345—409），东晋画家，工诗赋，擅书法，被时人称为“才绝、画绝、痴绝”，与曹不兴、陆探微、张僧繇合称“六朝四大家”。《洛神赋图》是其代表作之一，体现了顾恺之高度的文学修养、丰富的艺术创造力以及高尚的思想情操。荷花代表洛神之美，充分发挥其高度的艺术想象力，营造了原赋富有诗意的意境氛围，在尊重文学原著的前提下致力于打破书画界限，出色地完成了从文学艺术向绘画艺术的转换。它表达了新的美的理想，使绘画境界达到新的层次，对后世的艺术审美影响深远①。

三、南北朝绘画

南北朝处于南北对峙、政治分裂的局面，区域文化的特色极为显著。南朝以建康（今南京）为文化中心，后者也是艺术活动最有创造力的地区。这一时期出现萧绎、陆探微、张僧繇等著名画家，其中南朝梁元帝萧绎是中国历史上最早的皇帝画家。他是梁武帝萧衍第七子，聪慧好学，自幼爱作书画。其《芙蓉湖醮鼎图》《鹣鹤弄陂泽图》等，以荷花为题材，反映了他对荷花的偏爱。从《芙蓉湖醮鼎图》的主题来看，它以现实景色为中心，其中说教意义渐淡，更多注重宣泄作者主观感情，可惜该作品已失传②。

在敦煌藏经洞出土的南朝纸本作品中，有现藏法国国家图书馆的佚名《瑞应图》残卷。由于南朝的纸质绘画已荡然无存，传为梁代萧绎的《职贡图》亦为宋代摹本，在这种情形下，藏经洞出土南朝纸本绘画作品就显得格外珍贵。此卷书名已佚，但饶宗颐根据《沙洲都督府图经》背面所记归义军名号后记“瑞应图借与下”六字，推断原卷为《瑞应图》，了无可疑。③“敦煌之《瑞应图》，所见《河图》凡三，又《河书》一；是《河图》之外，又有《河书》。其中《河书》云：绘一书浮于沼面，且有莲叶莲花及水藻生于其间。”④该图绘画风格沉着而生动。以龟为例，该卷文曰：“其唯龟乎？书曰龟从，此之谓也。灵者德之精也，龟者久也，能明于远事也。王者不偏不当，尊者不失故旧，则神龟出矣。”

① 汪涵．顾恺之《洛神赋图》的人物形象美学赏析［J］．美与时代，2017（2）：69-71．

② 唐峰．萧绎绘画及其理论研究［D］．镇江：江苏大学，2011：17-18．

③ 王菡薇．从刘宋元嘉二年石刻画像与敦煌本《瑞应图》看南朝绘画［J］．文艺研究，2014（3）：132-139．

④ 饶宗颐．敦煌本《瑞应图》跋［J］．敦煌研究，1999（4）：152-153．

图中神龟伏荷叶之上承载着“明于远事”的功能，且“王者不偏不当，尊者不失故旧”时神龟才能出现祥瑞之意，一方面此图有歌颂王者之意，另一方面也透露着警世之味。

如果说，南朝画家以木结构的寺院为创作中心；那么，北朝画家则以石窟佛寺为活动场所，并集中在今甘肃、新疆等地的石窟中，其中敦煌莫高窟最引人瞩目。莫高窟的北朝绘画内容，主要是讲述佛祖出世前经历的佛本生故事，与佛出世成道后的说法场景等。北朝也出现如杨子华、曹仲达、田僧亮等诸多画家。

在佛教石窟绘画艺术中，荷花是重要的构图题材。莲花化生在北魏、西魏、北周时期的莫高窟壁画中，较多地出现在中心柱石窟的正面龛楣图案的最上端位置。它虽只是装饰图案的一部分，但显然有着更重要的主题性意义，意味着一般信众皈依佛教所向往的境界和目的——进入净土世界及成佛。

在莫高窟北魏石窟中具有代表性的第 254 窟中心塔柱正面佛龛的龛楣上端中央，绘有莲花化生典型性图案。图案中画一小人端坐在莲花之中，头后方有象征佛的圣光，左右两臂平伸，两手各持一枝忍冬的蔓茎，延伸为龛楣上翻卷的缠枝忍冬图案（图 4-3-9）。其上部边缘饰有火焰纹，图案直接寓意着佛教的观念，即通过累世的修行，可到达西方净土世界，但这一途径是从莲花里化生出来的。表现如此进入净土世界的图案，成为早期敦煌及云冈等石窟中较为多见的化生形象。在莫高窟第 257 窟（北魏窟）的中心柱正面龛楣顶端，亦是类似的莲花化生图像，画中化生为佛的中心两边的缠枝忍冬图案中，各画有两个“化生乐伎”，他们肚脐以下均掩隐在盛开的莲花之中，或弹琵琶，或吹笛，或舞蹈等，成为龛

图 4-3-9　敦煌莫高窟第 254 窟的莲花化生图

图 4-3-10　敦煌莫高窟第 257 窟龛楣上端的莲花化生图

图4-3-9、图4-3-10均引自翁剑青. 佛教艺术东渐中若干题材的图像学研究之三[J]. 雕塑，2011（2）：34.

楣图案中为主佛及其说法场景奏乐和舞蹈的角色（图 4-3-10）。[1] 在北魏、北周、西魏乃至更晚的时期，以莲花及化生图像来表现进入净土的做法一直延续着。而在敦煌莫高窟中，早期洞窟中的莲花化生图像多画在龛楣中央，同时或尔后有的则画在洞窟前室的“人字披”东西披的椽子之间，或画在窟顶的藻井图案等画面之中；有的直接画出莲花化生的童子人物形象，也有许多仅以莲花及其蔓茎的图案来象征化生这一寓意。

第四节　莲纹荷紫：荷花与工艺

荷花在装饰工艺上的应用，最早始于东周时期，1923 年在河南新郑李家楼郑公大墓内出土的一对莲鹤方壶是有力的实证。此后饰荷工艺的类型不断地扩展丰富。到了魏晋南北朝，受佛教的影响，饰荷工艺发展到一个高潮。这一时期的饰荷工艺主要应用于建筑（如藻井、梁、柱、墙壁等）装饰，瓦当、陶瓷等容器。

一、建筑莲饰文化

藻井通常位于室内的上方，呈伞盖形，由细密的斗拱承托，象征天宇的崇高，藻井内一般都绘有彩画、浮雕等。据《风俗通》记载：“今殿作天井。井者，东井之像也。菱，水中之物。皆所以厌火也。”[2] 东井即井宿，二十八宿中的一宿。古人认为，藻井是主水的，在殿堂、楼阁最高处作井，同时饰以荷、菱等藻类水生植物，可压伏火魔作祟，以护佑建筑物的安全。

（一）莲纹藻井

秦代现存史料中未见藻井建筑，更无莲饰藻井可言。西汉时鲁恭王刘余在鲁城（今山东曲阜市）修造灵光殿，至东汉时犹存，有王延寿作《鲁灵光殿赋》和

① 翁剑青．佛教艺术东渐中若干题材的图像学研究之三［J］．雕塑，2011（2）：33-36．

② 李善．文选注［OL］．殆知阁http://www.daizhige.org/集藏/文总集/文选注-5.html．

刘桢作《鲁都赋》描述其状[①]。据《鲁灵光殿赋》记述："尔乃悬栋结阿，天窗绮疏。圆渊方井，反植荷蕖。发秀吐荣，菡萏披敷。绿房紫菂，窋咤垂珠，云楶藻棁，龙桷雕镂。"[②]栋梁高悬，屋檐相连，高高的窗户上面雕刻着花纹图案。天花板上面也雕刻有图案，在那四方形图案的圆池里，倒植着荷花，且红荷怒放，荷叶飘逸多姿；绿色的莲蓬里含着粒粒莲子，圆润饱满。斗拱上画有云雾图案，而梁上短柱也绘有水藻之类植物，富丽堂皇，美轮美奂。灵光殿始建于西汉景帝年间，可见荷花的装饰艺术早就应用于西汉的藻井中了（图 4-4-1）。

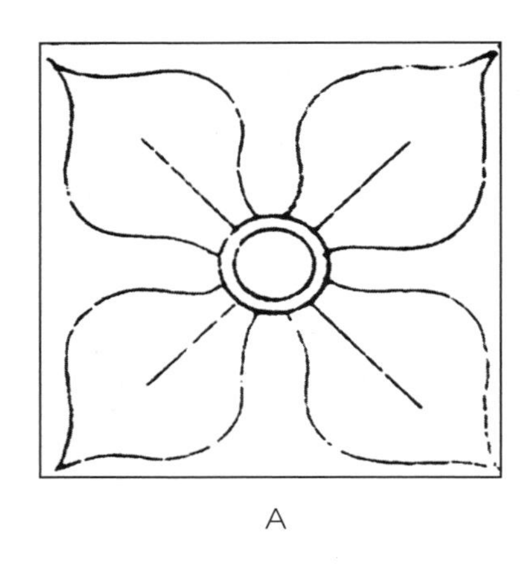
A

B

图 4-4-1　A. 山东沂南汉代画像石上的莲瓣纹藻井　B. 山东沂南汉代画像石上的莲瓣纹藻井

引自龙宝章. 中国莲花图案[M]. 北京：中国轻工业出版社，1993：26.

至三国时，曹魏的国力强盛，魏文帝先后兴建邺城、许昌、洛阳三个都城及宫殿，其中洛阳宫殿在东汉旧址上重建，宫殿的莲饰藻井更胜东汉鲁城灵光殿。景福殿位于河南许昌，是魏明帝东巡时避暑之处。就景福殿中藻井的荷饰图案而言，它精细华丽，反映了当时荷文化在皇家园林建筑中应用的技艺及水平在不断提升和发展。

此时何晏（193—249）《景福殿赋》云："茄蔤倒植，吐被芙蕖。缭以藻井，编以綷疏。红葩□□，丹绮离娄。菡萏赩翕，纤缛纷敷。繁饰累巧，不可胜书。"[③]"茄"为荷的茎（梗），"蔤"为荷之地下茎（藕），荷梗莲藕，缠绕藻井，莲蕾欲放，雕镂交错，纷繁敷陈，采饰叠巧。"茄蔤倒植"指从下向上看，这是

① 曲英杰. 汉鲁城灵光殿考辨[J]. 中国史研究，1994(1)：128-135.
② 赵雪倩. 中国历代园林图文精选・第一辑[M]. 上海：同济大学出版社，2005：87-96.
③ 赵雪倩. 中国历代园林图文精选・第一辑[M]. 上海：同济大学出版社，2005：205-208.

一种颠倒布置的方法，以莲蓬为中心，莲花开放，呈现一张一合的生动姿态。而魏文学家韦诞（179—253）的《景福殿赋》也有云："芙蓉侧植，藻井悬川。"[①]还有夏侯惠（生卒年不详）的《景福殿赋》云："若乃仰观绮窗，周览菱荷。流彩的皪，微秀发华。纤茎葳蕤，顺风扬波。含光内耀，婀袅纷葩。"[②]也对景福殿藻井装饰的荷花做了描述。

晋武帝建都洛阳为西晋，晋时的建筑基本沿袭了汉魏的风格不变。但就各地出土的建筑文物来看，未见藻井等遗存。

南北朝是中国历史上的分裂时代，此时佛教日渐繁盛。南朝帝王广建寺庙，但如今这些寺庙的装饰遗迹早已荡然无存；北朝则较多于崇山峻岭的幽僻之地开凿石窟。现存的云冈、敦煌石窟可见莲纹装饰变化的风格和特点。北朝之前的北凉为五胡十六国之一，在莫高窟北凉洞修建了三个窟（即第 268、272、275 窟），其中两窟都绘有莲花藻井图案。在第 272 窟整个窟顶、龛顶上的莲花图案，独一无二，特别醒目。第 268 窟是莫高窟唯一的仿木结构平棊装饰，内部结构与藻井略同，四方套叠共三层，逐层缩小幅度，以形成一种上升感来冲破洞窟建筑内界面的空间限制。图案中心为圆形莲花，岔角内画火焰、化生和飞天，形成方形、圆形与三角形相结合，动与静相对比，和谐生动（图 4-4-2）。北魏灭北凉后，

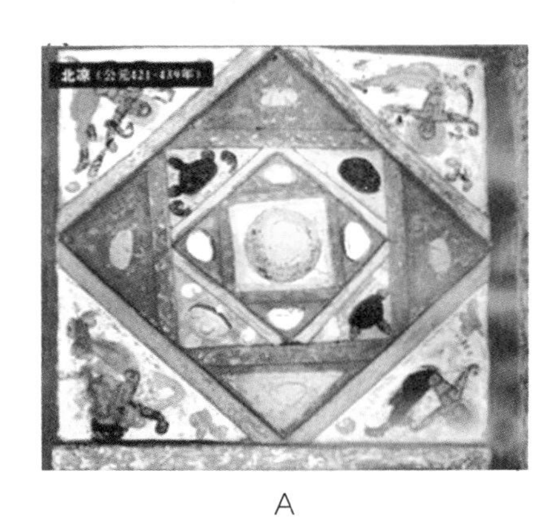
A

B

图 4-4-2　A. 莲花纹平棊（北凉　莫高窟第 268 窟）
B. 莲花飞天纹平棊（北魏　莫高窟第 254 窟）

A引自段文杰. 中国美术全集・绘画编14・敦煌壁画・上［M］. 上海：上海人民美术出版社，2006：1；B引自关友惠. 敦煌装饰图案［M］. 上海：华东师范大学出版社，2010：29.

---

① 龚克昌，周广璜，苏瑞隆. 全三国赋评注［M］. 济南：齐鲁书社，2013：208-211.

② 龚克昌，周广璜，苏瑞隆. 全三国赋评注［M］. 济南：齐鲁书社，2013：552-553.

A

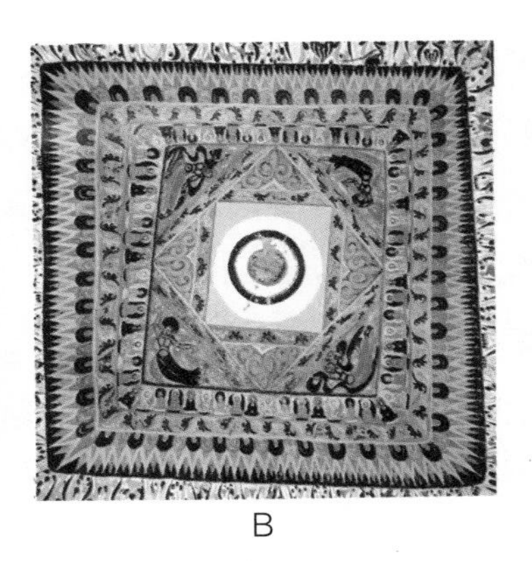
B

图 4-4-3　A. 莲花纹平綦（北周　莫高窟第 428 窟）B. 莲花飞天藻井（北周　莫高窟第 296 窟）

引自段文杰. 中国美术全集・绘画编14・敦煌壁画・上[M]. 上海：上海人民美术出版社，1985：126、137.

由北魏经营的莫高窟第 251、254、257、259、260、263、265、487 窟中，有六窟绘有莲花藻井图案，后者同样频繁出现在北周时期的莫高窟洞窟中，这足以说明莲花图案在莫高窟早期洞窟中的普遍性和重要性（图 4-4-2 B，图 4-4-3）。[①]

（二）莲纹砖

秦代砖的烧制技术和质量有了更大发展，特别体现在烧结的空心砖、画像砖上。从出土秦砖实物装饰来看，以文字砖为多，少见或未见莲瓣纹砖。至汉代，建筑砖的烧制技术又发展到一个新的高度，尤其是东汉时期的画像砖，装饰内容多种多样，形形色色。汉代画像砖以泥为纸，将播种、收割、采莲、市井、宴饮、庭院等画面生动勾勒，让后世得窥汉代精神世界与社会生活的方方面面。再如渝东地区出土的东汉墓砖有盒子砖、铺地砖、摇钱树纹砖、骑马拉车纹砖、牵马拉车纹砖、轮马纹砖、鹊鸟轮吉文砖、鸟纹砖、刑徒砖、鱼纹砖、采莲砖、富贵纹砖等。其中，采莲画像砖把南方地区具有浓厚劳动习俗的采莲场面表达得十分完美。由于受到佛教东传的影响，信佛崇莲的莲瓣纹砖也应运而生（图 4-4-4）。

到了三国两晋时期，砖的烧制仍承袭了前朝的模式。从南北各地出土的用于墓葬的画像砖，其题材内容方面重视表现收获、采莲、桑园、狩猎和井盐生产等

① 袁承志. 风格与象征——魏晋南北朝莲花图像研究[D]. 北京：清华大学，2004：58-61.

A　　　　B

图 4-4-4　A. 洛阳出土汉代空心砖　B. 汉代空心砖上的莲纹

引自龙宝章. 中国莲花图案[M]. 北京：中国轻工业出版社，1993：26、57.

劳动生活场面，具有一定的地域特征，反映了同一时代艺术在题材上的一致性。而两晋时的墓葬中经常出土铭文砖，特别是行草书砖刻，记载着墓主人身份及相关信息。1973 年在南京大学北园发掘一处东晋墓，此墓葬墓砖类型较多，大体上可分成长方形平砖和券砖两大类。极少数砖饰以八瓣莲花纹为中心的图案，四角各有一个五铢钱纹，莲瓣纹和五铢钱纹之间，则填以密集的直线纹和斜线纹[①]。1997 年在南京城东太平门富贵山西南麓发掘的一处东晋早期墓葬中有莲瓣纹砖。[②]1973 年在泉州南安丰州狮子山南麓有许多六朝至隋唐的墓葬，其中二号墓中出土有莲瓣纹砖[③]（图 4-4-5）。

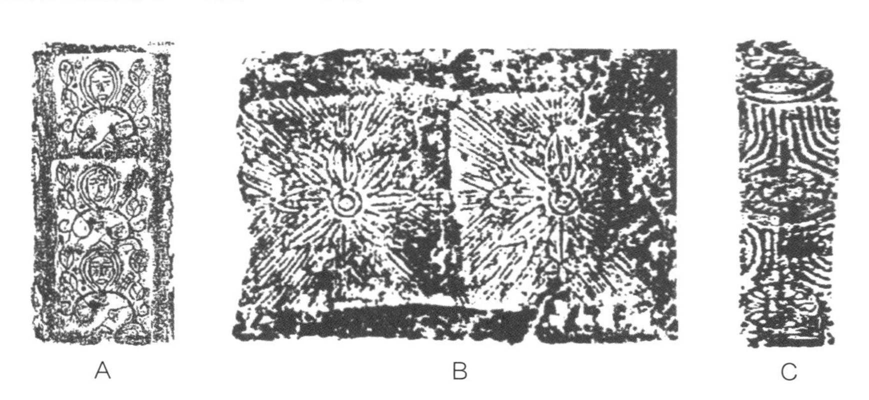

A　　　　B　　　　C

图 4-4-5　A. 江苏盱眙山出土的西晋莲纹画像砖　B. 南京太平门富贵山出土的东晋莲纹砖　C. 福建南安丰州狮子山出土的东晋莲纹砖

A引自谷丰信. 佛教传来与莲花瓦当[J]. 姚义田，译. 辽宁省博物馆馆刊，2011：69；B引自祁海宁，华国荣，张金喜. 江苏南京市富贵山六朝墓地发掘简报[J]. 考古，1998(8)：36；C引自潘达生，黄炳元. 福建南安丰州狮子山东晋墓[J]. 考古，1953(11)：1047.

① 南京大学历史系考古组. 南京大学北园东晋墓[J]. 考古，1973(4)：36-46.

② 祁海宁，华国荣，张金喜. 江苏南京市富贵山六朝墓地发掘简报[J]. 考古，1998(8)：36.

③ 潘达生，黄炳元. 福建南安丰州狮子山东晋墓[J]. 考古，1983(11)：1047-1048.

至南北朝时期，南朝各代受佛教的影响，寺庙建筑发展惊人，“南朝四百八十寺”指的就是这一时期的崇佛盛况。南朝崇佛爱莲，其寺塔及建筑构件或日常用品无不打上莲的烙印，各地出土各式各样的莲瓣纹砖就是一个重要反映（图4–4–6、图4–4–7、图4–4–8）。

图4–4–6　A. 南朝画像砖上的莲花、朱雀、人首鸟身纹　B. 南朝莲瓣纹砖

引自龙宝章. 中国莲花图案［M］. 北京：中国轻工业出版社，2009：54.

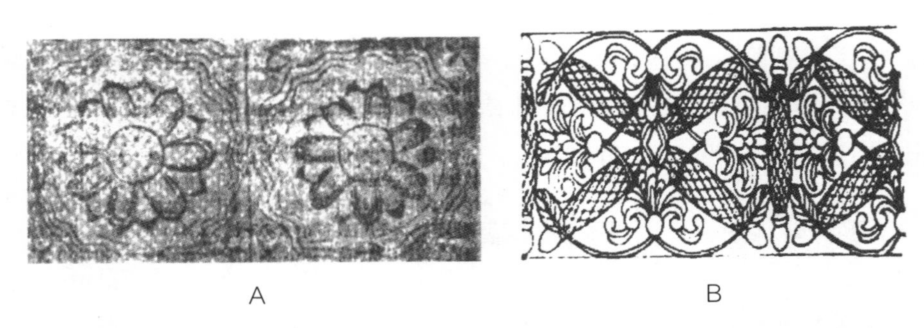

图4–4–7　A. 湖北应城狮子山出土的南朝莲花砖　B. 河南安阳修定寺塔北朝莲花砖

A引自韦正. 六朝墓葬的考古学研究［M］. 北京：北京大学出版社，2011：257；B引自龙宝章. 中国莲花图案［M］. 北京：中国轻工业出版社，2009：58.

图4–4–8　南京下关墓葬出土的六朝时期的莲纹砖

引自李尚志. 荷文化与中国园林［M］. 武汉：华中科技大学出版社. 2013：60.

（三）莲纹瓦当

秦统一后，瓦当图案仍承袭战国晚期的题材，除以植物为题材的各种变化如葵纹瓦当外，主要以各种变化云纹为主题。秦代瓦当图案的题材内容，从初期的动物题材逐步发展扩大为动植物、昆虫、卷勾子纹和云纹，并且开创了以文字作为瓦当图案的主题装饰，在我国瓦当图案的发展史上，是题材最为广泛、内容最丰富的一个时期①。秦瓦当在前代瓦当艺术基础上进一步发展的同时，为汉代瓦当艺术的发展奠定了基础。最早的以莲花作纹饰的瓦当见于秦代，可以推测，莲花纹作为一种植物图案出现在秦瓦当中是很普遍的情况。②从西安西郊蔺高村阿房宫遗址出土的莲花瓦当，圆形，直径 15.6 厘米，当心圆圈上对称伸出八枚莲花瓣，四枚较窄，四枚较宽，花瓣中间各有一道竖脉。它的出土，或许反映莲花图纹已普遍应用于秦代园林建筑（图 4-4-9 A）。③

A　　　　B

图 4-4-9　A. 秦代瓦当　B. 江苏镇江出土的东晋莲纹瓦当

A引自赵力光. 中国古代瓦当图典［M］. 文物出版社，1998：155；B引自刘建国，霍强. 江苏镇江市出土的古代瓦当［J］. 考古，2005（3）. 图版陆.

汉代瓦当有半圆形和圆形两种。半圆瓦当主要流行于汉朝，多为纹饰、文字以及纹饰兼文字者，后逐渐为圆瓦当所代替。这时瓦当图案较秦时更趋规范化，莲纹、葵纹、云龙纹瓦当最为常见，葵纹瓦当盛行于汉之初，沿用不久随即消失；而莲纹、云纹瓦当受佛教东传的影响，很快发展起来，遍及全国各地，影响深远。西汉瓦当纹饰主要是各类云纹，而东汉的云纹和莲纹半圆瓦当，造型典雅优美，

① 刘桂花. 浅谈瓦当艺术的发展演变［C］//耕耘录：吉林省博物院学术文集2010-2011，2012：390.

② 李梅. 中原地区莲花纹瓦当类型与分期［J］. 文物春秋，2002（2）：35-37.

③ 赵力光. 中国古代瓦当图典［M］. 北京：文物出版社，1998：155.

观赏价值亦高。但目前还没有看到各地出土两汉时期莲纹瓦当实物的报道。

三国两晋时期的瓦当，则以圆瓦当云纹为主，也有莲纹瓦当和文字瓦当。相关出土文物，有瓦当面饰莲花纹图案共36件，依其纹饰特征分A、B、C、D四型。其中A型Ⅰ式和Ⅱ式瓦当，年代较早，出自东晋地层，它们的造型与南京富贵山东晋晚期墓葬中出土的瓦当相类似。A型Ⅰ式为莲瓣外围无联珠纹带，出自镇江市京口区铁瓮城西侧医政路工地。其胎及表面呈青灰色，瓦当烧制火候较高，瓦当心呈乳丁状凸起，上饰莲蓬七子；莲花八瓣，瓣面起脊；莲瓣间饰树形图案，树干长直，枝分两杈，树冠呈倒三角形，冠下饰垂叶纹带，纹饰工整。瓦当直径10.8cm，边轮宽1cm，厚2.4cm。而A型Ⅱ式瓦当出土自镇江市京口区铁瓮城内烈士陵园工地。胎及表面呈灰色，饼状莲心，其上饰莲蓬七子；莲花八瓣，瓣面起脊；莲瓣间饰树形图案，枝分两杈，树冠呈扁三角形凸起。边轮底缘直收当径12.9cm，边轮宽1.1cm，厚2.4cm（图4–4–9 B）。[①]

南北朝因佛教的勃兴，为了迎合佛教徒的心理，瓦当饰以莲花图案成为当时的主流。南北朝盛行莲纹瓦当，北朝以河北临漳和洛阳永宁寺出土的北魏莲纹瓦当为主（图4–4–10 A）。当面主体纹饰为莲花纹，当心基本上都呈莲蓬状，上有七个或十个莲子。莲瓣均为无廓单瓣。可分为A、B两型。A型边轮内即为莲花纹，如临漳邺南城朱明门遗址出土的莲纹瓦当（T149②：50），灰色，当心莲蓬上有七个莲子，瓦当面径14cm，边轮宽1.7cm、厚1.7cm。另一枚莲纹瓦当（T117④H1：53）瓦当面径14.8cm，边轮宽1.8cm、厚1.5cm。而B型边轮与莲花纹之间饰连珠纹一周，如朱明门遗址出土的另一枚莲纹瓦当（T120②：54）面残，深灰色，面径15cm，边轮宽1.5cm、厚1.5cm。[②]北朝北魏时期还流行一种莲花化生瓦当，后随着北魏王朝国力的衰落而消失（图4–4–10 B）。[③]

南朝以南京及其周边（如镇江）出土的莲纹瓦当，代表着南朝各代莲纹瓦当的艺术水平。[④⑤]

---

① 刘建国，霍强．江苏镇江市出土的古代瓦当[J]．考古，2005(3)：30–44.

② 申云艳．中国古代瓦当研究[D]．北京：中国社会科学院研究生院，2002：92–93.

③ 王秀玲．北魏莲花化生瓦当研究[J]．文物世界，2009(2)：33–34.

④ 刘建国，霍强．江苏镇江市出土的古代瓦当[J]．考古，2005(3)：36–44.

⑤ 贺云翱，邵磊．南京毗卢寺东出土的六朝时代瓷器和瓦当[J]．东南文化，2004(6)：43–48.

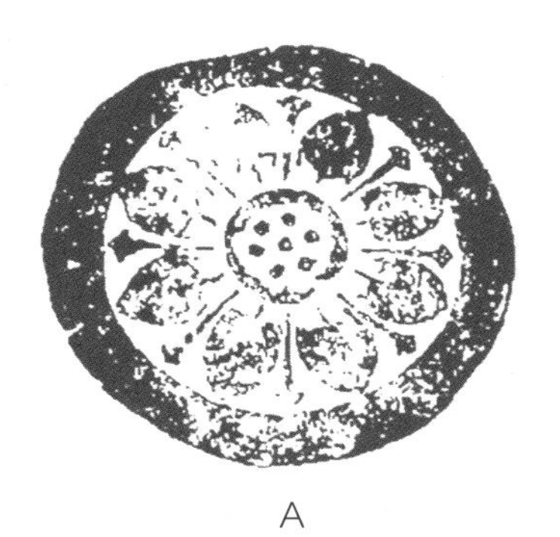

A　　B

图 4-4-10　A. 洛阳北魏八瓣莲纹瓦当　B. 洛阳莲花化生瓦当

A引自钱国祥. 汉魏洛阳城出土瓦当的分期与研究[J]. 考古, 1996(10): 71; B引自王秀玲. 北魏莲花化生瓦当研究[J]. 文物世界, 2009(2): 34.

（四）其他建筑构件上的莲纹

南北朝时流行莲花柱础，在云冈石窟有仰莲柱础，响堂山北齐石窟也有仰莲或覆莲作柱础（图 4-4-11）。[①] 除此之外，还可看到窟前装饰华丽的多角檐柱，柱础是狮子与仰莲的结合，狮子足下平刻莲花，柱身雕出一重或数重仰覆莲束腰，

A　　B

图 4-4-11　邯郸响堂山大佛洞龛柱和释迦洞六角莲柱

引自李雪山. 响堂山北齐石窟装饰艺术研究[D]. 石家庄: 河北师范大学, 2009: 15-16.

① 袁承志. 风格与象征——中国古代莲花图像的源流[D]. 北京: 清华大学, 2004: 40.

图 4-4-12　山西大同出土的莲瓣柱础

引自中国美术全集编委会. 中国美术全集 · 雕塑编三 · 魏晋南北朝雕塑[M]. 北京: 人民美术出版社, 1988: 99.

柱头作一覆莲托捧的火焰宝珠，以北响堂中洞的遗存最为清楚。

这种束莲柱的风格可能流行于整个北朝。1965 年在山西大同石家寨村北魏时期司马金龙墓中出土的莲瓣柱础（图 4-4-12），现藏于大同市博物馆[①]。束莲柱分为八角和六角莲柱两种，普遍使用在石窟、佛龛门的两侧，偶有用在前室作檐柱用。柱础刻覆莲圆台、有翼狮子或象。柱头刻火焰宝珠纹。柱身分一至八节，束莲处刻圆环二至四道，中间刻有连珠纹，圆环上下各雕仰覆莲瓣，气魄雄伟壮观。束莲柱的应用典型是响堂山石窟，在窟龛构造方面有突出的特征。束莲柱整体造型优美，雕刻形式新颖，上下各有两莲，且莲瓣饱满。上下莲的宽径相连，中间束环，每组两莲之间嵌以联珠纹，每个棱面都有卷草纹装饰穿过，这是波斯柱头装饰形式的中国化。[②]

二、瓷器莲饰文化

古代瓷器的纹饰，从秦汉到南北朝有一个漫长的发展历程，其题材丰富，技法巧妙，且“图必有意，意必吉祥”[③]，常以谐音来表意和象征，寄托着吉祥的寓意。自发明陶瓷以来，瓷器纹饰由过去的几何纹、篦纹、联珠纹发展到花鸟纹和动物纹。由于佛教兴起，南北朝时期的瓷器莲饰迅速扩展。瓷器常见的莲饰纹样

① 中国美术全集编委会. 中国美术全集 · 雕塑编三 · 魏晋南北朝雕塑[M]. 北京: 人民美术出版社, 1988: 99.

② 李雪山. 响堂山北齐石窟装饰艺术研究[D]. 石家庄: 河北师范大学, 2009: 15-16.

③ 王晓薇. 图必有意，意必吉祥——论玉雕图案寓意之表述[J]. 艺术教育, 2020(08): 135-138.

可分为莲花纹、莲瓣纹、宝相花纹、缠枝纹和折枝纹。莲花纹是典型的宗教纹样，也是最早装饰瓷器的花纹之一；莲瓣纹以莲花花瓣为装饰纹样而得名。莲瓣纹装饰应用在瓷器上始于南北朝时期，这与当时佛教盛行有密切关系。按所装饰莲瓣的层次，可分为单层莲瓣、双重莲瓣及多重莲瓣。按莲瓣的形态，可分为尖头莲瓣、圆头莲瓣、单勾线莲瓣、双勾线莲瓣、仰莲瓣、覆莲瓣、变形莲瓣等。早期瓷器上的莲瓣纹曾作为主题纹饰出现，如著名的北朝青釉仰覆莲瓣纹大尊等。

从秦汉到南北朝，古代瓷器上的莲花纹样有多种表现形式，从装饰技法的角度上看，主要有贴花、刻花、划花、镂花、堆塑等技法。这些技法的出现、流行、演变，与社会生产力的发展、瓷器生产工艺技术的进步、人们审美观念的嬗变、民俗习惯的流传、对外文化的交流等因素有关联，有的技法盛极一时，有的不断发展，有的则如昙花一现或偶现踪迹。

贴花，又称模印贴花、塑贴花、贴塑，是将模印或捏塑的各种人物、动物、花卉、铺首等纹样的泥片，用泥浆粘贴在已成型的器物坯体表面，然后施釉入窑焙烧。贴花纹样具有很强的立体感，形象生动逼真。这种技法出现于汉代，三国两晋南北朝时期比较流行。莲纹贴花，即用模具模印莲瓣、莲蓬模样，并贴塑在器物上，其形式多样。如 1962 年江苏镇江钢铁厂出土北朝青釉镂空贴花尊和 1981 年河南鹤壁出土北朝青釉贴刻花尊属于贴花莲纹装饰，前者全器除贴花外还有镂空装饰，后者在莲瓣内又贴团花和菩提树叶纹，装饰细致繁密（图 4-4-13）。①

A　　　　B

图 4-4-13　A. 北朝青釉贴刻花尊　B. 北朝青釉贴刻花尊（局部）

引自鲁方. 中国出土瓷器莲纹研究［M］. 广州：暨南大学，2012：21.

① 鲁方. 中国出土瓷器莲纹研究［D］. 广州：暨南大学. 2012：17-18.

刻花，以铁刀类坚硬锋利的工具，在半干的器物坯体表面刻制纹样，再施釉或直接入窑焙烧。纹样生动流畅，力度大，纹样深且多有斜剖面，立体感比较强，装饰效果比较好，以陕西耀州窑为代表。刻花在瓷器上应用十分普遍，常与划花、剔花结合使用，主要流行在南北朝。莲纹刻即在瓷器表面用刀具刻画莲瓣、莲叶、莲蓬等纹样，其花形式复杂多样（图 4–4–14）。

A

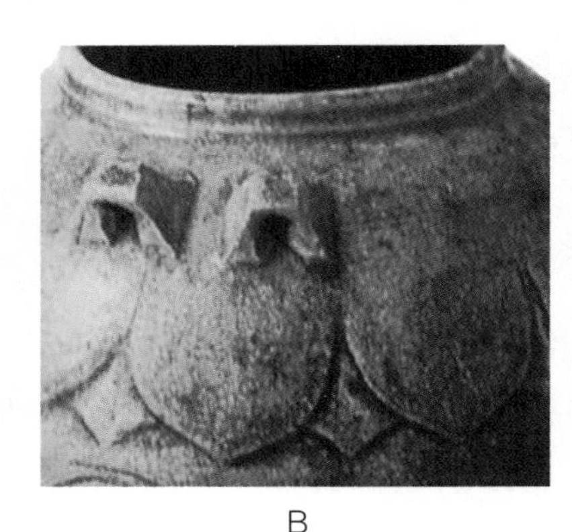

B

图 4-4-14　A. 南朝青釉刻花莲瓣六系罐　B. 南朝青釉刻花莲瓣六系罐（局部）

引自艺术家工具书编委会. 古代陶瓷器大全［M］. 台北：艺术家出版社，1989：384.

划花，以竹、木、铁钎等尖锐器为工具，在半干的器物坯体表面浅浅划出线状纹样，再施釉或直接入窑焙烧，常与刻花、剔花结合使用。划花技法出现时间比较早，在原始瓷器上已有应用，后世发展得形式多样，以南北朝为代表。莲纹划花，即在瓷器表面用尖锐工具划画莲瓣、莲叶、莲蓬等纹样（图 4–4–15）。

A

B

图 4-4-15　A. 南朝划花莲花纹托盘　B. 南朝划花莲花纹托盘（局部）

引自艺术家工具书编委会. 古代陶瓷器大全［M］. 台北：艺术家出版社，1989：372.

堆塑，以手捏或模制的方式把瓷土做成立体人物、动物、植物、建筑等模样，并粘贴在器物坯体上，然后直接或施釉入窑烧制。三国两晋时期流行的青釉谷仓罐是这种装饰技法的代表作品。莲纹堆塑，指以莲花、莲瓣、莲叶为模样，堆塑在器物上（图 4–4–16）。

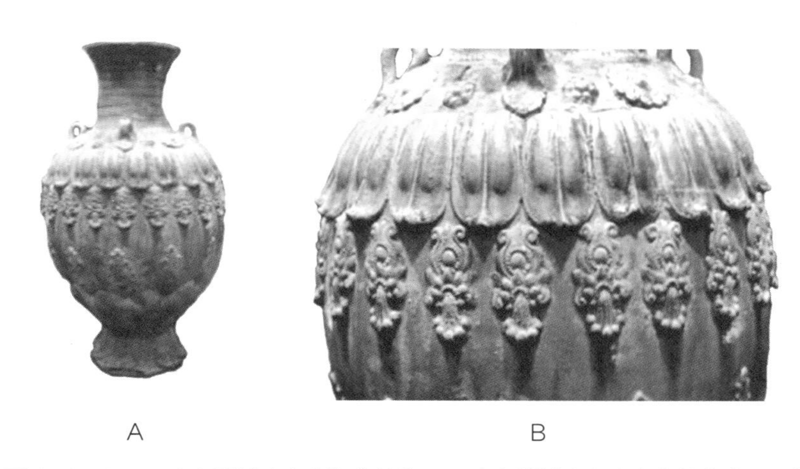

A B

图 4-4-16　A. 山东淄博出土青瓷莲花尊　B. 山东淄博出土青瓷莲花尊（局部）

引自艺术家工具书编委会. 古代陶瓷器大全［M］. 台北：艺术家出版社，1989：419.

综合各地出土文物来看，汉、晋两代的莲饰瓷器少见，而南北朝时期很多，这主要受佛教的影响所致。

（一）三国（东吴）瓷器

1983 年江苏南京雨花区长岗村出土一件三国东吴时期的青釉褐彩贴花双系带盖盘口壶，通高 32.1cm、口径 12.6cm、底径 13.6cm，壶的肩部模印贴塑了佛像，佛结跏趺坐于双狮莲花座上。① 另一件东吴时期青釉褐彩贴花双系盘口壶，壶的腹部绘有翼龙纹，其动势仍保留着汉风，这两件瓷器纹饰密布，题材繁多，以云气间隔，画工颇显娴熟；壶肩绘有莲瓣纹。它们现藏于南京市博物馆 ②（图 4–4–17）。

① 何志国. 汉晋莲花的装饰特征及性质［J］. 装饰，2006（2）：13.

② 鲁方. 中国出土瓷器莲纹研究［D］. 广州：暨南大学，2012：17–18.

A

B

C

图 4-4-17　A. 南京出土的东吴盘口壶上莲座（局部）；B. 东吴青釉褐彩贴花双系盘口壶（残）；C. 东吴青釉褐彩贴花双系带盖罐（残）

A引自何志国. 汉晋莲花的装饰特征及性质[J]. 装饰，2006(2)：13；B，C引自鲁方. 中国出土瓷器莲纹研究[D]. 广州：暨南大学，2012：18.

（二）晋代瓷器

灯具发明源于人类对火与照明的需要。早期灯类似陶制的盛食器“豆”。晋代郭璞《尔雅·释器》注：“瓦豆谓之登（镫）。”[①] 灯具真正成型是在春秋时期，战国时期出现人物形灯，汉代出现动物形灯。魏晋南北朝时期，灯具在材质上发生了很大变化，青瓷灯取代了青铜灯，成为灯具中的主体。佛教的传播，离不开佛教艺术所衍生的莲花灯，通过采用绘画、造型的艺术形式，把佛教具体化、形象化和本土化。

西晋青瓷佛造像莲花灯由灯盘、灯柱和灯座组成，盘口径 16cm，通高 39cm，其中佛造像高 28cm。灯盘由四片内有叶脉的莲花瓣巧妙地捏制而成，呈莲花形，盘内蹲着一只栩栩如生的青蛙，青蛙腹下有一圆孔与灯柱相通。支托灯盘的是雕饰四尊观音菩萨佛立像的空心柱，佛像跣足踏在圆台之上，圆台上半部浮雕一周覆莲瓣纹，莲瓣片片饱满互不粘连，下半部为素面。莲花灯通体施釉，釉层薄透，冰裂纹开片细密，釉色青中泛黄，莹润光亮，玻璃质感强。底足平削无釉，胎呈浅灰色。胎体坚致，剥釉露胎处呈肉红色，可见使用了化妆土。灯盘上捏塑的青蛙，蛙嘴紧闭，双眼圆睁，四肢弯曲，似待蹬捕虫，活灵活现，神态如真。灯盘宛如一朵盛开的莲花，配以明亮的青黄釉，青蛙似蹲在一泓清澈碧绿

① 尔雅注疏[OL]. 殆知阁http://www.daizhige.org/儒藏/小学/尔雅注疏-20.html.

的湖水中，妙趣横生（图 4-4-18 A）。①

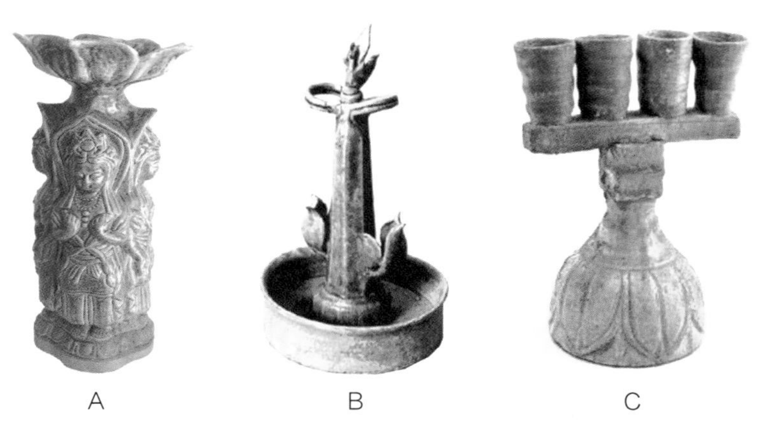
A B C

图 4-4-18 A. 西晋青瓷佛造像莲花灯 B. 南朝青瓷莲花檠 C. 南朝青瓷烛台

A引自褚曙光. 西晋青瓷佛造像莲花灯赏析[J]. 文物鉴定与鉴赏, 2014(8): 109; B, C引自袁承志. 风格与象征——魏晋南北朝莲花图像研究[D]. 北京: 清华大学, 2004: 136、135.

（三）南朝瓷器

莲花灯 福建闽侯县南嵝出土的南朝青瓷莲花檠，在圆盘上矗一多角形柱，柱顶有双环，用以檠灯。柱的下端塑两朵莲花，造型美观别致，风格写实，生动自然。1962 年江西省永丰县出土的南朝青瓷烛台，座身饰覆莲纹，尖头、直身，三层，花瓣上叠一层细小花瓣，下衬托一层；座底正中镂一圆形小孔，施青釉，略呈黄色，釉汁匀润，座底露胎；上部设一长形板，板长 15.5cm，宽 2.8cm，排放四个直口深腹形似竹节的小杯。烛台是祭祀的供器，饰以莲纹图案，显得端庄肃穆，是南朝佛教盛行的反映。

南朝梁和陈时期，在出土墓葬品中大量出现了以植物纹作为装饰的情况，植物纹包括树叶、草叶、莲花、卷草、缠枝、忍冬、供花、卷叶水草、瓶花等。这些植物花纹装饰形态多样，即使是同一种花纹也会出现多种不同的形式，如莲花就有单瓣莲花、复瓣莲花、浮雕莲花和凸雕莲花等。同一种植物花纹在墓葬中组成二方连续，重复出现，连绵不断，具有很强的装饰效果（图 4-4-18 B、C）。②

莲花尊 南北朝青瓷造型受佛教影响最典型的是莲花尊的出现。莲花尊是南北朝时期的一种新式造型，尊体由莲花瓣组成，上饰忍冬、兽头、蟠龙、宝相花

① 褚曙光. 青瓷贴塑佛像：佛陀初传中国之写照——西晋青瓷佛造像莲花灯赏析[J]. 文物鉴定与鉴赏, 2014(8): 108-110.

② 袁承志. 风格与象征——魏晋南北朝莲花图像研究[D]. 北京: 清华大学, 2004: 40.

和联珠纹、飞天等。这一时期的瓷器莲花装饰盛行覆莲瓣、仰莲瓣，还有大圆莲，莲瓣以写实为主，形象自然生动，尖头直身，少有大幅度曲线。

1972 年，在南京东郊麒麟门外灵山南朝墓葬中，出土一对造型相同的莲花尊，高 85cm，最大腹围 125cm，口径 21cm，底径 20.8cm，是目前我国所发现的六朝青瓷器中最大、最精美的一对。① 此尊有莲瓣形盖，尊的腹上部饰模印重瓣覆莲两圈，其下贴花菩提叶一圈和刻画瘦长莲瓣纹一圈，莲瓣下垂，瓣尖上翘；腹下部饰仰莲纹两层，圈足如一喇叭座，饰覆莲纹两圈。各层莲瓣均向外翻卷，丰腴肥硕。整件器物在层层叠叠的莲瓣纹装饰下，显得华丽繁缛，气派非凡。

魏晋时期流行以安息死者灵魂的魂瓶随葬，莲花尊很有可能是取代魂瓶的随葬品，它不仅可安放灵魂，而且加入了佛教因素，能超度死者亡魂，使其免于轮回之苦，进入涅槃境地。可以认为莲花尊是佛教与中国古代灵魂观念结合的产物②（图 4-4-19）。

A

B

C

图 4-4-19　A. 南京出土的南朝莲花尊　B. 河南上蔡出土的南朝莲花尊　C. 湖北武昌出土的南朝莲花尊

A引自杨文和，范世民. 青瓷莲花尊[J]. 文物，1983(11)图版捌；B，C引自袁承志. 风格与象征：魏晋南北朝莲花图像研究[D]. 北京：清华大学，2004：134.

古代青瓷器中，莲花尊是酒器，但在南朝以莲花尊为酒器之说难成立。南朝佛教盛行，五戒“不杀、不盗、不淫、不欺骗、不饮酒”成为佛门至高无上的戒律，这对寺院僧尼和众多的佛教信徒具有严格的约束力。且莲花尊体型巨大沉重，纹饰精细繁复，器物的内壁不施釉，极不光滑平整，这些现象足以证明其不是日

① 魏杨菁. 六朝青瓷之王——莲花尊[J]. 南京史志，1998：52.

② 杨文和，范世民. 青瓷莲花尊[J]. 文物，1983(11)：86-87.

常生活中的实用器物。这种成对的青瓷莲花尊只能是一种用来礼佛的陈设供品。

莲花罐、壶之类 南北朝时期，莲花在佛教艺术中占有特殊的地位，当时的手工业者将富有装饰意味的花、实、茎、叶图案应用到莲花纹瓦当、莲花纹砖等宗教建筑和艺术品中，这种风格的影响也波及瓷器的装饰题材。用莲装饰的工艺品可分为仰莲和覆莲两种，仰莲多饰于碗、盘等小件器物的内外壁和内底；覆莲一般饰于壶、罐等器物上。当时大量出现的装饰莲瓣图纹的碗、盘、盏托、罐、尊等青瓷器，就是这一现象的反映。位于今南京西善桥油坊村的南朝陈宣帝显宁陵，该墓葬连墓室和甬道将近 14 米，在南朝帝陵中属佼佼者，整个墓室壁由各式莲花花纹砖和几何纹砖相间砌筑而成。还有福建闽侯南屿的南朝墓中也有大量的花纹砖和画像砖，如第十五层楔形砖面上有莲花图案；出土的五件盅中有四件置于莲花盘上，出土的博山炉的炉盖上堆塑莲花瓣，且空隙处刻有莲花纹[①]。

还有南朝青釉刻花莲瓣六系罐、南朝青釉刻花莲瓣鸡壶、南朝青瓷莲瓣罐、南朝刻花莲纹托盘，现均藏于中国台北故宫博物院[②]（图 4–4–20）。

A

B

图 4–4–20 A. 南朝青瓷莲瓣纹盖罐 B. 南朝青瓷莲瓣罐

A引自叶佩兰. 古瓷收藏鉴赏宝典［M］. 香港：中华书局（香港）有限公司，2007: 75；B引自艺术家工具书编委会. 古代陶瓷大全［M］. 台北：艺术家出版社，1989: 385.

莲花碗、盘之类 我国饮茶历史悠久，江南是茶叶的原产地，饮茶习俗最先流行于南方，因此，早期的青瓷茶具多出于江南。1975 年江西吉安出土的南朝青瓷莲瓣纹托碗（图 4–4–21 A），碗外壁饰重瓣仰莲纹一周，托盘内心铺开莲瓣纹，使碗与托盘相吻合，形成整体造型，宛然一朵盛开的莲花，罩以均匀的青釉，是一套造型、纹样精美，独具匠心的典雅茶具。托盘平口微敛，斜腹壁，圆

① 福建省博物馆. 福建闽侯南屿南朝墓［J］. 考古，1980（1）：59–65.

② 艺术家工具书编委会. 古代陶瓷大全［M］. 台北：艺术家出版社，1989：377，378，372，385.

饼状实足。盘中央塑一内凹的圆圈，承托一只平口，弧腹壁，圆饼状实足的碗，内外施釉均不及底。

A　　　　B

图 4-4-21　A. 南朝青瓷莲瓣纹托碗　B. 南朝青瓷莲瓣纹盘

引自袁承志. 风格与象征——魏晋南北朝莲花图像研究[D]. 北京：清华大学，2004：137，138.

再如 1975 年江西吉安出土的南朝青瓷莲瓣纹盘，盘内饰一朵盛开的莲花，花瓣细长，敞口，弧腹壁，环底。内口沿饰一道凹弦纹，罩以均匀的青釉，纹样显得格外清晰优美。施青黄色釉，釉汁均匀肥润，开冰裂碎片，环底露胎（图 4-4-21 B）。

（四）北朝瓷器

莲花尊　北朝齐代佛教的兴盛并不亚于南朝。北齐后主高纬于邺城之西营建仙都苑，在邺城皇家园林诸苑中，其规模更大，内容更丰富。“仙都苑周围数十里，苑墙设三门、四观。苑中封土堆筑为五座山，象征五岳。五岳之间，引来漳河之水分流四渎为四海——东海、南海、西海、北海，汇为大池，又叫大海。……大海之北有七盘山及若干殿宇，正殿为飞鸾殿十六间，柱础镌作莲花形，梁柱‘皆苞以竹，作千叶金莲花三等束之’。”[①] 飞鸾殿的柱础雕刻成莲花形及梁柱用金莲花装饰，这也是荷文化在北方皇家园林建筑中的亮相。

1948 年河北景县封氏墓出土的北朝青釉仰覆莲花纹瓷尊，形体高大，气魄雄伟。它的器身装饰综合了雕刻、刻划、模印贴花等手法，特别是腹部采用堆塑的手法，以仰覆的莲花瓣吻合而成，叶脉清晰可辨，将莲花完整、丰腴的姿态在一仰一覆之中完美地表现出来，既是装饰，又是器身结构的一部分，毫无牵强之意，同时也避免了纯粹模仿自然的做法，是装饰艺术的成功之作（图 4-4-22

① 周维权. 中国古典园林史[M]. 北京：清华大学出版社，2008：126.

A)。[1] 此墓同时还出土了一件仰覆莲花尊。

1982 年在山东淄博龙泉镇和庄村北朝晚期墓葬中，出土了一件青釉莲花尊。此尊造型优美，装饰典雅；釉薄而均匀，釉色青中泛黄，光亮莹润，华贵之气盎然。尊高 59cm，平唇，喇叭口，长颈，椭圆腹，高圈足。腹上部堆塑一周 21 个覆莲瓣，莲瓣丰硕，瓣尖翘起。腹中部饰两周忍冬花图案，上小下大，疏密不一。腹下部饰一周穿插交错、彼此相连的仰莲瓣纹，每层各 11 瓣。腹以下收缩为微侈圈足，圈足上堆塑 11 瓣覆莲。此尊以丰富的造型、雅致的形态，以及在光线下映现出的神奇幻觉，达到了极高的艺术境界，现藏于淄博博物馆。[2]

1956 年湖北省武昌钵盂山 392 号墓出土的北朝青瓷莲花尊，盖心方圈，以肥厚短俏的双层堆塑莲瓣环绕四周，盖缘围饰竖立的齿纹，宛若一座莲花台。腹部堆贴仰覆呼应的莲花；上段覆叠莲瓣三层，瓣尖向外微卷，第三层每瓣上还以凸线加饰一片下垂的菩提叶；下段单层仰莲，瓣间饰上展的菩提叶。圈足饰一周覆莲，瓣上刻菩提叶。它集中运用印贴、刻划和堆塑等艺术手法，融粗凸细凹于一体，气韵华贵典雅（图 4-4-22 B）。[3]

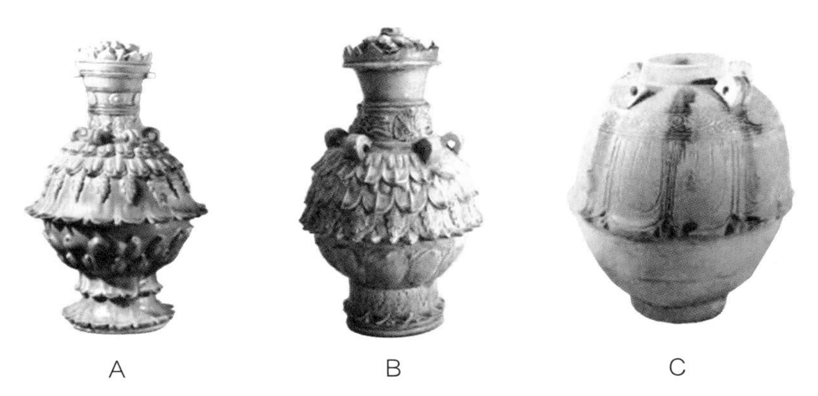

A　　B　　C

图 4-4-22　A. 河北景县出土的北朝莲纹瓷尊　B. 湖北武昌出土的北朝莲花尊
C. 北齐黄釉绿彩莲瓣四耳壶

A引自艺术家工具书编委会. 古代陶瓷器大全[M]. 台北：艺术家出版社，1989：419；B引自袁承志. 风格与象征——魏晋南北朝莲花图像研究[D]. 北京：清华大学，2004：138；C引自艺术家工具书编委会. 古代陶瓷器大全[M]. 台北：艺术家出版社，1989：420.

① 朱凤瀚. 文物中国史 • 三国两晋南北朝时代[M]. 香港：中华书局（香港）有限公司，2004：147.

② 朱凤瀚. 文物中国史 • 三国两晋南北朝时代[M]. 香港：中华书局（香港）有限公司，2004：140-141.

③ 袁承志. 风格与象征——中国古代莲花图像的源流[D]. 北京：清华大学，2004：134-135.

莲花罐　1958年在河南濮阳北齐车骑将军李云墓中，出土一件黄釉绿彩刻莲瓣纹四系罐。此罐直口，溜肩，肩部有四弓形系，腹下渐收敛，假圈足，平底。口部及下腹部各刻弦纹一周，肩部刻弦纹数道，四系之下刻忍冬纹一周，腹部刻下垂莲瓣纹。器身上半部施黄色透明釉，又在八个方向上各施一道绿彩，下部露胎。据出土墓志载，该墓为李云夫妇合葬墓，葬于北齐后主武平七年（576），现藏于台北故宫博物院（图4-4-22 C）。①

三、漆器莲饰文化

秦汉时期，漆器的造型比东周更丰富，尤其是汉代的漆器工艺制作精巧，色彩鲜艳，花纹优美，装饰精致，属珍贵的器物。汉代漆器装饰的题材广泛，内容丰富，既有现实生活，又有神话故事；既有奇禽异兽，又有花草虫鱼；既有紧张的战斗场面，又有轻松的歌舞弹奏；既有单线平涂，又有油画漆绘；既有针刻刀雕，又有刻影镶嵌，可以说是集汉代艺术之大成②。在汉代漆器装饰纹样中，不乏有莲瓣纹样。如湖北江陵凤凰山168号汉墓出土的三鱼纹漆耳杯，其纹样由四瓣莲纹与三鱼纹所构成。将杯中的莲鱼纹与山东嘉祥、安徽宿州褚兰镇、江苏邳州等地出土的汉代莲鱼纹画像石进行比较，不难发现，其构图风格则一脉相承③（图4-4-23）。可见，湖北江陵凤凰山168号汉墓出土的三鱼纹漆耳杯，就是一件四瓣莲三鱼纹漆耳杯。

图4-4-23　湖北江陵凤凰山168号汉墓出土的四瓣莲三鱼纹漆耳杯

引自李光正. 汉代漆器图案集［M］. 北京：文物出版社，2002：45.

---

① 艺术家工具书编委会. 古代陶瓷大全［M］. 台北：艺术家出版社，1989：374.

② 李光正. 汉代漆器图案集［M］. 北京：文物出版社，2002：16-17.

③ 李国新，杨蕴青. 中国汉画造型艺术图典·纹饰［M］. 郑州：大象出版社，2014：199-202.

降至魏晋南北朝，漆器工艺的发展仍在延续。漆器的装饰纹样中，莲纹样仍然流行。三国两晋南北朝时期漆器上的植物纹主要有莲纹、忍冬纹、水藻纹、树纹和柿蒂纹等。因佛教的盛行，莲纹被大量地运用在漆器纹样中。安徽马鞍山三国东吴朱然墓中发现的彩绘童子对棍漆盘，盘中央圆面上是主体纹样——两个对棍嬉戏的童子，外围两圈是装饰纹。向内一圈为红漆地，绘有鱼、莲蓬和水波纹，三组莲蓬的描绘样式相同，每组六至八个莲蓬以圆心做等分轮状；向外一圈为黑漆地云龙纹（图 4-4-24 A）。[①] 此墓同时出土的季札挂剑图盘（图 4-4-24 B），盘正面外圈黑红漆地上绘狩猎纹，内圈红地上绘莲蓬白鹭啄鱼、童子戏鱼及各种鱼类。在鱼的表现上已使用几种色度，用金色的虚实浓淡来表现出鱼的立体感，人物表现上则采用了中国传统水墨的没骨写意画法，可见当时绘画方式对于漆器工艺的影响。[②]

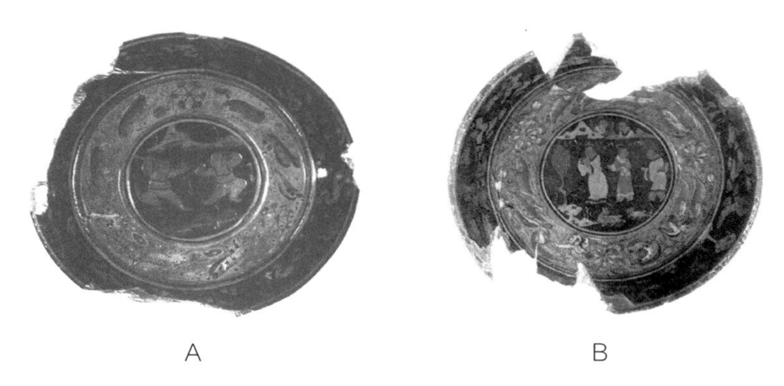

A　　　　　　　　B

图 4-4-24　A. 安徽马鞍山三国朱然墓出土的童子对棍漆盘
B. 安徽马鞍山朱然墓中出土的彩绘季札挂剑图漆盘

A引自马金玲，王尚林. 三国两晋南北朝时期的漆器纹样研究［J］. 中国生漆，2007.26（2）：33；B引自郭明. 魏晋南北朝士人绘画对漆器描金工艺发展的影响［J］. 艺苑，2012（4）：35.

四、荷花与服饰文化

秦汉时期的服饰主要有袍、襜褕、襦、裙。到东汉时，因织绣工业很发达，富贵人家可穿绫罗绸缎之服，普通人家穿短衣长裤，贫穷人家则穿短褐（粗布短

① 马金玲，王尚林. 三国两晋南北朝时期的漆器纹样研究［J］. 中国生漆，2007. 26（2）：33-34.
② 郭明. 魏晋南北朝士人绘画对漆器描金工艺发展的影响［J］. 艺苑，2012（4）：33-34.

衣）。秦汉时的服饰，其配饰和头饰也是服饰的重要部分，以荷（莲）纹装饰或造型并不多见，“秦始皇令三妃九嫔，当暑戴芙蓉冠子，插五色通草苏朵子”①。芙蓉即荷花，因此冠的形貌与之相似，故以芙蓉冠名之（图 4-4-25）。

图 4-4-25　秦汉芙蓉冠

引自周锡保．中国古代服饰史［M］．北京：中国戏剧出版社，1984：115.

魏晋南北朝的服装取法汉朝，魏晋的名士多光身着宽大外衣，或者外衣内着一件类似如今吊带衫的奇特内衣，并不穿中衣，此衣式仅见于这一时代。女子的服装以宽博为主，对襟，束腰，衣袖宽大，并在袖口、衣襟、下摆缀有不同颜色的缘饰，下着条纹间色裙，腰间用一块帛带系扎。当时女子的下裳，除间色裙外，还有其他裙式。长裙曳地，大袖翩翩，饰带层层叠叠，手持莲花，表现出优雅和飘逸的风格。

而晋代文官朝服肩上所佩戴的鞶囊，多用紫色，称之荷紫。通常以丝绸缝制，系于朝服外，作佩饰或盛奏事之用。故《晋书·舆服志》云：“八坐尚书荷紫。以生紫为夹囊，缀之服外，加于左肩……或云汉世用盛奏事，负之以行。”②南北朝时期流行一种便帽，其帽形为圆顶，中间竖一缨，帽檐翻卷，形似荷叶，称“卷荷帽”，通常为士庶夏日所戴（图 4-4-26、图 4-4-27）。“案宋、齐之间，天子宴私，着白高帽，士庶以乌，其制不定。或有卷荷，或有下裙，或有

①② 晋书［OL］.国学导航http://www.guoxue123.cn/shibu/0101/00jsj/024.htm.

纱高屋，或有乌纱长耳。”[①] 这类似于唐时阎立本所作南朝陈文帝所戴的（卷荷帽）白纱帽。

图 4-4-26　河南邓县出土南北朝头戴卷荷帽吹乐者画像石

图 4-4-27　南朝流行的卷荷帽

图4-4-26引自艺术家工具书编委会. 古代陶瓷器大全[M]. 台北：艺术家出版社，1989：301；图4-4-27引自孙晨阳，张珂. 中国古代服饰辞典[M]. 北京：中华书局，2015：408.

此外，魏晋时妇女的发饰有多种髻式，其中就有“芙蓉归云髻”及“芙蓉髻”，可能都与荷花形状有一定关系。古代妇女喜爱在发髻上插入装饰性的步摇。步摇作为首饰由来已久，其式样亦多种，且制作精美。《释名》云：“步摇，上有垂珠，步则摇也。”[②] 头上簪钗上挂坠的小珠子左右摇摆，故名步摇。南朝梁代女诗人沈满愿（南朝梁代沈约之孙女）的《咏步摇花》曰：“珠华萦翡翠，宝叶间金琼。剪荷不似制，为花如自生。低枝拂绣领，微步动瑶瑛。但令云鬓插，蛾眉本易成。”[③] 这首诗作除了对佩戴步摇的女子的美丽姿态描写得极为生动，还提及步摇的材质有珍珠、翡翠、宝石、金银等，形制则有“珠花”“宝叶”“剪荷”“低枝”等，反映荷饰风格在发饰制作中的流行。

① 周锡保. 中国古代服饰史[M]. 北京：中国戏剧出版社，1984：144-145.

② 刘熙. 释名[M]. 北京：中华书局，2016：108.

③ 张玉安. 汉魏南北朝“步摇”研究[J]. 艺术探索，2012，26(2)：4-14.

第五节 净土白莲：荷花与宗教

一、荷花与道教

道教创立于东汉末年，以天师张道陵在东汉顺帝年间（126—144）创立“正一盟威道”为标志，至今已有 1800 多年的历史。在南北朝时期，经过葛洪、寇谦之、陆修静、陶弘景等人努力和改革，道教成为与佛教并列的中国正统宗教之一。

道教是以老子之“道”为最高信仰，以长生成仙为终极追求的中国本土固有的宗教。故道教思想亦渊源于中国先秦时期的祖先崇拜、鬼神信仰、道家哲学和神仙方术。道教以《道德经》的思想为主要教义，倡导尊道贵德、重生贵和、抱朴守真、清静无为、慈俭不争和性命双修等。道教认为，无形无相的道生育了天地万物。道散则为气，聚则为神。神仙既是道的化身，又是得道的楷模。故道教徒既信大道，又拜神仙。以其独特性，荷花成了道教中仙风道骨的象征。

据《关令尹喜内传》，与老子同游西域的关令尹喜降生时，“其家陆地生莲花，光色鲜盛”。[①] 尹喜是老子的弟子。道家史籍还记载，在上古灵虚年代，有一个名叫周御王的国王，他有位美丽的妃子紫光夫人。紫光夫人发誓要生下儿子辅佐国王治理国家。仲夏的一天，紫光夫人在御花园莲池沐浴，她刚脱光衣服下入水中，莲池里便长出九朵莲花；瞬间，九朵莲花化为九个胖男孩，于是这九个男孩就成了紫光夫人的儿子。这九个儿子聪明勇敢，智慧超群。老大勾陈当上天皇大帝，老二北极星成了紫微大帝，剩下七兄弟分别为天枢、天璇、天玑、天权、玉衡、开阳和瑶光，合称为“北斗七星”或“北斗星”。据道经《太上玄灵斗姆大圣元君本命延生心经》曰：“（斗姆）为北斗众星之母。”[②] 不言而喻，紫光夫人便是斗姆。因此，斗姆是道教中至尊至贵的女神，其地位在王母娘娘之上。故道教常建造斗姆宫、斗姆殿、斗姆阁，进行祭祀礼拜。西王母也被道教奉为尊神，列为七

① 刘向. 列仙传[M]. 台北：台湾商务印书馆，1986. 影印本.

② 太上玄灵斗姆大圣元君本命延生心经[OL]. 殆知阁http://www.daizhige.org/道藏/正统道藏洞神部/本文类/太上玄灵斗姆大圣元君本命延生心经.html.

圣之一。在道教神话里，西王母是女仙的首领，主宰阴气，乃生育万物的创世女神，她与荷花有着千丝万缕的联系。在西王母图像中也有侍者手执莲花或莲花图像伴随出现。四川凉山西昌汉墓出土的西王母画像，左侧侍者持一等高的巨大莲花；而绵阳何家山汉墓出土西王母画像两侧的龙虎头顶各伸出一朵较大的莲花。[①] 四川彭山县梅花村 2 号崖墓出土的仙境祥瑞莲花画像砖图案中，其莲花特大，居中，在画面占主导位置，周围为各种昆仑仙境中的神兽瑞禽（图 4-5-1）。[②]

图 4-5-1　彭山县梅花村崖墓画像砖上的莲花纹

引自罗二虎. 西南汉代画像与画像墓研究[D]. 成都：四川大学，2001：178.

据《列仙传》记载："吕尚者，冀州人也。生而内智，预见存亡。……服泽芝、地髓，具二百年而告亡。"[③] 吕尚，姜姓，字子牙，即姜子牙；因辅佐武王灭商有功，封于齐，有太公之称，俗呼姜太公。传说他晚年隐居秦岭终南山，常服用泽芝（即莲花）等，活到两百岁才谢世。"吕尚隐钓，瑞得赪鳞。通梦西伯，同乘入臣。沉谋籍世，芝体炼身。远代所称，美哉天人。"说明姜太公才智过人，修炼成仙，与服用荷花有关。

晋代郭璞《尔雅图赞》有述："芙蓉丽草，一曰泽芝。泛叶云布，映波赮熙。伯阳是食，飨比灵期。"[④] 莲是道教始祖老子伯阳青睐的食品，也是神仙降临或修道成仙之物。古人认为，莲子是神仙食物。故后世的修炼道人，多言服莲不饥，

① 王苏琦. 汉代早期佛教图像与西王母图像之比较[J]. 考古与文物，2007(4)：35-44.

② 罗二虎. 西南汉代画像与画像墓研究[D]. 成都：四川大学，2001：43，210.

③ 刘向. 列仙传[M]. 台北：台湾商务印书馆，1986. 影印本.

④ 严可均. 全上古三代秦汉三国六朝文[M]. 北京：中华书局，1958.

轻身延年，白发变黑，齿落复生，为长生仙物。

得道成仙的人往往不离荷花。又据《真人令尹喜传》曰：“天涯之洲，真人游时，各坐莲花之上。花辄径十丈，有返香莲生逆水，闻三千里。”[①] 可见，真人为道家修行得道的仙人，通常仙人出游，均坐于荷花之上，御风而行，仙袂飘飘。可见道家心中的荷花充满仙风道气，成了真人的护身符。

二、荷花与佛教

佛教的创始人释迦牟尼是古印度北部迦毗罗卫国（今尼泊尔境内）的王子，他生活的时代，约为公元前 6 世纪中叶，正是我国春秋时代，与孔子同时，其诞生地迦毗罗卫国向西 1000 公里就是释迦族的古都迦毗罗卫城，即今尼泊尔的比普拉瓦（图 4-5-2）。

图 4-5-2　尼泊尔蓝毗尼佛陀出生地遗址

（李尚志翻摄自纪录片《玄奘之路》）

荷花在佛教典籍中常被称作“莲”“莲花（华）”。荷花的形象从佛陀神奇的

① 欧阳询. 艺文类聚［M］. 上海：上海古籍出版社，1999：1400.

诞生开始，就与佛教结下了不解之缘。传说佛祖的母亲摩诃摩耶夫人在蓝毗尼花园（今尼泊尔南部鲁明台镇）的莲池旁，躺在一棵娑罗树下从右胁生下了释迦牟尼，生产后连忙到莲池中沐浴净身。小佛陀很像他母亲，长着“如莲花般的双手”和一双“莲花大眼”。后来，释迦牟尼出家修行、觉悟成佛、创教布道，直到进入涅槃之境，都离不开莲花。据《释迦牟尼佛传》所述：“太子降生时，有很多吉祥瑞相。当时天地大放光明，百花竞艳，众鸟齐鸣，一派安乐祥和欢快的气氛。无忧树下忽然生出七宝莲花，大如车轮，太子从母亲右胁降落下来之后就掉在这七宝莲花台上。”①

古印度著名佛教诗人马鸣（1、2世纪）的叙事诗《佛所行赞》主要描写了佛陀释迦牟尼从诞生到涅槃各个时期的生平传说，其中第五章《出城品》叙述了释迦牟尼出家的前后经过。当净饭王得知儿子有修行的意图时，便“紧握儿子如莲花般的双手”劝告他打消其念头。后来释迦牟尼执意修行，使得宫中的彩女们个个仪态失常。有的“低垂她那莲花似的脸，脸上画痕被摩尼耳坠啮掉，看去像一枝半弯的莲茎，被站立的迦兰陀鸟撼摇”，也有女子的双臂“柔美恰似新开的莲蕊”，及“像莲收合了它们的花心”等。由于这些彩女的性格、家世和教养不同，所表现出的姿态也不同，但都“恰似一个莲花池的情景：莲花被狂风刮倒和摧折”。又如释迦牟尼在出家之前，“药叉们以颤动的、臂戴金镯的、像莲花似的双手指尖，弓着身子轻轻地捧起马的四蹄，又像撒散莲花那样把它放下”。他并没有接受父亲净饭王的劝阻：“他决定舍离而不顾，就从父城那儿出走。似出于淤泥的莲花大眼，回头看看都城而作狮吼：‘若在生死中看不到彼岸，我将不入这座迦毗罗城。’”② 诗人用莲花之美比喻出家王子的英俊及年轻女子的美貌，同时也暗示了莲的佛性。

佛陀诞生与莲有着密切的联系，因而佛界一直视莲为圣花。随着大量的佛经传播到中国，佛经中莲所象征的教义也播及华夏，主要表现在绘画、文学、工艺等方面。随后逐渐深入人心，影响力随之扩大。

在汉代，《四十二章经》和《浮屠经》是翻译较早的佛经③。魏晋以来，佛经翻译日益盛行，西晋法持翻译的《除盖障菩萨所问经》中即以“莲”喻菩萨修行的十种善法。一是离诸染污，菩萨修行。能以智慧观察诸境，而不生贪爱，虽处

① 星云大师. 释迦牟尼佛传[M]. 长春：吉林人民出版社，1993：10-15.

② 梵汉对勘佛所行赞[M]. 黄宝生，译注. 北京：中国社会科学出版社，2015：20-198.

③ 孔慧怡. 从安世高的背景看早期佛经汉译[J]. 中国翻译，2001，22（3）：52-58.

五浊生死流中亦无所染。譬如莲出于污泥而不染。二是不与少恶而俱，菩萨修行。灭恶生善，于身、口、意，守护清净，不与纤毫之恶共俱。譬如莲华虽微滴之水而不停留也。三是戒香充满，菩萨修行。于诸戒律坚持无犯，以戒能灭身口之恶，犹香能除粪秽之气。譬如莲华开敷，妙香广布，遐迩皆闻也。四是本体清净，菩萨因持戒故，身心清净，虽处五浊之中，而能无染无着。譬如莲虽生淤泥浊水之中，自然洁净而无所染也。五是面相熙怡，和乐貌，菩萨心常禅悦，诸相圆满，见者悉皆欢喜。譬如莲华开时，令诸见者心生喜悦。六是柔软不涩，菩萨修慈善之行，然于诸法亦无所滞碍，故体常清净，柔软细妙而不粗涩。譬如莲华体性柔软而润泽。七是见者皆吉，菩萨善行成就，形相庄严美妙，见者皆获吉祥。譬如莲华芬馥美妙，见者皆吉祥。八是开敷具足，菩萨修行功成，智慧福德庄严具足。譬如莲华开敷，花果具足。九是成熟清净，菩萨妙果圆熟，而慧光发现，能使一切有情见闻之者，皆得六根清净。譬如莲华成熟。若眼睹其色，鼻闻其香，则诸根亦得清净。十是生已有想，菩萨初生之时，诸天人等皆悦乐护持，以其必能修习善行，证菩提果。譬如莲初生时，虽未见花，然诸人众皆已生有莲华之想[①]。

两晋时期，随着佛经陆续地译出，同时与莲花相关的佛教法器及佛教工艺也传播到中原，且在各地寺庙中得到应用，也加深了人们对莲的崇敬和喜爱。

南北朝随着佛教的盛行，寺院经济迅速发展。有数据显示，当时南朝寺院，宋朝 1913 所，齐朝 2015 所，梁朝 2546 所，陈朝 1232 所。北朝佛教人口与户口数比例很大。当时后赵有佛寺 893 所，僧尼近万人；北魏太和元年有佛寺 6478 所，僧尼 77258 人，到北魏末年佛寺 3 万所，僧尼 200 万人；北齐有佛寺 3 万所，僧尼 200 万人；北周有佛寺 1 万所，僧尼 100 万人[②]。据日本历史学家佐藤智水《北朝造像考》述：南朝造金铜像 35 尊，石像 33 尊；北朝造金铜像 272 尊，石像 1088 尊。[③]1982 年在陕西西安古墓中发掘出土了一尊北周时期的彩绘贴金石菩萨像，这尊雕塑装饰得华丽精美（图 4-5-3）。1995 年在四川成都古墓中也发掘出土了一尊南朝的彩绘贴金释迦多宝石造像（图 4-5-4）[④]。1995 年，在成都又出土一尊南朝彩绘圆雕阿育王石造像，该造像雕于梁武帝太清五年九月

① 除盖障菩萨所问经[OL]. 殆知阁http://www.daizhige.org/佛藏/大藏经/经藏/经集部/佛说除盖障菩萨所问经-5.html.

② 周中军. 南北朝佛教寺院经济的不同发展[D]. 太原：山西大学，2008：20.

③ 刘俊文. 日本中青年学者论中国史·六朝隋唐卷[M]. 上海：上海古籍出版社，1995：56.

④ 朱凤瀚. 文物中国史·三国两晋南北朝时代[M]. 香港：中华书局（香港）有限公司，2004：277.

三十日，由佛弟子柱僧逸为亡儿李佛施造；[①] 但也有人说，它由梁武帝第八子萧纪在益州（今四川成都）所造（图 4-5-5）。上述佛像均饰以莲花座。

图 4-5-3　北周时期的彩绘贴金石菩萨像

图 4-5-4　南朝彩绘贴金释迦多宝石造像

图 4-5-5　南朝彩绘圆雕阿育王石造像

图4-5-3、图4-5-4、图4-5-5引自朱凤瀚主编. 文物中国史·三国两晋南北朝时代[M]. 香港：中华书局（香港）有限公司，2004：147、152、156.

据《洛阳伽蓝记》记载，景明寺"……寺有三池，萑蒲菱藕，水物生焉"，宝光寺则"……园中有一海，号'咸池'，葭菼被岸，菱荷覆水，青松翠竹，罗生其旁"[②]。可见，南北朝除造佛像外，建寺造园中也少不了莲景的布置。

此时与荷花特别相关的是东晋高僧慧远大师，他住在庐山东林寺，与刘遗民等僧俗百二十三人，在阿弥陀像前立誓结社修行。这是佛教史上最早的结社，这一结社的目的就是专修净土之法，以期死后往生西方，故后世净土宗尊他为初祖。当时名士谢灵运钦服慧远，且替其在东林寺中开东西两池，遍种白莲，慧远所创之社，遂称"白莲社"，后来净土宗由此又称"莲宗"。

三、佛经中莲与法器

佛教徒在修行时，视莲花具特有的含义，故在法器上装饰莲花图纹，示以庄严。法器种类繁多，在各种法器中，常以莲装饰的法器有佛坛、蒲团、香炉、金

① 王剑平，雷玉华. 阿育王像的初步考察[J]. 西南民族大学学报（人文社科版），2007(9)：65-67.

② 赵雪倩. 中国历代园林图文精选·第一辑[M]. 上海：同济大学出版社，2005：191-192.

刚杵、金刚铃、莲蔓、佛龛、舍利塔、阏伽器、藻井等。

佛坛是安置佛像的坛座，也是佛堂内为供奉佛像而造的基坛，或佛堂所安置的佛龛，以及寺院须弥坛的总称。依印度古来的习俗，常将本尊像安置于佛堂正面的坛上，如《金刚顶瑜伽千手千眼观自在菩萨修行仪轨经》:“于妙高山顶上，想有八叶大莲华，于莲华上有八大金刚柱，成宝楼阁。”（图 4–5–6）。

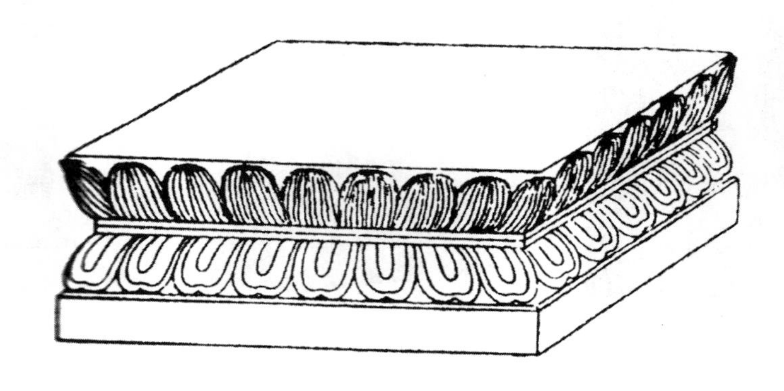

图 4–5–6　佛经中的佛座图

引自全佛编辑部. 佛教的莲花[M]. 北京: 中国社会科学出版社，2003: 157.

香炉是焚香器具，常与烛台、花瓶一起供在佛前。香炉中有一种博山炉，常以莲花造型，流行于我国战国时期至隋唐之间。许多香炉都饰以莲纹为庄严。据《佛教的莲花》引自《法苑珠林》记载:“天人黄琼说迦叶佛香炉，前有十六狮子、白象，于两兽头上别起莲华台以为炉。”①

阏伽器是供养佛的阏伽、涂香、华鬘之容器。据《苏悉地羯罗维•奉请品》所记:“盛阏伽之器，当用金银，或熟铜，或以石作成，或以土木，或以螺作成，或以束底，或用荷叶缀成器物，或用乳树之叶作成。”② 古代可用荷叶、树叶缀成器物。但随着环境条件的改善，这种器物往往采用金、熟铜、宝、水晶、白琉璃、木、石、螺贝、螺、新瓦等材质制作。其形体是附有高台的碗，和受台为一组，普通为金、铜制（图 4–5–7）。

① 全佛编辑部. 佛教的莲花[M]. 北京: 中国社会科学出版社，2003: 131–132.
② 全佛编辑部. 佛教的莲花[M]. 北京: 中国社会科学出版社，2003: 136–138.

图 4-5-7　饰以莲瓣的佛碗

引自全佛编辑部. 佛教的莲花［M］. 北京：中国社会科学出版社. 2003：137.

莲华蔓是将莲花柄拉长，呈波浪的形状，或呈飘曳状自由组合的一种表现，在佛教造像中应用变化极为广大。而莲华蔓在早期的印度造像中极为盛行，也极富精美变化（图 4–5–8）。

图 4-5-8　流行印度的莲蔓

图 4-5-9　佛教莲环背光

图4–5–8、图4–5–9引自全佛编辑部. 佛教的莲花［M］. 北京：中国社会科学出版社，2003：164、185.

莲花形背光是佛身背后所发出的光明，亦称光焰、圆光等。背光以莲花装饰，又称莲环背光。印度笈多王朝的莲花背光有三种造型：第一种是莲环背光；第二种用直线表示背光，外围再加以莲花或波状植物形成的唐草纹；第三种背光中央呈圆形板，外饰以珠玉纹，外圈以莲及唐草纹陪饰（图 4–5–9）。

第六节　荷叶包饭：荷花与食饮

一、秦汉时期

秦汉时期的食物基本构成，仍沿袭着前朝的习惯。在《中国饮食史》中[①]，徐海荣将秦汉各区域的饮食习惯划分为七个文化圈，即关中饮食文化圈、西北饮食文化圈、中原饮食文化圈、北方饮食文化圈、齐鲁饮食文化圈、巴蜀饮食文化圈和吴楚饮食文化圈。因楚、吴、越三国盛产莲藕，故这三地的先民有食用莲藕的习俗。

1970 年湖南长沙马王堆汉墓室里出土一件云纹漆鼎，将鼎盖揭开时，见鼎里有近十片莲藕浸泡于水中。当漆鼎搬到墓坑外时，藕片顿时消失大半，至博物馆后全部消失。藕片顷刻消失的原因，可能是空气、阳光的侵入，改变了藕片存放的环境，如气压、温度、光照等，从而加速了藕片的物理和化学变化过程（图 4-6-1）。[②③] 而从 1987 年四川彭县（今彭州市）等地发现的《采莲渔猎图》画

图 4-6-1　长沙马王堆出土的莲藕片

引自西汉海昏侯墓考古：氧化造成马王堆千年藕片“消失”［OL］. 视频中国. http：//www.china.com.cn/.

---

① 徐海荣. 中国饮食史·卷二［M］. 杭州：杭州出版社，2014：368-535.

② 西汉海昏侯墓考古：氧化造成马王堆千年藕片“消失”［OL］. 视频中国. http：//www.china.com.cn/v/cul/2015-11/24/content_37143599.htm.

③ 肖和平，张彩虹. 马王堆汉墓研究质疑——藕片“消失”推断千年无大震不科学［J］. 防灾博览，2003（3）：33.

像砖可知，汉代巴蜀一带的先民种植莲藕，以采莲为辅食或作蔬菜的主要来源。①

东汉第一部药物学专著《神农本草经》共记载365种药物，其中明确指出莲藕是药食同源的食物，具有强身保健、延年益寿的功能。在汉时菜肴品种中，有肉与蔬菜混合熬成的羹类菜肴。据《毛诗义疏》："芙蕖，茎为荷。其华未发为菡萏，已发为芙蕖。其实莲，莲青皮，里白子为的，的有青，长三分，如钩，为薏，语曰'苦如薏'也。的，五月中生，生啖脆。其秋表皮黑，的成食，或可磨以为饭，轻身益气，令人强健。幽、荆、扬、豫取备饥年。其根为藕，幽州人谓之光，为光如牛角。"②据唐兰《长沙马王堆汉轪侯妻辛追墓出土随葬遣策考释》记述，有鲼禺（藕）肉巾羹（简21），即鲫鱼与藕片、芹菜熬成的羹；鲜鳠禺（藕）鲍白羹（简17），即鲴鱼、腌鱼与藕、稻米熬成的羹。③由上述可知，汉代人对莲藕的食用和药用的功能已十分清楚了。

二、魏晋南北朝时期

魏晋南北朝时期，北方大量人口南移，也将技术和农作物品种向南推广，加快了南方的农业开发。可见，南北方农业技术和农作物品种的交流，使得粮食和蔬菜品种有所增长及丰富。在蔬菜品种中，莲藕、菱角、莼菜、芡实等水生蔬菜，仍是满足当时人们需求而不可缺少的品种。

由于大量种植荷花，莲藕的产量不断提高，食用莲藕的人群也在陆续扩大。在菜肴种类中，过去仅是煮焖，魏晋时期则以蒸藕为优，烹饪方法又有了翻新。"水和稻穰、糠，揩令净，斫去节，与蜜灌孔里，使满，溲苏面，封下头，蒸。熟，除面，泻去蜜，削去皮，以刀截，奠之。又云：夏生冬熟。双奠亦得。"④莲藕不仅可生吃，还可熟食。而蒸藕时往孔内灌蜜，则成为当时比较常见的吃法。

据唐人丘悦《三国典略》所述："齐师伐梁，梁以粮运不继，调市人馈军。建康令孔奂以麦屑为饭，用荷叶裹之。一宿之间，得数万裹。"⑤南方池沼纵横，湖塘散布，夏日碧绿如盖的荷叶随处可见。南朝人就地取材，用荷叶包裹米饭成为

① 袁曙光. 四川彭县等地新收集到一批画像砖[J]. 考古，1987(6)：533-539.

② 太平御览[OL]. 殆知阁http://www.daizhige.org/子藏/类书/太平御览-954.html.

③ 徐海荣. 中国饮食史·卷二[M]. 杭州：杭州出版社，2014：441-442.

④ 徐海荣. 中国饮食史·卷二[M]. 杭州：杭州出版社，2014：127-129.

⑤ 李玉峰. 三国典略考[D]. 长春：吉林大学，2005：30-35.

一种习俗。除了《三国典略》里记载的这个军粮采用“荷叶包饭”的典故外，民间还流传一个更有趣的故事。北齐曾派出大军向南陈进攻，以七万兵马进攻京口，南陈陈霸先背水死守，身先士卒，双方对峙一月有余。北齐士兵将京口城团团围住，城内军民开始缺粮。附近百姓听说后，就积极想办法支援陈军。当时正值夏季，荷叶满塘。老百姓便摘荷叶包饭，再加上鸭肉、蔬菜等，蒸熟后偷偷送进京口城内慰劳。陈军士气大振，击溃了入侵者。北齐军大败而逃，死伤惨重，十万之众仅存二三万。[①]可见，正是有了荷叶饭，南朝人才免除了一场劫难。

《宋书》则记载了另一则令人唏嘘的人物故事：“(臧质)兵败无所归，乃入南湖。逃窜无食，摘莲啖之。追兵至，窘急，以荷覆头，自沉于水，惟出鼻。军主郑俱儿望见，射之中心，兵刃乱至，肠胃带萦水草。”[②]说的是南朝宋代外戚臧质起兵作乱，最后兵败逃跑、食荷充饥之事。

三、荷花的香文化

“中国香文化的发展可概括为：发源于三代，肇始于春秋，成长于汉魏，繁荣于唐宋，发展于明清。”丁谓《天香传》记：“香之为用从上古矣”，可知我国古人对香料的利用历史悠久。[③]自《楚辞》中“制芰荷以为衣”问世，荷花一直被视为香草植物而受人赞颂。清人陈元龙《格致镜原》引《洞冥记》曰：“汉昭帝游柳池，中有紫色芙蓉大如斗，花叶甘，可食，芬气闻十里。”[④]东晋王嘉《拾遗记》曰：“‘低光荷’，实如玄珠，可以饰佩。花叶难萎，芬馥之气，彻十余里。食之令人口气常香，益脉理病。”[⑤]荷香不仅飘溢十余里，而食后还可治病，其功用真不可小觑。

① 苏山．中国趣味饮食文化[M]．北京：北京工业大学出版社，2013：65-66.

② 宋书[OL]．殆知阁http://www.daizhige.org/史藏/正史/宋书-150.html.

③ 严小青．中国古代植物香料生产、利用与贸易研究[D]．南京：南京农业大学，2008：1-3.

④ 王星光，高歌．中国古代花卉饮食考略[J]．农业考古，2006(1)：1.

⑤ 王嘉．拾遗记[OL]．国学导航http://www.guoxue123.com/zhibu/0401/01syj/006.htm.

第七节　扶渠华鲜：荷花与园艺、园林应用

从秦汉至南北朝时期，相关史籍中均有荷花的记载。这一时期不断实行农耕改革，农作物的种植技术进一步改进和完善，同时种莲藕的技艺也在不断发展，荷花在园林中已得到普遍应用。

一、秦汉至南北朝的荷花记载

（一）秦汉时期

据《史记·龟策传》曰："龟千岁乃游莲叶之上。"[①]班固《汉书·食货志》亦云："元龟，岠冉长尺二寸。"[②]龟游于莲叶上，自然界这一生态现象，今天仍常见到。它说明了无论野生还是栽培，汉时江南的莲花生长都很繁茂。又据司马相如《上林赋》云："泛淫泛滥，随风澹淡，与波摇荡，奄薄水渚，唼喋菁藻，咀嚼菱藕。"[③]反映出当时荷、菱生长茂盛，水鸟在荷间活动的原始生态景观。而其《子虚赋》亦记："莲藕觚芦，菴闾轩于。众物居之，不可胜图。其西则有涌泉清池，激水推移，外发芙蓉菱华，内隐钜石白沙。"[④]前者描述了上林苑一带湿沼荷花的自然生态景观，后者则述及古云梦泽国广袤的湖泊湿沼生长着荷、菱等湿地植物，两篇赋文均通过细节真实地反映了汉代荷花自然生长的状况。

汉时，蜀地的百姓以种植稻谷、稷粟为生，还要利用湖泊湿沼栽培莲藕等作物。夏秋时节，女子忙于采莲；而深秋一到，男子又忙于挖藕。这一农事活动，在四川各地出土的汉画像砖上得以证实。

据东汉郭宪《洞冥记》记载："北及玄坂，去崆峒十七万里，日月不至。其地自明。有紫河万里，流珠千丈，中有寒荷，霜下方香茂。"[⑤]王其超在《中国荷花

① 史记[OL]. 殆知阁http://www.daizhige.org/史藏/正史/史记-113.html.

② 汉书[OL]. 国学导航http://www.guoxue123.cn/shibu/0101/00hs/028.htm.

③ 赵雪倩. 中国历代园林图文精选·第一辑[M]. 上海：同济大学出版社，2005：47-64.

④ 赵雪倩. 中国历代园林图文精选·第一辑[M]. 上海：同济大学出版社，2005：38-46.

⑤ 太平御览[OL]. 殆知阁http://www.daizhige.org/子藏/类书/太平御览-954.html.

品种图志》一书中，对“中有寒荷”，认为玄而莫测，难以置信。[1] 又据《艺文类聚·草部·芙蕖》引《华山记》曰：“山顶有池，池中生千叶莲花，服之羽化，因名华山。”据唐时徐坚《初学记·地部下》所云：“汉上林有池十五所。承露池、昆灵池，池中有倒披莲、连钱荇、浮浪根菱。”[2] 汉代上林苑生长的倒披莲为何物？“倒披”特征，是莲的花瓣倒披，还是其叶倒披？无具体的文字记载，尚难判定。

（二）魏晋时期

据《艺文类聚·草部·芙蕖》引三国东吴顾启期《娄地记》曰：“娄门东南有华墩陂，中生千叶莲花。其荷与众莲荷无异，菡萏色白，岂佛经所载者也？”[3] 娄门位于今苏州城东北，华墩陂（池塘）在其东南面，池塘里长满白色莲花。如佛经《起世因本经》载：“尼民陀罗，毗那耶迦，二山中间，广一千二百由旬，周匝无量，种种杂华……遍覆诸水……复有诸池，优钵罗华、钵头摩花、拘牟陀华、奔茶利迦华等弥覆。”[4] 文中的“优钵罗华”“钵头摩华”“拘牟陀华”“奔茶利迦华”，分别指青莲花（优钵罗华）、白莲花（钵头摩花）、黄莲花（拘牟陀花）、红莲花（奔茶利迦花）。在这些花中，有的指荷花，有的指睡莲；荷花和睡莲是不同科属的两种植物，而佛经中的荷花和睡莲往往不加分别。

西晋崔豹《古今注》曰：“芙蓉，一名荷花，生池泽中，一名泽芝，一名水花。色有赤、白、紫、青、黄，惟红、白二色苦多。华大者至百叶。”[5] “生池泽中”的“华大者至百叶”乃重瓣莲花；“赤、白、紫、青、黄”存在质疑；“惟红、白二色”，可信为晋时的莲花仍处于野生状态，其花色仅红、白两色。

东晋王韶之《神境记》曰：“九嶷山，过半路皆行竹松下，夹路有青涧，涧中有黄色莲华，芳气盈谷。”[6] “涧中有黄色莲”，值得质疑。

东晋干宝《搜神记》曰：“王敦在武昌，铃下仪仗生莲华，五六日而落。”[7]《搜神记》记述一些民间神奇怪异的故事，“铃下仪仗生莲华”，实不可信。

又据东晋范宁《豫章表》曰：“新途令孟佃贸测列县厅事前二丈，陆地生莲华，入冬死，至阳更生四枝。今年三月，复生故处，繁殖转多。华有二十五枚，

① 王其超，张行言. 中国荷花品种图志[M]. 北京：中国建筑工业出版社，1989：6-7.

② 徐坚. 初学记[OL]. 殆知阁http://www.daizhige.org/子藏/类书/初学记-25.html.

③ 欧阳询. 艺文类聚[OL]. 殆知阁http://www.daizhige.org/子藏/类书/艺文类聚-185.html.

④ 起世因本经[M]//高丽大藏经. 北京：线装书局，2004：663-667.

⑤⑥⑦ 太平御览[OL]. 殆知阁http://www.daizhige.org/子藏/类书/太平御览-954.html.

鲜明可爱，有异常莲。”[1]“陆地生莲华”，未免不真实。

东晋葛洪《抱朴子·对俗》曰：“千岁之龟，五色具焉，其额上两骨起似角，解人之言，浮于莲叶之上，或在丛蓍之下，其上时有白云蟠蛇。千岁之鹤，随时而鸣，能登于木，其未千载者，终不集于树上也，色纯白而脑尽成丹。”[2]而“蓍”，按许慎《说文解字》释：“蓍，蒿属也，生千岁三百茎。”古代先贤的著作中将莲与长寿的“龟”“蓍”“鹤”之类相提并论，可见，道家视莲为仙物，食莲则长生不老。

（三）南北朝时期

据刘宋刘义庆《幽明录》曰：“晋末，黄祖至孝。母础笃，庭中稽颡，俄顷，天汉开明，有一老翁以两丸药赐，母服之，众患顿消。翁曰：‘汝入三月，可泛河而来。’依期行，见门，题曰善福门。内有水，曰湎源池。有芙蕖，如车轮。”[3]“如车轮”似的芙蓉花，可能是文学的夸张。

南梁萧绎《采莲赋》云：“紫茎兮文波，红莲兮芰荷。绿房兮翠盖，素实兮黄螺。……夏始春余，叶嫩花初。恐沾裳而浅笑，畏倾船而敛裾，故以水溅兰桡，芦侵罗袜。菊泽未反，梧台迥见。荇湿沾衫，菱长绕钏。泛柏舟而容与，歌采莲于江渚。”萧纲《采莲赋》云：“望江南兮清且空，对荷花兮丹复红。卧莲叶而覆水，乱高房而出丛。……唯欲回渡轻船，共采新莲。……荷稠刺密，亟牵衣而绾裳。人喧水溅，惜亏朱而坏妆。物色虽晚，徘徊未反。畏风多而榜危，惊舟移而花远。”出生于江南的萧氏兄弟，十分了解江南荷花生长的特性。如“绿房兮翠盖，素实兮黄螺”，“荷稠刺密，亟牵衣而绾裳”，其文字虽词藻华美，但描写荷花的某些特征及习性则不失真实。

二、荷花种植技术

（一）秦汉时期

在先秦的基础上，秦汉时的农具改革，促进了农业的发展。先进的耕具能提高农作物栽培技术，莲藕的种植技术同样也不例外。

在西汉的皇家园林中，种植了很多的荷花。建章宫修筑于汉武帝太初元年，

①②③ 太平御览[OL]. 殆知阁http://www.daizhige.org/子藏/类书/太平御览-954.html.

在其西北部开凿大池，名曰“太液池”。“池中种植荷花、菱茭等水生植物”[①]，阐明了汉苑太液池种植荷花而形成的秀美景色。

汉昭帝始元元年，“穿淋池，广千步。……池中植分枝荷，一茎四叶，状如骈盖，日照则叶低荫根茎，若葵之卫足，名‘低光荷’。实如玄珠，可以饰佩，花叶虽萎，芬馥之气彻十余里，食之令人口常香，益脉治病”[②]。公元前86年，淋池就出现“分枝荷，一茎四叶，状如骈盖”的荷花品种，这应是自然杂交现象。

《拾遗记·前汉下》曰：汉灵帝初平三年，游于西园，“又奏《招商》之歌，以来凉气也。歌曰：‘凉风起兮日照渠，青荷昼偃叶夜舒，惟日不足乐有余。清丝流管歌玉凫，千年万岁喜难逾。’渠中植莲，大如盖，长一丈，南国所献。其叶夜舒昼卷，一茎有四莲丛生，名曰‘夜舒荷’”。[③] 文中“一茎有四莲丛生”的现象，其实就是类似于现在的并瓣莲，或三瓣莲，或四瓣莲，并不足为奇。但“昼偃叶夜舒”或“叶夜舒昼卷”的现象，今天的荷花中尚未有这样的品种，则难以解释。只有在华南沿海一带夜晚开花，而白昼闭合的热带睡莲——印度红睡莲（*Nymphaea rubra*），才会出现这种现象。

东晋人王嘉所写的《拾遗记》，是一部有关古代神话志怪的小说集，后又经南朝梁代萧绮的整理，书中少不了牵强附会之词。但它为现代的我们提供了汉代已有较高的荷花栽培技术的信息。

（二）魏晋时期

汉魏至两晋时期，北方的农业生产迭遭战乱，人口流失，土地荒废，饥荒严重，不仅劳动人民惨罹荼毒，拥兵割据的势力也深受影响，农业收成时好时坏。南方相对和平，农业生产有所进步，农业收成相对稳定；莲藕的种植也有长足的发展。

据王嘉《拾遗记·晋时事》载：“太始十年，有浮支国献望舒草，其色红，叶如荷，近望则如卷荷，远望则如舒荷，团团似盖。亦云，月出则荷舒，月没则叶卷。植于宫中，因穿池广百步，名曰望舒荷池。”描述的是“荷”的特征，所述乃“浮支国献望舒草”，望舒草不可知，而浮支国亦不可考。如前所言，《拾遗记》

---

① 周维权．中国古典园林史［M］．北京：清华大学出版社，2008：85-87.

② 何清谷．三辅黄图校注［M］．西安：三秦出版社，2006：323-324.

③ 王嘉．拾遗记［OL］．国学导航http://www.guoxue123.com/zhibu/0401/01syj/006.htm.

提供了当时荷花种植情况的相关信息，关于荷花的具体特征与习性的描述则不可信。

王羲之《柬书堂帖》记：“敝宇今岁植得千叶者数盆，亦便发花，相继不绝，今已开二十余枝矣。”可见，荷花由池（塘）种植发展到盆植或缸植，其种植技术又向前迈了一步。

（三）南北朝时期

南北朝政局不稳，社会动荡，文人对政局产生悲观与失望，纷纷崇尚老庄思想，喜好玄理与清淡，政治上逃避现实，转而寻求山水，寄情于自然山水，植荷造景，悉心经营自己一方山水之美，享受大自然之乐趣。

据《梁书·武帝本纪》，“（天监十年）六月乙酉，嘉莲一茎三花，生乐游苑”[①]，记载了梁武帝乐游苑时，长出一茎三花的荷花，这当然是个吉祥的好兆头。相传，梁昭明太子曾在玄武湖岛屿上建果园，种莲藕，并在梁州设读书台。其实，早于梁武帝的南朝宋代，就有了并蒂莲的记载。如《宋书·符瑞志下》云：“元嘉十年七月己丑，华林天渊池芙蓉异花同蒂。”又“元嘉二十年，扬州后池芙蓉二花一蒂，刺史始兴王浚以献”。[②] 另据《初学记》卷二七引《宋起居注》述：“泰始二年，嘉莲一双，骈花并实，合跗同茎，生豫州鳢湖。”[③] 还有《宋记》曰：“文帝玄嘉年，莲生建康额担湖，一茎两华。”[④] 并蒂莲是一种自然现象，类似于人类的双胞胎，无遗传作用。由于并蒂莲现象发生稀少，物以稀为贵，因而古人视为珍品，寓意吉祥。现在全国荷花的种植面积不断扩大，且每年各地都有并蒂莲出现的报道。这一现象多了，且又经常发生，也就不足为奇了。

北魏贾思勰《齐民要术》中记载有种莲子法和种藕法[⑤]。其中种莲子法：“八月、九月中，收莲子坚黑者，于瓦上磨莲子头，令皮薄。取瑾土作熟泥，封之，如三指大，长二寸，使蒂头平重，磨处尖锐。泥干时，掷于池中，重头沉下，自然周正。皮薄易生，少时即出。其不磨者，皮既坚厚，仓卒不能生也。而种藕法：春初，掘藕根节头，着鱼池泥中种之，当年即有莲花。”说明南北朝北魏时期中原地区的莲藕种植技术已相当有水平。

---

① 梁书［OL］. 殆知阁http://www.daizhige.org/史藏/正史/梁书-5.html.

② 宋书［OL］. 殆知阁http://www.daizhige.org/史藏/正史/宋书-68.html.

③ 徐坚. 初学记［OL］. 殆知阁http://www.daizhige.org/子藏/类书/初学记-112.html.

④ 太平御览［OL］. 殆知阁http://www.daizhige.org/子藏/类书/太平御览-954.html.

⑤ 贾思勰. 缪启愉，缪桂龙. 齐民要术译注［M］. 上海：上海古籍出版社，2009：402.

三、荷花在园林中应用

荷花在园林中的应用，在这一时期尤其是南北朝时期，有了一个大的飞跃。秦汉时荷花仅限于皇家园林，而魏晋南北朝成为荷花园林运用史的转折期。这一时期的荷花不只是应用于皇家园林，而且还应用于私家园林和宗教园林，对后世园林的发展起到一个承前启后的作用。

（一）皇家园林

秦汉时期 秦始皇统一六国后，便开始大规模地建设皇家园林。其中上林苑范围甚广，南至终南山北坡，北界渭河，东达宜春苑，西抵周至；且苑内宫、殿、台、馆散布，大小湖泊纵横交错，荷菱遍植，鹭鸟成群。如宜春宫原为秦之旧宫，是秦汉时著名的风景区，曲江池中遍生荷茭菰蒲，其间禽翔鱼泳，景色优美。

西汉时，建章宫修筑于汉武帝太初元年，在其西北部开凿大池，名曰太液池。“池中种植荷花、菱茭等水生植物。水上有各种形式的游船。”[①] 司马相如的《上林赋》和《子虚赋》均述及上林苑和云梦泽国荷菱生长状况，以及水鸟在荷间活动的原始生态景观。据《西京杂记》:“太液池中有鸣鹤舟、容与舟、清旷舟、采菱舟、越女舟。”[②] 越女舟即采莲舟，这是汉代宫苑仿江南越女采莲而制作。又《三辅黄图校注》亦云:“建章宫北池名太液，周回十顷，有采莲女鸣鹤之舟。”[③] 汉代乐府派人到江南各地搜集采莲歌谣，如相和歌《江南可采莲》《采莲曲》《采菱》《采莲归》《张静婉采莲曲》等，均是汉乐府常演奏的曲目，专供帝王嫔妃欣赏。东汉建都洛阳，在皇苑中，濯龙园以水景取胜，是嫔妃休闲娱乐之所。张衡《东京赋》曾描述道:“濯龙芳林，九谷八溪。芙蓉覆水，秋兰被涯。”《三辅黄图》记载了太液池中“采莲舟”所到之处荷花遍布之景观，位于北宫之西的西园，园内堆筑假山，水渠周流澄澈，可行舟。

魏晋时期 据周维权研究:“三国、两晋、十六国、南北朝相继建立的大小政权都在各自的首都进行宫苑建置。其中建都比较集中的几个城市有关皇家园林的文献记载也较多:北方为邺城、洛阳，南方为建康。这三个地方的皇家园林大抵都经历了若干朝代的踵事增华，规划设计上达到了这一时期的最高水平，也具有

---

① 周维权．中国古典园林史［M］．北京：清华大学出版社，2008：87-88．

② 葛洪．西京杂记［OL］.古诗文网https://shiwens.com/bookv_4749.html．

③ 何清谷．三辅黄图校注［M］．西安：三秦出版社，2006：311-312．

一定的典型意义。”①

建康（今南京）是魏晋时期东吴、东晋的都城。孙权称帝建都，营建皇家园林华林园，引玄武湖之水入园，园内亭榭楼台，翳然林水，荷菱遍植，鸟语花香，具有一派自然天成的景观。后经东晋不断扩建、添设和修缮，华林园已臻于极盛。

曹魏邺城位于今河北省临漳县漳水北岸，魏武帝曹操在邺城之西营筑御苑铜雀园，凿渠引漳水入园，园中筑铜雀台、金虎台、冰井台等；另在邺城之北郊兴建一处离宫别馆玄武苑，苑内有玄武池，以肄舟楫。据西晋左思《魏都赋》：“篁筱怀风，蒲陶结阴。回渊漼，积水深。蒹葭贙，藋蒻森。丹藕凌波而的皪，绿芰泛涛而浸潭。”北方不如江南水多，筑池则需凿渠引水，所以，“丹藕凌波而的皪”之景也就少些。邺城之北的芳林园，由魏武帝所筑，后改名为华林园。这座皇家园林经由后赵、冉魏、前燕、东魏、北齐等政权的经营，其规模不断扩大，宫苑颇多，亭台若干，可惜后均毁于战火。

六朝的文会武习活动，也在皇家园林里举行，当时曹丕常和徐干、刘桢等著名文士在铜雀园游园，就起到了开展园林文会的先河作用。在他们的诗作中，也偶有关于荷花的。如曹丕《芙蓉池作》云：“乘辇夜行游，逍遥步西园。双渠相溉灌，嘉木绕通川。卑枝拂羽盖，修条摩苍天。惊风扶轮毂，飞鸟翔我前。丹霞夹明月，华星出云间。上天垂光采，五色一何鲜。寿命非松乔，谁能得神仙。遨游快心意，保己终百年。”诗中的“西园”是芙蓉池所在地，因是夜游，所以没有具体且细致地描绘芙蓉池的优美景物，而是通过粗线条的勾勒，运用动静结合的手法，表现了一种优美的意境，显示了芙蓉池无限勃发的生机。还有玄武池位于邺城西南，曹魏时常在此操练水军，故曹丕写有《于玄武陂作》一诗，诗中“菱芡覆绿水，芙蓉发丹南”记述了当时玄武池秀丽的荷花景致。

魏文帝曹丕登基后，从邺城迁都至洛阳。魏明帝时，在东汉旧址上仿邺城的宫城规制构筑芳林苑，后改名华林园。西晋和北魏政权的华林园仍沿袭曹魏之旧，充分利用水资源，水渠不仅接到园内，也引入私宅和寺观，为当时的造园创造了有利条件。园内筑水池，池中植荷造景，其景色秀美宜人。如曹植《芙蓉赋》中“览百卉之英茂，无斯华之独灵。结修根于重壤，泛清流而擢茎”，描述了洛阳华林园的莲花，赞颂了其秀丽和高洁。

南北朝时期 到了南朝，刘宋时期两次大规模扩建华林园。宋孝武帝大明时

① 周维权．中国古典园林史［M］．北京：清华大学出版社，2008：122-123.

期，在华林园内修筑了琴堂、灵曜前殿、灵曜后殿、芳香堂、日观台等建筑。又于湖侧作大窦通水入华林园天渊池，引殿内诸沟，经太极殿，由东西掖门下注城南堑，故台中诸沟水常萦回不息。还将玄武湖水引入了华林园天渊池。到梁武帝时，再次增修华林园，园内积石为山，引水为池，杂植奇花异木，遍植芰荷，仿佛仙境，盛极一时。[①] 当时著名文人如鲍照、梁武帝父子等均有诗赋加以吟咏。

北朝北齐后主高纬于邺城之西营建仙都苑。据史籍记载，仙都苑在邺城皇家园林诸苑中规模更大，内容更丰富。“仙都苑周围数十里，苑墙设三门、四观。苑中封土堆筑为五座山，象征五岳。五岳之间，引来漳河之水分流四渎为四海——东海、南海、西海、北海，汇为大池，又叫大海。……大海之北有七盘山及若干殿宇，正殿为飞鸾殿十六间，柱础镌作莲花形，梁柱‘皆苞以竹，作千叶金莲花三等束之’。”[②] 飞鸾殿的柱础上镌莲形及梁柱用金莲花装饰，这也是荷文化在北方皇家园林中的亮相。

（二）私家园林

秦汉时期　汉代私家园林之史料甚少。北魏郦道元《水经注》曾这样描述东汉襄阳人习郁修建的鱼池：“西枕大道，东北二边，限以高堤，楸行夹植，莲芡覆水，是游宴之名处也。”[③] 习郁被汉光武帝刘秀封为襄阳侯。在襄阳岘山南，他依照范蠡养鱼法做鱼池，池旁有堤，种有竹、楸，荷、菱、芡覆于水面，人称习家池。池背负岘山，面临汉水，苍松翠柏，荷菱飘香，风景优美，逐渐成为襄阳名胜，游人接踵而至。著名诗人李白、孟浩然、皮日休、贾岛等，均有诗描写习家池旧址景色。

魏晋时期　吴功正将六朝的私家园林划分为两类，一种是豪华型，另一种是雅致型，后者又分为栖息型、观赏型、隐逸型。[④] 不管哪一种类型，大部分都筑有水景，而有水的也都配植荷花等水生植物。虽没有实物实景可寻，但从史书的字里行间可知一二。

豪华型的私家园林首推西晋石崇的金谷园。该园遗址位于今洛阳老城东北七

① 胡运宏. 六朝第一皇家园林——华林园历史沿革考[J]. 中国园林，2013(4)：112-114.
② 周维权. 中国古典园林史（第三版）[M]. 北京：清华大学出版社，2008：126.
③ 赵雪倩. 中国历代园林图文精选·第一辑[M]. 上海：同济大学出版社，2005：183-184.
④ 吴功正. 六朝园林[M]. 南京：南京出版社，1992：48-49.

里处的金谷洞内，因金谷水灌注园中而得名。此园随地势高低筑台凿池，造园建馆，周围几十里内，楼榭亭阁，高低错落。金谷水萦绕穿流其间，鸟鸣幽谷，鱼跃荷池；清溪萦回，水声潺潺。屋宇通明，宛若皇宫，楼亭内外，交相辉映，金谷园因此而名满天下。西晋的私家园林中，还有潘岳的庄园，他在《闲居赋》里写道："爰定我居，筑室穿池。长杨映沼，芳枳树篱。游鳞瀺灂，菡萏敷披。竹木蓊蔼，灵果参差。"[1]庄园里水中游鱼出没，池上遍植荷花。

南北朝时期 南朝宋代，始宁庄园为东晋士族大官僚谢玄在会稽郡始宁占领山林而筑，其孙谢灵运在此基础上继续扩建。谢灵运也是刘宋时代的大名士、大文学家，他在《山居赋》中较详细地记述了始宁庄园周边远东、远南、远西、远北的自然风物及山水形态等环境，其中"水草则萍藻薀菼，藿蒲芹荪，兼菰苹蘩，蕝荇菱莲。虽备物之偕美，独扶渠之华鲜"等句提到了植荷造景。其《石壁精舍还湖中作》吟道："芰荷迭映蔚，蒲稗相因依。披拂趋南径，愉悦偃东扉。"[2]这是景平元年（423）秋天，谢灵运托病辞去永嘉太守之职，回始宁时所看到的庄园景色。湖水中，那田田荷叶，重叠葳蕤，碧绿的叶子抹上了一层夕阳的余晖，又投下森森的阴影，明暗交错，相互映照；那丛丛菖蒲，株株稗草，在船桨剪开的波光中摇曳动荡，左偏右伏，互相依倚。

到南朝梁代，时任湘东王的萧绎在封地首邑江陵营建湘东苑，这是南朝著名的一座私家园林。苑内"穿地构山，长数百丈，植莲蒲，缘岸杂以奇木。其上有通波阁，跨水为之。南有芙蓉堂，东有禊饮堂，堂后有隐士亭……"[3]湘东王爱莲，在他的苑中还专筑有芙蓉堂；暑气袭来，荷风阵阵，临芙蓉堂前赏荷，令人顿觉神清气爽，舒畅开怀。其《采莲曲》吟："碧玉小家女，来嫁汝南王。莲花乱脸色，荷叶杂衣香。因持荐君子，愿袭芙蓉裳。"[4]

南朝史学家沈约历仕宋、齐、梁三朝，在齐梁禅代之际，他助梁武帝建立梁朝。位于金陵钟山脚下的东田园林，原为齐永明年间文惠太子所筑，后归其长子郁林王所有。梁灭齐后，由沈约经营。当时，被称之"竟陵八友"之一的谢朓咏有《游东田》一诗："远树暖阡阡，生烟纷漠漠。鱼戏新荷动，鸟散余花落。不对

① 严可均. 全上古三代秦汉三国六朝文[M]. 北京：中华书局，1958：1987.
② 严可均. 全上古三代秦汉三国六朝文[M]. 北京：中华书局，1958：2605.
③ 谢朓. 谢宣城集[OL]. 殆知阁http://www.daizhige.org/集藏/四库别集/谢宣城集-2.html.
④ 严可均. 全上古三代秦汉三国六朝文[M]. 北京：中华书局，1958：3038.

芳春酒，还望青山郭。”[①] 作者将沈约东田园中的荷、鱼、鸟、山、树、烟及酒等物象，以及生态意境，描写得朴实自然，耐人寻味。南朝梁名士徐勉《为书诫子篇》云：“中年聊于东田间营小园者，非在播艺，以要利入，正欲穿池种树，少寄情赏……渎中并饶菰蒋，湖里殊富芰莲。”[②] 也述及东田园的芰莲之景。沈约《郊居赋》中也有“紫莲夜发，红荷晓舒。轻风微动，芬芳袭余。风骚屑于园树，月笼连于池竹”之句。[③] 又如南朝齐谢朓《治宅诗》云：“辟馆临秋风，敞窗望寒旭。风碎池中荷，霜剪江南绿。”[④] 以及其《冬日晚郡事隙诗》云：“案牍时闲暇，偶坐观卉木。飒飒满池荷，翛翛荫窗竹。”[⑤] 诗中反映了南朝私家园林理水的技巧比较成熟，通过借景以沟通室内外的空间，透过窗牖的框景来欣赏残荷与青竹。“几乎所有六朝园池中都会种植荷花。‘风碎池中荷，霜剪江南绿’，谢朓园中有荷景；‘余有莲花一池’，江淹园中荷色秀丽；‘及出镇郢州，乃合十余船为大舫，于中立亭池，植荷芰’，孙瑒园中的荷色，更别出一格。”[⑥] 孙瑒是南朝陈代的五兵尚书，他在船上造园筑池植荷，据《陈书》云：“合十余船为大舫，于中立亭池，植荷芰，每良辰美景，宾僚并集，泛长江而置酒，亦一时之胜赏焉。”[⑦] 六朝几乎到了无园不植荷的地步。

（三）寺庙园林

魏晋南北朝的寺庙园林中荷花的应用十分普遍。东晋庐山东林寺白莲社，源于慧远所创之社。东晋太元九年（384），慧远入庐山东林寺，四方求道缁素望风云集。以寺之净池多植白莲，故称白莲社。

佛教在南北朝盛行，南朝建康城成为佛寺的集中地，有的甚至“舍宅为寺”。据北魏杨衒之《洛阳伽蓝记》记载：位于洛阳西阳门外御道北的宝光寺“园中有一海，号‘咸池’，葭菼被岸，菱荷覆水，青松翠竹，罗生其旁。……或置酒林泉，题诗花圃，折藕浮瓜，以为兴适”；又如景明寺，“……寺有三池，萑蒲菱藕，水物生焉”；还有河间寺（寺为河间王旧宅），“入其后园，见沟渎蹇产，石磴礁

① 吴功正. 六朝园林[M]. 南京：南京出版社，1992：135.
② 吴功正. 六朝园林[M]. 南京：南京出版社，1992：48-49.
③ 严可均. 全上古三代秦汉三国六朝文[M]. 北京：中华书局，1958：3099.
④ 吴功正. 六朝园林[M]. 南京：南京出版社，1992：139.
⑤ 南齐书[OL]. 殆知阁http://www.daizhige.org/史藏/正史/南齐书-48.html.
⑥ 余开亮. 六朝园林美学[M]. 重庆：重庆出版社，2007：164-165.
⑦ 陈书[OL]. 国学导航htm.http://www.guoxue123.cn/shibu/0101/00cs/024.htm.

峣，朱荷出水，绿萍浮水……”[①]在这些舍宅为寺的宅园里，荷花的培植必然由来已久，才会有后来改建为寺后的荷花生长盛况及其秀美景色。

（四）荷花插花

自汉代以来，荷花插花在佛前供花风俗的影响下，得以迅速发展。起初，插花为单插荷花，配以柳枝，不讲求插花的艺术造型。随着时间的推移，佛教插花对艺术造型逐渐有了讲究。同时，佛经中有不少与莲相关的典故及用语，如“舌灿莲花”“花开莲现”“九品莲花”“莲华藏世界”等。这使得宫廷和民间插花受到佛教插花的影响很大，也带有浓重的宗教色彩。据《南齐书》所述：“子良启进沙门于殿户前诵经，世祖为感梦见优昙钵华。子良按佛经宣旨使御府以铜为华，插御床四角。”[②]竟陵王萧子良为齐武帝萧赜的第二子，优昙钵花为梵文中莲花的一种。世祖梦见莲花，子良则按佛经所述，吩咐御府制作铜莲花，插在武帝御床的四角。可见，南齐时期佛教对宫廷插花之风的流行具有一定的影响力。

《南史·晋安王子懋传》载：“晋安王子懋，字云昌，武帝第七子也。诸子中最为清恬，有意思，廉让好学。年七岁时，母阮淑媛尝病危笃，请僧行道。有献莲华供佛者，众僧以铜罂盛水渍其茎，欲华不萎。子懋流涕礼佛曰：‘若使阿姨因此和胜，愿诸佛令华竟斋不萎。’七日斋毕，华更鲜红，视罂中稍有根须，当世称其孝感。”[③]南齐武帝萧赜在位时，其幼儿子懋摘莲以铜罂盛水供佛，用水浸泡莲梗，使花不萎蔫；且七日供斋完后，花更加鲜红。可现在我们在夏日将莲插入瓶中，无论采用怎样先进的保湿保鲜方法，插入瓶中的花和叶，也只能维持不足一日就萎蔫了。由此，南齐时期“七日斋毕，华更鲜红”的现象，是值得质疑的。

四、荷花在与汉代同时期的古罗马园林中的应用

古罗马在1到2世纪达到极盛，地跨欧、亚、非三大洲，与同一时期的汉朝并为屹立于东西方的两大帝国。古罗马园林特征以实用为主要目的，包括果园、菜园、种植香料及调料植物的园地，还有种植荷花的园林水景。后来，逐

① 赵雪倩. 中国历代园林图文精选·第一辑[M]. 上海：同济大学出版社，2005：191-192.

② 南齐书[OL]. 殆知阁http://www.daizhige.org/史藏/正史/南齐书-48.html.

③ 南史[OL]. 殆知阁http://www.daizhige.org/史藏/正史/南史-89.html.

渐加强了园林的观赏性、装饰性和娱乐性，真正的游乐性园林，才逐渐出现。

古罗马园林在世界园林史上具有重要地位，园林的数量之多、规模之大，十分惊人。罗马帝国崩溃时，罗马城及其郊区共有大小园林（包括水景）达 180 处。人们在水池两岸搭建高高的拱门，池里种植荷花、鸢尾等水生植物。船夫驾着小船从饰有花草的拱门中驶过；水鸭游弋其间，池畔水草翠绿如茵，红荷含苞欲放，两岸男女青年吹乐欢唱，堪称繁盛一时（图 4-7-1、图 4-7-2）。①

图 4-7-1　与汉朝同时代的古罗马庭院荷景

引自Mark Griffiths. The Lotus Quest In Search Of The Sacred Flower [M]. New York: St. Martin's Press. 2010: 插页图版.

① Mark Griffiths. The Lotus Quest In Search Of The Sacred Flower [M]. New York: St. Martin's Press. 2010: 211.

图 4-7-2　古罗马庭院的水鸭与荷景

引自Mark Griffiths. The Lotus Quest In Search Of The Sacred Flower［M］. New York: St. Martin's Press. 2010：插页图版.

第五章

Chapter Five

荷文化渐盛期

（隋、唐、五代及宋）

第一节　概　说

隋唐时期，政局稳定，社会进步，经济发展迅速，百姓生活有所改善。隋代开通大运河，有力地加强了南北方的联系，这对促进各地区的经济、文化、工艺等交流，起到了极重要的作用。盛唐时期，疆域辽阔，国势昌盛，各行各业蓬勃发展，文学艺术、工艺、宗教、医药保健、园艺、园林等方面均有了长足的进步。在文学艺术方面，诗歌、绘画、雕塑、音乐、舞蹈等在发扬汉民族传统的基础上，吸收其他民族甚至国外养分而同化糅融，呈现出群星灿烂的局面。唐代咏荷诗繁盛一时，其中所作最多的就是著名诗人白居易。到了宋代，盛行新的诗歌体裁——词。在咏荷词作中，如李清照的《如梦令》、柳永的《河传》、贺铸的《踏莎行》等，都从不同角度展示了荷的芳姿美态。

在绘画领域，隋代花鸟绘画处于萌芽状态。至唐，吴道子、周昉等画家的人物画中均缀画有荷花，这时的花鸟画也成为独立画科。唐代花鸟画代表人物有薛稷、边鸾、周滉、滕昌祐等，可惜他们的画荷作品都已佚失。五代花鸟画家有黄筌、黄居宝、黄居寀、徐熙等，这一时期画荷的花鸟画家比前代要多。宋代绘画艺术在隋唐五代的基础上继续得以发展，其民间绘画、宫廷绘画和士大夫绘画各成体系，彼此间又互相影响、吸收、渗透，构成宋代绘画丰富多彩的面貌。宋时多数帝王对绘画均有不同程度的兴趣，出于装点宫廷、图绘寺观等需要，都很重视画院建设。宋徽宗赵佶在绘画上具有较高修养和技巧，还组织编撰《宣和书谱》《宣和画谱》和《宣和博古图》等艺术专著。北宋花鸟画家有赵昌、赵佶、崔白、徐崇嗣等人，但其画荷作品均已佚失；南宋花鸟画家有吴炳、萧照、李安忠、法常等人，南宋画院盛时有 120 余名绘画人员，妙手无数，佳作如云。

唐代饰荷工艺有很大的发展，建筑工艺、陶瓷工艺、漆器工艺、金银业工艺、玉器工艺、木雕与石雕及服饰工艺在前朝的基础上均有所突破。饰荷建筑工艺包括出土的莲瓣纹方砖、莲瓣纹瓦当、滴水及基础构件。以莲瓣纹瓦当为代表，瓦当上的莲瓣纹图发展相当成熟，莲纹构图出现单瓣和复瓣。唐代以前瓷器上的莲纹一直未能突破图案化、规格化的模式，而长沙铜官窑首创的釉下彩绘新技法，将绘画艺术引入瓷器装饰领域，完整的荷图案、水禽莲池图案开始以国画的形式出现在瓷器上。莲瓣饱满圆润，荷叶舒张自如，笔法流畅，形象生动，寥寥数笔，尽得写意之妙。漆器装饰一反以往以动物纹为主的装饰，多是以莲花、牡丹等花草组合而成的题材。金银业工艺装饰方面，从各地出土隋唐莲瓣纹金银器中，发现荷叶造型，龟与莲叶、鸟纹与莲纹等组合图案，打破以往饰以动物、人物、花鸟鱼虫纹等模式，在继承前代的基础上，出现新的艺术风貌和审美情趣。玉器装饰风格，在南北朝、隋代传统基础上有所创新，突破了汉以来程式化、图案化的古拙遗风，趋向写实。雕塑工艺包括木雕和石雕，盛唐成为我国雕塑史的高峰期。佛教东传后，佛像莲座石雕雄伟壮观，丰满圆润，内容相当丰富，艺术水平达到很高的程度，隋唐的木雕工艺日趋完美，许多木雕佛像保存至今。在服饰工艺上，服饰莲纹缠枝图案盛行于唐，其设计趋向表现自由、丰满、肥壮的艺术风格。同时与服饰搭配的鞋、帽、巾、玉佩、发型等配饰，亦离不开莲饰，如唐妇人头饰荷花，佛教供养菩萨手持莲，民间流行荷笠，五代流行的“金莲”、莲花凤冠等配饰。可见，绣佛像就要绣莲座，或佛持莲花，或袈裟上绣以莲瓣纹，这在隋唐时期已成为流行的刺绣风格。唐代绣佛像也很盛行，刺绣工艺发展到唐时已有数十种针法，其风格也逐渐形成各个地域的不同特色。唐时的饰荷刺绣多是由莲花、牡丹等众多花草组成的宝相花，集多种花卉图纹于一体，花中套叶，叶中藏花，层次丰富，色彩鲜明，给人以花团锦簇之感。

宋代瓦当莲瓣纹由过去的宽而圆润变成长条状，与菊花纹相类似。宋代还打破受佛教影响而规整庄重的陈规，以并蒂莲花、莲实、莲叶、扎带构成一束莲花的纹样开始流行。宋辽金在我国陶瓷发展史上占有非常重要的地位，瓷器荷饰题材空前繁荣。莲瓣纹在北宋早期仍占有一席之地，后来荷塘风光、莲池水禽、婴戏莲花等富有民间生活气息的图案大量涌现。宋代刺绣莲瓣纹造型更为形象生动。因花鸟画兴起，促进缂丝刺绣的发展，莲与鸟、龟等动物组图以写实的手法表现荷花景致，自然真实，形象更趋逼真。宋代民间流行的绣花荷包，构图均匀，形象生动，令人爱不释手。

隋代实行佛道兼容政策；李唐亦崇道，且追捧道教始祖李耳为祖先，视道教为“本朝家教”。唐太宗即位，重兴佛教译经事业，促进了当时佛教译经的兴盛。唐武宗实行排佛政策，史称“会昌法难”。五代后周世宗时期也出现过限制佛教发展的情况，同时南方各国社会比较安定，帝王热心护教，因此佛教在南方继续发展，在北方则勉强维持。宋代佛教趋向世俗化，从上层社会的士大夫到下层民众，佛教基本上融入中国世俗文化之中。

医药保健方面，在隋唐时期的食饮中，南方吴中一带的莲藕成为贡藕，反映吴中盛产莲藕。隋唐时期有用荷花酿制酒的习俗。主要叙述唐代逸闻的《云仙杂记》中，“房寿六月召客……捣莲花制碧芳酒”记述了用莲花酿制碧芳酒之事。① 隋代杨上善在深入研究《黄帝内经》的基础上著成《黄帝内经太素》一书，强调莲藕“空腹食之为食物，患者食之为药物”的思想；唐时孙思邈在其《千金方·食冶》中，亦注重莲藕“食能排邪而安脏腑，悦神爽志以资血气。若能用食平疴，释情遣疾者，可谓良工。长年饵老之奇法，极养生之术也”。②

这一时期的园艺技艺，在不断总结前代经验的前提下，有了大幅度提升。荷花品种资源丰富，莲藕种植不断改进。唐时农书有《园庭草木疏》《四时纂要》《百花谱》《平泉草木记》等，两宋时有《洛阳花木记》《分门琐碎录》《桂海虞衡志》《图经本草》等。在唐代《酉阳杂俎》和宋代《太平御览》中，也有对荷花的客观叙述。

隋唐时的荷花品种有“千叶白莲”“粉红千叶”“白千叶”等花莲品种及“伤荷藕”“省事三”“青石”“白莲”“扁眼”等藕莲品种，无论花莲，还是藕莲，品种都在不断地增加。在种植技艺方面，《种树书》述及“初春掘藕节，藕头著泥中种之，当年着花更盛”。③ 唐时郭橐驼的种荷有了丰富的经验和娴熟的技艺。中唐时白居易为南北两地引种莲藕（或莲子）种植，功不可没。南宋的水产业繁盛，《嘉泰会稽志》中载：“池有仅数十亩者，旁筑亭榭，临之水光浩渺，植以莲芡、菰蒲、拒霜，如图画然，过者为之踌躇。”④ 在池塘里养鱼的同时，还种植莲

① 冯贽. 云仙杂记[OL]. 殆知阁http://www.daizhige.org/子藏/笔记/云仙杂记.html.

② 普济方[OL]. 殆知阁http://www.daizhige.org/医藏/普济方四库-843.html.

③ 陈元龙. 格致镜原[OL]. 殆知阁http://www.daizhige.org/子藏/类书/格致镜原-131.html.

④ 嘉泰会稽志[OL]. 殆知阁http://www.daizhige.org/史藏/地理/嘉泰会稽志-43.html.

藕、芡实，这种鱼莲混养方式，切实可行。

荷花应用于园林水景，始于皇家园林而后普及民间。隋唐时，皇家园林布局在长安、洛阳。长安有太极宫、大明宫、兴庆宫及禁苑；洛阳有洛阳宫。太液池位于长安城大明宫北部，是唐代最重要的皇家池苑。2005 年 2 月至 5 月，在唐长安城大明宫太液池遗址出土大量的条砖、方砖、瓦当、鸱尾、础石、陶瓷三彩等建筑和生活遗物，发现其中有不少用于园道的莲纹方砖，亭榭的荷花瓦当及石狮子莲花座望柱；同时，考古工作者在太液池湖底淤泥层中，发现大量清晰可辨的荷叶及保持较完整的莲梗和莲蓬等遗存。兴庆宫在苑林区以龙池为中心，在龙池里种植荷花等水生植物，苑林区内的两座主要殿宇楼前遍植柳树，广场上经常举行乐舞、马戏等表演。据武平一《兴庆池侍宴应制》:“波摇岸影随桡转，风送荷香逐酒来。”[①] 可见这里的池岸亭台楼阁，错落耸立；林木蓊郁，绿柳飘拂；池上红荷摇曳，碧浪翻卷，清香远溢，景色绮丽可人；帝王与贵妃乘坐画船，行游池上，闻乐赏荷，一派歌舞升平。

南唐都城金陵，曾历经南朝宋、齐、梁、陈四代的精心营造，皇家园林玄武湖一度呈现出“莲花乱脸色，荷叶杂衣香”的荷花景观；隋唐之后则逐渐衰落，到南唐时玄武湖荷景又出现昔日之繁华。中主李璟《游后湖赏莲花》诗:“满目荷花千万顷，红碧相杂敷清流。”[②] 客观反映了南唐都城金陵皇家园林玄武湖的荷景秀美宜人。

当时北宋都城开封皇家园林的建设也很重视植荷，“市中心的御道，两旁掘有御沟分隔，沟旁种行道树，沟中植莲”，用荷花美化御道，实属首创。[③] 南宋临安城的行宫御苑有后苑、集芳园、玉壶园、聚景园、屏山园、南园、延祥园、琼华园、梅冈园、桐木园等。其中后苑位于宫城北半部的苑林区，迎受钱塘江的江风，为宫中避暑之地。园内“池中红、白菡萏万柄，盖园丁以瓦盎别种分列水底，时易新者，以为美观”。[④] 德寿宫由秦桧府邸扩建而成，苑中开凿大水池，池中遍植荷花，可乘画舫作水上游。还有辽、金王朝的皇家园林，以位于今北京的万宁宫荷景取胜。金人赵秉文《扈跸万宁宫》云:“柳荫罅日迎雕辇，荷气分香入酒

① 武平一. 兴庆池侍宴应制[OL]. 殆知阁http://www.daizhige.org/诗藏/诗集/全唐诗-91.html.

② 李璟. 游后湖赏莲花[OL]. 古诗集https://www.gushiji.cc/gushi/676.html.

③ 王其超，张行言. 荷花[M]. 上海：上海科技出版社，1998：1-16.

④ 周维权. 中国古典园林史[M]. 北京：清华大学出版社，2008：290-295.

杯。”[①] 另一首金代《宫词》则写道:“薰风十里琼华岛,一派歌声唱采莲。”[②] 足见大宁宫当年碧荷成片,清香飘溢。

这一时期的私家园林,较之南北朝时期更为兴盛,植荷造园技艺均达到一定水平,普及的范围也更广。唐代私家园林造景中,白居易可称得上一代造园宗师。他一生营造渭上南园、庐山草堂、忠州东坡园和洛阳履道里家宅四处园林,其中庐山草堂和洛阳履道里家宅中的花园集中反映了他造园的理念。北宋的私家园林,其普及面和造园水平胜过前朝。苏轼《灵璧张氏园亭记》述及,当时张氏园亭中荷景,“蒲苇莲芡,有江湖之思;椅桐桧柏,有山林之气;奇花美草,有京洛之态”[③],园中百物,无一不可人意,可见当年繁华。苗帅园先为宋开宝年间宰相王溥之私园,后为宋代节度使苗授之宅园。园内“有池宜莲荷,今创水轩,板出水上”[④],于亭轩前植荷观花,景色秀丽可人。叶适《北村记》中,也有“渟止演漾,澄莹绀澈,数百千里,接以太湖,蒲荷苹蓼,盛衰荣落,无不有意”[⑤] 的景象。此外,唐代的寺观园林建设,朝廷也给予重视。如长安著名的慈恩寺以牡丹与荷花最负盛名,当时文人前往慈恩寺观牡丹赏荷花,形成一种风尚。

第二节 天放娇娆:荷花与文学

隋唐至两宋时期的诗歌沿袭六朝传统,有大量吟咏采莲的作品。这一时期的荷诗荷词中,诗人塑造了一个个聪颖勤劳、活泼美丽的采莲女形象。如唐时王昌龄“乱入池中看不见,闻歌始觉有人来”,采莲女与大自然融为一体,罗裙与莲叶莫辨,脸面与莲花难分,歌声四起,方知人影藏于莲丛中。诗人以巧妙的构思,用浪漫的手法,烘托出一个莲歌甜润、活泼靓丽的采莲女。还有“摘取芙蓉花,莫摘芙蓉叶。将归问夫婿,颜色何如妾”,以采莲少妇摘莲自比,娇羞而

① 赵秉文. 扈跸万宁宫[OL]. 国学梦http://www.guoxuemeng.com/gushici/91428.html.
② 史学. 宫词[OL]. 殆知阁http://www.daizhige.org/诗藏/词集/辽金元宫词-13.html.
③ 苏轼. 灵壁张氏园亭记[OL]. 殆知阁http://www.daizhige.org/集藏/四库别集/苏轼集-61.html.
④ 邵博. 邵氏闻见后录[OL]. 殆知阁http://www.daizhige.org/子藏/笔记/闻见后录-14.html.
⑤ 叶适. 北村记[OL]. 殆知阁http://www.daizhige.org/集藏/四库别集/水心集-20.html.

矜夸，健美且活泼，刻画出纯真爽朗又不乏羞涩的形象。白居易“逢郎欲语低头笑，碧玉搔头落水中”中，姑娘遇上小伙，想说又突然语塞，只有羞涩低头微笑，却不慎将头上碧玉簪落入水中。诗人抓住采莲姑娘腼腆且羞涩的心理，且进一步观察其神态和细节变化，捕捉了一个含羞带笑的真实特写。戎昱“涔阳女儿花满头，毵毵同泛木兰舟。秋风日暮南湖里，争唱菱歌不肯休”中，采莲女头上插满鲜花，划舟在湖上荡漾，秋风清爽，夜色降临，姑娘们仍“争唱”菱歌，竟毫无归意。诗人把采莲女那活泼欢快、忘情歌唱的情态，表现得入木三分。还有张潮“朝出沙头日正红，晚来云起半江中。赖逢邻女曾相识，并著莲舟不畏风”：朝阳升起，晴空万里；突涌乌云，暴雨降临，狂风恶浪，莲舟摇摆；危急关头，幸遇邻女，两船并连，化险为夷，塑造了采莲女团结互助的精神。

在这一时期兴起的古文运动，其“文以明道”的主张也对关于荷花的作品产生深刻影响。周敦颐的千古名篇《爱莲说》以浓墨重彩描绘荷之气度、荷之风节，寄予作者对理想人格的肯定和追求，也反射出作者鄙弃贪图富贵、追名逐利之世态的心理和自己追求洁身自好的美好情操。

一、有关荷花的诗歌

（一）隋代

隋朝国祚不足四十载，而隋朝一代诗人多为因承余习的前朝遗老，其诗多少存有南北朝之遗风。隋诗中咏荷诗较少，而史籍中仅留下殷英童、杜公瞻、辛德源、弘执恭等诗人的咏荷作品。在这些诗作中，有的描绘江南采莲欢快的场景；有的则表达并蒂莲吉祥的寓意；也有的运用对比手法赞颂荷花独放异彩的情景。

采莲曲

殷英童

荡舟无数伴，解缆自相催。汗粉无庸拭，风裙随意开。

棹移浮荇乱，船进倚荷来。藕丝牵作缕，莲叶捧成杯。[1]

殷英童（生卒年不详），原北齐人，隋灭北齐后，供职于隋廷，擅画，兼工

① 孙映逵. 中国历代咏花诗词鉴赏辞典[M]. 南京：江苏科技出版社，1989：778-779.

楷隶书。据《古今乐录》，梁天监十一年（512）冬，梁武帝萧衍改“西曲”，制《江南弄》七曲，《采莲曲》便是其中之一。[①] 殷英童诗中描写了“一群女子相约采莲的欢快场景和愉悦心情”[②]。采莲女从出发到目的地，次第过渡，层次井然。诗的前半部分着重写人，而后半部分侧重写莲，语言精巧活泼，风格清新秀丽。

咏同心芙蓉

杜公瞻

灼灼荷花瑞，亭亭出水中。一茎孤引绿，双影共分红。
色夺歌人脸，香乱舞衣风。名莲自可念，况复两心同。[③]

杜公瞻（生卒年不详），隋代文学家。诗中“双影共分红”，可知是荷花里的并蒂莲。如本书前文所述，古代并蒂莲现象发生稀少，物以稀为贵，因而古人视为珍品，寓意吉祥。“用对比的手法写两花同茎，茎绿花红，以茎之孤来强调花之双。”[④] 通读全诗，诗人运用双关语，使得诗情更显活泼含蓄，诗意更为隽永，而耐人寻味。

芙蓉花

辛德源

洛神挺凝素，文君拂艳红。丽质徒相比，鲜彩两难同。
光临照波日，香随出岸风。涉江良自远，托意在无穷。[⑤]

辛德源（生卒年不详），字孝基，是北朝后期陇西狄道辛氏家族的杰出代表，为“隋唐统一混合之文化”做出了应有的贡献[⑥]。“诗人以芙蓉自比，以抒发自己高洁的情操。”[⑦]

① 郭茂倩. 乐府诗集[M]. 北京：中华书局，1979：726.
② 孙映逵. 中国历代咏花诗词鉴赏辞典[M]. 南京：江苏科技出版社，1989：778-779.
③ 孙书安. 咏花诗品[M]. 南昌：江西人民出版社，2000：304.
④ 孙书安. 咏花诗品[M]. 南昌：江西人民出版社，1989：779.
⑤ 逯钦立. 先秦汉魏晋南北朝诗[M]. 北京：中华书局，1983：2650.
⑥ 丁宏武. 辛德源生平著述考[J]. 西北师大学报（社会科学版），2014，51（1）：74-81.
⑦ 李文禄. 古代咏花诗词鉴赏辞典[M]. 吉林：吉林大学出版社，1990：918-919.

秋池一株莲

弘执恭

秋至皆空落，凌波独吐红。托根方得所，未肯即从风。①

弘执恭（生卒年不详）。诗人用对比手法描写“莲在深秋独放异彩的情景”②。在自然条件下，莲惯生于酷暑的炎夏，可现在是寒风凛冽的深秋，处于如此劣境，仍能挺立在水波之上，独吐芳艳，显示了其与众花不同的高洁品质。

（二）唐代

唐代无疑是中国诗歌发展最鼎盛的时期。日本学者平冈武夫所著的《唐代的诗人》《唐代的诗篇》，将《全唐诗》所收作家、作品逐一编号做了统计。其结论是：该书共收诗 49403 首，诗句 1555 条，作者共 2873 人。无论是从诗歌创作的规模上，还是从艺术成就上，唐代诗歌都代表着中国古典诗歌发展的最高峰。闻一多先生用“诗”来形容唐朝，并用“诗”来作为唐朝的典型属性：“一般人爱说唐诗，我却要讲诗唐。诗唐者，诗的唐朝也。”③ 鲁迅先生也说：“我以为一切好诗，到唐已被作完。”④ 唐诗中有多少咏荷诗？据北京大学中文系“全唐诗检索系统”，《全唐诗》及《全唐诗补编》中“荷”的单句 908 条，“莲”的单句 1212 条，而“芙蓉”的单句 476 条，反映了在全唐诗中咏荷诗则占有一定的比例。⑤以下试举数例。

采芙蓉

李世民

结伴戏方塘，携手上雕航。船移分细浪，风散动浮香。
游莺无定曲，惊凫有乱行。莲稀钏声断，水广棹歌长。
栖乌还密树，泛流归建章。⑥

唐太宗李世民（599—649），唐朝第二位皇帝，在位 23 年，年号贞观。他

① 孙映逵．中国历代咏花诗词鉴赏辞典［M］．南京：江苏科技出版社，1989：778–779．
② 同上。
③ 郑临川．闻一多论古典文学［M］．重庆：重庆出版社，1984：82．
④ 鲁迅．鲁迅全集［M］．北京：人民文学出版社，1981：612．
⑤ 俞香顺．中国荷花审美文化研究［M］．成都：巴蜀书社，2005：7．
⑥ 全唐诗［M］．北京：国际文化出版公司，1993：4．

不仅是著名的政治家、军事家，还是一位书法家和诗人。《采芙蓉》是一首宫廷诗，表现了唐太宗对采莲的浓厚兴趣。

采莲曲

王勃

采莲归，绿水芙蓉衣。秋风起浪凫雁飞。桂棹兰桡下长浦，罗裙玉腕轻摇橹。
叶屿花潭极望平，江讴越吹相思苦。相思苦，佳期不可驻。
塞外征夫犹未还，江南采莲今已暮。今已暮，采莲花。
渠今那必尽娼家。官道城南把桑叶，何如江上采莲花。
莲花复莲花，花叶何稠叠。叶翠本羞眉，花红强如颊。
佳人不在兹，怅望别离时。牵花怜共蒂，折藕爱连丝。
故情无处所，新物从华滋。不惜西津交佩解，还羞北海雁书迟。
采莲歌有节，采莲夜未歇。正逢浩荡江上风，又值裴回江上月。
裴回莲浦夜相逢，吴姬越女何丰茸。共问寒江千里外，征客关山路几重。[①]

王勃（约650—676），唐代著名诗人，出身儒学世家，与杨炯、卢照邻、骆宾王并称“初唐四杰”，且为四杰之首。《采莲曲》以景带情，移景换情。诗中场景不断转换，一忽儿“秋风起浪凫雁飞”，一忽儿是“叶屿花潭”“江讴越吹”，又一忽儿“采莲日暮”“江风浩荡”“江月裴回（徘徊）”。每一景物又是为情服务，景中又含有情的因素，真正是情景相生，情景交融。[②]

折荷有赠

李白

涉江玩秋水，爱此红蕖鲜。攀荷弄其珠，荡漾不成圆。
佳人彩云里，欲赠隔远天。相思无因见，怅望凉风前。[③]

李白（701—762），字太白，号青莲居士，堪称继屈原之后最具个性特色、最伟大的浪漫主义诗人，有“诗仙”之美誉，与杜甫并称“李杜”。此诗继承了诗、骚的传统，且熔铸汉魏古诗，变化创新，抒发折荷相赠而不能、望美人兮天

① 全唐诗［M］. 北京：国际文化出版公司，1993：80.
② 孙映逵. 中国历代咏花诗词鉴赏辞典［M］. 南京：江苏科技出版社，1989：796-797.
③ 全唐诗［M］. 北京：国际文化出版公司，1993：76-77.

一方的惆怅哀怨之情，暗寓诗人内心深深的忧伤。这里的“佳人”可能暗指君王，全诗象征欲见君王而不能的感伤情怀，真可谓兴寄幽邈[①]。

越 女

王昌龄

越女作桂舟，还将桂为楫。湖上水渺漫，清江不可涉。

摘取芙蓉花，莫摘芙蓉叶。将归问夫婿，颜色何如妾。[②]

王昌龄（？—约756），盛唐著名边塞诗人，后人誉为“七绝圣手”。胡中山评析此诗说：王昌龄虽为北方人，却在江南做过官，对江南的采莲风俗也感兴趣，且多有描绘。此诗先写越女的采莲活动，后将笔触伸到少妇的内心世界。是花美，还是人美？诗人善于观察，也善于揣摩；善于捕捉典型情景，也善于概括和想象，写的虽是传统题材，却意味深长，光景常新。[③]

溪 上

顾况

采莲溪上女，舟小怯摇风。惊起鸳鸯宿，水云撩乱红。[④]

顾况（约730—约806），中唐诗人。《溪上》是一首采莲诗。诗人在诗的开头就描写了采莲女娇美的身形和爱情萌动的心理状态。“惊起鸳鸯宿”，采莲女驾驶莲舟在荷丛中行进时，忽然惊动了莲下栖息的一对鸳鸯。由此，引起了采莲女对爱情的渴求，“水云撩乱红”反映出采莲女那泛红的脸庞和复杂的心理。低头映入水中，见脸上红一阵白一阵，心中的慌乱生怕别人看见。溪水如明镜，似乎照见采莲女内心的隐秘（图5-2-1）。

① 孙映逵. 中国历代咏花诗词鉴赏辞典[M]. 南京: 江苏科技出版社，1989: 781-782.

② 孙映逵. 中国历代咏花诗词鉴赏辞典[M]. 南京: 江苏科技出版社，1989: 783.

③ 孙映逵. 中国历代咏花诗词鉴赏辞典[M]. 南京: 江苏科技出版社，1989: 783-784.

④ 全唐诗[OL]. 殆知阁http://www.daizhige.org/诗藏/诗集/全唐诗-256.html.

图 5-2-1 “采莲溪上女，舟小怯摇风”（李尚志摄于北京紫竹院公园）

京兆府栽莲

白居易

污沟贮浊水，水上叶田田。我来一长叹，知是东溪莲。
下有青泥污，馨香无复全。上有红尘扑，颜色不得鲜。
物性犹如此，人事亦宜然。托根非其所，不如遭弃捐。
昔在溪中日，花叶媚清涟。今年不得地，憔悴府门前。[①]

白居易（772—846），字乐天，是继李白、杜甫之后又一伟大诗人，亦为世界历史文化名人。在他现存的3800多首诗中，有莲诗十余首，如《采莲曲》《感白莲花》《六年秋重题白莲》《种白莲》《莲石》《白莲池泛舟》《东林寺白莲》《草堂前新开一池养鱼种荷日有幽趣》《京兆府栽莲》《看采莲》《龙昌寺荷池》《阶下莲》《衰荷》等。这些莲诗，足以见证白居易对莲的偏爱。东林寺有白莲，品格清奇，世间不多，可惜世间的人不懂爱赏。诗人才华出众，人格高洁，却屡遭贬压；相似的命运，他鸣不平，为白莲，也是为自己，更是为天下怀才不遇的人。“托根非其所，不如遭弃捐”，生存地点不好，表达诗人对现状和当下环境的不满[②]。

① 全唐诗[OL]. 殆知阁http://www.daizhige.org/诗藏/诗集/全唐诗-406.html.
② 孙映逵. 中国历代咏花诗词鉴赏辞典[M]. 南京：江苏科技出版社，1989：784-785.

池　上（其二）

白居易

小娃撑小艇，偷采白莲回。不解藏踪迹，浮萍一道开。[1]

池塘里一个个大莲蓬，新鲜清香，多么诱人！一个小孩偷偷地撑着小船去摘了几个，又赶紧划了回来。可他还不懂得隐藏自己偷摘莲蓬的踪迹，自以为谁都不知道；却不知小船刚驶过，原来水面上平铺一层的绿萍分出了一道明显的水线，这下子泄露了他的秘密。"不解藏踪迹"，"不解"妙。[2]乐天心中正喜其不解，若解则不采莲，浮萍中又安得此一道天光哉！

奉酬卢给事云夫四兄曲江荷花行见寄并上钱七兄阁老张十八助教

韩愈

曲江千顷秋波净，平铺红云盖明镜。大明宫中给事归，走马来看立不正。
遗我明珠九十六，寒光映骨睡骊目。我今官闲得婆娑，问言何处芙蓉多。
撑舟昆明度云锦，脚敲两舷叫吴歌。太白山高三百里，负雪崔嵬插花里。
玉山前却不复来，曲江汀滢水平杯。我时相思不觉一回首，天门九扇相当开。
上界真人足官府，岂如散仙鞭笞鸾凤终日相追陪。[3]

韩愈（768—824），唐代杰出的文学家、思想家、哲学家，政治家。韩愈是唐代古文运动的倡导者，被后人尊为"唐宋八大家"之首，与柳宗元并称"韩柳"，有"文章巨公"和"百代文宗"之名。韩诗先赞《曲江荷花行》字字珠玑，光彩照人。然后写自己寻昆明池观荷，只见湖上风平浪静，倒映着霞光云影及火红般的花色，宛如一幅巨大无比的云锦，轻舟便滑行于这云锦上。诗人目眩心醉，不禁扣舷狂歌。因友人寄来写荷诗，于是自己也将寻访芙蓉的所见所感相告，夸耀昆明胜过曲江，闲官优于要职，寓有戏谑和自我安慰之意。诗中荷花、池水、山岭、人物等，经诗人笔下意象经营，别具风采。[4]

---

① 陈伯海．唐诗汇评［M］．杭州：浙江教育出版社，1995：3184-3185.

② 同上。

③ 陈伯海．唐诗汇评［M］．杭州：浙江教育出版社，1996：2605-2606.

④ 孙映逵．中国历代咏花诗词鉴赏辞典［M］．南京：江苏科技出版社，1989：798-799.

赠荷花

李商隐

世间花叶不相伦，花入金盆叶作尘。惟有绿荷红菡萏，卷舒开合任天真。

此花此叶长相映，翠减红衰愁杀人。①

李商隐（约 813—约 858），字义山，晚唐著名诗人，和杜牧合称“小李杜”，与温庭筠合称为“温李”。胡中山评析此诗说：诗人采用比喻、对比的手法把自己对人世社会的认识和态度表达得淋漓尽致。世间的花叶遭遇不同，一入金盘就得宠，一化尘埃无人问津。可是荷花的绿叶红花却同生死共命运，互相扶持映衬，直至翠减红衰。对比社会上两种人，一种是势利小人，一种是患难与共的朋友。诗人处于乱世，又遭遇种种不平，看透世态炎凉，处世态度亦明确。字里行间，含蓄委婉，融诗情与生活的哲理于其中，咏物和言志于一体，耐人寻味。②

宿骆氏亭寄怀崔雍崔衮

李商隐

竹坞无尘水槛清，相思迢递隔重城。秋阴不散霜飞晚，留得枯荷听雨声。③

一个深秋夜晚，诗人寄宿骆姓人家，寂寥中怀念起远方的朋友，听秋雨洒落在枯荷上的滴答声，便写下这首富于情韵的小诗。因“秋阴不散”故有“雨”，又因“霜飞晚”故“留得残荷”。一直在思念远隔重城的朋友，然淅沥小雨，滴落在枯荷上，发出一阵错落有致的声响。这让诗人意外地发现，这萧瑟的秋雨敲打残荷的声韵，竟别有一种美的情趣。以景寄情，寓情于景，诗的意境清秀疏朗，蕴含其中的心境又极为深远。

张静婉采莲曲

温庭筠

兰膏坠发红玉春，燕钗拖颈抛盘云。城边杨柳向娇晚，门前沟水波潾潾。

麒麟公子朝天客，珂马珰珰度春陌。掌中无力舞衣轻，剪断鲛绡破春碧。

抱月飘烟一尺腰，麝脐龙髓怜娇娆。秋罗拂衣碎光动，露重花多香不销。

---

① 李文禄，刘维治. 古代咏花诗词鉴赏辞典[M]. 吉林：吉林大学出版社，1990：929-930.

② 同上。

③ 李商隐. 宿骆氏亭寄怀崔雍崔衮[OL]. 古诗文网http：//so.gushiwen.org/view_28625.aspx.

瀏鶒胶胶塘水满，绿萍如粟莲茎短。一夜西风送雨来，粉痕零落愁红浅。

船头折藕丝暗牵，藕根莲子相留连。郎心似月月易缺，十五十六清光圆。①

温庭筠（约812—866），唐代诗人、词人，花间词派的重要作家之一，诗与李商隐齐名，并称“温李”；词与韦庄齐名，并称“温韦”。此诗借莲写人，不仅描绘了南北朝时期羊侃舞伎张静婉天生丽质的容貌，及她进入豪门后的生活经历，同时也陈述了张静婉的悲惨命运，以表现了诗人对封建制度的蔑视和对不平社会的控诉。

咏白莲

皮日休

细嗅深看暗断肠，从今无意爱红芳。折来只合琼为客，把种应须玉甃塘。

向日但疑酥滴水，含风浑讶雪生香。吴王台下开多少，遥似西施上素妆。②

皮日休（约838—约883），晚唐文学家，与陆龟蒙齐名，世称“皮陆”。其诗文多为同情民间疾苦之作，被鲁迅赞誉为唐末“一塌糊涂的泥塘里的光彩和锋芒”。诗人在诗中着重咏颂白莲高洁的素质，实则将世风日下的现实，与一尘不染的白莲形成鲜明的对比。③

芙　蓉

陆龟蒙

闲吟鲍照赋，更起屈平愁。莫引西风动，红衣不耐秋。④

陆龟蒙（？—约881），长洲（今苏州）人，唐朝文学家、农学家。陈庆元评析此诗说⑤：诗人以“闲吟”鲍照的《芙蓉赋》起，被鲍赋的深意而感动，继而由鲍赋想到楚赋，发现屈平之愁实亦为己愁。这表达了诗人对芙蓉的怜惜及自惜，给予人许多的联想。

从唐代诗人咏莲诗中可知，江南采莲不仅是重要的农事，还为文人提供咏唱

① 郭茂倩. 乐府诗集[M]. 北京：中华书局，1979：737.

② 李文禄，刘维治. 古代咏花诗词鉴赏辞典[M]. 吉林：吉林大学出版社. 1990：940-941.

③ 同上。

④ 孙映逵. 中国历代咏花诗词鉴赏辞典[M]. 南京：江苏科技出版社，1989：815-816.

⑤ 同上。

的对象，更衍生出不少相关的文化活动。1960 年 3 月，在今江苏省扬州市邗江区施桥乡夹江出土的唐代采莲竞渡龙舟，舟长 13.65m，宽 0.75m，舟内深 0.56m，用整根楠木刳制而成。据扬州博物馆文物介绍：唐代史籍记载，扬州风俗，每年端午节要在江边支流上举行“竞渡采莲龙舟之戏”，观众数万，热闹非凡。扬州制作的采莲龙舟不仅远销各地，还进贡京师（图 5-2-2）。

图 5-2-2　唐代竞渡采莲龙舟（2016 年李尚志摄于扬州博物馆）

（三）宋代

宋诗与唐诗相比较，题材和语言趋于通俗化，诗歌中有鲜明的忧患意识，出现了议论化和散文化倾向，风格上追求平淡为美。钱锺书《谈艺录》论述：“唐诗、宋诗，亦非仅朝代之别，乃性格分之殊。天下有两种人，斯分两种诗。唐诗多以丰神情韵擅长，宋诗多以筋骨思理见胜。”[①] 简单来说，就是唐诗重情，而宋诗主理。大千世界，五彩缤纷，翻阅宋诗，其中篇篇咏荷诗作，亦各体皆备，风格不同。试举数例如下。

雨中荷花

杜衍

翠盖佳人临水立，檀粉不匀香汗湿。一阵风来碧浪翻，珍珠零落难收拾。[②]

① 钱锺书. 谈艺录[M]. 北京：中华书局，1984：2.

② 孙书安. 咏花诗品[M]. 南昌：江西人民出版社，2000：310.

杜衍（978—1057），北宋名臣。善诗，工书法，正、行、草书皆有法，为世所重。诗中“翠盖”以翠羽装饰的华盖，比喻荷叶；“檀粉”即浅红色之脂粉，拟作花色。诗人运用拟人手法，描绘雨中荷花有如亭亭绰约的佳人。一阵风吹，荷叶飒飒摇动，犹如碧浪翻滚，雨珠如珍珠般纷纷坠落，难以收拾。诗人惋惜、怅惘之情难以言表。再联系其自身遭遇，就不难窥见诗人之用意了。杨慎《升庵诗话》评此诗：“绝妙。”相传，杨慎把杜衍的《雨中荷花》及另三首宋诗抄送何景明阅读，并问是何人诗。景明答为唐诗。杨慎笑道：“这是您所不看的宋人诗。”可见，此诗确有唐人绝句之意兴和韵味，无怪乎连标榜盛唐的何景明也难看出来。①

荷　叶

欧阳修

池面风来波潋潋，波间露下叶田田。谁于水面张青盖，罩却红妆唱采莲。②

欧阳修（1007—1072），号醉翁，北宋政治家、文学家，且在政治上负有盛名，与韩愈、柳宗元、苏轼、苏洵、苏辙、王安石、曾巩被世人称为“唐宋八大家”。“潋潋”，水波流动；“田田”，叶叶相连。池上阵阵轻风吹来，泛起片片涟漪，熠熠生辉。青翠如盖的荷叶，看不见红妆少女；风吹荷动，莲歌悠扬，场景朴实自然，别具一番情趣。③

荷　花

王安石

亭亭风露拥川坻，天放娇娆岂自知？一舸超然他日事，故应将尔当西施。④

王安石（1021—1086），字介甫，北宋著名思想家、政治家、文学家、改革家。风露中的荷花亭亭净植，簇拥河中小洲而盛开，这是天公让她如此娇娆，还是自行这样？诗人身居宰相，推行新法，完全是由于皇帝对自己的信任。他的所作所为并非为了邀功争宠，只期盼待到他日，功成名遂，像范蠡带西施驾一叶扁

① 孙映逵．中国历代咏花诗词鉴赏辞典[M]．南京：江苏科技出版社，1989：825.

② 孙映逵．中国历代咏花诗词鉴赏辞典[M]．南京：江苏科技出版社，1989：826.

③ 同上。

④ 孙映逵．中国历代咏花诗词鉴赏辞典[M]．南京：江苏科技出版社，1989：827.

舟，泛五湖而去。全诗运用“托物言志”之手法，借荷花抒写怀抱，见解高超，议论卓然，不同凡响，在尺幅之中，展示了诗人的旷达之境①。

横　湖

苏轼

贪看翠盖拥红妆，不觉湖边一夜霜。
卷却天机云锦缎，从教匹练写秋光。②

苏轼（1037—1101），字子瞻，号东坡居士，北宋著名文学家、书法家、画家。《横湖》是苏轼《和文与可洋川园池三十首》之一。横湖位于今陕西洋县。苏辙《和横湖》咏：“湖里种荷花，湖边种杨柳。”故苏轼也在这首和诗中对横湖的荷花作了描绘。“翠盖拥红妆”，以花拟人，“贪看”和盘托出诗人的爱荷之情。“云锦”出自韩愈“撑舟昆明度云锦”。“天机云锦缎”喻荷花之美，一夜清霜，把横湖云锦似的荷花都卷尽。这时湖水澄清，犹如一匹白练，任凭秋月的光辉倾入湖中。诗句清新隽永，影响后世③（图 5-2-3）。

图 5-2-3　苏轼手书“横湖”

引自非非. 麻大湖畔苏轼赋诗是讹传[OL]. 美篇网https://www.meipian.cn/2otszorf.

晓出净慈寺送林子方

杨万里

其一

出得西湖月尚残，荷花荡里柳行间。红香世界清凉国，行了南山却北山。

其二

毕竟西湖六月中，风光不与四时同。接天莲叶无穷碧，映日荷花别样红。④

杨万里（1127—1206），号诚斋，南宋文学家、爱国诗人，与陆游、尤袤、

① 孙映逵. 中国历代咏花诗词鉴赏辞典[M]. 南京：江苏科技出版社，1989：827.
② 孙映逵. 中国历代咏花诗词鉴赏辞典[M]. 南京：江苏科技出版社，1989：828.
③ 同上。
④ 杨万里. 晓出净慈送林子方[OL]. 殆知阁http://www.daizhige.org//诗藏/诗集/全宋诗-2450.html.

范成大并称“中兴四大诗人”。杨万里一生写诗两万多首，传世作品有四千余首，被誉为一代诗宗。诗人表面上在写西湖六月的美景，其实通过赞美西湖的荷景，婉转地表达对友人深情的眷恋，隐晦地向好友表达挽留之意（图 5-2-4）。

图 5-2-4 “接天莲叶无穷碧，映日荷花别样红”（李尚志摄于杭州西湖曲院风荷）

再赋郡沼双莲

范成大

馆娃魂散碧云沉，化作双葩寄恨深。千载不偿连理愿，一枝空有合欢心。①

范成大（1126—1193），号石湖居士，南宋名臣、文学家、诗人。馆娃宫是传说中吴王夫差为西施在灵岩山上筑建的一座宫殿，后来西施香魂消散，碧云沉沉，杳无音信。诗歌认为美人今竟化作并蒂双莲，开放于沼泽里；又因西施沉江而亡，不能与范蠡团圆，未实现连理的愿望。西施和范蠡的爱情悲剧，真乃“此恨绵绵无尽期”。全诗用典贴切，构思奇妙，耐人寻味。②

① 孙书安. 咏花诗品[M]. 南昌：江西人民出版社，2000：311.

② 孙映逵. 中国历代咏花诗词鉴赏辞典[M]. 南京：江苏科技出版社，1989：830-831.

梦行荷花万顷中

陆游

天风无际路茫茫，老作月王风露郎。只把千尊为月俸，为嫌铜臭杂花香。①

陆游（1125—1210），号放翁，南宋文学家、爱国诗人。陆游曾梦见故人对他说："我为莲花博士，镜湖新置官也。我且去矣，君能暂为之乎？月得酒千壶，亦不恶也。"李白曾有诗句为"镜湖三百里，菡萏发荷花"。镜湖就是陆游家乡山阴的名胜。陆游病笃时，果然梦见自己在万顷荷花之中穿行，这是否是真要当莲花博士的预兆呢？诗人觉得这个归宿还不错，便写下这首记梦诗：天风浩浩无际，天路茫茫无穷，我老了，到天上去当管理荷花的月王和风露郎官；只需用千樽美酒作为每月的俸禄，因我讨厌钱币的铜臭会败坏荷花的清香。此诗充满了浪漫主义色彩。②

二、荷词

词，是我国古代诗歌的一种，起源于隋代，形成于唐代，而极盛于宋代。词的全名称"曲子词"，"曲子"是其燕乐的曲调，而"词"则是这些曲调相谐和的唱辞。唐宋时，人们常简称其为"曲子"，或"词"。因这些"曲子"的唱法今已不传，现在能欣赏的只剩文辞了。

在宋代词作中，写荷（或莲或芙蓉）的词占有一定数量。据南京师范大学"全宋词检索系统"，《全宋词》中出现"荷"665首，"莲"622首，"芙蓉"361首。在2208首咏花宋词中，荷花有147首，占6.65％，位于第三位。③"值得一提的是，北宋前期歌咏最多的，既不是唐人偏爱的牡丹，也不是后来宋人偏爱的梅花，而是荷花。"④

此外，以荷（或莲或芙蓉）作词牌名，也有不少，如二色莲、干荷叶、双头莲、双瑞莲、隔浦莲近拍、并蒂芙蓉、双荷叶、双蕖怨、玉莲花、玉芙蓉、华荷媚、芙蓉月、芙蓉曲、芰荷香、采莲子、采莲令、荷叶杯、荷干杯、荷花媚、梦

① 孙映逵．中国历代咏花诗词鉴赏辞典[M]．南京：江苏科技出版社，1989：830-832.

② 同上。

③ 俞香顺．中国荷花审美文化研究[M]．成都：巴蜀书社，2005：7-8.

④ 许伯卿．宋代咏物词的发展脉络．南京师范大学（社会科学版），2002（1）：141-147.

芙蓉、碧芙蓉、小楼莲花、金菊对芙蓉、荷叶铺水面、骤雨打新荷、金盏倒垂莲等。

（一）唐代

唐代词多出于民间，在文人眼里不登大雅之堂。只有注重汲取民歌艺术长处的人，如白居易、刘禹锡等才写一些词，具有朴素自然的风格，洋溢着浓厚的生活气息。到了晚唐，以温庭筠为代表的“花间派”，在词发展史上才有一定的位置，给后世词人以深远影响。

隔浦莲

白居易

隔浦爱红莲，昨日看犹在。夜来风吹落，只得一回采。
花开虽有明年期，复愁明年还暂时。①

河传（其一）

温庭筠

江畔，相唤，晓妆鲜。仙景个女采莲，请君莫向那岸边。
少年，好花新满船。
红袖摇曳逐风暖，垂玉腕，肠向柳丝断。浦南归，浦北归？
莫知。晚来人已稀。②

采莲子

皇甫松

其一

菡萏香连十顷陂（举棹），小姑贪戏采莲迟（年少）。
晚来弄水船头湿（举棹），更脱红裙裹鸭儿（年少）。

① 白居易. 隔浦莲［OL］. http: //so.gushiwen.org/view_21748.aspx.
② 沈祥源. 花间集新注［M］. 南昌：江西人民出版社，1997：66-67.

其二

船动湖光滟滟秋（举棹），贪看年少信船流（年少）。

无端隔水抛莲子（举棹），遥被人知半日羞（年少）。①

（二）五代

五代时期，由南唐中主李璟、后主李煜、冯延巳为代表的“南唐词派”，开拓了一个新而深沉的艺术境界。如南唐中主李璟的《摊破浣溪沙》“菡萏香销翠叶残，西风愁起绿波间”，李煜的《虞美人》“问君能有几多愁？恰似一江春水向东流”等词作，标志着南唐词文学价值的升华。

摊破浣溪沙

李璟

菡萏香销翠叶残，西风愁起绿波间。还与韶光共憔悴，不堪看。

细雨梦回鸡塞远，小楼吹彻玉笙寒。多少泪珠何限恨，倚栏干。②

李璟（916—961），五代十国时期南唐第二位皇帝。后因受到后周威胁，削去帝号，改称国主，史称南唐中主。李璟好读书，多才艺，常与宠臣韩熙载、冯延巳等饮宴赋诗。他的词感情真挚，风格清新，语言不事雕琢。荷花落尽，香气消散，荷叶凋零，深秋的西风拂动绿水，使人愁绪满怀。美好的人生年华不断消逝，与韶光一同憔悴的人，自然不忍去看。细雨绵绵，梦境中塞外风物缈远。李璟流传下来的词作不多，这首《摊破浣溪沙》词作最脍炙人口。

（三）宋代

到两宋，词得到很大发展，成为宋代主要的文学形式。词在早期阶段带有明显的北方文化的气质，从晚唐、五代开始，词的面貌逐渐发生了变化，到宋代已经完全成为具有浓郁南方特色的文学。词的南方化趋向集中表现在，一是主要流行于南方地区，作者以南方人居多；二是词的内容以言情为主，意象多为南方风物；三是风格以婉约居多，意境具有朦胧、精致、温润的特点③。

① 沈祥源．花间集新注[M]．南昌：江西人民出版社，1997：82-83.

② 唐圭璋．宋词鉴赏辞典[M]．北京：商务印书馆国际有限公司，2012：114-116.

③ 杨金梅．南方化：晚唐、两宋词的发展趋向[J]．宁夏大学学报（人文社会科学版），2006，28(3)：61-64.

蝶恋花

欧阳修

水浸秋天风皱浪。缥缈仙舟，只似秋天上。
和露采莲愁一饷。看花却是啼妆样。

折得莲茎丝未放。莲断丝牵，特地成惆怅。
归棹莫随花荡漾。江头有个人想望。[①]

欧阳修乃北宋一代文学巨匠，他的诗文如其为人，庄重严肃，似乎少有儿女私情，但翻读他的词集，便知其另一面的生活情感。原来他也是一个情种，且非常擅写男女恋情。寓情于景中，逐步蓄势，又以感情反差造成了强烈的心理对比，因而此词取得了动人的艺术效果。[②]

踏莎行·芳心苦

贺铸

杨柳回塘，鸳鸯别浦。绿萍涨断莲舟路。
断无蜂蝶慕幽香，红衣脱尽芳心苦。

返照迎潮，行云带雨。依依似与骚人语。
当年不肯嫁春风，无端却被秋风误。[③]

贺铸（1052—1125），北宋词人，自号庆湖遗老，善诗文，尤长于词。风格较为丰富多样，兼有豪放、婉约二派之长，长于锤炼语言并融化前人成句，用韵特严，富有节奏感和音乐美。“断无蜂蝶慕幽香，红衣脱尽芳心苦”的荷花，视角新奇却又不失于理，且托物言志，可谓手法高妙。物与我、人与莲打成一片，比兴卓绝，寄托遥深，在宋一代众多咏花词中，这首词为风流高格之作。

① 孙映逵．中国历代咏花诗词鉴赏辞典[M]．南京：江苏科技出版社，1989：851-852.

② 孙映逵．中国历代咏花诗词鉴赏辞典[M]．南京：江苏科技出版社，1989：852.

③ 唐圭璋，钟振振．宋词鉴赏辞典[M]．北京：商务印书馆国际有限公司，2012：509-510.

如梦令

李清照

常记溪亭日暮，沉醉不知归路。兴尽晚回舟，误入藕花深处。
争渡，争渡，惊起一滩鸥鹭。[①]

李清照（1084—1155），号易安居士，宋代女词人，婉约词派代表，有“千古第一才女”之称。此词记游赏之作，写酒醉、花美，清新别致。“常记”明确表示追述，地点在“溪亭”，时间是“日暮”。词人因饮宴酒醉而不知归途，“沉醉”二字却显露词人心底之欢愉；又因“不知归路”，然“兴尽晚回舟”，却“误入藕花深处”，表明词人兴致之高，不想回舟，忽兴趣又浓起来。“争渡，争渡”，这重叠词和昂扬的激情也符合。“惊起一滩鸥鹭”，回舟争渡，鸥鹭惊飞，画面生机盎然。词戛然而止，言尽意未尽，耐人寻味。[②]

醉桃源·芙蓉

吴文英

青春花姊不同时。凄凉生较迟。艳妆临水最相宜。风来吹绣漪。
惊旧事，问长眉。月明仙梦回。凭阑人但觉秋肥。花愁人不知。[③]

吴文英（约 1212—约 1272），号梦窗，南宋著名词人，词作风格雅致，多酬答、伤时与忆悼之作。上阕言荷花与百花并不同时在春季里开放，而独自在盛夏中展示青春美姿。荷花红装绿裳，摇曳在碧水中最是相宜。风吹荷花，使水中的倒影也摇曳起舞。轻风吹来，水面皱成彩色涟漪。下阕写荷的惆怅。“惊旧事”三句，写观花忆旧。倚栏赏荷人只知秋肥景美，却不知池中荷花正担忧自己马上枯萎。其实此非花愁，实是词人心中愁绪百结，故特地替荷花想象出“花”在“愁”。

水龙吟·白莲

王沂孙

翠云遥拥环妃，夜深按彻霓裳舞。铅华净洗，涓涓出浴，盈盈解语。

① 唐圭璋，钟振振．宋词鉴赏辞典［M］．北京：商务印书馆国际有限公司，2012：661-662.
② 孙映逵．中国历代咏花诗词鉴赏辞典［M］．南京：江苏科技出版社，1989：841-842.
③ 李文禄，刘维治．古代咏花诗词鉴赏辞典［M］．吉林：吉林大学出版社，1990：986-987.

太液荒寒，海山依约，断魂何许。甚人间、别有冰肌雪艳，娇无奈、频相顾。

三十六陂烟雨。旧凄凉、向谁堪诉。如今谩说，仙姿自洁，芳心更苦。

罗袜初停，玉珰还解，早凌波去。试乘风一叶，重来月底，与修花谱。①

王沂孙（生卒年不详），号碧山，工词，风格接近周邦彦，含蓄深婉。其词章法缜密，在宋末格律派词人中是有显著艺术个性的词家，与周密、张炎、蒋捷并称“宋末词坛四大家”。此词咏物寓意，借莲抒情。虽意在君国，感于身世，而本题亦不抛荒。“翠云遥拥环妃”“铅华净洗”“仙姿自洁，芳心更苦”“玉珰还解”，句句雅切白莲，亦物亦人，句意兼得。

三、荷文

隋唐不满骈俪之风，渐倡古文。但隋代及唐初骈文仍占主导，六朝遗风犹存，咏荷作品亦是如此，如王勃的《采莲赋》。中唐韩愈提出“文以明道”的主张，柳宗元积极响应，进行散文的革新运动，是为古文运动。所谓古文，即指与骈体文相对的、奇句单行、不讲对偶声律的散体文。所谓古文运动，实际上是一场维护儒学，反对佛老，提倡质朴自然的秦汉式散文，反对绮艳华靡的骈体文，在文体、文风和文学语言诸方面都进行变革的散文革新运动。宋代承之，300 余年间，出现众多的散文家和散文作品。在“唐宋八大家”，即韩愈、柳宗元、欧阳修、苏洵、苏轼、苏辙、曾巩、王安石中，宋代就占六位。而关于荷花最著名的古文，就是周敦颐的《爱莲说》。

爱莲说

周敦颐

水陆草木之花，可爱者甚蕃。晋陶渊明独爱菊。自李唐来，世人甚爱牡丹。予独爱莲之出淤泥而不染，濯清涟而不妖，中通外直，不蔓不枝，香远益清，亭亭净植，可远观而不可亵玩焉。

予谓菊，花之隐逸者也；牡丹，花之富贵者也；莲，花之君子者也。噫！菊之爱，陶后鲜有闻；莲之爱，同予者何人？牡丹之爱，宜乎众矣。②

① 李文禄，刘维治．古代咏花诗词鉴赏辞典［M］．吉林：吉林大学出版社，1990：990-991．

② 周敦颐．爱莲说［OL］．http://www.gushiwen.org/GuShiWen_679b6313cb.aspx．

周敦颐（1017—1073），字茂叔，谥号元公。北宋道州营道楼（今湖南道县）人，文学家，哲学家，宋朝儒家理学思想的开山鼻祖。因定居庐山时，为纪念家乡而给住所旁的一条溪水命名为濂溪，并给自己的书屋命名为濂溪书堂，并终老于庐山濂溪，故号濂溪先生。

周敦颐此文把荷花的自然属性与士大夫道德、心性修养、独立人格等紧密相连，其中推崇的荷花“出淤泥而不染”则脱胎于《华严经》中“四义”：“一如世莲华，在泥不污，譬法界真如，在世不为世法所污。二如莲华，性自开发，譬真如自性开悟，众生若证，则自性开发。三如莲华，为群蜂所采，譬真如为众圣所用。四如莲华，有四德：一香、二净、三柔软、四可爱，譬真如四德，谓常、乐、我、净。”[①]明显受到了佛教的影响。但不同于佛教仅仅强调荷花意象的清净不染，周敦颐此文是从整个哲学体系进行观照，“出淤泥而不染”之说蕴含强化心性修养、建立抵御外界诱惑的意志结构，上升到人格本体的高度，更有深意。故而在南宋理学大兴的背景下，《爱莲说》受到杨万里、朱熹、度正、谢枋得等人的推崇。尤其是朱熹，不仅对周敦颐的人品学说推崇备至，且对《爱莲说》亦爱不释手[②]。而周敦颐本人，虽不是高官，但他为政清廉，取信于民，俭朴自守，潜心向学，其人格与周敦颐此文所呈现的作为伦理道德本体象征的荷花，可谓相得益彰。因此此篇一出，即成千古绝唱。

第三节　水面清圆：荷花与绘画

隋代绘画承袭前朝的特点，且更趋“细密精致而臻丽”[③]。当时集中于京畿的画家，大多擅长宗教题材，也有善于描绘贵族生活的。此时的山水花鸟绘画尚处于萌芽状态。唐代绘画又在隋朝的基础上有了全面的发展，这时的花鸟画也独立成科，引起人们注意。初唐的花鸟画已有少数名家，宗教绘画的世俗化倾向逐

① 释法藏．华严经探玄记[OL]．殆知阁http://www.daizhige.org/佛藏/大藏经/论藏/经疏部/华严经探玄记-16.html.

② 高令印，高秀华．朱子事迹考[M]．北京：商务印书馆，2016：484-485.

③ 张彦远．历代名画记[OL]．殆知阁http://www.daizhige.org/艺藏/绘画/历代名画记-2.html.

渐明显。盛唐以吴道子为代表的人物仕女画，造型更加准确生动，在心理刻画与细节的描写上超过了前代的画家。中、晚唐的绘画，一方面完善盛唐的风格，另一方面又开拓了新的领域。此时，以周昉为代表的人物仕女画及宗教画更见完备。

五代的绘画，无论是人物、山水，还是花鸟，都有了新的变化。花鸟画也因宫廷贵族的爱好而逐渐发展起来。南唐的著名画家有曹仲玄、周文矩、顾闳中等。地处内陆的西蜀，因晚唐以后不断有画家避乱入蜀，也设立了画院，在宗教壁画创作方面极为兴盛，同时代的花鸟画显得极其精致。五代的绘画在唐代和宋代之间形成了一个承前启后的时期。

北宋继承了五代西蜀和南唐的旧制，在宫廷设立画院，这对宋代绘画的发展起到一定的推动作用，也培养和教育出大批的绘画人才。徽宗赵佶时的画院日趋完备，画学也被正式列入科举之中，天下的画家可以通过应试而入仕为官。北宋中期后，文人画声势渐起，这一时期文人贵戚出身的山水花鸟画家增多。南宋山水画的代表人物，主要是号称“南宋四家”的李唐、刘松年、马远、夏圭，他们在继承前代的基础上各自有所创造。

一、隋代绘画

隋代的花鸟绘画，虽处于萌芽状态，但从隋时的墓志铭刻饰图案来看，基本上也继承了两晋南北朝以来的式样，主要表现为祥云、瑞兽、四神、十二辰兽、莲花、蔓草、联珠等纹饰类别。它也有一定程度上的创新，从而反映出隋墓志刻绘纹饰的特色。

（一）墓志绘画

隋代墓志刻绘图案中，有缠绵的卷草纹饰和萦绕的花卉纹饰，其中就包括荷花的纹饰。隋代墓志刻绘图案中的莲纹绘画，如大业十一年（615）《明云腾志》《伍道进志》《萧翘志》，皆在志盖四刹卷草纹间，蓦然盛开一朵莲花，桃形莲蓬向上，花瓣随意舒展，天然生成，尽显纯美丽质。《明云腾志》盖题四角各有四分之一朵写意莲花，寥寥几笔，神形皆备。莲花在人们的观念中本是仰含清液、俯濯素波、亭亭玉立、不染不污的君子形象，表现在墓志刻绘上的莲花却在卷草中绽露，逆向创意，亦有巧夺天工之奇。在团花中，有许多花朵簇拥而成的花朵纹饰。如开皇十二年（592）《虞弘志》，志盖四刹刻八朵莲花，其位置为四刹每角刻绘一大朵莲花，四角共四朵；刹面每面在卷草纹之间居中刻一朵莲花，四面共四朵。莲花绽开呈立体状，双层桃形，五片花瓣，桃形两侧有对称花蕊护绕（图 5-3-1 A）。另外盖题四周各有一朵圆形八瓣花朵，花似剪纸，点缀在文字的上下左右。又如大业十二年（616）《张濬志》，志盖四角各以角为中心刻绘四分之一朵大花，形似莲花，由莲蓬、莲叶所组成。四角的莲瓣微露而怒绽，尽显芳菲之美。①

A

B

图 5-3-1　A.《虞弘志》志盖上的莲花图案　B.《王基暨妻刘氏志》志盖上的莲花图案

引自周晓薇，王菁. 隋墓志所见山水花草纹饰与古代早期绘画史论的印证[J]. 考古与文物，2008（1）：106、107.

隋文帝仁寿元年（601）的《王基暨妻刘氏志》，盖题四周刻八朵团花，每排中间为一大朵立体莲花（图 5-3-1 B），两侧分别间隔以较小的仰莲，并配以花叶。值得注意的是，此花叶并非真正的莲花叶。莲花朵朵簇拥，犹如芙蓉出水，荡漾着清雅高洁的气韵。还有大业十一年（615）《吴弘暨妻高氏志》盖题四周各刻有一大朵莲花，大朵莲花的四周则由连续不断的小朵莲花组成。“莲花在泥，清净无染。”② 一念心清净，处处莲花开，应是墓志石上刻绘莲花的原初寓意。从隋代众多出土的墓志上所绘制的图纹来看，莲花是很重要的题材，这与佛教的影响也密不可分。

① 周晓薇，王菁. 隋墓志所见山水花草纹饰与古代早期绘画史论的印证[J]. 考古与文物，2008（1）：102-109.

② 张邦基. 墨庄漫录[OL]. 殆知阁http://www.daizhige.org/集藏/文评/墨庄漫录-9.html.

（二）石窟绘画

在莫高窟隋代壁画中，具有代表性的是第276、303、390、397、407、420、427等窟。壁画的绘画内容，仍是以横卷式连环画的佛本生故事为主，上段绘千佛和说法、经变图，下段绘供养人，窟顶绘千佛（图5-3-2）。壁画中，伎乐飞天是这个时期最富有生气的形象，除画在佛像顶部外，主要画在四壁上部，绕窟飞翔，有的击鼓、有的吹笛、有的倒提琵琶、有的反弹箜篌、有的挥巾起舞、有的托盘献花，千姿百态，变化多端，更增添了洞窟的欢乐气氛和艺术感染力。①

图5-3-2　莫高窟内隋代莲花藻井绘画

引自段文杰. 中国敦煌壁画·隋[M]. 天津：天津人民美术出版社，2010：78.

二、唐代绘画

唐代绘画不仅有鲜明的特点，而且有划时代的地位。花鸟画发展成为独立画科而自立门户，这是符合历史发展趋向和艺术发展规律的。在唐之前，曾出现过不少擅长画花木、鸟雀等题材的画家，但他们只能起到承前启后的作用。唐初薛稷以画鹤得名，《历代名画记》有"屏风六扇鹤样，自稷始也"之记载；中唐边鸾也"擅画花鸟，精妙之极，至于山花园蔬，无不编写"②；萧悦画竹，独步一时。此外，刁光胤擅画竹石、猫兔、禽鸟，以花鸟为精工，对五代很有影响。滕昌祐工画花鸟、蝉蝶，尤擅画鹅。韩滉、戴嵩是师生关系，擅画牛羊，"杂画颇得形似，牛羊最佳"。戴嵩尤擅画水牛，表现出"野性筋骨之妙"。他们各逞其妙，都

① 段文杰. 中国敦煌壁画·隋[M]. 天津：天津人民美术出版社，2010：78.

② 王伯敏. 中国绘画史图鉴[M]. 杭州：浙江人民美术出版社，2014：86-89.

有卓越的艺术造诣。由此，可看出唐代的花鸟画开始成为独立画科，使花鸟画得以发展并逐渐兴盛。

（一）吴道子画荷

吴道子（约680—759），初唐著名画家，被尊称为“画圣”。他刻意求新，勇于创作，《历代名画记》记载：“众皆密于盼际，我则离披其点画，众皆谨于象似，我则脱落其凡俗。”① 宋代苏东坡赞其“诗至于杜子美，文至于韩退之，书至于颜鲁公，画至于吴道子，而古今之变，天下之能事毕矣”。②

吴道子主要擅长人物画，如其《八十七神仙卷》，这是一幅与道教相关的绢本水墨画作。因道教视荷为仙花，故其画中瑶池桥畔缀以荷花和荷叶，或由仙女手持一二朵，起着陪衬的效果。荷花端庄素雅，亭亭玉立，风度潇洒，一尘不染，真有出流拔俗、仙风道骨之气（图5-3-3、图5-3-4）。该作品代表了我国古代白描绘画的最高水平，画面中87个神仙从天而降，列队行进，姿态丰盈而优美。潘天寿曾评论此画：“全以人物的衣袖飘带、衣纹皱褶、旌旗流苏等的墨线，交错回旋达成一种和谐的意趣与行走的动，使人感到各种乐器都在发出一种和谐音乐，在空中悠扬一般。”③2011年由国家邮政局发行的《八十七神仙卷》邮票中，亦突出了荷花元素。

图5-3-3　吴道子《八十七神仙卷》（摹本）中的荷花

引自王伯敏. 中国绘画史图鉴[M]. 杭州：浙江人民美术出版社，2014：86.

① 张彦远. 历代名画记[OL]. 殆知阁http://www.daizhige.org/艺藏/绘画/历代名画记-2.html.

② 苏轼. 书吴道子画后[OL]. 殆知阁http://www.daizhige.org/集藏/四库别集/苏轼集-180.html.

③ 鸿墨轩. 人物·唐·吴道子·白描人物手卷《八十七神仙卷》赏析[OL]. 个人图书馆http://www.360doc.com/content/18/0419/10/7255173_746853358.shtml.

图 5-3-4 《八十七神仙图》中的荷花

引自王伯敏. 中国绘画史图鉴［M］. 杭州：浙江人民美术出版社，2014：87.

还有他的《天王送子图》中，一女子手捧插花瓶，瓶中插有荷叶、荷花，栩栩如生，清新自然（图 5–3–5、图 5–3–6）。

图 5-3-5 吴道子《天王送子图》（摹本）

引自李巍松. 中国佛释绘画浅析［M］. 郑州：中州古籍出版社，2014：102.

图 5-3-6 吴道子《天王送子图》中的插瓶荷花

局部，引自李巍松. 中国佛释绘画浅析［M］. 郑州：中州古籍出版社，2014：103.

（二）周昉画荷

周昉（生卒年不详），盛唐画家，擅画肖像，尤工仕女，初学张萱而加以写生变化，多写贵族妇女，所作悠游闲适，容貌丰腴，衣着华丽，用笔劲简，色彩柔艳，为当时宫廷、士大夫所重，称绝一时。他的传世之作《簪花仕女图》描绘了当时宫廷贵妇的生活，贵妇们一个个装扮得花团锦簇，其中一贵妇头饰以荷花，浓丽丰肥，但仍掩饰不住她们空虚、幽怨和郁闷之情绪（图 5–3–7、图 5–3–8）。其特点是以线条作为主要的造型手段，其线条介于铁线描与游丝描之间，细劲而有气韵，流动多姿，典雅含蓄。1984 年国家邮政局发行了一套三枚《中国绘画·唐·簪花仕女图》邮票及一枚小型张。

图 5-3-7　周昉《簪花仕女图》（摹本）

引自王伯敏. 中国绘画史图鉴[M]. 杭州：浙江人民美术出版社，2014：100.

图 5-3-8　周昉《簪花仕女图》（摹本）中头饰以荷花的贵妇

局部，引自王伯敏. 中国绘画史图鉴[M]. 杭州：浙江人民美术出版社，2014：101.

（三）花鸟画家

唐代画荷的著名花鸟画家主要有边鸾、周滉、滕昌祐等。边鸾（生卒年不详），绘有《鹭鸶莲塘鱼图》。周滉（生卒年不详），绘有《荷花鸂鶒图》《秋荷鸂鶒图》《芙蓉杂禽图》。滕昌祐（生卒年不详），擅作花鸟、草虫、蔬果，画鹅尤为著名。所写折枝花，下笔轻丽，设色鲜妍，论者以为近边鸾一派。他绘有《芙蓉双禽图》《芙蓉睡鹅图》《芙蓉双鹑图》《芙蓉川禽图》等。这些画家的画荷作品都已佚失（图 5-3-9）。

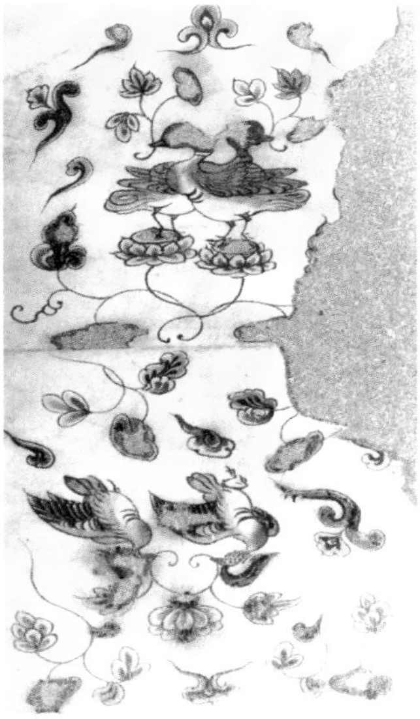

图 5-3-9　唐代无款《花鸟图》中的荷花

引自叶尚青. 中国花鸟画史［M］. 杭州：浙江人民美术出版社，2015：138.

（四）佛教壁画

唐朝是我国绘画艺术大发展的历史时期，而壁画又是唐画最重要的形式之一。唐朝壁画可分两类，即一般性质壁画和佛教壁画。其中，与荷花有关的现存壁画，尤其以莫高窟的佛教壁画为多。

唐代初期的莫高窟壁画，较隋代壁画从内容到形式都有了重大的变化和发展。如从内容上，可分为佛像画、经变画、佛教史迹画和戒律画、供养人画、装饰图案等五大类，总体反映出个性自由、和谐有致、色彩华丽的感受。如第 220 窟南壁“阿弥陀经变”，是初唐时期莫高窟壁画中规模最大且保存最好的一例。图中有碧波浩渺的宝池，池中莲花盛开，化生童子自莲花中出，阿弥陀佛结印趺坐于池中央莲台上，观音、大势至胁侍左右，四周拥绕众多菩萨。

经前期的发展和积累，盛唐时期的佛教绘画艺术完成了它的中国化、世俗化进程。从题材内容到表现形式，盛唐时期的莫高窟壁画艺术也是最辉煌、最丰富的。壁画总体结构上显得愈发宏伟，色彩艳丽、华贵，装饰效果极浓（图5–3–10）。

图 5-3-10　莲花中童子化生　　图 5-3-11　敦煌瓜州东千佛洞藏传佛教壁画绿度母

图5–3–10引自樊锦诗. 弥勒佛与药师佛［M］. 华东师范大学出版社，2010：14；图5–3–11引自桑吉扎西. 敦煌石窟吐蕃时期的藏传佛教绘画艺术［J］. 法音，2011（6）：插图24.

由于安史之乱，中唐时期吐蕃乘机占领河西走廊。吐蕃本来就信佛，在其统治期间，这一地区佛教大为兴盛，寺院林立，僧尼日增，莫高窟新开凿的洞窟多达 48 个，加上前期未完成的共有 66 窟。中唐时期佛教活动得到空前繁荣，给莫高窟佛教艺术增加了新的认识和主题，拓宽了本地佛教文化视野。吐蕃时期的壁画，在佛像构图、服饰造型及装饰图案等方面，流露出更多的吐蕃化倾向。因而，中唐时期莫高窟壁画的构图更趋严谨、工整，纤巧且丰富，体现出深刻细腻的吐蕃风格（图 5–3–11）。[①]

大中二年（848），张议潮率众起义，驱走吐蕃统治者，莫高窟得到新的发展，开凿了许多洞窟。莫高窟壁画内容上出现“回归”的特色，以汉地佛教图像为主，人物造型上更加真实化、世俗化。

除莫高窟壁画外，唐代还涌现大量域外佛教壁画。如于阗、龟兹等国，都笃

① 桑吉扎西. 敦煌石窟吐蕃时期的藏传佛教绘画艺术［J］. 法音，2011（2）：49–57.

信佛教，在佛教绘画方面形成各自的特色。

在新疆达玛沟出土的于阗佛寺壁画遗迹中，有一裸女及一幼童立于莲池旁，池中数朵荷花含蕾或盛开。以线条勾描，色彩略施晕染，可看出外来艺术民族化之特点。（图 5-3-12、图 5-3-13）① 西夏榆林石窟第 10 窟窟顶的伎乐飞天，梳高髻，戴宝冠，有头光，面相丰满，丹凤眼，斜披天衣，下着裙。一弹琵琶，一弹筝，生动和谐。背景画有荷花或飞天手持荷花，线描精细，设色浅淡，有西夏造型特征②。

图 5-3-12　达玛沟于阗佛寺遗址出土的吉祥天女（背景有莲花）图

图 5-3-13　达玛沟于阗佛寺遗址出土的菩萨莲座图

图5-3-12引自斯坦因. 斯坦因西域考古记[M]. 新疆人民出版社，2013：58；图5-3-13引自陈婉. 走进千年佛国——达玛沟佛教遗址考古发掘纪实[J]. 中国电视（纪录），2011（2）：33.

三、五代绘画

五代时西蜀和南唐相对稳定，统治者对绘画的爱好及对画院事业的重视，使两个地区的绘画大放异彩。一时间，丹青辈出，画派争妍。五代花鸟画家有黄筌、黄居宝父子，徐熙、顾德谦、郭乾祐等。与唐代相比，五代时期画荷的花鸟画家要多一些。

① 斯坦因. 中国探险手记[M]. 沈阳：春风文艺出版社，2004.

② 郑汝中. 飞翔的精灵[M]. 上海：华东师范大学出版社，2016：156-157.

（一）花鸟画家

黄筌（约 903—965），字要叔，成都人，五代西蜀画院宫廷画家。以工画得名，擅长花鸟，所画禽鸟造型正确，骨肉兼备，形象丰满，赋色浓丽，勾勒精细，几乎不见笔迹，似轻色染成，谓之“写生”。与江南徐熙并称“黄徐”，形成五代宋初花鸟画两大主要流派。所绘荷画有《芙蓉瀔鶒图》《荷花鹭鸶图》《芙蓉鸠子图》《芙蓉双禽图》《芙蓉鹭鸶图》《三色莲图》等,[①] 现存《三色莲图》[②]（图 5-3-14）。

图 5-3-14　黄筌《三色莲图》（五代）

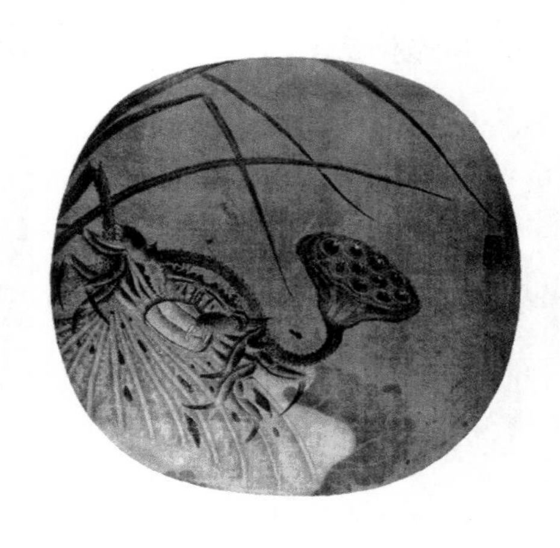

图 5-3-15　黄居宷《晚荷郭索图》

图5-3-14引自乐保群. 画论汇要[M]. 北京：故宫出版社，2014：526；图5-3-15引自乐保群. 画论汇要[M]. 北京：故宫出版社，2014：526.

黄筌次子黄居宝（生卒年不详），以工画得传家之妙，绘有《荷花鹭鸶图》等，已佚。

黄筌季子黄居宷（生卒年不详），作花竹翎毛，妙得天真，写怪石山景，往往超过其父。绘有《晚荷郭索图》等（图 5-3-15）。

徐熙（生卒年不详），五代南唐画家。擅画花竹、禽鱼、蔬果、草虫。他常漫步于田野园圃，所见景物多为汀荷野竹、水鸟渊鱼、园蔬药苗。每遇一景物，

① 乐保群. 画论汇要[M]. 北京：故宫出版社，2014：526-527.

② 李云峰. 古代中国画作品中荷花审美意象[D]. 北京：中央民族大学，2014：16-17.

必细心观察，所以传写物态富有生动的意趣。开宝八年（975）随李后主归宋，不久病故。郭若虚称其“江南处士”，沈括称其为“江南布衣”。性情豪爽旷达，志节高迈。所绘荷画有《瑞莲图》《败荷秋鹭图》及《飞禽山水图》等。

顾德谦（生卒年不详），五代南唐画家，他所绘的《莲池水禽图》等画作，现藏于东京国立博物馆（图5-3-16）。

图5-3-16　顾德谦《莲池水禽图》

引自乐保群.画论汇要[M].北京：故宫出版社，2014：529.

（二）佛教绘画

五代时期的石窟壁画，遗迹见于敦煌莫高窟、安西榆林窟等，为数甚为可观。继唐代后，洛阳广爱寺、汴梁大相国寺、成都大圣慈寺、圣寿寺和青城山丈人观等佛寺道观，都成为壁画名手施展绝艺的场所。如董羽的《水月观音图》，图中观音菩萨手持柳枝，坐在月影中，脚踩莲座，水中的莲花露出水面，仙境一般，优雅自然（图5-3-17）。

据传，中唐著名仕女画家周昉“妙创水月之体”，故有“周家样”说。五代画家便模仿周昉水月观音像的风格，在莫高窟、榆林窟等地留下了仿“周家样”的代表作[①]。如《引路菩萨图》中菩萨左脚踩红瓣莲座，右脚踩蓝瓣莲座，为亡

① 汪小洋.图说中国绘画艺术[M].南京：江苏人民出版社，2009：236.

灵引路，去往西方极乐净土。从晚唐到五代，这类题材非常流行，其构图亦大同小异。

四、宋代绘画与书法

图 5-3-17　董羽《水月观音图》

引自汪小洋. 图说中国绘画艺术[M]. 南京：江苏人民出版社，2009：318.

宋代民间绘画、宫廷绘画和士大夫绘画，各自形成体系，彼此间又互相影响、吸收、渗透，构成宋代绘画丰富多彩的面貌。宋代在五代南唐、西蜀画院的基础上，继续设立翰林图画院，以培养宫廷所需要的绘画人才。北宋徽宗时曾一度设立画学，宋时多数帝王如仁宗、神宗、徽宗、高宗、光宗、宁宗等人都对绘画有不同程度的兴趣，出于装点宫廷、图绘寺观等需要，都很重视画院建设。特别是徽宗赵佶本人，在绘画上具有较高修养和技巧，注意网罗画家，扩充和完善宫廷画院，并不断搜访名画充实内府收藏，使宫廷绘画得以兴盛。画院画家与社会保持一定联系，但又受皇帝的制约，宫廷绘画由此带有明显的贵族美术的特色，既精密不苟，又在某些作品中有萎靡柔媚的趣味。

宋代花鸟画继承五代的特点，其风格更加多样，进入工笔花鸟画的繁荣时期。五代西蜀黄筌和南唐徐熙对宋代花鸟画的影响很大，而黄筌院体工笔形态的主流贯穿于北宋和南宋时期。宋代院体花鸟画又得到历代帝王的重视，得以迅速发展。在宋代荷花绘画发展中，赵昌和崔白起着关键的作用。

（一）北宋花鸟画家

赵昌（生卒年不详），字昌之，工书法、绘画，擅画花果，多作折枝花，兼工草虫。初师滕昌祐，后没骨花鸟画自成一派，有徐熙、黄筌之遗风。在北宋时期与宋徽宗赵佶齐名，是宋代花鸟画坛的杰出画家。所绘荷花画作已失传。

徐崇嗣（生卒年不详），徐熙之孙，擅画草虫、禽鱼、蔬果、花木及蚕茧等。

其画初承家学，因不适应当时画院的程式和风尚，遂改学黄筌、黄居寀父子。后自创新体，所作不用墨笔勾勒，而直接以彩色晕染，世称“没骨图”，也称“没骨花”。兄崇勋、弟崇矩，均擅画花鸟。所绘《果蔬图》中莲藕自然逼真（图5–3–18）。

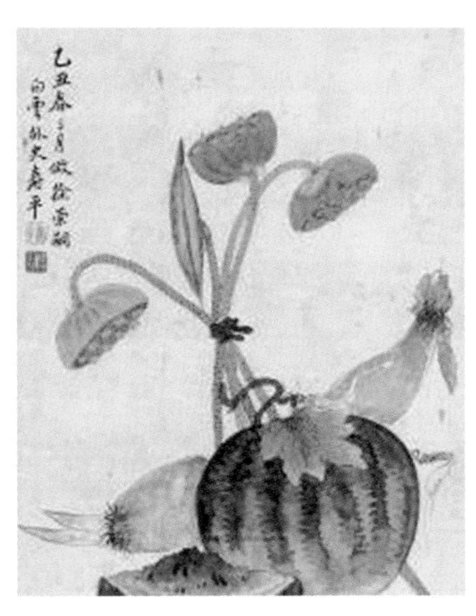

图 5–3–18　北宋徐崇嗣《果蔬图》

图 5–3–19　惠崇《秋浦双鸳图》

图5–3–18引自马红艳. 荷韵：画说荷花[D]. 青岛：青岛科技大学，2016：38；图5–3–19引自闻玉智. 中国历代写荷百家[M]. 黑龙江美术出版社，2001：11.

惠崇（965—1017），僧人，擅诗、画。“工画鹅雁鹭鸶，尤工小景，善为寒汀远渚、潇洒虚旷之象，人所难到也”（北宋郭若虚语）。惠崇的画作，对后世影响深远。如《秋浦双鸳图》现藏于台北故宫博物院（图5–3–19）。

崔白（1004—1088），字子西，他的花鸟画发挥写生精神，虽无前人的画稿可临摹或参考，但其依靠超越前人的观察研究及描绘能力，探索花木鸟兽的生意，摆脱花鸟属装饰图案的遗影，开创了新的发展方向。其笔墨表现力相当丰富，工细的笔触一丝不苟，粗放的笔调苍劲厚实，运墨干湿并见，设色较淡。绘有《荷花家鹅图》《荣荷家鹅图》《白莲双鹅图》《秋荷群鸭图》《秋荷双鹭图》《秋荷野鸭图》《秋荷图》《败荷群凫图》《败荷竹鸭图》《菡萏双鹅图》《雪塘荷莲图》《采莲图》《秋浦蓉宾图》等荷画，画作大多已失传（图5–3–20 A、B、C）。

A

B

C

图 5-3-20　A. 崔白《秋浦蓉宾图》（局部）　B. 崔白《秋荷图》
C. 崔白《败荷竹鸭图》（局部）

引自马红艳. 荷韵：画说荷花[D]. 青岛：青岛科技大学，2016：39.

崔白之弟崔悫（生卒年不详），画花草鸟兽笔法与崔白相若，绘有《渚莲图》《秋荷野鸭图》《荷花家鹅图》等，已佚。

赵佶（1082—1135），即宋朝第八位皇帝宋徽宗。徽宗重视宫廷绘画，还广集画家，创设宣和画院，培养出如王希孟、张择端、李唐等一批杰出的画家。他组织编撰的《宣和书谱》《宣和画谱》和《宣和博古图》等绘画专著，至今仍为重要的参考书。《池塘秋晚图》是赵佶早年亲笔真迹，反映其早期画风（图 5-3-21）。

据《宣和画谱》记载，北宋时尚有易元吉、罗存、赵叔傩、赵宗汉、赵孝颖、赵仲佺、赵士雷、吴元瑜等画家绘有关于荷花的画作，惜皆不传。

图 5-3-21　赵佶《池塘秋晚图》

引自马红艳. 荷韵：画说荷花［D］. 青岛：青岛科技大学，2016：63.

（二）南宋花鸟画家

吴炳（生卒年不详），光宗绍熙年间（1190—1194）画院待诏，所作谨守院体画风格。其荷画有《春池睡鸭图》《鸳鸯睡莲图》《渌池擢素图》《出水芙蓉图》等（图 5-3-22）。[①] 其中《出水芙蓉图》，纨扇，绢本设色，是南宋花鸟小品中极具代表性的经典之作，其巧妙之处在于构图和取景。画中一朵盛开的娇柔透亮的荷花，占据了大部分画面，粉红色的花瓣在绿叶的衬映下，显得格外的鲜艳夺目。其表现手法属没骨画法。为了表现荷叶与花瓣的不同质感，画家采用了不同的渲染方法，其中荷叶用渍染法，自然地描绘出叶子的肌理和厚实的质感，而花瓣则用晕染法，使花朵显得饱满而细腻。虽只描绘一朵花、一片叶，却使人感到整个荷塘散发出沁人心脾的芬芳。该画现藏于北京故宫博物院。

① 《中国绘画史图鉴》编委会. 中国绘画史图鉴［M］. 杭州：浙江人民美术出版社，2014：166-167.

A

B

图 5-3-22　A. 吴炳《出水芙蓉图》 B. 吴炳《渌池擢素图》

引自《中国绘画史图鉴》编委会. 中国绘画史图鉴［M］. 杭州：浙江人民美术出版社，2014：124，125.

马兴祖（生卒年不详），绍兴年间（1131—1162）为画院待诏。相传，《疏荷沙鸟图》为马兴祖所作，画中一荷叶、一莲蓬及一鸟，构图合理，栩栩如生。沙鸟扭头仰视，似乎在寻找飞来的伙伴。浮于水面的残荷，其叶缘枯黄，画出了秋荷渐枯的质感。整个画面的景物、技法和情调类似于宋代佚名作品《秋渚文禽图》，与富丽堂皇的院体截然相悖，可能非应诏而作（图 5-3-23 B）。

A

B

图 5-3-23　A. 宋代佚名《秋渚文禽图》 B. 马兴祖《疏荷沙鸟图》

A引自叶尚青. 中国花鸟画史［M］. 杭州：浙江美术出版社，2015：26；B引自闻玉智. 中国历代写荷百家［M］. 哈尔滨：黑龙江美术出版社，2001：18.

法常（生卒年不详），僧人，号牧溪，擅龙、虎、猿、鹤、芦雁、山水、人物。他师法梁楷，加以发展变化。所画猿、鹤、观音、罗汉等，造型严谨，形象准确；皆能随笔而成，墨法蕴藉，幽淡含蓄，形简神完，回味无穷。其花鸟画作《荷鸟图》，一片败荷折断倒立水中，一白鹇鸟伸头探视，环境幽静，禅理尤深（图 5–3–24）。

图 5-3-24　法常《荷鸟图》

引自《中国绘画史图鉴》编委会. 中国绘画史图鉴［M］. 杭州：浙江人民美术出版社，2014：139.

具有一百多年历史的南宋画院，当时有名有姓可考的画家就有 120 余人，妙手无数，佳作如云。同一时期也有许多民间画师，留下了不少赞美荷花的画作精品（图 5–3–26、图 5–3–27），如《百花图卷》应为南宋佚名的画师或有才华的宫中嫔妃，为庆祝谢道清寿诞而作（图 5–3–25）。又如《莲舟仙渡图》，一枚莲瓣似一叶小舟，有一人乘坐其间，漂泊在湖面上，画家运用虚张的手法，把人间仙境描绘得如此浪漫，且富有诗意，充满幻想[①]（图 5–3–28）。

图 5-3-25　无名氏《百花图卷》之荷花

引自郜宗远. 荣宝斋古代画谱·宋·百花图卷［M］. 北京：荣宝斋出版社，1995：79.

① 赵启斌. 江山高隐："渔隐""舟渔""垂钓"图像考释［M］. 沈阳：东北大学出版社，2015：88.

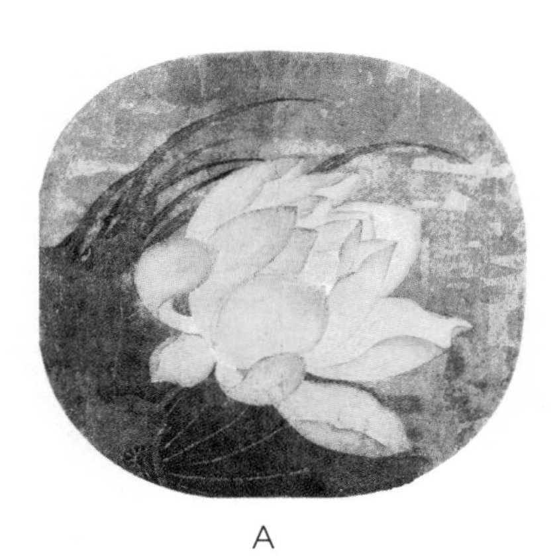

A

B

图 5-3-26　A. 无名氏《荷花》（局部）　B. 无名氏《白荷》（局部）

引自嶋田英诚. 世界美术大全集　东洋编6 南宋［M］. 东京：小学馆，2000：105、106.

A

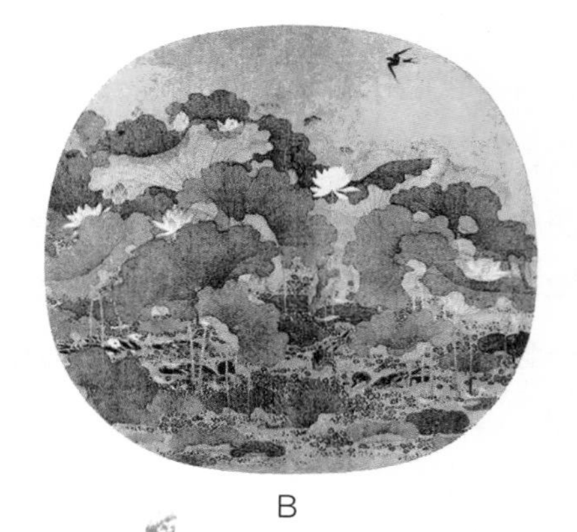

B

图 5-3-27　A. 无名氏《枯荷鹡鸰图》　B. 冯太有《太液风荷图》

引自嶋田英诚. 世界美术大全集　东洋编6 南宋［M］. 东京：小学馆，2000：109、111.

图 5-3-28　无名氏《莲舟仙渡图》

南宋，引自赵启斌. 江山高隐［M］. 沈阳：东北大学出版社. 2015：88.

（三）宋代佛教绘画

宋代是中国佛教绘画的鼎盛时期，显著特征是佛教绘画的汉化。最能代表宋代佛教绘画水平的当属宋代罗汉画了。其线描雄健，丝毫没有柔媚气息，而象征佛教的莲花绘画技艺更胜前朝，造型极具感染力，代表了佛教绘画的最高水平。

到了宋代，石窟壁画的绘画内容有了变化。据南梁慧皎《高僧传》述："猕猴奉蜜，佛亦受而食之。"[①] 莫高窟第76窟佛传图像为宋代作品，东壁窟门北侧，"猕猴奉蜜"的画面生动有趣，榜题清晰可见。猕猴佛坐于白莲座上，佛塔正中墨书榜题："吠舍城内猕猴奉蜜于世尊，佛即纳之，身心欢喜而作舞，失足陷井，命终生天。此地兴隆第七塔也。"画面从塔左下角开始，用四个画面描绘了猕猴奉蜜的情节（图5-3-29）。

A

B

图5-3-29　A. 宋莫高窟第76窟《猕猴奉蜜》 B. 莲花化生猴童

引自樊锦诗. 中世纪建筑画[M]. 上海：华东师范大学出版社，2010：94、95.

（四）宋代写荷书法

翻阅历代史料史籍，书法家写荷笔迹几乎现已全部无存，唯有北宋著名书法家黄庭坚留下"荷""莲"二字之真迹[②]。黄庭坚（1045—1105），号山谷道人、涪翁等，北宋著名文学家、书法家。他所书明瓒（即唐代懒残和尚）的诗卷，现仅存后面的题款。题款全文为："元符三年七月，涪翁自戎州溯流上青衣，廿四日宿廖致平牛口庄，养正致酒弄芳阁。荷衣未尽，莲实可登，投壶奕（弈）棋，烧

① 慧皎. 高僧传[M]. 北京：中华书局，1992：129.

② 南兆旭. 龙之舞：中国历代名人墨大典[M]. 北京：红旗出版社，1997：88-89.

烛夜归。”又有小字：“此字可令张法亨刻之。”卷首卷尾有南宋贾似道、元代赵孟頫、明代项元汴等人的鉴藏印记（图 5-3-30、图 5-3-31）。除此之外，与荷花有关的书法作品，还有北宋皇帝赵佶书写的《夏日》诗帖（图 5-3-32）。[①]

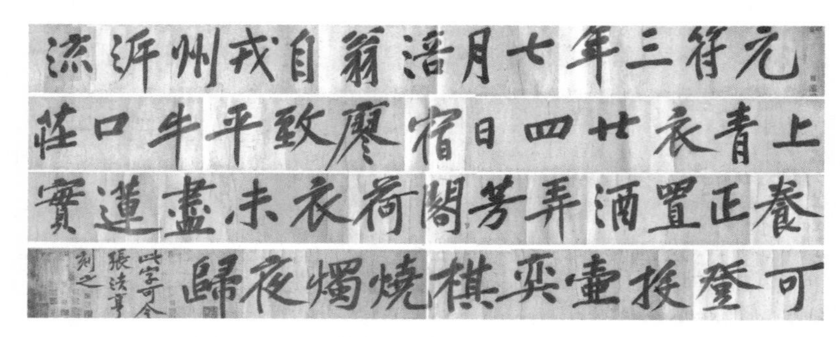

图 5-3-30　黄庭坚所书明瓒诗卷残存的题款

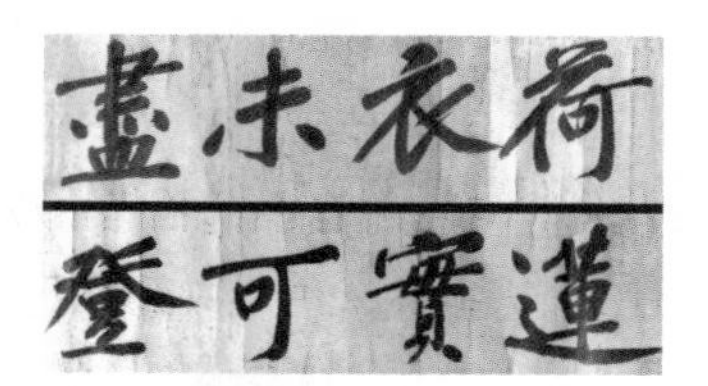

图 5-3-31　黄庭坚所书明瓒诗卷残存题款中的“荷衣未尽，莲实可登”（局部放大）

引自中国国家博物馆官网http://www.chnmuseum.cn/zp/zpml/gjwxbt/index_2.shtml.

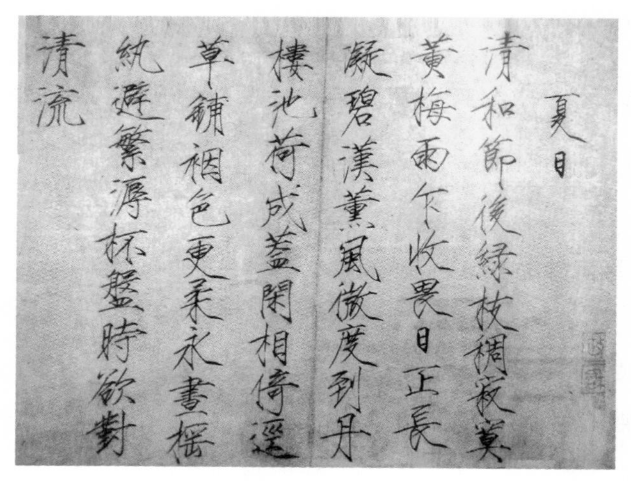

图 5-3-32　北宋赵佶《夏日》诗帖中的“池荷成盖闲相倚”

引自南兆旭、龙之舞：中国历代名人墨宝大典［M］. 北京：红旗出版社，1997：296.

① 南兆旭. 龙之舞：中国历代名人墨宝大典［M］. 北京：红旗出版社. 1997：296-297.

第四节　团窠宝相：荷花与工艺

这一时期与荷花造型或饰荷（莲）有关的工艺，主要有建筑、陶器、漆器、玉器、服装纺织、家具及日用品等。由于古代社会的巨量财富集中在统治阶级手中，故官办手工业制作的工业品质量较高，往往代表某一时期工艺美术技艺最高水平。

一、建筑莲饰文化

隋朝历史短暂，在建筑、陶瓷、漆器、玉器等方面，虽不曾有什么独特的建树，却为下一个新朝代拉开了帷幕。唐代的建筑业十分发达，以莲纹或荷花造型的建筑装饰如藻井、瓦当、铺砖，及亭、台、楼、阁、廊、桥等设施，在前朝的基础上则形成了独特的风格。之后的五代十国，动荡分裂，战争连年，经济发展不平衡。在建筑装饰方面，五代承袭前朝的思路，难以形成自己的特色。北宋政权建立后，政治稳固，社会安定，手工业、商业发达，经济迅速增长，同时文化艺术、工艺美术也相对繁荣。后来南宋建立，商业和手工业仍保持繁荣景象。同时的辽、金政权，其建筑业也在承袭前朝的基础上有所发展。

（一）莲纹藻井

隋代　隋代的建筑藻井装饰，仍传承前朝的特点，无程式化，其形象新颖，各逞其思，各有其妙。古代建筑以木结构为主，防火成为头等大事。隋代莫高窟第 406 窟窟顶的三兔莲花纹套斗藻井，藻井的方井中绘八瓣大莲花，莲花中纹有三兔纹，四角绘火焰宝珠（图 5-4-1）。此外，还有莲花纹套斗藻井、莲花飞天异禽纹藻井[①]。

① 关友惠．敦煌装饰图案［M］．上海：华东师范大学出版社，2016：83-87．

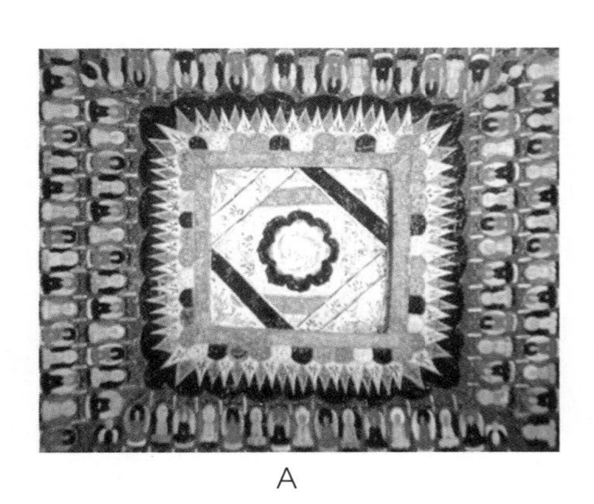
A

B

图 5-4-1 A. 隋代莫高窟第 406 窟三兔莲花纹套斗藻井
B. 隋代莫高窟第 407 窟三兔莲花纹藻井

引自刘庆孝. 敦煌装饰图案[M]. 济南: 山东人民出版社, 1982: 84、85.

唐代 唐代的莲饰藻井完全脱离“斗四套叠”的结构，井心面积较小，边饰层次增多，图案丰富细密，风格富丽华贵。井心图案主要有莲花、葡萄、宝相花、三兔、飞天等。色彩浓重辉煌，层次丰富，出现退晕手法。初唐的建筑藻井图案，相比隋代无论从整体造型、审美情趣、绘制技法上都发生新的变化。这一时期的藻井图案井心内纹样主要分为葡萄石榴纹藻井、石榴莲花纹藻井、莲花纹藻井三种。而莲花纹藻井是当时藻井图案的主流纹样（图 5-4-2 A）。

到盛唐，藻井图案的构图开始产生变化，最具代表性的是团花纹藻井，其特点比较突出，井心都比较小，但井外边饰层较多，其重点在于对边饰层的设计。如盛唐莫高窟第 123 窟窟顶团花纹藻井，方井内的团花由六个桃形瓣、卷云叶形瓣组成，瓣端有方齿形镶边，是天宝时期藻井团花形象的重要特征，边饰以团花菱格纹为主，配以小团花、联珠纹、方壁纹、莲瓣纹等小纹样（图 5-4-2 B）。

中唐时期出现以石榴茶花纹为代表的藻井图案，色调清新雅致，形成具有地方特色的风格样式。中唐时期藻井井心莲花多为卷瓣，花中或有狮子、灵鸟、三兔等纹样。井心边饰还有新的茶花纹，井外边饰多绘石榴卷草纹、回纹、菱格纹，代表作为第 360 窟的灵鸟莲花藻井图案[①]。禽兽卷瓣莲花边饰是中唐时期的一大特色，花环中央绘有一个小莲花，缠枝茶花空隙处有一小片装饰（图 5-4-2 C）。

晚唐藻井还保留着中唐的样式，方井内绘有狮子莲花纹、莲花卷瓣；外层环绕着椭圆形的卷云纹，莲花四边绘有流云，四角莲花如扇形，四周边饰层

① 中央美术学院实用美术系研究室. 敦煌藻井图案[M]. 北京: 人民美术出版社, 1953: 9-11.

多。如狮子卷瓣莲纹藻井，其方井内绘狮子莲纹，莲花卷瓣，外周环境椭圆形卷云纹，方井四角莲花如扇形。方井四周边饰层次多，由内向外是云头纹、白珠纹、团花纹、方胜纹、回纹、菱格纹、缠枝凤鸟石榴卷草纹和三角、五彩长幡铃铛垂幔，几乎包括了盛、中唐藻井中所有的纹样，是晚唐藻井的代表作（图5-4-2 D）。

图 5-4-2　A. 初唐莫高窟第 387 窟葡萄莲花纹藻井　B. 盛唐莫高窟第 217 窟桃形瓣莲花纹藻井
C. 中唐莫高窟第 360 窟三兔莲花纹藻井　D. 晚唐莫高窟第 85 窟狮子卷瓣莲花纹藻井

引自关友惠. 敦煌装饰图案［M］. 上海：华东师范大学出版社，2016：120、129、9、166.

五代　在建筑装饰方面，五代仍承袭前朝的思路，没有形成自己的特色。除唐代的团花纹外，五代的藻井装饰开始流行传统的龙凤图案。画面色调倾向清淡，以绿色为主，辅以描金，效果华丽。这时藻井图案创作开始采用沥粉堆金的新手法，呈现出类似浅浮雕的效果，使画面更具立体感和高贵气质。如莫高窟第 146 窟的藻井，方井以土红为底色，中央以青绿色画出团花，花心处则描绘一条飞腾的龙；团花四侧各画一对鹦鹉，四角又饰以半团花（由莲花、牡丹等组成）；方井周围用方胜纹、卷草纹形成连续纹样，从而使整幅藻井图案色彩别致，风格清新（图 5–4–3 A）。

A

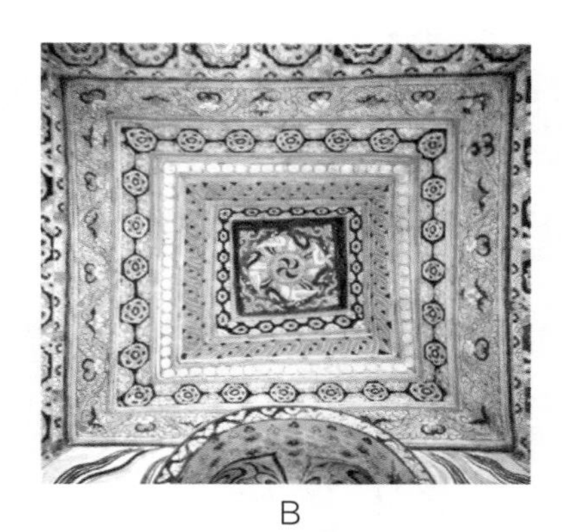

B

图 5–4–3　A. 五代莫高窟第 146 窟团龙鹦鹉莲纹藻井　B. 宋代莫高窟第 27 窟卷瓣莲纹藻井

引自关友惠. 敦煌装饰图案［M］. 上海：华东师范大学出版社，2016：190，196.

宋代　从敦煌莫高窟等地发现的莲纹藻井图案分析，北宋与西夏建窟不多，大多在前朝石窟上重新绘制。宋代藻井井心多绘莲花团龙，井外边饰、垂幔纹样仍沿袭五代余风。代表作有莫高窟第 55 窟的莲花双龙藻井图案。宋代的藻井莲瓣纹样与祥禽、瑞兽（龙、凤等）的组合颇具特色，有团龙、双龙、五龙等多种组合形式，运用绘、塑、贴金等多种表现手法（图 5–4–3 B）。

（二）莲纹砖

隋代　隋代的砖主要应用于寺庙、桥梁、亭阁、陵墓、石窟等建筑。20 世纪末在隋代墓葬中出土有莲纹砖，说明佛教传入中原后，以莲纹烧制的砖普遍流行，尤其是寺庙、墓葬为多。隋、唐东都洛阳遗址宫城区出土的唐前期的莲花砖，其主体花纹均是一朵硕大的莲花，外绕以蔓草和联珠纹。如 1982 年洛阳玻璃厂第 10 号唐代宫殿用砖出土遗存标本，正面中部为一朵大莲花，莲花由中部的半球形莲蓬和莲蓬周围的莲瓣组成。莲蓬中无莲子，莲蓬外绕二周单瓣莲瓣，莲瓣的上部较尖。① 从隋、唐莲花图案的演变关系分析，三种莲花砖以单瓣莲花纹砖的单尖瓣莲花纹年代为早。隋、唐莲花图案的莲瓣演变有一个由尖瓣向圆瓣、由单瓣向覆瓣和双瓣发展的过程。考虑到隋、唐洛阳城的始建为隋大业元年（605），并于武德四年（621）为李世民平定王世充时所毁，单尖瓣

① 韦娜，宛方. 日本九州大宰府出土莲花纹砖浅析［J］. 中原文物，2005（2）：71–74.

莲花纹砖的年代约为 7 世纪之初，可判断单瓣莲花纹砖中的单尖瓣莲花纹砖为隋代所烧制（图 5-4-4）。

图 5-4-4　隋代单尖瓣莲花纹砖

引自韦娜，宛方. 日本九州大宰府出土莲花纹砖浅析[J]. 中原文物，2005（2）：73.

唐代　唐代的莲纹砖出现方砖、条砖等多种式样。唐代普遍铺地砖，长安城大明宫龙尾道遗址出土大量莲纹方形铺地砖。有观点认为，唐代在龙尾道铺素面方砖，在坡道则铺莲花纹砖。[①]2005 年 2 月至 5 月，对西安唐长安城大明宫太液池遗址进行考古发掘时，太液池池岸和池内出土大量的条砖、方砖、瓦当、鸱尾、础石等建筑和生活遗物，其中发现有不少用于园道的莲纹方砖（图 5-4-5）。这足以证实荷花在唐代皇家园林中应用的多样性，以及荷文化曾有过的辉煌[②]。

图 5-4-5　A. 唐代单圆瓣莲花纹砖　B. 唐代覆瓣莲花纹砖

引自韦娜，宛方. 日本九州大宰府出土莲花纹砖浅析[J]. 中原文物，2005（2）：73.

---

① 唐代的莲花瓦当赏析[OL]. http://blog.sina.com.cn/s/blog_157f23e820102wza7.html.

② 安家瑶，龚国强，何岁利，等. 西安唐长安城大明宫太液池遗址的新发现[J]. 考古，2005（12）：3-6.

因受佛教文化的影响，唐代宫殿中地砖大量使用莲花纹（或雕莲花），且地砖的烧制体现出了很高的艺术水平。1982 年洛阳玻璃厂第 10 号唐代宫殿踏道砖标本，边长 34cm。正面中部大莲花的莲蓬较大，莲蓬内圈有莲子七个，外圈有莲子 12 个；莲蓬外绕一周莲瓣，莲瓣为单圆瓣莲花，外绕一周联珠纹，为单圆瓣莲花纹砖。①

1982 年洛阳玻璃厂发掘区收集到的另一块地砖遗存标本，边长 33cm，正面中部大莲花由中部的莲蓬和莲蓬周围的莲瓣组成。圆形莲蓬内有莲子九个，其中一个居中，外绕八个；外圈莲瓣为覆瓣，内圈莲瓣为单瓣。莲花的外围有四条相同的蔓草纹，砖面的四角各有一草叶纹，边框处有一周联珠纹，覆瓣莲花纹砖。1978 年洛阳建筑机械厂住宅区（北区）唐代大型宫殿基址出土的地砖遗存标本，边长 38cm，正面中部大莲花由中部的莲蓬和莲蓬周围的莲瓣组成。莲蓬内的莲子数量及排列形式与覆瓣莲花纹砖同型；莲蓬外绕内外二圈莲瓣，外圈莲瓣为双瓣，内圈莲瓣为单瓣，莲花的外围有四条相同的蔓草纹，砖面的四角各有一草叶纹，边框处有一周联珠纹，应为双瓣莲花纹砖。据《唐会要》，武德四年李世民平王世充、毁东都后，唐高宗显庆二年（657）开始大规模重修洛阳，至麟德二年（665）建成②，故这些地砖的制作年代约为 7 世纪中叶（图 5-4-6 A）。

A

B

图 5-4-6　A. 唐代双瓣莲花纹砖　B. 唐代大明宫太液池遗址出土的莲纹砖

A引自中国国家博物馆. 文物中国史・隋唐时代［M］. 太原：山西教育出版社，2003：49；B引自李尚志. 荷文化与中国园林［M］. 武汉：华中科技大学出版社，2013：66.

将唐代洛阳城遗址出土的莲花纹砖与日本九州大宰府遗址出土的莲花纹砖作

① 韦娜，宛方. 日本九州大宰府出大莲花纹砖浅析［J］. 中原文物，2005（2）：71–74.

② 同上。

比较，可知二者的质地、制法、功能相同，皆以莲花为主体花纹，且外绕蔓草纹和联珠纹。这表明在 7 世纪前后，中国和日本有着密切的文化交流，而日本在吸收他国文化的同时，又保持着本民族文化特征。[①]

五代 从各地出土的五代时期的建筑构件分析，在零星发现的莲花砖遗存中，五代莲花砖上的莲纹有了明显变化。比较前朝，其莲瓣呈长方形，周边及中心均饰以缠枝纹样（图 5–4–7）。

图 5-4-7　五代敦煌联珠复瓣莲纹砖　图 5-4-8　宋代敦煌画像砖八瓣莲花云头图案

引自龙宝章. 中国莲花图案［M］. 北京：中国轻工业出版社，1989：62，27.

宋代 宋代莲花砖的纹饰发生了一些变化，如南北朝到唐代的莲花纹常饰以仰覆莲花，到宋代莲花纹开始变为辅助纹饰。甘肃合水曾发现八座宋代墓葬，1984 年 10 月北京大学考古系研究人员对该墓葬的花砖等遗存物进行了测绘、拓片和拍照。[②] 在这八座青砖墓中，花纹雕刻砖的图案都有奔鹿、海石榴、莲花、牡丹等纹样，反映了莲纹在宋代建筑构件上仍是流行的纹样（图 5–4–8）。

西夏 西夏时期的莫高窟、榆林窟壁画经变图中，大量描绘了西夏佛殿建筑造型，如榆林窟第 3 窟中佛殿建筑所用的砖雕上绘有不同的莲纹图案。这些砖雕上不同的莲纹图案，反映的是佛教的理想和幻想，也以西夏现实生活中的建筑样式为范本（图 5–4–9）。

① 韦娜，宛方. 日本九州大宰府出大莲花纹砖浅析［J］. 中原文物，2005（2）：71–74.

② 张存良，贾延廉，李永清. 甘肃合水唐魏哲墓发掘简报［J］. 考古与文物，2012（4）：48–54.

图 5-4-9　A. 西夏敦煌画像砖莲纹图案　B. 西夏敦煌画像砖桃心十二瓣莲纹图案

引自龙宝章. 中国莲花图案[M]. 北京：中国轻工业出版社，1989：64.

（三）莲纹瓦当

隋代　莲饰应用瓦当始于先秦时期，到了隋代莲纹瓦当应用普遍，但基本保持前朝莲纹瓦当的样式，莲花纹已成为瓦当上最常见的一种纹饰。隋代早期的莲花瓣突起，呈双瓣；晚期渐低平，多为单瓣。隋文帝陵园出土了一批莲纹瓦当（图 5-4-10），此外还能看到莲花状的方砖，方砖中央是浮雕的莲花图案，角边饰以蔓草，四周刻着联珠纹，美观大方。

2013 年，河北内丘出土了一件瓦当范。它泥质灰陶，外形略呈扇形，整个莲瓣上下有凸棱。下阴刻圆形莲花图案，分四区：瓦当范边轮，素面呈一圈宽带状；当面为一圈九朵莲瓣，莲瓣基部略高于花瓣端部，用丁形饰隔开；边轮和当面之间为一圈阴刻联珠纹；当心为圆形莲蓬，内阴刻七个圆形莲子。莲瓣宽肥、圆润、饱满，莲瓣与莲瓣之间有凹陷，中间用棱线界开，莲瓣形状相同。整个莲花纹图案显得朴素、大方，雕刻精美，深浅得当，线条匀称，比例适中①。此瓦当模具伴随出土的青釉碗残片、白釉碗残件，均具有典型的邢窑隋代器物特征，故推测出土瓦当模具年代当为隋代（图 5-4-11）。

① 贾城会，巨建强. 河北内丘城区出土隋代莲花纹瓦当范[OL]. http://www.sxcr.gov.cn/index.

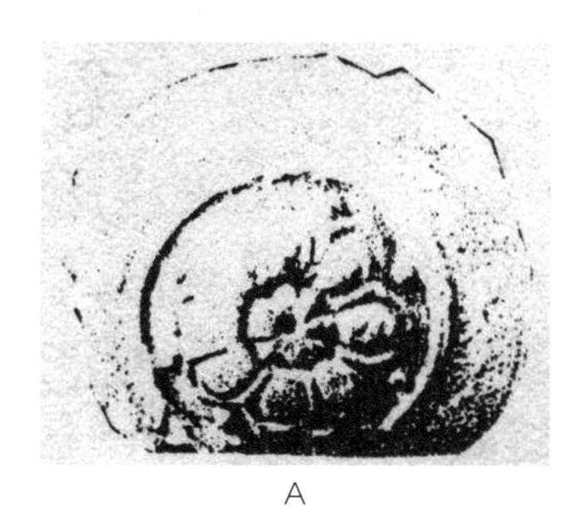

A

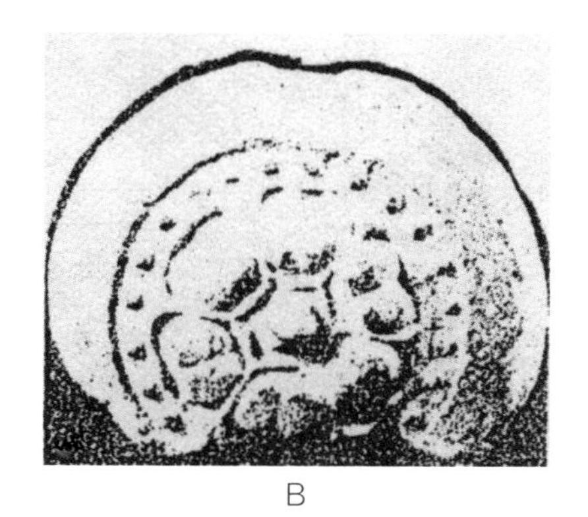

B

图 5-4-10　A. 隋文帝陵园出土的莲纹瓦当之一　B. 隋文帝陵园出土的莲纹瓦当之二

引自李梅. 中原地区莲花纹瓦当分类型与分期[J]. 文物春秋，2002(2)：32.

图 5-4-11　河北内丘出土的隋代莲花瓦当范

引自山西省文物局官网[OL]. http://wwj.shanxi.gov.cn/.

唐代　到唐代，莲纹瓦当发展相当成熟，其构图主要分为三层：内重象征花蕊，有莲蓬状、宝珠状、同心圆状、柿蒂状等；中层是莲瓣，为主题纹饰，可分为复瓣和单瓣；外层附饰，有突棱纹和联珠纹两种（图 5-4-12）。1992 年在洛阳东郊热电厂考古发掘过程中，采集到瓦当范七件，其中六件为莲花纹瓦当范，而六件莲花纹瓦当范均作口形筒状（图 5-4-13）。[①]

唐代民族交流频繁。南诏政权曾多次派子弟到今四川成都学习，邀请汉人到南诏传授学业，大量汉族农民和工匠进入南诏，南诏境内“城池郭邑，皆如汉制”，不少建筑都是汉族工匠参与所建。在今云南大理北七公里太和村西南诏国前期都城遗址出土的莲花纹瓦当，与唐长安城兴庆宫遗址出土的完全相同。

① 刘富良. 洛阳东郊发现唐代瓦当范[J]. 文物，1995(8)：61-63.

A

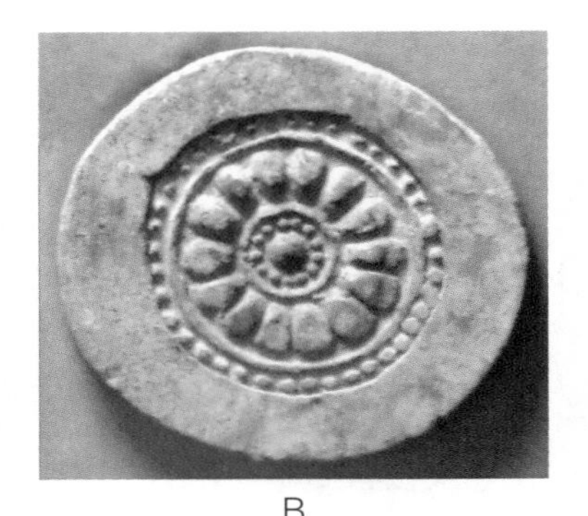
B

图 5-4-12 A. 唐代十八瓣莲纹瓦当 B. 唐代十四瓣莲纹瓦当

引自中国国家博物馆. 文物中国史・隋唐时代[M]. 太原：山西教育出版社，2003：60.

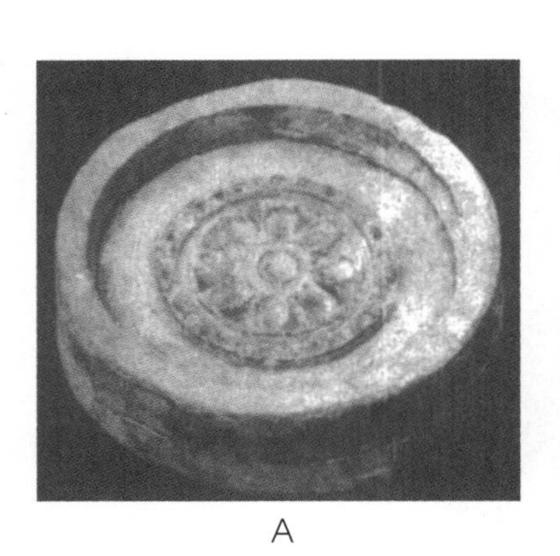
A

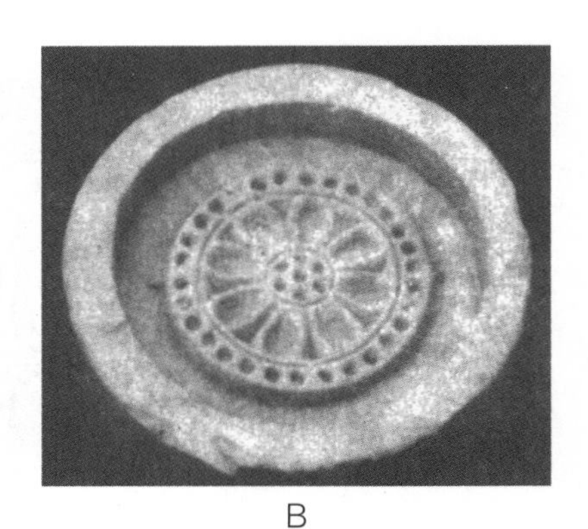
B

图 5-4-13 A. 唐代Ⅱ型Ⅰ式莲纹瓦当范 B. 唐代Ⅰ型Ⅱ式莲纹瓦当范

引自洛阳市文物工作队. 洛阳东郊发现唐代瓦当范[J]. 文物，1995(8)：62.

五代 五代和宋初，莲纹有了明显变化，莲瓣呈长方形，周边及中心均饰以缠枝纹样。2010 年考古勘探南唐二陵（钦陵和顺陵）时，曾有一批各类灰陶板瓦、筒瓦、莲花纹瓦当、滴水、鸱吻等文物遗存出土，但目前未见实物图片。

宋代 宋代早期莲瓣纹变成长条状，与菊花纹相类似。宋时瓦当纹饰大致分为动物与莲纹两种，莲花纹应用于瓦当，出现在六朝和隋唐时期，那时的莲瓣纹饰多受佛教的影响，规整庄重。而宋代的瓦当莲纹打破陈规，以并蒂莲花、莲实、莲叶、扎带构成一束莲花，模印而成。纹饰清晰，构图饱满，多而不繁。在遗址上出土的瓦当可分宝相莲花纹和普通莲花纹两类（图 5-4-14）。① 此外，与北宋同期的辽朝，其建筑瓦当也基本上沿袭着五代、北宋时期的莲瓣纹样，且大多应

① 于孟洲，李映福，姚军. 重庆云阳县明月坝唐宋寺庙遗址发掘简报[J]. 文物，2006(1)：30-44.

用于佛教寺庙建筑。如黑龙江宁安县出土的辽代莲瓣纹瓦当（图 5–4–15）。

A　　B

图 5-4-14　A. 重庆云阳县宋代寺庙遗址出土宝相莲纹瓦当
B. 重庆云阳县宋代寺庙遗址出土莲瓣纹瓦当

引自于孟州，李映福，姚军. 重庆云阳县明月坝唐宋寺庙遗址发掘简报[J]. 文物，2006(1)：39.

A　　B

图 5-4-15　A. 辽代莲瓣纹瓦当　B. 辽代莲瓣纹瓦当

引自龙宝章. 中国莲花图案[M]. 北京：中国轻工业出版社，1989：64.

（四）塔、亭上的莲纹及其他建筑构件

这一时期寺庙建筑里的寺塔及其建筑构件多饰以莲花瓣纹，如隋代北响堂山浮雕塔、隋代栖霞寺塔，唐代山西平顺县紫峰山明惠大师塔、唐代五台山佛光寺经幢、唐代渤海石灯塔（图 5–4–16、图 5–4–17）。北宋赵州陀罗尼经幢属砖石结构，塔基为一圆形的须弥座，周长 42.6m，在塔基上面建有由大小九座塔组成的塔群。主塔的基座直径 3.9m，高 12.9m，围绕主塔的八座小塔高 9.1m，为多层圆形盒状体叠压而成的塔身，层与层之间有环形仰莲浮雕，塔刹是喇叭形的莲瓣立雕。每座小塔的塔座都有一个屋脊外延的佛龛，里面安放着一尊佛像，内壁则排列着整齐的佛像浮雕（图 5–4–18）。这一建筑风格，似乎对始建于 18 世纪、

位于今云南西双版纳的曼飞龙佛塔有一定影响（图 5-4-19）。

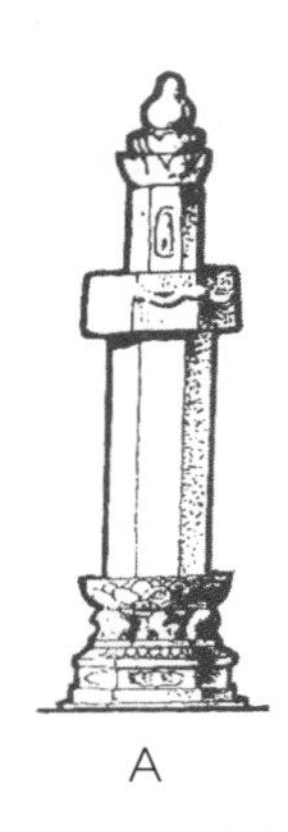

A

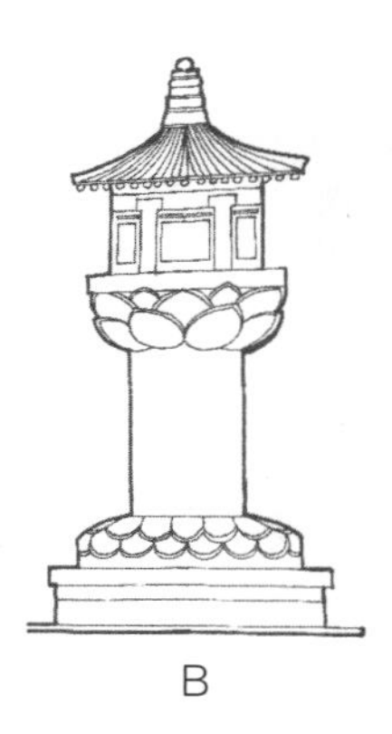

B

图 5-4-16　A. 隋代栖霞寺塔的莲瓣纹饰　B. 唐代渤海石灯塔仰覆莲瓣纹饰

引自龙宝章. 中国莲花图案［M］. 北京：中国轻工业出版社，1989：175、122.

A

B

图 5-4-17　A. 西安大明宫遗址出土的唐代莲花座望柱　B. 杭州三台山出土的五代莲瓣石托座

A引自李尚志. 荷文化与中国园林［M］. 武汉：华中科技大学出版社，2013：66；B引自浙江省文物考古所. 杭州三台山五代墓［J］. 文物，1984（11）：1047.

图 5-4-18　宋代尊胜陀罗尼经幢上有莲瓣纹　图 5-4-19　云南西双版纳曼飞龙佛塔饰以莲瓣纹

图5-4-18引自龙宝章. 中国莲花图案［M］. 北京：中国轻工业出版社，1989：315；图5-4-19李尚志摄.

（五）朝鲜、日本等国的建筑莲饰

这一时期朝鲜、日本纷纷派遣使者前往中国朝拜取经。位于韩国庆尚北道庆州市的佛国寺释迦塔始建于 8 世纪，饰有多层莲瓣，此塔高 8.2m，洁白素雅，庄严肃穆。此外，庆尚北道庆州皇龙寺遗址出土有莲花纹鬼瓦[①]（图 5-4-20 B、图 5-4-21）。

日本九州与朝鲜半岛和中国隔海相望，九州大宰府遗址曾出土 7 世纪末期的莲花纹砖，该莲纹砖用于砌墙壁。砖为泥质，平面呈长方形，长 0.32cm，宽

A

B

图 5-4-20　A. 日本九州大宰府出土的莲花纹砖拓片　B. 韩国出土的 8 世纪莲纹鬼瓦

A引自韦娜，宛方. 日本九州大宰府出土莲花纹砖浅析［J］. 中原文物，2005（2）：72；B引自吴焯. 朝鲜半岛美术［M］. 北京：中国人民大学出版社，2010：115.

图 5-4-21　韩国佛国寺释迦塔上端饰以莲瓣纹

图 5-4-22　日本江户时代寺庙建筑的瓦当饰以莲瓣纹

图5-4-21引自吴焯. 朝鲜半岛美术［M］. 北京：中国人民大学出版社，2010：114；图5-4-22引自Mark Griffiths. The Lotus Quest In Search Of The Sacred Flower［M］. New York: St. Martin's Press, 2010：211.

① 吴焯. 朝鲜半岛美术［M］. 北京：中国人民大学出版社. 2010：114-115.

0.28cm，正面及侧面均有莲瓣花纹（图 5-4-20 A）。正面主体花纹是一朵盛开的莲花，莲花由花心处的圆形莲蓬和莲蓬外围的莲瓣组成。莲蓬内有八个圆形莲子，中有钉孔，莲瓣为双瓣，莲蓬与莲瓣之间有隐约可辨的平行线装饰。莲花的外围有蔓草纹，蔓草为弯弯曲曲的长藤，藤条上分布着大大小小的叶片和花朵，这些叶片和花朵呈对称分布。砖面四角各一花穗，边框上有一周联珠纹。砖面上又绘有水波纹，莲花与蔓草就像漂浮于水面之上。此莲纹砖与大唐宫廷莲纹砖十分相似，反映了当时日本对唐文化的吸收、借鉴和融会[①]。日本江户时代松岛寺庙建筑上的瓦当也有饰以莲瓣纹的情况（图 5-4-22、图 5-4-23）。[②]

图 5-4-23　日本江户时代的莲瓣纹瓦当

引自Mark Griffiths. The Lotus Quest In Search Of The Sacred Flower [M]. New York: St. Martin's Press, 2010: 211.

二、陶瓷莲饰文化

古代瓷器上的莲花装饰纹样，在这一时期有不同程度的发展，除了沿袭前朝运用贴花、刻花、划花、堆塑外，又进一步创新和发展了随形成器、彩绘、印花、镂花等技法。这些新技法和工艺使得陶瓷上的莲瓣纹表现得更加丰富多彩。

随形成器　唐时出现的青釉莲叶托盏，属随形成器类工艺作品。随形成器以手捏或模制的方式，巧妙利用动物或植物等原形，把瓷土塑成实用或观赏器物。如莲叶形笔洗、莲蓬形香薰等就是按莲花、莲叶的模样塑造器物而成。这种技法

① 韦娜，宛方. 日本九州大宰府出土莲花纹砖浅析 [J]. 中原文物，2005 (2)：71-74.

② Mark Griffiths. The Lotus Quest In Search Of The Sacred Flower [M]. New York: St. Martin's Press. 2010: 211.

和工艺到五代、宋、金时得到延续和发展，不少佳作留存至今（图 5-4-24）。

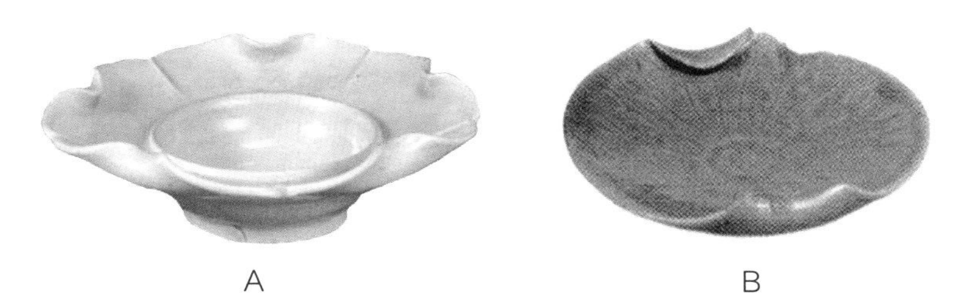

A　　B

图 5-4-24　A. 唐代白釉莲叶盏托　B. 北宋白釉莲叶盏托

引自鲁方. 中国出土瓷器莲纹研究［D］. 广州：暨南大学，2012：15.

彩绘　彩绘指用毛笔蘸各种颜料在陶瓷器上描绘纹饰或书写文字。凡出现莲花、莲瓣、莲蓬纹样的彩绘图样均属于莲纹彩绘。莲纹彩绘按莲纹的重要性分两种情况，一是莲纹作为主体纹样，二是莲纹作为辅助纹样，或边饰，或衬景（图 5-4-25、图 5-4-26）。彩绘始于新石器时代，汉、唐时期有了较大的发展，而元、明、清时最为盛行。

A　　B

图 5-4-25　A. 唐代白釉莲叶盏托　B. 北宋白釉莲叶盏托

引自马红艳. 荷韵：画说荷花［D］. 青岛：青岛科技大学，2016：15.

图 5-4-26　唐代黄釉褐绿彩莲纹双耳壶

引自百桥明穗. 世界美术大全集. · 东洋编4［M］. 东京：小学馆，1998：255.

印花　印花指用有凹凸纹样的印具（多为陶质、瓷质）在半干的器物坯体表面拍印纹样，或用有凹凸纹样的模子制坯，直接制出有纹坯体，然后入窑或施釉入窑焙烧。印花技法出现时间很早（早至新石器时代陶器印花），至隋唐时期有了较大发展，宋代达到高峰，以定窑印花盘为代表。莲纹印花，以莲花、莲叶、莲蓬为印模图案或部分图案，其形式多样（图 5–4–27、图 5–4–28 A）。

考古工作者在河北曲阳、井陉，河南鹤壁，江西吉州等窑址发现了一批带莲纹装饰的金代印模。印模（即印花模具）是印花瓷器纹样母版。模具可重复使用，陶质或瓷质，素胎。与成器相比，印模纹样具有清晰、完整的优点，是瓷器莲纹研究的珍贵实物证据（图 5–4–28 B、图 5–4–29）。

图 5-4-27　隋唐时期青瓷印花莲瓣高足盘

引自小川裕充，弓场纪知. 世界美术大全集・东洋编5［M］. 东京：小学馆，1998：301.

A　B

图 5-4-28　A. 金代青瓷印花莲钵（现藏于东京国立博物馆）
B. 南宋吉州出土的莲鱼纹印花盘模

A引自嶋田英诚. 世界美术大全集・东洋编6［M］. 东京：小学馆，1998；B引自鲁方. 中国出土瓷器莲纹研究［D］. 广州：暨南大学，2012：13.

A

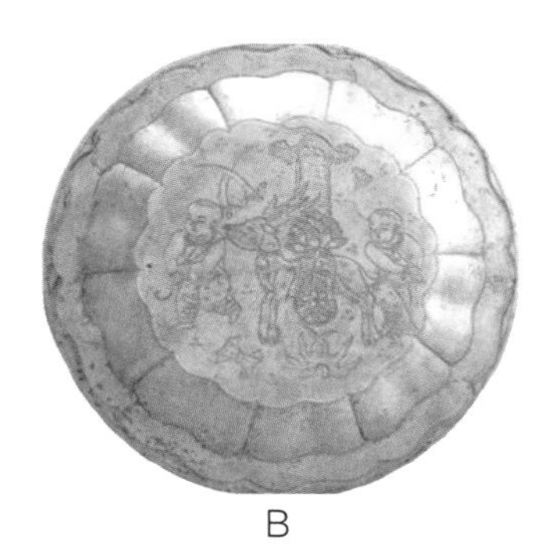
B

图 5-4-29　A. 金代井陉出土的莲纹印花盘模　B. 金代鹤壁出土的婴戏莲纹印花盘模

引自鲁方. 中国出土瓷器莲纹研究[D]. 广州：暨南大学，2012：13.

剔花　剔花分为两种，即留花剔地和留地剔花。留花剔地指在施过化妆土的坯体上划出纹饰，再把纹样以外地方的化妆土剔去，然后罩透明窑烧成，纹样凸起于地子；而留地剔花恰恰相反，把纹样内的化妆土剔去，使纹样整体下凹。剔花装饰的特点是纹样与地子颜色对比鲜明，纹样凸或凹于地子，具有浅浮雕效果。剔花装饰技法流行于宋辽金时期今河北、河南、山西等地的窑场，以磁州窑、当阳峪窑最为著名（图 5-4-30、图 5-4-31）。

图 5-4-30　北宋白釉剔花莲瓣纹壶

图 5-4-31　金代罩绿釉莲池水禽纹枕

图5-4-30，31引自鲁方. 中国出土瓷器莲纹研究[D]. 广州：暨南大学，2012：14.

（一）隋代陶器荷饰（或莲纹）

隋代南北方瓷业开始飞跃发展，窑场及其烧制的瓷器明显增多，各种花色、风格、样式的瓷器开始形成各竞风流的局面。隋代主要瓷窑有河南安阳窑、河北磁县窑、湖南湘阴窑、安徽淮南窑、四川邛崃窑及江西丰南窑等。隋瓷的主要器形有壶、罐、瓶、碗和高足盘等，其壶的基本特征是盘口、有颈，系耳都贴附在肩上，盘口较前代高，椭圆腹，系耳多作条状。高足盘在南北墓葬中均有出土，可见烧造量大，是隋瓷中较为典型的器物。

A

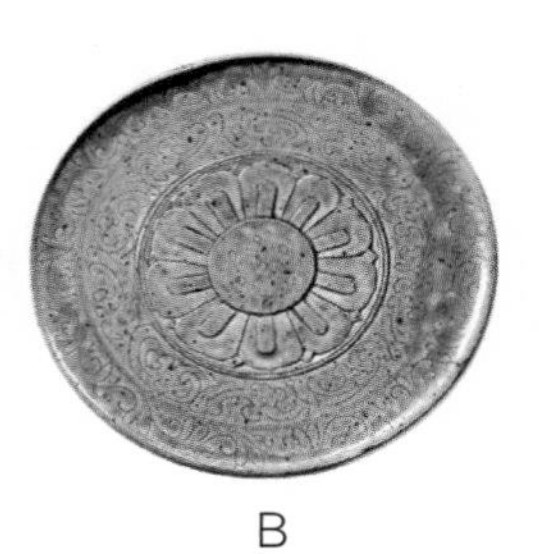
B

图 5-4-32　隋代青瓷刻花莲瓣纹环足盘及其盘面（现藏于日本黑川古文化研究所）

引自小川裕充，弓场纪知. 世界美术大全集·东洋编5［M］. 东京：小学馆，1998：248.

隋代青瓷花纹多种多样，除南北朝时期所盛行的莲花瓣纹外，多采用朵花、卷叶纹样，并巧妙地使之穿插、交替排列，组成不同的图案。一般是在瓶、罐之类的肩部和腹部，以朵花、卷叶纹排列成带状纹样，有的则在盘类器物的中心部位，用这些题材所组成的圆形图案为饰。

图 5-4-33　隋代青釉刻花碗

引自鲁方. 中国出土瓷器莲纹研究［D］. 广州：暨南大学，2012：24.

隋瓷装饰方法有印花、刻划花、贴花三类，以印花最为普遍。印花大都为朵花，印花模为圆戳式，刻划花也很流行，贴花较为少见。各种装饰方法配合使用，组成各种各样的花纹装饰及圆形图案，成为隋瓷装饰艺术的重要特征。如江苏邗江蒋王乡出土的灰白色陶胎罐，高 25.7cm，口径 11.4cm，直口，鼓腹，足部外撇，平底。肩部饰四个对称泥条竖，间以环绕联珠纹的圆形模印贴花，腹部刻划流云纹和莲瓣纹，现藏江苏省扬州博物馆（图 5–4–33）。还有现藏于日本黑川古文化研究所的隋代青瓷刻花莲瓣纹环足盘，以及 1989 年安徽合肥出土的隋代寿州窑六系青釉盘口壶、现藏于故宫博物院的隋代青釉划花莲瓣纹四系盘口瓶，上面的莲纹图案均运用了刻划花技法（图 5–4–32、图 5–4–34）。

A　　　　B

图 5-4-34　A. 隋代青釉六系盘口壶　B. 隋代青釉划花莲瓣纹四系盘口瓶

A引自鲁方,中国出土瓷器莲纹研究[D]. 广州:暨南大学,2012:24;B引自吕成龙. 你应该知道的200件古代瓷器[M]. 台北:艺术家出版社,2008:48.

(二)唐代陶器荷饰(或莲纹)

唐代陶瓷在隋代青瓷、白瓷成熟的基础上,进一步发展形成“南青北白”的局面。同时还烧制出成熟的黑、黄、花瓷,但最引人注目的还是创烧出中外闻名的唐三彩和釉下彩。此时有“南青北白”两大瓷窑系统,即南方以浙江越窑主要烧制青瓷为代表,北方以河北邢窑为代表主要烧制白瓷。南方除越窑外,还有浙江的瓯窑、婺窑,安徽的寿州窑,湖南岳州窑、长沙窑等,越窑青瓷代表了当时青瓷的最高水平;北方除邢窑外,还有河北曲阳窑,河南巩县窑、密县窑,山西浑源窑等,邢窑白瓷代表当时白瓷的最高水平。

无论青瓷还是白瓷,其器型大多为日常生活所需的碗、盘、壶、罐、瓶等。与唐代书法艺术普及相关,唐代亦多有瓷砚制作。唐代瓷砚常常镂孔圈足,砚面明显向上凸起。总之,唐代器型从总体上看,往往给人一种浑圆、丰满、稳重的感觉。

唐代以前,瓷器上的莲纹一直未能突破图案化、规格化的模式。而长沙铜官窑首创的釉下彩绘新技法,将绘画艺术引入瓷器装饰领域,完整的荷(莲)图案、水禽莲池图案开始以国画的形式出现在瓷器上。[①] 长沙铜官窑釉下彩绘的纹饰题材十分丰富,包括人物、动物、花草、云气、山水等,其中花卉题材所占比例最大,而花卉纹饰中又以褐绿彩绘的荷(莲)图案最多。铜官窑瓷器上的莲瓣饱满圆润,荷叶舒张自如,笔法流畅,形象生动。虽仅寥寥数笔,却尽得写意之妙。

① 穆青. 试论中国瓷器上的莲纹[J]. 文物春秋,1990(4):63-64.

这种新的装饰技法突破了以往刻划纹、印纹的局限，突破了多年来图案化模式的框框，使画面充满了勃勃生机。除了釉下彩绘外，铜官窑的釉下点彩也很有特色。铜官窑印花、划花瓷器中也有大量的莲花图案。扬州出土的黄釉褐蓝彩双系罐，以褐蓝相间的大小斑点组成联珠，配置成云头和莲花图案，构思新颖，别具风格。尽管受到北方白瓷的挑战，青瓷在唐代仍占主要地位（图 5-4-35、图 5-4-36、图 5-4-37、图 5-4-38、图 5-4-39）。

A　　B　　C

图 5-4-35　A. 唐代青釉莲纹凤首龙柄壶　B. 唐代青瓷刻花莲瓣龙把鸡首瓶
C. 唐代三彩贴花莲瓣凤首瓶

A引自王庭玫. 你应该知道的200件古代瓷器[M]. 台北：艺术家出版社，2008：54；B，C引自小川裕充，弓场纪知. 世界美术大全集 • 东洋编5[M]. 东京：小学馆，1998：251、269.

A　　B　　C

图 5-4-36　A. 唐代青瓷刻花莲瓣文瓶　B. 唐代白瓷贴花莲瓣高足钵
C. 唐代绿釉莲瓣蟠龙博山炉

A引自何政广. 古代瓷器大全[M]. 台北：艺术家出版社，1989：448；B，C引自小川裕充，弓场纪知. 世界美术大全集 • 东洋编5[M]. 东京：小学馆，1998：262、338.

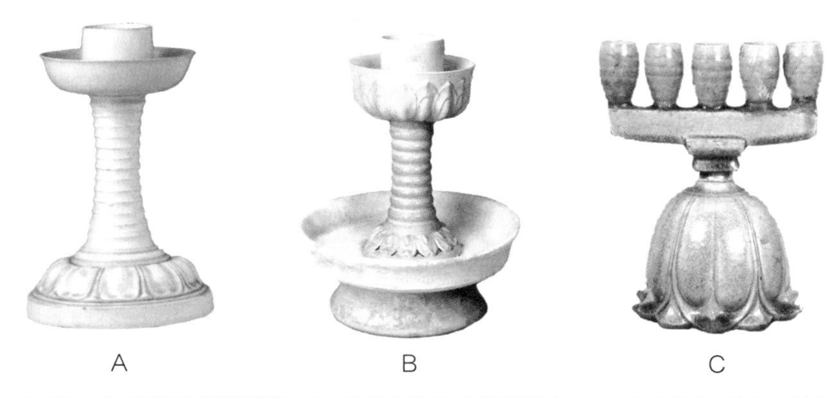

A B C

图 5-4-37　A. 唐代白瓷莲瓣灯　B. 唐代白瓷贴花莲瓣烛台　C. 唐代绿釉莲瓣蟠龙博山炉

A引自中国国家博物馆. 文物中国 • 隋唐时代[M]. 香港: 中华书局(香港)有限公司, 2004: 101; B, C引自小川裕充, 弓场纪知. 世界美术大全集 • 东洋编5[M]. 东京: 小学馆, 1998: 262、301.

图 5-4-38　唐代青釉莲叶托盏

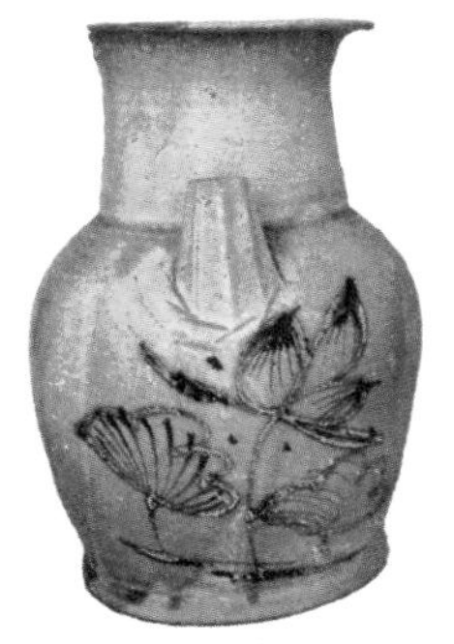

图 5-4-39　唐代青釉莲花瓜形壶

图5-4-38引自鲁方. 中国出土瓷器莲纹研究[D]. 暨南大学, 2012: 28; 图5-4-39引自郎绍君, 刘树杞, 周茂生. 中国造型艺术辞典[M]. 北京: 中国青年出版社, 1996: 123.

唐代白瓷中也有不少装饰莲纹的上乘之作。西安东郊唐代段伯阳墓出土的白釉贴花高足钵，下腹堆贴圆肥的仰状莲瓣，喇叭状高足上贴覆状莲瓣，器腹装饰三组具有波斯风格的贴花图案，气势宏伟，装饰富丽。河南陕县出土的白瓷灯，底座塑成莲花柱础形，构思巧妙，造型规整。塔形罐是唐墓中常见的器物，罐下腹一般均装饰一层或几层仰状莲瓣，如河北蔚县榆涧唐墓出土的绿铅釉塔形罐、西安中堡村唐墓出土的三彩塔形罐等。

（三）五代陶器荷饰（或莲纹）

五代时期，莲花纹在建筑、陶瓷上的装饰出现了一些变化。隋唐时的莲花瓣突起，且是双瓣，晚期的渐低平，多为单瓣。到五代宋初，莲瓣纹就变成长条状，与菊花颇为相似。尽管受到北方白瓷的挑战，青瓷在唐代仍占主要地位。此时越窑代表着青瓷的最高水平。唐、五代越窑大量使用莲瓣作为纹饰[①]。

五代时期生产陶瓷的主要瓷窑有越窑、耀州窑和定窑，其主要瓷种为青瓷和白瓷。越窑位于五代吴越国（今浙江上虞、余姚、慈溪、宁波等地），代表了青瓷的最高水平，尤其是秘色瓷具有极高价值。釉色前期以黄为主，后期以青为主。装饰初期以素面为主，后期堆贴尤其是刻花大为盛行，题材多为人物、山水、花鸟、走兽，莲瓣装饰形式多种多样，艺术风格亦丰富多彩。1974 年浙江宁波出土的越窑青瓷带托碗，其碗高 4.5cm、口径 11.7cm、托高 3.5cm，碗身做成莲花形状，碗托边沿呈微卷的荷叶形，胎灰白，坚致，青釉莹润；一花一叶，相映成趣，既美观又实用。1956 年苏州虎丘塔出土的五代秘色莲花碗，外壁刻三层宽厚的仰莲，盅托内沿和足面分别刻双层仰莲和覆莲，浮雕技法使莲瓣微微凸起，具有很强的立体感（图 5-4-40）。越窑精美的莲纹对后代有很大影响，北宋初期许多名窑都仿烧过越窑风格的刻莲瓣纹瓷器。

A

B

图 5-4-40　A. 五代秘色莲花碗　B. 五代越窑青釉荷叶形碗

A引自小川裕充，弓场纪知. 世界美术大全集·东洋编5［M］. 东京：小学馆，1998：174；B李尚志摄于扬州博物馆.

（四）宋代陶器荷饰（或莲纹）

宋、辽、金在我国陶瓷发展史上，占有非常重要的地位。南北名窑涌现，官民窑竞相发展，无论是瓷器釉色品种，还是瓷器装饰题材，在这一时期都空前繁荣。在装饰花卉图案中，牡丹后来居上，作为主题花卉纹饰开始超过莲花。莲瓣纹尽管在北宋早期仍占有一席之地，但后来随着荷塘风光、莲池水禽、婴戏莲花

① 穆青. 试论中国瓷器上的莲纹［J］. 文物春秋，1990（4）：64.

等富有民间生活气息图案的大量涌现，逐渐失去往日装饰领域中的显赫地位[1]。

定窑 定窑是宋代五大名窑之一。北宋早期，定窑的装饰技法以刻划花为主。1969年在定县北宋塔基出土的一百多件定瓷，绝大部分是定窑早期产品。其中高达65.5cm的龙首净瓶，堪称宋代莲纹层次最多、最精美的作品。净瓶从顶到底部装饰着五组莲瓣纹，自上而下分别为单层、双层、三层、四层，上三组则采用了刻划手法，下两组采用浮雕手法，刀法犀利，立体感很强。从宋、辽早期墓葬出土的定瓷看，刻划花中的莲瓣纹是这一时期的主要装饰手段。北宋后期定窑刻划花和印花装饰达到成熟地步（图5–4–41）。

A　　B　　C

图5-4-41　A. 北宋定窑白瓷刻花莲瓣长颈瓶　B. 北宋定窑白瓷莲瓣瓢形水注
C. 北宋定窑白瓷莲瓣盖壶

引自小川裕充，弓场纪知. 世界美术大全集・东洋编5［M］. 东京：小学馆，998：198、226.

磁州窑 磁州窑是北方著名民间窑，产品种类繁多，具有浓郁的乡土气息和民间色彩。在观台镇窑址碎片中，划花的盘碗量最多。纹饰均在器里，刻划深刻，线条明快流利，纹样的空隙部分多用篦状工具划出细密的线条，题材以荷叶莲花为多。刻划技法熟练，构图随意性很强，莲瓣及荷叶往往自由地越出边框。这种不拘一格的作风，充分体现出北方民窑粗犷豪放的特征（图5–4–42）。

① 瓷器莲纹装饰的发展特征［OL］. http://news.cang.com/info/254581_1.html.

A

B

图 5-4-42　A. 北宋磁州窑牡丹莲瓣水注　B. 金代磁州窑铁绘束莲瓶

A引自小川裕充，弓场纪知. 世界美术大全集 · 东洋编5［M］. 东京：小学馆，1998：231；B引自［日］东洋. 世界美术大全集 · 南宋［M］. 东京：小学馆，1998：267.

耀州窑　耀州窑在北宋初期主要烧制越窑风格的青瓷，盘碗外壁多采用浮雕技法装饰双层莲瓣纹。中期以后刻、印花工艺日趋成熟，有时在一件器物上兼用刻花、划花、印花等几种手法，艺术效果十分完美。刻花青瓷以莲纹最为常见，刀法宽阔有力，线条粗放。印花瓷器除单纯的莲荷图案外，还有水禽莲荷、婴孩戏莲等，其中把莲纹最有特色。1972 年甘肃华池县出土的耀州窑荷叶盖碗是一件器形与纹饰巧妙结合的佳作。盖碗口沿制有六个向下卷曲缺口，如同荷叶一般。碗盖状如荷叶，边沿有六个向上卷曲的缺口。上下缺口互相吻合，造型精巧，新颖别致。宋代耀州窑烧制的青釉刻花瓶，高 19.9cm，口径 6.9cm，足径 7.8cm；花瓶通体施青釉，肩部有三道凸弦纹，腹部为缠枝牡丹纹，胫部为双重仰莲瓣纹。所刻花纹刀锋犀利洒脱，具有浅浮雕的艺术效果，水准居宋代各窑之冠，堪称宋代耀州窑刻花青瓷的代表作（图 5-4-43 A）。①

越窑　越窑创建于东汉时期，历经三国、两晋、南北朝、隋朝、五代，直至宋代，延续千余年，是南方青瓷的重要产地。越窑青瓷装饰初期以素面为主，后期则以堆贴为主，刻花尤为盛行，题材多为人物、山水、束莲、走兽等。艺术形式多种多样，艺术风格丰富多彩。越窑青瓷以胎质细腻、造型典雅、青釉莹润、质如碧玉而著称于世，直到宋时越窑才逐渐衰落（图 5-4-43 B、C）。

汝窑　汝窑原为民窑，产品风格近似陕西铜川耀州窑，北宋晚期开始为宫廷烧造高档瓷器。宋徽宗时期是汝窑烧造史上的全盛时期，其产品胎质细腻，灰中

① 王庭玫. 你应该知道的200件古代瓷器［M］. 台北：艺术家出版社，2008：84.

A

B

C

图 5-4-43　A. 北宋耀州窑青釉刻花缠枝牡丹莲瓣纹瓶　B. 北宋越窑青瓷刻花莲瓣鸟盖瓶　C. 北宋越窑青瓷刻花莲瓣瓶

A引自王庭玫. 你应该知道的200件古代瓷器［M］. 台北：艺术家出版社，2008：84；B、C引自小川裕充，弓场纪知. 世界美术大全集・东洋编5［M］. 东京：小学馆，1998：234.

泛黄，俗称“香灰黄”，汝瓷釉面有细微的开片，釉下有稀疏气泡。汝窑青瓷釉色淡青高雅，造型讲究，不以纹饰为重。徽宗赵佶信奉道教，道学崇尚自然含蓄、淡泊质朴的审美观。这一时期的汝窑瓷器正是这种审美情趣的反映。

龙泉窑　龙泉青瓷是继浙江的越窑、瓯窑之后兴起的青瓷体系，装饰技法以刻划为主。早期产品与瓯、越两窑有相似之处，尚未形成独自风格。北宋中期后，刻划花逐渐由纤细娟秀向繁密发展，器物外壁常饰以一种带叶脉纹的莲瓣。南宋是龙泉刻花青瓷的全盛期，此时瓷窑也有大量装饰莲纹的优秀作品。如越窑烧制的青瓷仰覆莲花盒、福建烧制的青白瓷浮雕莲瓣炉，均是以莲花为装饰题材的精美工艺品。

景德镇窑　景德镇瓷窑在唐代已烧白瓷，其时景德镇名新平，又名昌南镇。北宋初年，向京师进贡白瓷，景德年间宋真宗赏识贡瓷，改镇名为景德镇，并设置监镇，由官监民烧，创烧出影青瓷。景德镇瓷窑初期的产品有碗、盘、壶等，薄沿、深腹、厚底、高圈足。胎洁白细密，釉色白中稍泛黄，装饰以素面居多，仅少量器外有刻划纹，有的内底有印花或文字[①]。北宋中期除碗、盘外，盒、壶、罐等增多，出现覆烧芒口器，釉为青白色的影青釉，薄处泛白，厚处呈青绿色，光泽透明。碗的形制多斜腹、薄壁、厚沿、厚底、小低圈足，装饰以刻划花为主，采用一边深、一边浅的“半刀泥”刻花法，刻线流利。在壶、罐类器肩部有莲花、牡丹、菊花、飞凤、水波等印花纹样。北宋晚期至南宋器形品种多样，多直口弧

① 吴红云. 试从美学风格看蒋祈《陶记》的著作时代［J］. 安徽文学，2010(7)：140—141.

壁或撇口斜壁的芒口碗，碗口、腹壁胎皆薄，仍以影青釉为主。装饰多为印花，题材更丰富，有花草虫鸟、人物、动物，造型极生动（图 5-4-44）。

A

B

图 5-4-44　A. 北宋景德镇窑青白瓷莲瓣水禽香炉　B. 北宋景德镇窑青白瓷莲花钵

引自小川裕充，弓场纪知. 世界美术大全集・东洋编5［M］. 东京：小学馆，1998：191、192.

自东晋瓷器上出现莲瓣纹以来，历经数百年的发展变化，到宋代已完全脱离了宗教的影响，成为优美的纯装饰性题材。由于唐宋以来推崇牡丹，莲花已逐渐失掉其传统的优势地位，但深受人们喜爱的莲纹，仍是宋代各大窑系中普遍使用的题材。

三、漆器莲饰文化

在继承魏晋南北朝相关技艺的基础上，隋代漆器制作发展成为一门专门的工艺。其漆器装饰事业上取得一定的成就，虽未能形成本朝独特的风格，却为唐代漆器事业的发展起了铺垫作用。

唐代漆器装饰在继承前代的基础上，出现了新的艺术风貌和审美情趣，花草鸟蝶成为主要的装饰题材。这些装饰纹样随着文化的发展，充实寓意内涵，被赋予拟人化的性格，如鸳鸯、鸾凤、比翼鸟、连理枝、并蒂莲等都带有情侣爱偶的意味，象征着人间的爱情幸福。其中以花草纹缠枝纹和宝相花最具代表性。缠枝纹的植物形象盘根错节，连绵不断，洋溢着无穷的生机。宝相花是佛教艺术中一种特有的、象征性的花，由莲花、牡丹等花草组合而成，兴起于北魏而盛于唐，象征清净、纯洁、庄严、伟大之意。其图案是以莲花形象为基本形状加以变化而成，集众花之美，是我国独有的一种纹样。

宋代之于漆器是承前启后的时代。元人孔克齐《至正直记》云："故宋坚好剔红、堆红等小柈香金箸瓶，或有以金柈底而后加漆者，今世尚存，重者是也。或银，或铜，或锡。"[①] 明人曹昭《格古要论》云："宋朝内府中物，多是金银作素（内胎）者。"[②] 宋代的雕红漆器重量相对较重，因为其胎多为金、银等贵重金属制造。宋代的雕红漆器雕法精湛，令明清两代学者、收藏家赞美不已。明人高濂《燕闲清赏笺》叙及："宋人雕红漆器如宫中用盒，多以金银为胎，以朱漆厚堆，至数十层，始刻人物楼台花草等像。刀法之工，雕镂之巧，俨若画图。"[③] 清人谢堃《金玉琐碎》："宋有雕漆盘盒等物，刀入三层，书画极工。竟有以黄金为胎者，盖大内物也。民间有银胎、灰胎，亦无不精妙。"[④]

北宋时期六瓣荷花形漆碗，木胎，碗外髹黑漆，碗内赭色漆，朴实而不失雅致[⑤]（图 5-4-45 A）。江苏武进村前乡 5 号宋墓出土的南宋中期园林仕女图戗金莲瓣形朱漆奁，造型奇特，横平面呈莲瓣形，上下一贯，规整而富有变化；盖与底仿佛莲花托，盖面与底面、其立墙之间的斜面呈自然弧度。通体髹朱漆为地，朱地上戗金纹饰[⑥]（图 5-4-45 B）。

A

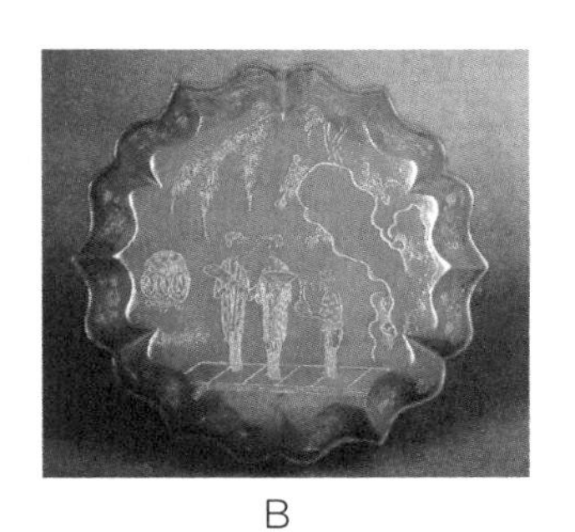
B

图 5-4-45　A. 北宋荷花形漆碗　B. 南宋园林仕女图戗金莲瓣形朱漆奁

A引自李盛东. 中国漆器收藏与鉴赏全书·下[M]. 天津：天津古籍出版社，2007：51；B引自郎绍君，刘树杞，周茂生. 中国造型艺术辞典[M]. 北京：中国青年出版社，1996：687.

① 孔克齐. 至正直记[OL]. 殆知阁http://www.daizhige.org/史藏/志存记录/至正直记-10.html.

② 曹昭. 格古要论[OL]. 殆知阁http://www.daizhige.org/艺藏/综合/格古要论-3.html.

③ 高濂. 燕闲清赏笺[OL]. 殆知阁http://www.daizhige.org/医藏/遵生八笺-45.html.

④ 孙卫华. 盛世剔红"高大上"[N]. 扬州晚报·绿杨风，2014-04-12.

⑤ 李盛东. 中国漆器收藏与鉴赏全书·下[M]. 天津：天津古籍出版社，2007：51.

⑥ 郎绍君，刘树杞，周茂生. 中国造型艺术辞典[M]. 北京：中国青年出版社，1996：701-708.

四、金银铜器莲饰文化

隋唐时期的金银器大多出土于因战乱而埋于地下的窖藏，墓葬、佛塔、地宫也有零星的发现，出土地点主要集中在今陕西、内蒙古、辽宁、甘肃、江苏、浙江等省区，尤其以陕西西安隋唐都城长安故址附近出土较多。据不完全统计，迄今为止，全国共出土各类唐代金银器一千多件，其中陕西西安南郊何家村唐代窖藏共出土金银器皿 270 件；江苏丹徒丁卯桥附近唐代窖藏出土银器更多达 950 件。按唐代金银器的用途，可分为碗、盘等食器，杯、壶、羽觞、茶托等饮器，罐、匜、盆等容器；铛、盒、锅等药具，熏球、熏炉、方箱、棺椁、渣斗、合页、筹筒等杂器。这些器物的造型和装饰各有其鲜明的时代特征。隋代开皇十三年（593）铜造阿弥陀诸尊像，高 76.5cm，佛座饰有双层莲瓣，现藏于日本ポストン美术馆（图 5–4–46）。①

图 5–4–46 隋代铜造阿弥陀诸尊像

引自小川裕充，弓场纪知. 世界美术大全集 • 东洋编5［M］. 东京：小学馆，1998：171.

唐代金银器通常饰以动物纹、人物纹、花鸟鱼虫纹等。以莲荷形态为主要造型语言的唐代金银器，在茶具、餐具、酒具中多有出现，成为唐代茶文化、酒文化、佛教文化的重要载体②。在唐代中后期，莲荷形态成为唐代金银器主要的造型

① 小川裕充，弓场纪知. 世界美术大全集 • 东洋编5［M］. 东京：小学馆，1998：171.

② 王雪. 唐代金银器造型艺术研究［D］. 北京：中国地质大学（北京），2015：15–17.

A

B

图 5-4-47　A. 唐代鎏金莲瓣碗　B. 唐代银镀金龙池鸳鸯莲瓣碗

引自小川裕充，弓场纪知. 世界美术大全集・东洋编5［M］. 东京：小学馆，1998：52、53.

语言之一。1963 年陕西西安沙坡村出土唐代莲瓣纹高足银碗，1957 年陕西西安出土唐代鎏金莲瓣银茶托及铜镜，1970 年陕西西安南郊何家村出土唐代银镀金鸳鸯纹莲瓣碗，均为莲瓣纹造型①（图 5-4-47）。据宋玉立所述，目前发现有纪年记载，西安和平门外出土的七枚鎏金茶托，在造型上均为莲荷形状，其中带有“左侧史宅茶库”的六件托盘的形状均呈单瓣莲花形，且在高度、口径等方面也相同，应是批量生产；而标有“大中十四年”（860）铭文的茶托，其造型更出众，采用多层莲瓣造型，最外圈为六莲瓣，且利用金银柔软易于造型的特点，将每个莲瓣顶端微向上卷，形成类似漂浮于水面上似荷叶起伏的造型意象，环绕盘中心的两圈莲瓣大小错落有致。

1982 年在江苏丹徒丁卯桥出土了一批唐代银器，其中一件通体银质，花纹鎏金，龟背之上有双层莲花座，上承圆柱形筹筒。以龟为座，背负一个有盖圆筒，宛如竖立一支金色蜡烛。筒盖卷边荷叶形，上有葫芦形钮，盖面刻鸿雁及卷草等花纹和“论语玉烛”字样，现藏镇江博物馆。扬州邗江汤汪崔庄大队九龙生产队出土过一件唐代荷叶形银盏。同时出土了一件唐代银鎏金莲瓣形凤纹大盒，盒的盖面锤刻凸起双凤、缠枝莲纹及鱼子纹地，通高 26cm，腹径 31cm，足径 25.6cm。盒壁錾刻纹饰手法较为写实，散聚交错疏密相宜。

现美国大都会艺术博物馆收藏一件稀有的唐代佛教铜镀金工艺品，莲叶由人工锤鍱成型后组装而成。一根茁壮的莲柄将莲花高高托起，配以黑色底座，象征着莲花出淤泥而不染的高贵纯洁、清雅。②陕西扶风县法门寺地宫出土一对两件钣金焊接成型的银芙蕖。以银为莲柄莲座，以银箔为莲叶莲花，莲花共三层十六

① 中国国家博物馆. 文物中国・隋唐时代［M］. 香港：中华书局（香港）有限公司，2004：106-212.

② 宋玉立. 唐代饮食器造型设计研究［D］. 苏州：苏州大学，2007：23-24.

瓣，另一个为欲放的莲蕾及翻卷的莲叶[①]（图 5-4-48、图 5-4-49、图 5-4-50、图 5-4-51）。

图 5-4-48　唐代莲瓣“论语玉烛”　图 5-4-49　唐代银箔芙蕖

图5-4-48、49引自中国文物学会专家委员会. 中国艺术史图典·金银器卷[M]. 上海：上海辞书出版社，2016：121、140.

图 5-4-50　唐代银鎏金莲瓣盒

图 5-4-51　唐代荷叶形银盏

图5-4-50引自郎绍君，刘树杞，周茂生. 中国造型艺术辞典[M]. 北京：中国青年出版社，1996：624；图5-4-51李尚志摄于扬州博物馆.

宋辽金代的金银器制造业均有很大发展，不仅皇室、王公大臣、富商巨贾享用金银器，酒肆、妓馆也大量使用。宋代金银器无论在造型上，还是在纹饰上，一反前代的雍容华贵，转为素雅生动，而形成独特的风格。其胎体轻薄、精巧、俊美，造型多样，构思巧妙。纹饰追求多样化，或素面光洁，或花鸟轻盈。花纹装饰更加丰富多彩，多为象征美好幸福、繁荣昌盛、健康长寿等寓意的莲纹花果、鸟兽鱼虫和人物故事等。

① 李来玉，银芙蕖[OL]，中国考古网http：//www.kaogu.cn/html/cn/kaoguyuandi/kaogubaike/2014/0627/46649.html.

江苏溧阳平桥窖所藏南宋银镀金莲瓣纹杯，体高 5.3cm，口径 9.0cm，容器表面色泽光彩夺目，充分体现了宋代能工巧匠的聪明才智（图 5–4–52 A）[1]。1983 年四川遂宁出土一件莲瓣纹银盘，高 1.5cm，口径 17.2cm。银盘采用锤鍱、錾刻手法制成，盘心以 10 枚莲瓣凸起圆圈纹围饰，使莲花独立于平面之上，引人注目（图 5–4–52 B；图 5–4–53；图 5–4–54）。莲瓣纹是辽代非常特别的纹饰，运用比较广泛，不仅用于容器的装饰，而且用于葬具、马具、装饰品的装饰，不仅用于平面錾刻，而且用于莲花造型底座。[2] 如内蒙古辽代陈国公主墓出土的金花银碗内底的莲瓣为八枚复瓣，中心为莲房（图 5–4–55）；内蒙古巴林右旗辽代窖藏银盘内底的莲瓣为三层圆弧形图案，中心亦为莲房。

A

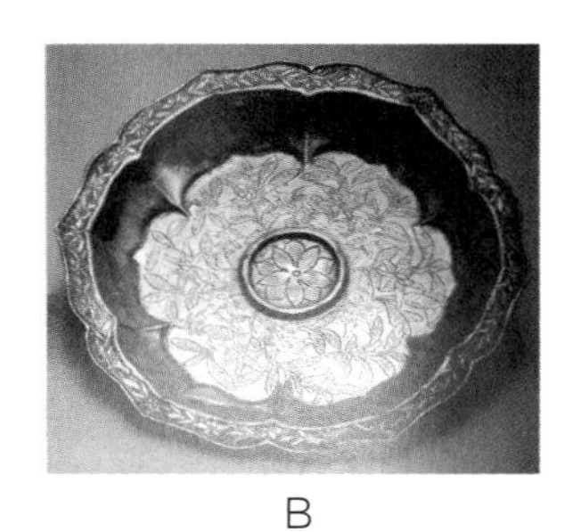

B

图 5–4–52　A. 南宋银镀金莲瓣杯　B. 宋代莲瓣纹银盘

A引自嶋田英诚. 世界美术大全集 • 东洋编6［M］. 东京：小学馆，1998：224；B引自郎绍君，刘树杞，周茂生. 中国造型艺术辞典［M］. 北京：中国青年出版社，1996：628.

图 5–4–53　北宋银镀金莲瓣纹净瓶

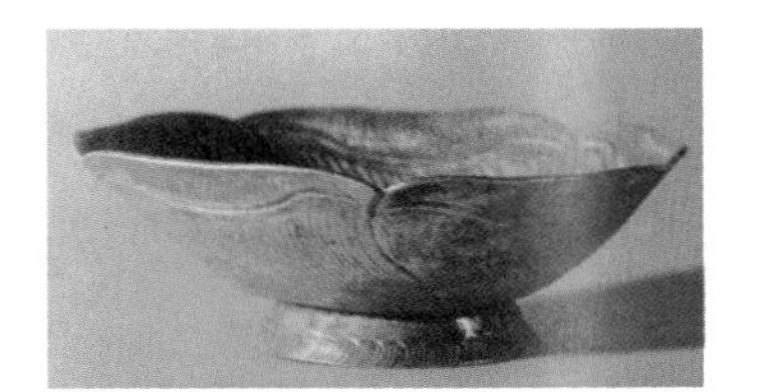

图 5–4–54　辽代荷叶敞口银杯

图5–4–53引自小川裕充，弓场纪知. 世界美术大全集 • 东洋编5［M］. 东京：小学馆，1998：216；图5–4–54引自郎绍君，刘树杞，周茂生. 中国造型艺术辞典［M］. 北京：中国青年出版社，1996：628.

① 嶋田英诚. 世界美术大全集 • 东洋编6［M］. 东京：小学馆，2004：223–224.

② 王春燕. 辽代金银器研究［D］. 长春：吉林大学，2015：207–208.

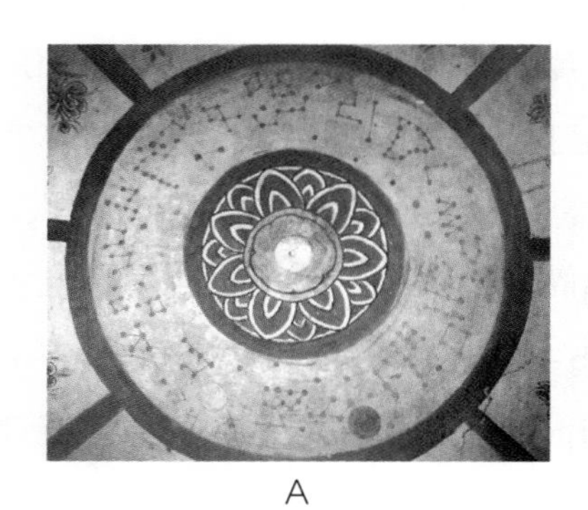
A

B

图 5-4-55　A. 辽代莲瓣铜镜　B. 辽代陈国公主墓出土的莲瓣银盘

A引自中国国家博物馆. 文物中国史・宋元时代[M]. 香港：中华书局（香港）有限公司，2004：150；B引自王春燕. 辽代金银器研究[D]. 长春：吉林大学，2015：208.

五、石雕和木雕莲饰文化

隋唐时期石雕艺术进入中国雕塑史的高峰期，尤其是佛教传入中原后，佛像莲座石雕雄伟壮观，丰满圆润。敦煌莫高窟彩塑数量甚多，内容相当丰富，艺术水平达到很高的程度，是历代造像所无法比拟的。唐代造像已经成为独立的圆雕，多为群像，中间坐佛，两旁弟子菩萨、天王、力士遥相呼应。造像与真人几乎同大，令人感到自己亲自与佛交流，亲切近人。隋代开皇五年（585）塑的河北保定崇光寺阿弥陀如来立像，身高5.78m，现藏于大英博物馆（图5-4-56 A）。陕西铜川玉华宫遗址出土的玄奘题名石佛座，线条清晰，莲瓣丰满圆润（图5-4-57）。

隋、唐、五代及两宋的木雕，工艺日趋完美[①]。许多保存至今的木雕佛像，是中国古代艺术品中的杰作，具有造型凝练、刀法熟练流畅、线条清晰明快的工艺特点。这些石雕和木雕已成为当今海内外艺术市场上的“宠儿”（图5-4-56 B、C，图5-4-59 C）。日本京都教王护国寺现存有一组唐代木雕“五大虚空”佛像，日本奈良法隆寺则收藏着一尊唐代白檀木雕九面观音菩萨像（图5-4-58、图5-4-59 A）[②]。苏州虎丘塔也发现了一座五代时期的木雕观音檀龛等（图5-4-59 B）。

① 中国国家博物馆编. 文物中国隋唐时代[M]. 香港：中华书局（香港）有限公司，2004：146-147.
② 嶋田英诚. 世界美术大全集・东洋编6[M]. 东京：小学馆，2004：341-342.

图 5-4-56　A. 隋代石雕佛像及莲座　B. 唐代石雕阿难佛像及莲座　C. 五代石雕佛像及莲座

引自小川裕充，弓场纪知. 世界美术大全集 • 东洋编5［M］. 东京：小学馆，1998：170、127、164.

图 5-4-57　唐代玄奘题名石佛座

引自中国国家博物馆. 文物中国史 • 宋元时代［M］. 香港：中华书局（香港）有限公司，2004：146.

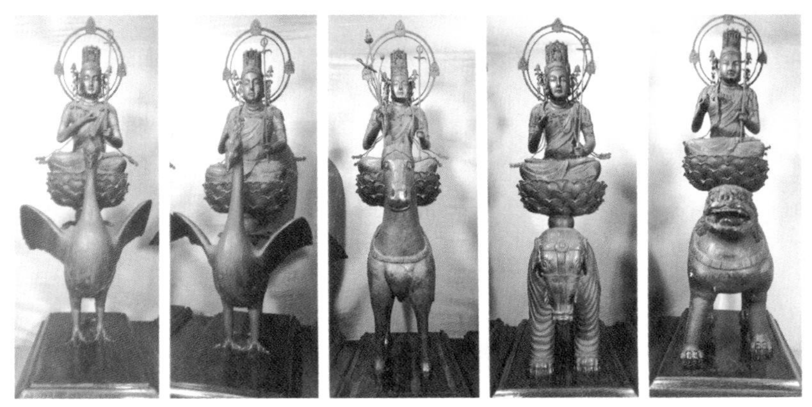

图 5-4-58　唐代“五大虚空藏菩萨坐像”木雕及莲座

引自嶋田英诚. 世界美术大全集 • 东洋编6［M］. 东京：小学馆，1998：342.

A

B

C

图 5-4-59　A. 唐代九面观音木雕佛像及莲座　B. 五代观音木雕檀龛及莲座
C. 北宋佛陀木雕像及莲座

引自嶋田英诚. 世界美术大全集・东洋编6［M］. 东京：小学馆，1998：117、147、154.

六、玉器莲饰文化

隋唐两代的玉器特征，呈现一种新的艺术风格。汉代以来那种程式化、图案化纹样等古拙遗风均已消失，改而趋向写实，出现一种饱满、健康、蓬勃向上的时代风貌。唐代玉纹饰有卷云纹、卷草纹、联珠纹等，动物纹有龙、凤、牛、马、鹿、雁、孔雀、鹤等，有的飞鸟成双成对，植物纹有牡丹、石榴、莲花等，这均来自现实生活。在雕刻技艺上，吸收当时的雕塑与绘画手法，使用传统的铲地、镂雕与圆雕，大量使用阴刻细线，用阴刻表现细部与绘画线描一样。唐代玉雕刻的一个突出特点，是用繁密的细线与短阴线表现装饰衣纹、阴阳凹凸面等。西安市考古所藏白玉鸳鸯头花饰中的鸳鸯扇起的翅膀，用繁密的细阴线表示羽毛，花叶同样用短阴线刻划，质感强，生动活泼。同属佳作的；还有收藏于故宫博物院的白玉荷塘双鹅纹嵌饰、白玉莲花纹发簪头饰、白玉鹿衔莲花佩、莲叶莲蓬莲藕玉雕、荷鹤玉雕等（图 5-4-60）。[①]

① 张广文. 故宫博物院藏文物珍品全集・玉器・下［M］. 香港：商务印书馆（香港）有限公司，2006：77-237.

A

B

图 5-4-60 A. 唐代白玉荷塘双鹅纹嵌饰 B. 唐代白玉莲花纹发簪头饰

引自张广文. 故宫博物院藏文物珍品全集 · 玉器 · 下[M]. 香港：商务印书馆（香港）有限公司，2006：101、239.

五代时期的玉器器型和纹饰，主要承继唐风，如传统的龙凤、莲纹、鸳鸯、蝴蝶、牡丹、灵芝等花鸟题材成为玉器造型和纹饰的主流。其琢刻技法也丰富多样，或镂空或阴刻或圆雕，技艺精湛成熟，风格写实细腻。在守旧之余，五代玉器制作亦有创新，一些新器型、新纹样还对后世产生了深远影响。五代吴越国康陵出土过玉莲花，出土的一枚玉牌饰略呈长方形，上端中间穿孔，周边碾刻缠枝牡丹和松针，两面中间分别镌刻“千秋万岁”和“富贵团圆”。

宋代玉器在唐代基础上有所发展，当时金石学兴起，工笔绘画的写实主义和世俗化的倾向，都直接或间接地促进了宋代玉器的空前发展。宋代玉器中，“礼”性大减，“玩”味大增，玉器更接近现实生活。其显著特点就是在雕琢技艺上，镂雕法被广泛应用，成为主要的表现手法。宋玉的品种也相当广泛，既有宫廷的艺术珍品，又有民间普遍使用的小件玉饰，主要种类有玉钗、玉镯、玉带钩、玉镇纸、玉笔架等；其题材多选用日常多见的花卉，其中荷花图案清新雅致，比例协调，形神兼备，极富绘画情趣。如四川广汉和兴乡出土南宋时期的缠枝莲纹玉簪首，高 3.8cm，宽 8cm。玉器呈近直角三角形，片状。玉饰两面对称，镂雕出三朵盛开的莲花和一莲蓬，莲叶或仰或垂，或卷或舒，花柄交错缠绕，细小而自然，柄部呈扁平状。同时还出土了一枚龟游荷叶纹玉饰，高 3.1cm，宽 5.5cm。玉器近椭圆形，正面内凹，背面平直，整器雕成一片舒展的荷叶，叶上浮雕一龟，昂头摆尾，蹬足作爬行状，周边刻荷柄及叶脉。玉器背面四角及器上两侧有相通的小穿孔，应为服饰之带饰。故宫博物院所藏宋代玉器中，白玉莲花平安童子佩高 7.25cm，宽 4.65cm，厚 1.4cm。玉童子手持莲花插入花瓶，“瓶”与“平”

谐音，意寓平安；白玉鸭衔莲花佩高 4.45cm，宽 5.75cm，厚 1.1cm。鸭子口衔一朵盛开的莲花，荷叶两侧内卷，状似合贝。宋玉在形制和纹饰上讲求对称均衡，在图案化的形体上透露出浓郁生活气息，达到了生活和艺术的高度统一（图 5-4-61）。[①] 正如明人高濂《燕闲清赏笺》所述："宋工制玉，发古之巧，形后之拙，无奈宋人焉。"[②]

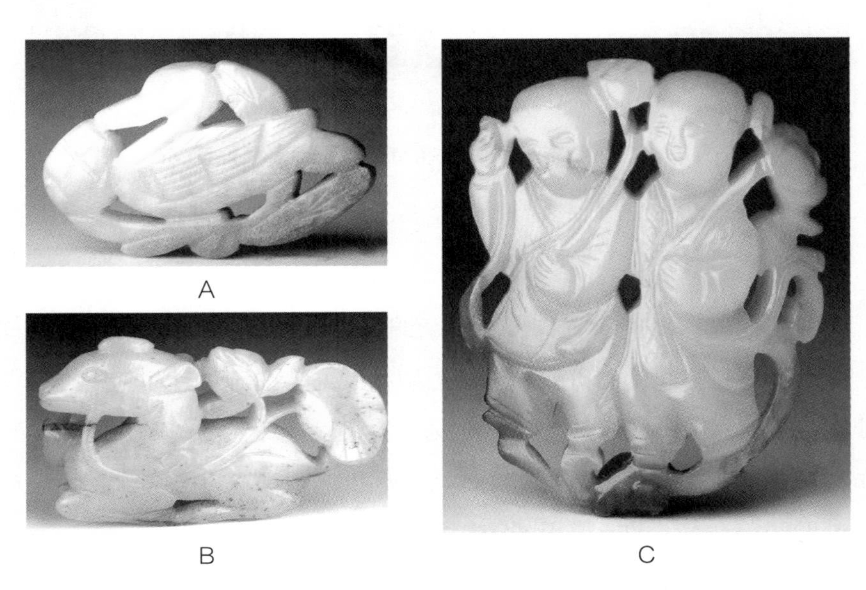

图 5-4-61　A. 宋代白玉鸭衔莲花佩　B. 宋代白玉鹿衔莲花佩
C. 宋代白玉褐色沁皮持荷童子嵌佩

引自张广文. 故宫博物院藏文物珍品全集・玉器・下[M]. 香港：商务印书馆（香港）有限公司，2006：113、77、169.

辽、金时期的玉饰题材，明显受到宋代花鸟等绘画题材的影响。如故宫博物院收藏的辽金时期白玉宝鸭立莲纹佩，高 2.4cm，宽 3.2cm，厚 0.65cm。器件镂雕一水鸭伫立于含苞待放的莲柄上，体态轻盈悠闲，造型简练写实。而金代佩饰玉亦以花鸟纹为主，如故宫博物院收藏的白玉荷塘鹭鸶纹嵌饰，高 5.1cm，宽 2.8cm，厚 1.25cm。器件镂雕一荷花茂盛的荷塘，一对鹭鸶栖息其间，荷叶向四周舒展，层次分明，立体效果好。琢工精细，传神生动（图 5-4-62）。[③]

---

① 张广文. 故宫博物院藏文物珍品全集・玉器・下[M]. 香港：商务印书馆（香港）有限公司. 2006：171-708.

② 高濂. 燕闲清赏笺[OL]. 殆知阁http://www.daizhige.org/医藏/遵生八笺-45.html.

③ 张广文. 故宫博物院藏文物珍品全集・玉器・下[M]. 香港：商务印书馆（香港）有限公司，2006：110—126.

A

B

图 5-4-62　A. 辽代白玉留皮巧色荷塘鸳鸯纹嵌佩　B. 金代白玉荷塘鹭鸶纹嵌佩

引自张广文. 故宫博物院藏文物珍品全集·玉器·下[M]. 香港：商务印书馆（香港）有限公司，2006：126、125.

七、服饰、织染、刺绣及头饰与莲饰文化

隋代国祚短暂，服饰并无太多的创新。唐代在服饰设计方面，改变过去天赋神授的创作思想，用真实的花、草、鱼、虫进行图案写生。这一时期的服饰图案设计趋向于表现自由、丰满、肥壮的艺术风格。

（一）唐代

服饰及头饰　唐代服装形制更加开放，服饰亦愈益华丽。唐女装的特点是裙、衫、帔统一，在妇女中间出现袒胸露臂的形象。唐代流行一种颜色似荷花的绯红色裙子，如何希尧《操莲曲》吟："荷叶荷裙相映色，闻歌不见采莲人。"还有鲍溶《水殿采菱歌》亦唱："美人荷裙芙蓉装，柔荑萦雾棹龙航。"还有一种藕丝色衫在唐代也比较流行。元稹《白衣裳》咏："藕丝衫子柳花裙，空着沉香慢火熏。"[①]《致虚阁杂俎》云：杨贵妃着鸳鸯并头莲之锦裤袜，唐明皇打趣说："贵妃裤袜上真鸳鸯莲花，不然安得有此白藕乎！"后贵妃名裤袜为"覆藕"。[②]1972 年新疆吐鲁番阿斯塔那唐墓出土一件宝相花印花绢褶裙，长 26cm。宝相花是莲花、牡丹花、海石榴花的变体，通常为六瓣、八瓣，单层，造型构图简练，单瓣与复瓣散点排列，端庄富丽。这条唐代裙子呈喇叭状，褶皱上小

① 孙晨阳，张珂. 中国古代服饰辞典[M]. 北京：中华书局，2015：577-578.

② 吴山. 中国工艺美术大辞典[M]. 南京：凤凰出版传媒集团，2011：195.

下大，韵律感强。深绿色布面印白色以莲花为主体的宝相花，层次分明，素雅大方（图 5–4–63）。

图 5–4–63　新疆吐鲁番出土的唐代宝相花印花裙

引自郎绍君，刘树杞，周茂生. 中国造型艺术辞典[M]. 北京：中国青年出版社. 1996：743.

A

B

图 5–4–64　A. 盛唐手持莲花的菩萨供养人　B. 中唐时期手持莲花的贵妇供养人身穿汉装襦裙，有网纹纱帔，穿丛头履。前者梳钗髻，后者梳椎髻

引自谭蝉雪. 中世纪服饰[M]. 上海：华东师范大学出版社. 2016：126、140.

晚唐时期的服饰图案更为精巧美观。在帛纱轻柔的服装上，花鸟服饰图案、边饰图案、团花服饰图案及发饰图案等争妍斗盛。此时期服饰风格趋于自由、丰满、华美、圆润，鞋、帽、巾、玉佩、发型、化妆、首饰上同样地有所表现。如莫高窟第 31 窟女菩萨衣着宽松飘逸，手持大莲花，应是西域贵妇人的装束（图 5–4–64）。峨髻和抛家髻都是中晚唐时期妇女的发髻。所谓“峨髻”，顾名思义，就是发髻高耸，似陡峭山峰。这是当时的流行发式。据说这种发髻高度可达

30cm 以上，发髻的形状在《簪花仕女图》中可见一斑[①]。抛家髻是将头发汇集于顶、束髻后抛向一侧的髻式，梳挽时同时将两边鬓发处理成薄状，紧贴双颊。《新唐书·五行志》云："唐末，京都妇人以两鬓抱面，状如椎髻，时谓之抛家髻。"[②]此外，唐代民间流行一种荷叶状斗笠，称为"荷笠"[③]。皮日休《雨中游包山精舍》诗吟："薜带轻束腰，荷笠低遮面。"而马戴《秋日送僧幽归山寺》亦云："禅室绳床在翠微，松间荷笠一僧归。"可见，这种荷笠多为农人、隐士所戴。

刺绣、织染莲饰 唐代刺绣的针法有所发展，除传统辫绣外，还采用平绣、打点绣、纭裥绣（纭裥绣亦称退晕绣）等多种针法。相传，武则天曾下令绣佛像四百余幅，作为礼品馈赠邻国及寺院，绣佛像就要绣莲座，或佛持莲花，或袈裟上绣以莲瓣纹。可见，唐代绣佛像也很盛行，刺绣工艺发展到唐时已有数十种针法，其风格也逐渐形成各个地域的不同特色。绣品《灵鹫山佛说法图》仍沿用传统的辫子针绣法，也有少量平绣接针法。佛陀脚踩莲座，气氛祥和肃穆[④]（图 5-4-65，图 5-4-66）。

图 5-4-65 陕西扶风法门寺出土的唐代莲瓣纹袈裟金丝刺绣

引自小川裕充，弓场纪知. 世界美术大全集・东洋编5［M］. 东京：小学馆，1998：275.

① 周汛，高春明. 中国古代服饰大观［M］. 重庆：重庆出版社，1994，77–78.
② 高建新. 唐代女子风靡胡妆［J］. 中国社会科学报，2013，492（8）：首页.
③ 孙晨阳，张珂. 中国古代服饰辞典［M］. 北京：中华书局，2015：532–533.
④ 肖尧. 中国历代刺绣缂丝鉴赏与投资［M］. 合肥：安徽美术出版社，2012：22–23.

A

B

图 5-4-66　A. 唐代绣品《释迦牟尼说法图及莲座》（现藏于日本奈良国立博物馆）
B. 唐代绣品《灵鹫山佛说法图》（现藏于大英博物馆）

引自小川裕充，弓场纪知. 世界美术大全集·东洋编5［M］. 东京：小学馆，1998：276、315.

在唐代的纺织刺绣工艺中，应用较多的是团窠纹。由荷花、牡丹等众多花卉组成的宝相花，是团窠纹中的一种。它集多种花卉图纹于一体，花中套叶，叶中藏花，层次丰富，色彩鲜明，给人以花团锦簇之感。在团窠花之间的空隙部位，有时还嵌有十字格变体花或写生花鸟，极富花饰趣味（图 5-4-67、图 5-4-68、图 5-4-69、图 5-4-70）。

图 5-4-67　唐代盛行由荷花、牡丹等花卉组成团窠纹，花中套叶，叶中藏花

图 5-4-68　唐代宝相花纺织布

图5-4-67、68引自高春明. 中华元素图典·花卉虫鱼［M］. 香港：商务印书馆（香港）有限公司，2010：80、84.

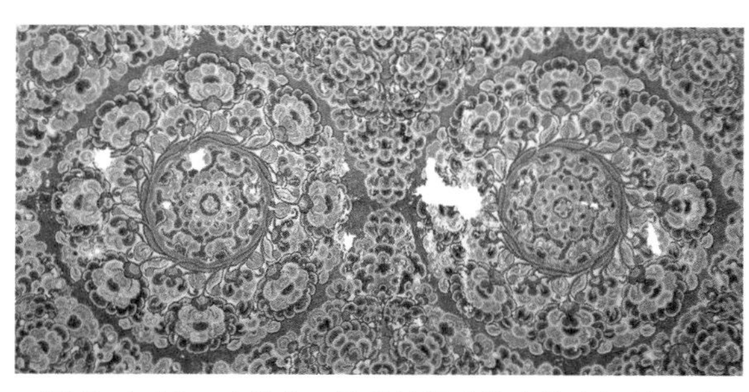

图 5-4-69 由莲花、牡丹等组成的唐代宝相花毛毡（现藏于日本奈良正仓院）

图 5-4-70 新疆出土的唐代宝相花织锦

图5-4-69、70引自小川裕充，弓场纪知. 世界美术大全集·东洋编5［M］. 东京：小学馆，1998：308、311.

（二）五代

五代服饰不再崇尚奢侈华丽，也不再以繁多为艳美，转而追求朴实简洁及崇尚功能。女子服装整体显得修长细巧，上身为贴身、窄袖的交领短衫或直领短衫，下身穿宽松的长裙，裙裾拖在身后有几尺长，长裙的上端一直系到胸部，胸前还有绣花抹胸。衣裙大多用丝带束紧，长出来的丝带像两条飘带一样垂于身前。这一时期的妇女仍然流行披绣花帔帛，只是帔帛长且窄得多，显得富于变化而飘逸灵动。

敦煌莫高窟第 61 窟东壁壁画上，绘制有于阗国王室贵妇的服饰。五代时期于阗公主是沙州归义军节度使曹延禄之妻，身着高贵的礼服，头戴高耸的莲花凤冠，上有花钗步摇，身穿翟衣和帔巾。凤冠和项饰上镶满翠玉宝石，显示出于阗国盛产宝石的特色。脸部也仿效汉装，精心化妆和贴花钿，既大且密。可见，于阗国上层社会的服饰仿效唐制，追求汉风达到极致。其装束高贵而艳丽，表现出显赫的身份和地位（图 5-4-71）①。

还有南唐时期流行的“三寸金莲”，学术界对其来源说法不一。一种认为，金莲得名于南朝齐代东昏侯的潘妃“步步生莲花”的故事；而另一种则认为它由南唐后主李煜所倡导。969 年至 975 年南唐李后主在位时，见一位妃子用布缠脚，走起路来一摇三摆，其脚看上去好似三寸金莲。李后主以之为美，便令宫女用白帛缠足，足形弯如月牙儿，并在六尺高的金莲花上漫步轻盈起舞，此后缠足之风愈演愈烈，成为一种时尚。“金莲”也就成为妇女小脚的代名词（图 5-4-72）。宋时，大诗人苏东坡为缠足专写一首《菩萨蛮》咏叹：“涂香莫惜莲承步，长愁罗

① 谭蝉雪. 解读敦煌中世纪服饰［M］. 上海：华东师范大学出版社，2016：219-220.

袜凌波去。只见舞回风，都无行处踪。偷穿宫样稳，并立双趺困。纤妙说应难，须从掌上看。”①

图 5-4-71　头戴大型莲花凤冠的五代于阗公主

图 5-4-72　据说受南唐影响发展而来的“三寸金莲”风气

图5-4-71引自谭蝉雪. 解读敦煌中世纪服饰[M]. 上海：华东师范大学出版社，2016：220；图5-4-72引自曾经的痛苦仪式　寻访中国最后的三寸金莲[OL]. http：//www.yoka.com/dna/d/278/862.html.

1956 年苏州虎丘云岩寺发现五代时期紫绛绢刺绣宝相莲经帙残片，用金黄线绣成。莲花瓣用的套线，而莲叶用的集套，较为写实，符合国画特点。丝理顺应画理汇向叶心，茎蔓和叶缘用接针勾勒，此刺绣虽残，却是一幅承接唐宋大时代的重要绣作②。1992 年在内蒙古赤峰阿鲁科尔沁旗辽代耶律羽之墓出土一件对鸟莲纹锦残片（图 5-4-73）。③ 耶律羽之系辽太祖耶律阿保机堂兄弟，941 年去世，属五代时期。

在纺织印染方面，团窠纹（即团花）是盛行于五代时期的一种圆形装饰图案。其形式多以宝相花为中心，周围有多个团花呈放射状或旋转式排列，并有规整的枝叶相连接穿插。

① 苏轼. 菩萨蛮[OL]. 殆知阁http://www.daizhige.org/集藏/四库别集/苏轼集-225.html.

② 肖尧. 中国历代刺绣缂丝鉴赏与投资[M]. 合肥：安徽美术出版社，2012：26-27.

③ 黄能馥，陈娟娟. 中华历代服饰艺术[M]. 北京：中国旅游出版社，1999：314-315.

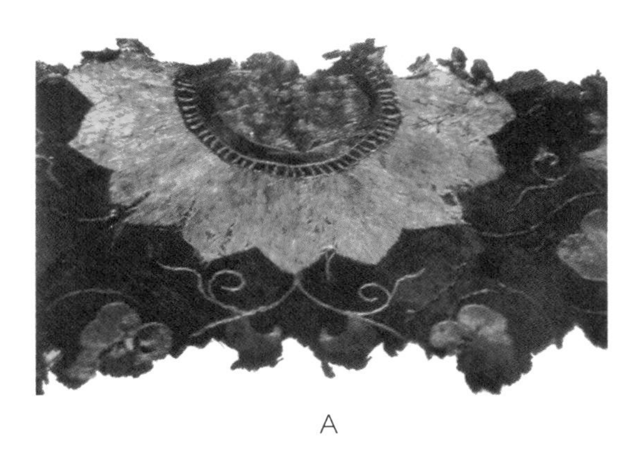
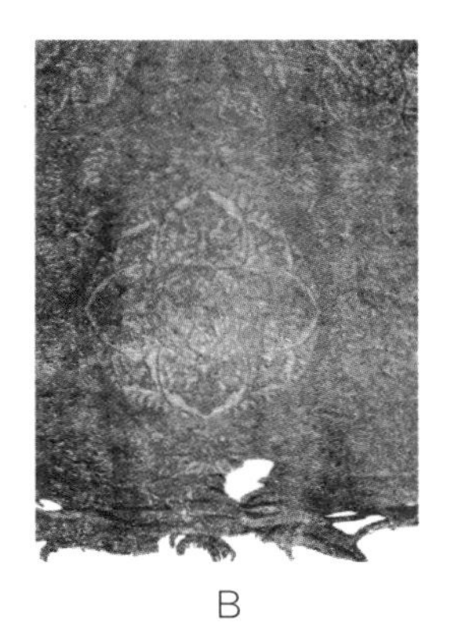

A　　　　　　B

图 5-4-73　A. 苏州发现的五代时期刺绣宝相莲经帙残片　B. 内蒙古辽墓出土的莲纹锦残片

A引自肖尧. 中国历代刺绣缂丝鉴赏与投资[M]. 合肥：安徽美术出版社，2012：27；B引自黄能馥，陈娟娟. 中华历代服饰艺术[M]. 北京：中国旅游出版社，1999：315.

（三）宋代

服饰及头饰　宋代莲瓣纹服饰一改前朝自由奔放、豪迈壮丽的格调，取代以纤巧玲珑、镂金琢玉之风。宋人更重视荷花的品格，莲瓣纹样的形态和格调也多样化起来。莫高窟第 234 窟南壁，供养菩萨上身着透明胸衣，以鲜艳的红色透罗纱制作，上面还点缀有彩绣，应是一种高级丝织品；下着短绔。双腿盘坐于莲花座上，多层莲瓣栩栩如生，庄重典雅（图 5-4-74）。[①]

图 5-4-74　供养菩萨着透罗纱服饰盘腿于莲座上

引自谭蝉雪. 解读敦煌中世纪服饰[M]. 上海：华东师范大学出版社，2016：224.

① 谭蝉雪. 解读敦煌中世纪服饰[M]. 上海：华东师范大学出版社，2016：223-224.

金代流行一种在棉袄上绣有荷花的“芙蓉袄”，仅亲王仪卫穿用。《金史·仪卫志下》述：“亲王傔从，乘马引接十人，皂衫、盘裹、束带、乘马。牵拢官十五人，首领紫罗袄、素幞头，执银裹牙杖，伞子紫罗团荅绣芙蓉袄、间金花交脚幞头，余人紫罗四袨绣芙蓉袄、两边黄绢义襴，并用金镀银束带，幞头同。邀喝四人。伞用青表紫里，金镀银浮图。椅用银裹圈背。水罐、鐁锣、唾盂并用银。郡王牵拢官三十人，未出宫者二十人。”①

莲花冠、莲花帽及配饰　莲花冠，因其形如莲花而得名。唐时民间士庶女子常戴用；到五代蜀地，后主王衍尝令宫人戴莲花冠，而成一时之风。宋代仍沿袭其制，在此基础上加以改进。冠上大多用金、翠羽等作装饰，颜色鲜艳，为宦官、士庶女子所喜爱②。宋代画家米芾《画史》云：“……老子乃作端正塑像，戴翠色莲华冠，手持碧玉如意。此盖唐为之祖，故不敢画其真容。汉画老子于蜀郡石室，有圣人气象，想去古近，当是也。”《旧五代史·王衍传》曰：“衍奉其母徐妃同游于青城山，驻于上清宫。时宫人皆衣道服，顶金莲花冠，衣画云霞，望之若神仙。”③在宋代，僧人或道人流行戴一种形如莲花的斗笠，名之“莲花笠”。宋人钱易《南部新书》云：“道吾和尚上堂，戴莲花笠，披襴执简，击鼓吹笛，口称鲁三郎。”④而莲花帽是宋代民间戴以遮雨所用。如宋人陶谷《清异录》云：“张崇帅广，在镇不法，酷于聚敛，从者数千人，出遇雨雪，皆顶莲花帽，琥珀衫。所费油绢不知纪极，市人称曰‘雨仙’。”⑤

绣花荷包也是宋人流行的一种服装配饰。1975 年福建福州南宋黄升墓中出土一个绣花荷包，长 16cm，底宽 12cm，中腰 8.5cm。荷包腰间有两个孔眼，用印金敷彩卷叶纹罗带穿系，出土时系于死者袍内腰间，当是黄升生前用物。其形似两个扇状袋相连，如银锭式，可折合和展开。荷包一面绣荷花，另一面绣含笑花。用钉线针法绣轮廓，以擞和针法绣花朵，以辅针绣叶面；有的以棉纸剪贴叶面，用平金针法绣轮廓，后在纸上敷染淡彩，类似“画绣”。整件荷包针法齐整，构图均匀，形象生动⑥（图 5-4-75A）。江西德安南宋周氏墓中也出土有一个

① 孙晨阳，张珂. 中国古代服饰辞典［M］. 北京：中华书局，2015：685-686.
② 孙晨阳，张珂. 中国古代服饰辞典［M］. 北京：中华书局，2015：720-721.
③ 同上。
④ 钱易. 南部新书［OL］. 殆知阁http://www.daizhige.org/史藏/志存记录/南部新书-6.html.
⑤ 陶谷. 清异录［OL］. 殆知阁http://www.daizhige.org/子藏/笔记/清异录-7.html.
⑥ 吴山，陈娟娟. 中国工艺美术大辞典［M］. 南京：凤凰出版传媒集团，2011：286.

绣花荷包（图 5-4-75 B）。[①]

图 5-4-75　A. 南宋黄升墓出土的刺绣荷包（左边荷纹复原）　B. 南宋江西周氏墓出土的荷包

引自黄能馥，陈娟娟. 中华历代服饰艺术［M］. 北京：中国旅游出版社，1999：276.

织染、刺绣莲饰　宋代刺绣莲瓣纹造型较之唐代发生了微妙的变化。宋时发展出写生花，在绫、罗、绢等丝织物上的莲瓣缠枝纹，形象生动；由于花鸟画兴起，促进了欣赏性工艺品如缂丝、刺绣的发展，莲鸟形象更趋逼真。宋代花鸟画坛崇尚写生风格，对织绣纹样影响很大，这个时期的花卉造型便以“像生花”为主，装饰趣味明显减弱，花卉品种更为丰富，常见有荷、牡丹、芍药、桃等。有时在一条花边上，同时绣有数十种花卉，名“一年景”。福建福州宋墓出土的直帔及衣边上，就有这种图案。

从整体风格来看，宋代织绣的花卉造型比较清秀，配色淡雅[②]。“宋代缂丝花鸟纹袍料局部，长 60cm，宽 30cm。此幅上部为柿蒂云肩，内有红色圆形太阳纹，太阳内有金鸟，其部位在袍服之肩部，则与国王冕服之‘肩挑日月’纹饰有关，其余花鸟纹形式与北宋紫汤荷花、紫鸾鹊谱等相近。”[③] 宋代亦有荷花纹缂丝，采用荷花、荷叶、莲蓬及夹杂于荷间的芦草，以写实的手法表现秋日荷池景象，自然真实，反映了宋代缂丝的刺绣水平。[④] 北宋紫丝荷纹鸾鹊刺绣（现藏于辽宁省博物馆），莲花端庄素雅，水鸟栩栩如生；福州端平古墓出土一件南宋莲瓣纹金线绣品残片，莲为重瓣花，瓣纹清晰可认，同墓还出土一件莲花刺绣，荷花、荷叶及莲蓬均圆润丰满（均藏于福州市博物馆）；南宋绣品《莲池水禽图》（现藏于上海博物馆），荷花盛开，莲叶浮水，莲蓬殷实，白鹭伫立，麻鸭成双，蜻蜓停

① 黄能馥，陈娟娟. 中华历代服饰艺术［M］. 北京：中国旅游出版社，1999：276.
② 谭蝉雪. 解读敦煌中世纪服饰［M］. 上海：华东师范大学出版社，2016：219-220.
③ 黄能馥，陈娟娟. 中华历代服饰艺术［M］. 北京：中国旅游出版社，1999：311-312.
④ 高春明. 中华元素图典・传统织绣纹样・花卉鱼虫［M］. 上海：上海锦绣文章出版社，2009：48.

歇，飞鸟翱翔，以及水草伴生等，好一幅荷景生态图[①]（图 5-4-76、图 5-4-77、图 5-4-78、图 5-4-79）。据南宋吴自牧《梦粱录·夜市》记载，杭城大街，买卖昼夜不绝[②]，在临安城夜市夏秋售卖的物品中，有"挑纱荷花满池娇背心"。这说明南宋市场已经流行荷花纹的服装了。

A

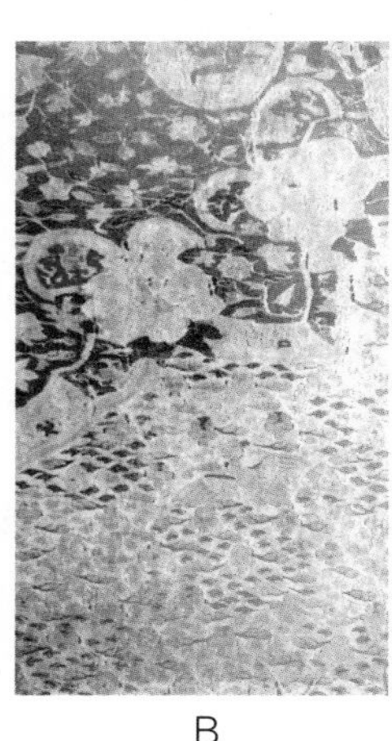

B

图 5-4-76　A. 北宋紫丝荷纹鸾鹊刺绣　B. 宋代绛丝花鸟纹袍料（局部）

A引自嶋田英诚. 世界美术大全集 · 东洋编6［M］. 东京：小学馆，1998：240；B引自黄能馥，陈娟娟. 中华历代服饰艺术［M］. 北京：中国旅游出版社，1999：311.

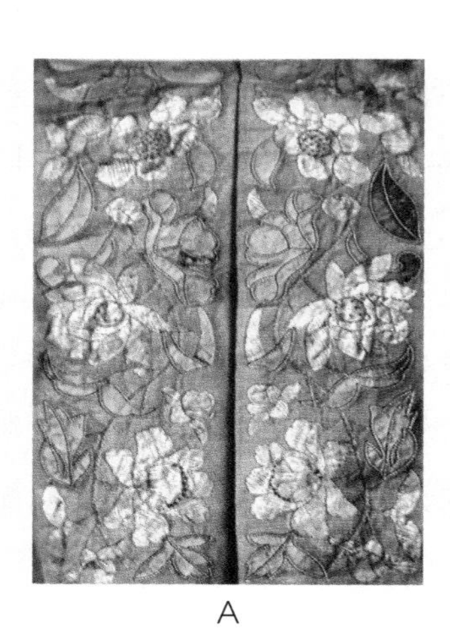

A

B

图 5-4-77　A. 南宋莲瓣纹金绣残片　B. 南宋莲花刺绣

引自嶋田英诚. 世界美术大全集 · 东洋编6［M］. 东京：小学馆，1998：243.

① 嶋田英诚. 世界美术大全集 · 东洋编6［M］. 东京：小学馆，2004：214-243.

② 吴自牧. 梦粱录 · 夜市［M］. 杭州：浙江人民出版社，1980：25-26.

图 5-4-78　宋代缂丝荷花纹刺绣

图 5-4-79　南宋《莲池水禽图》绣品

图5-4-78高春明. 中华元素图典·传统织绣纹样·花卉鱼虫[M]. 上海：上海锦绣文章出版社，2009：48；图5-4-79引自嶋田英诚. 世界美术大全集·东洋编6[M]. 东京：小学馆，1998：241.

第五节　禅庭莲界：荷花与宗教

在这一时期，无论本土道教，还是外来佛教，都是既有争斗又有融合。它们的宗旨和教义有着明显差异。道教注重修炼成功的第一步，视莲为圣物，讲究的是今世长生不老；佛教则说的是来世，劝世人要忍耐，像莲一样出泥不染，洁身自爱，其宗旨是把希望寄托在来世。故和尚需禁欲，心中只有佛，死后坐化，留舍利，莲花宝座重生。道士则讲究修炼，最后羽化飞升。但二者间争斗大都在于势力与声誉，在根本教理教义方面则较少①。

一、宗教发展概述

（一）道教的发展

隋代实行佛道兼容政策，隋文帝将开国年号名为“开皇”，就取自道经。隋文帝建道观、度道士，以扶持道教发展。而隋炀帝崇道更甚，在位时广修道观，

① 李养正. 论道教与佛教的关系[J]. 中国社会科学，1992(3)：79—92.

大业七年（611），还亲自召见茅山宗宗师王远知，并以帝王之尊，“亲执弟子之礼”，敕命于都城（长安）建玉清坛以处之。在修炼方法方面，隋代道教最突出的是内丹派的兴起。隋代苏玄朗倡导的内丹道，到了唐代发展迅速，且蔚然成风，影响深远。

李唐崇奉道教，因道教始祖老子姓李，故自称老子之后裔，谓之“本朝家教”。由于朝廷大力倡导和支持，唐代道教在理论建设方面有很大的发展，且涌现如孙思邈、成玄英、吴筠、施肩吾等一批道教学者。

唐时是道教发展的鼎盛时代，这一时期，许多信仰道教或受道家思想影响的文人或咏莲言志，或颂莲畅怀，写下了无数咏莲的名篇佳作。如“诗仙”李白号“青莲居士”，其《答湖州迦叶司马问白是何人》自吟：“青莲居士谪仙人，酒肆藏名三十春。”[①]自称“谪仙人”，仙人是道家所追求的境界。白居易《阶下莲》吟：“叶展影翻当砌月，花开香散入帘风。不如种在天池上，犹胜生于野水中。”[②]作者喜爱莲，特别是白莲。诗中的“天池”，是道家向往的仙境，诗人受道家思想的影响极深，遇仕途不佳，为解郁闷，便触物生情，借莲以表达内心对道家理想境界的向往。

北宋时，宋真宗东封西祀，在士大夫的倡导、诱惑下，将崇道之风推向顶峰。宋徽宗崇道，大兴宫观。由于帝王崇道兴道，无论宰相名臣，还是普通士民，都不乏信道者。宋人崇道爱莲，视莲为仙物，以莲景为仙境。北宋理学鼻祖周敦颐崇道，其《太极图说》《通书》受道教理论影响极深。南宋词人赵以夫《忆旧游慢·荷花》写道：“爱东湖六月，十里香风，翡翠铺平。误入红云里，似当年太乙，约我寻盟……”[③]福建泉州的东湖，也是古时赏莲胜景之一。词人见东湖那秀色空绝的莲景，自以为误入了华山太乙湖，太乙湖的莲花为道家太乙真人所植，这是将泉州东湖的莲景比喻道家仙境。此外，还有柳宗元、李清照、范成大等信仰道教的文人，都是通过写莲表达道教的教理教义及其深奥的哲理，或抒发自己内心的情感、对道教的理想境界的向往。

（二）佛教的发展

隋文帝杨坚掌权后，一改北周毁灭佛法的政策，以佛教作为巩固统治政权的

---

① 李白，王琦注．李太白全集[M]．北京：中华书局，1977：876.

② 李文禄，刘维治．古代咏花诗词鉴赏辞典[M]．长春：吉林大学出版社，1989：926-927.

③ 李文禄，刘维治．古代咏花诗词鉴赏辞典[M]．长春：吉林大学出版社，1989：976-977.

方针之一。唐灭隋后，重视佛教的整顿和利用。到太宗即位时，重兴佛教译经事业，使波罗颇迦罗蜜多罗主持，又度僧三千人，并在旧战场各地建造寺院，促进了当时佛教译经的开展。贞观十五年（641）文成公主入藏，带去佛像、佛经等，使汉地佛教深入藏地。贞观十九年（645），玄奘从印度求法归来，朝廷为其组织大规模译场，他以深厚的学养，作精确的译传，给当时佛教界以极大的影响。

唐代敦煌佛教石窟发展共分三个阶段：第一个阶段为初唐和盛唐，这一时期敦煌为朝廷所控制；第二阶段为中唐时期，敦煌石窟为吐蕃所占领；第三阶段为晚唐时期，敦煌石窟为张议潮所统治。[①] 这三个阶段在石窟形制、壁画内容、形式及技法上都有独特表现。第一个阶段的典型代表，是位于莫高窟中段南侧的第96窟，窟内是高达35.5米的弥勒大佛。这尊大佛初凿于武则天登基的延载元年（694）。盛唐开窟近百个，窟型以西壁开龛的覆斗形顶窟为主要形制，也有少量其他形制。第二个阶段开窟五十多个，壁画内容增加经变，布局也有创新，同时出现儒家思想和密宗佛教的壁画。第三个阶段的石窟形制种类较多。

敦煌佛教石窟绘画主要题材经北朝和隋朝的发展，到唐代更趋多样，从内容到形式都有新面貌。其壁画内容大致可分为四类：佛像画、经变画、供养人像、装饰图案。佛像画是壁画的主要部分，莫高窟壁画中的说法图就有933幅，各种神态各异的佛像12208身。装饰图案从功能上有建筑装饰，如藻井、龛楣、柱头等；有神灵装饰，如背光、莲座、云彩等；还有服饰装饰，如伞盖、冠、衣裙等，其中最富于变化的是服饰纹样。

唐代藻井风格以程式化的植物纹和几何纹为主，效果庄重富丽。唐代敦煌佛教石窟壁画的艺术特点主要有两个。一是写实的造型、唯美的形象。如壁画中菩萨造型女性化且丰腴健美，神态庄严沉静。一般手执净瓶，头饰莲花花蔓冠。肌肤雪白如玉色，脖颈上有三道纪文，佩戴着两道项链珠串，胸前饰以莲花和璎珞，神情慈祥且端庄。二是信仰的表达、世俗的描绘。三是审美的装饰性、风格的差异性。

到会昌年间（841—846），唐武宗实行排佛政策，其主要原因是僧徒骤增，佛寺日崇，寺院聚财占地及免役免税人口太多，严重妨碍国家利益和以皇族为首的世俗地主阶级的利益。这就是发生在晚唐时期的“会昌法难”事件。总的来说，唐代朝廷对待佛教政策是允许传播，加以扶持的，故佛教得到很大的发

① 齐皓，孙睿. 浅析唐代敦煌佛教石窟壁画[J]. 现代交际，2012(9)：89-90.

展。而武宗废佛，是佛教发展与国家利益和地主阶级利益之间发生严重的利害冲突所导致的。

五代时南北分裂，北方兵革时兴，社会秩序受到严重破坏，国家对佛教执行严格的限制政策；南方则相对比较安定，帝王都热心护教，因此两方的佛教，一方勉强维持，一方续有发展，情况各不相同。唐代所有各宗派，到五代时，只剩禅宗和天台宗，因根据地在南方，条件优越，得到更大的发展。南方禅宗在唐末时，曹洞崛起，大振青原（行思）一系的宗风。五代时写经阅藏的风气也很盛，但南北所写大藏，依据略有不同。北方多写《贞元录》入藏经，这较《开元录》入藏的多出三百余卷；南方通常依《开元录》写经。当时，僧徒多擅长诗文或书画，如后梁诗僧齐己，有《白莲集》收诗八百首等（图5–5–1）。

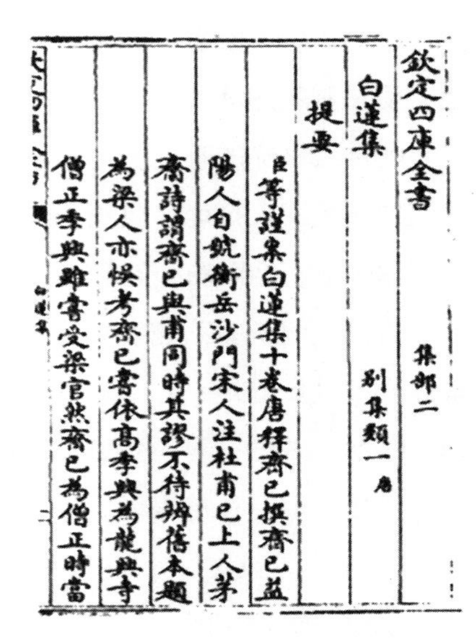
欽定四庫全書　集部二
白蓮集　別集類一　唐
提要
臣等謹案白蓮集十卷唐釋齊己撰齊己益
陽人自號衡岳沙門宋人注杜甫已上人茅
齋詩謂齊己與甫同時其謬不待辨舊本題
為梁人亦誤考齊己書依高季興為龍興寺
僧正季興雖嘗受梁官然齊己為僧正時當

图 5-5-1　五代诗僧齐己《白莲集》

引自文渊阁四库全书[M].上海：上海古籍出版社，1987.

降至宋代，宋太祖有鉴于周世宗灭佛事件而影响民众安定的教训，特别重视发展佛教事业。令张从信等到益州开雕有史以来的第一部汉文木版印刷《大藏经》，以《开元录》入藏经为主，陆续收入本土撰著的《贞元录》诸经，总计653帙，6620余卷。这一行动不仅影响了民间，还影响了辽金和西夏，刻经之风由此盛行，其文化上的意义远胜于单纯的信仰。太平兴国七年（982），宋太宗效法唐李世民，由朝廷建立译经院，下诏印僧法天、天息灾、施护和懂梵学的汉僧及朝廷官员等，共同组成译经队伍，进行由官方直接控制的译经活动。景祐二年（1035）后，译经活动逐渐消沉；熙宁四年（1071）废译经院。截至政和元年（1111），前后共有译家15人，所译佛籍284部，758卷，密教占绝大部分。给佛教以适度发展的条件，但不让其过度膨胀，避免危害朝廷中央集权，这是从宋代开国以来就定下的基本原则。

趋向世俗化是宋代佛教的特点。佛教在传入中国后，历经了一个漫长的中国化过程，这也是佛教一步步被世俗化的过程。到隋唐五代两宋时期，从上层社会的士大夫倾心佛门，到下层民众的民间信仰，佛教基本上融入了中国世俗文化之中。当时苏轼就指出过：“释迦以文教，其译于中国，必托于儒之能言者，然后传远。”① 说明了佛教在中国的传播，必须借助于中国传统文化，才能减少其传播的阻力和压力，尤其是儒学的抗拒力；同时，佛教自身也不得不与中国传统文化进行比较和吸收，在可能的范围内，对自己的理论加以补充、修正、解说，逐渐与儒学合流。

在宋代发展起来的禅宗，由“不立文字”“直指人心”的传统，转变成以阐扬禅机为核心、“不离文字”的“文字禅”，编纂灯录和语录成了宋代禅宗的主要事业②。灯录是禅宗创造的一种史论并重的文体，“以心传心”，代代不绝。南宋淳祐十二年（1252），普济以《景德录》和《广灯》《续灯》《联灯》《普灯》等150卷灯录为基础，删繁就简，编成20卷的《五灯会元》。其宗派分明，便于阅读，且文字简练，为宋以后好禅的文人士大夫所欢迎。

辽、金佛教的发展特别繁盛。据统计，全国目前保存辽代佛塔100多座，主要分布在山西、北京、河北、吉林、辽宁。这些辽代佛塔建筑装饰上，展示莲与佛的渊源，突出了莲文化。如始建于辽道宗清宁四年（1058）的班吉塔，也称花塔（图5-5-2），巨大丰满的塔顶，犹如层层的莲花花瓣。这种花塔的形式，与佛教华严宗有关。《华严经》中描述的极乐净土“莲花藏世界”，是一朵莲花生长在香水海的大莲华极乐世界中，其中又有无数小莲华世界，在每一个小莲华世界中有一个佛主持。又如筑造于辽宁朝阳县木头城镇郑杖子村西北山沟北侧山腰间的双塔寺塔，秀美玲珑，其中东塔自下而上的塔座、塔腰间及塔顶，均饰有莲瓣（图5-5-3）。

圣宗耶律隆绪在位时，辽进入全盛时代，这时的汉文化实际上已成为辽统治层的文化，隆绪于释、道二教皆洞其旨。据《辽史》记载，圣宗曾数次禁私度、滥度僧尼，乃至沙汰僧尼，表明当时辽境内佛教的急剧发展，已到国家难以控制的程度。③ 到道宗耶律洪基时，辽代佛教达于鼎盛。另一重要事件是辽代成功雕印《契丹藏》。此藏始雕于兴宗（1031—1055），终于道宗（1055—1101），前后经三十余年，是又一部继宋初《开宝藏》之后出现的完整的佛教大藏经。道宗后，此藏的印本曾数度传入高丽。

① 苏轼. 书柳子厚大鉴禅师碑后[OL]. 殆知阁http://www.daizhige.org/集藏/四库别集/苏轼集-180.html.

② 王光清. 宋代佛教世俗化演进浅析[OL]. http://www.ebaifo.com/fojiao-564285.html.

③ 辽史[M]. 北京：中华书局，2016，151-162.

图 5-5-2　位于今辽宁锦州班吉塔镇的班吉塔

图 5-5-3　位于今辽宁朝阳县的辽代双塔寺之东塔

图5-5-2、3引自王光. 辽西古塔寻踪[M]. 北京：学苑出版社，2017：57、153.

金代在开国前已有佛教流传，金太宗完颜晟进一步将佛教引进王室，供奉佛像，建造寺庙、佛塔。1153 年，海陵王完颜亮迁都燕京，志在灭宋，既轻视儒学，也限制佛教，佛教曾一度遭受打击。到世宗完颜雍在位时期，金代进入全盛期，既尊孔崇儒，又保护佛教。与辽代相比，金代的佛教政策受宋王朝影响更深，思想上也更多地与宋地佛教接近，主流也是禅宗。据《大金国志》述："浮图之教，虽贵戚望族，多舍男女为僧尼，惟禅多而律少。"[①] 当禅宗临济宗势力南移时，曹洞宗在北方站稳脚跟。金时又有一部重要刻本《大藏经》问世，即于 1933 年在山西赵城县广胜寺发现的《赵城藏》。

二、《妙法莲华经》与佛陀形象

在隋、唐佛经译本中，作为释迦牟尼佛晚年在王舍城灵鹫山所言，《妙法莲华经》成为大乘佛教初期经典之一。唐代智升《开元释教录》记《妙法莲华经》古本七卷，又有玄应和尚为之音义，为八卷本。

《妙法莲华经》是本经的经题，"其妙法"非常宽广，无法说尽；而"莲华"

① 宇文懋昭. 大金国志[OL]. 殆知阁http://www.daizhige.org/史藏/别史/钦定重订大金国志-29.html.

即莲花，也就是荷花。莲花花果同时，花开莲现，花落莲成。莲花的根在泥土里，茎在水里，而其花挺出水面。于是，泥中根示以凡夫，水中的茎示以二乘。凡夫着于有，在泥土是譬喻有；二乘的人着于空，水中花茎表示空。莲花在水上，是超出空、有，表示中道与了义。既不落于空，又不偏于有。空、有称两边，两边不着是为中道、了义。为何说莲花表示中道、了义、圆顿大教？因为莲花一开就有莲子，这表示因果不二；因是果，果也是因；如种的是佛因，所成的就是佛果。而花果同时也表示开权显实。莲花开了就表示开权，权巧方便的法。显出的莲子是表实法，是真实不虚，以实相为体的法。①

《妙法莲华经》以法喻立题，“妙法”是法，“莲华”是喻，以“妙法”配合“莲华”做这部经的题目，所以这部经就是以法喻立题。人的心，都是一般无二。就像《楞严经》里阿难所说：“心在里面。”这胸里面的心只是一个肉团心，是集起心，是聚集烦恼而生起的心，又叫缘虑心。攀缘思虑就是排除生杂念的肉团心、缘虑心、集起心。修行、参禅、打坐，是追求这个妙。妙就是妙觉。菩萨是等觉，还谈不到妙觉，做佛才能成妙觉。

三、莲诗与佛理

唐宋诗人的禅诗多借莲悟禅，咏物言志，将物景融入人生哲理之中；诗僧也多以莲入诗，描绘空净、寂寞、闲适、安逸之禅境。这些咏荷禅诗，禅意丰盈、莲禅相通，令人读来，禅境超然，哲理深奥，启人心智。

题大禹寺义公禅房

唐　孟浩然

义公习禅处，结构依空林。户外一峰秀，阶前群壑深。

夕阳连雨足，空翠落庭阴。看取莲花净，应知不染心。②

诗人巧用佛喻赞美禅师虚空高爽的禅心。“莲花”，因其出淤泥而不染的本性，历来被佛教看重，视作圣花。而“不染心”，意指只要看到大禹寺院内那清净的莲

① 法闻法师.《妙法莲华经》全经概要浅释讲义［OL］. 弘善佛教网/http: //www.liaotuo.org/fojing/miaofalianhuajing/gaiyao.html.

② 全唐诗［OL］. 殆知阁http://www.daizhige.org/诗藏/诗集/全唐诗-138.html.

花，就知道义公的心境，也同这莲花一样清净如洗，一尘不染。《坛经·行由品第一》曰:“身是菩提树，心如明镜台。时时勤拂拭，勿使惹尘埃。”[①] 全诗以突出“清净”为主，由景清写到心净，层层递进，相互照应，笔致疏淡，意境清远。

赠别宣上人（节选）

唐　白居易

上人处世界，清净何所似。似彼白莲花，在水不著水。[②]

“似彼白莲花，在水不著水”是用白莲花出淤泥而不染的高洁本性作比。诗人何以独以莲花比喻？因莲花与佛有关，故佛座、佛经、佛宇、佛界，皆可称莲座、莲经、莲寺、莲界等。莲者，取其净，故净土宗亦名白莲宗。而孟浩然诗“看取莲花净，应知不染心”，亦取其意。

东林寺白莲

唐　白居易

东林北塘水，湛湛见底青。中生白芙蓉，菡萏三百茎。
白日发光彩，清飚散芳馨。泄香银囊破，泻露玉盘倾。
我惭尘垢眼，见此琼瑶英。乃知红莲华，虚得清净名。
夏萼敷未歇，秋房结才成。夜深众僧寝，独起绕池行。
欲收一颗子，寄向长安城。但恐出山去，人间种不生。[③]

诗人充满情感地描绘东林寺夏日白莲盛开之景，池水清澈、白莲含苞、清风散芬、玉盘倾露；虽浓墨重彩，却不显堆砌，将清润香洁的白莲特质描摹得惟妙惟肖，凸现白莲超尘脱俗之感。全诗由景入情，其间过渡熨帖自然，不露痕迹。作者以隐喻的手法，表达两个思想：一是世间文人的隐逸生活比起佛门修行超越轮回的境界来说，是“虚得清净名”；二是修行超越世间法的行为，需要相对封闭与清净的外部环境，若沉迷于世俗生活中，与外部接触过多，恶缘起现行，容易道心退失。文人学佛的最大误区，就是把佛法与佛学混同、清高避世与佛法的出离轮回混同；而对于居家修佛者来说，又容易自视过高，妄言红尘修心、普度众

---

① 坛经·行由品第一[M]. 北京：中华书局，2010：10—11.

② 全唐诗[OL]. 殆知阁http://www.daizhige.org/诗藏/诗集/全唐诗-426.html.

③ 孙映逵. 中国历代咏花诗词鉴赏辞典[M]. 南京：江苏科技出版社，1989：784-785.

生。诗句朴实无华，禅意幽深感人。

赠天卿寺神亮上人（节选）

唐　赵嘏

迎秋日色檐前见，入夜钟声竹外闻。笑指白莲心自得，世间烦恼是浮云。[①]

白莲，既是夏令的实景，更是精神的象征。《维摩诘经》曰："欲得净土，当净其心，随其心净，则佛土净。"[②]在佛学中，莲花是人们往生弥陀净土的托胎之处，故常以莲代指净土。莲花出淤泥而不染，是清静的象征。寺院中，佛像多以莲花为座，就是这个缘故。"笑指白莲"指的也许是池中白莲，也许是佛像之莲座，这一指之间，表示禅师的真如本心犹如莲花一般清净无染。而人世间的烦恼，不过是笼罩在真如本心之上的浮云，拂去浮云，即可现出人的本性。"但无妄想，性自清净"，只需修持"本心"，便可成佛了。

资圣寺贲法师晚春茶会

唐　武元衡

虚室昼常掩，心源知悟空。禅庭一雨后，莲界万花中。
时节流芳暮，人天此会同。不知方便理，何路出樊笼。[③]

诗人为唐建中年间（780—783）进士。历任比部员外郎、御史中丞等职。"禅庭"，为寺院内的庭园。"莲界"，即莲花世界，是佛经中一种非常美妙的极乐世界。古寺雨后，繁花盛开，到处是花的香气，异常宁静，异常温馨。佛说万物皆有佛性，每一朵花里都蕴含了一个非常美妙的极乐世界，令人获得一种说不出来的禅悦。

庭柏菡萏

五代　法眼文益

一朵菡萏莲，两株青瘦柏。长向僧家庭，何劳问高格？[④]

① 全唐诗[OL]. 殆知阁http://www.daizhige.org/诗藏/诗集/全唐诗-556.html.
② 维摩诘经·佛国品第一[M]. 北京：中华书局，2010：15—16.
③ 武元衡. 资圣寺贲法师晚春茶会[OL]. 古诗文网/http: //so.gushiwen.org/view_16666. aspx.
④ 道原. 景德传灯录下[M]. 朱俊红，点校. 海口：海南出版社，2011：1047.

法眼文益这首诗，同样体现了僧家和俗家看事物的不同视角。以前的佛教寺院，也和今天一样，在庭院里栽种柏树，或盆栽的莲花。俗家喜爱以莲喻人的高洁品格。但莲或柏要是生长在寺院里，从佛教角度看，就没有那么多的虚幻之名，没有必要去追问其什么高洁的品格，只不过是四大假合之物。

又答斌老病愈遣闷二首

宋　黄庭坚

百疴从中来，悟罢本谁病。西风将小雨，凉入居士径。
苦竹绕莲塘，自悦鱼鸟性。红荷倚翠盖，不点禅心静。

风生高竹凉，雨送新荷气。鱼游悟世网，鸟语入禅味。
一挥四百病，智刃有余地。病来每厌客，今乃思客至。①

诗人运用对比与象征的手法表达了自己从疾病、烦恼、苦闷中挣扎出来，且自悦自傲的心情。“苦竹绕莲塘”是一个丑恶的环境，但开悟之后的诗人却能撇开这些丑恶而欣悦于活泼自由的鱼鸟之性。《世说新语·言语》：“简文入华林园，顾谓左右曰：会心处不必在远，翳然林水，便有濠、濮间想也，觉鸟兽禽鱼自来亲人。”② 诗中正是这种意度玄远、禅机活泼的心灵。“红妆倚翠盖”，指荷花象征一个“色”的世界，但诗人断然认为，开悟了的他能够不受色相的污染，保持禅心的清静。

千叶白莲花

宋　苏辙

莲花生淤泥，净色比天女。临池见千叶，谪堕问何故？
空明世无匹，银瓶送佛所。清泉养芳洁，为我三日住。
蔫然落宝床，应返梵天去。③

作者把生于淤泥中的白莲花比作瑶池中那洁白似玉的天女。佛教视莲为圣物，历代僧人常摘莲作佛堂清供。古印度三大主神之一的梵天手持莲花，彰显了万物之母的圣洁高贵。作者巧妙地运用典故，把莲的禅意表现得尽善尽美，表达了诗

① 全宋诗［OL］. 殆知阁http://www.daizhige.org/诗藏/诗集/全宋诗-748.html.
② 杨勇. 世说新语校笺［M］. 北京：中华书局，1984：67.
③ 全宋诗［OL］. 殆知阁http://www.daizhige.org/诗藏/诗集/全宋诗-1928.html.

人的高洁拔俗之意。

临平道中

宋　道潜

风蒲猎猎弄轻柔，欲立蜻蜓不自由。五月临平山下路，藕花无数满汀洲。[①]

道潜是北宋时期的著名诗僧，常与苏轼、秦观等人唱和。五月的一天，作者到临平（今杭州东北面的山名）山下，见到广阔无垠的莲花，心中无比的喜悦。诗僧之所以钟情于大自然，是因为禅宗也爱自然，且禅栖息于大自然之中。因而，这首小诗由近及远、动静结合，描绘得细腻传神，亦诗亦画，禅意幽深，景物盎然。

游云门（节选）

宋　了元

一阵若邪溪上雨，雨过荷花香满路。拖筇纵步入松门，寺在白云堆里住。[②]

作者是宋代著名僧人，行经若耶（邪）溪时，突遇一阵急雨，雨水浇洗后的荷花开得更加娇艳，香气弥漫四周。若耶溪在会稽城南，相传曾是西施浣纱处，遍植荷花，景色宜人。若耶溪在云门寺附近，是入寺必经之途。筇为竹的一种，常用来做手杖。寺院的清幽与若耶溪的华艳形成鲜明的对比；若联想到美女西施的倩影，景色的对比实含有俗世与出世两种境界的对比。

退步偈

宋　慈受怀深

万事无如退步休，本来无证亦无修。明窗高挂菩提月，净莲深栽浊世中。[③]

诗僧慈受怀深宋宣和三年（1121）依皇诏住持东京慧林寺，后退隐于洞庭湖畔的包山，绍兴二年（1132）四月二十日上堂开示后，安然示寂。有《慈受怀深禅师广录》四卷传世。“万事无如退步休”，世味正浓之人，往往事事追逐，处处贪着，不知“退一步海阔天空”的道理。禅者正是在“退步休”中，远离一切贪

① 释道潜. 参寥子诗集[OL]. 殆知阁http://www.daizhige.org/集藏/四库别集/参寥子诗集-2.html.
② 厉鹗. 宋诗纪事[OL]. 殆知阁http://www.daizhige.org/诗藏/诗话/宋诗纪事-166.html.
③ 司南. 诗僧的天涯[M]. 西安：陕西师范大学出版社，2004：108-109.

嗔烦恼，体得无为真谛。“本来无证亦无修”，禅宗认为，佛性藏于每人心中，无须向外寻找求证。若不去身体力行地实践，佛性不会得到事实的求证，也就无法得以开悟。《四十二章经》云：“饭百亿辟支佛，不如饭一三世诸佛；饭千亿三世诸佛，不如饭一无念无住无修无证之者。”[①]“明窗高挂菩提月”，窗前一轮明月高挂在半空中，一如内心的菩提圆觉，照彻一切烦恼无明。“净莲深栽浊世中”，身处五浊恶世中，不必逃避，要如同清净的莲花在污浊的泥土里一样，吐出芬芳的香气来，化烦恼为菩提，化火焰为红莲。

第六节　碧筒霞羹：荷花与食饮、药用及保健

一、荷花食饮文化

（一）隋唐时期

在隋唐先民的食饮中，荷花只是蔬菜类作物，但在农作物生长过程中对农作物的物候期能起到风向标的作用。如杜甫《为农》诗云：“圆荷浮小叶，细麦落轻花。”[②]长期生活在蜀地的杜甫对当地小麦生长情况了如指掌。春天池塘水面冒出一片片小荷叶，便知小麦到了扬花快收浆的时候。又如陆龟蒙《别墅归怀》诗吟：“遥为晚花吟白菊，近炊香稻识红莲。”[③]这里的“红莲”，并不指荷花，而指当地的晚稻品种叫“红莲稻”。用红莲命名水稻名，可见隋唐先民对莲的钟爱程度了。

贡藕　隋唐时代，南方苏州一带生长的莲藕为贡藕。杜佑《通典》记载：“吴郡贡丝葛十匹，白石脂三十斤……嫩藕三百段。”[④]将苏州莲藕列为贡品。当时，南方的莲藕有塘藕和田藕之分，在苏州生长的藕都是塘藕。以一节者为佳，二节者次之，三节者更次之。藕截面为三角者，窍小肉厚；圆筒形者，窍大肉薄。画中的藕，以二节、三节者为多，虽然悦目，滋味却实有差别。据李肇《唐国史补》

① 四十二章经·第十一章[M]．北京：中华书局，2010：27-30．
② 徐海荣．中国饮食史[M]．杭州：杭州出版社，2014：262．
③ 徐海荣．中国饮食史[M]．杭州：杭州出版社，2014：272．
④ 杜佑．通典[OL]．殆知阁http://www.daizhige.org/史藏/政书/通典-9.html．

卷下所记：“苏州进藕，其最上者名曰‘伤荷藕’，或云：‘叶甘为虫所伤。’又云：‘欲长其根，则故伤其叶。’近多重台荷花，花上复生一花，藕乃实中，亦异也。有生花异,而其藕不变者。”[①] 对苏州进藕“伤荷藕”的基本特性做了客观的描述。赵嘏《秋日吴中观贡藕》诗云：“野艇几西东，清泠映碧空。褰衣来水上，捧玉出泥中。叶乱田田绿，莲余片片红。激波才入选，就日已生风。御洁玲珑膳，人怀拔擢功。梯山谩多品,不与世流同。”[②] 诗人赵嘏是楚州山阳（今江苏淮安）人，年轻时，四处游历，曾到过苏州亲眼看见当地人挖掘莲藕的情况。

食莲趣事 相传，唐代诗人李白一天正与夫人一起做饭，他的拿手好菜是八宝白藕饭，在厨房准备原料时，突然诗兴大发，随口即赋打油诗一首，诗曰：“苞米似珍珠，粳随玉谷走。雪亮香脂油，不染青莲藕。糯粟性黏长，绵糖调胃口。洁净八宝饭……”诗吟至此处，李白停了一会，他正在构思下一句。此时，夫人连忙笑着接了一句：“出自李白手。”李白听了，大吃一惊，拍手称道：“妙，妙极了！这就正好够八种‘白’了。我的前七句说的七种白色食物，意寓纯洁高尚，惟独缺一‘白’，被夫人给及时续上了，实在妙不可言，妙不可言。足见知我者，夫人也。”李白的夫人也高兴地笑了。从此，李白首创的这种吃莲藕法就流传下来，被称为“八宝白藕饭”。[③]

（二）两宋时期

两宋时期的食饮文化比前朝更丰富，无论宫廷还是民间对食饮菜肴的美味更为讲究。如宋代宫廷逢节庆日都要举行大规模的宴饮活动。[④] 宴桌上，除山珍海味外，菜肴中还群仙炙、天花饼、太平毕罗、干饭、缕肉羹和莲花肉饼。北宋时，输入中原地区的南方果品的种类比唐代有所增加，不仅有来自长江流域的柑橘类等亚热带果品，而且还出现不少来自岭南闽广地区的热带果品，如北宋末年东京市场售卖的南方果品有橄榄、温柑、绵帐、金橘、龙眼、荔枝、召白藕、甘蔗、芭蕉干等。其中“召白藕为江苏江都县所产之藕”。

南宋临安市场上，出现前代没有的包子酒店和蒸作面行，其中蒸作面行卖四色馒头、金银炙焦牡丹饼、杂色煎花馒头、枣箍荷叶饼、芙蓉饼、菊花饼、梅花饼等。宋代也有不少利用食物色素调色的肴馔，如南宋林洪《山家清供》卷下记

① 王稼句. 姑苏食话[M]. 济南：山东画报出版社，2014：5.

② 王稼句. 姑苏食话[M]. 济南：山东画报出版社，2014：6.

③ 杨建峰. 千古食趣[M]. 汕头：汕头大学出版社，2016：43-44.

④ 刘朴兵. 唐宋饮食文化比较研究[D]. 华中师范大学，2007：211-252.

载的“石榴粉”:“藕截细块，砂器内擦稍圆，用梅水同胭脂染色，调绿豆粉拌之，入鸡汁煮，宛如石榴子状。”书中收录以梅花、莲花、菊花等入馔制成的十余种肴馔，如梅粥、莲羹、蓬糕、雪霞羹、广寒糕、金饭、茶蘼粥等。无论是新鲜赏玩，还是烹制食材，莲藕都是南宋临安市面上的畅销品（图 5-6-1、图 5-6-2）。还有宋时每逢正月元宵、端午、中秋等节日，在酒楼前挂上莲灯招揽食客。据孟元老《东京梦华录·酒楼》记载，遇到节日时，酒楼更是极尽装饰之能事，如白矾楼“元夜则每一瓦陇中，皆置莲灯一盏”[①]，这一风俗在南宋时期依然流行（图 5-6-3）。

图 5-6-1　南宋临安街市卖莲藕

图 5-6-2　南宋临安街市卖荷花供玩

图5-6-1、2引自顾希佳. 西湖风俗[M]. 杭州：杭州出版社，2004：39、63.

图 5-6-3　南宋临安街市卖莲花灯

引自顾希佳. 西湖风俗[M]. 杭州：杭州出版社，2004：78.

① 孟元老，伊永文. 东京梦华录笺注[M]. 北京：中华书局，2016：174-175.

莲房脯　北宋陶谷《清异录》载有“莲房脯”的制作方法[①]:“去嫩莲房，去蒂又去皮，用井新水，入灰煮浥，一如芭蕉脯法，焙干以石压，令匾作片收之。”同时，还有“莲房鱼包”的记载，取“莲花中嫩房，截去底，剜穰，留其孔，以酒浆、香料和鱼块实其内，仍以底座甑内蒸熟，或中外涂以蜜”。[②]制作方法巧妙，味道鲜美。

莲藕蜜饯　莲藕不仅可作蔬菜食用，还可作水果品尝。南宋吴自牧《梦粱录•物产•果之品》中，就记载了莲（指莲蓬）和藕。[③]随着宋代果品业的发展，相应的果品加工业也应运而生。如蜜饯果脯、果酱、干货等。莲藕加工成的蜜饯类食品，很受人们的喜爱。杨万里《清明果饮》诗云:“雪藕新将削冰水，蔗霜只好点青梅。”[④]“雪藕”可能就是宋人加工成的蜜饯。直至今日,千百年来这种传统的雪藕在南北各地的食品商店仍能看见。

三鲜莲花酥　相传北宋仁宗皇帝在位期间，宦官郭槐当道，与刘妃勾结诬陷李妃，用狸猫换太子的手法陷害她。仁宗皇帝听信谗言，将李妃打入冷宫。李妃娘娘受不了百般折磨，后含冤投进冷宫西街的莲花池而死。从此，西街莲花池的莲花不再开放，零落凄凉不堪。在冷宫与莲花池之间有个叫三仙洞的石窟。窟洞乃汉钟离、李铁拐、吕洞宾三仙栖身之处。有一天，汉钟离等三仙来莲花池赏莲，见莲池凋残景象，大吃一惊，掐指一算，便知李妃冤情。于是，施展仙法，以芙蓉还李妃形体，使其升天。顷刻间，莲池内凋谢的莲花重新开放，青翠芬芳。不久，东京（开封）的糕点师傅附会这一故事，用香蕉、枣泥、山楂三种鲜味，仿莲花形状，制成了名点三鲜（三仙）莲花酥，流传至今。[⑤]

包河的“无私藕”　相传在包拯晚年，宋仁宗赏给包拯半个合肥城。包公万般无奈，只好领封。城内护城河长满莲藕，于是包拯对莲藕做了规定:能吃不能卖。坊间称赞“包拯铁而藕无丝（私）”。因此，包河藕有别于其他藕，又作无丝藕。此后，合肥当地流传出一句歇后语“包河藕——无丝（私）”。包拯后人恪守包公遗训，并在中秋节尝包河藕，加冰糖，以示“冰心无私”。包河里的藕只送

① 亓军红. 我国古代荷的种植及其经济文化价值研究[D]. 南京:南京农业大学,2006:25.
② 同上。
③ 徐海荣. 中国饮食史 • 卷四[M]. 杭州:杭州出版社,2014:46.
④ 全宋诗[OL]. 殆知阁http://www.daizhige.org/诗藏/诗集/全宋诗-2432.html.
⑤ 杨建峰. 千古食趣[M]. 汕头:汕头大学出版社,2016:71-72.

给乡邻吃，从不卖钱。这一美德，人们竞相效法，遂成风俗①。

二、荷花酒文化

（一）隋唐时期

“胭脂肤瘦熏沉水，翡翠盘高走夜光”的荷花，也是自古以来制酒的名花。唐代用莲花制的“碧芳酒”是夏日消暑的佳酿。《云仙杂记》载：“房寿六月招客……捣莲花制碧芳酒。”记述了唐时用莲花酿制碧芳酒的事②。

（二）两宋时期

碧筒酒 宋代有用荷叶制作的“碧筒酒”。此酒凉爽清芳，最宜暑天饮用，是文人雅士的一大发明。“暑月命客棹舟莲荡中，先以酒入荷叶束之，又包鱼鲊他叶内。俟舟回，风熏日炽，酒香鱼熟，各取酒及鲊作供，真佳适也。”③此法既非将荷叶浸入酒中，也非用荷叶酿酒，而是将荷叶作为容器盛酒。荷叶碧绿青翠，味道清香宜人，再经夏日风熏日炽，荷叶的清香沁入酒内，酒的味道自然清新爽口。苏东坡喜饮此酒，且诗云：“碧筒时作象鼻弯，白酒微带荷心苦。”

莲子曲 由宋人朱肱所撰《酒经》中记载有“莲子曲”：“糯米二斗淘净，少时蒸饭，摊了。预先用面三斗，细切生姜半斤，如豆大，和面，微炒令黄。放冷，隔宿亦摊之。候饭温，拌令匀，勿令作块。放芦席上，摊以蒿草，罨作黄子。勿令黄子黑，但白衣上即去草番转。更半日，将日影中晒干，入纸袋，盛挂在梁上风吹。”④

三、荷花药用保健文化

（一）隋唐时期

隋代医学家杨上善（约6—7世纪），曾在隋大业年间（605—618）任太医

① 曹蓓蓓，丁晓蕾．中国古代莲藕栽培起源概说［J］．绿色科技，2015（12）：131.
② 高歌．中国古代花卉饮食研究［D］．郑州：郑州大学，2006：40-41.
③ 林洪．山家清供［OL］．国学大师http://www.guoxuedashi.com/a/9756k/62779x.html
④ 朱肱，宋一明，李艳．酒经译注［M］．上海：上海古籍出版社，2010：44.

侍御，精于医术，诊疗出奇，能起沉疴。曾奉敕注《内经》，取《素问》及《灵枢》的内容，重新编次，著成《黄帝内经太素》一书，共三十卷，是分类研究《内经》的第一家。书中所述“空腹食之为食物，患者食之为药物”，阐述了“药食同源”的思想①。

唐时的医学家孙思邈认为，“安身之本，必资于食”，“不知食宜者，不足以存生也”，其意为饮食是身体健康的根本条件，不懂得适宜的饮食，很难赖以生存。故其《千金方·食治方》云：“食能排邪而安脏腑，悦神爽志以资血气。若能用食平疴，释情遣疾者，可谓良工。长年饵老之奇法，故养生之术也。”②可见，古人非常注重食养、食疗、食禁。这说明许多食物与药物一样，具有某种功效，有食药相兼的特点。

荷花就是一种食药兼具的植物。《中华本草》引自《神农本草经》载，莲“味甘，平”③；《别录》亦云，莲“寒，无毒”④。而唐代日华子《诸家本草》云莲“温”⑤。因而，古人得知莲具有“味甘，平，寒，无毒，温”的性能，唐代孟诜《食疗本草》中有“莲子熟去心，曝干为末，着蜡及蜜，等分为丸。日服三十丸而不饥。学仙人最胜”⑥的保健秘方。唐代成都名医昝殷《食医心镜》云莲子有“清神，止渴，去热”之效⑦。后来，古人发现莲子心也有良好的药效功能，具有清心火、平肝火、止血、固精的效果，但服食后会产生副作用。唐时陈藏器《本草拾遗》曰：“薏，令人吐”，“食之令人霍乱”⑧。

（二）两宋时期

到了宋代，人们发现了荷花更多的药用保健价值。莲子、莲叶、莲心、莲须、莲房等，都是很好的药材。北宋王怀隐等编纂《太平圣惠方》记载有“莲实粥方”，据此方对耳鸣、耳聋有特殊功效。其做法是取“嫩莲实（半两去皮细切），粳米（三合）上先煮莲实令熟，次以粳米作粥，候熟，入莲实，搅令匀，熟食

---

① 杨上善. 黄帝内经太素[M]. 北京：人民卫生出版社，1983.

② 孙思邈. 千金方·食治[M]. 北京：中华书局，2013.

③ 国家中医药管理局《中华本草》编委会. 中华本草下[M]. 上海：上海科技出版社，1998：599.

④ 同上。

⑤ 同上。

⑥ 亓军红. 我国古代荷的种植及其经济文化价值研究[D]. 南京：南京农业大学，2006：26.

⑦ 国家中医药管理局《中华本草》编委会. 中华本草下[M]. 上海：上海科技出版社，1998：599.

⑧ 亓军红. 我国古代荷的种植及其经济文化价值研究[D]. 南京：南京农业大学，2006：25.

之”。① 而莲须的保健作用，南宋王继先等校定《绍兴本草校注》认为可以“益补心神”。可知宋人对莲的医药保健利用有了更深的认识。

四、荷花香文化

荷花的香乃清香。千百年来，历代文人、士大夫们对荷香赞不绝口，如何利用荷之香气，古人动了不少脑筋，也想了很多的办法。先是用荷叶包饭，后用来盛酒。如唐代段成式《庐陵官下记》所述：“历城北有使君林，魏正始中，郑公悫，三伏之际，每率宾僚避暑于此。取大莲叶，置砚格上，盛酒三升，以簪刺叶，令与柄通屈，茎上轮囷如象鼻，传吸之，名为碧筒杯。历下学之，言酒味杂莲气香，冷胜于水。”② 真是雅趣横生。《成都记》云：“唐玄宗以芙蓉花汁调香粉，作御墨，曰‘龙香剂’。”③ 就把荷花作为香料了。

第七节　千叶白莲：荷花与园艺

这一时期荷花的园艺水平在前朝的基础上有大幅度的提高，荷花的观赏品种不断地增添和丰富，莲藕的种植技术得到了改进和提升。陆续出现了不少农书，其中唐代有王方庆《园庭草木疏》、韩鄂《四时纂要》、贾耽《百花谱》、李德裕《平泉草木记》、段成式《酉阳杂俎》等。到了两宋，有周师厚《洛阳花木记》、温革《分门琐碎录》、范成大《桂海虞衡志》、苏颂《图经本草》，以及宋太宗诏令编纂的《太平御览》等。此外，还有《四时栽培花果图》《郊居草木记》、张宗海《花木录》等书，惜已失传。其中《酉阳杂俎》和《太平御览》对荷花做了大量叙述。

① 太平圣惠方[OL]. 殆知阁http://www.daizhige.org/医藏/太平圣惠方-340.html.

② 陈梦雷. 古今图书集成·博物汇编·草木典[M]. 北京：中华书局，影印本.

③ 亓军红. 我国古代荷的种植及其经济文化价值研究[D]. 南京：南京农业大学，2006：25.

一、荷花的品种资源

隋唐以前，史籍中有荷花品种变化的记载，如一茎双花、一茎多花或并蒂等；花色有赤、白、红、青、紫、黄诸色，后发展为半重瓣或重瓣等。不过，这些嘉莲、瑞莲一茎双花或多花的性状，通常都不稳定。

隋唐时期 到了隋唐时期，荷花中常见到一些重瓣或重台莲品种。重瓣和重台莲的特征有区别，重瓣指有多层花瓣的花朵，而重台则指花瓣极重，瓣脉明显，盛开心皮全部瓣化成红绿相间的筒状物。在园艺上均具有观赏价值，且具遗传性状。据五代王仁裕《开元天宝遗事·解语花》："明皇秋八月，太液池有千叶白莲数枝盛开，帝与贵戚宴赏焉。左右皆叹羡久之。帝指贵妃示于左右曰：'争如我解语花。'"[①] 可见，唐代长安已有"千叶白莲"的重瓣品种了。李德裕于唐敬宗宝历元年（825），在洛阳城郊建平泉山居时，向苹洲引入重台莲品种，其《重台芙蓉》诗曰："芙蓉含露时，秀色波中溢。玉女袭朱裳，重重映皓质。"[②] 后来，李德裕在《重台芙蓉赋并序》叙及："吴兴郡南白苹亭，有重台芙蓉，本生于长城章后旧居之侧。移植苹洲，至今滋茂。余顷岁徙根于金陵桂亭，奇秀芬芳，非世间之物，因为此赋。"晚唐时苏州郡治木兰堂的后池再现重台莲，皮日休《木兰后池三咏·重台莲花》诗曰："欹红婑媠力难任，每叶头边半米金。可得教他水妃见，两重元是一重心。"[③] 还有陆龟蒙《和袭美木兰后池三咏·重台莲花》亦曰："水国烟乡足芰荷，就中芳瑞此难过。风情为与吴王近，红萼常教一倍多。"[④] 由此可知，唐代南方江浙一带不仅有重瓣，还出现有重台莲品种。

隋唐时，苏州是莲藕的盛产地。当年白居易任苏州刺史，曾携带白莲到洛阳栽种，并咏有《种白莲》诗云："吴中白藕洛中栽，莫恋江南花懒开。万里携归尔知否，红蕉朱槿不将来。"[⑤] 按史料显示，杜佑《通典》所称的"吴郡贡嫩藕三百段"和李肇《唐国史补》中所载的"伤荷藕"，以及白居易任苏州刺史带去洛阳的白莲，都是产于吴中当地的莲藕品种。苏州的地方传统莲藕品种有花藕、慢荷

① 王仁裕. 开元天宝遗事[OL]. 殆知阁http://www.daizhige.org/史藏/志存记录/开元天宝遗事-2.html.

② 全唐诗[M]. 北京：国际文化出版公司，1993：1571.

③ 全唐诗[M]. 北京：国际文化出版公司，1993：2037.

④ 全唐诗[M]. 北京：国际文化出版公司，1993：2070.

⑤ 全唐诗[M]. 北京：国际文化出版公司，1993：1466.

（晚荷）与突眼头三个。[①] 花藕是一个早熟生食的品种，藕身粗短且圆整，脆嫩，甜美，无渣，品质极佳。《通典》中提及的"贡藕"或许就是此品种，其特性是无花或极少开花，偶有花白色。慢荷则是中生、熟兼用品种，开白花，生食口感不及花藕，煮熟后肉质细腻粘糯可口。《唐国史补》所记的"伤荷藕"应是伤叶后起藕，不似花藕。白居易带到洛阳的白莲，主要为池栽作观赏花莲，而作贡藕的花藕则无花。所以说，《唐国史补》中的贡藕与白居易所提到的藕，很可能是慢荷。花藕与慢荷是苏州利用土层深厚肥沃的沤田所生长的特有藕莲品种，可能在唐代不同时期都作为贡藕进奉朝廷。

还有由宋代陶谷编撰的《清异录·果·禊宝》所云："崔远家墅，在长安城南。就中禊池产巨藕，贵重一时。相传为禊宝，又曰玉臂龙。"[②] 崔远乃晚唐人，逝于天祐二年（905）。在长安城南的中禊池生产巨藕，反映了晚唐至五代期间的北方地区也出现了地方性藕莲品种。长安城南中禊池生产的巨藕，当时被用于祭祀。[③] 隋唐早期生产的藕莲，都是没有品种名称，常以产地为名，以资区分。

我国古代地域辽阔，荷花种质资源十分丰富。唐五代时期，东北地区的辽朝（契丹国）就有金色莲花。据《辽史·营卫志中》记述：夏捺钵，"无常所，多在吐儿山。道宗每岁先幸黑山，拜圣宗、兴宗陵，赏金莲，乃幸子河避暑。吐儿山在黑山东北三百里，近馒头山。黑山在庆州北十三里，上有池，池中有金莲"。[④] "夏捺钵"即辽帝的夏行宫。查阅史料，"吐儿山"（今名犊儿山）、"黑山"（今名汗山）及"庆州"今属内蒙古赤峰市巴林右旗。这说明了今内蒙古赤峰市巴林右旗一带曾有"金莲"的分布。这里的"金莲"是莲科莲属的种，还是其他种的植物，由于没有具体的特征描述，难以确定。

唐诗中多处吟及青莲，如陈子昂《酬晖上人夏日林泉》诗云："闻道白云居，窈窕青莲宇。"以青莲喻佛寺。杨巨源《夏日苦热同长孙主簿过仁寿寺纳凉》诗："因投竹林寺，一问青莲客。"则以青莲喻僧人。柳宗元《礼部贺白龙并青莲花合欢莲子黄瓜等表》吟："伏见今月日内出……又出西内定礼池中青莲花。""青莲"源于佛典。"优钵罗花的青莲花，在八寒地狱中也有所谓的优钵罗地狱，这是因冰同水色而呈青色，或是因寒气而使皮肤冻成青色，所以称为优钵罗地狱。八大

① 赵有为. 中国水生蔬菜[M]. 北京：中国农业出版社，1999：25.
② 陶谷. 清异录[OL]. 殆知阁http://www.daizhige.org/子藏/笔记/清异录-4.html.
③ 舒迎澜. 古代莲的品种演变[J]. 古今农业，1990(1)：32-36.
④ 辽史[M]. 北京：中华书局，1974：374.

龙王之一的优钵罗龙王，因为所住之处即优钵罗花所生长的池中，故以之为名。”[1]这是用佛教的思维描述青莲的特征。《佛教的莲花》一书根据佛典记载，进一步描述优钵罗花（梵名 utpala），指出它又作乌钵罗华、郁钵罗华、优钵剌华、优婆罗华、嘔钵罗华，即睡莲。可见，青莲就是与荷花既不同科又不同属的睡莲。

两宋时期 到了宋代，无论花莲，还是藕莲，品种都在不断地增加。如北宋陶谷《清异录》所载：“北戎莲实，状长少味，出藕颇佳，然止三孔。用汉语转译其名，曰省事三。”[2]从文可知，“省事三”为汉语音译名，是北方少数民族种植的莲藕品种。“省事三”意指藕只有三个孔道，属耐旱型品种。因为西北地区较干旱，土壤水层不能经常维持，于是其根状茎的通气组织有退化、减少的趋势。[3]北宋寇宗奭撰《本草衍义》，叙及白莲产藕为佳。南宋高似孙《剡录》（即《嵊县志》）中，提及“越藕”和“罗文藕”品种，“越藕”又名“花下藕”，产藕最佳；“罗文藕”则产于绍兴禹庙一带。据宋度宗咸淳年间（1265—1274）的《临安志》所述，杭州西湖的莲藕其横断面所见气孔道呈扁圆形，俗称“扁眼”，味甘脆，亦属当地著名的莲藕品种。

《本草衍义》中也提到“粉红千叶”“白千叶”等花莲品种；南宋周淙《乾道临安志》中记载了“千叶莲”“佛头莲”等品种。又《临安志》提及，南宋淳熙年间（1174—1189），“孝宗同太上至德寿宫冷泉堂。时莲花盛开，太上指池心云：‘此种五花同干，近伯圭自湖州进来，前此未见也。’”[4]当时杭州至湖州一带也出现过一茎多花的类型。还有《都城纪胜》亦云杭州聚景园后湖有“绣莲”，这也是当时南宋的名贵品种。

二、荷花的种植技艺

隋唐时期 隋唐时期，荷花种植技艺水平在前朝基础上有了大幅度的提高。据唐代郭橐驼《种树书》载：“初春掘藕节，藕头着泥中种之，当年着花。……种莲先以牛粪壤地，于立夏前两三日种，当年便开花。种莲以酒糟涂之则更盛。”[5]

① 全佛编辑部．佛教的莲花［M］．北京：中国社会科学出版社，2003：23-28.

② 舒迎澜．古代莲的品种演变［J］．古今农业，1990（1）：33.

③ 同上。

④ 浙江通志［OL］．殆知阁http://www.daizhige.org/史藏/地理/浙江通志-269.html.

⑤ 亓军红．我国古代荷的种植及其经济文化价值研究［D］．南京农业大学，2006：25.

说明唐时郭橐驼的种荷技艺达到了较高的水平。

中唐时期，种荷最著名者应数白居易。唐宪宗元和十年（815），白居易贬为江州（今江西九江）司马，次年二月赴庐山游东林、西林寺时，写有《浔阳三题·东林寺白莲》，其诗云："……夏萼敷未歇，秋房结才成。夜深众僧寝，独起绕池行。欲收一颗子，寄向长安城。但恐出山去，人间种不生。"① 宝历元年（825）五月，他出任苏州刺史后，为了便利苏州水陆交通，开凿了从阊门到虎丘的山塘河，七里长河种荷种树数千株。其诗《武丘寺路》云："自开山寺路，水陆往来频。银勒牵骄马，花船载丽人。芰荷生欲遍，桃李种仍新。好住湖堤上，长留一道春。"且在《武丘寺路》诗注："去年重开寺路，桃李莲荷约种数千株。"② 说明了白居易主导开凿河道、种植荷叶、花树，造福一方百姓。后又将苏州的白莲寄回洛阳栽种。有关洛阳白莲的引种，南宋著名学者程大昌曾撰《演繁露》一书，这是一部笔记体著作，对宋之前各种事物进行了认真考证。其《白莲花》谓："洛阳无白莲花，白乐天自吴中带种归，乃始有之。"③

两宋时期　五代十国战争连年，社会动荡不安，有关荷花的种植史料难以查获。降至两宋时代，农业生产发展迅速，尤其是水产业的繁盛，宋代人的生活得到了改善。宋人施宿《嘉泰会稽志》记载："会稽、诸暨以南，农家多凿池养鱼为业。每春初……其间多鳙、鲢、鲤、鲩、青鱼而已。池有仅数十亩者，旁筑亭榭，临之水光浩渺，鸥、鹭之属自至，植以莲芡、菰蒲、拒霜，如图画然。过者为之踌躇。"④ 池塘里养鱼的同时，还种植莲藕以及芡实等水生蔬菜，这种鱼和莲混合养殖的方式，今人仍在沿用。而池畔筑亭榭，夏日红莲娇艳，鸥鹭成群，莲下鱼儿穿梭，这样优美的生态环境，当然引起路人的关注。

北宋时，宋仁宗赐给包拯半个合肥城，在护城河种植莲藕。⑤ 事情真实与否不重要，但它反映了当时利用河道种植莲藕，有利于民，造福于民。据《花史》记载，"宋孝宗于池中种红、白荷花万柄，以瓦盆别种分列水底，时易新者，以

① 白居易. 白氏长庆集[OL]. 殆知阁http://www.daizhige.org/集藏/四库别集/白氏长庆集-2.html.

② 全唐诗[M]. 北京：国际文化出版公司，1993：1458.

③ 王象晋，汪灏. 广群芳谱[OL]. 殆知阁http://www.daizhige.org/艺藏/草木鸟兽虫鱼/御定佩文斋广群芳谱-67.html.

④ 陈国灿，陈剑峰. 南宋两浙地区农村家庭探讨[J]. 浙江师范大学学报（社会科学版），2005，30（4）：15-19.

⑤ 曹蓓蓓，丁晓蕾. 中国古代莲藕栽培起源概说[J]. 绿色科技，2015（12）：131.

为美观”[①]。说明南宋人种荷花很有创意，将盆（缸）栽荷花放入水中，既有利于植株的正常生长，又便于荷花的观赏。

第八节 太液芙蓉：荷花与园林应用

荷花应用于园林水景，先始于皇家园林，后才广泛应用于民间，这一时期也是如此。“隋唐的皇室园居生活多样化，相应地大内御苑、行宫御苑、离宫御苑这三种类型的区分就比较明显，它们各自的规划布局特点也比较突出。这时期的皇家造园活动以隋代、初唐、盛唐最为频繁。”[②]

一、皇家园林荷景

（一）隋代皇家园林荷景

隋朝都城是在原北周长安城的基础上发展起来的，命名为大兴城。大兴城东西宽 9.72 公里，南北长 8.65 公里，面积约为 84 平方公里，大兴城在建城之初就考虑到了供水问题。“一共开凿四条水道（渠）引入城内，一是龙首渠，引浐水分两支进城，一支经城东北诸坊入皇城再北上入宫城，潴而成为御苑水池东海，另一支绕城垣之东北角，往西进入大兴苑；二是永安渠，引交水由大安坊处穿南垣一直北上，穿过若干坊及西市，北入大兴苑，再入渭河；三是清明渠，引沈水由大安坊处穿南垣，与永安渠平行北上，入皇城，再入宫城和大兴苑，潴而为御苑水池南海、西海、北海；四是曲江，引黄渠之水，支分盘曲于东南角。这四条水渠的开凿主要是为解决城市供水问题，也为城市的风景园林建设提供了用水条件。”[③]隋朝灭亡时，大兴城尚未全部建成，园林水景虽不具规模，但也有少量荷景。

① 骈字类编[OL]. 殆知阁http://www.daizhige.org/子藏/类书/御定骈字类编-1387.html.

② 周维权. 中国古典园林史[M]. 北京：清华大学出版社，2008：180.

③ 周维权. 中国古典园林史[M]. 北京：清华大学出版社，2008：175-176.

隋朝在曲江池上辟建皇家园林。开皇三年（583），隋文帝对曲江厌其“曲”字，认为兆头不好，便令宰相高颎为其更名。一天晚上，高颎忽然想起曲江池中的莲花盛开，异常红艳，莲花雅称芙蓉，遂拟更曲江为“芙蓉园”。经过隋初的一番改造，曲江重新以皇家园林的性质出现在历史舞台，且得到新名芙蓉园。同时，它与首都大兴城紧密相连，其池下游流入城内，是城东南各坊用水来源之一。隋炀帝时代，黄衮在曲江池中雕刻各种水饰，把魏晋南北朝的文人曲水流觞故事引入了宫苑之中，给曲江胜迹赋予一种人文精神，为唐代曲江文化的形成和发展奠定了基础。唐时在隋朝芙蓉园的基础上，扩大曲江园林的建设规模和文化内涵，除在芙蓉园修紫云楼、彩霞亭、凉堂与蓬莱山之外，又开凿了大型水利工程黄渠，以扩大芙蓉池与曲江池水面，使这里成为皇族、僧侣、平民会聚盛游之地。

西苑位于洛阳城之西侧，为一座人工开凿的山水园，是隋帝的行宫。唐代杜宝撰《大业杂记》云：“庭植名花，秋冬即剪杂彩为之，色渝则改着新者。其池沼之内，冬月亦剪彩为芰荷”，“杨柳修竹，四面郁茂，名花美草，隐映轩陛”。[①] 冬天池上无荷花，便剪彩为芰荷。足见当时荷花作为观赏植物已备受人们喜爱。

弘执恭（生卒年月不详）是北周及隋时的诗人。隋炀帝大业元年（605）八月，炀帝由汴河入淮至江都，虞世南、诸葛颖、弘执恭等人同行，皆应制有诗。弘执恭的《秋池一株莲》吟：“秋至皆零落，凌波独吐红。托根方得所，未肯即随风。”[②] 此诗一是对莲花高洁的赞咏，二是反映了隋时长安城或东京洛阳或江都荷景之状况。

（二）唐代皇家园林荷景

李唐王朝建立后，在隋的基础上继续扩建长安都城。当时长安城的人口达一百多万，成为全国经济中心和财富集中地，又是大运河广通渠的终点和国际贸易“丝绸之路”的起点，是当时世界上规模最大、规划布局最严谨的一座城市。

唐代皇家园林布局仍沿袭隋时长安、洛阳的两京建制，在两京均设有大内御苑。长安有太极宫、大明宫、兴庆宫及禁苑；东京有洛阳宫，这是专供皇帝日常临幸游憩的地方。行宫御苑有东都苑、上阳宫、玉华宫，建于都城远郊、近郊风景优美的地方，供皇帝偶一游憩或短期驻跸之所；离宫御苑有翠微宫、华清宫等，为皇帝长期居住且处理朝政之处，相当于与大内相联系的政治中心。

① 杜宝，辛德勇．大业杂记辑校［M］．西安：三秦出版社，2006：8-9.

② 孙映逵．中国历代咏花诗词鉴赏辞典［M］．南京：江苏科技出版社，1989：779-780.

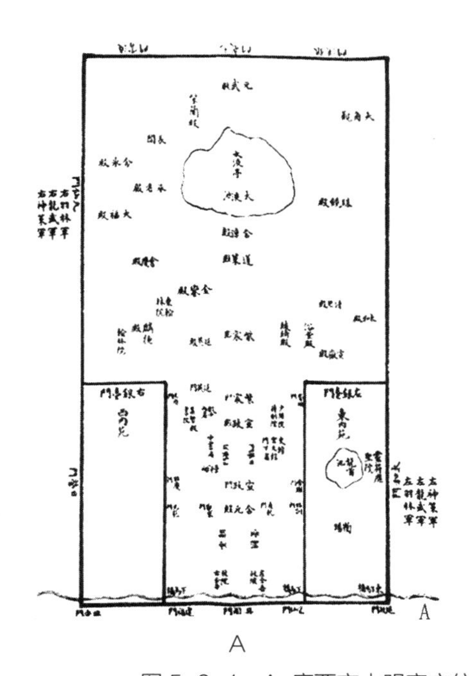
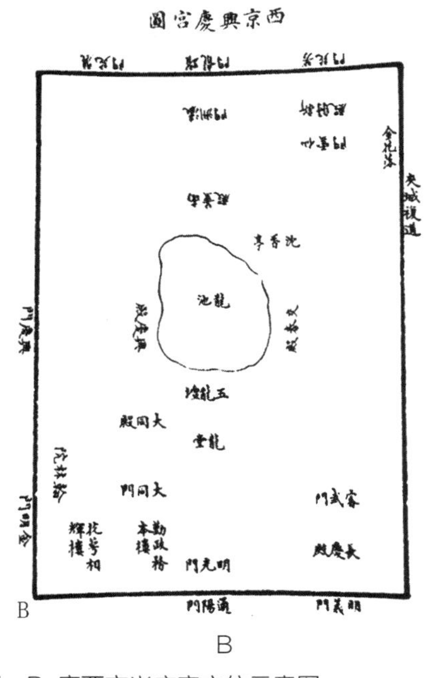

A　　　　B

图 5-8-1　A. 唐西京大明宫方位示意图　B. 唐西京兴庆宫方位示意图

引自徐松. 唐两京城坊考［M］. 北京：国家图书馆出版社，2013：6-8.

皇家园林中少不了荷花的踪影。太液池位于长安城大明宫北部，是唐代最重要的皇家池苑（图 5-8-1）。每临夏日，池中荷花娇艳亮丽，清香远溢；池岸垂柳随风飘逸，婀娜多姿。如白居易《长恨歌》吟："归来池苑皆依旧，太液芙蓉未央柳。"[①]2005 年 2 月至 5 月，中日联合考古队对西安唐长安城大明宫太液池遗址进行考古发掘，太液池池岸和池内出土大量的条砖、方砖、瓦当、鸱尾、础石、陶瓷三彩等建筑和生活遗存。发现其中有不少用于园道的莲纹方砖、亭榭的荷花瓦当及石狮子莲花座望柱，这是唐考古历代发掘中出土最精美的园林建筑石构件，有些还是罕见的珍品。同时，考古工作者在太液池湖底淤泥层中，发现大量清晰可辨的荷叶及保持较完整的莲梗和莲蓬（图 5-8-2）。[②] 这些出土遗物，足以证实荷花在唐代皇家园林中应用的多样性，以及荷文化曾经有过的辉煌。

兴庆宫亦称"南内"，位于长安外廓城东北、皇城东南面之兴庆坊，占一坊之半地。自兴庆宫有夹城（复道）通往大明宫和曲江，皇帝车驾"往来两宫，人

① 全唐诗［OL］. 殆知阁http://www.daizhige.org/诗藏/诗集/全唐诗-423.html.

② 安家瑶，龚国强，何岁利，等. 西安唐长安城大明宫太液池遗址的新发现［J］. 考古，2005（12）：3-6.

图 5-8-2　太液池湖底淤泥层发现荷叶痕迹

引自安家瑶，龚国强，何岁利，等. 西安唐长安城大明宫太液池遗址的新发现［J］. 考古，2005（12）：5.

莫知之”。据清人徐松《唐两京城坊考·西京兴庆宫》述：宫廷区共有中、东、西三路跨院，中路正殿为南薰殿；西路正殿为兴庆殿，后殿大同殿供老子像；东路有偏殿“新射殿”和“金花落”。正宫门设在西路之西墙，名兴庆门（图 5-8-1B）。

兴庆宫的苑林区内以龙池为中心，池面略近椭圆形。池的遗址面积约 1.8 公顷，由龙首渠引浐水之活水接济。龙池里植荷花、芡实、菱角及藻类等水生植物，池西南的花萼相辉楼和勤政务本楼是苑林区内的两座主要殿宇，楼前围合的广场遍植柳树，广场上经常举行乐舞、马戏等表演。这两座殿宇也是唐玄宗接见外国使臣、策试举人以及举行各种仪式、娱乐活动之处。武平一《兴庆池侍宴应制》诗：“銮舆羽驾直城隈，帐殿旌门此地开。皎洁灵潭图日月，参差画舸结楼台。波摇岸影随桡转，风送荷香逐酒来。愿奉圣情欢不极，长游云汉几昭回。”而李适《帝幸兴庆池戏竞渡应制》亦吟：“拂露金舆丹旆转，凌晨黼帐碧池开。南山倒影从云落，北涧摇光写溜回。急桨争标排荇度，轻帆截浦触荷来。横汾宴镐欢无极，歌舞年年圣寿杯。”[①] 可见，在这样一处池岸亭台楼阁错落耸立林木蓊郁，绿柳飘拂，池上红荷摇曳，碧浪翻卷，清香远溢，景色绮丽可人的环境里，迎接外使，或举行集会，或帝王与嫔妃乘坐画船，行游池上，闻乐赏荷，一派歌舞升平（图 5-8-3、4）。

① 全唐诗［OL］. 殆知阁http://www.daizhige.org/诗藏/诗集/全唐诗-66.html.

图 5-8-3　一群文人士大夫在曲江池上“泛舟”

（李尚志摄于现西安曲江遗址公园）

图 5-8-4　李白、杜甫、白居易等诗人在曲江池畔，明月高挂，荷香飘溢，对酒高歌，好不释怀

（李尚志摄于现西安曲江遗址公园）

除龙池（兴庆池）外，唐长安城的赏荷胜地还有曲江池、芙蓉园。唐继隋之后，进一步开发曲江池，且将其开辟成一方既是皇家园林又是开放性公园的游览胜地，使曲江池成为一处独立的园林风景区。许多贵族文人在此处游赏饮宴，而贵族文人的游赏和进士曲江宴，更是曲江诗歌繁荣的重要原因。据程大昌《雍录》云：“韩愈诗曰：‘曲江千顷荷花净，平铺红蕖盖明镜。’长安中，太平公主于原上置亭游赏，后赐宁、申、岐、薛王。正月晦日、三月三日、九月九日，京城士女

咸即此祓禊，帟幕云布，车马填塞，词人乐饮歌诗。”①

荷花和绿柳是曲江池的重要园林景观植物。据唐人康骈《剧谈录》述：“开元中疏凿为妙境，花卉周环，烟水明媚，都人游玩，盛于中和节。江侧菰蒲葱翠，柳荫四合，碧波红蕖，湛然可爱。”② 不少诗人对曲江池荷花均有吟唱，如杜甫《曲江三章章五句》吟：“曲江萧条秋气高，菱荷枯折随风涛。”③ 诗人秋游曲江，菱荷枯败，一派萧索冷落景象，令人伤感。心境影响赏荷视角，如韩愈《酬司门卢四兄云夫院长望秋作》咏：“曲江荷花盖十里，江湖生目思莫缄。”④ 夏末秋初，虽步入秋天，但曲江十里荷花仍满目青碧，景致生机盎然（图 5–8–5）。

中唐时期，白居易对曲江的关注之情更为强烈，且留下《曲江早秋》《早秋曲江感怀》《曲江感秋》《早春独游曲江》《曲江早春》《曲江亭晚望》等许多耐人寻味的诗篇，其中多首是咏荷之作。诗人面对不舍昼夜的江水，发出对于生命的感叹，如《早秋曲江感怀》：“离离暑云散，袅袅凉风起。池上秋又至，荷花半成子。朱颜自消歇，白日无穷已。人寿不如山，年光急于水。”⑤ 而《曲江忆李十一》咏：“李君殁后共谁游，柳岸荷亭两度秋。独绕曲江行一匝，依前还立水边愁。”⑥ 又《曲江感秋》（作于元和四年）咏：“沙草新雨地，岸柳凉风枝。三年感秋意，并在曲江池。早蝉已嘹唳，晚荷复离披。前秋去秋思，一一生此时。昔人三十二，秋兴已云悲。我今欲四十，秋怀亦可知。岁月不虚设，此身随日衰。暗老不自觉，直到鬓成丝。”⑦ 此诗一是对时光流逝岁月不再、青春不留的感慨；二是描绘深秋荷景随着一年又一年的季相替换，使得曲江园林景致变化无穷（图 5–8–6）。

卢纶《曲江春望》吟：“菖蒲翻叶柳交枝，暗上莲舟鸟不知。更到无花更深处，玉楼金殿影参差。”⑧ 而李商隐《暮秋独游曲江》云：“荷叶生时春恨生，荷叶枯时秋恨成。深知身在情长在，怅望江头江水声。”⑨ 在一个暮春时节，诗人

---

① 程大昌. 雍录. 北京：中华书局，2002：132.

② 真德秀. 文章正宗［OL］. 殆知阁http://www.daizhige.org/集藏/四库别集/白氏长庆集–2.html.

③ 周啸天. 唐诗鉴赏词典［M］. 北京：商务印书馆国际有限公司，2012：668–669.

④ 全唐诗［OL］. 殆知阁http://www.daizhige.org/诗藏/诗集/全唐诗–328.html.

⑤ 白居易. 白氏长庆集［OL］. 殆知阁http://www.daizhige.org/集藏/四库别集/白氏长庆集–11.html.

⑥ 全唐诗［OL］. 殆知阁http://www.daizhige.org/诗藏/诗集/全唐诗–435.html.

⑦ 同⑤。

⑧ 周维权. 中国古典园林史［M］. 北京：清华大学出版社，2008：253.

⑨ 全唐诗［M］. 北京：国际文化出版公司，1993：1783.

图 5-8-5 “曲江千顷荷花净”的韩愈塑像

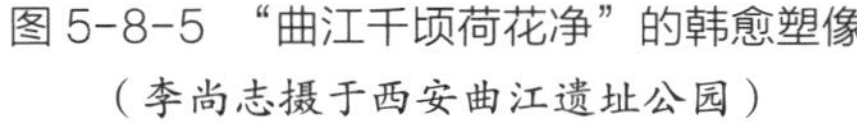

（李尚志摄于西安曲江遗址公园）

图 5-8-6 “早蝉已嘹唳，晚荷复离披”的白居易塑像

（李尚志摄于现西安曲江遗址公园）

曲江旧地重游，尽管眼前荷叶已枯，佳人已渺，即仍依依眷恋，独自伫立江头，望穿秋水，无限怅惘；同时此诗也绘就了暮春三月，北方的曲江池上仍寒气逼人，新莲未现，残荷尚存的园林景致。

曲江之外，还有昆明池。早在初唐期间，昆明池曾是唐高祖“幸昆明池，宴百官”之处，德宗时对昆明池又加以疏浚、整治、绿化，遂成为长安近郊一处著名的皇家园林兼公共游览地，且以池上荷花之盛而饮誉京城。杜甫《秋兴八首》之七咏道：“昆明池水汉时功，武帝旌旗在眼中。织女机丝虚夜月，石鲸鳞甲动秋风。波漂菰米沉云黑，露冷莲房坠粉红。关塞极天惟鸟道，江湖满地一渔翁。”[①] 诗中描述昆明池菰米无人收，莲子无人采，一任波漂露冷，不胜黍离麦秀之感。

唐朝东都洛阳也有许多赏荷胜地。据《河南志》：“魏王池与洛水隔堤。初建都筑堤，壅水北流，余水停成此池。下与洛水潜通，深处至数顷。水鸟翔咏，荷芰翻覆，为都城之胜地。”[②] 记述了魏王池的荷花生态景色。现当时东都洛阳魏王池也具有皇家园林和开放性公园的特点。

上述为唐时皇家园林的大内御苑。此外，还有行宫御苑及离宫御苑。行宫指皇帝巡视中居住的宫殿，如东都苑位于洛阳城西侧，隋代兴建时称之“西苑”，到了唐代改为“东都苑”，武则天时又名“神都苑”。苑内最东面有“凝碧池”，

① 周啸天. 唐诗鉴赏词典[M]. 北京：商务印书馆国际有限公司，2012：799-800.

② 河南志[OL]. 殆知阁http://www.daizhige.org/史藏/地理/河南志-7.html.

亦名“积翠池”。贞观十一年（637）夏月，皇帝与嫔妃常乘船池上赏荷观景。还有东都洛阳城上阳宫，紧邻东都苑。元稹《和李校书新题乐府·上阳白发人》吟：“月夜闲闻洛水声，秋池暗度风荷气。”① 描述了上阳宫的荷景宜人。

唐时的离宫有翠微宫和华清宫。翠微宫位于长安城之南的终南山太和谷，武德八年（625）始建。由于唐太宗嫌长安大内御苑烦热，在此修建离宫避暑。翠微宫背倚终南山，通往山外的关中平原，林木蓊郁，溪流潺潺，环境优雅，气候宜人。故唐太宗李世民《秋日翠微宫》咏：“秋日凝翠岭，凉吹肃离宫。荷疏一盖缺，树冷半帷空。”② 翠微宫于贞观十年（636）废。现考古发现翠微宫遗址处有大量的莲花瓦当、莲花纹方砖，反映了唐太宗对莲的钟爱。而华清宫位于长安城以东的临潼，贞观十八年（644）太宗诏令在此造殿，赐名汤泉宫。天宝六年（747）改名华清宫。当年台殿环列，盛况空前。但安史之乱后，皇帝很少到此游幸。至唐末废圮，五代成为道观。1982 年至 1986 年我国考古工作者在此进行考古发掘，在华清宫遗址清理出汤池八个。其中 2 号池为上下双层台式，上层台缘作莲花形，东西 10.6m，南北 6m，池深 0.8m，下层台缘为八角形，深 0.7m，推测即唐玄宗的御汤九龙殿，又名莲华汤（图 5–8–7、图 5–8–8）。

图 5–8–7　华清宫“莲华汤”匾额（李尚志摄）

图 5–8–8　华清宫之荷景

引自华清宫官网［OL］http://www.hqc.cn/.

（三）五代皇家园林荷景

五代皇家园林建设无从谈起，唯有南唐都城金陵有些史料零星述及。

历经南朝宋、齐、梁、陈四代的精心营造，到南唐时期，金陵的皇家园林玄

① 全唐诗［M］. 北京：国际文化出版公司，1993：1336.

② 全唐诗［OL］. 殆知阁http://www.daizhige.org/诗藏/诗集/全唐诗-2.html.

武湖颇具荷花景观，且出现“嘉莲一茎三花，生乐游苑”的吉祥兆头。隋唐之后，玄武湖一度失去昔日皇家园林的地位，到南唐，出现重要的园林建筑，如曲池、后湖亭（虚亭）、涵虚阁等。当时名臣徐铉诗云：“事往山光在，春晴草色深。曲池鱼自乐，从桂鸟频吟”；“湖上一阳生，虚亭启高宴。枫林烟际出，白鸟波心见”。中主李璟到后湖赏莲时，特写下《游后湖赏荷花》，诗云：“蓼花蘸水火不灭，水鸟惊鱼银梭投。满目荷花千万顷，红碧相杂敷清流。”这与北宋人郑文宝《南唐近事》所记之“金陵北有湖，周回数十里，名山大川，掩映如画，六朝旧迹，多出其间，每岁菱藕罟网之利不下数百千”，互为映照。这都说明了南唐都城金陵皇家园林玄武湖的荷景秀美宜人①。

（四）两宋皇家园林荷景

降至北宋，政权稳定，社会经济发展迅速，同时也促进了都城开封皇家园林的建设。“北宋东京市中心的御道，两旁掘有御沟分隔，沟旁种行道树，沟中植莲，首创中国以荷美化街景的实例。”②

宋室南迁后，临安城的行宫御苑也很多，大都分布在西湖周边优美的地段，如后苑、集芳园、玉壶园、聚景园、屏山园、南园、延祥园、琼华园、梅冈园、桐木园等；有的则筑于外城，如德寿宫和樱桃园。如德寿宫位于临安外城东部望仙桥之东。宋高宗晚年倦勤，不治国事，于绍兴三十二年（1162）将原秦桧府邸扩建为德寿宫并移居于此。宋人称之为“北内”，而与宫城大内相提并论。

后苑为南宋宫城北半部的苑林区，位置大约在凤凰山的西北部，是一座风景优美的山地园林。这里地势高，能迎受钱塘江的江风，比杭州的其他地方凉爽得多，故为宫中避暑之地。《武林旧事》云：“禁中避暑，多御复古、选德等殿，及翠寒堂纳凉。长松修竹，浓翠蔽日，层峦奇岫，静窈萦深。寒瀑飞空，下注大池可十亩。池中红白菡萏万柄，盖园丁以瓦盎别种分列水底，时易新者，以为美观。置茉莉、素馨、建兰、麋香藤、朱槿、玉桂、红蕉等南花数百盆于广庭，鼓以风轮，清芬满殿。……初不知人间有尘暑也。”③后苑分为东西南北四区，四个景区中央为人工开凿的大水池，池中遍植荷花，可乘画舫作水上游。水池引西湖之水注入，“叠石为山以象飞来峰之景。有堂，匾曰‘冷泉’”。它把西湖的一些风景

① 李源. 南唐后湖初探[J]. 江苏地方志，2002(4)：41-42.

② 王其超，张行言. 荷花[M]. 上海：上海科技出版社，1998：1-16.

③ 周维权. 中国古典园林史[M]. 北京：清华大学出版社，2008：990-992.

缩移仿造入园，故又名“小西湖”。据吴自牧《梦粱录》载：这些御苑“俯瞰西湖，高挹两峰，亭馆台榭，藏歌贮舞；四时之景不同，而乐亦无穷矣”。聚景园内“每盛夏秋首，芙蕖绕堤如锦，游人舣舫赏之”①。

对于南宋临安士民来说，赏荷胜地也很多，如西湖有“西湖十景”：苏堤春晓、曲院风荷、平湖秋月、断桥残雪、柳浪闻莺、花港观鱼、雷峰夕照、双峰插云、南屏晚钟、三潭印月。其中“曲院风荷”之景，以夏日观荷为主题。曲院原是南宋朝廷开设的酿酒作坊，位于今灵隐路洪春桥附近，湖面种植荷花；每逢夏日，和风徐来，荷香与酒香四处飘逸，令人不饮亦醉之感。故南宋王洧《湖山十景·曲院风荷》咏：“避暑人归自冷泉，步头云锦晚凉天。爱渠香阵随人远，行过高桥旋买船。”②

（五）辽金皇家园林荷景

辽王朝占据幽燕地区后，其皇家园林有瑶池、内果园、柳庄、长春宫、粟园等处，当时大部分水域尚未开发。而金王朝灭辽后，特别是迁都燕京（今北京）后开始大规模的皇家园林建设。金代引西湖水（现莲花池），营建西苑、同乐园、太液池、南苑、广乐园、芳园、北苑等处皇家园林，并修建离宫禁苑，其中最大的是万宁宫，即今北海公园地段，并在郊外玉泉山兴建芙蓉殿、樱桃沟观花台、香山行宫、潭柘寺附近金章宗弹雀处、玉渊潭钓鱼台等。

金章宗在位时是金代皇家园林建设的全盛时期，“燕京八景”正是起源于金代。其中北苑位于皇城之北偏西，苑中有湖沼、荷池、小溪、柳林、草坪，湖中有岛，主要有景明宫、枢光殿等殿宇。金代诗人赵秉文《北苑寓直》吟：“柳外宫墙粉一围，飞尘障面卷斜晖。潇潇几点莲塘雨，曾上诗人下直衣。”③诗中“翠柳”“宫墙”“斜晖”“莲塘”等元素，将北苑的荷景及园林景致描绘得优美动人。

大宁宫位于中都燕京的东北郊，金世宗大定十九年（1179）兴建。此处原为一方湖沼地，上源高梁河。建成后的大宁宫是一座规模较大的离宫御苑，金世宗每年必往驻跸。金章宗也喜爱此地风景，曾于承安元年（1196）三月至八月、承安二年（1197）四月至八月、泰和元年（1201）三月至八月、泰和六年（1206）

---

① 吴自牧. 梦粱录［OL］. 殆知阁http://www.daizhige.org/史藏/地理/梦粱录-19.html.

② 全宋诗［OL］. 殆知阁http://www.daizhige.org/诗藏/诗集/全宋诗-2075.html.

③ 周维权. 中国古典园林史［M］. 北京：清华大学出版社，2008：293-294.

三月至八月、泰和七年（1207）三月至八月，多次到大宁宫接见臣僚，处理国政，且每次居住达四个月之久。大宁宫水面辽阔，以荷景取胜，湖中构筑琼华岛，其岛上建广寒殿。金人赵秉文《扈跸万宁宫》诗云："一声清跸九天开，白日雷霆引仗来。花萼夹城通禁籞，曲江两岸尽楼台。柳阴罅日迎雕辇，荷花分香入酒杯。遥想熏风临水殿，五弦声里阜民财。"[①] 张翰《万宁宫朝回》亦云："宿雨初收变晓凉，宫槐恰得几花黄。鹊传喜语留鞘尾，泉打空山辊鞠场。已觉云林非俗境，更从衣袖得天香。太平朝野欢娱在，不到莲塘有底忙。"[②] 史学《宫词》云："宝带香褵水府仙，黄旂彩扇九龙船。薰风十里琼华岛，一派歌声唱采莲。"[③] 综上，足见大宁宫当年碧荷成片，清香飘溢，龙舟泛彩、莲歌远扬的景观令诗人们念念不忘。

二、私家园林荷景

（一）隋唐时期

隋唐时代居住在长安城的皇亲或大官僚均辟建有宅园或游憩园，唐代人对私园习惯称"山池院""山亭院"。山池院具备水系条件，有水便可植荷菱。《唐两京城坊考》卷四中，西京外廓城昭行坊，"十字街之南，汝州刺史王昕园。引永安渠为池，弥亘顷亩，竹木环布，荷荇丛秀"。[④] 由此可知，园内的荷花娇艳，荇蕾秀丽。义阳公主（640—691）乃唐高宗李治之长女，其山池院里的荷景，可见于诗人杜审言《和韦承庆过义阳公主山池五首》之三："携琴绕碧沙，摇笔弄青霞。杜若幽庭草，芙蓉曲沼花。"组诗之四再次强调荷景之盛："园果尝难遍，池莲摘未稀。卷帘唯待月，应在醉中归。"[⑤]

中唐诗人王维的辋川别业位于今陕西蓝田县南约 20 公里处，山岭环抱，溪谷辐辏有若车轮，故名"辋川"。在王维和好友裴迪赋诗唱和中，涉及的别业景点有孟城坳、华子岗、文杏馆、斤竹岭、木兰柴、茱萸片、宫槐陌、鹿柴、北垞、临湖亭、柳浪、金屑泉、竹里馆、白石滩、栾家濑、辛夷坞、漆园、椒园、欹湖

① 赵秉文. 滏水集[OL]. 殆知阁http://www.daizhige.org/集藏/四库别集/滏水集-9.html.

② 元好问. 中州集[OL]. 殆知阁http://www.daizhige.org/诗藏/诗集/翰苑英华中州集-27.html.

③ 周维权. 中国古典园林史[M]. 北京：清华大学出版社，2008：344.

④ 李浩. 唐代园林别业考论[M]. 西安：西北大学出版社，1996：126.

⑤ 周维权. 中国古典园林史[M]. 北京：清华大学出版社，2008：214-215.

等 20 多处，其中荷景就有欹湖及临湖亭。欹湖属园内之大湖，湖上荷花盛开，可泛舟作水上游。裴迪诗吟："空阔湖水广，青荧天色同。舣舟一长啸，四面来清风。"宽阔的湖水，艳丽的荷花，清香飘逸，泛舟赏景，不亦乐乎。而筑于欹湖畔的临湖亭，更是观荷赏景的最佳处。王维诗吟："轻舸迎上客，悠悠湖上来；当轩对樽酒，四面芙蓉开。"[①]

中唐名相李德裕的平泉庄位于洛阳城南 30 里，近依龙门伊阙。康骈《剧谈录》云："平泉庄去洛阳三十里，卉木台榭，若造仙府。有虚槛前引，泉水萦回。穿凿像巴峡、洞庭、十二峰、九派，迄于海门。江山景物之状，以间行径。有平石，以手磨之，皆隐隐现云霞、龙凤、草树之形。"平泉庄以种植花木数量之多、品种之丰富且名贵而著称当时。而如"苹洲之重台莲，芙蓉湖之白莲"，将荷花品种分门别类，植于湖中观赏，很是少见。

滕逸人其人史料少有记载，但其宅园也是一座荷景秀丽的山池院。诗人孟浩然在《夏日浮舟过陈大水亭浮舟过滕逸人别业》诗云："水亭凉气多，闲棹晚来过。涧影见松竹，潭香闻芰荷。野童扶醉舞，山鸟助酣歌。幽赏未云遍，烟光奈夕何。"[②] 在滕逸人的别业里，水亭、小船、松竹、芰荷、烟光等自然组合，表现出一幅优美的荷景图。

述及唐代私家造园，白居易的宅园堪称首屈一指。白居易一生爱荷花，特别是爱白莲。这从他诗文的字里行间，造园的一池一景均可见之，且对后世产生着积极的影响。所以说，白居易不仅是一位伟大的诗人，还是杰出的思想家和造园大家。他一生营造过四个园林，即渭上南园、庐山草堂、忠州东坡园和洛阳履道里宅园，其中庐山草堂和洛阳履道里宅园详细地记述了他造园的理念及成功营造的白莲景致（图 5-8-9、图 5-8-10）。

---

① 王维，赵殿成．王右丞集笺注［OL］．殆知阁http://www.daizhige.org/集藏/四库别集/王右丞集笺注-10.html.

② 全唐诗［OL］．殆知阁http://www.daizhige.org/诗藏/诗集/全唐诗-138.html.

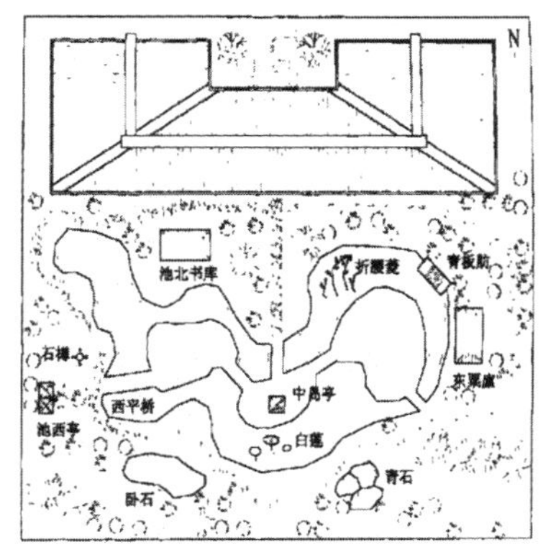

图 5-8-9　白居易履道里宅园平面图
（虚线为故居位置）

图 5-8-10　仿白居易履道里宅园写意图

图5-8-9、图5-8-10引自李尚志. 荷文化与中国园林［M］. 武汉：华中科技大学出版社，2013：74-75.

在白居易 3800 多首诗中，有不少专咏荷花，如《采莲曲》《感白莲花》《六年秋重题白莲》《种白莲》《莲石》《白莲池泛舟》《东林寺白莲》《草堂前新开一池养鱼种荷日有幽趣》《京兆府栽莲》《看采莲》《龙昌寺荷池》《阶下莲》《衰荷》等；其诗集中还有大量关于荷花的诗句，如《长恨歌》之“归来池苑皆依旧，太液芙蓉未央柳。芙蓉如面柳如眉，对此如何不泪垂”，《池上赠韦山人》之“新竹夹平流，新荷拂小舟”，《池上即事》之“钿砌池心绿苹合，粉开花面白莲多”，《池上清晨候皇甫郎中》之“池幽绿蘋合，霜洁白莲香”等[①]，足见对荷花的偏爱。

白居易在江州司马任上，正是洪州禅发展的繁荣时期。“触类是道而任心”是洪州禅的根本思想，提倡“平常心是道”。早在东晋时，释慧远在东林寺就同慧永、慧持一道，和刘遗民、雷次宗等人结社，精修念佛三昧，誓愿往生西方净土，又凿池植白莲，称白莲社。白居易受其思想的影响，在庐山参禅习禅。这使曾一度消沉的白居易，思想上有了精神寄托。他在匡庐香炉峰附近营建草堂时，与东林寺的法师交往甚密，常与法演、智满、道深等僧人学佛，交流佛法禅理。

今人编撰历代对造园学做出重要贡献的人物中，白居易为其中之一。若细细品读白居易名篇《草堂记》和《池上篇》，称其为一代造园宗师，可谓名不虚传。白居易的庐山草堂位于庐山香炉峰与遗爱寺之间，草堂虽营造简朴，但其构筑格局十分协调合理。草堂前有平地，面积约十丈，中间有平台，是平地面积的一半；

① 全唐诗［OL］. 殆知阁http://www.daizhige.org/诗藏/诗集/全唐诗-449、456、451.html.

平台之南有一方形的池子，池子比平台大一倍。环绕水池多竹、野草；池中生长白莲，鱼游其间。草堂北五步远处，凭借高崖积石作假山，有天上飞落之泉水；山旁植茶，故用飞泉与绿茗烹茶，让人终日不愿离去。草堂东，有一瀑布，清水悬挂三尺高，泻落在台阶角落，然后注入石渠中。早晚，那白练好似素洁的绸子，若夜间听，如珠玉琴筝之音。草堂西，靠近北面山崖的右侧山脚，剖竹架在空中，接引北崖山之泉水，这竹管如脉管分出水流，泉水像细线悬挂空中，从屋檐灌注到莲池里。那细泉连接不断，如成串珍珠，飘散的水花一点一点地往下落，则随风远去。他将白莲与山谷、泉水、建筑、植物、季相、色彩、音响等要素有机地结合，互为关联，形成了一个以“清、幽、静、雅”为特征的园林艺术空间。

白居易经常在草堂前莲池畔赏莲、观山、听泉、饮酒、吟诗。如他在《草堂前新开一池养鱼种荷日有幽趣》中云：“淙淙三峡水，浩浩万顷陂。未如新塘上，微风动涟漪。小萍加泛泛，初蒲正离离。红鲤二三寸，白莲八九枝。绕水欲成径，护堤方插篱。已被山中客，呼作白家池。”[①] 草堂的园林布局，完全表达了这位造园大师的审美意境和文化艺术修养。

履道里宅园是白居易晚年精心策划的私家花园。该园遗址位于今洛阳市郊的狮子桥村东北约 150 米处，《唐两京城坊考》载：“居易宅在履道西门，宅西墙下临伊水渠，渠又周其宅之北。”考古发掘的情况与《唐两京城坊考》记载完全吻合，且遗址中出现大量的莲瓣纹方砖和莲瓣纹瓦当[②]。这是白居易在洛阳营造的最后一座园林。宝历元年（825）春，他先修葺宅院，于大和五年凿池筑榭，后池中才植莲。他有《西街渠中种莲叠石颇有幽致偶题小楼》诗云：“朱槛低墙上，清流小阁前。雇人栽菡萏，买石造潺湲。”[③] 其诗《宅西有流水墙下构小楼临玩之时颇有幽趣因命歌酒聊以自娱独醉独吟偶题五绝》其一又云：“伊水分来不自由，无人解爱为谁流。家家抛向墙根底，唯我栽莲越小楼。”[④] 说明池中的白莲是陆陆续续种植的。他创造性地运用“巧于因借，虚实相生”的造园手法，将池中的莲与岸边的竹、柳、石、亭、桥、舫等景物构成风韵别致，意境幽远的画面。晚年的白居易对履道里宅园一往情深，且在《闲居自题》中吟：“门前有流水，墙上多高树。竹径绕荷池，萦回百余步。波闲戏鱼鳖，风静下鸥鹭。寂无城市喧，渺有江

① 全唐诗[OL]. 殆知阁http://www.daizhige.org/诗藏/诗集/全唐诗-454.html.
② 赵孟林，冯承泽，王岩，等. 洛阳唐东都履道坊白居易故居发掘简报[J]. 考古，1994(8)：692-701.
③ 同①。
④ 全唐诗[OL]. 殆知阁http://www.daizhige.org/诗藏/诗集/全唐诗-457.html.

湖趣。吾庐在其上，偃卧朝复暮。洛下安一居，山中亦慵去。时逢过客爱，问是谁家住。此是白家翁，闭门终老处。”①

（二）两宋时期

两宋时私家园林的普及面和造园水平更胜过前朝。苏轼《灵璧张氏园亭记》中的张氏园亭，建于北宋天圣年间（1023—1032），虽早已夷为丘墟但从苏轼此文中可见到其当年繁华。张氏园亭的园主张硕生平不详，“维张氏世有显人，其伯父为殿中君”。②元丰二年（1079），苏轼由徐州（彭城）徙知湖州（吴兴），在宋州（商丘）登船由水路赴任，经灵璧游张氏园，应张硕的请求写下园记。当时的张氏园亭北可观凤凰山云影，南可望汴水泛舟，东“修竹森然”，西“乔木蓊然”，仰可听百鸟齐鸣，俯可闻风泉叮咚，其地理环境可谓得天独厚。张氏园亭之建筑则借鉴我国古代园林的借景手法，融山河之美于一园。《灵璧张氏园亭记》云：“蒲苇莲芰，有江湖之思；椅桐桧柏，有山林之气；奇花异草，有京洛之态；华堂厦屋，有吴蜀之巧，其深可以隐，其富可以养，果蔬可以饱邻里，鱼鳖笋茹可以馈四方之宾客。”③园中百物，无一不可人意。张氏园亭可谓集“气（气势）、态（写实）、思（虚拟）、巧（完美）”等多种园林风格之大成。其中园内“蒲苇莲芰”的原生态景观，蓊勃繁茂，生机盎然。

苗帅园先为五代后周开宝年间宰相王溥之私园，后属于宋代节度使苗授之宅园。苗授购得此园后，加以改建，引伊水支流为溪，汇而成池，并增造亭、轩、堂等建筑，可泛舟，规模宏大壮观。园内“东有水，自伊水派来，可浮十石舟，今创亭压其溪。有大松七，今引水浇之。有池宜莲荷，今创水轩，板出水上”④，于亭轩前植荷观花，景色秀丽可人。

南宋时，朱熹的晦庵建于今福建南平建阳区西北七十里云谷山之巅，处地最高，而群峰上蟠，中阜下踞，内宽外密，自为一区。朱熹在《云谷记》中叙及：谷口距狭，为关以限内外；两翼为轩窗，可坐可卧，以息游者；外植丛竹，内疏莲沼，梁木跨之，植杉绕径。⑤叶适《北村记》曾描绘一位好友的居住之地说：“渟止演漾，澄莹绀澈，数百千里，接以太湖。蒲荷苹蓼，盛衰荣落，无不有

① 全唐诗[OL]．殆知阁http://www.daizhige.org/诗藏/诗集/全唐诗-452.html.

② 苏轼．灵壁张氏园亭记[OL]．殆知阁http://www.daizhige.org/集藏/四库别集/苏轼集-62.html.

③ 翁经方，翁经馥．中国历代园林图文精选·第二辑[M]．上海：同济大学出版社，2005：51-52.

④ 翁经方，翁经馥．中国历代园林图文精选·第二辑[M]．上海：同济大学出版社，2005：72-73.

⑤ 翁经方，翁经馥．中国历代园林图文精选·第二辑[M]．上海：同济大学出版社，2005：148-149.

意。”[1]乾道年间，洪适回乡居住，选择城北面一块山清水秀之处，筑园曰“盘洲园”，从此不再出山。洪适自撰《盘洲记》云：“前后芳莲，龟游其上。水心一亭，老子所隐，曰‘龟巢’。清飔吹香，时见并蒂，有白重台，红多叶者。危亭相望，曰‘泽芝’。整襟登陆，苍槐美竹据焉。山根茂林，浓阴映带，溪堂之语声，隔水相闻。”[2]园内种植多个荷花品种，夏风徐来，阵阵清香，令人陶醉。张镃《张约斋赏心乐事》记：“六月季夏，西湖泛舟，现乐堂尝花白酒，楼下避暑，苍寒堂后碧莲，碧宇竹林避暑，南湖湖心亭纳凉，芙蓉池赏荷花……七月孟秋……西湖荷花泛舟。”[3]还有位于湖州府城月河之西的莲花庄，“四面皆水，荷花盛开时，锦云百顷，亦城中之所无，昔为莫氏产，今为赵氏”。[4]上述荷景均出自南宋时期的私家园林，园主利用湖沼池塘种植荷菱等水生植物，一是荷菱可增收益；二是保护生态，增添景观效果。

三、寺观园林荷景

唐代的寺观园林均繁花似锦，绿树成荫。《剧谈录》述：安业坊的唐昌观，“旧有玉蕊花甚繁，每发若琼林玉树……车马寻玩者相继。”长安著名的慈恩寺则以牡丹与荷花最负盛名，当时文人都前往慈恩寺观牡丹赏荷，因而形成一种风尚。权德舆《和李中丞慈恩寺清上人院牡丹花歌》吟：“澹荡韶光三月中，牡丹偏自占春风。时过宝地寻香径，已见新花出故丛。曲水亭西杏园北，浓芳深院红霞色。擢秀全胜珠树林，结根幸在青莲域。艳蕊鲜房次第开，含烟洗露照苍苔。庞眉倚杖禅僧起，轻翅萦枝舞蝶来。独坐南台时共美，闲行古刹情何已。花间一曲奏阳春，应为芬芳比君子。”[5]可见慈恩寺不仅牡丹艳美，青莲亦淡雅飘香。

南宋时，位于临安西湖畔的灵隐寺深藏在一年四季的花海中，春桃、夏荷、秋桂、冬梅争奇斗艳，尤其是炎炎夏日，酷暑难当，阵阵荷香，随风飘逸，个中的禅境荷韵让人释怀。

到辽金时，中都燕京有许多佛寺和道观，其中庆寿寺位于城东北郊，佛寺附

① 翁经方，翁经馥．中国历代园林图文精选・第二辑[M]．上海：同济大学出版社，2005：154-155.
② 翁经方，翁经馥．中国历代园林图文精选・第二辑[M]．上海：同济大学出版社，2005：100-102.
③ 翁经方，翁经馥．中国历代园林图文精选・第二辑[M]．上海：同济大学出版社，2005：160-161.
④ 翁经方，翁经馥．中国历代园林图文精选・第二辑[M]．上海：同济大学出版社，2005：213.
⑤ 全唐诗[OL]．殆知阁http://www.daizhige.org/诗藏/诗集/全唐诗-314.html.

近由“清溪”“红蕖”“碧树”等组成的水景，十分秀丽宜人。路铎《庆寿寺晚归》吟：“九陌黄尘没马头，眼明佛界接仙洲。清溪照眼红蕖晚，禅榻生凉碧树秋。”[①]

四、衙署园林荷景

衙署是古代官吏办理公务之所。唐宋时期，社会繁荣昌盛，各地政府纷纷参与园林的兴建，或在衙署庭院中稍作绿化点缀，或于衙署内住房后院建置园林，形成由“治”“宅”“园”三部分构成的衙署建筑群落。它主要为官员提供雅集、宴饮、赏游的功能，故组成了衙署园林这一独特的园林类型。

如绛守居园池位于今山西新绛县城西部高垣，历代俗称“隋代花园”“隋园”“莲花池”等，始建于隋代开皇十六年（596），由内军将军、临汾令梁轨开创。后历经唐、宋、元、明、清各代官衙州牧的添建维修，它成为我国园林史研究的重要资料。但隋唐时期的园林面貌已荡然无存，只能从唐穆宗长庆三年（823）绛州刺史樊宗师的《绛守居园池记》中寻觅到大概的面貌。现存园池基本面貌是清代李寿芝所重建，后又经民国初年修建的风貌。园池东西长，南北窄，一条子午梁（甬道）横贯园池南北，高高隆起，将园池分为东西两部分。洄莲亭屹立于园内芙蓉池南岸，夏日红荷欲放，翠盖摇曳，藕香飘溢（图5-8-11）。

图5-8-11　山西隋代园林绛守居园池洄莲亭前荷景（李尚志摄）

① 元好问. 中州集[OL]. 殆知阁http://www.daizhige.org/诗藏/诗集/翰苑英华中州集-13.html.

吴自牧《梦粱录·西湖》记："乾道年间，周安抚淙奏：乞降指挥，禁止官民不得抛弃粪土、栽植荷菱等物，秽污填塞湖港。"① 从中可知，地方政府对西湖环境的整治，及对荷景的养护，均制定了可行的措施。

五、荷花插花及荷艺

降至唐宋时期，荷花的插花技艺有了较大的提高。唐杜牧《杏园》吟："夜来微雨洗芳尘，公子骅骝步贴匀。莫怪杏园憔悴去，满城多少插花人。"② 这说明当时社会的插花风气之盛。由于举国上下爱花、种花、赏花之风达到"家家习为俗，人人迷不悟"③ 的程度，每逢重大节庆日都会举办隆重的插花、赏花庆典活动，这极大地推动了插花技艺的发展。这时已有插花方面的文章或书籍问世，以写实手法表现实景景观，论述了插花应考究容器，花材的形、色、线条，构思、意境等诸元素的内在联系和配合的奥妙，为后世插花理论的完善做出一定贡献。唐末诗人、插花艺术家罗虬著有《花九锡》，这本专业性的插花著作对插花的九项原则，如插花放置场所、剪截工具、供养水质、陈设的环境等都做了严格的规定。

五代时期，南唐后主李煜十分热爱插花并积极倡导插花。据宋代陶谷《清异录·锦洞天》记："李后主每春盛时，梁栋窗壁，柱拱阶砌，并作隔筒，密插杂花，榜曰锦洞天。"④ 这客观讲述了李后主于每年的花朝日定期举办盛大的插花活动，在梁栋、窗户、墙壁、柱子等能利用的场地都插上花，有悬吊的、摆放的、挂置的，琳琅满目，锦绣灿烂，还题名曰"锦洞天"以吸引观众。此活动相当于现在的大型插花展览会。

到了两宋，插花艺术最突出的特点是理性化。受到当时社会提倡理学之影响，插花不仅追求性情娱乐，更注重理性意念。它在形式上、内涵上、花材选用和构图上等都进行更深入的理性思索，倾注作者的人生哲理、理性意趣及品德节操。不像唐朝那样讲究富丽堂皇的形式与排场，而以花材抒写理性为主，注重花品花德及寓意人伦教化的表现，内涵重于形式，构图上追求线条美，突出"清""疏"，

① 翁经方，翁经馥. 中国历代园林图文精选·第二辑［M］. 上海：同济大学出版社，2005：186.
② 全唐诗［OL］. 殆知阁http://www.daizhige.org/诗藏/诗集/全唐诗-523.html.
③ 全唐诗［OL］. 殆知阁http://www.daizhige.org/诗藏/诗集/全唐诗-408.html.
④ 陶谷. 清异录［OL］. 殆知阁http://www.daizhige.org/子藏/笔记/清异录-3.html.

形成清丽疏朗而自然的风格。这一时期的涉及插花的著作有宋代张邦基《墨庄漫录》、苏轼《东坡志林》、赵希鹄《洞天清录》、林洪《山家清供》等。如《篮花图》，就反映了当时的荷花插花及荷艺水平（图 5-8-12）。[1]

图 5-8-12　宋代《篮花图》

引自苏伯钧. 历代名画录・宋代花鸟・篮花图［M］. 南昌：江西美术出版社，2014：80.

① 苏伯钧. 历史名画录・宋代花鸟下［M］. 南昌：江西美术出版社，2014：80.

第六章

Chapter Six

荷文化兴盛期

（元、明至清前中期）

第一节 概 说

荷文化发展到这一时期，除诗词等文学作品稍逊唐、宋二朝，荷花与绘画、荷花与工艺、荷花与宗教、荷花与食饮、荷花与园艺及荷花与园林的发展，均处于史上高峰期。尤其是康乾盛世的荷花造景，在皇家园林史上不断创新，发挥到最高水平，传承和弘扬了悠久灿烂的荷文化。

元代儒学沉沦，文人的社会地位低下，消极遁世。如钱选的《荷塘清趣》《白莲图》和王渊的《莲鹡鸰图》等，都在不同程度上反映出当时文人寄情于山水，不问世事。中期以后，汉文人的社会地位得到提高。荷文化在文学艺术、工艺美术、食饮药用、宗教发展、园艺技术、园林造景等诸方面都得到发展。

明代建立，社会安定，经济繁荣，国家强盛，文化方面也出现繁荣景象。文学、绘画方面，有刘基、宋濂、高启、唐寅、徐渭、王世贞、袁宏道、钱谦益、张岱、文徵明等人，他们作品中都留下荷文化的印记，如文徵明的诗作《钱氏池上芙蓉》、徐渭的绘画《墨荷图》，以及小说《封神演义》中荷花化生哪吒等。明中晚期科学技术进步，农书众多，如李时珍《本草纲目》、王世懋《学圃杂疏》、陈诗教《灌园史》、王路《花史左编》、周文华《汝南圃史》、王象晋《二如亭群芳谱》、周拱辰《离骚草木史》、绍吴散人知伯氏《培花奥诀录》、王圻《三才图会》、彭大翼《山堂肆考》、高濂《遵生八笺》、宋诩《竹屿山房杂部》、陈继儒《致富奇书》等。各地的府志或县志，如《姑苏志》《滇志》等，都记载了荷花（或莲藕）的品种、栽培技艺。明代瓷器莲纹装饰风格，由元代的繁复向疏朗、简练转变。官窑瓷器上的缠枝莲纹、莲瓣纹、一束莲、缠枝宝相花纹、折枝莲纹、莲池鸳鸯纹、鹭莲纹等纹样，具有鲜明的典型性，与元时在内容、形式上基本保持相似。依其风格可分为洪武期、永乐至宣德期及空白期。

清代前中期社会太平，国家昌盛，经济发展迅速，百姓安居乐业，文学绘画艺术、工艺装饰、食饮保健、园艺园林等方面极为繁荣。荷文化在皇家园林中的应用之盛，表现在三个方面。一是荷花应用于皇家园林的面积为史上最大，粗略估计，不包括西苑太液池在内，就圆明园、避暑山庄、清漪园三园，遍植荷花万余亩。二是为了维护封建王朝的统治，康熙帝和乾隆帝爷孙多次南巡体察民情，返京后按需求在继承其皇家园林风格的特点上，大量地吸取江南园林的艺术精华。康熙帝也亲自骑马北巡承德，实地踏查选址，明确建园的设计思想。而乾隆帝为建造清漪园，曾命画家董邦达绘制杭州《西湖图》长卷，并题诗以志其事，示以模仿西湖景观之意图，明确指出以昆明湖仿造杭州西湖的造园主旨。三是运用“借名题景”“借景借名”和“借景题名”等手法，康熙帝、乾隆帝在圆明园、避暑山庄二园亲自命名十多处荷景。如避暑山庄中康熙帝命名三十六景有“曲水荷香”“金莲映日”“香远益清”等，而乾隆帝命名三十六景有“冷香亭”“观莲所”“如意湖”“水心榭”“采菱渡”“蘋香泮”等。圆明园中乾隆帝命名四十景有“曲院风荷”“天然图画”“坦坦荡荡”“汇芳书院”“濂溪乐处”“多稼如云”等。康熙、乾隆二帝还为避暑山庄和圆明园荷景写下数量众多的诗作，为荷花在皇家园林中造景的地位刷新了历史。

第二节　骤雨新荷：荷花与文学

元、明、清前中期文学是中国古代文学发展的最后阶段，其特点表现在：一是主流由诗文变为戏曲小说；二是更加“人化”和“文学化”；三是表现出时代的新思潮；四是语言表现出近代性、民族性和地域性；五是数量多、规模大，呈集大成状貌；六是参与当代生活突出，其中不乏关于荷花的文学作品。

一、关于荷花的诗歌

（一）元代

元代有关荷花的诗歌留存不多。元诗中有吾丘衍《古采莲》、张昱《莲塘曲》、刘因《秋莲》、萨都剌《三益堂芙蓉》等，元词中有元好问《迈陂塘·双蕖怨》、许有壬《太常引·咏荷》等。

曲是元代最具代表性的文学体裁，其中散曲可作为诗歌的一种。曲有严密的格律定式，每一曲牌的句式、字数、平仄等都有固定的要求。虽有定格，但又并不死板，允许在定格中加衬字，部分曲牌还可增句，与律诗绝句和词相比，有较大的灵活性。曲将传统诗词、民歌和方言俗语融为一体，形成诙谐、洒脱、率真的艺术风格，这一点在吟咏荷花的曲中也有所体现。元代咏荷之曲，作者不乏名家，如元好问、刘秉忠、张可久等。以下按诗、词、曲不同体裁，略引数首，以见其意。

三益堂芙蓉

萨都剌

斑帘十二卷轻碧，秋水芙蓉隔画阑。绣扇摇风霞透影，锦袍弄月夜生寒。
湘魂翠袖留江浦，仙掌红云湿露盘。只恐淮南霜信早，绛纱笼烛夜深看。①

萨都剌（约 1307—1359 后），元代诗人、画家、书法家，其文学创作以诗歌为主，还留有《严陵钓台图》和《梅雀》等画，现珍藏于故宫博物院。此诗描写户外秋日莲池景致，造境很具特色。诗人将华美物象与神话相结合，生成悠远、缥缈的色调，有限的空间包含无限的情思。②

秋莲

刘因

瘦影亭亭不自容，淡香杳杳欲谁通？不堪翠减红销际，更在江清月冷中。
拟欲青房全晚节，岂知白露已秋风。盛衰老眼依然在，莫放扁舟酒易空。③

---

① 萨都剌．雁门集［M］．上海：上海古籍出版社，1982：133.

② 孙映逵．中国历代咏花诗词鉴赏辞典［M］．南京：江苏科技出版社，1989：810.

③ 李文禄，刘维治．古代咏花诗词鉴赏辞典［M］．吉林：吉林大学出版社，1990：996-997.

刘因（1249—1293），著名理学家、诗人，才华出众，性不苟合。因爱诸葛亮“静以修身”之语，故题所居为“静修”。《秋莲》与其他写荷的即景诗有所不同，别具一番意境。诗人先用“瘦影”之“瘦”字传神，再现荷之情态，为惜荷之情、自伤之忧奠定情感基调。“不自容”即不夸赞也不炫耀，则依拟人手法，将荷那种内敛之高贵品格表现得淋漓尽致。“杳杳”言淡香悠悠之状，香本无形，借秋荷既表明矢志不渝的人生志向，也抒发了壮志未酬、韶华易逝的悲戚与无奈。[①]

水龙吟·次韵程仪父荷花

赵孟頫

凌波罗袜生尘，翠旍孔盖凝朝露。仙风道骨，生香真色，人间谁妒。伫立无言，长疑遗世，飘然轻举。笑阳台梦里，朝朝暮暮，为云又还为雨。

狼藉红衣脱尽，羡芳魂不埋黄土。涉江迳去，采菱拾翠，携俦啸侣。宝玦空悬，明珰偷解，相逢洛浦。正临风歌断，一双翡翠，背人飞去。[②]

赵孟頫（1254—1322），宋末元初著名书法家、画家、诗人；博学多才，能诗善文，懂经济，工书法，精绘艺，擅金石，通律吕，解鉴赏；书法和绘画成就最高，开创元代新画风，被称“元人冠冕”；创“赵体”书，与欧阳询、颜真卿、柳公权并称“楷书四大家”。

此词通过赞咏荷花，表达了词人洁身自好的情操，流露出超尘脱俗、与世异趣的心理。词上阕主要赞吟荷花之美及作者自己赏荷时的真切感受，笔法精妙传神。词下阕，词人遗貌取神，侧重描写荷花凋谢后之景况。“狼藉红衣脱尽，羡芳魂不埋黄土”，前句写荷凋落的情状，后句写自己的心理动态。“红衣脱尽”叙荷花凋残之态。“羡”即倾慕，乃全词主旨，统领全篇。词的结尾给画面增添情趣，“正临风歌断，一双翡翠，背人飞去”，以画家的眼光，匠心独具，使词的意境更深远迷人。[③]

① 李文禄，刘维治. 古代咏花诗词鉴赏辞典［M］. 吉林：吉林大学出版社，1990：996-997.

② 李文禄，刘维治. 古代咏花诗词鉴赏辞典［M］. 吉林：吉林大学出版社，1990：998.

③ 李文禄，刘维治. 古代咏花诗词鉴赏辞典［M］. 吉林：吉林大学出版社，1990：998-999.

迈陂塘·双蕖怨①

元好问

泰和中，大名民家小儿女，有以私情不如意赴水者，官为踪迹之，无见也。其后踏藕者得二尸水中，衣服仍可验，其事乃白。是岁，此陂荷花开，无不并蒂者。沁水梁国用，时为录事判官，为李用章内翰言如此。此曲以乐府《双蕖怨》命篇。“咀五色之灵芝，香生九窍；咽三危之瑞露，春动七情”，韩偓《香奁集》中自序语。

问莲根、有丝多少，莲心知为谁苦？双花脉脉娇相向，只是旧家儿女。天已许，甚不教、白头生死鸳鸯浦？夕阳无语。算谢客烟中，湘妃江上，未是断肠处。

香奁梦，好在灵芝瑞露。人间俯仰今古。海枯石烂情缘在，幽恨不埋黄土。相思树，流年度，无端又被西风误。兰舟少住。怕载酒重来，红衣半落，狼藉卧风雨。②

元好问（1190—1257），金末元初著名文学家、历史学家。擅作诗、文、词、曲，各体皆工。宋、金对峙时期，成为北方文学的主要代表、文坛盟主，被尊“北方文雄”“一代文宗”。

此词写爱情悲剧，抒发着明暗双重苦情。元好问这首咏并蒂莲词是《遗山乐府》中之名篇，是这位遭际亡国之痛的词人吐露一腔忠爱的力作。但此词又不同于借助事物寄发“忠爱”的一般作品，它既是咏物，又兼写情痴殉身和故国沦亡两层哀苦之思，换言之，在“双蕖怨”的外壳下面抒发了一明一暗双重苦情。明一层是咏叹“泰和中，大名民家小儿女”的忠贞之爱，暗一层则凭借这“旧家儿女”的情事，抽理着一个金国遗民蚕结心底对故国之忠的苦丝。这物、事、“我”三重叠合，构架起此词沉挚凝重、苍茫雄深的奇异色调。在末尾，词人与“双蕖”共倾苦衷，下次重来，怕“红衣半落”，更加凄凉，只能与败荷一样孤寒地冷卧风雨中了，可见缠绵不尽之情。③

① 孙映逵. 中国历代咏花诗词鉴赏辞典[M]. 南京：江苏科技出版社，1989：878.

② 孙映逵. 中国历代咏花诗词鉴赏辞典[M]. 南京：江苏科技出版社，1989：878.

③ 孙映逵. 中国历代咏花诗词鉴赏辞典[M]. 南京：江苏科技出版社，1989：878-880.

迈陂塘·双蕖怨

李治

大名有男女以私情不遂赴水者。后三日，二尸相携出水滨。是岁，陂荷俱并蒂。

为多情、和天也老，不应情遽如许。请君试听双蕖怨，方见此情真处。谁点注，香潋滟、银塘对抹胭脂露。藕丝几缕。绊玉骨春心，金沙晓泪，漠漠瑞红吐。

连理树，一样骊山怀古。古今朝暮云雨。六郎夫妇三生梦，幽恨从来艰阻。须念取，共鸳鸯翡翠，照影长相聚。秋风不住。怅寂寞芳魂，轻烟北渚，凉月又南浦。①

李治（1192—1279），金末元初学者，著有《敬斋文集》《敬斋古今黈》等。词中所咏之恋情曾在当时文坛引起很大反响，先有元好问以《迈陂塘》词咏其事叹其情，接着作者又用同调和之。与元好问的原作相比，李冶此词毫不逊色。此词笔触细腻，作者心绪多在意象组合波折折皱处披露。

严迪昌评析指出，从情感的力度而言，元词峻急，具某种烈度；李词呈吞吐回环之势，较舒缓。以情意的深度来说，元词一击两响，故国之思渗于表里数层；李词紧贴“情爱”的聚散，隐曲地抒发一种难以尽言的怅惘与苦衷。所以，元词风格苍茫悲凉，李词则幽婉凄清；前者雄峭，而后者绵密。②

双调·小圣乐·骤雨打新荷③

元好问

绿叶阴浓，遍池亭水阁，偏趁凉多。海榴初绽，朵朵簇红罗。乳燕雏莺弄语，有高柳鸣蝉相和。骤雨过，珍珠乱撒，打遍新荷。

人生百年有几，念良辰美景，休放虚过。穷通前定，何用苦张罗。命友邀宾玩赏，对芳樽浅酌低歌。且酩酊，任他两轮日月，来往如梭。④

此曲分上、下两阕，上阕写盛夏纳凉、流连荷景的赏心乐事，主写景；下阕即景抒怀，宣扬浅斟低唱、及时行乐的思想。数百年来，人们津津乐道的并不是

① 孙映逵. 中国历代咏花诗词鉴赏辞典[M]. 南京：江苏科技出版社，1989：878.

② 孙映逵. 中国历代咏花诗词鉴赏辞典[M]. 南京：江苏科技出版社，1989：880-882.

③ 《传世经典》编委会. 元曲三百首[M]. 南京：江苏凤凰美术出版社，2015：11-12.

④ 同上。

曲中论道之语，而是那“骤雨打新荷”的生机盎然的夏令境界，以及其中流露的浓厚的生活情趣。

南吕·干荷叶·有感

刘秉忠

干荷叶，色苍苍，老柄风摇荡。减了清香、越添黄。都因昨夜一场霜，寂寞在秋江上。

干荷叶，色无多，不奈风霜到。贴秋波，倒枝柯。宫娃齐唱采莲歌，梦里繁华过。①

刘秉忠（1216—1274），元代政治家、文学家。南吕，宫调名；干荷叶，曲牌名，又名“翠盘秋”，为刘秉忠自度曲，借荷花意象的爱情内涵来叹咏情事。荷花之根名为“藕”，与配偶的“偶”谐音。每到八月秋来，劳者采藕劳作于水塘之间，此时荷花已经凋谢，藕又无情地被人剥夺去，荷叶仿似无根的浮萍在江上孤寂凄凉，无依无靠。西风渐起，荷叶日益枯萎，故以其比喻人有失偶之状，可悲可感。

金字经·采莲女

张可久

小玉移莲棹，阿琼横玉箫，贪看荷花过断桥。

摇，柳枝学弄瓢。人争笑，翠丝抓凤翘。②

张可久（1280—约 1352），元代著名散曲家、剧作家。现存小令 800 余首，为元曲作家最多者。元曲到张可久已完成文人化。此曲写采莲风情，将采莲姑娘的动作神态刻画得生动活泼，惟妙惟肖，可谓浑成与精巧同存、天然与人工并妍，读之让人心驰神醉。

（二）明代

明代诗歌作品浩如烟海，不仅作家众多，且各成流派。翻阅明人文集，亦不乏咏荷之作，如王彝《徐两山寄莲花》、沈周《并蒂莲花》、常伦《采莲曲》、许

---

① 《传世经典》编委会. 元曲三百首[M]. 南京：江苏凤凰美术出版社，2015：113-114.

② 琢言. 唐诗宋词元曲三百首[M]. 郑州：郑州大学出版社. 2016：382.

成名《藕花》、文徵明《钱氏池上芙蓉》、王夫之《玉楼春·白莲》等。诗文中描写折枝莲花，断柄之丝，互相缭绕，把莲写得情切切、意绵绵；或运用比兴手法，喻寄莲人为品德高尚之人；或巧用典故，兼自喻之意，把并蒂莲写得情味浓厚且不乏风趣；或描写采莲女的劳动生活、情感及对纯洁爱情的追求，塑造灵巧勤劳的女子在采莲中触起的情思。

并蒂莲花

沈周

耶溪新绿露娇痴，两面红妆倚一枝。水月精魂同结愿，风花情性合相思。

赵家阿妹春眠起，杨氏诸姨晚浴时。今日六郎憔悴尽，为渠还赋断肠诗。①

沈周（1427—1509），明代画家，吴门画派的创始人，与文徵明、唐寅、仇英并称“明四家”。此诗首句直切诗题，以淡远之笔绘就一幅秋溪莲花图。诗中巧用典故，兼自喻之意，把并蒂莲写得情味浓厚且不乏风趣。诗人乃画家，可见其“画中有诗”“诗中有画”的创作特点。②

钱氏池上芙蓉

文徵明

九月江南花事休，芙蓉宛转在中洲。美人笑隔盈盈水，落日还生渺渺愁。

露洗玉盘金殿冷，风吹罗带锦城秋。相看未用伤迟暮，别有池塘一种幽。③

文徵明（1470—1559），明代画家、书法家、文学家。画史上，与沈周、唐寅、仇英合称“明四家”；诗文上，与祝允明、唐寅、徐祯卿并称“吴中四才子”。此诗写好友钱氏的池上芙蓉小景，体现了画家为诗的一个突出特色，即“位置经营”，取境衬托。木芙蓉所置身的大环境是“九月江南花事休”，特定空间是池上“中洲”，特定时间是“落日”黄昏，虚拟之境是“露洗玉盘”、锦城秋深。所有这些都衬托了木芙蓉的“宛转”、微笑、“风吹罗带”，再配以“相看未用伤迟暮，别有池塘一种幽”的画外音，木芙蓉的神韵连同诗人的情致，便俱现于人的想象

① 孙映逵. 中国历代咏花诗词鉴赏辞典[M]. 南京：江苏科技出版社，1989：811-812.

② 孙映逵. 中国历代咏花诗词鉴赏辞典[M]. 南京：江苏科技出版社，1989：812.

③ 李文禄，刘维治. 古代咏花诗词鉴赏辞典[M]. 长春：吉林大学出版社，1990：1002.

世界当中了。[①]

荷九首（其一）

徐渭

镜湖八百里何长，中有荷花分外香。蝴蝶正愁飞不过，鸳鸯拍水自双双。[②]

徐渭（1521—1593），明代文学家、书画家、军事家。多才多艺，在诗文、戏剧、书画等各方面都独树一帜，与解缙、杨慎并称“明代三才子”。本诗写镜湖荷花景观，描绘一幅广阔的镜湖荷花图，且洋溢着盎然的生机和浓厚的乡情，进一步表达诗人对家乡的热爱及对幸福生活的向往。[③]

玉楼春·白莲

王夫之

娟娟片月涵秋影，低照银塘光不定。绿云冉冉粉初匀，玉露泠泠香自省。

荻花风起秋波冷，独拥檀心窥晓镜。他时欲与问归魂，水碧天空清夜永。[④]

王夫之（1619—1692），与顾炎武、黄宗羲并称明清之际三大思想家。明亡隐居，誓不出仕。“白莲”词以托物寄兴的手法，表现出词人隐居衡阳石船山的生活及感情。上阕描写扑朔迷离的荷塘银光秋影；下阕写以“荻花”衬托下的白莲，西风吹起，荻花洁白，秋波寒冷，景色萧条。此时白莲，顾影自怜，无人赏识；待到他时，白莲凋零，欲问其归魂，已无影无踪，唯有水碧天空，清夜漫漫。由此将词人亡国之恨，身世之感一起迸发而出，精力弥漫，正气凛然。表现了词人故国沦亡，漂泊无依之感。[⑤]

（三）清代前中期

清代前中期，统一的多民族国家得到巩固，文化艺术走向繁荣，国家处于鼎盛时期。但诗歌影响不大，佳作甚少。这一时期也有许多咏荷诗面世，如顺治年间叶方蔼《荷花》、施闰章《荷湖馆》，康熙年间纳兰性德《咏荷》，乾隆年间胡

① 李文禄，刘维治. 古代咏花诗词鉴赏辞典[M]. 长春：吉林大学出版社，1990：1002.

② 李文禄，刘维治. 古代咏花诗词鉴赏辞典[M]. 长春：吉林大学出版社，1990：1003.

③ 同上。

④ 孙映逵. 中国历代咏花诗词鉴赏辞典[M]. 南京：江苏科技出版社，1989：854.

⑤ 孙映逵. 中国历代咏花诗词鉴赏辞典[M]. 南京：江苏科技出版社，1989：855.

天游《观莲》、郑燮《秋荷》、王又曾《临平道中看荷花，同朱冰壑、陈渔沂》；在咏荷词作上，有顺治年间吴绡《卜算子·咏莲》、乾隆年间吴敬梓《解语花·雨后荷花》等。诗人常用拟人、用典、虚实等多种手法，将荷写得楚楚动人；或侧写旁透，通过渲染气氛，烘托环境，将荷描绘得生动形象，颇得其神理，令人玩味不尽；或描写荷花在风雨中零落凋残之状，令人伤感。

咏荷①

纳兰性德

鱼戏叶田田，凫飞唱采莲。白裁肪玉瓣，红翦彩霞笺。

出浴亭亭媚，凌波步步妍。美人怜并蒂，常绣枕函边。②

纳兰性德（1655—1685），清初词人。这首五律荷诗色彩艳丽，节奏明快，具有强烈的动感；全诗画面优美，诗意浓蕴，其美感无限。③

秋荷

郑燮

秋荷独后时，摇落见风姿。无力争先发，非因后出奇。④

郑燮（1693—1766），号板桥，清代比较有代表性的文人画家，为“扬州八怪”重要代表人物。此诗以秋荷自况，是诗人于乾隆元年（1736）考中进士时所作。诗人见夏荷秋开，便要寄托他的诗情了。诗人在44岁考中进士，虽仕途成功，实现夙愿，但经历坎坷促使他认识自身犹如“秋荷”一样。从表象看，好似“摇落见风姿”；其实，毕竟未能在夏日应时开放，因而生发无限感慨。⑤

卜算子·咏莲

吴绡

谁种白莲花，秋到花开处。陶令腾腾醉欲归，香满庐山路。

① 李文禄，刘维治．古代咏花诗词鉴赏辞典［M］．长春：吉林大学出版社，1990：1005．

② 同上。

③ 李文禄，刘维治．古代咏花诗词鉴赏辞典［M］．长春：吉林大学出版社，1990：1006．

④ 孙映逵．中国历代咏花诗词鉴赏辞典［M］．南京：江苏科技出版社，1989：819．

⑤ 孙映逵．中国历代咏花诗词鉴赏辞典［M］．南京：江苏科技出版社，1989：819–820．

莫笑出青泥，心净还如许。一片琉璃照影空，常向波中住。①

吴绡（1644—1661），清代女词人，善琴，工书画诗词。这首小令词对白莲的清香、高洁给予无限的赞美。上阕点明所咏对象及所处的时间和环境，运用典故，以比拟手法形容白莲的香气。下阕侧重描绘白莲的高洁，且塑造其出泥不染的形象。词的语言质朴，形象鲜明。②

水龙吟·白莲

宋荦

田田漫舞银塘，鱼床捧出梨云好。新妆淡伫，静窥湍濑，临风窈窕。翠羽低穿，水蕡斜压，数枝偏皎。宛湘妃独立，轻绡掩映，明珰缀，波光照。

三十六陂森森。渐黄昏、冰姿恁悄。开宜玉井，折应素手，闹红都扫。露冷才香，月明无影，蕡花共老。对鹤洲千朵，堪成雪赋，向邹枚道。③

宋荦（1634—1714），清代诗人、画家、文物收藏家，与王士祯、施闰章等人同称“康熙年间十大才子”。此词描绘了一幅鱼塘白莲图。全词实赋白莲，上阕描绘池塘白莲景致，及周边景物；下阕主要写夜景。全词紧扣“白”字落笔，使得结构紧凑且有层次。该词在修辞上具有特色，全篇未置一“白”字，却又处处不离“白”，如银、梨、皎、冰、素、鹤、雪等均指白色，颇见词人的修辞功底。④

一丛花·咏并蒂莲

纳兰性德

阑珊玉佩罢霓裳，相对绾红妆。藕丝风送凌波去，又低头、软语商量。一种情深，十分心苦，脉脉背斜阳。

色香空尽转生香，明月小银塘。桃根桃叶终相守，伴殷勤、双宿鸳鸯。菰米漂残，沈云乍黑，同梦寄潇湘。⑤

此词上阕咏并蒂莲之形，喻指并蒂莲为一对情侣，运用白描手法生动而自然

① 李文禄，刘维治. 古代咏花诗词鉴赏辞典［M］. 长春：吉林大学出版社，1990：1020.
② 同上。
③ 李文禄，刘维治. 古代咏花诗词鉴赏辞典［M］. 长春：吉林大学出版社，1990：1004.
④ 李文禄，刘维治. 古代咏花诗词鉴赏辞典［M］. 长春：吉林大学出版社，1990：1004-1005.
⑤ 李文禄，刘维治. 古代咏花诗词鉴赏辞典［M］. 长春：吉林大学出版社，1990：1006.

地状写其相依相偎的形象，且通过视觉形象显示其间的深情蜜意，以形为主，以形传情。下阕侧重以环境烘托，突显“终相守”“伴殷勤”“双宿鸳鸯”的内在情愫，叙述并蒂莲就像桃根与桃叶那样始终相厮守，又似双宿的鸳鸯那样殷勤相伴，以写神为主，辅以写形。总观全词，与一般咏莲词不同的是，词人紧紧抓住并蒂这一特点，采取拟人手法，处处着力挖掘并蒂的内涵。与其说是一首咏荷词，倒不如说其是一首夫妻倾诉情爱的词。情感专一，真诚深挚，十分感人。①

解语花·雨后荷花

吴敬梓

青萍乍破，绿叶低翻，掩映遥天罅。香心撩惹。还剩有、珠颗盈盈欲泻。碧筒堪把。刚植向、药栏花榭。爱多情、水佩风裳，伴几时间暇。

因忆锦帆销夏。露轻盈半面，星眸频射。馆娃荒也。谁提到、玉树后庭闲话。江姝泪洒。曾记取、珠珰偷卸。到如今、莲步荷衣，付雨婚风嫁。②

吴敬梓（1701—1754），清代著名小说家，《儒林外史》为其代表作。“雨后荷花”词上阕写雨后荷花的清新之态，“青萍乍破，绿叶低翻，掩映遥天罅”，写覆满水面的青萍被雨打乱出现一条裂缝，低近水面的碧盖微微翻卷，水上荷花荷叶掩映；在遥远的天际，阴云浮动，裂露出一线蓝天。下阕以回忆的笔法写荷的娇艳风姿，“因忆锦帆销夏”，回想起当年乘着小船消夏的情景；紧接着，“露轻盈半面，星眸频射”，水上荷花犹如艳丽的美人，露珠儿轻轻地遮掩着半边粉面，明亮双眼频频闪动秋波。而结句“到如今、莲步荷衣，付雨婚风嫁”，描写荷花在风雨中零落凋残之状，令人伤感。③

二、关于荷花的散文

元明清是戏曲和小说兴盛的时期，诗文等封建社会的正统文学，成就已不能和唐宋相比。这一时期写荷的散文中，值得推荐的是明末清初著名戏剧家李渔的散文《芙蕖》。

① 李文禄，刘维治. 古代咏花诗词鉴赏辞典[M]. 长春：吉林大学出版社，1990：1006-1007.

② 吴敬梓. 吴敬梓集系年校注[M]. 李汉秋，等，校注. 北京：中华书局，2016：340-341.

③ 李文禄，刘维治. 古代咏花诗词鉴赏辞典[M]. 长春：吉林大学出版社，1990：1007-1008.

芙蕖

李渔

芙蕖与草本诸花，似觉稍异；然有根无树，一岁一生，其性同也。《谱》云："产于水者曰草芙蓉，产于陆者曰旱莲。"则谓非草本不得矣。予夏季倚此为命者，非故效颦于茂叔，而袭成说于前人也。以芙蕖之可人，其事不一而足，请备述之。

群葩当令时，只在花开之数日，前此后此，皆属过而不问之秋矣。芙蕖则不然。自荷钱出水之日，便为点缀绿波，及其茎叶既生，则又日高日上，日上日妍。有风既作飘飖之态，无风亦呈袅娜之姿，是我于花之未开，先享无穷逸致矣。

迨至菡萏成花，娇姿欲滴，后先相继，自夏徂秋，此则在花为分内之事，在人为应得之资者也。及花之既谢，亦可告无罪于主人矣；乃复蒂下生蓬，蓬中结实，亭亭独立，犹似未开之花，与翠叶并擎，不至白露为霜，而能事不已。此皆言其可目者也。

可鼻则有荷叶之清香，荷花之异馥；避暑而暑为之退，纳凉而凉逐之生。至其可人之口者，则莲实与藕，皆并列盘餐，而互芬齿颊者也。只有霜中败叶，零落难堪，似成弃物矣；乃摘而藏之，又备经年裹物之用。

是芙蕖也者，无一时一刻不适耳目之观，无一物一丝不备家常之用者也。有五谷之实，而不有其名；兼百花之长，而各去其短。种植之利，有大于此者乎？予四命之中，此命为最。无如酷好一生，竟不得半亩方塘，为安身立命之地；仅凿斗大一池，植数茎以塞责，又时病其漏，望天乞水以救之。殆所谓不善养生，而草菅其命者哉。①

李渔（1611—1680），明末清初著名剧作家和戏剧理论家。所著《闲情偶寄》，集戏曲理论、园林艺术、家具古玩、饮馔调治等于一书，堪称古代生活艺术大全。在书中，他声称："予有四命，各司一时：春以水仙、兰花为命，夏以莲为命，秋以秋海棠为命，冬以腊梅为命。无此四花，是无命也。"②《芙蕖》一文即选自该书。

本文从观赏价值和实用价值两个方面，阐述荷花种植之利甚大，并对自己不能辟半亩方塘种植荷花而遗憾，抒发其酷爱荷花的感情。作者围绕"芙蕖之可人"这一中心，按事物本身的条理安排文章结构和线索，以"可人"为"意脉"，以

① 李渔．闲情偶寄[M]．沈阳：万卷出版公司，2008：364-365.

② 李渔．闲情偶寄[OL]．殆知阁http://www.daizhige.org/艺藏/综合/闲情偶寄-25.html.

其生长时间（即花开之前、花开之时、花开之后）为“时脉”，以其生长的规律（叶、茎、花、果、藕）为“物脉”，将三脉理成三线，交织于一体。全文脉络清晰，条理井然，结构严谨；语言生动，精练俏丽，活泼新颖，清雅流畅，富有韵味。终章抒发感慨，使文章生情增色不少。

三、关于荷花的小说

清代蒲松龄的《聊斋志异》中有以荷花为题材的小说，故事情节亦真亦幻，虚无缥缈。其中《寒月芙蕖》以其奇妙的构思、浪漫的手法，在讲述济南一位奇异道人的故事时，也通过道人在大明湖作法布置“幻梦之空花”的情节，展示出一幅盛开于寒冬腊月、充满幻想的荷花景致（图 6–2–1）。

图 6-2-1 《寒月芙蕖》插图

引自李尚志. 荷文化与中国园林［M］. 武汉：华中科技大学出版社，2013：207–208.

曹雪芹的《红楼梦》是我国四大古典名著之一，其中有多个章节描述关于荷花的景致、诗歌、对联、食品等（图 6–2–2）。

图 6-2-2 《红楼梦》中贾雨村教读林黛玉处所之荷景

引自孙温. 全本红楼梦[M]. 北京: 作家出版社, 2015: 9.

《红楼梦》大观园中的荷景，主要在藕香榭，还有紫菱洲、芦雪庵、蓼风轩等处。据第三十八回:“原来这藕香榭盖在池中，四面有窗，左右有曲廊可通，亦是跨水接岸，后面又有曲折竹桥暗接。”[①] 水榭四面荷花盛开，不远处岸上种着两棵桂花树。惜春的闺房暖香坞就在离藕香榭不远处，大观园中姐妹丫环到惜春的处所，总要“穿藕香榭，过暖香坞来”。而第三十一回《撕扇子作千金一笑　因麒麟伏白首双星》云:“翠缕道:‘这荷花怎么还不开？’……史湘云道:‘时候没到。’翠缕道:‘这也和咱们家池子里的一样，也是楼子花？’……史湘云道:‘花草也是同人一样，气脉充足，长的就好。’”[②] 翠缕是史湘云的丫环。这一对主仆的对话，把藕香榭的莲景呈现得更为趣味生动，春意盎然。

第六十七回:“刚来到沁芳桥畔，那时正是夏末秋初，池中莲藕新残相间，红绿离披。”[③] 沁芳桥处于贾宝玉的怡红院和林黛玉的潇湘馆之间，建在沁芳池上，桥上筑有沁芳亭；而“沁芳”二字为贾宝玉所题。桥四通八达，是出入大观园所必经之路。夏秋之际，沁芳池面上的莲花随季节变化，则呈现出由荣到衰的秋天景象。藕香榭不仅仅观荷，还是大观园男女赏月的好去处。据第七十六回《凸碧堂品笛感凄清　凹晶馆联诗悲寂寞》所述:“沿上一带竹栏相接，直通着那边藕香

① 曹雪芹. 红楼梦[M]. 北京: 作家出版社, 2006: 326-333.

② 曹雪芹. 红楼梦[M]. 北京: 作家出版社, 2006: 265-273.

③ 曹雪芹. 红楼梦[M]. 北京: 作家出版社, 2006: 611-620.

榭的路径。……只见天上一轮皓月，池中一轮水月，上下争辉，如置身于晶宫鲛室之内。微风一过，粼粼然池面皱碧铺纹，真令人神清气爽。”接下来，“只听打得水响，一个大圆圈将月影荡散复聚者几次。只听那黑影里嘎然一声，却飞起了个白鹤来，直往藕香榭去了”①。作者把藕香榭水面那“荷香月影鹤鸣”的生态美景，描绘得十分醉人（图6-2-3、图6-2-4）。

“从张宜泉诗中看出‘地安门外赏荷时，数里红莲映碧池。好是天香楼上座，酒阑人醉雨丝丝’，当可想见天香楼前荷池红莲，涟沦绿篠。”②诗中“天香楼”是什刹海附近的酒楼，在莲池北岸，清时南至皇城，西至德胜门，一望数里，皆为莲花池；而张宜泉是曹雪芹的挚友。由此可知，《红楼梦》中所描绘的荷景，也有作者晚年在北京观察的生活素材。

图6-2-3　A.《秋爽斋偶结海棠社　蘅芜苑夜拟菊花题》之荷景
B.《林潇湘魁夺菊花诗　薛蘅芜讽和螃蟹咏》之荷景

引自孙温. 全本红楼梦[M]. 北京：作家出版社，2015：93.

① 曹雪芹. 红楼梦[M]. 北京：作家出版社，2006：701-711.

② 潘宝明.《红楼梦》园林艺术的美学意义[J]. 阴山学刊（哲学社会科学版），1989(4)：14-19.

图 6-2-4　A.《杏子阴假凤泣虚凰　茜纱窗真情揆痴理》之荷景
B.《凸碧堂品笛感凄清　凹晶馆联诗悲寂寞》之荷景

引自孙温. 全本红楼梦[M]. 北京：作家出版社，2015：120，146.

四、荷花神话

花神是我国民间信仰的百花之神。统领群花、司天和以长百卉的花神称女夷。《淮南子·天文训》曰："女夷鼓歌，以司天和，以长百谷禽兽草木。"[①] 养花卖花的人均在花朝节祭祀花神，以祈百花盛开，春色满园，也期望花神为自己带来幸福如意的生活。因为花神能给人带来吉利好运，民间就有了许多花神花妖的传说，明代许仲琳所编写的神魔小说《封神演义》，冯梦龙《情史》中的"并蒂莲"神话故事，以及清代蒲松龄等编写的花神故事，颇有影响。

《封神演义》以姜子牙辅佐周室（周文王、周武王）讨伐商纣的历史为背景，描写了阐教、截教诸仙斗智斗勇，破阵斩将封神的故事，包含大量民间传说和神话。其中第十四回叙述："太乙真人叫金霞童儿把五莲池中的莲花摘二枝，莲叶摘三个来。童子忙取了莲叶、莲花放于地下。真人将莲花勒下瓣儿，铺成三寸，又将莲叶梗儿折成三百骨节，三个莲叶按上、中、下，按天、地、人，真人将一粒

① 淮南子[OL]. 殆知阁http://www.daizhige.org/子藏/诸子/淮南子-4.html.

金丹放于居中，法用先天，气运九转，分离龙、坎虎，绰住哪吒魂魄，望莲里一推，喝声：'哪吒不成人形，更待何时！'只听得响一声，跳起一个人来，面如傅粉，唇似涂朱，眼运精光，身长一丈六尺。此乃哪吒莲花化身，见师父拜倒在地。"①这就是哪吒重生时由莲花化身而成的神话。

冯梦龙将"并蒂莲"神话写入其《情史》，以并蒂莲花象征民间男女青年的幸福婚姻，反映我国人民对美好生活的向往之情。蒲松龄的《聊斋志异》中有《荷花三娘子》，描写狐女蜕变而来的荷花三娘子的爱情故事。花神花妖的故事既是民俗文化的载体，也是文学文化的瑰宝。

第三节　荷塘清趣：荷花与绘画

元王朝建立政权后，在绘画方面取消五代、两宋的画院制度，除少数专业画家服务于宫廷外，还有一部分身居高位的士大夫画家，但更多的是隐居不仕的文人画家。元代绘画在继承唐、五代、宋绘画传统的基础之上进一步发展，标志着文人画的盛行，绘画的文学性和对于笔墨的强调超过以往朝代，书法被进一步引申到绘画中，诗、书、画结合为一体，体现了中国画又一次创造性的发展。这一时期的人物画相对减少，山水、竹石、荷柳、梅兰等成为绘画的主要题材②。

明代是中国古代书画艺术史上的一个重要阶段。此时的绘画在宋元传统基础上继续演变发展。特别是随着社会政治经济的逐渐稳定，文化艺术更为繁荣，出现一些以地区为中心的名家与流派。绘画方面，如以戴进为代表的浙派，以沈周、文徵明为首的吴门画派，以张宏为首的晚明吴派，以蓝瑛为首的武林派，等等，流派纷繁，各成体系，各个画科全面发展，题材广泛，山水、花鸟（荷）的成就最为显著，表现手法有所创新。

清代绘画承袭着元、明以来的趋势。文人画日益占据画坛主流，山水画及水墨写意画盛行。在文人画思想的影响下，更多的画家把精力放在追求笔墨情

① 许仲琳．封神演义[M]．北京：人民文学出版社，1973：140-141．

② 王伯敏．中国绘画通史[M]．北京：生活·读书·新知三联书店，2008：526-544．

趣方面，且形式多样，派系林立。潘天寿《中国绘画史》记述，在董其昌“南北宗论”的影响下，清代画坛流派之多、竞争之烈，前所未有。清代绘画的发展，大致可分为早、中、晚三个时期。清早期，“四王”画派占据画坛的主体地位，江南则以“四僧”和“金陵八家”为创新派的代表；清中期，宫廷绘画由于社会经济的繁盛，及帝王对于书画的爱好而得到很好的发展，以“扬州八怪”为代表的文人画派力主创新，也佳作频出；晚清时期，上海的海派和广州的岭南画派逐渐成为影响最大的画派，涌现出大批的画家和作品，影响了近现代的绘画创作。[①]

一、元代荷花绘画

元代文人画的兴盛，标志着绘画与书法、绘画与文学发生了更密切的血缘关系，文人画不但兴起，还成为元代重要的绘画艺术。元代壁画可分为佛教密宗绘画和道教绘画。元代版画在唐、宋的基础上也得到进一步发展。

（一）元代文人画

元代文人画家普遍强调抒发个性，注重对事物神韵的体悟和传达。应之于目，会之于心，形之于笔，得之于神，成为众多画家的共同艺术追求。随着文人画的兴盛，基于文人士大夫的艺术观念和审美意识，画家们在创作时追求朴素自然，摒弃雕饰彩绘，强调主观情感的抒发及自娱性，使元代花鸟画的风范由工致转为疏放，由典丽转为淡雅。最为文人士大夫欣赏，以荷、梅、兰、菊、竹为题材的作品得以空前发展。[②]在文人画的花鸟画中，写荷作品亦着力于“绘画语言和形式意味”方面的探求。如钱选《荷塘清趣》等。

钱选（约1239—约1300），元初著名画家，字舜举，号玉潭，又号巽峰，别号清癯老人、习懒翁等，工诗，善书画，花鸟画师从赵昌，其人品及画品皆称誉当时。他提倡绘画中的“士气”，在画上题写诗文或跋语，体现了诗、书、画紧密结合的文人画的鲜明特色。钱选花鸟画成就最为突出，《荷塘清趣》是其名作《草虫图卷》之局部（现藏于美国底特律美术馆），它在院画基础上吸取杨无咎一派水墨花卉的技法，创造了新的体格（图6-3-1）。在山东邹城明墓出土的

① 潘天寿. 中国绘画史[M]. 沈阳：辽宁美术出版社，2018：143-146.
② 冯远. 中国绘画发展史·下[M]. 天津：天津人民美术出版社，2006：431-432.

钱选纸本设色作品《白莲图》中，莲花三花三叶，表现出清香伴月的意境。略设以淡色，正是从工丽细致转向清淡画风的过渡；莲花荷叶皆以细线勾勒，利落的线条使得物形避免朦胧，多以墨色作渲染，以墨色的变化刻画出画面的层次，为水墨白描略加淡青渲染。背景只是衬着白纸，不作空间的烘托（图 6-3-2）。

图 6-3-1　钱选《荷塘清趣》（局部）

引自何恭上. 荷之艺［M］. 台北：艺术图书公司，2001：27.

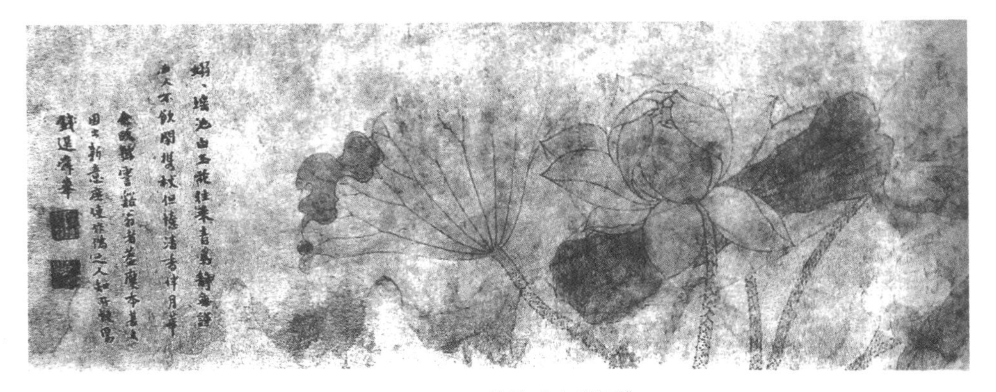

图 6-3-2　钱选《白莲图》

引自温佩佩. 试论钱选花鸟画的艺术特色［D］. 兰州：西北师范大学，2016：33

张中（生卒年不详），名守中，字子正，绘画师从黄公望，善花鸟，多以水墨点簇晕染，生动而富有韵味，偶尔设色，清隽雅致。作品有《芙蓉鸳鸯图》轴（现藏于上海博物馆）、《枯荷鸂鶒图》轴（现藏于台北故宫博物院）等。墨笔花鸟，点厾晕染，笔法粗简，墨气浑润，近于写意画法，崇尚清润淡雅，有时作设色画亦清隽可喜，讲究自然天趣（图 6–3–3 A）。

何大昌（生平不详），现有传世孤品《芦雁图》。此画纯以水墨勾写，墨色运用变化丰富，充分展示墨色五分的技巧。画面以雁为主，残荷和荷塘只是陪衬的环境（图 6–3–3 B）。

A

B

C

图 6-3-3　A. 张中《枯荷鸂鶒图》（局部）　B. 何大昌《芦雁图》（局部）　C. 佚名《莲池水禽图》

引自闻玉智. 中国历代写荷百家[M]. 哈尔滨：黑龙江美术出版社，2001：35、38、40.

此外还有佚名的《莲池水禽图》立轴，为双勾敷色的荷花群绘，画面呈层叠布局。上端一株丰韵的红莲凌空高昂，下面几朵亦婀娜多姿；俯仰的荷叶与娇艳的莲花两相映衬，显得清幽端丽，生机盎然。此画成功地刻画出荷花的高洁华贵，这与画家运用恰当的艺术表现手法分不开（图 6–3–3 C）。

（二）元代宗教壁画

元朝廷利用宗教维护其统治，采取保护宗教的政策，佛教和道教颇为盛行。为了鼓励宗教的发展，朝廷下令各地兴建佛寺、道观。于是寺观壁画也随之盛极一时。如敦煌莫高窟第 3 窟和第 465 窟佛教密宗壁画，山西稷山县兴化寺和青龙寺佛教壁画，山西芮城县永乐宫、洪洞县广胜寺水神庙道教壁画，均属于元代壁画代表作。据赵声良所述，莫高窟元代壁画分为两个类型：一类是汉风绘画，以第 3 窟、第 95 窟等为代表；另一类是藏传佛教密宗绘画，以莫高窟第 465 窟、榆林窟第 4 窟为代表。[①] 莫高窟第 465 窟壁画绘有一些手持莲花的供养菩萨（图

① 赵声良. 五代至元代的敦煌石窟艺术・下[J]. 艺术品，2016(3)：34–37.

6-3-4）[①]；第 3 窟内的观音额头饰以白莲花，北壁手持莲花的飞天形象以墨线为主，色彩简淡（图 6-3-5）。

图 6-3-4　莫高窟第 465 窟内藏传佛教壁画中的持莲供养菩萨

图 6-3-5　莫高窟第 3 窟北壁手持莲花的飞天

图6-3-4引自王伯敏. 中国绘画通史[M]. 北京：生活 · 读书 · 新知三联书店，2008：562；图6-3-5引自赵声良. 五代至元代的敦煌石窟艺术 · 下[J]. 艺术品，2016（3）：36.

元代道教兴盛，道观壁画也有许多以莲为题材。位于山西芮城的元代永乐宫三清殿、纯阳殿、重阳殿各殿都绘制许多壁画，这些壁画题材不尽相同，但以龙、莲花、牡丹为基本图案，变化多样，形态优美，线条流畅。[②]

除寺、观壁画饰莲外，元代民间墓室壁画饰莲也成为风气。在元代早期墓葬壁画（如富家屯墓、元宝山墓、埠东村墓、裴家山墓等）中，墓顶及墓壁均饰以莲花图案[③]。山东淄博临淄区大武村元代墓葬甬道两侧壁画的中部画着两组瓶插莲花。其中右壁（东壁）为圈足尊式瓶，内插两枝莲花；左壁（西壁）为三足尊式瓶，内插一束莲花。[④]1986—1991 年济南历城、章丘两地基建中发现几处元代砖雕壁画墓，墓葬壁画或斗拱上均饰有莲瓣纹（图 6-3-6）。[⑤]2001 年 7—9 月，考古人员在西安东郊韩森寨九街坊发掘出一座元代壁画墓。墓葬门西侧绘一白色

① 王伯敏. 中国绘画通史[M]. 北京：生活 · 读书 · 新知三联书店，2008：561-562.
② 高翠凤. 复原—永乐宫壁画搬迁始末[D]. 北京：中央美术研究院，2008：30.
③ 张晓东. 蒙元时期蒙古人壁画墓的分期[J]. 华夏考古，2011（2）：106-413.
④ 秦大树，魏成敏. 山东临淄大武村元墓发掘简报[J]. 文物，2005（11）：39-44.
⑤ 刘善沂，宁堂，孙亮，等. 济南近年发现的元代砖雕壁画墓[J]. 文物，1992（2）：1-15.

长颈花瓶，上插荷花、莲蓬、荷叶等（图 6-3-7）。[①]

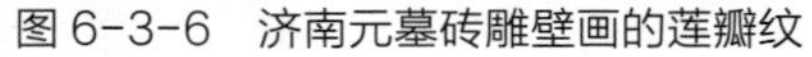

图 6-3-6　济南元墓砖雕壁画的莲瓣纹

图 6-3-7　西安东郊元代墓葬壁画中的荷花插瓶

图6-3-6引自刘善沂，宁堂，孙亮，等．济南近年发现的元代砖雕壁画墓［J］．文物，1992（2）：1-15；图6-3-7引自孙福喜，王助．西安东郊元代壁画墓［J］．文物，2004（1）：62-68.

（三）元代版画

我国版画起源于佛经的插图，现存最早的版画是举世闻名的唐代咸通年间（860—874）《金刚般若波罗蜜经》卷首图，据其题记刻印于 868 年。四川成都唐墓出土的至德年间（756—758）版画作品，比前者要早约百年。后来，我国西北和吴越等地都有发现唐及五代时期的版画作品。

元代佛教版画在唐、宋的基础上得到了发展，经卷中开始出现山水、花草等景物图形。“《中国藏西夏文献》辑录元代刻印的西夏文佛经 21 种，其中 7 种经首均有一组版画，有人物、护法神尊像及装饰图案等，装饰图如佛像、护法像、上师像、云、龙、莲花、卷荷叶、莲蓬、节竹、菩提树、波浪形卷草图案等。”[②]地理上西夏处于吐蕃与中原之间的地带，是藏传佛教传播中原的必经之路。元代统一后，朝廷在管理全国佛教事务的机构和佛教文化的传播中大量任用西夏人，使藏传佛教版画艺术在中原产生了较大影响。[③]

① 孙福喜，王助．西安东郊元代壁画墓［J］．文物，2004（1）：62-68.

② 陈育宁，汤晓芳．元代刻印西夏文佛经版画及艺术特征［J］．宁夏社会科学，2009，3（154）：85-88.

③ 熊文彬．从版画看西夏佛教艺术对元代内地藏传佛教艺术的影响［J］．中国藏学，2003，1（61）：66-79.

二、明代荷花绘画

明初花鸟画大致延续宋代院体工笔画风格，没有新突破。到明宣宗朱瞻基时，因其好雅诗文书画，特别是花鸟画，花鸟画的风格开始面貌多样。明中期的花鸟画成就集中体现在以宫廷画家林良、吕纪为代表的院体和以沈周、文徵明及其弟子陈淳为代表的吴门派，两种不同画风的交替并存是这一时期花鸟画的主要特色。沈周和文徵明主要延续宋、元文人画传统，疏简而不放逸；唐寅和仇英主要吸收南宋院体画风，并融入了时代的精神特质，体现了当时的市民趣味。明代花鸟画在吸收前代成果的基础上，发展出鲜明的个性特征而颇有影响。如吕纪的《残荷鹰鹭图》、魏学濂的《荷花鹭鸶图》、周之冕的《芙蓉双凫图》、陈洪绶的《荷花鸳鸯图》等，画荷作品明显胜过前代。

（一）明代绘画

吕纪（1477—？），字廷振，号乐愚，擅花鸟、人物、山水，以花鸟画著称于世。花鸟设色鲜艳，精神奕奕，被称为“明代花鸟画第一家”。画荷代表作有《残荷鹰鹭图》《秋鹭芙蓉图》等（图6–3–8）。《残荷鹰鹭图》为其存世最著名之作。画中描绘一只鹰凌空而降，回首注视荷池中的水鸟，荷池中白鹭、鹡鸰、野鸭惊鸣奔逃。枯残的荷叶、莲蓬、水草配以风吹之动势，衬托出凄寒肃杀之景况。《秋鹭芙蓉图》现藏于台北故宫博物院，画中秋日粉色芙蓉盛开，绿柳摇曳，搭配渐残的秋荷与白鹭，展现明媚秋色。构图上，有大型禽鸟如白鹭立于前景坡石，主要树木如柳枝斜跨画面，上栖较小型雀鸟。图中花鸟用笔均匀流畅，不硬挺；树石有起落变化，间有断续感；色泽明丽淳厚。《荷渚睡凫图》中的月夜时分，岚雾凄迷，芦苇、荷叶隐现其间，洲渚上栖息着四只大雁。构图上只有近、中景，远景则多省略不绘。

沈周（1427—1509），字启南，号石田、有竹居主人等，吴门画派的创始人，与文徵明、唐寅、仇英并称“明四家”。沈周的绘画技艺全面，功力浑朴，在师法宋、元的基础上有自己的创造，诗风与画格相结合，使所作之画更具有诗情画意。传世画荷作品有《青蛙白荷图》《莲塘浴凫图》等（图6–3–9）。《青蛙白荷图》的荷叶上，那只青蛙姿态蓄势待发，对所捕摄的对象就好似箭在弦上，再以白荷及野草搭配，画面生动感人。而《莲塘浴凫图》描绘荷塘浴鸭之况，疏叶淡花，气味冲淡而神韵超逸，书卷之气溢出，而精神却轩昂沉酣。

A　　　　B

C　　　　D　　　　E

图 6-3-8　A. 吕纪《残荷鹰鹭图》; B. 吕纪《秋鹭芙蓉图》; C. 吕纪《荷渚睡凫图》; D. 吕纪《秋渚水禽图》; E. 吕纪《归雁图》

A引自汪小洋. 图说中国绘画艺术[M]. 南京: 江苏人民出版社, 2009: 88; B、C、D、E引自单国强, 赵晶. 明代宫廷绘画史[M]. 北京: 故宫出版社, 2015: 362.

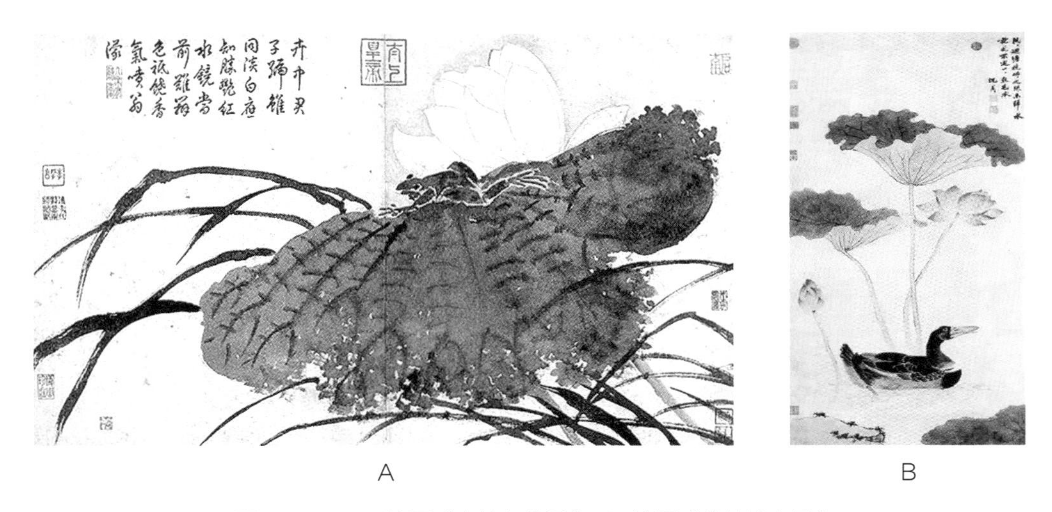

A　　B

图 6-3-9　A. 沈周《青蛙白荷图》 B. 沈周《莲塘浴凫图》

引自闻玉智. 中国历代写荷百家［M］. 哈尔滨：黑龙江美术出版社，2001：50、51.

周之冕（1521—？），字服卿，号少谷，擅长花鸟，注重观察花鸟形貌神情及种种动态。善用勾勒法画花，以水墨点染叶子，画法兼工带写，最有神韵，设色亦鲜雅。创立“勾花点叶派”技法，将陆治的设色工致和陈淳的水墨写意画法融合于一体。其《荷花图》勾染点簇，兼工带写，自成一家；勾线填彩，雅致高逸，色调明润清丽（图 6-3-10）。

图 6-3-10　周之冕《荷花图》（局部）

引自周裕苍，周裕干. 荷事：中国的荷文化［M］. 济南：山东画报出版社，2009：91.

陈淳（1483—1544），字道复，号白阳，又号白阳山人，其作品质朴，可看出受沈周画法的影响。他的写生画，一花半叶，淡墨欹毫，自有疏斜历乱之致。后人将陈淳与徐渭并称为“青藤白阳”。其《秋江清光图》紧扣“秋江”二字，以枯荷、芙蓉、芦苇等季节特征明显的折枝花草为主要题材，添加翠鸟、家鸭，展现出一派秋天的气象。其技法将荷叶用藤黄带墨点拓，表现枯的质感；芙蓉用花青点叶，淡墨写枝，花用淡墨双勾填以淡红；鸭子用破笔皴擦，毛羽蓬松。笔法秀劲，色调清淡，构图疏朗，令人有秋高气爽之感（图 6-3-11）。

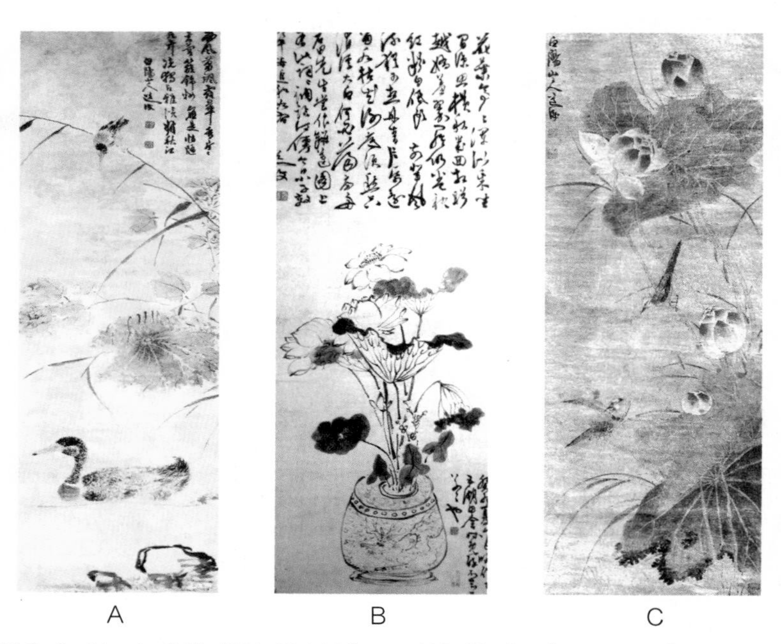

图 6-3-11　A. 陈淳《秋江清光图》 B. 陈淳《插荷图》 C. 陈淳《荷花小鸟》

A，B引自方荣根. 历代名画录[M]. 南昌：江西美术出版社，2017：11；C引自陈淳书画艺术网[OL]. http：//art.3zitie.cn/art/.

魏学濂（？—1644），字子一，号内斋，一作容斋，平生擅画山水，兼工花鸟。其代表作有《荷花鹭鸶图》（现藏于上海博物馆），以泼墨写出荷叶，以重墨勾筋描络，以白描画白鹭，不加晕染却生动准确，整幅画清新明快，是一幅写意佳作（图 6-3-12 A）。

陆治（1496—1576），字叔平，因居包山，自号包山子，工写生，得徐、黄遗意，点染花鸟竹石，往往天造。在吴门派画家中具有一定新意，与陈淳并重于世。其《荷花图》运用双勾填彩的宋画技法，清雅的红、白荷花，其后配上一块巨大的奇石衬托荷之娇柔，奇石“瘦、透、皱、漏”，正符合传统的审美要求（图 6-3-12 B）。

李士达（生卒年不详），号仰槐，一作仰怀。李士达对绘画的要求有“五美”，即“苍、逸、奇、远、韵”；反对“五恶”，即“嫩、板、刻、生、痴”，被评为

"深得画理"。其《瑞莲图》以白描法写一对并蒂重瓣白荷花，叶与茎则以没骨法绘成，再配上一尊墨韵淋漓的奇石，表现出荷花"出淤泥而不染，濯清涟而不妖"的崇高品格（图 6-3-12 C）。

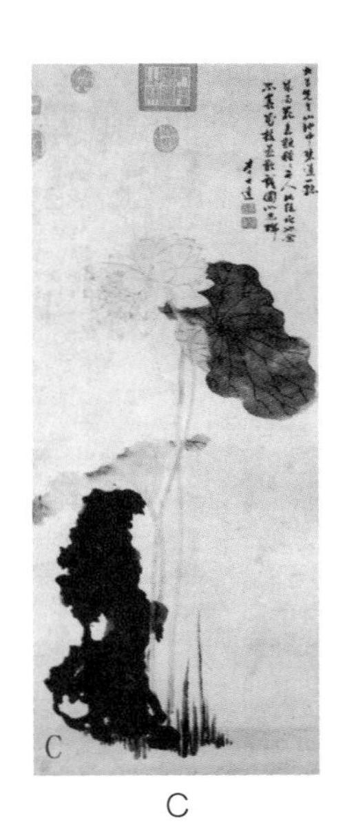

A　　　B　　　C

图 6-3-12　A. 魏学濂《荷花鹭鸶图》 B. 陆治《荷花图》 C. 李士达《瑞莲图》

A引自闻玉智. 中国历代写荷百家[M]. 哈尔滨：黑龙江美术出版社，2001：79、80；B，C引自何恭上. 荷之艺[M]. 台北：艺术图书公司，2001：29.

徐渭（1521—1593），字文长，号青藤道士、天池山人、天池渔隐、金回山人、山阴布衣、白鹇山人等。明代著名文学家、书画家、戏曲家、军事家。徐渭多才多艺，在诗文、戏剧、书画等各方面都独树一帜，与解缙、杨慎并称"明代三才子"；乃中国泼墨大写意画派创始人、青藤画派鼻祖。其画能吸取前人精华而脱胎换骨，不求形似求神似，山水、人物、花鸟、竹石无所不工，以花卉最为出色，开创了一代画风，对后世画坛（如八大山人、石涛、"扬州八怪"等）影响极大。在绘画中，他将书法技巧和笔法融于画中，使人觉得其泼墨写意画简直就是一幅酣畅淋漓的苍劲书法。张岱言："今见青藤诸画，离奇超脱，苍劲中姿媚跃出，与其书法奇绝略同。昔人谓摩诘之诗，诗中有画，摩诘之画，画中有诗；余谓青藤之书，书中有画，青藤之画，画中有书。"①

① 张岱. 跋徐青藤小品画[OL]. 品诗文网https://www.pinshiwen.com/cidian/gushiwen/201904259628.html.

徐渭的《黄甲图》在凋零的荷叶上，画着一只螃蟹缓缓爬行，留出大片空白表现秋水，构图简洁洗练，布局清新奇巧。题诗写道："兀然有物气豪粗，莫问年来珠有无。养就孤标人不识，时来黄甲独传胪。"诗意幽默，具讽刺进士甲科的意味，即借着螃蟹粗鲁横行的形象，嘲讽那些胸无点墨却依靠关系或金钱金榜题名的人（图 6-3-13）。

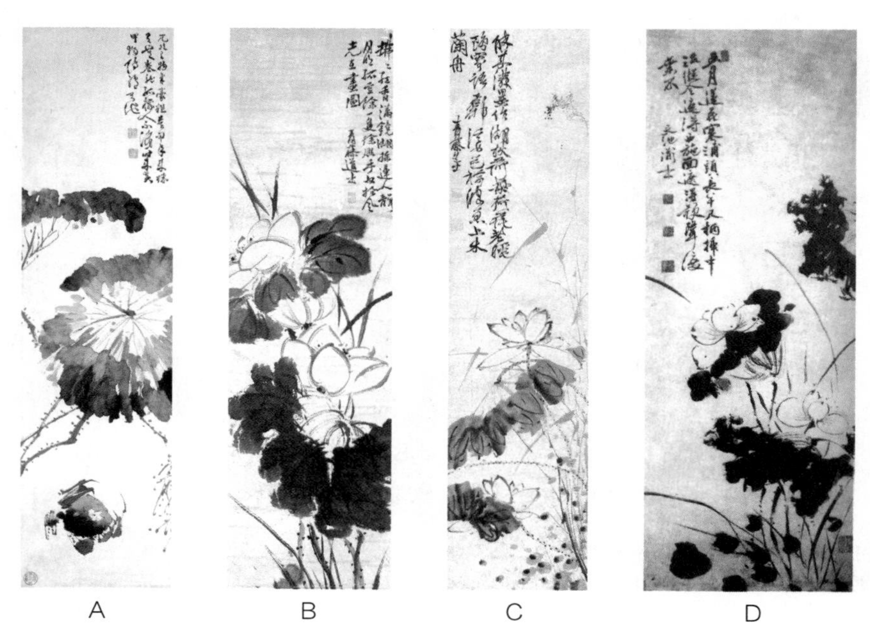

图 6-3-13　A. 徐渭《黄甲图》　B. 徐渭《荷花图》　C. 徐渭《墨荷图》　D. 徐渭《五月莲花图》

引自徐渭. 中国古代名家作品选粹：徐渭［M］. 北京：人民美术出版社，2013：7、29、38、40.

陈洪绶（1598—1652），字章侯，幼名莲子，号老莲，明末清初著名书画家、诗人。一生以画见长，其花鸟画描绘精细，设色清丽，富有装饰意味，酣畅淋漓，当时有"南陈北崔"的美誉。其《荷花鸳鸯图》，水中亭亭而立的莲花，赭墨石色的湖石衬托着绿叶、红莲；水中一对鸳鸯在嬉戏。湖石用笔方折粗硬，衬托了描绘精细圆润的莲花、莲叶。两只彩蝶在空中翩翩起舞，正欲向一朵荷花飞去，而另一只早已停留在花心之上，一动一静，互为呼应。莲叶的婀娜多姿、荷花的娇艳欲滴，与古石的瘦硬层叠构成了鲜明的对比；一对鸳鸯在水面悠然戏水，打破了一池碧水的宁静；一只青蛙正隐伏于石后的荷叶上觊觎甲虫，弓身欲动，使画面充满了生机与意趣。画面由前向后自然形成渐暗渐深的层次，使岩石呈现凹凸分明的立体造型。其勾叶茎方法用粗细有致的墨线双勾，敷染浓淡不同的墨绿，一丝不苟，神满气足，叶脉走向编织出一种有机网络，朝空中弥漫出无穷的张力（图 6-3-14）。

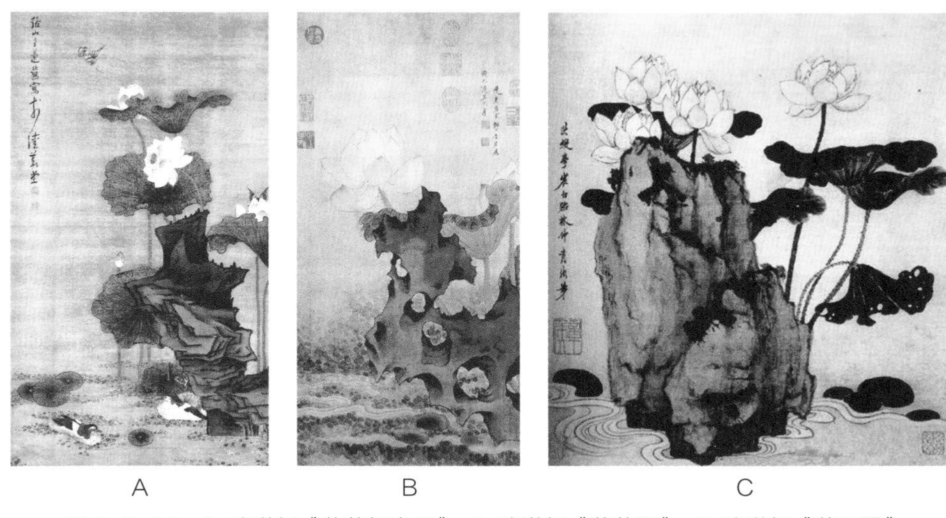

A　　B　　C

图 6-3-14　A. 陈洪绶《荷花鸳鸯图》 B. 陈洪绶《荷花图》 C. 陈洪绶《莲石图》

引自何恭上. 荷之艺[M]. 台北：艺术图书公司，2001：30.

（二）明代宗教壁画

明代宗教壁画的艺术成就远逊前朝，但位于北京翠微山南麓法海寺的壁画，其艺术造诣可与莫高窟壁画媲美。在北京法海寺壁画中，莲花随处可见[①]。在西壁《佛会图》中四位菩萨的下方均绘有莲花，观音菩萨、文殊菩萨、普贤菩萨的衣服均饰有莲花图案，璎珞、饰品呈莲花状，甚至连普贤菩萨手中所持的法器上也饰以莲花。四菩萨及十方佛均乘莲花宝座。帝释天侍女中，有一侍女左手持盘，盘内盛莲花（图 6-3-15）。

除法海寺外，河北的隆兴寺（图 6-3-16），江苏和浙江的报恩寺、华藏寺、潮鸣寺、灵谷寺，以及山西、四川、云南、西藏等地区的寺观壁画，其内容以宗教题材为主，有道释画、释道儒掺杂的水陆画等，个别寺庙也有取材于历史传说和现实生活的壁画，但都少不了莲的踪迹。还有各地出土的民间墓葬壁画中，莲图莲纹也随处可见。

① 黄新然. 论北京法海寺壁画所表现印度佛教植物图案的艺术特征[J]. 文化遗产，2017(3)：151.

图 6-3-15　北京法海寺明代壁画中的莲花

图 6-3-16　河北隆兴寺摩尼殿明代壁画中的鬼子母天手持莲花

图6-3-15引自楚启恩. 中国壁画史[M]. 北京：北京工艺美术出版社，2012：219；图6-3-16引自楚启恩. 中国壁画史[M]. 北京：北京工艺美术出版社，2012：222.

（三）明代版画

明代版画业得到进一步发展，尤其明末万历至崇祯年间，是版画艺术发展的黄金时代。明初的版画基本上仍承袭宋元之风，主要成就表现在饾版、拱花的发明。明初版画只有一色，色彩单调；后来发明了涂版法，就是在一块雕好的画版上按照要求涂上不同的颜色，再印到纸上。万历年间（1573—1620）采用此法印出一部彩色花卉书《花史》，花用红色，叶用绿色。接着是程大约的《程氏墨苑》，全书施彩五十幅，每幅四五色。以上二书的赋彩成功为饾版的发明打下了基础，具有划时代意义。

图 6-3-17　明代《北西厢秘本》插图之三《窥简》中的莲花莲叶
（2016 年李尚志摄于扬州博物馆）

明代末期版画业出现显著的成就，是由于这一时期的市民文学兴盛，小说和戏曲方面的书籍插图促进了版画艺术的迅速发展，也适应了大众阅读的需要，如金陵富春堂一家就刊刻了上千幅插图。著名作品如《西厢记》《琵琶记》《牡丹亭》《水浒传》《三国演义》等，均有多种版本、风格各异的插图问世（图 6-3-17）。明代农业园艺书籍中也有不少插图，如弘治本《安骥集》《茶经》《野菜图谱》和崇祯年间徐光启的《农政全书》都有插图（图 6-3-18、图 6-3-19）。

图 6-3-18 《水浒传》插图中的莲花（明代木刻版画）

图 6-3-19 采莲图（明代木刻版画）

图6-3-18引自杜董，陈洪绶．明清刻本水浒人物图［M］．合肥：安徽人民出版社，2013：262；图6-3-19引自何恭上．荷之艺［M］．台北：艺术图书公司，2001：14.

三、清代前中期荷花绘画

清代的绘画发展，可分为早、中、晚三个时期。早期绘画从顺治至康熙初年，这一阶段文人山水、花鸟画兴盛，并形成两种截然不同的艺术追求。一是承续明末董其昌衣钵的“四王”画派，以摹古为宗旨，受到皇室的重视，居画坛正统地位；二是活动于江南地区的一批明代遗民画家，寄情山水，借画抒怀，艺术上具有开拓、创新精神，以“金陵八家”“四僧”、新安派为代表。他们中间有不少是画荷高手，如朱耷以花鸟画著称，继承陈淳、徐渭传统，发展了泼墨写意画法；其作品往往缘物抒情，以象征、寓意和夸张的手法，塑造奇特的形象，抒发愤世嫉俗之情和国亡家破之痛。

（一）清代前中期绘画

清代前中期是清代社会安定繁荣时期，绘画也呈现出欣欣向荣的景象，这一时期的北京和扬州形成两大绘画中心。京城的宫廷绘画活跃，内容、形式丰富多彩；而商业经济发达的扬州地区，崛起了“扬州八怪”，形成一股新的艺术潮流。北京宫廷绘画，皇室除罗致专业画手供奉内廷外，还以变相形式笼络一些文人画家为其服务，他们常画一些奉旨或进献之作，也有不少为写荷之作。此外，有供奉内廷的外国画家，如郎世宁、王致诚、艾启蒙等人。他们带入西洋画的明暗、透视法，创造了中西合璧的新画风，深受皇帝器重。江南商业城市扬州，富商聚集，人文荟萃，经济、文化迅速发展，成为东南沿海地区的一大都会。各地画家亦纷至沓来，卖画献艺，“扬州八怪”就是其间最著名的一批画家。如金农、黄慎、汪士慎、郑燮、李方膺、高凤翰、边寿民等人，他们多有相近的生活经历和社会体验，或宦途失意，被贬遭黜；或功名不就，一生布衣；或出身贫寒，卖画为生。他们的画荷作品，以寓意手法比拟清高的人品、孤傲的性格、野逸的志趣，使作品具有较深的思想性和激荡难平的情愫。

清代前中期不仅画家人才辈出，绘画论著数量也超过以往朝代，有数百种之多[①]。如石涛《苦瓜和尚画语录》，运用道家和禅学的哲理语言，较系统地论述了绘画创作的原理。方薰的《山静居画论》、笪重光的《画筌》、沈宗骞的《芥舟学画编》、秦祖永的《桐阴论画》等，算得上谈论画理方面的名著；讲述画法的著作有王概的《芥子园画传》和后续三集所附的《画学浅说》等，以及邹一桂《小山画谱》，为最早的花卉画法专著。还有著作为明、清画家作传，如姜绍书《无声诗史》、徐沁《明画录》等。专为清代画家作传的有张庚《国朝画征录》，收录清初至乾隆中叶画家450余人，另有冯金伯《国朝画识》和《墨香居画识》等。这些著述对这一时期的绘画发展起到良好的作用。

谢荪（生卒年不详），字缃酉，又字天令，擅花卉、山水画，“金陵八家”之一。其《荷花图》的技法从宋代院体画中蜕变而出，勾勒晕染，功力深厚。花和叶的线条工细而不呆板，敷色艳丽且不浓腻。全图构思别致巧妙，采用特写以局部深入描绘，使荷花形象分外突出鲜明（图6–3–20）。

① 温肇桐．中国古代绘画研究报刊文章编目（1949—1979）[J]．南京艺术学院学报（美术与设计版），1979（2）：118–134.

图 6-3-20　谢荪《荷花图》

引自闻玉智. 中国历代写荷百家［M］. 哈尔滨：黑龙江美术出版社，2001：81-82.

朱耷（1626—1705），字雪个，号八大山人等，擅书画，花鸟以水墨写意为主，形象夸张奇特，笔墨凝练沉毅，风格雄奇隽永。如《荷花翠鸟图》中之鸟，低着头，闭着眼，虽立在孤立的芦苇杆上，但怡然自得，旁若无人，不管不顾，好像在养神，却实为蔑视。他的每一幅画都极具个性，画中的青白眼、蜷缩的鸟、傲然屹立的荷花，都相当传神，看得出八大山人藏在画中的孤寂、高傲和愤世嫉俗。其画中含遗民之情，想来这就是他区别于其他画家的地方，毕竟这样的家仇国恨只有经历过的人才能体会。其画荷作品还有《荷花小鸟》《荷塘戏禽图卷》《莲花鱼乐图卷》《荷石水禽图》《秋荷图轴》等（图 6-3-21）。

图 6-3-21　A. 朱耷《荷花翠鸟图》 B. 朱耷《荷花小鸟》 C. 朱耷《荷石水禽图》

引自闻玉智. 中国历代写荷百家［M］. 哈尔滨：黑龙江美术出版社，2001：88-92.

石涛（1641—约 1718），本姓朱，名若极；号石涛，又号苦瓜和尚等，法名原济。他的花鸟画潇洒隽朗，天真烂漫，清气袭人。其《墨荷图》轴，绘出欣欣向荣的荷塘景色。构图疏密交错，通过荷叶、慈姑、莲蓬、蒲草间的相互掩映构筑出变化丰富的空间层次。用墨淋漓尽致，浓淡、枯润相生，显现出作者较强的笔墨把控能力。其画荷作品还有《荷花紫薇图》《澄湖露华图》《花卉册之荷花》《浦上生绿烟》等（图 6-3-22）。

A

B

C

图 6-3-22　A. 石涛《墨荷图》 B. 石涛《澄湖露华图》 C. 石涛《荷花紫薇图》

引自闻玉智. 中国历代写荷百家［M］. 哈尔滨：黑龙江美术出版社，2001：104-108.

王武（1632—1690），字勤中，号忘庵，又号雪颠道人、如是翁、不山，所作花鸟，能得生趣，秀丽多姿，功力深厚。其《花卉图册》中的荷花局部刻画细腻，叶脉清晰可见。画家能自然且协调地把没骨与勾勒、用色与用墨融合在一起，产生“色不碍墨，墨不碍色；色中有墨，墨中有色”的艺术效果（图 6-3-23 A、B）。

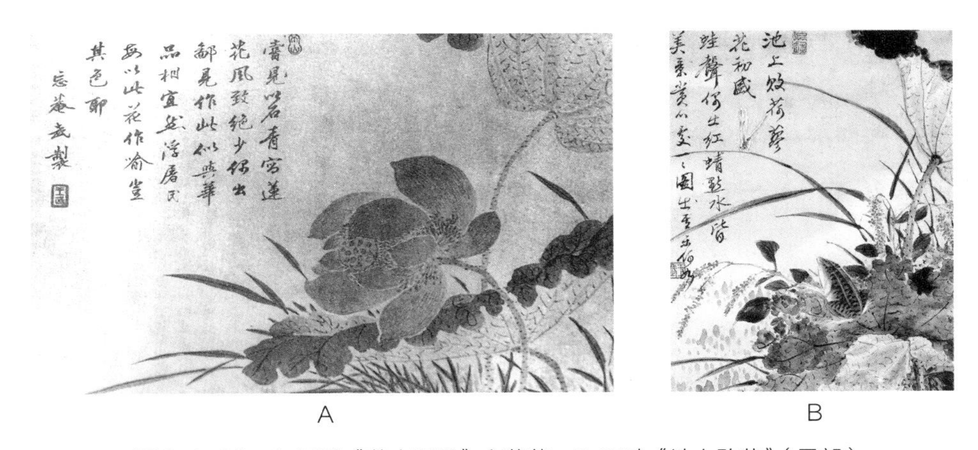

A　　B

图 6-3-23　A. 王武《花卉图册》之荷花　B. 王武《池上败荷》（局部）

引自闻玉智. 中国历代写荷百家[M]. 哈尔滨：黑龙江美术出版社，2001：96-97.

恽寿平（1633—1690），初名格，字寿平，以字行，又字正叔，别号南田等，创常州画派，为清朝“一代之冠”。其画荷作品，如《出水芙蓉》纸本设色，图绘红荷碧叶，布局左实右虚，左上红莲一朵，花瓣用笔精微，鲜红如火；下端一片阔大荷叶占近半画面，画家却用墨青色点染叶面，以常人不敢用的色彩创造出脱俗的对比效果。他的画荷作品还有《荷花图》《荷塘图》《红莲图》等，用笔较工整细秀，设色清淡，虽略显拘谨，但颇能传达荷花秀润娇艳的清致，运笔飘逸潇洒，达到形神皆备的境界（图 6-3-24）。

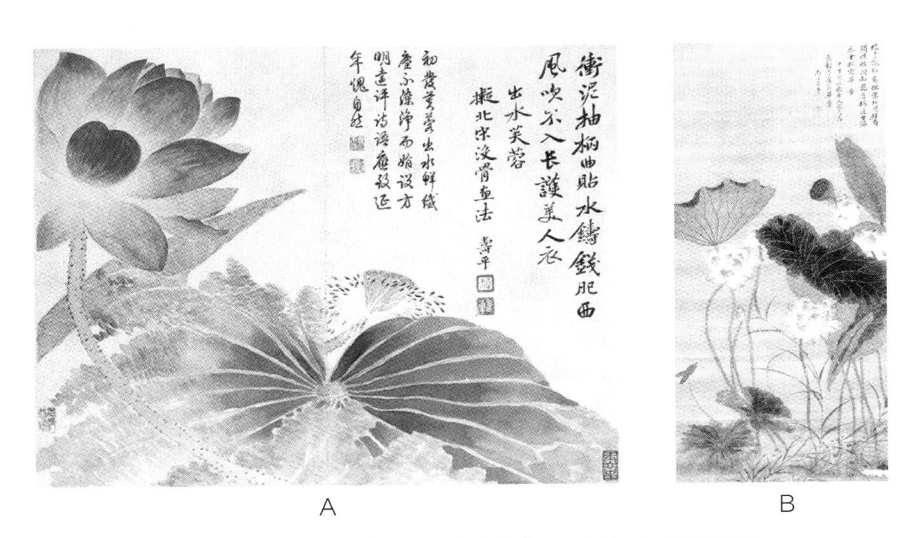

A　　B

图 6-3-24　A. 恽寿平《出水芙蓉》　B. 恽寿平《荷花图》

引自闻玉智. 中国历代写荷百家[M]. 哈尔滨：黑龙江美术出版社，2001：98-99.

蒋廷锡（1669—1732），字酉君、扬孙，号南沙、西谷，又号青桐居士，擅长花鸟，以逸笔写生，能自然洽和，风神生动，得恽寿平韵味。画荷作品有《墨荷图》《荷塘逐清波》《荷塘清趣》等。他对水墨工具灵活运用，且不拘泥于工致，其笔下的花卉，虽设色简淡，却神态栩栩。如《荷花翠鸟图》主轴描绘毗连茂盛的荷叶，红莲相依开放，翠鸟隐藏荷间，空中两只翠鸟又翩然而至，设色高华，肖物逼真，韵致清幽（图 6-3-25）。

A

B

图 6-3-25　A. 蒋廷锡《荷花翠鸟图》 B. 蒋廷锡《荷塘逐清波》

引自闻玉智. 中国历代写荷百家［M］. 哈尔滨：黑龙江美术出版社，2001：111-112.

华喦（1682—1756），字德嵩，更字秋岳，号新罗山人、白沙道人、离垢居士等，老年自喻“飘蓬者”，工画人物、山水、花鸟、草虫，脱去时习，力追古法，写动物尤佳。善书，能诗，时称“三绝”，为清代绘画大家、扬州画派的代表人物之一。其花鸟画最负盛名，吸收明代陈淳、周之冕，清代恽寿平诸家之长，形成兼工带写的小写意手法。他所绘《花卉图册》中的荷花，构图新颖，上开下合，右下以浓墨重彩疾笔绘出残荷败叶，通过浓淡构成了体积感。在浓叶簇拥中展现芙蓉出水之圣洁，晶莹夺目，绰约如仙。凌空飞挑几条蒲叶，则采用马和之描画法，行笔飘逸，意趣高古，画面空旷，具有一种无限清朗之意境（图 6-3-26）。

图 6-3-26　华喦《花卉图册》中的荷花

引自闻玉智. 中国历代写荷百家[M]. 哈尔滨：黑龙江美术出版社，2001：114.

沈铨（1682—约 1760），字衡之，号南蘋，其画远师黄筌画派，近承明代吕纪，工写花卉翎毛、走兽，以精密妍丽见长，也擅长画仕女。创“南蘋派”写生画，深受日人推崇，被称为“舶来画家第一”。绘画设色妍丽，工致精丽，赋色浓艳，极尽构梁之巧。其《荷花鸳鸯图》以荷叶为画中主体，且大胆采用石青与赭黄分别填染荷叶的正侧两面，渲染了薄暮深秋的苍郁气氛；又以黄、白、赤、粉的色调和姿态各异的造型，生动地刻画了荷叶间四朵绽放的荷花，展示了画家精湛的写生功力。画法不以富丽浓艳为尚，笔墨清爽，毫无板滞之弊（图 6-3-27 A）。

高凤翰（1683—1748 或 1749），字西园，号南村，又号南阜、云阜，别号因地、因时、因病等，晚年因病风痹，用左手作书画，又号尚左生；“扬州八怪”之一。其《荷花图》是其指画花卉十页之一，一朵粉莲、一片荷叶自左横入图中，几根芦苇随风起伏。左下款题“南村指头画”，钤二印（图 6-3-27 B）。

唐苂（生卒年不详），字子晋，号匹士。自幼擅画花卉，工荷花，没骨荷花尤为精能。唐苂与恽寿平经常切磋画艺。当时有“唐荷花”“恽牡丹”之称。他的荷花作品运用双勾与没骨法结合表现物象，层层渲染，浓淡相间，富有生意。其墨荷设色工细，敷色清丽，细染浑厚，画中的鱼鸟亦十分生动活泼，情趣盎然。画荷作品有《荷花鸳鸯图》《红莲鱼藻图》等（图 6-3-28）。

A

B

图 6-3-27　A. 沈铨《荷花鸳鸯图》 B. 高凤翰《荷花图》

引自闻玉智. 中国历代写荷百家［M］. 哈尔滨：黑龙江美术出版社，2001：111-112.

A

B

图 6-3-28　A. 唐艾《荷花鸳鸯图》 B. 唐艾《红莲鱼藻图》

引自叶尚青. 中国花鸟画史［M］. 杭州：浙江人民美术出版社，2015：340，339.

高其佩（1672—1734），字韦之，号且园、南村、书且道人、山海关外人、创匠等，指画开山祖。他学习传统绘画，山水、人物受吴伟之影响。中年后，开始用指头绘画，所画花木、鸟兽、鱼、龙和人物，无不简恬生动，意趣盎然。其花鸟画笔墨精细，设色艳丽，神妙绝伦（图 6-3-29 A）。

李鱓（1686—1762），字宗扬，号复堂，又号懊道人、墨磨人、木头老子、苦李、藤薜大夫等，“扬州八怪”之一。擅长花卉虫鸟，画法工致，落笔劲健，纵横驰骋，不拘绳墨，有时使用重色与彩墨相结合，颇得天趣，其花鸟作品对晚清花鸟画有较大的影响。《墨荷图》轴为其 58 岁时所作，绘夜雨之后的出水芙蓉，出淤泥而不染，枝叶高低错落，不蔓不枝，清新活泼。用笔奔放雄浑，挥洒自如，用墨浓淡相间，淋漓尽致地烘托出雨后荷塘烟雾蒸腾、水泽弥漫的意境，妙得天趣。画中题诗与下面的荷叶相呼应，起到补充画面的作用，画外之意，诗、书、画完美地结成一体（图 6-3-29 B）。

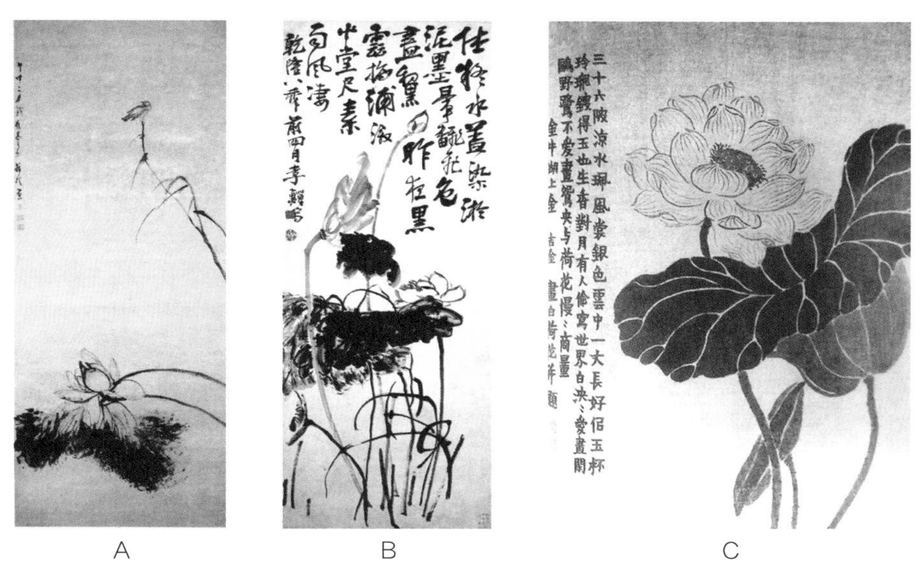

A　　　　B　　　　C

图 6-3-29　A. 高其佩《荷花翠鸟图》 B. 李鱓《墨荷图》 C. 金农《白荷花》

A引自叶尚青. 中国花鸟画史[M]. 杭州：浙江人民美术出版社，2015：339；B，C引自闻玉智. 中国历代写荷百家[M]. 哈尔滨：黑龙江美术出版社，2001：120，124.

金农（1687—1763），字寿门、司农，号曲江外史、昔耶居士等，“扬州八怪”之首，布衣终身。其《白荷花》画面由深绿色荷叶、洁白荷花和“漆书”题识三部分组成。竖长方形的画幅，从底边偏右方伸出三根荷茎，靠右方的荷茎上长着一片纹理清晰、叶质丰厚的大荷叶，占据了画面中央部分；左侧一根白荷柄，从荷叶的左后侧面高出荷叶又微向荷叶中心倾斜，既显示在阔大丰厚荷叶衬托下荷花的洁白纯净，又有一种荷叶、荷花相向依偎的温情；在荷花与荷叶中间，一根细小的荷柄长着一片刚出生的小荷叶，象征新生命的诞生。在占整幅画面左方五分之一处是“漆书”题识：“三十六陂凉，水珮风裳。银色云中一丈长，好似玉杯玲珑，镂得玉也生香。对月有人偷写，世界白泱泱。爱画闲鸥野鹭，不爱画鸳央（鸯）。与荷花慢慢商量。金牛湖上金吉金，画白荷花并题。”这是一首写景抒情阐发个人情怀的散曲，惟妙惟肖，动静结合，情景交融①（图 6-3-29 C）。

恽冰（生卒年不详），字清于，号浩如，别号兰陵女史，亦署南兰女子，清代乾隆、嘉庆、道光年间深得家传的一位女画家。善花果，芊绵蕴藉，用粉精纯，作已辄题小诗，名著吴中。其画荷作品《蒲塘秋艳图》，写红莲两朵、碧盖数柄，以及浮萍、藻类，用笔设色简洁素雅，朱红晕染的花瓣十分醒目，莲柄弯曲有度，姿态轻柔绰约，萍藻则用淡淡的橙黄、花青点染而成（图 6-3-30 A）。

吴应贞（生卒年不详），字含五，嫁同邑赵氏，工写生花鸟画，宗法恽寿平的没骨画风而有所变格。其《荷花图》所绘荷花绰然俏丽，花、叶敷色艳丽而不浓腻，工致的晕染，旨在追求花、叶含水带露的润泽、鲜灵与生动，清逸秀爽的笔墨则写出了出淤泥而不染的荷花品格（图 6-3-30 B）。

A

B

图 6-3-30　A. 恽冰《蒲塘秋艳图》　B. 吴应贞《荷花图》

引自闻玉智. 中国历代写荷百家［M］. 哈尔滨：黑龙江美术出版社，2001：121，182.

① 杨居让. 冬心不冷——金农仿《小山丛桂图》、《白荷花》赏析［J］. 当代图书馆. 2017（1）：45-47.

A

B

图 6-3-31　A. 郎世宁《仙萼长春图》 B. 郎世宁《聚瑞图》

引自闻玉智. 中国历代写荷百家[M]. 哈尔滨：黑龙江美术出版社，2001：131、132.

郎世宁（Giuseppe Castiglione，1688—1766），意大利人，生于米兰。康熙五十四年（1715）以天主教耶稣会修士的身份来中国传教，随即入宫进如意馆，成为宫廷画家，曾参加圆明园西洋楼的设计，历经康、雍、乾三朝，官至三品，在中国从事绘画 50 余年，擅长花鸟、人物、走兽等绘画。其画荷作品如《聚瑞图》运用欧洲明暗法，光源统一，造型准确，立体感强，有夺真之妙。但没有像西洋画那样画出背景，没有强调空间、层次、虚实的统一与变化，构图上极工整对称（图 6-3-31）。

（二）清代前中期壁画

宗教壁画　清代的佛教壁画与前朝历代相比，艺术成就总体上大为逊色。唯有西藏壁画呈现出一派高贵华丽之风；对花卉云彩极力进行渲染，背景衬以金碧山水、亭台楼阁、飞禽走兽、奇花异草，以及浓重艳丽的金银色彩。西藏壁画艺术的表现形式，常将吉祥、行善的佛教内容组合在装饰和几何形的图案中。如《六道轮回图》《世界模式图》就是将人生的因果和宇宙的分布绘制在圆形的图案中，而菩萨手持的三宝“莲花”（代表观音）、“宝剑”（代表文殊）和“金刚”（代表金刚手）巧妙组成图案。在西藏壁画中也有许多花卉动物画，其中就有绘有荷花和水鸟的《东村当巴》《瓶荷图》《珍宝图》《松鹤图》等[①]。

① 张骏，刘原，王志敬. 西藏人民的瑰宝——简论西藏壁画[J]. 西藏研究，1984(4)：90-96.

位于重庆荣昌县安富寨子山的和南寺，留存有五幅清代壁画，其中就有佛像莲座。该寺建于清代雍正年间，乾隆年间曾复建，道光二年（1822）再次扩建，增加下殿，新增不少佛像和彩画。如今寺庙昔日辉煌早不复存在，仅留存一些残存的佛像和壁画印证着昔年的繁华（图 6–3–32）[①]。

民俗壁画 从康熙到乾隆百余年时间里，国家昌盛，社会稳定，民间民俗文化艺术也得到很好的发展。2016 年 5 月 27 日河北电视台播出题为《承德滦平县发现三十二幅清代壁画》的节目，壁画内容以神话和生活常识为主，画中的“水火会”即是民间的消防组织，其中一幅以救火为主题的壁画背景绘制着荷花及荷叶（图 6–3–33）[②]。

图 6–3–32　重庆和南寺清代壁画中的菩萨莲座

图 6–3–33　承德滦平清代壁画中的救火人及莲花

图6–3–32引自2014年重庆日报网https://www.cqrb.cn/；图6–3–33李尚志翻摄自承德滦平县发现三十二幅清代壁画［OL］. https://www.iqiyi.com/w_19rt2scq3l.html.

唐卡 唐卡也称唐嘎，指悬挂供奉的宗教卷轴画，是藏文化中一种独具特色的绘画艺术形式。唐卡的历史悠久，至今已有 1300 多年的历史。唐卡绘制题材包括如下四类：一是佛、菩萨类；二是密宗本尊、护法、罗汉类；三是高僧上师造像类；四是曼陀罗、宇宙天体及藏医药类。而以唐卡制作的材质手法，又可大致分手绘唐卡（称“止唐”）和刺绣或堆绣唐卡（称“国唐”）。西藏早期的唐卡能保留至今的极其稀少。清廷为加强对西藏地区的统治，制定了敕封西藏佛教各派首领、设置驻藏大臣等政策，封达赖、班禅及呼图克图即具体措施之一。这些措施对西藏社会的安定和社会经济、文化的发展都是有利的。西藏的唐卡艺术也随

① 荣昌和南寺. 清代寺庙壁画展现昔日繁华［OL］. http：//www.cqrb.cn/xinwen/lvyou/2014-08-25/280586.html.

② 同上。

之发展到了一个新的高峰。这个时期的唐卡，一是数量明显增多，二是形成了不同风格的画派，但莲花元素是唐卡的基本元素，这也是西藏绘画长期发展的必然结果（图 6-3-34）。

图 6-3-34　清代（18 世纪）西藏唐卡上的莲座

引自王家鹏. 故宫唐卡图典［M］. 北京：故宫出版社，2011：9.

（三）清代康乾时期版画

清初至康乾时期，帝王崇信佛教，这为佛教版画的发展提供了宗教政策上的连续性。这一时期的《大藏经》《观无量寿佛经图颂》《妙法莲华经观世音普门品》等多部佛典的插图中均有菩萨手持莲花或坐于莲座的图案，莲图清晰，线条流畅。除佛教或道教书籍插图外，民间文人著书也有插图，尤其是王概编的《芥子园画传》成为一部受人喜爱的套色水印画谱。《芥子园画传》由戏曲家李渔的女婿沈因伯请王概依据明末画家李流芳的原本增辑而成。李流芳的原本仅 43 页，而经王概花了三年时间编绘则达 133 页。后来，沈因伯将画稿带给在杭州养病的李渔翻阅。当时李渔翻阅后，拍案狂喜，认为它是“不可磨灭之奇书”，不公布于世乃“天地间一大缺陷”，于是“急命付梓”。因该画谱刻印于李渔的别墅“芥子园”，故名《芥子园画传》。[①] 其《画传》中就绘有一幅荷花图（图 6–3–35）。

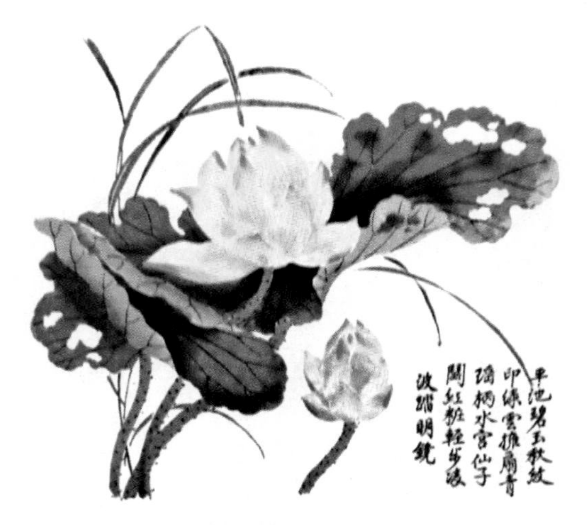

图 6-3-35　清代《芥子园画传》中的荷花（版画套色）

引自王概. 芥子园画传[M]. 合肥：黄山书社，2014：636.

第四节　缠枝并蒂：荷花与工艺

这一时期荷花工艺品的水平和质量，较之前朝有很大程度的提高，其数量与规模也胜过以往各代。统治者为了巩固权力，采取一系列措施，利于商品经济的繁荣，刺激了手工业的发展，使建筑、陶器、漆器、玉器、服装纺织、家具等工艺品都取得了成就。荷饰工艺技术也相应地成就斐然。

一、建筑荷饰文化

（一）莲纹藻井

元代　元代建筑藻井在传承前朝的基础上，由结构简单大气的斗八造型，发展为结构复杂的小木作，其中心图案常为表示混沌状态的图案或二龙戏珠等，而

① 李楠. 中国古代版画[M]. 北京：中国商业出版社，2015：120–122.

以莲纹为主体的藻井图案则少见。陕西韩城普照寺创建于元延祐三年（1316），寺内大雄宝殿的建筑风格独特，殿内有佛龛，龛上部有藻井，藻井有绘画，共130幅佳作，其中人物画33幅，花鸟虫鱼画97幅，其中就有荷纹图案。

山西大同浑源县的永安寺始建于金代，后毁于火灾。元初由浑源州都元帅高定父子出资在废墟上大规模重建；延祐二年（1315）高定之孙高璞又捐款，在寺内建造了现存规模最大的传法正宗殿。其大殿上的藻井中心绘有二龙戏珠图案，四周散布莲花（图6-4-1）[①]。考古发现，在同时期金代统治的河北、山西等地区，墓葬藻井装饰亦有莲瓣纹。

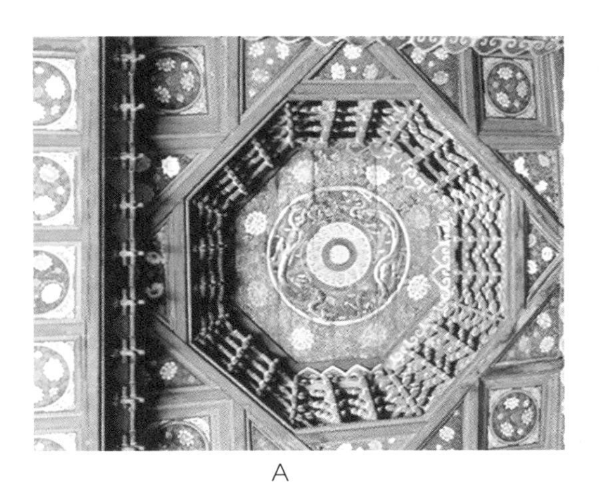

A

B

图6-4-1　A. 山西浑源永安寺大殿的元代方形莲花藻井　B. 永安寺大殿的元代六角长方形莲花藻井

引自寰宇通志[M]. 北京：中华书局，1960：151，154.

明代　明时的藻井结构日趋繁复，雕刻日益富丽精巧。明代京城皇宫、寺庙的藻井，以雕龙为多，因皇城乃“真龙天子”的地界，故处处藻井均见龙纹。藻井代表尊贵与等级，雕绘神像或双龙则突显其崇高和伟大。莲的作用，反而被弱化（图6-4-2 A）。北京翠微山南麓的法海寺始建于明正统四年（1439），这座禅宗寺庙带有浓厚的西藏密宗色彩，其藻井外围绘有莲花图案（图6-4-2 B）。

① 寰宇通志[M]. 北京：中华书局，1960：151，154.

A

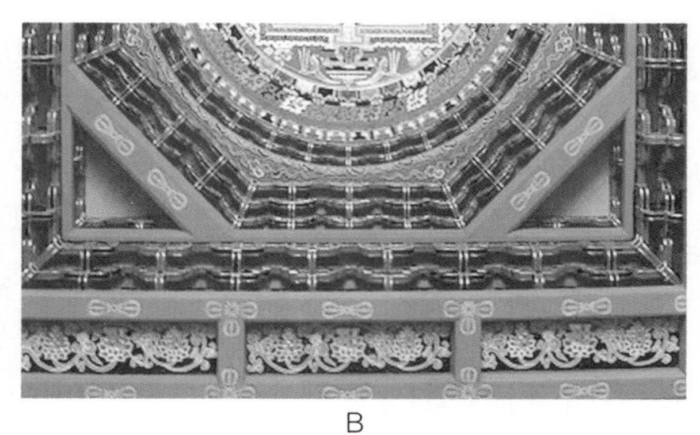
B

图 6-4-2　A. 北京隆福寺明代藻井（局部）上的缠枝莲纹图案
B. 北京法海寺明代藻井（局部）上的莲纹图案

A引自杨超英. 明朝隆福寺藻井[J]. 建筑学报，2003(5)：3；B引自方敏.穹顶上的皇家符号：藻井[N]，安阳晚报，2015-07-06.

清代前中期　明代宫殿的藻井中央常常雕绘云龙，其周围设置莲瓣。到清代前中期，宫殿藻井中央雕制一团生动的蟠龙，蟠龙垂首衔珠，于是改藻井为龙井了。清代宫殿所施藻井，以遍贴金的浑金做法居多，精雕细刻，或以彩绘略做点染，色彩绚丽，金碧辉煌，如伞如盖，装饰效果极佳。避暑山庄普乐寺旭光阁为正圆形藻井，是外八庙中规模最大的藻井，井层中分布龙凤图案，中心倒悬金龙戏珠，造型精美，栩栩如生，虽经历 200 多年，仍光彩夺目。藻井图案共达九层，代表天有九霄，由浅入深分别为祥云、斗拱、云龙、翔凤、双重斗拱、莲花瓣等，其藻井中有莲花图案。①

（二）莲纹瓦当及滴水

元代　宋代以后，建筑装饰更注重在小木作方面，瓦当装饰功能渐趋退化，当面的面积缩小，品种单调，一般都是兽面纹、莲花纹、花卉纹等②。在元代上都城遗址出土有莲纹瓦当，采用莲等花草和飞鸟作为纹样，是这个时期一种别开生面的题材（图 6-4-3 A）。花草包括叶茎枝（根）全部，如莲纹用一朵侧视的莲花居中，下连藕根，旁配新叶的一幅整体图案构成③。位于吉林德惠边岗乡丹城子村的金代揽头窝堡遗址，地表散布着大量古代砖瓦及各种建筑构件。其中有两件莲花纹瓦当极度相似，质地相同，花瓣同为八瓣，中心有一圆圈凸棱线，凸

① 董小淳. 外八庙古建筑中的龙文化[J]. 河北民族师范学院学报，2014(3)：14-15.
② 申云艳. 中国古代瓦当研究[D]. 北京：中国社会科学院，2002：122-139.
③ 贾洲杰. 内蒙古地区辽金元时期的瓦当和滴水[J]. 考古，1977(6)：422-425.

棱线内皆为 18 颗乳突[①]，但直径和厚度的差别十分明显（图 6-4-3 B）。综上可知，金元时期的瓦当纹样装饰，虽偏向于龙面和兽面纹样，但在东北地区，也有不少莲瓣纹瓦当分布。

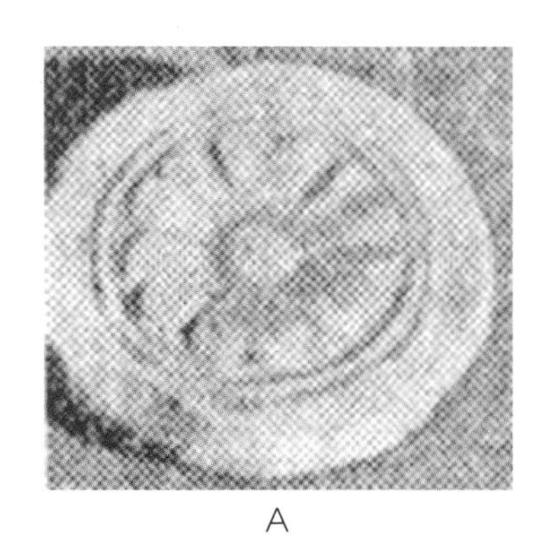
A

B

图 6-4-3　A. 元上都遗址出土的莲纹瓦当　B. 金代揽头窝堡遗址出土的莲花纹瓦当

A引自贾洲杰. 元上都调查报告［J］. 文物，1977（5）：70；B引自卢成敢. 中国东北地区辽金瓦当研究［D］. 长春：吉林大学，2015：41.

明代　明代瓦当虽以兽面纹和龙纹为主，但吉林四平梨树县明代叶赫部都城遗址出土有瓦当饰荷花纹等纹饰，风格与元代相近；南京明孝陵遗址出土的瓦当中也有荷花纹瓦当[②]。这反映了明时南北各地除时兴兽面纹、龙纹样瓦当外，也有荷花纹瓦当存在。

明代还流行一种番莲纹瓦当。2005 年在陕西省铜川市陈炉镇北头桐树圪崂东侧的三层台上，发现了明代烧造琉璃瓦和琉璃构件的窑炉、作坊，并出土大量的板瓦、筒瓦、龙纹瓦当、龙凤纹滴水以及窑具等。其中有一种素烧番莲纹瓦当，瓦当面呈圆形，背面较平，当面模印番莲纹，莲纹外有一周阳弦纹，窄边轮；瓷土胎，胎色土黄，质较粗（图 6-4-4 A，B）[③]。

番莲纹饰图案的发展，可分成三个阶段：先以中国本土原创的文化寓意图案为基础，第一阶段融合宗教意象的莲花；第二阶段与缠枝、转枝搭配；第三阶段和植物上的西番莲相融，成为具植物生长性状的装饰图案。番莲图案在历代虽表现出不同特征，但这类纹饰图案的结构和形式，还是可与莲花、牡丹、菊花、忍

① 卢成敢. 中国东北地区辽金瓦当研究［D］. 长春：吉林大学，2015：22-54.

② 申云艳. 中国古代瓦当研究［D］. 北京：中国社会科学院，2002：122-139.

③ 赵雅莉. 陈炉新发现的明代龙凤纹瓦当和滴水［J］. 收藏界，2008（10）：45-48.

冬纹等装饰图案清楚分辨的，如花瓣、叶片的绘画技法，花心呈现非莲蓬的形式等。据此可知，番莲纹饰图案与莲纹有区别①。

A

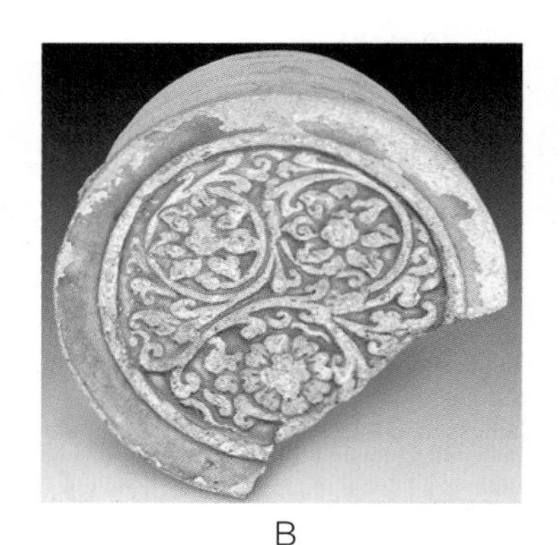
B

图 6-4-4　A. 陕西铜川陈炉镇发现的明代素烧番莲纹瓦当
B. 陈炉镇发现的明代孔雀蓝釉琉璃筒瓦带莲纹瓦当

引自赵雅莉. 陈炉新发现的明代龙凤纹瓦当和滴水[J]. 收藏界，2008(10)：45、48.

清代前中期　清代前中期的莲纹瓦当与明代相类似。2012年，辽宁沈阳北中街汗王宫遗址出土有后金时期的灰陶莲花纹滴水（图 6-4-5）②。颐和园前身清漪园始建于1750年，是清代遗存的最后一座皇家园林建筑群。颐和园建筑瓦当纹饰的表现手法，有写实性和抽象性两种。写实性纹饰多以自然界的动植物题材作为瓦当的主要装饰内容，有较写实的莲等花草形象，以组合图案或单独使用为主；而抽象性纹饰是以对自然物象经过抽象变形，以及规律化处理后形成的装饰纹样，主要有经抽象化的动物、植物和文字。组合元素的综合运用表达统治理念和吉祥寓意，如莲花和水浪纹饰组合的“一品清廉”纹饰，因莲与“廉”同音，用来象征统治者清正廉洁，并通过纹饰对臣民传达清廉治国的理念和决心；以荷花、慈姑、水浪、花卉和水草等组成的“本固枝荣”纹饰，用来象征江山永固，子孙富贵绵长（图 6-4-6）③。

① 王怡苹.“番莲花”纹释考[J]. 南方文物，2012(3)：108-109.
② 马宝杰，吴炎亮. 辽海遗珍：辽宁考古六十年展(1954-2014)[M]. 北京：文物出版社，2014.
③ 翟小菊，赵丹苹. 颐和园瓦当纹饰艺术[C]//中国紫禁城学会论文集(第七辑). 北京：故宫出版社，2012：256-262.

图 6-4-5　后金时期的莲瓣纹滴水

引自马宝杰，吴炎亮. 辽海遗珍：辽宁考古六十年展（1954—2014）[M]. 北京：文物出版社，2014.

A　　B　　C

图 6-4-6　A. 颐和园清代“一品清廉”莲纹瓦当　B. 颐和园清代莲瓣瓦当
C. 颐和园清代“本固枝荣”莲纹瓦当

A引自翟小菊，赵丹苹. 颐和园瓦当纹饰艺术[C]//中国紫禁城学会论文集（第七辑）. 北京：故宫出版社，2012：260.

（三）塔、亭及其他建筑构件上的莲纹

元代　元代至元八年（1271），在大都城西南辽塔旧址修建大型喇嘛塔（即后来的妙应寺白塔），台基上砌基座，将塔身、基座连接在一起；基座上又有五条环带，周围饰以莲瓣，承托塔身（图 6-4-7 A）。苏州西园寺修建于元代至元年间（1264—1294），始名归元寺，到明嘉靖末年，改建为宅园，名西园。西园寺内的柱梁、门窗均饰以莲瓣纹（图 6-4-7 B）。

明代　明代的塔寺建筑装饰亦注重莲瓣纹，从史料及出土文物中，能找到许多饰以莲纹的例子。如北京智化寺如来殿明代须弥座、北京故宫太和殿明代须弥座、泰陵明代方趺碑座、南京孝陵明代碑座、山西五台山明代浮雕、山西五台山显通寺明代铜雕及苏州拙政园明代漏窗等均饰以莲瓣纹图案（图 6-4-8）。

清代前中期　这一时期莲瓣纹也是宫廷建筑中的主要装饰纹样，成为我国重要的历史文化遗存。如北京北海天王殿清代琉璃壁须弥座上的仰覆莲瓣图案（图 6-4-9），及北海公园和颐和园中的荷叶净瓶云子等。

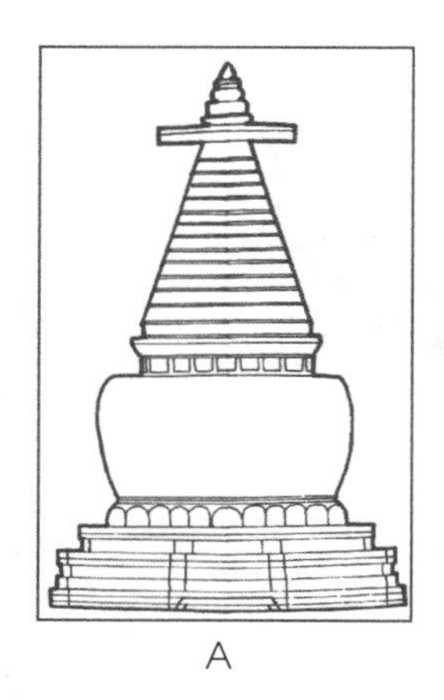

A　　B

图 6-4-7　A. 妙应寺元代白塔饰以莲瓣　B. 苏州西园寺元代漏窗饰以莲瓣纹

引自龙宝章. 中国莲花图案［M］. 北京：中国轻工业出版社，1993：130，212.

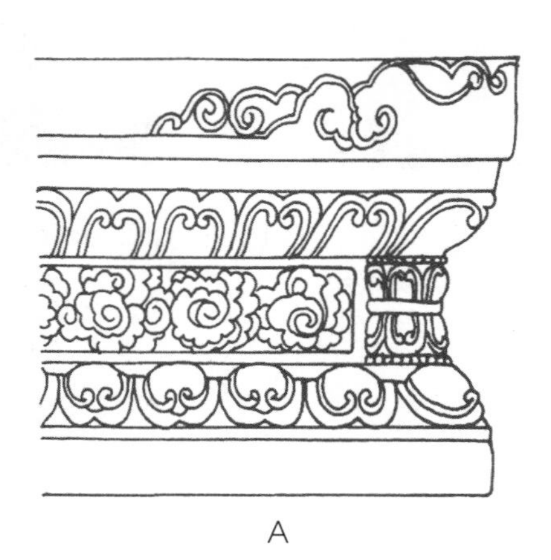

A　　B

图 6-4-8　A. 北京智化寺明代须弥座上饰以莲瓣　B. 苏州拙政园明代漏窗的莲瓣纹

引自龙宝章. 中国莲花图案［M］. 北京：中国轻工业出版社，1993：123，212.

图 6-4-9　北京北海天王殿清代琉璃壁须弥座上的仰覆莲瓣图案

引自龙宝章. 中国莲花图案［M］. 北京：中国轻工业出版社，1993：136.

（四）建筑莲纹彩画

元代 元时的建筑彩画承袭且发展了宋代彩画的特点。一是彩画构图继承宋阑额彩画三段式造型，中段设方心，左右两段设找头，但在彩画构成上强化了在构件两端间隔造型的做法，开始明确设立箍头、盒子；二是宋代彩画设色大多以冷色、暖色兼容并包为特点，元代彩画设色开始转向以青、绿冷色为主，以少量暖色为辅。元代彩画也有莲纹。山西芮城元代永乐宫三清、纯阳、重阳三殿在额枋椽栿间的彩画，全以写生花为主，如荷花、牡丹花、宝相花、石榴等（图6-4-10）①。

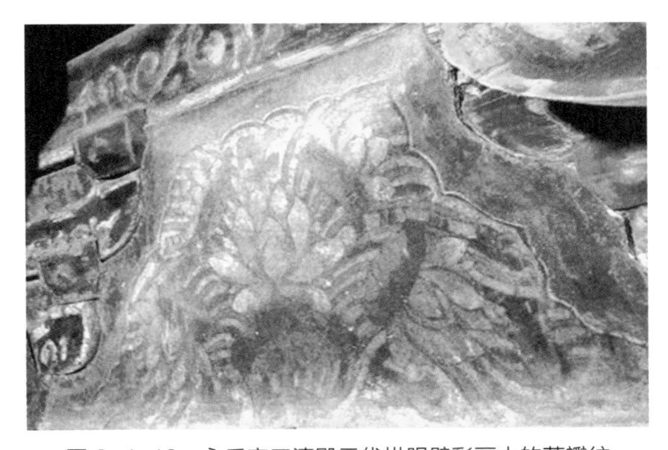

图6-4-10 永乐宫三清殿元代拱眼壁彩画中的莲瓣纹

引自朱希元. 永乐宫元代建筑彩画[J]. 文物，1963（8）：53.

明代 明代宫式彩画纹饰构成已开始走向程式化、规范化。在彩画设色方面，已明显趋向以青、绿色相间为主的设色。在彩画构图上，以荷花、牡丹等传统名花为要素。以河南沁阳北大寺为例，其架梁彩画图案为西番莲、荷花和牡丹花，其前拜殿斗拱上也有荷花图案（图6-4-11、图6-4-12）。

清代前中期 到清康乾时期，中国建筑彩画已处于成熟期，也是发展最为繁荣的阶段。1734年清政府颁布《工部工程做法》，高度统一了彩画做法及用工用料等法式标准，大大拓宽彩画表现方式。现存清代建筑彩画中，装饰莲瓣纹者最多（图6-4-13、图6-4-14）。

① 朱希元. 永乐宫元代建筑彩画[J]. 文物，1963（8）：50-53.

图 6-4-11　河南沁阳北大寺前拜殿明代斗拱上的莲瓣纹彩画

引自陈磊. 河北明清时期建筑彩画研究[D]. 北京：清华大学，2013：48.

图 6-4-12　河南沁阳北大寺前拜殿五架梁上的明代莲瓣纹彩画

引自陈磊. 河南明清时期建筑彩画研究[D]. 北京：清华大学，2013：70.

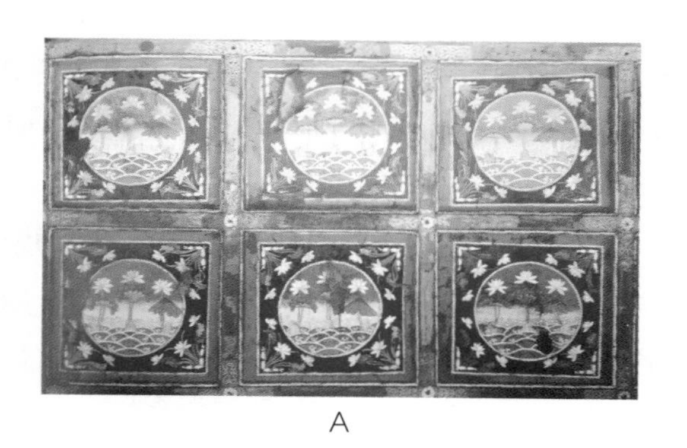

A

B

图 6-4-13　A. 清乾隆紫禁城文渊阁前廊天花上莲花装饰图
B. 清乾隆紫禁城文渊阁前廊天花上莲花装饰图（局部放大）

引自故宫博物院古建管理部. 紫禁城宫殿建筑装饰内檐装修图典[M]. 北京：紫禁城出版社，1995：51.

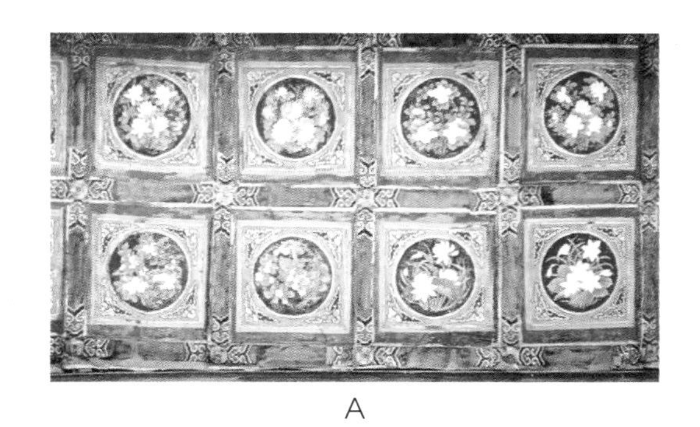

A

B

图 6-4-14　A. 清乾隆紫禁城翊坤宫前廊上莲花装饰图
B. 清乾隆紫禁城翊坤宫前廊上莲花装饰图（局部放大）

引自故宫博物院古建管理部. 紫禁城宫殿建筑装饰内檐装修图典［M］. 北京：紫禁城出版社，1995：60.

二、石雕、砖雕中的莲饰文化

（一）元代石雕、砖雕

元代的莲花（纹）砖基本上传承了前朝的模压制作方法，在湿的泥坯上用印模捺印各种图案。位于浙江武义县桃溪镇福平山畔的延福寺，现存大殿重建于元代延祐四年（1317）。其大殿须弥座周围均用砖雕装饰，砖雕中有仰莲、覆莲等图案，反映了元代浙江金华地区的砖雕技艺水平①（图 6-4-15 A、B）。

A

B

C

图 6-4-15　A. 武义延福寺元代莲瓣砖雕　B. 武义延福寺元代莲瓣砖雕　C. 元上都遗址出土的莲纹汉白玉石雕

A、B引自赵一新. 金华砖雕考［J］. 东方博物，第26辑：104，106；C引自贾洲杰. 元上都调查报告［J］. 文物，1977（5）：65-74.

① 赵一新. 金华砖雕考［J］. 东方博物，第26辑：104-106.

除砖雕艺术外，元代的石刻文化灿烂、繁荣。从各地出土的元代石雕遗存中，许多饰以莲瓣纹。上都城是元王朝的陪都，在当时是一个在政治、经济、军事和文化上具有重要地位的城市。位于皇城中部偏北的宫殿遗址上，散见有两块长方形的汉白玉石刻，两面浮雕荷花，是很精美的建筑装饰（图 6-4-15 C）[1]。

（二）明代石雕、砖雕及木雕

明时的莲纹砖雕艺术传承前代。北京天坛是明朝皇帝祭天与祈祷丰年的场所，其主体建筑之下的基座、白石圆坛、石构件上都雕刻有十分精丽的莲纹装饰。四川明代蜀王朱悦燫墓石刻、山西五台山明代浮雕等均雕刻有莲瓣纹。民间还有莲纹的木雕和犀角雕（图 6-4-16、图 6-4-17）。

A

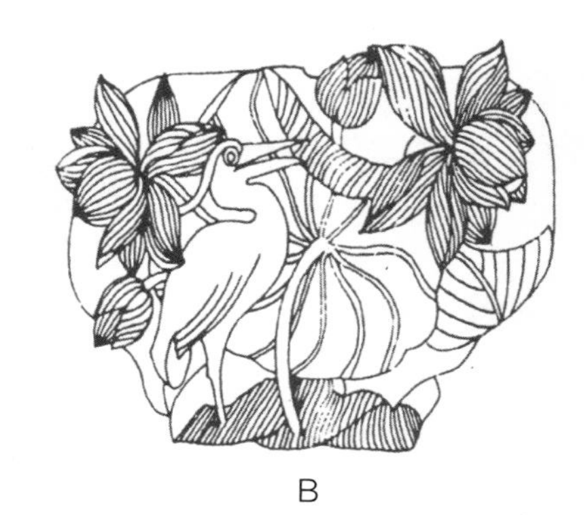

B

图 6-4-16　A. 山西五台山明代浮雕莲纹　B. 明代徽州民居砖梁柱莲纹

引自龙宝章. 中国莲花图案[M]. 北京：中国轻工业出版社，1993：91，66.

A

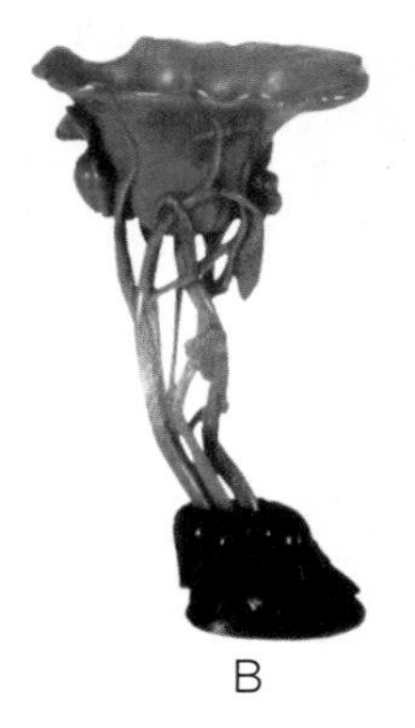

B

图 6-4-17　A. 明代黄花梨莲纹木雕　B. 明代犀角雕荷叶杯

引自刘士勋. 竹木牙角石雕收藏与鉴赏[M]. 北京：中华工商联合出版社，2016：352、400.

① 贾洲杰. 元上都调查报告[J]. 文物，1977(5)：65-74.

（三）清代前中期的石雕、砖雕

清时莲瓣纹砖雕和石雕应用也普遍（图 6–4–18），无论京城还是民间均有不少例证[①]（图 6–4–19 A）。辽宁沈阳北中街汗王宫遗址出土过后金时期的灰陶莲花纹脊砖（图 6–4–19 B）。还有各地民间建筑装饰艺术，如乔家大院始建于清乾隆年间，石雕、砖雕、木雕“三雕”是其建筑装饰的特色，其中不少以莲纹为装饰（图 6–4–20）。乔家大院“三雕”的植物纹饰应用广泛且种类繁多，如老院的“会芳”莲叶形匾额[②]（图 6–4–21 A）。此外，莲纹饰的木雕也可见于安徽婺源怡心楼（图 6–4–21 B）。莲纹牙雕、竹雕、角雕，在乾隆时期已很普遍（图 6–4–22）。

A

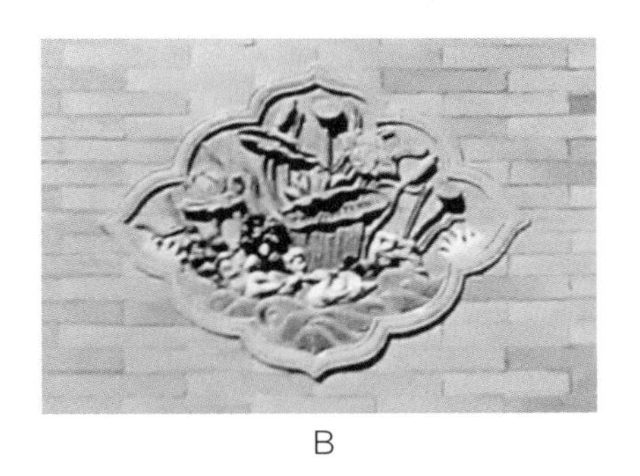
B

图 6–4–18　A. 清前中期紫禁城墙莲瓣砖雕　B. 清前中期紫禁城墙莲瓣砖雕（局部放大）

引自于倬云. 故宫建筑图典［M］. 北京：故宫出版社，2007：262–263.

A

B

图 6–4–19　A. 紫禁城内莲瓣石雕　B. 沈阳北中街汗王宫遗址出土的后金灰陶莲花纹脊砖

A引自于倬云. 故宫建筑图典［M］. 北京：故宫出版社，2007：205；B引自马宝杰，吴炎亮. 辽海遗珍：辽宁考古六十年展（1954–2014）［M］. 北京：文物出版社，2014.

① 谭向东. 清代建筑与装饰文化审美观研究［D］. 哈尔滨：东北林业大学，2011：13–14.

② 王瑞. 乔家堡村落“三雕”的研究——以乔家大院为中心［D］. 沈阳：沈阳师范大学，2017：12–13.

图 6-4-20　乔家大院的清代檐墙砖雕荷花图案

引自付雅菲. 乔家大院的建筑雕饰艺术研究[D]. 南昌：江西师范大学，2016：26.

A

B

图 6-4-21　A. 乔家大院的“会芳”荷叶形砖雕匾额　B. 清代安徽婺源怡心楼木雕莲图装饰

A引自王瑞. 乔家堡村落“三雕”的研究——以乔家大院为中心[D]. 沈阳：沈阳师范大学，2017：13；B引自黄成. 明清徽州古建筑彩画艺术研究[D]. 苏州：苏州大学，2009：19.

A

B

图 6-4-22　A. 清中期莲花牙雕　B. 清中期莲花竹雕

引自张荣，赵丽红. 文房清供[M]. 北京：紫禁城出版社，2009：81，96.

三、陶瓷莲饰文化

元代 元代莲纹装饰技法以青花纹饰最为盛行，可分为几何形莲瓣纹、折枝与缠枝莲纹、把莲与莲池纹三个类型[①]。

一是几何形莲瓣纹。通常装饰于瓶、罐等器物的口部、底足部、器身或盘、碗等器物的边缘，莲瓣随器形的变化数目也不尽相同，在器物上形成纹饰带或纹饰环。几何形莲瓣纹是在元青花装饰中出现频率最高的一类莲纹。

几何形莲瓣纹依其造型之形态，又可分为方折莲瓣纹和尖形莲瓣纹。方折莲瓣纹总体特征为整体近似长方形，直边长广，肩部直角转折较为生硬。这种莲瓣纹一般较为壮硕，构图单元独立，瓣与瓣之间有空隙，在器物上等距排列，莲瓣外形一般由双线勾勒组成，外线粗犷有力，内线纤细挺拔，少量外线纤细，内线粗拙。方折莲瓣纹内部一般都装饰有不同的图案，按其内部图案的不同又可细分为六个亚型，分别为内饰垂莲式、内饰八宝（也称杂宝或琛宝）式、内饰卷云式、内饰摩尼珠式、内饰折枝花式以及莲瓣纹花口器等形式。如元代青花莲瓣形盘是几何形莲瓣纹中较特殊的形式，莲瓣纹依附于器形之上，整体器形沿中线被均分成为八瓣，看上去像是一朵盛开的莲花，莲瓣纹饰既是器形的结构线，也是独立的几何形莲瓣纹图案，莲瓣纹内饰卷云纹和八宝纹（图 6-4-23 A）；又如青花束莲卷草纹匜，其莲瓣为仰莲形，瓣内饰卷草纹。还有元代青花牡丹莲瓣琛宝菱花口盘，其盘底方折莲瓣内饰以云头或卷草；而河北保定窖藏出土的元代青花釉

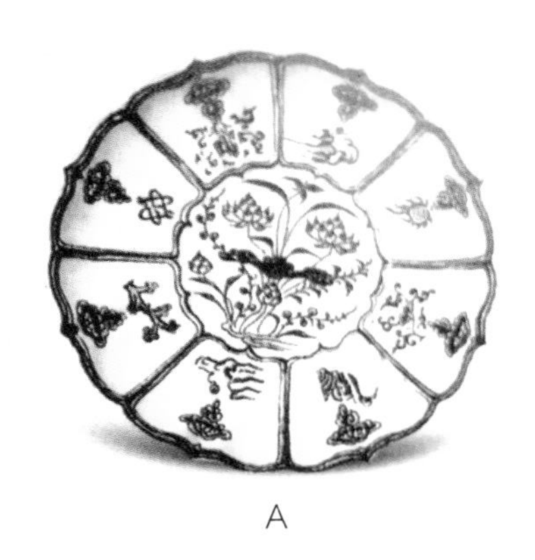

A

B

图 6-4-23 A. 元代青花莲瓣形盘 B. 元代青花釉里红透雕花石纹狮钮盖罐

A引自李知宴. 宋元瓷器鉴赏与收藏[M]. 北京：印刷工业出版社，2013：287；B引自中国国家博物馆. 文物中国史・宋元时代[M]. 香港：中华书局（香港）有限公司，2004：236.

---

① 苏西亚. 论元青花瓷器装饰中的莲纹[D]. 北京：中央民族大学，2010：17-69.

里红透雕花石纹狮钮盖罐，其狮钮盖上莲瓣内饰卷云，罐肩上饰莲花，罐下端莲瓣内饰以卷草（图 6-4-23 B）。

二是折枝与缠枝莲纹。在元代青花莲纹中，与几何形莲瓣纹相比，折枝莲纹和缠枝莲纹往往占据器物较为重要的装饰部位和较大的装饰面积。折枝莲纹为独立折枝形状，由一枝独立的茎、花、叶穿插组成，一般以适形的方式装饰在相对较狭小的特殊空间中；按其花的数量和装饰风格，又可分为单花适形、多花适形和动物穿花。而缠枝莲纹为花、茎、叶一正一反交错缠绕，整体上由茎叶形成起伏状的曲线，花朵一正一反分布其中；按其组成花枝的多少又可分缠枝莲和缠枝番莲。如青花釉里红缠枝莲纹洗属于元代皇帝的赐赉瓷，盘底饰白描龙纹，中间饰缠枝莲纹（图 6-4-24 A）。

A

B

图 6-4-24　A. 元代青花釉里红缠枝莲纹洗　B. 元代青花莲池鸳鸯纹碗

A引自李知宴. 宋元瓷器鉴赏与收藏[M]. 北京：印刷工业出版社，2013：184，166；B引自中国国家博物馆. 文物中国史・宋元时代[M]. 香港：中华书局（香港）有限公司，2004：266.

三是把莲与莲池纹。元代青花瓷中，把莲纹与莲池纹在构成要素、构成形态和表现形式上均有诸多的关联性。把莲纹为丝带捆扎成的一把莲形式，整体呈现左右对称状态，一般有青花和青花反白两种形式，多应用于盘心、盘内壁、壶体以及碗心；而莲池纹在元时青花瓷中，有的表现为单纯的莲池，有的表现为莲池禽鸟和莲池鱼藻，故依其组合形式，又可细分为水波莲池纹、波浪莲池纹、莲池纹、莲池鸳鸯纹、莲池鹭鸳纹和莲池鱼藻纹。可见，元代青花瓷器装饰中的莲纹不仅数量众多，表现手法和形式更是丰富多彩（图 6-4-24 B、图 6-4-25）。

2021 年，在海南三沙出水一批以鸳鸯莲池满池娇纹为主题图案的青花瓷器。这些青花瓷碗、盘、瓶残器，尤以碗器最多，可惜完整瓷器少见，见者多为碗底。其中典型以青花鸳鸯莲池纹碗为代表，而青花一束莲花纹碗、青花缠枝莲高足杯、青花玉壶春瓶、湖田窑青花龙纹碗等残件则次之。[1] 元代青花瓷少而珍贵，这些供出口的莲纹青花瓷使用进口苏麻离青料或国产料，通体多施卵白釉或青白釉，虽长期经海水侵蚀，釉面亚光，但清洗之后，依旧光彩夺目（图 6-4-26）。

图 6-4-25　元代青花荷塘玉壶春瓶

图 6-4-26　海南三沙市打捞出水的元青花鸳鸯莲纹瓷

图6-4-25引自李知宴. 宋元瓷器鉴赏与收藏[M]. 北京：印刷工业出版社，2013：167；图6-4-26引自何翔. 鸳鸯满池娇，碗中见元朝[N]. 海南日报·海南周刊，2012-08-27.

除青花莲瓣纹盛行外，还有青花釉里红莲瓣纹瓷器，如青花釉里红荷塘莲池鸳鸯纹罐、元末绿红彩莲塘鸳鸯纹盖罐，及磁州窑黄釉褐彩荷鱼纹盆等。同时，元时磁州窑、钧窑、龙泉窑、石湾窑制作的荷叶罐、仙鹤荷叶图罐、卷边荷叶盘、瓜棱荷叶盖罐等，均以荷叶形状造型（图 6-4-27）。

A

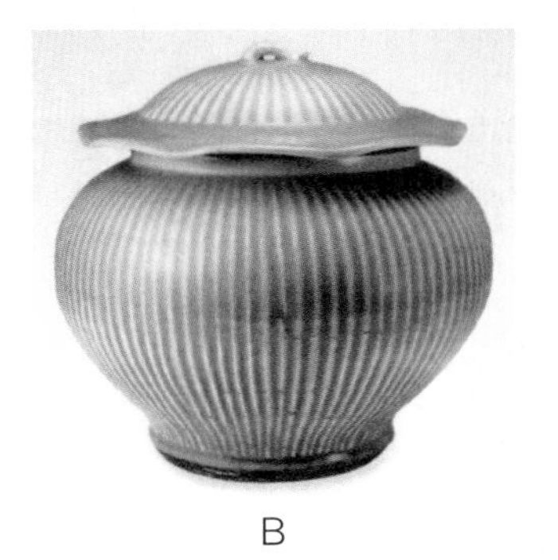

B

图 6-4-27　A. 绿红彩莲塘鸳鸯纹盖罐　B. 元代龙泉窑瓜棱荷叶盖罐

引自李知宴. 宋元瓷器鉴赏与收藏[M]. 北京：印刷工业出版社，2013：197，246.

[1] 何翔. 鸳鸯满池娇，碗中见元朝[N]. 海南日报·海南周刊，2012-08-27.

明代 明初瓷器莲纹装饰风格开始由元代的繁复向疏朗、简练转变。官窑瓷器上的缠枝莲纹、莲瓣纹、一束莲纹、缠枝宝相花纹、折枝莲纹、莲池鸳鸯纹、鹭莲纹等纹样具有鲜明的典型性，与元时在内容、形式上基本保持相似。依其风格可分为洪武期、永乐至宣德期及空白期①。

洪武、永乐早期莲花纹样简练流畅、豪放生动，保留了元代古朴敦厚的遗风，并在其基础上又有所创新，处于承前启后的变革时期。元时的折枝或缠枝莲纹多为葫芦状，大花大叶；而明代洪武时则明显缩小。莲纹勾线严谨，做工精细，用于装饰部位上，元代呈现层次多，花纹满、密、平、繁复的风格；到明代其线条粗疏豪放，趋向多留白，有的甚至追求简洁的装饰。到了永乐、宣德时期，莲花纹画意豪放生动，笔法酣畅流利，粗细皆有。这一时期使用了进口的苏麻离青料，烧成后发色凝重古雅、绚丽鲜艳，而瓷器胎质细腻洁白、釉层晶莹肥厚、器表白中泛青，特别能协调此时青花深蓝苍翠的发色效果，这就为青花装饰带来了全新的面貌。在正统、景泰、天顺三朝，彩瓷为生产的主流方向，青花瓷开始以国产青料为主，出窑的莲纹瓷器也艳丽清新。由于社会动荡，瓷业不振，官窑一度停烧，迄今尚未发现署有年款的官窑瓷器，故称之陶瓷史上的空白期。但此时民窑得到了长足的发展，莲花纹样的风格主要在民窑瓷器上呈现出来。因失去朝廷的支持和官方对材料工艺的控制，甚至是思想文化的失控，莲花纹的走势改变前期中规中矩的特点。民窑自身的发展状况也导致了莲花纹样出现简单化和形象化的倾向，反映在空白期莲花纹样上，即为在笔法上选择粗放、对纹样的构成概括化和简单化。常见的莲花纹样有缠枝莲、折枝莲、莲瓣纹等（图 6-4-28）。

A

B

图 6-4-28　A. 明万历青花梵文莲花式盘　B. 明万历宜兴窑莲花式洗

A引自张荣. 明永乐宣德文物图典[M]. 北京：故宫出版社，2012：9；B引自吕成龙. 你应该知道的200件古代陶瓷[M]. 北京：紫禁城出版社，2008：198.

① 孙兰. 论明代陶瓷莲花纹样的研究[D]. 景德镇：景德镇陶瓷学院，2009：10-20.

到明代中期（成化、弘治、正德三朝），瓷业生产得到了较大的发展，青花瓷、五彩瓷争奇斗艳，官窑与民窑比肩发展，这是明代瓷业发展的另一高峰期。成化朝，莲花装饰纹样纤细秀丽、灵秀淡雅、明快恬静，别具一格；弘治朝，莲花纹线条纤细柔和、舒展流畅，画面布局疏朗；正德朝，莲花纹样有古朴浑厚和纤细工整两种，处于明代中、晚期的交替时期，瓷器生产也具有承上启下的时代特色。青花料可能使用国产石子青，其色泽青中偏灰，既不如永乐、宣德那样浓翠，也不似成化的淡雅，着色均为双勾填色一笔平涂，无笔触感，不留空白。因此，正德官窑青花莲纹呈现多种面貌，与成化、弘治时的莲花纹样相似。

明代晚期（嘉靖、隆庆、万历三朝）陶瓷莲花纹样的艺术特点是华丽繁缛；这一时期官窑、民窑莲花纹样题材基本接近，常见莲花纹样有莲瓣纹、鹭莲纹、缠枝莲、把莲纹、莲池纹、莲池鸳鸯纹等。官窑莲纹的表现形式基本延续了中期的模式，而民窑的莲花纹样多了一些变化，以写实性手法来表现现实生活的力度加大，写实性莲纹题材占莲花纹样装饰的主流。以鹭莲、鱼莲和鸳鸯与莲组合的题材，则取其谐音，象征吉祥。

明代末期（泰昌、天启、崇祯三朝）瓷器生产水平每况愈下，但官窑技术工匠的流失也促进了民窑在材料、制作和烧成工艺、装饰手法、审美水平上的提高。莲花纹样装饰在内容上和中晚期相近，多以鹭莲纹、缠枝莲纹、把莲纹、莲池纹等为主。而鹭莲纹、莲池纹的构图和画法均有万历遗风，以疏朗见长，但构图更为多样，有中国写意画式的特点，极具传统水墨画的韵味，但绘画不精细。如天启年间的青花鹭莲纹碗，一鹭立于浅水中，这是典型的一笔点画，鹭的双翼采用勾线平涂法，莲纹采用写实性手法，线条流畅，着色浓淡分明，有着明显中国画的表现技法，在笔法上亦讲究，使得线条活了起来，从而提升到美的意境，产生流动的韵律。明末，瓷器在莲的造型方面，也强调实物的真实性，如崇祯年间的青花加官晋爵纹莲子罐的形状呈莲子状（图 6-4-29）。

图 6-4-29　明崇祯青花加官晋爵纹莲子罐（李尚志摄于浙江省博物馆）

明时的掐丝珐琅，亦称“铜胎掐丝珐琅”，是于铜胎上经掐丝、点蓝、高温焙烧等手工制作的一种金属工艺品。因盛行于明代景泰年间，又以蓝色为主调，故又名“景泰蓝”。景泰蓝上主要饰以莲、菊、牡丹等，其中以缠枝莲纹装饰较多。莲花纹样的造型也多变。早期莲花花瓣丰满而瓣尖短，花心形状并不固定但花瓣紧包，叶片内常填两三种色釉，但釉料没有混杂使用；明朝中期景泰蓝的莲瓣增多、趋瘦且尖端成钩状，花心下方的花瓣松垂，并于上下出现云头纹或五瓣花形装饰，叶片变小并简化，或成逗点状；晚期莲花心分成上下两个，并于花心上方的如意云头纹上，转枝番莲纹呈规则的横“S”形旋转，叶片小而整齐，或呈逗点式对生排列。景泰蓝的早期精品中，现存宣德掐丝珐琅缠枝莲纹颈瓶、掐丝珐琅缠枝莲纹尊、掐丝珐琅缠枝莲纹炉、掐丝珐琅缠枝莲纹碗、錾胎珐琅缠枝莲纹盒等（图 6-4-30、图 6-4-31、图 6-4-32、图 6-4-33）。

图 6-4-30　明宣德掐丝珐琅缠枝莲纹出戟觚

图 6-4-31　明宣德掐丝珐琅缠枝莲纹颈瓶

图 6-4-32　明宣德掐丝珐琅缠枝莲纹碗

图 6-4-33　明宣德錾胎珐琅缠枝莲纹盒

图6-4-30引自李苍彦，李新民. 非物质文化遗产丛书 • 景泰蓝［M］. 北京：北京出版集团公司，2012：3；图6-4-31、图6-4-32、图6-4-33引自张荣. 明永乐宣德文物图典［M］. 北京：故宫出版社，2012：101，107，110.

清代前中期　这一时期陶瓷业发展迅速，无论制陶技艺还是其产量，均达到历史的高峰。同时，瓷器上荷花图案纹饰在继承前朝的基础上进行了大胆创新，装饰效果表现得更为精湛，发色更明丽，层次更丰富，形式更多样，博得社会各阶层的喜爱。

从康熙到雍正朝前期，这段时间瓷器荷花图案纹饰表现精巧秀丽，构图也比较疏朗；从雍正后期一直到乾隆，这一时期莲花图案纹饰的艺术风格，由秀丽逐渐演变成繁缛，其构图严谨工细，纹饰密布几达全身，通常一个器物上的纹饰由数层图案组合而成，最多可达十多层。①

康乾时期，随着制瓷工艺及材料的不断改良，荷花工笔国画逐渐成为五彩、珐琅彩和粉彩等陶瓷彩绘的主要表现手段。借鉴工笔花鸟画勾线、设色、写实等技法，它将荷花的纯洁、高雅、美丽，通过“线”和“色”表现在瓷面上，借以传达情感；并采用中国画特有的“诗、书、画、印为一体”的独特构图方式，使得画面更加完美，富有神韵。

雍正年间，在陶瓷彩绘上，荷花绘画与图案结合的表现技艺亦不断完善，通常在主题莲纹旁绘制一些简单的边饰图案。到乾隆朝，这种绘画与图案相结合的手法，在彩瓷装饰中运用得更加普遍。受 18 世纪欧洲流行装饰风格的影响，随着对外交流的加强，莲纹与外来纹样组合在陶瓷彩绘上表现也较为明显。如乾隆青花淡描缠枝莲纹盘，盘心为一朵盛开的荷花，荷花花瓣层次不多，但画工尤为精细，旁边饰以多变缠枝莲纹，纹饰极为繁缛，枝蔓缠绕分杈较多，连绵不断，充满异域风情，别具一番美韵（图 6-4-34）。

图 6-4-34　清乾隆青花淡描缠枝莲纹盘

引自魏永青. 清三代瓷器莲花纹装饰特征研究[D]. 景德镇：景德镇陶瓷学院，2010：5.

这一时期莲纹的装饰手法，主要是独莲纹、缠枝莲纹、莲池纹、并蒂莲纹、

① 魏永青. 清三代瓷器莲花纹装饰特征研究[D]. 景德镇：景德镇陶瓷学院，2010：4-28.

把莲（束莲）纹、勾莲纹、折枝莲纹等七种装饰纹样[①]。下面逐一略作介绍。

独莲纹是康乾时期常用的一种，常在碗或盘上用一朵莲花与莲蓬组成纹样，通常莲瓣为重瓣。整朵莲花花瓣较为丰满，布局匀称，整体形象大方、美丽动人，有着很强的视觉效果，如乾隆粉彩莲花形盖碗（图 6-4-35 A）。

缠枝莲纹由莲瓣、莲枝、莲叶等三部分组成，制作者可按各自所需，改变其中某些要素来转换纹样的整体形式，从而形成涡旋形、S 形、波形等各种样式的缠枝莲纹饰，如乾隆黄地青花缠枝莲纹交泰转心瓶（图 6-4-35 B）。

A

B

图 6-4-35　A. 清乾隆粉彩莲花形盖碗（独莲纹）
B. 清乾隆黄地青花缠枝莲纹交泰转心瓶（缠枝莲纹）

A引自李知宴. 宋元瓷器鉴赏与收藏［M］. 北京：印刷工业出版社，2013：149；B引自吕成龙. 你应该知道的200件古代陶瓷［M］. 北京：紫禁城出版社，2008：249.

莲池纹由写实莲花、莲蓬、莲叶和水草等组合而成，元、明两朝瓷器中也大量绘有莲池纹。莲池纹旨在描绘莲池美丽景色，康乾时期莲池纹表现方式有五彩、粉彩、珐琅彩、斗彩等，打破了元、明两朝以青花一统天下的局面。彩瓷上的莲池纹基本采用绘画写实表现方式，通过写实的手法把莲池中美丽的景色生动地表现出来，生活气息浓郁，形成独具特色的艺术形象，如清雍正粉彩荷花纹玉壶春瓶（图 6-4-36）。

并蒂莲纹自古以来被视为吉祥、喜庆的象征，善良、美丽的化身。这一时期并蒂莲的整个花形与前朝相比装饰效果更加强烈，形成更为独特、优美、华丽的艺术形象，如乾隆矾红缠枝莲瓶（图 6-4-37）。

① 魏永青. 清三代瓷器莲花纹装饰特征研究［D］. 景德镇：景德镇陶瓷学院，2010：4-28.

图 6-4-36　清雍正粉彩荷花纹玉壶春瓶（莲池纹）

图 6-4-37　清乾隆矾红缠枝莲瓶（并蒂莲纹）

图 6-4-38　清雍正斗彩把莲缸（把莲纹）

图6-4-36引自李知宴. 宋元瓷器鉴赏与收藏［M］. 北京：印刷工业出版社，2013：146；图6-4-37引自魏永青. 清三代瓷器莲花纹装饰特征研究［D］. 景德镇：景德镇陶瓷学院，2010：7；图6-4-38引自叶佩兰. 五彩名瓷［M］. 济南：山东美术出版社，2005：51.

把莲纹也叫束莲纹，将折枝莲花、莲叶、莲蓬用锦带等捆扎的方式组合在一起，以表现其自然生长形态，仅雍正朝比较流行。把莲纹常用叶托花形式表现出来，在图案中部有一片莲叶，在宽大叶片上托着一朵硕大的莲花，旁边饰有莲蓬和枝叶，底部配以束结和飘带，整个纹饰较为丰满，如清雍正斗彩把莲缸（图 6–4–38）。

勾莲纹在乾隆时期瓷器装饰中运用极其广泛，它由缠枝莲纹逐渐演变而来。缠枝莲纹的“根脉相连、缠绕不断”的构成形式，通过转换连接方式形成“根脉不接、相互勾搭”的构成形式，从而产生了勾莲纹。从整体造型特征看，两者极为相似，最主要的区别就是连接方式上的不同，因为勾莲纹不求根脉连接、只求“相互勾搭”，所以勾莲纹在图案的构成上比缠枝莲更加灵活，如乾隆粉彩勾莲纹橄榄瓶（图 6–4–39）。

折枝莲纹为单独莲纹样，它与周围的图案分开。整个纹饰由单朵莲与带枝茎或没有带枝茎的莲叶组合而成，较为简单，这使得折枝莲纹的表现方式较为灵活。康乾时期的瓷器折枝莲纹一般表现出花大叶小的艺术特征，在纹饰的布局中也常出现主体莲花图案旁有一些辅助莲花纹饰，形成相互呼应的关系，如康熙豆青地青花莲纹缸（图 6–4–40）。

这一时期，在莲纹的构图上，有重叠式、国画式、开光式、分面式等；在莲纹装饰工艺方面，包括绘画技法和胎体装饰，通过刻划、模印、镂雕、堆塑、堆白、珐华（也叫沥粉）、轧道（又称锦上添花或耙花）、堆贴（又称堆塑，或凸雕，或堆雕，或堆花）、刻瓷、印花、捏塑等技法对瓷器胎体进行装饰。

图 6-4-39　清乾隆粉彩勾莲纹橄榄瓶（勾莲纹）

图 6-4-40　清康熙豆青地青花莲纹缸（折枝莲纹）

图6-4-39引自蔡和璧. 清康雍乾名瓷[M]. 北京：故宫博物院，1986：144；图6-4-40引自魏永青. 清三代瓷器莲花纹装饰特征研究[D]. 景德镇：景德镇陶瓷学院，2010：10.

康熙珐琅彩瓷器中的莲饰承袭了前朝莲花纹的画法，多数只绘莲花，不添加其他鸟禽，呈现出有花无鸟的形态。缠枝莲纹饰是康熙时期珐琅彩莲花纹饰最主要的表现形式，通常由花瓣、莲叶、莲枝三部分构成图案[①]。缠枝莲纹样的结构形态宛转而优美，流畅统一又富有变化，让人久看不厌。如康熙年间的掐丝珐琅缠枝莲纹乳足熏炉，炉体扁圆形，口直，底釉为二蓝，炉底篆有“大清康熙年制”镂空字，腹面饰六朵红缠枝莲花（图 6-4-41）；又如红珊瑚地珐琅彩并蒂莲纹碗，在通体的珊瑚红色地之上，黄、红、白、粉色的莲花盛开，绿色的莲叶以不同的姿态与之交错层叠，层次分明，色泽艳丽，色调冷暖分明，形状仪态万千，但又互相不冲突，散发出一种祥和、繁荣的气息（图 6-4-42）。

图 6-4-41　清康熙掐丝珐琅缠枝莲纹乳足熏炉

图 6-4-42　清康熙红珊瑚地珐琅彩并蒂莲纹碗

图6-4-41引自李苍彦，李新民. 非物质文化遗产丛书 • 景泰蓝[M]. 北京：北京出版集团公司，2012：11；图6-4-42引自范文. 清三代珐琅彩瓷绘艺术的装饰特征[D]. 景德镇：景德镇陶瓷学院，2011：5.

① 范文. 清三代珐琅彩瓷绘艺术的装饰特征[D]. 景德镇：景德镇陶瓷学院，2011：4-6.

四、漆器莲饰文化

元代　元代漆器在唐、宋的基础上继续发展，雕漆共有剔红、剔黑和剔犀 3 个品种，其中以剔红为最多；形制以盘、盒居多，如缠枝莲纹嵌螺钿舟形黑漆洗；装饰图案有莲瓣纹、花鸟、山水及人物等。雕漆纹样，花卉纹有朵花、折枝；花朵有盛开状、有半开状，还有含苞待放状，春意正浓。枝梗曲柔有致，脉络舒展自如，活泼生动，富有气韵精神。以花草为题材的作品，均以黄色素漆为地，其上直接雕刻花草，一般是在盘内正中雕刻一朵硕大的花朵，四周缀以小花朵及含苞欲放的花蕾，主次分明，层次清晰。

各地考古出土或收藏的元代莲瓣式、莲图漆器，并不多见。生活日用品中，如元代莲瓣形朱漆盒，木胎，八棱莲瓣形器身较高，盒有盖，子母口，盖沿覆宽边，器身不分格，下附圈足，外髹朱漆，盒里及圈足底皆髹黑漆（图 6-4-43 A）[①]。元代大器型莲瓣式黑漆奁，为八瓣莲花形，分为盖、盘、中格、下格、底五层，底为高圈足，里外施黑漆，通体光素无纹，制作极为规范。五层之间用子母口扣合，紧密无隙，整体造型庄重大方，匀称秀美，莲瓣式的外形富有韵律感（图 6-4-43 B）。

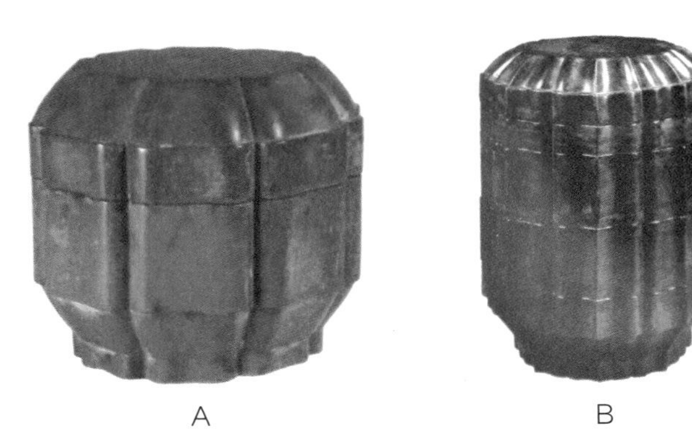

A　　B

图 6-4-43　A. 元代莲瓣形朱漆盒　B. 元代莲瓣式黑漆奁

引自李东盛. 中国漆器收藏与鉴赏全书[M]. 天津：天津古籍出版社，2007：180，358.

还有元代剔红莲塘纹盘（图 6-4-44）、元代黑漆莲瓣式盒（香港曹其镛夫妇捐赠）、元代缠枝莲纹嵌螺钿舟形黑漆洗等（图 6-4-45）。这些由故宫或民间收藏以及出土的元代漆器，基本反映了这一时期的漆器工艺水平。

---

① 李东盛. 中国漆器收藏与鉴赏全书[M]. 天津：天津古籍出版社，2007：180-358.

图 6-4-44　元代剔红莲塘纹盘

图 6-4-45　元代缠枝莲纹嵌螺钿舟形黑漆洗

图6-4-44引自李东盛. 中国漆器收藏与鉴赏全书[M]. 天津：天津古籍出版社，2007：168；图6-4-45引自陈丽华. 故宫漆器图典[M]. 北京：故宫出版社，2012：268.

明代　明时漆器仍沿袭着前朝的传统工艺和风格。在造型上，明代宣德和永乐年间的漆器造型基本相同。明中期填彩漆梵文荷叶式盘，盘卷边呈荷叶式，通体以红漆为地，填草绿、红、黑、黄、墨绿等色漆花纹。盘心饰梵文七字，边绕荷叶一周，以写实手法作筋脉，延伸至盘边组成图案，盘背与盘内纹饰相同[①]（图 6-4-46 A）。

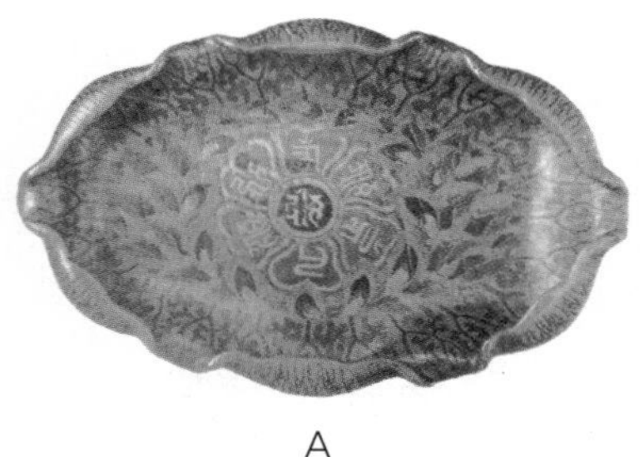

A

B

图 6-4-46　A. 明中期填彩漆梵文荷叶式盘　B. 明嘉靖填漆戗金云龙纹荷叶式盘

引自陈丽华. 故宫漆器图典[M]. 北京：故宫出版社，2012：122，148.

明嘉靖时填漆戗金云龙纹荷叶式盘，盘内外均以赭色漆为地，填彩漆戗金饰花纹，盘心随形开光，中央饰龙纹，开光外及盘壁饰流水梅花及草虫纹，盘外壁饰以荷花和鹭鸶等（图 6-4-46 B）。明中期填彩漆缠枝莲梵文长方盒，盒平盖面，通体髹红漆为地，用彩漆填饰图纹，盖面正中为梵文，四周满饰缠枝莲（图 6-4-47）。还有明中期填漆戗金缠枝莲盖罐、明早期朱漆木雕人物故事纹长方盒等（图 6-4-48、图 6-4-49）。

① 陈丽华. 故宫漆器图典[M]，北京：故宫出版社，2012：123-140.

图 6-4-47　明中期填彩漆缠枝莲梵文长方盒

图 6-4-48　明中期填漆戗金缠枝莲盖罐

图6-4-47、图6-4-48引自陈丽华. 故宫漆器图典[M]. 北京：故宫出版社，2012：123，140.

A

B

图 6-4-49　A. 明早期朱漆木雕人物故事纹长方盒
B. 明早期朱漆木雕人物故事纹长方盒（荷花局部放大）
（李尚志摄于浙江省博物馆）

清代前中期　这一时期是漆器工艺发展的黄金时期。清时的漆器工艺可分为一色漆器、罩漆、描漆、描金、堆漆、填漆、雕填、螺钿、犀皮、剔红、剔犀、款彩、戗金、百宝嵌等 14 类，其中百宝嵌是用珊瑚、玛瑙、琥珀、玉石等各种珍贵材料做成嵌件，镶成五光十色的凸起花纹图案，清时工艺达到高峰。

如清中期的百宝嵌七佛图钵，钵圆形，下承黑漆描金底座，底座上饰海水中升起七朵莲花，分别承托佛教中法轮、法螺、宝伞、白盖、金鱼、宝瓶及盘肠七件法器，与莲花合成八宝（图 6-4-50 A）。清中期紫漆描金缠枝莲纹多穆壶（蒙、藏民族饮奶茶的传统用具），壶身以金漆饰缠枝莲瓣纹、云纹等（图 6-4-50 B）。清中期填彩漆荷叶式盘，盘呈荷叶形，盘边翻卷自如，内外髹绿漆为地，用红、黄二色漆填饰花纹。盘中央为荷叶之叶鼻，叶脉散射至盘沿，叶脉以写实的手法描绘，然脉间以黄漆细填花叶，且手法浪漫夸张（图 6-4-51）。还有清中期填漆戗金缠枝莲瓣纹圆盒、黑漆描金缠枝莲纹提匣、填彩漆锦纹莲瓣式攒盒、填彩漆缠枝莲托八宝纹圆盒、绿地剔红山水人物图八方捧盒等，无一不反映此时漆器工艺的高超（图 6-4-52、图 6-4-53）。

A

B

图 6-4-50　A. 清中期百宝嵌七佛图钵　B. 清中期紫漆描金缠枝莲纹多穆壶

引自陈丽华. 故宫漆器图典［M］. 北京：故宫出版社，2012：286，239.

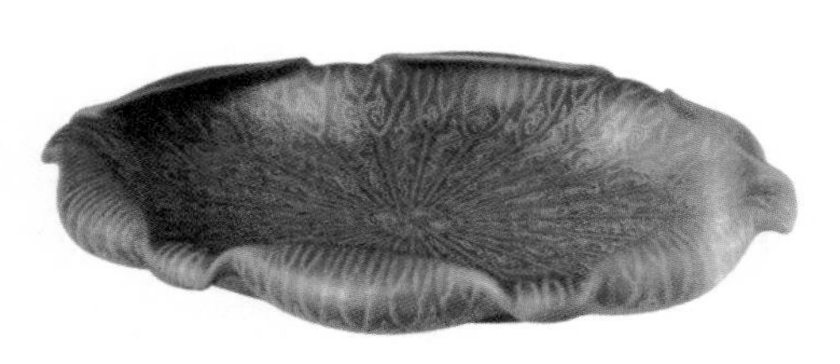
图 6-4-51　清中期填彩漆荷叶式盘

图 6-4-52　清中期填漆戗金缠枝莲瓣纹圆盒

图6-4-51、图6-4-52引自陈丽华. 故宫漆器图典［M］. 北京：故宫出版社，2012：128，179.

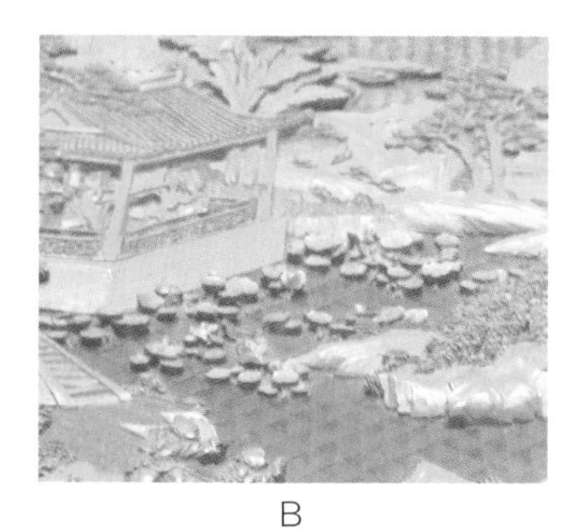

A　　B

图 6-4-53　A. 清中期绿地剔红山水人物图八方捧盒
B. 清中期绿地剔红山水人物图八方捧盒（局部放大）
（李尚志摄于浙江省博物馆）

五、金银铜器莲饰文化

元代　元代金银器与前代相比，在装饰风格上更加细密繁丽，线条流畅，还有高浮雕花纹。装饰纹样方面，以莲瓣纹、宝相花纹、牡丹纹、菊瓣纹居多。

湖南常德澧县珍珠村窖藏元代银鎏金莲塘纹盘，银盘高 1.2cm，口径 16.5cm，盘内底作为承盘标志的圆心里，錾刻相向而开的两朵折枝莲，圆心之外一周錾刻细密的水花以为涟漪，涟漪上面浮出八朵莲花及漾起的一圈圈水泡。此盘构图别致，造型自然优美（图 6-4-54 A）。澧县澧南镇征集到的一副银莲舟仙渡图盘盏，银盘椭圆形，长 20.2cm，盘内制作翻卷的海浪，浪尖上托起一叶轻巧的莲舟，舟中端坐一老翁。此莲舟仿宋代画家李公麟的《太乙真人莲舟卧思图》而作，莲舟为盏点明主题，承盘打作浮舟的波涛万顷以足画意，其造型疏朗

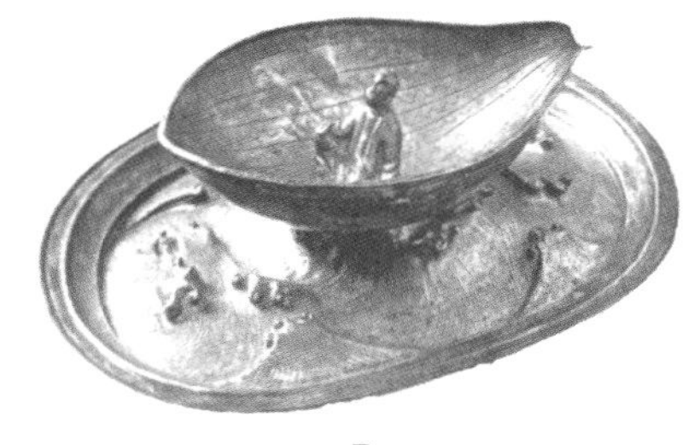

A　　B

图 6-4-54　A. 元代银鎏金莲塘纹盘　B. 元代银莲舟仙渡盘盏

A引自扬之水. 扬之水谈宋元金银酒器——盘·5［J］. 紫禁城，2009（4）：94；B引自扬之水. 扬之水谈宋元金银酒器——盘盏·3［J］. 紫禁城，2009（4）：99.

简洁，又有细部处理的纤微（图 6–4–54 B）。湖南常德临澧新合村元代银器窖藏中出土一支满池娇荷叶金簪，以细长条金片做簪脚，簪头为金片锤揲成形的荷叶。其上锤揲连排小珠成线状，先围成双层荷叶外圈缘边，再向内纵向排成叶脉，由中心向外呈辐射状。荷叶上焊接一对鸳鸯、两只鹭鸶、小花枝等金饰，形成了一幅由荷叶为背景的池塘小景画卷（图 6–4–55）。

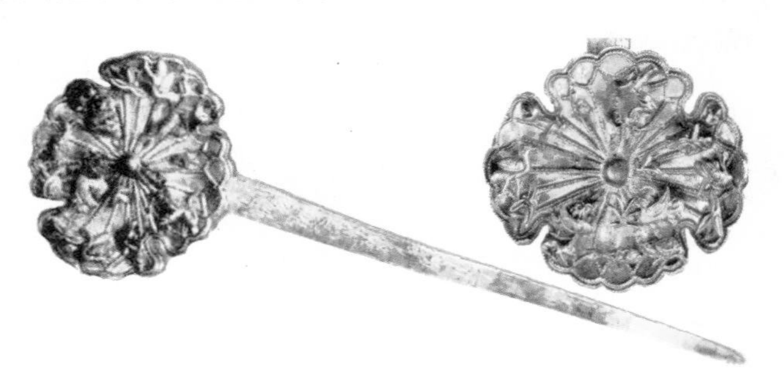

图 6-4-55　元代满池娇荷叶金簪及局部放大图

引自扬之水. 扬之水谈宋元金银酒器——（五）盘［J］. 紫禁城，2009（6）：94–97.

明代　明代是金银首饰及器物发展的高峰期，在纹样装饰方面将元时的镶嵌和累丝发挥到了极致。明时金银铜器以各地出土文物为多。如江苏无锡明代华复诚夫妇墓中所出土的一对银簪，簪顶上两朵莲花相背对，一仰一覆，仰莲的花心处有镶嵌珠宝的凹槽。浙江临海王士琦墓葬中出土的一对金荷叶小插，其主要纹饰为荷花、荷叶纹，整个簪首用最好的麻花丝掐成荷叶和荷花纹样，且勾勒出荷叶被风吹起翻卷的感觉（图 6–4–56）。江苏常州霍家村出土的金梵文簪，其座为莲花瓣，莲座上托起一个梵文字（图 6–4–57 A）。还有故宫所藏明代永乐年间制作的铜镀金大黑天像，其像高 21cm，座前刻铭曰“大明永乐年施”（图 6–4–57 B）。

图 6-4-56　浙江临海王士琦墓出土的明代金荷叶插

引自时梦楚. 明代女子簪钗的样式与纹样研究［D］. 北京：中国地质大学（北京），2014：31.

A

B

图 6-4-57　A. 江苏常州出土的明代金梵文簪　B. 明代永乐年间铜镀金大黑天像

引自扬之水. 明代金银首饰图说·续一[J]. 紫禁城，2008：37，40.

清代前中期　这一时期金银器工艺空前发展，皇家使用金银器更是遍及封赐、祭祀、冠服、生活、陈设和佛事等各个方面。生活上，金银首饰是宫廷后妃妆点的常设之物。如故宫所藏银镀金嵌珠宝花盆式簪，一种银镀金质地的花盆式面簪，造型比一般簪子要大，装饰华丽复杂。底部的花盆、中间的荷叶和两端的蝴蝶身体均为精致的累丝工艺，底部的花盆上镶嵌一颗硕大的珠子，花盆上的荷叶四个边缘向内卷起，十分生动；荷叶中间也镶嵌一颗红宝石圆珠，簪子大面积使用点翠工艺（图 6-4-58 A）。还有清中期银荷纹“一品清廉”项圈长命锁、金莲纹镶嵌宝石头饰、银鎏金镶珍珠莲瓣纹扁方，以及银荷纹“一品清廉”项圈长命锁等（图 6-4-58 B、图 6-4-59、图 6-4-60）。这些精品反映了这一时期金银首饰格调高雅、富丽堂皇的特征。

A

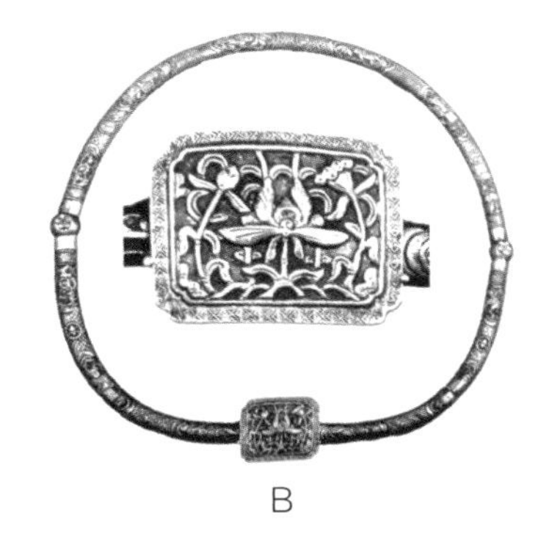

B

图 6-4-58　A. 清前中期银镀金嵌珠宝花盆式簪
B. 清中期银荷纹“一品清廉”项圈长命锁及其荷纹放大图（项圈中）

A引自贾慧. 故宫藏清代皇家首饰的研究[D]. 北京：中国地质大学（北京），2017：30；B引自王金华. 图说清代银饰[M]. 合肥：黄山书社，2013：145.

图 6-4-59　清中期金莲纹镶嵌宝石头饰

引自王金华. 中国传统首饰精品［M］. 北京：中国旅游出版社，2014：331.

图 6-4-60　清中期银鎏金镶珍珠莲瓣纹扁方

引自王金华. 中国传统首饰精品［M］. 北京：中国旅游出版社，2014：298.

六、玉器莲饰文化

元代　元代玉器造型简约、俊美，且和谐自然，充满生活气息。如白玉鳜鱼莲花流水纹饰，椭圆形扁平状，单面多层次镂雕；鳜鱼悠游于莲花水草中，莲花、莲叶、菰草、水纹等巧布其间，虚实有致，栩栩如生（图 6-4-61 A）。白玉荷塘鹭鸶纹炉顶，琢三只鹭鸶栖息于荷叶下，荷叶一张一卷；鹭鸶造型神态各异，生动写实。此器以鹭鸶伫立荷叶之下，语喻"一路连科"，意为祝莘莘学子十年寒窗苦读，有朝一日一试便扬名天下（图 6-4-61 B）。白玉留褐色皮巧雕荷塘嵌佩，玉质微泛青，部分褐色璞皮，正面以多层次镂刻荷塘春色；两侧巧雕微卷荷叶及荷梗，荷叶以阳纹双勾线饰以叶脉，使觉有花落叶枯、深秋来临之感（图 6-4-62）。一片张开的荷叶中心内凹并饰以单阴刻线纹叶脉，此乃元代荷叶特有风格之一。白玉荷塘鹭鸶纹嵌佩，其玉质洁白温润，略有黑色纹理。正面以多层次立体镂雕盛开的荷花与荷叶交错于荷塘中，一对鹭鸶栖息其间，呢喃低语；两片荷叶向外展开，层次分明，立体效果良好（图 6-4-63）。

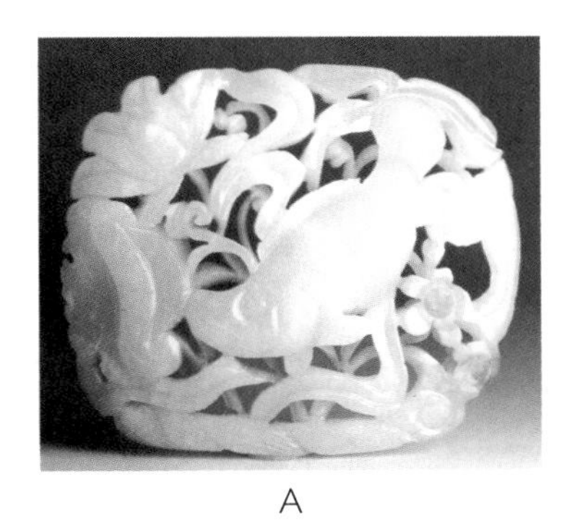

A　　　　　　　　B

图 6-4-61　A. 元代白玉鳜鱼莲花流水纹饰　B. 元代白玉荷塘鹭鸶纹炉顶

引自周南泉. 玉器・上[M]. 香港：商务印书馆（香港）有限公司，2006：254、134.

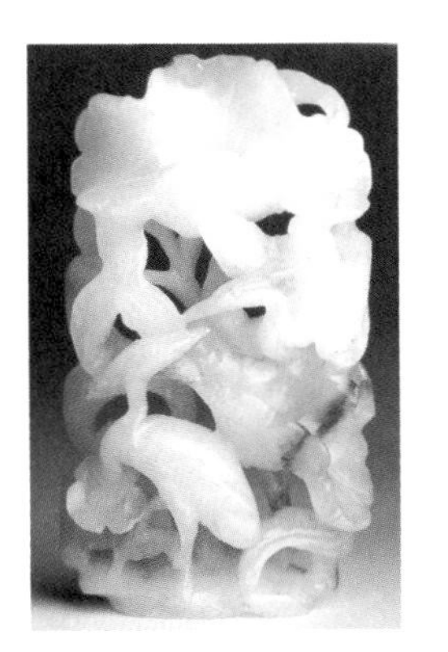

图 6-4-62　元代白玉留褐色皮巧雕荷塘嵌佩　　图 6-4-63　元代白玉荷塘鹭鸶纹嵌佩

引自周南泉. 玉器・上[M]. 香港：商务印书馆（香港）有限公司，2006：244，125.

明代　明时玉器雕工刚劲有力，琢工着力表现其粗犷、浑厚之风格。因受道家文化的影响，玉器上常饰以各种道教元素的吉祥图案、纹饰。如玉荷叶式洗，玉料青灰色，局部褐色斑沁较重；卷式荷叶内外均雕琢凸起的叶脉，叶中央高浮雕一青蛙，呈弓腿卧伏状，外围巧琢荷叶、荷柄等。此器乃文房用具，设计巧妙，生动逼真（图 6-4-64）。玉莲花式执壶受瓷器工艺的影响，改变了玉雕中的仿古风格。其玉料内有瑕斑，执壶由盖和器组成，盖呈荷叶形，边缘上卷，盖顶镂雕双鸳鸯卧莲钮；而壶身呈盛开的荷花状，在外层花瓣上分别雕饰芙蓉花、梅花、菊花等 6 种花卉纹（图 6-4-65）。此外，还有白玉荷塘鹭鸶纹炉顶和白玉荷塘鸳鸯纹嵌佩等（图 6-4-66）。

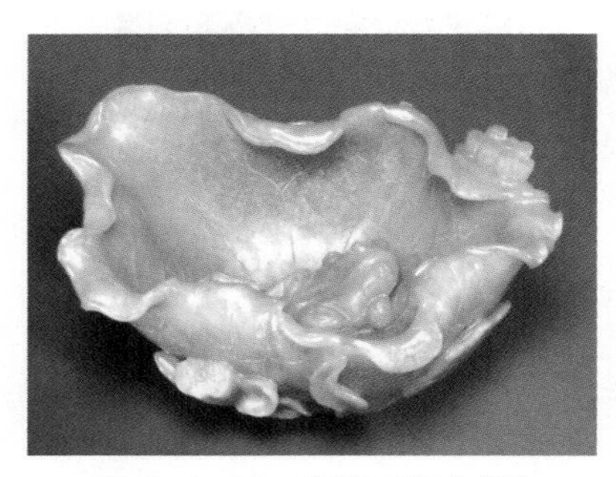
图 6-4-64　明代玉荷叶式洗

图 6-4-65　明代玉莲花式执壶

引自周南泉. 玉器 · 下[M]. 香港：商务印书馆（香港）有限公司，2006：193，267.

A

B

图 6-4-66　A. 明代白玉荷塘鹭鸶纹炉顶　B. 明代白玉荷塘鸳鸯纹嵌佩

引自周南泉. 玉器 · 上[M]. 香港：商务印书馆（香港）有限公司，2006：139，146.

清代前中期　这一时期的玉器造型及纹饰，既有山水、花鸟、人物，也有莲纹及莲造型等。如清中期的莲饰玉嵌宝石扁方，白玉长方片状，器面光素无纹。器面两端图案由鲜艳的宝石组成，莲叶、莲柄为翠质，莲花、青蛙为碧玺，小花朵为红蓝宝石；器柄端两侧镶碧玺花与珍珠（图 6–4–67 A）。玉莲花纹香囊的玉质青白色，器身呈盒状，由两组对称的镂雕扣合而成，两组皆呈五瓣式，其瓣上镂雕荷花、荷叶、水草等；器上部为包袱形盖，饰浅浮雕五瓣形菱花。此器设计巧妙，器盖包紧器身，与器身扣合；系绳松开后，器身自启，器内可填充香料（图 6–4–67 B）。这一时期还有青白玉莲塘双鹭鸶图嵌饰及白玉持荷骑鹅童子等（图 6–4–68）。

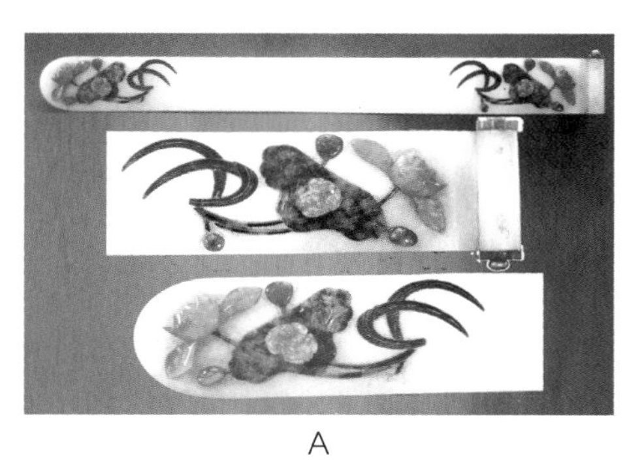

A　　　　B

图 6-4-67　A. 清中期莲饰玉嵌宝石扁方　B. 清中期玉莲花纹香囊

引自周南泉. 玉器 · 下[M]. 香港：商务印书馆（香港）有限公司，2006：7，25.

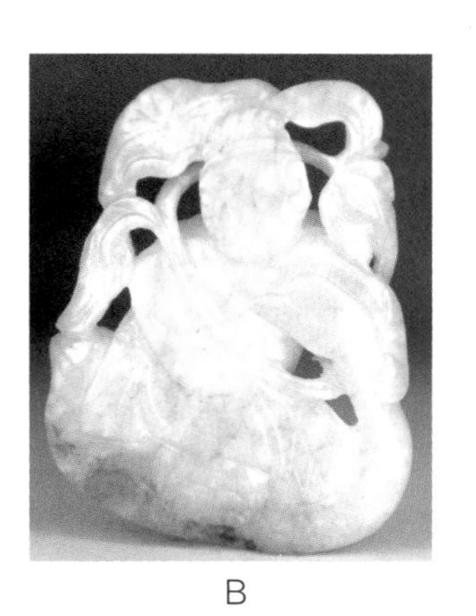

A　　　　B

图 6-4-68　A. 清中期青白玉莲塘双鹭鸶图嵌饰　B. 清中期白玉持荷骑鹅童子

引自周南泉. 玉器 · 上[M]. 香港：商务印书馆（香港）有限公司，2006：155，198.

七、家具莲饰文化

元代　元代家具的花草装饰图案仍以莲、牡丹等纹样为主。家具莲饰的雕刻构图丰满，形象生动。内蒙古赤峰元墓壁画中的对坐图中，清晰地显示出椅上有荷花状图案。加上荷叶托首式样的交椅，被称为太师椅，是新创制的交椅。[①]

明代　明式家具的主要装饰位于牙头、牙务、券口、挡板、脚足、角牙、围子等处；有的地方用金属包角，如铜铁合页、面班吊牌、把手等。在金属配件之

① 王铮音. 元代建筑室内装饰与陈设格局初探[D]. 青岛：青岛理工大学，2009：57-62.

处常用莲形、桃形、荷叶形处理各种图案形状。明代的紫檀雕荷花宝座椅，以荷花、荷叶布满整体；背上的搭脑是一片荷叶，整体做工光滑圆润，椅面上的荷花、荷叶、荷梗及莲藕，自上而下以花叶的自然形态布满整个椅面（图 6–4–69）。还有明代晚期的刻纹皮色漆绘荷桌，桌面绘有荷塘的图案（图 6–4–70）。

图 6-4-69　明代紫檀雕荷花宝座椅

图 6-4-70　明晚期刻纹皮色漆绘荷桌（上为桌面图）

图6–4–69引自朱家溍. 故宫珍宝[M]. 北京：故宫出版社，2012：116；图6–4–70引自杜邦. 欧洲旧藏中国家具实例[M]. 北京：故宫出版社，2013：91.

清代前中期　这一时期的家具在图案装饰上，继承明式家具的特点，莲瓣纹的构图形态与家具各部位结合，融为一体，不仅起着加固、支堆的作用，还有很好的装饰效果。如清乾隆年间的黄花梨螭龙莲瓣纹书格，由黄花梨雕围子四层架格，分四层，柱间饰以壶门式券口，底层三面均安装壶门式牙子，饰雕以莲花瓣，架格雕工精美（图 6–4–71、图 6–4–72）。红雕漆嵌玉荷花纹宝座为红雕漆嵌玉

图 6-4-71　清乾隆黄花梨螭龙莲瓣纹书格

图 6-4-72　清乾隆黄花梨螭龙莲瓣纹书格的第二架格莲瓣图

引自胡德生. 黄花梨家具拍卖投资大指南[M]. 北京：故宫出版社，2013：312，313.

家具，宝座与红雕漆嵌玉荷花纹围屏、红雕漆脚踏、红雕漆嵌玉宫扇、红雕漆嵌玉香几组合为成套家具，是乾隆时期红雕漆镶嵌玉雕家具的精品（图 6-4-73、图 6-4-74）。还有清中期的紫檀边座嵌竹荷鸟双面插屏等，均为此时家具中的上品。

图 6-4-73　清中期红雕漆嵌玉荷花纹宝座

图 6-4-74　清中期红雕漆嵌玉荷花纹围屏

引自胡德生. 你应该知道的200件镶嵌家具[M]. 北京：紫禁城出版社，2009：103，114.

八、文房四宝及钟表莲饰文化

在古代文房书斋中，除笔、墨、纸、砚外，还有与之配套的器具，也是文具家族中必不可少的一员。清代御用文房清供，其种类丰富多彩，无论品类，还是材质以及制作，都胜过前朝。文房清供包括笔、笔架、笔筒、笔洗、臂搁、墨、墨床、墨盒、纸、镇纸、砚、砚滴、印、印盒等。尤其乾隆时期的文房用具，均由造办处各作坊承办，其制作规模、数量庞大，制作过程都有档案记载。如“乾隆八年闰四月二十六日，杭州织造苏赫纳，恭进有白玉砚屏成件、白玉笔搁成件、白玉荷叶水丞成件”；又如“乾隆三十二年七月初十日，江苏巡抚明德跪进脂玉仙鹤镇纸、脂玉莲瓣水丞”等。[①] 清代早中期的文房用具有石雕、木雕、竹雕、玉雕、瓷制等，其中许多文具均饰以莲瓣纹或以荷花为造型（图 6-4-75、图 6-4-76）。

① 张荣，赵丽红. 文房清供[M]. 北京：紫禁城出版社，2009：5-9.

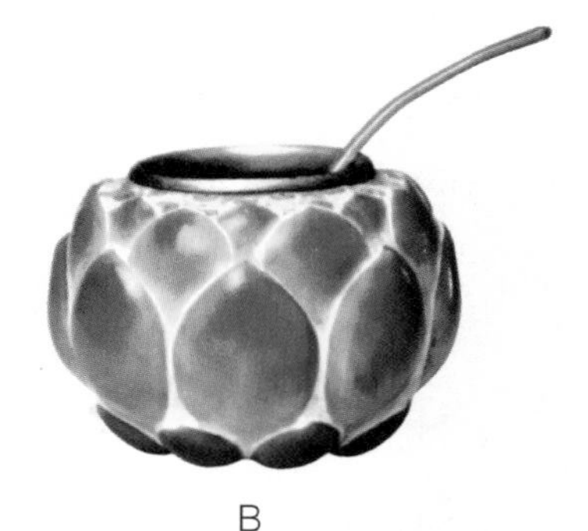

A　　　　B

图 6-4-75　A. 清早期竹雕荷花洗　B. 清中期掐丝珐琅荷瓣洗

图 6-4-76　清中期掐丝珐琅缠枝莲瓣纹笔架

图6-4-75A引自刘士勋. 竹木牙角石雕收藏与鉴赏[M]. 北京: 中华工商联合出版社, 2016: 57; 图6-4-75B引自朱家溍. 明清室内陈设[M]. 北京: 紫禁城出版社, 2004: 104; 图6-4-76引自张荣, 赵丽红. 文房清供[M]. 北京: 紫禁城出版社, 2009: 31.

此外，乾隆时期的钟表工艺，常采用荷花缸的形式造型，可见乾隆帝对荷花的钟情。如铜镀金珐琅转鸭荷花缸钟，缸中布置荷塘景观，其中一朵荷花可开合，花心分别端坐西王母、持桃童子、持挑仙猿，在钟盘的左右有十弦孔，左边负责走时系统，右边控制奏乐及活动玩意装置。开动后，在乐曲的伴奏下，镜面下与鹭鸶身子相连的铜圈，由机械拉动着转动。荷花梗中的牵引杆受机械作用，荷瓣张开，露出花心中的西王母、持桃童子、持挑仙猿。西王母稳坐不动，而持桃童子和持挑仙猿呈跪拜献桃状。此钟由清宫造办处工匠采用广州制造的掐丝珐琅缸和法国的奏乐机械系统装配而成（图 6-4-77 A）。另一铜镀金錾花荷花缸钟的缸体錾刻花草纹，缸腹部嵌有能报时和走时的小表，与之相对应的一边玻璃画框里有游鱼、水法景致。缸中盛开荷花，以镜示以水面，水面上画有游鱼和水草。

缸中五朵荷花底部有拉杆与机芯连接，拉杆一收缩，荷瓣则张开，拉杆一松开，荷瓣就闭合（图 6-4-77 B）[①]。

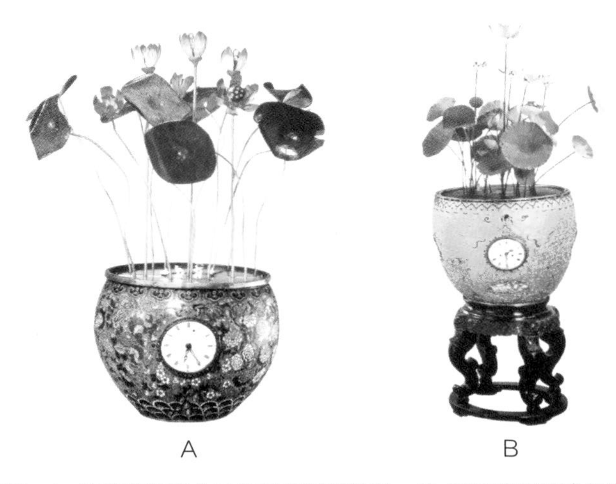

A　　B

图 6-4-77　A. 清乾隆铜镀金珐琅转鸭荷花缸钟　B. 清乾隆铜镀金錾花荷花缸钟

引自故宫博物院. 故宫钟表图典［M］. 北京：紫禁城出版社，2008：59，64.

九、服饰、刺绣及唐卡与莲饰文化

元、明、清三代的服饰、织染、刺绣等装饰工艺，都在承袭前朝传统技艺的基础上融会贯通，让莲饰文化在纺织品上表现得更加华贵精美，成为当时纺织业最亮丽的风景。

（一）元代

服饰　元代是民族大融合的时代，服饰、床上用品等方面都充分体现出这一特点。元时服装的图案纹样，可分兽类、禽类、植物类、辅助纹样、几何纹等类别，而植物类中主要有牡丹纹、莲花纹、梅花纹、菊花纹和水草纹等。元代服饰中的莲花纹构图形式，有折枝构图、团窠与滴珠窠构图及散点满地构图。折枝构图传承了宋代装饰纹样，在元代服饰中应用仍然广泛。[②]

隆化鸽子洞窖藏元代褐地鸾凤串枝牡丹莲花纹锦被面，是迄今为止国内发现的保存最完整、色彩最丰富的元代丝织品实物。该被面出土时，色彩鲜艳，纹样

① 故宫博物院. 故宫钟表图典［M］. 北京：紫禁城出版社，2008：59-64.

② 刘珂艳. 元代纺织品纹样研究［D］. 上海：东华大学，2014：86-94.

生动。从被头开始共分三段：第一段为白色地，浅褐色鸾凤戏牡丹、莲花纹（缠枝莲纹），绿叶陪衬。第二段为蓝色地，明黄色鸾凤戏牡丹、莲花纹，绿叶陪衬。第一、二段图案一致，均为鸾凤戏牡丹、莲花（西番莲纹），但颜色不同，其花纹均用褐色勾边。第三段是被面的主体，图案为串枝牡丹莲花纹，每个图案循环中有两行牡丹，一行莲花（图 6-4-78）[①]。

图 6-4-78　元代被面莲纹（局部）

引自宫艳君. 隆化鸽子洞出土元代被面小考[J]. 文物春秋，2006(6)：67.

刺绣　元代刺绣继承了宋代写实的绣理风格，在元大都设立文绣局，各地也广设绣局。元代贵族爱用金线刺绣，故这一时期的金线绣得以大发展。如河北隆化鸽子洞出土的棕色罗花鸟绣夹衫上刺绣折枝莲，其图案将莲花、莲叶用绶带捆扎，显示出吉祥寓意，近似宋代流行的一把莲纹。

1976 年内蒙古集宁路古城出土的元代棕色罗花鸟纹刺绣夹衫，绣有 99 组大小不同的花纹单位。两组大的图案均为莲塘小景，各有两只鹭鸶，一只伫立，一只飞翔，背景衬以水波、莲叶、莲花以及灵芝、水草、芦苇，天空中还有云彩。另有人荡舟于湖中，悠然自得（图 6-4-79）。另外一件印金提花长袍、一件印金被面及一双绣花鞋上均饰有莲花[②]。元代刺绣品传世不多，且元人用绒稍粗，落针不密，不如宋绣之精工。

由于元代统治者信奉藏传佛教，刺绣除服饰点缀外，更多的则带有浓厚的宗教色彩，被用于制作佛像、经卷、幡幢、僧帽。如元代刺绣屏幅，上部分佛像身

① 宫艳君. 隆化鸽子洞出土元代被面小考[J]. 文物春秋，2006(6)：66-68.

② 潘行荣. 元集宁路故城出土的窖藏丝织物及其他[J]. 文物，1979(8)：32-34.

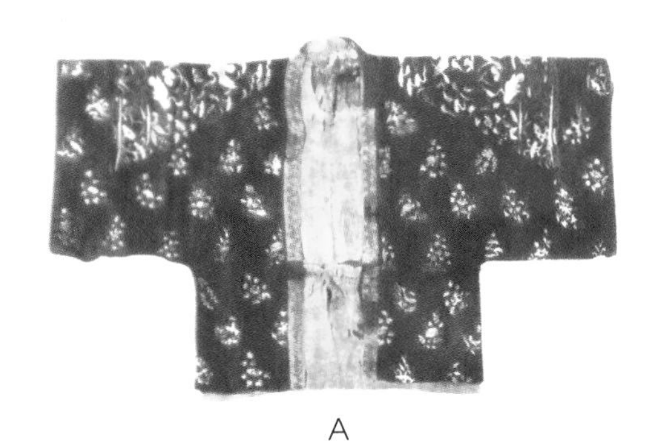

A　　　　B

图6-4-79　A. 内蒙古集宁路古城出土元代棕色罗花鸟纹刺绣夹衫
B. 内蒙古集宁路古城出土元代棕色罗花鸟纹刺绣夹衫（局部放大）

引自黄能福，陈娟娟，黄钢. 服饰中华——中华服饰七千年［M］. 北京：清华大学出版社，2013：317-318.

旁有宝瓶一对，瓶身系彩带，瓶中插莲花；下部分饰以缠枝莲，每朵莲承着一个藏文，合成五字咒语，文字以盘金线绣成（图 6-4-80 A）。

在元代绘画性刺绣中，满池娇图有着特殊的意义。其本是元文宗的御衣图案，元代书画家柯九思《宫词十五首》云："观莲太液泛兰桡，翡翠鸳鸯戏碧苕。说与小娃牢记取，御衫绣作满池娇。"柯氏自注："天历间（1328—1330），御衣多为池塘小景，名曰满池娇。"[1]天历系元文宗图帖睦尔的年号，这说明文宗的御衣上已有满池娇图案了。后来，满池娇图案不再限用于皇帝的御衣，也被民间服饰广泛采用，且应用到陶瓷装饰等方面。

荷包　元代蒙古族袍服的总体形制是无垫肩、长及踝部，腰间配束腰带，领式多见交领式和圆领式，腰间配有带鞘的餐刀、火镰和燧石。把装有火绒的小型荷包和火镰用大型扣子或细条带等连接起来，掖配在腰带上，说明元代已使用了荷包[2]。古代服装无衣袋组件，从实际需要出发，常在腰带或衣带、裙带上垂挂一个类似香囊的活口小袋，方便装随手用的物件。这种随身小袋叫"荷包"，"荷包"一词大致出现在元代。荷包上通常饰以精美的花鸟纹样，莲瓣纹是其中之一；但目前尚且少见各地出土元代莲饰荷包文物。

唐卡　元代唐卡绘制极为复杂，用料极其考究，颜料全为天然矿物、植物原料，色泽艳丽，经久不退，具有浓郁的雪域风格。元代缂丝唐卡主题为上乐金刚

① 陈衍. 元诗纪事［OL］. 殆知阁http://www.daizhige.org/诗藏/诗集/元诗纪事-104.html.

② 乌云. 元代蒙古族袍服述略［J］. 美术观察，2009(8)：111.

和末罗呬弭金刚，位于右上角是黑帽系活佛，左上角是阿提佛陀，中央佛座上饰以莲瓣，唐卡的年限可能在1333—1360年；另一件织锦唐卡中央是弥勒佛，其发式与元代一件刺绣观音像相似，佛座上亦饰以莲瓣（图6–4–80 B）[①]。

A

B

图6-4-80　A. 元代刺绣屏幅　B. 元代织锦弥勒佛唐卡

引自香港市政局. 锦绣罗衣巧天工［M］. 香港：香港艺术馆，1995：121，125.

（二）明代

服饰　明代服饰纹样的吉祥寓意较多，其中植物纹样有莲花、牡丹、海棠、山茶、灵芝、萱草等。补子，系补缀于品官补服前胸后背之上的一块织物，为明代品官服饰制度的一个重要特征。明代宫中的服装按时令变化，换穿不同质料的服装，并吸收民间的习俗，加饰象征各时令的应景花纹，其中就饰有莲瓣纹。从腊月二十四祭灶之日起，至农历正月初一正旦节，宫中穿葫芦景补子及蟒衣（图6–4–81 A）[②]。元宵节时，内臣、宫眷穿灯景补子蟒衣，衣上饰灯笼莲瓣纹。三月初四，内臣、宫眷换穿罗衣，清明穿秋千纹衣服，至四月初四换穿纱衣。如明万历年间的孔雀羽洒线绣升龙莲花灯笼海水江崖纹圆补（个人收藏），这种饰有莲花图案的圆补常穿用于元宵节（图6–4–81 B）。又如上海卢湾区明代顾东川墓出土的锦织文官鹭鸶补子，上饰以莲花、莲叶及莲蓬（图6–4–82 A）；民间服饰中，还有一种寿字莲纹方补（图6–4–82 B）。

---

① 香港市政局. 锦绣罗衣巧天工［M］. 香港：香港艺术馆，1995：116–126.

② 黄能福，陈娟娟，黄钢. 服饰中华——中华服饰七千年［M］. 北京：清华大学出版社，2013：372–373.

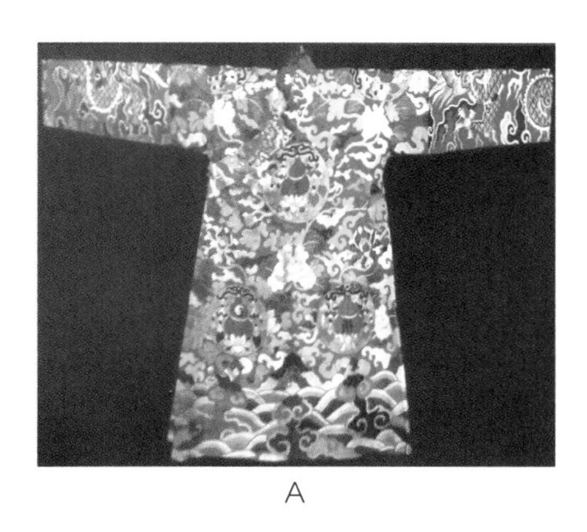
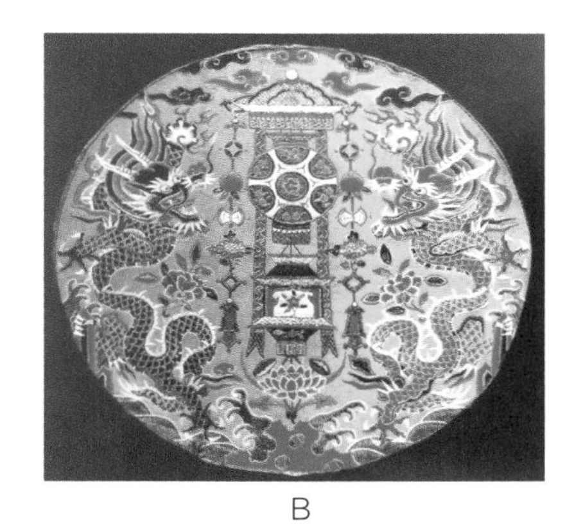

A　　　　　　　　　　　　　　　　B

图 6-4-81　A. 明代缂织葫芦八团牡丹莲花海水江崖纹西藏式长袍
B. 明万历孔雀羽洒线绣升龙莲花灯笼海水江崖纹圆补

引自黄能福，陈娟娟，黄钢. 服饰中华——中华服饰七千年［M］. 北京：清华大学出版社，2013：372，373.

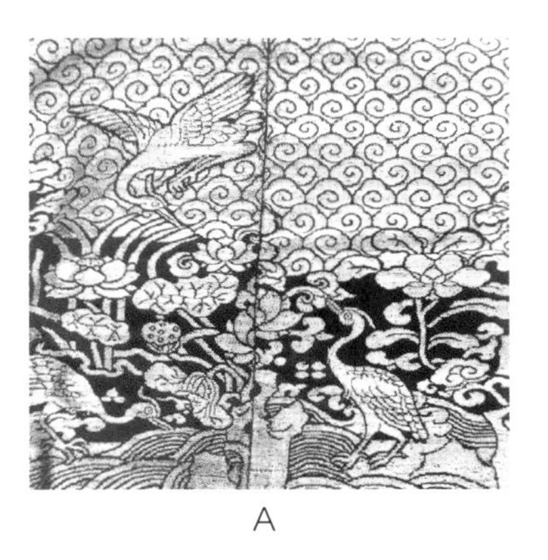
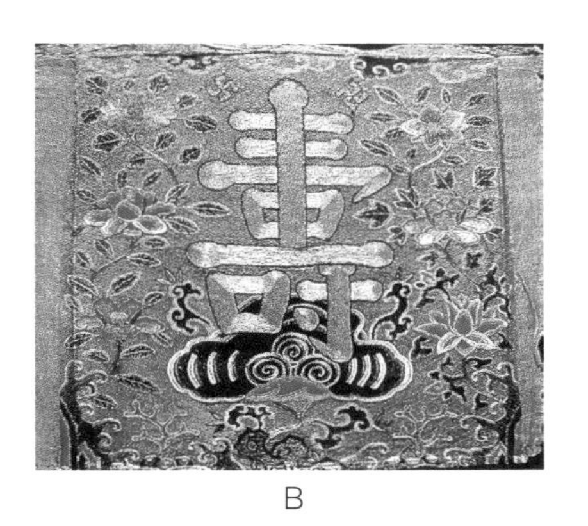

A　　　　　　　　　　　　　　　　B

图 6-4-82　A. 明万历锦织文官鹭鸶补子上饰以莲花、莲叶及莲蓬
B. 明万历寿字灵芝配莲花纹方补

引自黄能福，陈娟娟，黄钢. 服饰中华——中华服饰七千年［M］. 北京：清华大学出版社，2013：348，377.

刺绣　明代刺绣继承了前朝的传统技艺，并不断地发展和创新，而涌现出许多卓有成就的刺绣名家。如以韩希孟为代表的顾绣，绣品追求绘画效果，以名家手笔为蓝本绣画，多摹绣宋元名家名画，绣成画册、手卷等作品，以针代笔，刻意效仿，深得名家笔意，达到画绣水乳交融的艺术境界。又如明时鲁绣《荷花鸳鸯》的画面绣荷花、莲蓬、鸳鸯、水草等，采用各种针法及各色衣线，绣得生动朴实，落落大方，象征夫妻相爱，和美一生（图 6-4-83）。

荷包　明代的荷包基本承袭了前朝传统技艺和风格，但饰以莲瓣纹的荷包目前并不多见。

图 6-4-83 明代鲁绣《荷花鸳鸯》

引自肖尧. 中国历代刺绣缂丝鉴赏与投资［M］. 合肥：安徽美术出版社，2012：81.

唐卡 明代永乐年间有织锦大黑天唐卡、织锦莲花手菩萨唐卡、织锦大日如来唐卡及织锦不空如来唐卡等。这些唐卡莲座上的莲瓣设色丰富，针线细密，绣工匀整（图 6-4-84）。

A

B

图 6-4-84 A. 明代永乐织锦大黑天唐卡 B. 明代永乐织锦莲花手菩萨唐卡

引自香港市政局. 锦绣罗衣巧天工［M］. 香港：香港艺术馆，1995：133、137.

（三）清代前中期

服饰　这一时期服饰纹样丰富多彩，出现了许多莲瓣纹服饰。如清代宝蓝地金银线绣整枝荷花大镶边女单袍，前、后身及袖用金银线绣荷花，领缘、袖口、大襟、下摆均以寿字及荷花为饰。单袍通体所饰荷花，疏落大方，边饰繁密，精工秀丽，一疏一密，对比强烈，使荷花更加突出。其荷花图案设计运用写实兼象征手法，新颖奇特，具有清爽高雅的效果（图 6-4-85）①。清代明黄色纳纱荷花纹单衬衣为清代皇后便服之一。其衣领及袖边镶滚彩绣荷花等三道花边，袖口饰白色纳纱荷纹接袖。这件衬衣在明黄色直径纱地上，纳绣荷花纹样，一簇簇左右对称的荷花绽放，把纳纱工艺的表现手法充分展示出来，具有极佳的艺术效果（图 6-4-86）。

图 6-4-85　清代宝蓝地金银线绣整枝荷花大镶边女单袍

图 6-4-86　清代明黄色纳纱荷花纹单衬衣

引自常沙娜. 中国织绣服饰全集·历代服饰卷下［M］. 天津：天津人民美术出版社，2004：418，424.

刺绣　这一时期是刺绣发展的鼎盛时期。无论宫廷还是民间，刺绣技艺运用之广、针法之妙、绣工之巧，均为历代所不及。宫廷刺绣在前朝的技艺上，日趋成熟；民间刺绣技法和所用的丝线材料均有突破，所绣作品往往不逊于前者。清时刺绣已形成不同特色的地方体系，如著名的苏绣、京绣、湘绣、粤绣、瓯绣、鲁绣、蜀绣。而苏、湘、粤、蜀绣称为“四大名绣”，其中以苏绣最负盛名。苏绣全盛时期，流派繁衍，名手竞秀，享有盛名的刺绣大家沈寿，其绣品深受人们喜爱。刺绣常饰以花鸟、祥云等象征吉祥的图案，莲瓣图纹也成为刺绣的首选（图 6-4-87、图 6-4-88）。

① 常沙娜. 中国织绣服饰全集·历代服饰卷下［M］. 天津：天津人民美术出版社，2004：423-424.

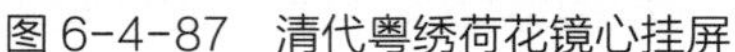

图6-4-87 清代粤绣荷花镜心挂屏　　图6-4-88 清代粤绣饰荷床罩

引自李雨来，等. 明清绣品 • 第二版［M］. 上海：东华大学出版社，2015：78，83.

荷包　这一时期荷包佩戴之风达到鼎盛。成套的荷包往往有八九个系列组件，如扇套、眼镜盒、烟袋等，其纹饰和大小比例均统一，极具视觉美感。“男子身上平时佩饰挂件，清初还只有两三种。往后越来越多，常是一大串分列于腰际，包括香荷包、扇套、眼镜盒、烟袋、火镰以及割肉吃的刀叉等，式样各不相同。锦绣缂丝，无不具备。”[①] 在荷包纹饰上，莲瓣纹也是不可缺少的装饰题材。如清时北京的平针绣路路连科莲瓣纹钱荷包、山西的平针绣莲纹扇套、平针绣莲纹眼镜盒等，均为当时流行的荷包系列（图6-4-89）。

A

B

C

D

图6-4-89　A. 清代北京莲瓣纹钱荷包　B. 清代蓝缎地莲纹烟荷包　C. 清代山西饰荷眼镜盒　D. 清代山西饰荷扇套

引自王金华. 中国传统服饰 • 绣荷包［M］. 北京：中国纺织出版社，2015：44，171，289，294.

① 沈从文，王㐨. 中国服饰史［M］. 西安：陕西师范大学出版社，2004：160.

唐卡 唐卡发展到康乾盛世，其种类及纺织技艺在传统风格的基础上均有创新。如清乾隆年间的缂丝四臂观音菩萨唐卡，观音菩萨头戴宝冠，身披天衣，胸前双手合十，另两手分别持珠、拈花，结跏趺坐于莲花宝座中。画面较为简洁，上方梵文赞美观世音之语，为“宝贝莲花”之意；下方是藏文祝词，意思是“昼吉祥，夜吉祥，昼夜恒吉祥，依靠三宝得吉祥”。画心上方有“乾隆鉴赏”“宣统御览之宝”“太上皇帝之宝”“秘殿珠林”等多处红色印迹。此唐卡运用平缂、构缂、缂金等手法，莲瓣、莲叶等细微处着笔点染。画心外装饰蓝色缠枝莲织锦边（图6-4-90）。

图6-4-90 清代缂丝四臂观音菩萨唐卡

引自格桑本，刘励中．唐卡艺术［M］．成都：四川美术出版社，1992：41，72.

十、莲饰年画、剪纸及灯彩

（一）木版年画

我国木版年画有着1000多年的历史，年画中的门神历史更悠久，早在汉代就出现了守门将军的门神雏形。唐时的佛经版画发展和雕版技术成熟，宋代的市民文化繁荣，都大大促进了木版年画的繁荣。北宋时并不称其为年画，而是称为画纸儿，并有专门售卖的画市。到了清代中期，民间这种画纸儿的发展达到了鼎盛阶段，才唤作年画。

年画的内容包罗万象，形式丰富多彩，题材画样多达千余种，有历史故事类、神话传说类、世俗生活类、风景名胜类、时事新闻类、讽喻劝诫类、仕女娃娃类、花鸟虫鱼类、吉祥喜庆类等，其中有许多与荷花相关的题材。北方的天津杨柳青、河北武强、山东潍坊、河南朱仙镇，南方的苏州桃花坞等地，都是清代年画的著名产地。莲花相关的年画题材出现许多经典主题，如“莲年有余”年画，画着怀抱鲤鱼、人见人爱的大胖娃娃，“莲”谐音“年”，“鱼”代表财富有“余”[1]；还有“莲生贵子”“鱼龙变化”“五子夺莲”“平安富贵”等（图6-4-91、图6-4-92）。

① 刘建超．杨柳青木版年画［M］．天津：天津杨柳青画社，2015：216-217.

A

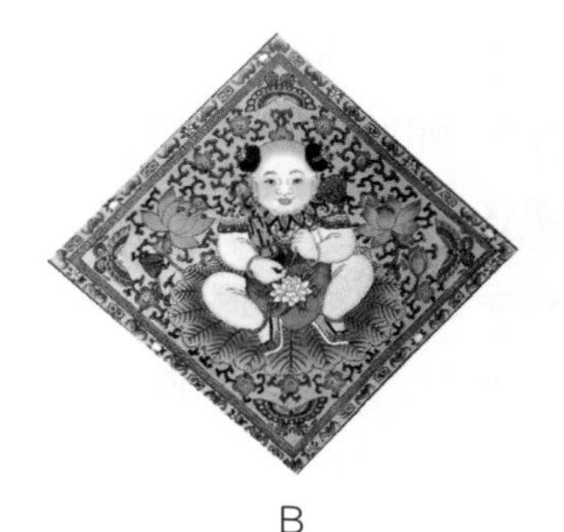

B

图6-4-91　A. 清代《莲年有余》年画　B. 清代《莲生贵子》年画

引自刘建超. 杨柳青木版年画［M］. 天津：天津杨柳青画社，2015：216-217，219.

A　　　　B

图6-4-92　A. 清代《五子夺莲》年画　B. 清代《平安富贵》年画

引自刘建超. 杨柳青木版年画［M］. 天津：天津杨柳青画社，2015：224，227.

（二）莲花灯彩

灯彩，亦名“花灯”。灯彩文化在我国具有近两千年的悠久历史，它源于民间元宵赏灯习俗。元宵赏灯始于西汉，盛于隋唐，风行于明清。历经灯彩艺人的继承和发展，灯彩文化形成了丰富多彩的灯彩品种及高级的工艺水平[①]。

明代弘治、嘉靖年间修纂的地方志均记载了上海地区的元宵赏灯习俗。据记载，明代元宵放灯长达十多天，灯会上展示金莲灯、玉楼灯、荷花灯、芙蓉灯、绣球灯、雪花灯、秀才灯、媳妇灯、和尚灯、通判灯、师婆灯、刘海灯、骆驼灯、青狮灯、猿猴灯、羊皮灯和掠彩灯等数十种。花灯的种类更加多样化，灯彩艺术得到更加充分的发展。

清乾隆末年，李斗《扬州画舫录》记载盐商的“内班行头”中，有“点三层

① 李苍彦. 中华灯彩［M］. 北京：北京工艺美术出版社，2013：24-45.

牌楼，二十四灯”[1]，是一种特制的灯彩。清代宫廷各种承应大戏的舞台应用灯彩，且有些砌末（戏台用具）“机关”化了，即配有制动器械，可升降开合。如《地涌金莲》以五朵大金莲花从“地井”（戏台的地下室）中升起，台上放开花瓣，内坐大佛五尊。宫廷的砌末艺人还受到西方绘画的影响，作品趋重写实。

十一、其他莲饰文化

鼻烟壶是一种传统工艺品，始于明代晚期，兴于清代前中期。鼻烟壶指盛鼻烟的容器，小可手握，便于携带。明末清初，鼻烟传入中国，鼻烟盒渐渐东方化，便产生了鼻烟壶。据清人赵之谦《勇庐闲诘》记述：“鼻烟来自大西洋意大里亚国。明万历九年，利玛窦泛海入广州，旋至京师献方物，始通中国。”[2]到清代康熙年间（1661—1722），鼻烟深受王公贵族的喜爱。乾隆帝不仅嗜闻鼻烟，还是鼻烟壶的鉴赏家，常把鼻烟壶和鼻烟赏赐给外国使臣和文武官员，清廷王公大臣竞相效仿，推动鼻烟壶艺术达到顶峰。

在材质上，鼻烟壶采用瓷、铜、象牙、玉石、玛瑙、琥珀等，运用彩漆、青花、五彩、雕瓷、套料、巧作、内画等技法，汲取域内外多种工艺的优点，被雅好者视为珍贵文玩，在海内外皆享有盛誉。其造型、纹饰不少以荷叶、荷花造型，或饰以莲纹（图6-4-93）。以荷叶或荷花造型的鼻烟壶，一般整个壶身塑造为一

图6-4-93　A. 清代莲鱼式木鼻烟壶　B. 清代剔红莲纹鼻烟壶　C. 清代莲花鼻烟壶　D. 清代莲纹瓷鼻烟壶

A、B引自陈一诚. 鼻烟壶［M］. 合肥：黄山书社，2013：36，94；C引自徐艺乙. 手工艺的文化与历史——与传统手工艺相关的思考与演讲及其他［M］. 上海：上海文化出版社，2016：81；D引自李久芳. 鼻烟壶［M］. 香港：商务印书馆（香港）有限公司，2003：9.

① 李斗. 扬州画舫录［OL］. 殆知阁http://www.daizhige.org/史藏/志存记录/扬州画舫录-14.html.

② 赵之谦. 勇庐闲诘［M］. 北京：中华书局，1985：1-2.

片荷叶，由一侧弯曲经底部伸向另一侧含苞待放的荷花，其叶脉及叶柄上的小刺刻画得栩栩如生，惟妙惟肖。清代剔红莲纹鼻烟壶，所用胎以木胎为主，制作时在木地上用金粉描绘出莲纹或莲图。清代饰莲木鼻烟壶的用材主要为乌木、紫檀木、黄花梨及黄杨木等，常用银丝镶嵌出莲瓣等纹饰[①]。

紫砂制品乃中国特有的制陶手工艺品。它始于明朝正德年间的江苏宜兴，流行于清代。清代紫砂制品中有许多以荷花或荷叶造型，如清康熙年间宜兴制作紫砂壶高手陈鸣远的紫泥螃蟹荷叶笔洗，以紫泥捏塑成自然形荷叶翻卷折叠，包裹成碗状，荷梗作底足，另饰一小莲蓬，内盛莲子，还贴饰田螺及螃蟹，表现出浓厚的荷塘野趣。整器制作精巧，生动自然，颇见妙思。器底荷叶边处钤一阳文印款“陈鸣远制”（图 6-4-94）。

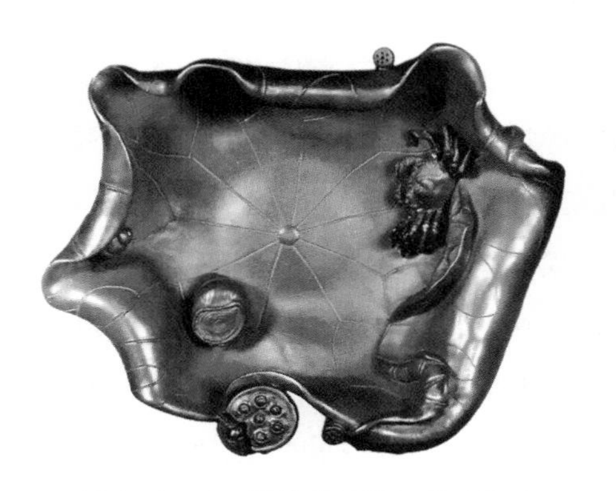

图 6-4-94　清代紫泥螃蟹荷叶笔洗

引自陈润民. 紫砂器拍卖投资大指南[M]. 北京：故宫出版社，2012：118.

第五节　莲花十字：荷花与宗教

这一时期对各种宗教采取兼容并蓄的政策，各种宗教相互交叉，各民族文化亦相互冲击、融合。在诸宗教中，道教、佛教、基督教与莲都有着千丝万缕的联系。

① 李兵. 浅谈首都博物馆藏瓷质鼻烟壶的纹饰特点[J]. 首都博物馆论丛，2014(1)：334-336.

一、荷花与道教

元代尊崇道教，自金末兴起的全真教在元代兴盛发展，前后主要靠两个道士，即丘处机和李志常。在道教历史和信仰中，丘处机被奉为全真派“七真”之一、龙门派的祖师。丘处机际遇成吉思汗为全真道在元代的大发展奠定了重要基础。

道教全真派大师王重阳到海边（今山东烟台）传教收徒，“得丘、刘、谭、马、郝、孙、王，以足满七朵金莲之数”。这七人分别为丘处机、刘处玄、谭处端、马钰、郝大通、孙不二、王处一，并称为道教全真派“全真七子”。传说，丘处机的父亲是种田人，一天，突然遇见两个道士唱着《空空歌》迎面走来，丘父问道士是否有不空之事。道士答：“有，像我二人种莲。此莲生在昆仑山上，王母娘娘亲手浇灌，千年生根，千年开花，千年结子。如今仅采得莲房一颗，内含七子，若种得一子，他年自然真性长存，灵光不灭，即是长生久视之道，这才是天地间实而又实之事。”说完，道人送莲子给丘父，并诉种子之法，便飘然而去。随后，丘父将莲子依法种之。果然，多年不孕的妻子，于次年正月产一男婴。即被称为“天仙状元”的丘处机。①

丘处机不仅是著名的道教领袖，还是知名的文学家和诗人。他的诗《潍州城北千户新观》：“池塘寂寂锁烟霞，大宝莲开十丈花。借问经营谁施主，袭封千户太均家。”《金莲出玉花·西虢南村》：“南村地胜，曲水横斜穿柳径。是处池塘，拍塞荷花映粉墙。高堂大厦，户户如屏堪入画。峻岭崇岗，日日生云遥降祥。”②这是从崇尚自然的道家思想的角度赞咏荷花。

明代叶受有一篇名为《君子传》的小说，大意如下：从前有一位叫君子的人，名莲，又谓菡萏，字芙蓉，相传为神仙世家，世居太华山玉井中。始祖有讳碧藕者，寿千岁。西王母见周穆王时，碧藕曾在瑶池陪宴。他的子孙散见各地，世袭其名，自以为仙流出身，洁白聪明，意气清虚，隐居不与世人为伍。其居住的地方，虽污泥重渊，也不在意。传十代至君子，君子一表人才。唐玄宗与杨贵妃游太液池，近臣将相不得相随，唯君子可侍从，足见唐玄宗对君子的器重。安禄山之乱后，君子被迫离开皇都。后来，一个叫程九龄的地方官和君子相遇，惊喜异常，并说：“我家先祖与宋代周敦颐是朋友，周夫子非常敬重君子。那么，你便是我先祖的师友了。”两人相见恨晚。程九龄请君子到他家下榻，汲清涟招待。此

① 张宇初. 道藏（第75册）[M]. 刻本.

② 丘处机. 磻溪集[OL]. 殆知阁http://www.daizhige.org/道藏/正统道藏太平部/磻溪集.html.

后，君子常在盛夏旭日东升时前来相会。有一天，突然一位陌生人路过此地，见君子的相貌，特惊诧地说："何处的老妇人家，生了这样一个非凡之人？神清骨润，往来人世，寿未可量也。从前我见他在汉昭帝的柳池中洗澡，芳气袭人；后又在华山顶上，有人获得他的灵丹立刻羽化升天。数百年后，今天在这里又见到他。"这时，程九龄听完陌生人的陈述，对君子更加敬重。[①] 作者运用夸张且浪漫的手法，把莲花比作神清骨润的仙人。可见，道教世俗化后，民间将莲花视为长生不老之仙物，几乎成为道家正宗的象征了。

道教在清代前中期处于衰落期，更加通俗化和世俗化，与荷花相关的内容也往往表现于小说和民间传说中。蒲松龄《聊斋志异》中有一篇《寒月芙蕖》[②]，以"日赤脚行市上，夜卧街头，离身数尺外，冰雪尽融"的道士作故事的主人公。"亭故背湖水，每六月时，荷花数十顷，一望无际。"描述了大明湖的荷花生态景观。当然，这种一望无际的荷花生态景色，只能在仲夏暑月见到。道士宴客时临寒冬，"窗外茫茫，惟有烟绿"，无碧荷点缀，实为憾事。就在此时，作者灵机一动，笔锋急转，"一青衣吏奔白：'荷叶满塘矣！'一座尽惊。推窗眺瞩，果见弥望青葱，间以菡萏"，让满座宾朋顿生喜悦。随之，"万枝千朵，一齐都开，朔风吹来，荷香沁脑"。那万柄红荷，凛风欲放，摇曳多姿，清香远溢。时值隆冬，这种迷人的荷花生态美景只有西王母的瑶池中才能赏见，这也是人间所追求的。

何仙姑是八仙传说中唯一的女仙，名琼，永州零陵人。相传神诞之日为四月初十日。她十三岁时，入山采茶，遇吕洞宾。后又梦见神人教饵云母粉，遂誓不嫁，往来山谷，轻身飞行。每日朝出，暮持山果归来侍母，后尸解仙去。据清时无垢道人《八仙得道传》所述，何仙姑大战青牛精时，身感疲倦，毫无抵抗之力，正当万分危急，忽听半空响起惊天霹雳，一道金光闪电，青牛精被吓跑了。"却见一位脚踩红莲的仙女站在当中"，这位搭救何仙姑的脚踩红莲的仙女，便是九天玄女的高足九天上元夫人。从此，何仙姑手中总是握着一枝莲花，以求护身之用。[③] 太上老君与通天教主斗法，通天教主变成一只鹞子，"冲天而起，猛向老君头上扑下。老君佯作不知，行所无事的，顶门中出现一朵彩莲，护住身体，鹞子不得下来"。[④] 结果鹞子被老君高徒文始真人用神弩射瞎一只眼睛，大败而逃。不

① 胡正山，陈立君. 花卉鉴赏辞典[M]. 长沙：湖南科学技术出版社，1992：612-613.

② 蒲松龄. 聊斋志异[M]. 北京：中国戏剧出版社，2006：309-310.

③ 无垢道人. 八仙得道传：第34回[M]. 武汉：长江文艺出版社，1993：367.

④ 无垢道人. 八仙得道传：第32回[M]. 武汉：长江文艺出版社，1993：352.

仅太上老君常用彩莲护身，其他得道成仙的人也往往离不开莲花。

二、荷花与佛教

元代统治者重视藏传佛教，此时的佛教造像也受到藏传佛教造像很大影响。藏传佛教雕塑造像样式独特，流派诸多。按照地域，可划分为域外风格和境内风格两大体系。域外风格主要包括来自克什米尔、尼泊尔、印度等国家和地区的佛教造像样式；境内风格则主要指密宗佛教自西藏传至大江南北后，佛教雕塑造像样式融合各地造像样式而发生改变，从而形成了具有我国民族特色的佛教造像风格。具体包括西藏造像样式、蒙古造像样式和汉地造像样式。① 如 13 世纪藏西地区（大致为现今的西藏阿里地区）莲花手观音像和拉萨绿度母像造型风格，其莲座的仰莲及覆莲瓣尖端平截宽厚，具有西藏造像样式风格（图 6-5-1）。

A

B

C

图 6-5-1　A. 元代杭州飞来峰观音像　B. 元代藏西地区莲花手观音像　C. 元代拉萨绿度母像

A引自赖天兵. 杭州飞来峰发现元代梵汉合璧六字真言题记[J]. 文博，2006(4)：78；B、C引自陈健. 元代藏传佛教雕塑艺术研究[D]. 北京：中国艺术研究院，2014：23、61.

元代不少诗僧或诗人留下了吟咏荷花的禅诗或禅词，如释道惠《西湖》、蒲道源《觉和尚庵赏白莲》、萨都剌《三益堂芙蓉》《芙蓉曲》、吾丘衍《古采莲》、刘因《秋莲》、刘永之《咏荷叶》、张昱《莲塘曲》、刘敏中《临江仙·芙蓉》、赵孟頫《水龙吟·次韵程仪父荷花》、许有壬《太常引》等。这些咏莲禅诗禅境超然，哲理深奥，启人心智。

① 陈健. 元代藏传佛教雕塑艺术研究[D]. 北京：中国艺术研究院，2014：23-61.

明代采用“以儒为主，辅之以佛”的政策，在政治、经济、民族关系等领域，推行既限制又利用的佛教政策，建立全面有效的佛教管理体制。明代佛像工艺仍承袭前朝的传统风格，如千手千眼观音菩萨像的十一面颜色不同，面相各异，表意相差；顶饰佛面为化佛阿弥陀佛，八手中二手合掌，其余右边三手依次持佛珠、施无畏印、持轮，左边三手依次持莲花、持宝瓶和弓箭。13 世纪藏传佛像，其莲座除饰以仰莲和覆莲外，佛像两侧也多饰有莲花和莲蕾。还有明早期流行的白度母像的莲座仍保留前朝的风格（图 6–5–2 A，B）。

A

B

图 6–5–2　A. 明代西藏千手千眼观音像　B. 明代早期白度母像
（李尚志摄于汕头博物馆）

明代也有大量吟咏荷花的禅诗，其作者除诗僧外，也有如汤显祖、钟惺这样著名的文人。他们都借莲悟禅，咏物言志，将物景融入人生哲理之中，描绘自然界那空净、寂寞、闲适、安逸之禅境。咏莲禅诗，禅意丰盈、莲禅相通。

清代前中期对佛教奉行宽松的政策。此时石雕、木雕、版画、唐卡等佛教工艺空前高涨，但佛像造型及荷花装饰方面却千篇一律，变化并不显著（图 6–5–3、图 6–5–4）。

图 6-5-3　清雍和宫木版莲瓣唐卡　　图 6-5-4　清乾隆年间九龙壁莲座（局部放大）

图6-5-3引自胡雪峰，鲍洪飞．雍和宫木版佛画［M］．北京：民族出版社，2004：169；图6-5-4引自乌日切夫．清代蒙古佛教版画的调查与研究［D］．北京：中央美术学院，2015：239.

三、荷花与基督教

基督教很早就以其分支景教（即东方亚述教会）传入我国，元代大量色目人到来，使得景教徒有所增加。1277—1282 年间，镇江就建有六所景教寺。泉州出土大量景教文物（也有十字架与莲的标志物，如图 6-5-5）表明，福建泉州也是当时南方的景教中心。

17 世纪西安挖掘出土了《唐大秦景教流行中国碑》，碑文记载了基督教从 7 至 8 世纪在中国传播的重要史实，该碑碑顶镶嵌十字架标志，在其下方饰以莲瓣纹。荷花与十字架的组合图案成为当时中国基督教的一个流行标志。有学者认为，这代表着基督教中国化，换言之，基督教吸收了佛教元素来稳固其在中国的生存根基。也有观点认为，这并非景教徒从佛教中借用，很有可能是雅利安人自己惯用的文化符号，这种荷花纹饰可归结于雅利安文化，而并非中国汉传佛教文化。[①] 但其中饰有佛教常用的华盖，这是唯一一个把佛教华盖装饰在景教徒墓碑上的宗教文物（图 6-5-5；图 6-5-6 A，B）。

① 陈剑光．中国亚述教会的莲花与万字符：佛教传统抑或雅利安遗产［J］．浙江大学学报（人文社会科学版），2010，40（3）：21-29.

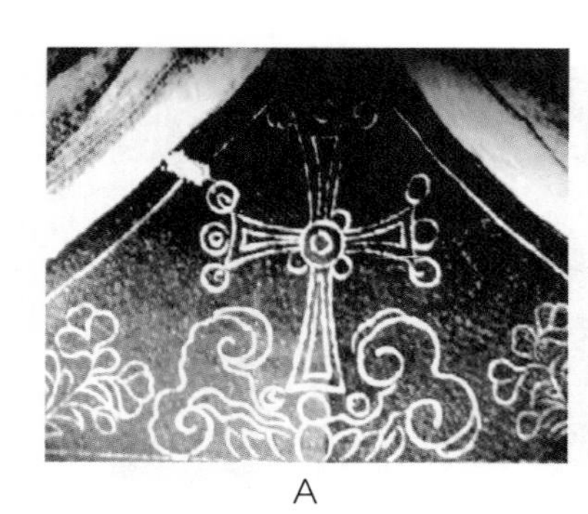
A

B

C

图 6-5-5　A. 莲花标志上的十字架　B. 中亚地区亚述教会陵墓铭文
C. 中国南方出土的亚述教会墓碑标志

引自陈剑光. 中国亚述教会的莲花与万字符：佛教传统抑或雅利安遗产[J]. 浙江大学学报（人文社会科学版），2010，40（3）：22，25，27.

现在福建泉州收藏有一方元代景教石碑，碑面浮雕一对四翅羽翼飘带飞天，飞天以双手捧持圣物。其圣物刻似莲台，莲底下带柄；莲台上有彩云，彩云承托一朵盛开的莲花；莲花上竖立着一个大十字架，飞天手臂裸露，头戴冠，头顶浮刻一个小十字架（图 6–5–6 C）。

A

B

C

图 6-5-6　A. 泉州出土墓碑记号一　B. 泉州出土墓碑记号二
C. 元代泉州景教石碑上莲与十字架标志

A，B引自陈剑光. 中国亚述教会的莲花与万字符：佛教传统抑或雅利安遗产[J]. 浙江大学学报（人文社会科学版），2010，40（3）：27；C引自福建泉州博物馆https://baike.so.com/doc/5380366-5616634.html.

第六节　藕粉莲粥：荷花与食饮、药用及保健

一、荷花与食饮

据元人贾铭《饮食须知》记述，将莲藕“和盐水煮食”或“同油炸米面果食”，具有“益口齿”的效果。①《居家必用事类全集》、倪瓒《云林堂饮食制度集》等饮食专著，也述及莲藕的食用。

荷花的莲房（莲蓬）、花瓣均可食用，在明代食饮史籍中有详细的记载。据明人戴羲所辑《养余月令》载：莲花成熟的花托称莲房，亦即莲蓬壳，其味道又苦又涩口，但古人能把它加工成美味可口的食品。“去皮子并蒂，入灰煮，又以清水煮去灰味令尽，压干，入料，拌腌一二日，焙干，石压令扁，作片食之。”②食莲房，取嫩者，将莲房去掉皮、子和蒂，加入草木灰同煮。煮熟后再用清水煮去灰味，捞出压干水分，加入调料拌匀，并腌上一二天，焙干，用大石头压扁，切片食用。古人在煮制莲房的过程中加入草木灰，是为了去掉莲房的苦涩味道，并使煮后的莲房组织变得疏松。草木灰的主要成分是碳酸钾，呈弱碱性，古人常从中提取有效成分用于洗衣、发面，在煮制莲房的过程中草木灰里的碳酸钾经过高温水解释放出大量二氧化碳，可起到膨化发酵的作用，使莲房中的粗植物纤维变得膨胀疏松，利于咀嚼。③明人王路《花史左编》记载：“郭进家有婢，能作莲花饼，馅有十五隔者，每隔有一折枝莲花，作十五色。”④而未陈述制作莲花饼的详细方法。戴羲《养余月令》中记载，莲花瓣，“可晒干造酒，焯亦可作蔬食”，还可裹面用油炸食。莲花还可用来造莲花醋，取“白面一斤，莲花三朵，捣碎，水和成团，用纸包裹挂当风处。一月后取出，以糙米一斗，浸一宿蒸熟，用水一斗酿之。用纸七层密封定，每层写七日二字，至七日揭去一层。至四十九日，然后开封，出煎数沸收之。如糟有味，用滚水再酿之，忌生

① 贾铭．饮食须知[M]．北京：人民卫生出版社，1988：25-26．
② 戴羲．养余月令[M]．北京：中华书局，1956：119-120．
③ 高歌．中国古代花卉饮食研究[D]．郑州：郑州大学，2006：28．
④ 王路．花史左编[M]．东京：国立公文书馆，影印本．

水湿器”。[1] 这里提到酿醋要用滚水和干燥的容器，忌用生水，说明古人已认识到生水容易使醋变质。荷花也可制酒。据《花史左编》记载：“房寿六月，召客，捣莲花，制碧芳酒。”[2]

明人高濂《遵生八笺》记述：莲子粥，“用莲肉一两，去皮，煮烂，细捣。入糯米三合，煮粥食之”，其效果为“益精气，强智力，聪耳目”。还有藕粉制作法：“取粗藕，不限多少，洗净切断，浸三日夜。每日换水，看灼然洁净漉出，捣如泥浆，以布绞净汁。又将藕渣捣细，又绞汁，尽滤出恶物，以清水少和搅之。然后澄去清水，下即好粉。”“莲子粉，干者可磨作粉。”还有“湖藕采生者，截作寸块，汤焯，盐腌去水。葱油少许，姜、桔丝、大小茴香、黄米饭研烂，细拌，荷叶包压，隔宿食之”。[3] 朱橚《救荒本草》记述：“采藕煠熟食，生食皆可。莲子蒸食，或生食亦可，又可休粮，仙家贮石莲子、干藕经千年者，食之至妙。又以实磨为面食，或屑为米，加粟煮饭食，皆可。尝莲以鲜为佳。”[4] 如高濂《遵生八笺》之“乘露剖莲雪藕”条中：“莲实之味，美在清晨，水气夜浮，斯时正足。若是日出露晞，鲜美已去过半。当夜宿岳王祠侧，湖莲最多。晓剖百房，饱啖足味。藕以出水为佳，色绿为美。旋抱西子一弯，起我中山久渴，快赏旨哉。口之于味何甘哉？况莲德中通外直，藕洁秽不可污。此正幽人素心，能不日茹佳味？”[5]

此外，明人宋诩《竹屿山房杂部》亦记载有用莲子制作糕点和干藕片的制作方法[6]。

到清代前中期，宫廷、民间对荷花的食饮方法更加精深，品种繁多，制作方法亦丰富多样。据王稼句《姑苏食话》记述，乾隆时期美食家袁枚的《随园食单》，细腻地描摹乾隆年间江浙地区食莲之状况与烹饪技艺[7]。如乾隆三十年（1765）皇帝南巡，一路菜肴分别记录在案。张成所做45道菜肴中，就有“莲子鸭”“燕窝莲子鸭”；而宋元所做55道菜肴中，亦有“莲子酒炖鸭子”。当时两江总督尹继善所进菜肴中，也有“莲子饷鸭子”。乾隆四十九年（1784）皇帝南

① 戴羲．养余月令[M]．北京：中华书局，1956：96.

② 王路．花史左编[M]．东京：国立公文书馆，影印本.

③ 高濂．遵生八笺[OL]．殆知阁http://www.daizhige.org/医藏/遵生八笺-2.html.

④ 朱橚，王锦秀，汤彦承．救荒本草译注[M]．上海：上海古籍出版社，2015：383-384.

⑤ 王国平．西湖文献集成・四时幽赏录[M]．杭州：杭州出版社，2004：1113-1114.

⑥ 宋诩．竹屿山房杂部[M]．影印本.

⑦ 王稼句．姑苏食话[M]．济南：山东画报出版社，2014：292-296.

巡时，厨役张东官所做有“莲子春笋酒炖鸭子”，说明莲子是御膳中的常见食材。乾隆帝对莲茶也十分钟情，为此特写有一首《荷露烹茶》诗：“秋荷叶上露珠流，柄柄倾来盎盎收。白帝精灵青女气，惠山竹鼎越窑瓯。学仙笑彼金盘妄，宜咏欣兹玉乳浮。李相若曾经识此，底须置驿远驰求。”[①]

苏州民间食莲，不像御膳那样慎择食材，故而食莲菜肴品种也就多些。如“荷叶粉蒸饷肉”，由新聚丰名厨首创。此菜以嫩母鸡肉、五花肋条肉，拌上炒粳米、茴香粉等，用鲜荷叶包裹后上笼蒸制，咸中带甜，松糯不粘，油润不腻，且渗入荷叶清香，素称夏令佳肴。

据清人丁宜曾《农圃便览》记载，将莲藕“捣碎，盐醋拌食；绿豆粉调砂糖，灌藕孔中，絮定，煮熟，切片用。藕切斜片则不脱”[②]，有醒酒的作用。制作蜜煎藕：将嫩莲藕去皮，切条或片，焯半熟；每斤用白梅四两，煮汤一大碗，浸藕一时；捞出控干，以蜜六两浸过宿，去汁；另取好蜜十两，加藕慢火煎如琥珀色，放冷，收入瓷罐。还有糖煎藕的制作：用大藕五斤切碎，晒出水汽，取砂糖五斤、蜜一斤、金罂末一两，同入瓷器内，泥封口，慢火煮一时，待冷开用。

清代朱彝尊《食宪鸿秘》述及莲藕粉的制作：将老藕切段，浸水；用磨一片，架缸上。将藕就磨，磨擦淋浆入缸。绢袋绞滤，澄去水。晒干。每藕二十斤，可成斤。“(称)藕节粉，血症人服之尤妙。”[③]

曹雪芹《红楼梦》第七回述有“冷香丸”的制作，要用“春天的白牡丹花蕊十二两，夏天的白荷花蕊十二两，秋天的白芙蓉蕊十二两，冬天的白梅花蕊十二两”[④]。而第三十五回中宝玉笑道：“也倒不想什么吃。倒是那一回做的那小荷叶儿小莲蓬儿的汤还好些。”厨师还仿制了莲蓬、菱角之类的银模子。凤姐儿便笑道：“……不知弄什么面印出来，借点新荷叶的清香，全仗着好汤，我吃着究竟也没什么意思。”[⑤] 这种模仿莲蓬、莲花和莲叶的形状制作的各种佳肴，在今人的宴席上则屡见不鲜。还有第四十一回中提到的“藕粉桂花糖糕”，藕粉是江南一带的著名特产，以藕粉为主料制作的桂花糖糕，直至今日仍为江南之佳品。

---

① 弘历. 御制诗集[OL]. 殆知阁http://www.daizhige.org/集藏/四库别集/御制诗集-185.html.

② 丁宜曾. 农圃便览[M]. 北京：中华书局，1957：112.

③ 曹蓓蓓，王雨. 中国古代莲藕文化探析[J]. 青岛农业大学学报(社会科学版)，2016，28(2)：85-93.

④ 曹雪芹. 红楼梦[M]. 北京：作家出版社，2006：50-52.

⑤ 曹雪芹. 红楼梦[M]. 北京：作家出版社，2006：297-305.

二、荷花的药用

李杲是中国医学史上“金元四大家”之一、中医“脾胃学说”创始人，他强调脾胃在身体中的重要作用：“荷叶中央空虚，象震卦之体。震者，动也。人感之生足少阳甲胆也。人之饮食入胃，营气上行，即少阳甲胆之气也。”古人常用荷叶裹烧饭为丸，“助胃消食”[①]。他所辑的《食物本草》记载：“藕之性状，味甘，平，无毒。”“主热渴，散留血，生肌。久服令人心欢。止怒止泄，消食解酒毒，及病后干渴。捣汁服，止闷除烦开胃，治霍乱，破产后血闷。捣膏，金疮并伤折，止暴痛。蒸食，甚补五脏，实下焦，开胃口。同蜜食，令人腹脏肥，不生诸虫，亦可休粮。汁解蟹毒。”[②]元人吴瑞所撰《日用本草》一书，亦记载荷之功用，曾被明代李时珍《本草纲目》引用近百次。

《本草纲目》详细地记述了莲花、莲叶、莲梗、莲心、莲须、莲藕、藕蔤、藕节等的药效作用[③]。莲花“苦，甘，温，无毒。主治镇心益色，驻颜轻身”。莲房“苦，涩，温，无毒。主治破血。治血胀腹痛，及产后胎衣不下，酒煮服之。水煮服之，解野菌毒”。荷叶“苦，平，无毒。主治止渴，落胞被血，治产后口干，心肺躁烦。治血胀腹痛，产后胎衣不下，酒煮服之。水煮服之，解野菌毒。荷鼻安胎，去恶血，留好血，止血痢，杀菌蕈毒，水煮服之”。莲子“宁神，小便频数，白浊遗精，眼赤作痛，产后咳逆，反胃吐食，小儿热渴，补虚益损”。藕能“消食解酒毒，及病后干渴”；“捣汁服，止闷除烦开胃，治霍乱，破产后血闷”；“生食，治霍乱后虚渴；蒸食，甚补五脏，实下焦；同蜜食，令人腹脏肥，不生诸虫，亦可休粮”。藕汁“解射罔毒、蟹毒”。藕蔤“生食，主霍乱后虚渴烦闷不能食，解酒食毒”，“解烦毒，下淤血”。藕节“捣汁饮，主吐血不止，及口鼻出血。消淤血，解热毒。产后血闷，和地黄研汁，入热酒，小便饮。能止咳血唾血，血淋溺血，下血血痢血崩”。

明代的其他药物学著作，也详细且广泛地记载了荷的医药用途。如兰茂《滇南本草》记载，白莲花叶入气，红莲花叶入血。他说，莲叶味辛，平，性微温。上清头目之风热，止眩晕发晕，清上焦之虚火，可升可降，清痰泄气止呕；“白莲花叶两钱，水煎，入冰糖五分，治头眩闷疼，服之良效”；藕“开胃健脾，生食令

① 李杲．东垣医集：内外伤辨惑论［M］．北京：人民卫生出版社，1993：33-34.

② 李杲．食物本草［M］．北京：中国医药科技出版社，1990：151.

③ 李时珍．本草纲目［M］．北京：作家出版社，2006：297-305.

人冷中，热食补五脏，产妇忌生冷，惟藕不忌”；藕节，“止咳血、唾血、血淋”。[①] 还有朱橚、滕硕、刘醇等编《普济方》，缪希雍作《本草经疏》，陈嘉谟撰《本草蒙筌》，倪朱谟撰《本草汇言》，皇甫中作《明医指掌》等，也记载了荷花等的药用功能。

清乾隆时期，赵学敏编著的《本草纲目拾遗》，载有《本草纲目》未收的716种药物。其中关于荷花的记载就有：白荷花露治喘嗽不已、痰中有血，止血消瘀，清暑安肺；荷梗入药用其火气，能通肝肺二窍；宜煎一切转脬交肠药，能正倒阴阳之气等。[②]

成书于清代前中期的还有王子接《得宜本草》、吕留良《东庄医案》、严洁等所撰《得配本草》等近十部医书，其中均有荷花的药用记载。

三、荷花的保健功能

荷花不仅具有食用和药用价值，还有保健养生功能。元代李杲的《食物本草》记述，藕之性状，味甘，平，无毒，“捣浸澄粉服食，轻身益年”。[③]

明代龚廷贤《寿世保元》中，提到制作保健丸时荷叶有很好的药用，如理气健脾丸、大补枳术丸等[④]。明代王纶撰《本草集要》亦述及，“藕实（莲子也），味甘，气平，寒。无毒。主补中养神，益气力，除百疾。安心，止渴，止痢。治腰痛，遗精。久服轻身耐老，不饥延年，多食令人喜。藕甘寒，蒸煮食，开胃，补五脏。莲花忌地黄，蒜；镇心轻身，益色驻颜。”

清乾隆时期的中医温病学家吴瑭《温病条辨》提出一味莲药五汁饮的方剂可治疗太阴温病后期的病人，“久伤热毒，损伤津液，身灼热，口干渴，吐白沫，粘滞不爽者”，由鲜梨汁、鲜藕汁、鲜荸荠汁、鲜芦根汁、鲜麦冬汁组成，具有甘凉生津、清热止渴的功能。[⑤] 考虑到中医阴虚日久必伤阳气的理论，加入莲子肉、山药，即可健脾益气。故莲药五汁饮可用无虞，不仅春夏秋三季可服，冬季亦可用。可见，鲜藕汁和莲子肉是病初愈时的日常补品。

---

① 兰茂. 滇南本草[M]. 昆明：云南人民出版社，1977：4-5.

② 赵学敏. 本草纲目拾遗[M]. 北京：人民卫生出版社，1978：2-7.

③ 李杲. 食物本草[M]. 北京：人民卫生出版社，2018：225-226.

④ 龚廷贤. 寿世保元[M]. 北京：人民卫生出版社，2014：124-125.

⑤ 吴瑭. 温病条辨[M]. 北京：人民卫生出版社，1963：56.

第七节　并头重台：荷花与园艺

元、明及清代前中期，荷花的栽培技艺得到大幅度的提升。

一、荷花的自然分布及种植状况

元时的国土疆域辽阔，无论大江南北，还是长城内外，荷花的自然分布都非常之广。元代地理学家周达观于元贞元年（1295）奉命随元使赴真腊访问，次年（1296）至该国，居住一年许，至大德元年（1297）返国。后来周达观撰《真腊风土记》一书，记录了真腊的山川草木、城郭宫室及风俗信仰等。其中述及，真腊“惟石榴、甘蔗、荷花、莲藕、羊桃、蕉芎与中国同。荔枝、橘子，状虽同而味酸，其余皆中国所未曾见。树木亦甚各别，花草更多，且香而艳。水中之花，更有多品，皆不知其名。至若桃、李、杏、梅、松、柏、杉、桧、梨、枣、杨、柳、桂、兰、菊、芷之类，皆所无也。其中正月亦有荷花”①。真腊（今柬埔寨）为元代附属国，属亚热带气候区域，也是信佛之国，一年四季佛堂荷香缭绕，并不足为奇。

明时的农书较多，其中王路编撰的《花史左编》中记述了今河北保定莲花池、北京玉泉山西湖、浙江湖州若耶溪、杭州西湖、广西桂林揭帝塘、云南滇池等地的荷花自然分布及生长状况。如北京玉泉山西湖水波浩渺，“玉泉山下湖环十余里，荷蒲菱芡与沙禽水鸟，隐映云霞中，真佳境也”；昆明滇池同样荷景怡人，“府城南一名昆明池，周五百余里，产千叶莲”②。明人刘文徵的《滇志》中，也有云南府、大理府、永昌府、临安府等种荷产藕的记载。③

清代前中期农业经济发展迅速，推动了当时的花卉业发展④。这一时期的农业著作有巢鸣盛《老圃良言》、徐石麒《花佣月令》、吴仪一《徐园秋花谱》、陈

① 周达观，夏鼐．真腊风土记校注［M］．北京：商务印书馆，2016：109-110．

② 王路．花史左编［M］．东京：国立公文书馆，影印本．

③ 刘文征．滇志［M］．昆明：云南教育出版社，1991：112-114．

④ 肖婷．试析农业发展对“康乾盛世”稳固所起的作用［J］．农业考古，2012(1)：74-78．

淏子《花镜》、高士奇《北墅抱瓮录》等，各地府志和县志的农书中，也记述了荷花种植及其自然分布情况。

明、清时期太湖周边地区莲种植情况略有不同。苏州府吴县黄山南荡（荷花荡）、梅湾北莲荡、洞庭东山南湖滨、下崦（淹）湖、南塘等地盛产莲藕及子莲；常州府无锡县杨园产子莲；太仓州与松江府地相界，此地在明清时期水生蔬菜的栽培情况与松江府相近似，主要是莲藕栽培较少，且种植子莲和花莲，亦鲜有藕莲；而杭州府一地种植的莲藕品质最优，唐栖（塘栖）镇产莲藕亦极盛。唐栖三家村还有专卖藕粉者，光绪《唐栖志》记载："藕粉者，屑藕汁为之，他处多伪，参真应各半。惟唐栖三家村业此者，以藕贱，不必假他物为之也。"这足见此地栽培莲藕之盛。湖州府莲藕产区有所变化，明代乌程县郭西湾桑渎一带，及归安县荻港，是湖州两个莲藕特色产区，所产莲藕品质亦佳。乌程县桑渎一地不仅藕多，藕粉加工与销售也很有名。据康熙《乌程县志》记载："藕，出桑渎者佳，花红者莲腴而藕硬，花白者莲嫩而藕甜。近多磨渍成粉，名藕粉，食之益人。"说明湖州产藕盛名。①

乾隆《香山县志》、江苏昆山《陈墓镇志》（锦溪镇）、康熙《嘉兴府志》《杭州府志》及《浙江通志》等地方志中，都记述了当地荷花的种植情况。

二、荷花的品种

（一）元代

元代农书很少涉及荷花品种。2015 年山东济宁梁山县前码头村施工时发现 220 余枚古莲子，经北京大学考古文博学院采用碳 -14 测试，它们约在 1280—1420 年埋入泥炭层中（元代至明代初）。这批古莲在北京植物园首次开花为粉色，在合肥植物园的古莲开花则带有白色和青色，对今人来说可算得上新品种②。

（二）明代

明代论及荷花品种的史籍较多，有《本草纲目》《三才图会》《学圃杂疏》《群芳谱》《遵生八笺》《花史左编》等。《本草纲目》记载："大抵野生及红花者，莲

① 曹颖．明清时期太湖地区水生蔬菜栽培与利用研究[D]．南京：南京农业大学，2012：24-32.

② 姜志远，宇胜．沉睡六百载古莲今开花，莲子来自元末明初[N]．安徽商报，2015-08-17.

多藕劣；种植及白花者，莲少藕佳也。其花白者香，红者艳，千叶者不结实。别有合欢（并头者）……金莲（花黄）、碧莲（花碧）、绣莲（花如绣），皆是异种。”① 这时已出现花莲、藕莲、子莲三大类型。

王圻《三才图会》中提及“千叶黄”“千叶白”“千叶红”“红边白心”“墨荷”等荷花品种②。

王象晋《群芳谱》所述荷花品种较多，如“洒金莲”的花瓣上呈黄点；“金边莲”的花瓣周围一线，色微黄；“重台莲”一花既开，从莲房又生花，不结子；“一品莲”一本生三萼；“四面莲”周围共四萼。还有“佛座莲”“金镶玉印”“莲斗大”“紫莲”“碧莲”等。③

王世懋《学圃杂疏》：“佳都”，花呈微黄色；“千叶白莲”，花白色，且千瓣；“碧台莲”，花呈白色，且瓣上恒滴一翠点，其子房上复抽绿叶，似花非花；“锦边莲”，蒂绿花白，现蕾时绿苞上能见一线红色；开时千叶，每叶俱以胭脂染边；另有“并头”“品字”“四面观音”等，上述均为荷花品种名称。此外，书中还提到藕莲和子莲品种，如江苏宝应所产“白莲”，单瓣，产藕，乃藕莲品种；而苏州府学前有“百子莲”，叶如伞盖，茎长丈许，花大而红，莲房大，结子特多，最宜种于大池中，显然是子莲品种④。明人文震亨《长物志》云：“藕花池塘最胜，或种五色官缸，供庭除赏玩犹可。缸上忌设小朱栏。花当取异种，如并头、重台、品字、四面观音、碧莲、金边等乃佳。白者藕胜，红者房胜。不可种七石酒缸及花缸内。”⑤ 也记载了当时的荷花品种。

高濂《遵生八笺》记：“莲花六种，红白之外，有四面莲，千瓣四花。两花者，名并蒂，总在一蕊发出。有台莲，开花谢后，莲房中复吐花英，亦奇种也。”⑥ 这种台莲乃雌蕊发生瓣化而形成的品种。书中也提及黄莲。

据彭大翼《山堂肆考》中述，莲有红、白、碧、黄等花色；也有千叶、重台、双头等品种；并记九嶷山清涧有芳香异常的黄莲，钓仙池中的莲花“一岁再结实，每实子十双，其花时，香兼桃菊梅英，故谓之分香莲。郡人谚曰：分香莲不论钱”。

---

① 李时珍．本草纲目［M］．北京：人民卫生出版社，1982：1893-1894.

② 舒迎澜．古代莲的品种演变［J］．古今农业，1990（1）：34.

③ 同上。

④ 王世懋．丛书集成初编：学圃杂疏［M］．北京：中华书局，1985：12-13.

⑤ 文震亨．长物志［OL］．殆知阁http://www.daizhige.org/艺藏/综合/长物志.html.

⑥ 高濂．遵生八笺［M］．北京：人民卫生出版社，2007：521.

还有云南滇池的衣钵莲，“花盘千叶”，“蕊分三色”①。

王路《花史左编》记述，莲花有红莲、白莲、四面莲、品字莲、台莲、黄莲、青莲及并头莲。书中另提及沧州金莲，“沧州金莲花，其形如蝶，每微风则摇荡如飞，妇人竞采之为首饰。语曰：不戴金莲花，不得到仙家”。明时的沧州金莲，很有可能是毛茛科植物②。除宋代有黄莲花记载外，明、清之间记黄莲花的亦多③。还有明人申时行《应制题黄台莲》吟：“芙蓉为带菊为裳，高结重台散异香。见说君王频问寝，名花长映御袍黄。”④这是奉皇帝命题的“黄台莲”诗，可见明时已培育出了重台黄色莲花。

据明人陈继儒《致富奇书》载，莲花种色甚夥，有分枝莲、睡莲、金莲、夜舒莲、碧莲、十丈莲、黄莲、藕合莲、四季莲，唯钓仙池中的分香莲为冠，大约白者香而藕胜，红者艳而莲胜⑤。除睡莲为不同科属植物，其余品种在多部史书中均有记述；分香莲与《山堂肆考》中所述一致，评价亦高。白莲香而产藕，而红莲艳丽且产莲实。书中还述及，高邮者，皮斑黄如铁锈，节短壮而多浆。土人食之，不以为美。过江则味愈妙，且久藏不变。西湖藕甘脆，扁眼者尤佳。而《姑苏志》云：黄山南汤者，食之无滓，他产不满九窍，此独过之。《姑苏志》又云：金坛为胜。花时，所取白花下藕，二月间取单瓣白莲根小藕，栽浅水中，叶茂时用粪浇之。介绍了高邮、西湖、黄山、金坛等地藕莲品种的特征及口感。根据这些记载可知，当时江南地区在莲藕品种方面，苏州府产花藕、青莲藕；杭州府产扁眼藕、花下藕；松江府产玉臂龙藕；湖州府产花下藕、红头荷、绿头荷、早排荷、迟排荷；而嘉兴府产杨池藕等。子莲品种方面，苏州府产湖莲（红花、白花均有）、百子莲；松江府产无心莲子；常州府产杨圆莲实等。⑥

（三）清代前中期

到了清代前中期，荷花品种较前朝有所发展。清初陈淏子《花镜》记述莲花品种时说，有分香莲、四面莲、并头莲、重台莲、四季莲、朝日莲、睡莲、衣钵莲、金莲、锦边莲、夜舒莲、十丈莲、藕合莲、碧莲花、黄莲花、品字莲、百子

---

① 彭大翼. 山堂肆考[M]. 刻本.

② 王路. 花史左编[M]. 东京：国立公文书馆，影印本.

③ 王其超，张行言. 中国荷花品种图志[M]. 北京：中国建筑工业出版社，1989：6-7.

④ 申时行. 应制题黄台莲[OL]. 古诗文网https://so.gushiwen.cn/shiwenv_9ca9fbd9fa66.aspx.

⑤ 陈继儒. 致富奇书[M]. 杭州：浙江人民美术出版社，2016：48-79.

⑥ 曹颖. 明清时期太湖地区水生蔬菜栽培与利用研究[D]. 南京：南京农业大学，2012：33-34.

莲、佛座莲、千叶莲及碧台莲等。[1]《花镜》成书于康熙前期，书中述及的 22 个荷花品种均转录于前代农书。

明、清以来，各史料中出现荷花品种同物异名或同名异物的现象。清《花镜》与明《群芳谱》，二书相隔仅六十余年，《花镜》列举的 22 个荷花品种，只有“朝日莲”“十丈莲”“藕合莲”为新增者，其他皆同《群芳谱》。对于旧籍或传说中的品种，以及并非荷花者，如“分枝荷”“飞来莲”“五色莲”“分香莲”“傲霜莲”“雪莲”“墨莲”“金莲”“睡莲”等，以求实的态度，统统弃之不录，澄清了历代史书中荷花品种之真伪。[2]

三、荷花的栽培与管理

（一）元代

元代荷花栽培史料甚少。据《农桑辑要》所述：“种莲子法，八月、九月中，收莲子坚黑者，于瓦上磨莲子头，令皮薄。取墐土作熟泥，封之，如三指大，长二寸，使蒂头平重，磨处尖锐。泥干时，掷于池中，重头沉下，自然周正。皮薄易生，少时即出。其不磨者，皮既坚厚，仓卒不能生也。”还有种藕法：“春初，掘藕根节头，著鱼池泥中种之。当年即有莲花。”[3]《农桑辑要》成书于至元十年（1273），是元代初年大司农司编纂的综合性农书。其种莲子法则引自《齐民要术》。

还有王祯著《农书》叙述：“水塘，即污池也；因地形坳下，用之潴蓄水潦或修筑圳堰，以备灌溉田亩，兼可畜育鱼鳖、栽种莲芡，俱各获利累倍。”古人对水塘种莲藕和养鱼鳖进行综合利用，可谓“蓄育鱼鳖，栽种菱藕之类，其利可胜言哉”。至今，藕鱼混养的管养措施仍在袭用。由于藕农长期种藕的经验积累，莲藕有深水藕和浅水藕之分。当然，适应浅水生长的莲藕，在掘藕时比深水藕要省事。为了节省劳动力，减少成本，种植浅水藕要划算。故《农书》对池藕的栽培方法曰：“池藕，二月间取带泥小藕栽池塘浅水中，不宜深水。待茂盛，深亦不

---

① 陈淏子. 花镜［M］. 北京：农业出版社，1962：348-349.

② 王其超. 中国荷花品种资源初探［J］. 园艺学报，1981，8（3）：66-67.

③ 农桑辑要［OL］. 殆知阁http://www.daizhige.org/子藏/农家/农桑辑要-11.html.

妨。或粪或豆饼壅之，则益盛。”① 至元二十五年（1288）嘉兴府撰《嘉禾志》亦记载了莲、藕等的种植方法。

元代对花莲的栽培亦有零星记载，如赵孟頫《水调歌头·和张大经赋盆荷》咏：“江湖渺何许，归兴浩无边。忽闻数声水调，令我意悠然。莫笑盆池咫尺，移得风烟万顷，来傍小窗前。稀疏淡红翠，特地向人妍。华峰头，花十丈，藕如船。哪知此中佳趣，别是小壶天。倒挽碧筒酾酒，醉卧绿云深处，云影自田田。梦中呼一叶，散发看书眠。”② 自从东晋王羲之《柬书堂帖》记述“敝宇今岁植得千叶者数盆，亦便发花，相继不绝，今已开二十余枝矣”以来，历朝历代文人画家都有种植盆荷（或缸荷）观赏的爱好。赵孟頫的这首《水调歌头》也是如此，词中不仅表达其出世思想及对隐逸生活的向往，也抒发了古人当时种植和玩赏盆荷的乐趣。

（二）明代

元代有深水藕和浅水藕的栽培技术，明代邝璠的《便民图纂》中肯定了这一方法③。后来，明人徐光启《农政全书》沿袭《农桑辑要》的记载，记有种藕法：“春初，掘藕根接头，着鱼池泥中种之。当年即有花。”④ 大多信而有征。王象晋《二如亭群芳谱》曰：“春分前栽，则花出叶上。先将好壮河泥干者少半瓮筑实，时以芦席上用河泥半尺筑平，有雨盖之，俟泥晒微裂方种。盖藕根上行过实，始生花也。次将藕壮大三节无损者，顺铺在上。大者一枝，小者二枝，头向南，芽朝上。用硫磺研碎，纸捻簪柄粗，缠藕节一二道。再用剪碎猪毛少许安在藕节，再用肥河泥次第填四寸厚。藕芽勿露日中晒，于泥进裂方可少加河水。先加水止可四指深，候擎荷大发，再加河水，交夏水方可深。如此种，当年有花，且茂盛。”⑤ 明代田藕的栽培技术除了继承元代所总结的技术要点外，在整地、选种、种藕方式、藕田管理等几个方面都有很大发展，对田藕的习性和与此相应的栽培注意事项，也都有十分详尽的总结。在栽培莲藕的技术方面，先在整地上选用“好壮河泥”，且要注意晒泥使其微裂，这样可适应藕喜肥沃与疏松土壤的生理习性。在种藕选择上，选用大藕，且须肥大无损，以三节者为佳。种藕时，必

① 王祯．农书[OL]．殆知阁http://www.daizhige.org/子藏/农家/王氏农书.html.

② 李文禄，刘维治．古代咏花诗词鉴赏辞典[M]．长春：吉林大学出版社，1990：1000-1001.

③ 曹颖．明清时期太湖地区水生蔬菜栽培与利用研究[D]．南京：南京农业大学，2012：51.

④ 徐光启．农政全书[M]．北京：中华书局，1956：579-551.

⑤ 王象晋．二如亭群芳谱[M]．刊本，1621.

须"顺铺"且均匀，避免藕在生长过程中的彼此冲撞，须"头向南，芽朝上"，且"斜栽"方式。施肥方面，宜用硫黄、碎猪毛等和肥，栽培后用"肥河泥"进行追肥。

此外，在莲藕贮藏方面，明人宋诩《竹屿山房杂部》提及："藕好肥白嫩者，向阴湿地下埋之，可经久如新。若将远，以泥裹之不坏。"①

（三）清代前中期

清初藕农在太湖周边栽培莲藕，积累了丰富的种植经验。康熙《杭州府志》记载："凡种藕，以酒糟涂之则盛"，这种用酒糟涂于种藕上的方法，对促进莲藕增产有较独特的作用。②

著名文学家蒲松龄钟情荷花，特别是钟情大明湖的荷花。他在《稷门客邸》一诗中称大明湖为"芰菱乡"。在担任同邑友人、宝应知县孙树百的幕僚时，他写诗称"寒江秋色满芙蕖"，说明当时济南大明湖及江苏宝应射阳湖的荷花花期，比现在要长，直至寒露或霜降，仍满江芙蕖艳丽多姿。蒲松龄不仅是著名的文学家，还是一位知识广博的农学专家。他撰写的《农桑经》在山东淄川一带流传甚广，其中就有荷花的种植方法，如选取藕种、莲种处理、泥土质量、浇水施肥、病虫防治等，这些技术措施对今人种荷仍有参考价值。如荷花春季"种时，肥藕三节，顺铺其上，头向南，芽向上"的种植方法，夏季"候擎荷大发，再加浅水；交夏，水方可加深"的水肥管理，秋季莲子成熟且如何采摘，冬季莲种如何越冬保存等技术措施，他都了如指掌，这对当时淄川的农业生产起到了积极作用。③

① 宋诩．竹屿山房杂部[M]．影印本．

② 曹颖．明清时期太湖地区水生蔬菜栽培与利用研究[D]．南京：南京农业大学，2012：53.

③ 蒲松龄．蒲松龄集[M]．北京：中华书局，1962：460-723.

第八节　曲院风荷：荷花与园林应用

一、皇家园林荷景

（一）元代皇家园林荷景

元灭金后，迁都大都（今北京），以琼华岛为中心修筑宫苑，并将太液池向南扩建成为北海、中海、南海，使三海水域贯通。北海遍植荷花，蒲菱伴生；每逢夏季，红荷艳美，秀色空前。金大定十九年（1179）始建太宁宫，宫苑水面辽阔，以水景取胜，湖中筑大岛名琼华岛，岛上建广寒殿。元代至元二年（1265）在琼华岛重建宫殿，山南坡居中为仁智殿，左右两侧为延和殿及介福殿，此二殿之外侧分别为荷叶殿与金霞殿。这些豪华的宫殿建筑，衬托接天的荷景，使北海琼华岛的面貌处处呈现出富丽的皇家园林气派。[①]

（二）明代皇家园林荷景

明初定都于南京。自六朝以来，玄武湖长期作为皇家园林是封建帝王的游玩之处，北宋时一度干涸。洪武年间，再次“开衍为湖”，形似沼泽的后湖重又成为真正的蓄水池，为种植荷花、菱、芡等水生植物提供了发展的空间。金陵胜景中就有“后湖莲舫”一景[②]，而明代《名胜十八景图》中亦记述了玄武湖太平堤之荷景（图6-8-1）。

明成祖朱棣迁都北京后，加快了北京皇家园林的建设。在元代太液池的旧址上建成西苑，西苑水面大约占园林总面积的1/2。据孙承泽《天府广记》引韩雍《游西苑记》所述，西苑门为苑的正门，进门便见水面上的荷景生态“烟霏苍莽，蒲荻丛茂，水禽飞鸣，游戏于其间。隔岸林树阴森，苍翠可爱”。“三海

① 周维权. 中国古典园林史[M]. 北京：清华大学出版社，2008：360-363.

② 程章灿，成林. 从《金陵五题》到“金陵四十八景”[J]. 南京社会科学，2009（10）：64-70.

图6-8-1 明代《名胜十八景图·太平堤》图中之荷景

引自许浩. 江苏园林图像史·南京卷[M]. 南京: 南京大学出版社, 2016: 154.

水面辽阔，夹岸榆柳古槐多为百年以上树龄。海中萍荇蒲藻，交青布绿，北海一带种植荷花，南海一带芦苇丛生，沙禽水鸟翔泳于山光水色间”[①]。由此可见明代西苑园林水景的布局、荷花等水生植物的种植，以及景观效果。

文徵明《西苑诗十首》中有《太液池》:“泱漭沧池混太清，芙蓉十里锦云平。曾闻乐府歌黄鹄，还见秋风动石鲸。玉蝀连蜷垂碧落，银山缥缈自寰瀛。从知凤辇经游地，凫雁徊翔总不惊。”《琼华岛》:“落日芙蓉烟袅袅，秋风桂树露漙漙。胜游寂寞前朝事，谁见吹箫驾彩鸾。”[②] 也反映出当时西苑的荷花景观。

还有慈宁宫花园，位于紫禁城寝区西路，环境幽雅，风景秀丽，是皇太后、太妃嫔们游园休憩、赏荷观景的绝佳场所。明代紫禁城内金水河流经飞龙桥，而入菖蒲河，牌楼、石桥、亭台、馆阁映水峙立，其景甚佳。故陈悰《玉河》云:“河流细绕禁城边，疏凿流清胜昔年。好是南风吹薄暮，藕花香冷白鸥眠。”[③] 赞赏了这一带的美丽风景。

元、明时期，瓮山（今万寿山）一带的自然生态较好，水网交错，植被繁茂，鸭鹭成群。据明人沈榜《宛署杂记》记载，西湖（今昆明湖）在玉泉山下，湖面十余里，荷蒲菱芡与沙禽水鸟出没隐映于天光云影中，实属佳境。明成祖迁都北

① 周维权. 中国古典园林史[M]. 北京: 清华大学出版社, 2008: 366.

② 文洪. 文氏五家集[OL]. 殆知阁http://www.daizhige.org/诗藏/诗集/文氏五家集.html.

③ 朱彝尊. 日下旧闻考[OL]. 殆知阁http://www.daizhige.org/史藏/地理/钦定日下旧闻考-296.html.

京，将这片沼泽地改造成藕香稻肥的农田。这片依山傍水的郊野很快呈现出宛若江南的景色，引来许多文人墨客前来观光游览。[①]

（三）清代前中期皇家园林荷景

清代前中期在明代的基础上，大肆增建或扩建皇家园林，如避暑山庄、圆明园、清漪园等。这些规模庞大、气势宏伟的大型皇家园林，给后世留下无尽的宝贵财富。

明代的皇家园林主要位于紫禁城中轴线两侧。清代在此基础上，保留大内御苑的园林旧观，并对西苑进行了较大的扩建及改建。旧名西海子改名太液池，旧名南台改名瀛台。据高士奇《金鳌退食笔记》所述，太液池“……萍荇蒲藻，交青布绿，野禽沙鸟，翔泳水光山色间，悠然自适，盛夏芰荷覆水，望如锦绣吐馥流香”；又有诗《庚申七月十三日赐游西苑采莲》八首，其中有“芙蓉池水湛天渊，萍末风轻破浪圆，碧岛丹崖方丈里，有谁来泛采莲船。……鹢首风回扑面香，青荷叶底摘金房，剖来满齿流琼液，不羡仙人掌上浆”之句。[②]

在明神宗外祖父李伟修建的清华园旧址上；康熙帝仿江南山水修筑了畅春园，作为皇帝在郊外避暑听政的离宫。畅春园内供水源于万泉庄的水系，把南面万泉庄的泉水顺天然坡势导引而北流入园内，再从园的西北角流出，经肖家河汇入清河。有了水源保障，畅春园的荷花生长异常繁盛，其荷花景致烟水明媚，红云覆盖，秀丽可人。

康熙四十二年（1703），康熙帝在距离北京230公里的承德兴建避暑山庄，这是中国历史上最大的离宫，山庄由皇帝宫室、皇家园林和宏伟壮观的寺庙群所组成。由康熙钦定的三十六景中，在命名上与荷花相关的有“曲水荷香”“香远益清”等。而其余景致中不少也都种植了荷花（图6-8-2至图6-8-8）。

后来乾隆钦定的避暑山庄新三十六景中，也有以荷花命名的如“观莲所”，或已具荷景的如“冷香亭”“临芳墅”“知鱼矶”“水心榭”等。

① 沈榜. 宛署杂记[OL]. 殆知阁http://www.daizhige.org/史藏/地理/宛署杂记.html.

② 高士奇. 金鳌退食笔记[OL]. 殆知阁http://www.daizhige.org/史藏/地理/金鳌退食笔记.html.

A

B

图 6-8-2　A. 清康熙《热河三十六景图 • 曲水荷香》 B. 清康熙《热河三十六景图 • 香远益清》

A

B

图 6-8-3　A. 清康熙《热河三十六景图 • 无暑清凉》 B. 清康熙《热河三十六景图 • 延薰山馆》

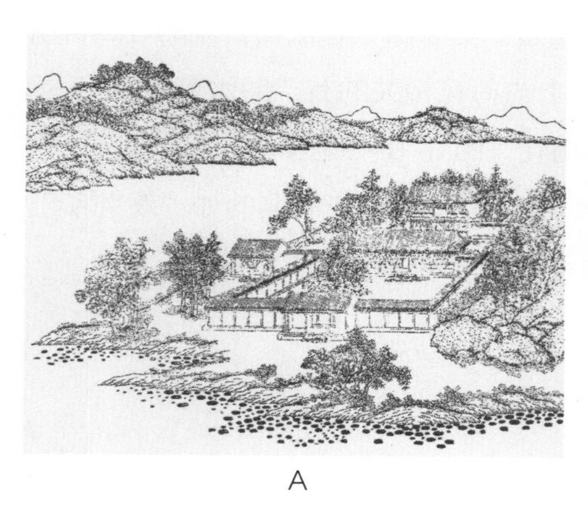

A

B

图 6-8-4　A. 清康熙《热河三十六景图 • 水芳岩秀》 B. 清康熙《热河三十六景图 • 天宇咸畅》

图 6-8-5　A. 清康熙《热河三十六景图 • 远近泉声》 B. 清康熙《热河三十六景图 • 芳渚临流》

图 6-8-6　A. 清康熙《热河三十六景图 • 石矶观鱼》 B. 清康熙《热河三十六景图 • 双湖夹镜》

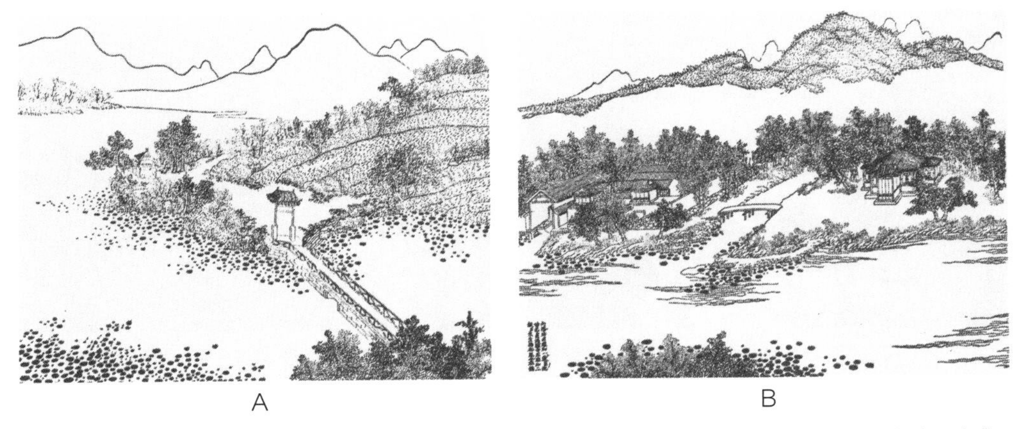

图 6-8-7　A. 清康熙《热河三十六景图 • 长虹饮练》 B. 清康熙《热河三十六景图 • 水流云在》

A

B

图 6-8-8 A. 清康熙《热河三十六景图·甫田丛樾》 B. 清康熙《热河三十六景图·芝径云堤》

引自鲁晨海. 中国历代园林图文精选·第五辑[M]. 上海：同济大学出版社，2005：93，99，83，84，85，95，100，102，105，106，107，108，82.

圆明园是康熙帝赐予雍正帝的花园，1707 年此园已初具规模。雍正帝即位后，将赐园改为离宫御苑，不断增建，且利用沼泽湿地改造河渠，串缀着许多小型水体，进一步植荷造景。在乾隆时期圆明园四十景中，有二十八景是雍正帝所题署，与荷文化有关的景点如“濂溪乐处”“曲院风荷”等；还有如“天然图画”“多稼如云”“九洲清晏”等景，均利用水面种荷[①]。酷暑当夏，清风徐来，红荷摇曳，紫菱连汀，蒲苇绕岸，生态自然，环境幽雅，秀色可人（图 6-8-9 至图 6-8-12）。

A

B

图 6-8-9 A. 清乾隆《圆明园四十景图·曲院风荷》 B. 清乾隆《圆明园四十景图·濂溪乐处》

① 周维权. 中国古典园林史[M]. 北京：清华大学出版社，2008：390.

A

B

图 6-8-10　A. 清乾隆《圆明园四十景图 • 九洲清晏》 B. 清乾隆《圆明园四十景图 • 天然图画》

图 6-8-11　清乾隆《圆明园四十景图 • 多稼如云》

图 6-8-12　清代《十二月景行乐图》之荷景

图6-8-9、图6-8-10、图6-8-11引自鲁晨海．中国历代园林图文精选 • 第五辑［M］．上海：同济大学出版社，2005：52，56，40，42，56；图6-8-12引自胡德生．故宫屏风图典［M］．北京：故宫出版社，2015：37.

对康雍期间兴建或扩建的避暑山庄和圆明园，乾隆帝进行了大规模扩建。从乾隆六年（1741）至乾隆十九年（1754），避暑山庄增建了多处宫殿和精巧的大型园林建筑，拥有殿、堂、楼、馆、亭、榭、阁、轩、斋、寺等建筑一百余处。而乾隆仿其祖父以三字为名，新题了山庄三十六景，合称为避暑山庄七十二景。其中乾隆以荷花命名的景点有“观莲所”等。

圆明园在乾隆年间除局部增建及改建外，还紧靠东邻新建长春园，在东南邻并入绮春园，直至乾隆三十五年（1770），圆明三园的格局才基本形成。而清漪园是乾隆帝为孝敬其母孝圣宪皇后所建，该园为清代著名的“三山五园”（即香山、玉泉山、万寿山，静宜园、静明园、清漪园、圆明园、畅春园）中最后建成的一座皇家园林。

清代前中期康熙帝与乾隆帝多次赴江南巡视，对江南园林艺术称赞有加。清代皇家园林按照帝王的需求，在继承皇家园林的特点上，大量地吸取江南园林的艺术精华。如避暑山庄的湖景，全以杭州西湖为蓝本，且有所创新，利用湖区的水面多、水岸线长等优势，遍植荷花、香蒲、芦苇等水生植物，丰富了山庄湖沼的景观效果。其中“曲水荷香”为康熙御题三十六景之第十五景。康熙特写有一联赞为“自有山川开北极，天然风景胜西湖”，其意为避暑山庄的湖景虽仿西湖，但又有创新之妙。

圆明园四十景之“曲院风荷”，位于福海西岸同乐园南面，仿西湖“曲院风荷”改建，跨池有一座九孔石桥，北有曲院。曲院近处荷花甚多，红衣印波，长虹摇影，景色与西湖相似。这是对杭州西湖十景景名的直接引用。而“濂溪乐处”之景，乾隆帝在《濂溪乐处》诗序中描述：“苑中菡萏甚多，此处特盛。小殿数楹，流水周环于其下。每月凉暑夕，风爽秋初，净绿纷红，动香不已。想西湖十里，野水苍茫，无此端严清丽也。”[①]“这是一处观赏荷花的地方。荷花池四周环以堤，堤外复有水道萦绕，形成水绕堤、堤环水、岛屿居中的地貌形势。岛的位置偏于西北，让出曲尺形的水面以栽植荷花。岛上建‘慎修思永’一组建筑群，南面临湖，北面障以叠山。更于东南角上延伸出水廊‘香雪廊’于水中，可以四面观赏荷池景色。”[②]“濂溪乐处”景题，乾隆帝直接取周敦颐之号濂溪而题名。此景点山环水绕，菡萏遍布，那“水轩俯澄泓，天光涵数顷。烂漫六月春，摇曳玻璃影。香风湖面来，炎夏方秋冷。时披濂溪书，乐处惟自省。君子斯我师，何须求玉井”之意境，新颖别致，文化含义丰富，令人流连（图 6–8–13、图 6–8–14）。

清漪园仿杭州西湖而建。乾隆首次南巡的前一年（1750），曾命画家董邦达绘制杭州《西湖图》长卷，并题诗以志其事，示以模仿西湖景观之意图。乾隆帝在其诗中多次提到昆明湖上赏荷的情景，如《昆明湖荷花词》：“深红淡白尽开齐，水面风来香满堤。谁道秋湖乏春色，春光恒在六桥西。”[③]

1749 年乾隆帝对西北郊进行了一次规模最大的水系整理工程，将汇集玉泉山诸泉的西湖（今昆明湖）疏浚，并向东扩大。当时的清漪园为了将之收纳，东、南、西三面不设围墙，让园内园外连成一片，远山近水浑然一体，昆明湖周边上千公顷的稻田、荷田就构成了清漪园的重要景观要素（图 6–8–15）。

---

① 弘历．御制诗集［OL］．殆知阁http://www.daizhige.org/集藏/四库别集/御制诗集–31.html.

② 周维权．中国古典园林史［M］．北京：清华大学出版社，2008：571–572.

③ 弘历．御制诗集［OL］．殆知阁http://www.daizhige.org/集藏/四库别集/御制诗集–153.html.

图 6-8-13　清代《弘历观荷抚琴图》
（清郎世宁绘）

图 6-8-14　清代《雍亲王题书堂深居图》
之赏荷

图6-8-13引自刘阳. 五朝皇帝与圆明园［M］. 北京：清华大学出版社，2014：43；图6-8-14引自田家青. 清代家具［M］. 香港：三联书店（香港）有限公司，1995：27.

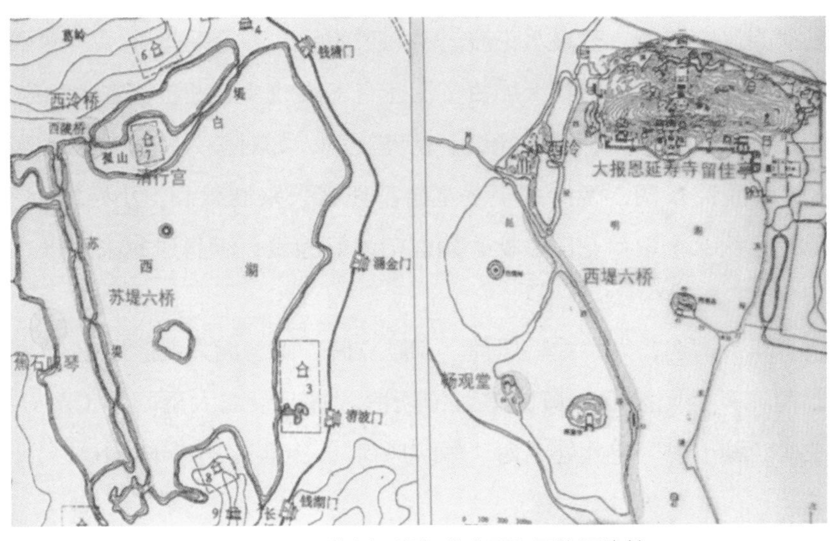

图 6-8-15　杭州西湖与北京颐和园构图比较

引自李尚志. 荷文化与中国园林［M］. 武汉：华中科技大学出版社，2013：94.

此外，乾隆年间辟建九处大小行宫，其中可赏荷的就有保定古莲池，及蓟州西北二十五里盘山南麓所建的静寄山庄十六景中的“四面芙蓉”。

二、公共园林荷景

相比皇家禁苑而言，古代公共性园林指由官方或个人依托自然环境，运用工程技术和艺术手段营建出特定的游憩境域，以满足城市居民休憩交往和公共娱乐、各类集会活动等需要的开放性场所。古代公共园林的设计及建设者们充分利用河道和湖泊水系，或引河穿池，或因就名胜古迹稍作改造，如长安曲江池、北京什刹海、济南大明湖、南京玄武湖、昆明翠湖等[①]。有水便植荷，上述公共园林都有荷花景观。

此时的公共园林荷景，著名的要数杭州西湖了。元人赞颂西湖荷景者少，到明时颂咏西湖荷景的人才渐渐多起来。如明人俞思冲《西湖志类钞》中，马洪《西湖十景·南乡子·曲院风荷》云:“曲院水风凉，万柄高荷掩镜光。露挹翠盘何所似，璃浆，泻下波心水亦香。花底浴鸳鸯，五月西湖锦绣乡。画舫采莲谁氏女？红妆，唱得歌声最恼肠。”聂大年《西湖十景·曲院风荷》云:“翠围红绕战纵横，似看吴宫习女兵。飞雪翻空云影乱，游鱼吹浪水纹生。锦裳零落香犹在，铜柱欹斜露半倾。两腋新凉惊酒醒，画船吹送按歌声。”张靖之《西湖十景·曲院风荷》云:“凉气度芳洲，香来水正流。时闻采莲曲，不见采莲舟。”[②]对西湖十景之一“曲院风荷”的荷花景致大加赞赏。还有田汝成《西湖游览志余》亦述:“夏夜，观荷最宜。风露舒凉，清香徐细，傍花浅酌，如对美人倩笑款语。高季迪有诗曰:雨晴南浦锦云稠，晚待湖平荡桨游。狂客兴来惟载酒，小娃歌远不惊鸥。半湖月色偏宜秋，十里荷花已欲秋。为爱前沙好凉景，满身风露未回舟。”[③]（图6-8-16、图6-8-17）

清代康熙帝南巡，为“曲院风荷”御题立碑，碑背面为乾隆题书:“九里松旁曲院风，荷花开处照波红。莫惊笔误传新榜，恶旨崇情大禹同。”（图6-8-18）当初南宋“西湖十景”定此处名为“麯院风荷”。康熙三十八年（1699），康熙帝

① 罗华莉. 中国古代公共性园林的历史探析[J]. 北京林业大学学报(社会科学版)，2015，14(2)：8-12.

② 王国平. 西湖文献集成：西湖志类钞[M]. 杭州：杭州出版社，2004：710-713.

③ 田汝成. 西湖游览志余[OL]. 殆知阁http://www.daizhige.org/史藏/地理/西湖游览志余-31.html.

以償蠶主
西湖夏夜觀荷最宜風露舒涼清香徐細傍花
淺酌如對美人倩笑欸語也高季迪西湖夏
夜觀荷詩云雨歇南湖錦雲稠曉待湖平萬
蘂遊征客興多惟載酒小娃歌遠不驚鷗半
湖月色偏宜夜十里荷香已欲秋為愛前汐
好涼景滿身風露未回舟

图 6-8-16　明代俞思冲《西湖志类钞》插图　图 6-8-17　明代田汝成《西湖游览志余》中的记述

图6-8-16引自俞思冲. 西湖志类钞［M］. 影印本；图6-8-17引自田汝成. 西湖游览志余［M］. 影印本.

重新品题“西湖十景”时将其更名。南宋旧院址在洪春桥一带，为金沙涧水流入西湖酿御酒处，因种植大片荷花而得名。后因迁址于今处以赏荷为主，改此字亦在情理之中。故乾隆帝在诗句“莫惊笔误传新榜”中加以诠释①。

A

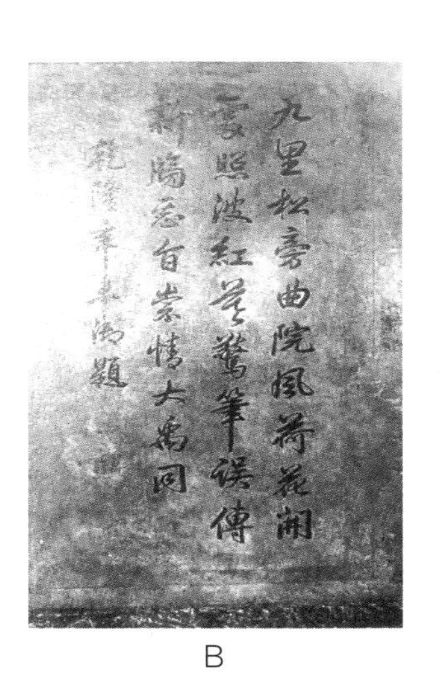

B

图 6-8-18　A. 清代康熙帝“曲院风荷”题名　B. 清代乾隆帝为“曲院风荷”题诗

引自张建庭. 北山街［M］. 杭州：杭州出版社，2004：151.

① 张建庭. 北山街［M］. 杭州：杭州出版社，2004：151.

位于四川成都新都区西南隅的桂湖，是明代著名学者杨慎（升庵）故居所在地。杨慎著述甚丰，号称当时才子第一人。他青少年时期曾在桂湖读书，后人在桂湖畔筑建升庵祠以志纪念[①]。桂湖水面修长，紧邻城墙，作为开放性公共园林，夏日红荷摇曳，碧波荡漾；深秋丹桂飘香，金黄耀眼。登上城墙俯瞰湖景全貌，优美景色，历历在目（图 6-8-19、图 6-8-20）。

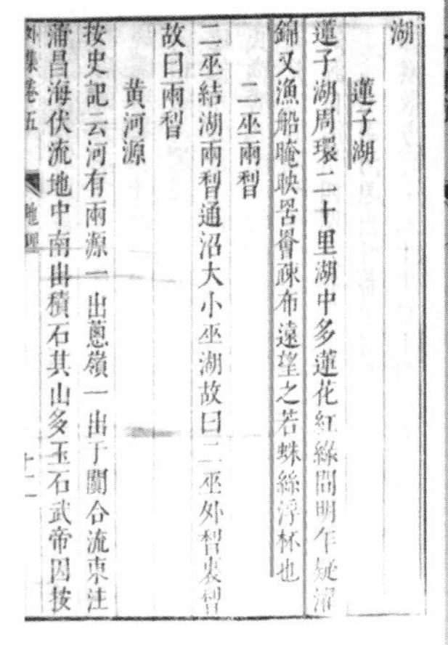
湖
蓮子湖
蓮子湖周環二十里湖中多蓮花紅綠間明乍疑濯
錦又漁船晻映罟罾疎布遠望之若蛛絲浮杯也
二巫兩智
二巫結湖兩智通沼大小巫湖故曰二巫外智夾智
故曰兩智
黃河源
按史記云河有兩源一出蔥嶺一出于闐合流東注
蒲昌海伏流地中南出積石其山多玉石武帝因按
外集卷五　地理　十二

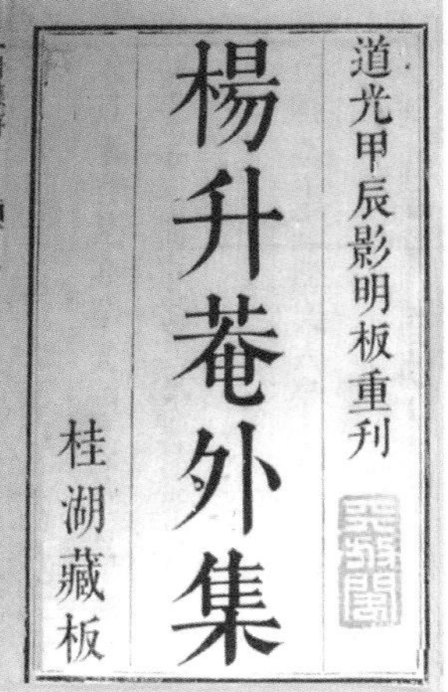
道光甲辰影明板重刊
楊升菴外集
桂湖藏板

图 6-8-19 《杨升庵外集》述桂湖荷景（李尚志摄）

图 6-8-20　新都桂湖荷景（李尚志摄）

① 周维权. 中国古典园林史[M]. 北京：清华大学出版社，2008：742-743.

清初因避康熙帝玄烨名讳，改南京玄武湖为元武湖，湖内种植荷花等多种水生植物。康熙、乾隆南巡时均来此游览并留有诗词。清同治年间，玄武湖有了湖心亭、赏荷厅、大仙楼、观音阁等园林建筑。

三、私家园林荷景

（一）元代私家园林荷景

雪香园　元时的私家园林中，荷景最著名的是河北保定古莲花池。此地原名雪香园，为金末元初著名军事将领、汝南王张柔之居所。始建于金元之交的1227年，距今已有790多年的历史。元好问《顺天府营建记》云："当夏伏之交，荷芰如绣，禽容与内，飞鸣上下，若有与游人共乐而不能去。"可见，当时雪香园的荷花景致，实乃秀美宜人。雪香园的莲池环水植荷置景，以水为胜①②③。1289年因地震损毁，仅存留一池红莲，俗称"莲花池"。后几经修建，又达到极盛；园内琼楼玉阁，碧荷翻卷，红莲摇曳，画舫楼船，尽托于山水间，交织成景。

归来园　元人姚燧《归来园记》中，好友雷损之向他描述自家园林说："吾家有园，凿池其中。中池为堂，外为四亭。东亭艺兰，兰则春芳，取楚屈原之辞，曰纫兰；南亭北轩，阚池种莲，莲则夏敷，取周子之说，曰爱莲；西亭植菊，菊则秋荣，取陶潜之诗，曰采菊；北亭树梅，梅则冬花，取林逋之句，曰疏影。顺四时草木，秀发循环，流居四亭，期没吾齿。独中池之堂与园未名，子为制之。"④从文中可知，"归来"是诗人对屈原、周敦颐、陶渊明、林逋等名流隐逸生活的赞美；而阵阵暑风袭来，园中那亭亭净植的朵朵红莲，香远溢清，令人舒畅，亦是作者的追求和向往。据杨新勋考证⑤，姚燧祖籍乃营州柳城，自己生长于洛阳，可探究出，姚燧此文记述的"归来园"可能位于洛阳。

隐趣园　元人胡助撰有《隐趣园记》⑥，其中叙及的荷景营造，并不亚于唐代

① 杨淑秋. 保定"古莲池"园林史略[J]. 中国园林，1996，12(2)：17-18.
② 冯秉其，张一平. 保定莲池[J]. 古建园林技术，1985(2)：43-47.
③ 孔俊婷，王其亨. 漪碧涵虚　天人合一——保定古莲花池创作意象解读[J]. 中国园林，2005(12)：69-72.
④ 姚燧. 牧庵集[OL]. 殆知阁http://www.daizhige.org/集藏/四库别集/牧庵集-10.html.
⑤ 杨新勋. 姚燧籍贯家世考[J]. 文献，1998(4)：262-266.
⑥ 翁经方，翁经馥. 中国历代园林图文精选·第二辑[M]. 上海：同济大学出版社，2005：261-262.

造园宗师白居易《池上篇》和《草堂记》所述，在某种程度上，比《池上赠韦山人》的荷景更胜一筹。《池上赠韦山人》对荷景的配置，“新竹夹平流，新荷拂小舟”[①]，将新竹、新荷、小舟、流水框于一景，使得荷景的空间层次丰富多彩。同样，《隐趣园记》也以“松竹秀蔚，近可眺，远可憩，幽可规以为园。中有方池半亩许，植莲其内，名之曰君子池”[②]来造景。荷与竹的组合是古代文人常用的造景手法。

万柳堂　又名廉园，位于今北京城南草桥、丰台之间，为元世祖宰相廉希宪的别墅，既是他颐养休闲之所，也是当时公卿名流宴饮聚会之地。据周维权引《日下旧闻考》述：“野云廉公于都城外万柳堂张筵，邀疏斋（庐疏斋）、松雪（赵孟頫）两学士。歌姬刘，名解语花者，左手折荷花持献，右手举杯，歌《骤雨打新荷》之曲……既而行酒，赵公喜，即席赋诗曰：‘万柳堂前数亩池，平铺云锦盖涟漪。主人自有沧洲趣，游女仍歌白雪词。手把荷花来劝酒，步随芳草去寻诗。谁知咫尺京城外，便有无穷万里思。’”[③]园内水面宽阔，莲菱遍植，蒲苇繁茂（图6-8-21）。

图6-8-21 《万柳堂图》
（赵孟頫绘，李尚志摄）

莲花庄　位于浙江湖州，唐宋时期称白蘋洲，风光旖旎，为一郡之胜。元代著名书画家赵孟頫在此建置别业，始名莲花庄。荷花是莲花庄之本色。湖州具有悠久的植荷历史，而“湖州雪藕”乃一大特产。光绪《归安县志》云：莲花庄“在月河之东南，四面皆水，荷花

① 全唐诗[OL].殆知阁http://www.daizhige.org/诗藏/诗集/全唐诗-449.html.

② 胡助. 纯白斋类稿[OL]. 殆知阁http://www.daizhige.org/集藏/四库别集/纯白斋类稿-14.html.

③ 周维权. 中国古典园林史[M]. 北京：清华大学出版社，2008：410-411.

盛开时锦云百顷”①。

娄东私家园林 古代娄东，即今太仓，最早属吴地。地处苏州与松江两大府城之间的娄东，在经济、文化上均受这两个文化圈的影响，故造就了其独特的文化面貌。元代娄东私家园林有八处，较著名的有周氏园、南园、乐隐园等。园主人以文人居多，有一定的艺术修养，注重以荷、竹来体现主人的人格价值。

（二）明代私家园林荷景

明代私家园林经过明初一段时期的沉寂，到正德、嘉靖、万历前后，勃郁而起，再度掀起高潮，尤以北京、南京和苏州为最。北京的米勺园“幽居卜筑藕花间”；南京金陵诸园中，西园“垂枝下饮芙蓉沼”；而苏州东山的曲溪，又名夏荷园，位于东山马家地安仁里，由严公奕所筑建，“吴中四才子”之一的文徵明为其题额。夏荷园园主人引西南诸峰之水，经秦家涧分流入园，全长数余里，犹如一条素练，飘然而至。明人对荷景的处理，讲究艺术构图，达到较好的景观效果。如文震亨《长物志·广池》云：“于岸侧植藕花，削竹为栏，令勿蔓衍。忌荷叶满池，不见水色。”②若满池的荷花荷叶，则显臃肿不堪。要把多余的荷叶割掉，留出水面，富有层次感③。

拙政园 苏州拙政园始建于明正德四年（1509），为明代弘治进士、御史王献臣弃官回乡后，在唐代陆龟蒙宅地和元代大弘寺旧址处拓建而成。园主人在建园之初，曾邀请文徵明为其设计绘图，并作诗《拙政园图咏》，其中芙蓉隈和水华池二景因荷得名。小飞虹横架沧浪池上，深静亭面向水花池，为赏荷最佳处，形成以水为主，疏朗平淡，近乎自然风景的园林小景（图 6-8-22、图 6-8-23）。园内以观荷叶、闻荷香、听荷声取名的景点，还有芙蓉榭、远香堂、留听阁、荷风四面亭、藕香榭、香洲六处④。

拙政园造景因地制宜，以水植荷见长。据文徵明《王氏拙政园记》记载⑤，园北“水尽别疏小沼，植莲其中，曰水华池。池上美竹千挺，可以追凉。中为亭，曰净深”。这充分反映出拙政园利用园地多积水的优势，疏浚为池；植荷为景，形成其个性和特色。

---

① 陈丛周. 中国园林鉴赏辞典[M]. 上海：华东师范大学出版社，2001：136-138.

② 杨光辉. 中国历代园林图文精选·第四辑[M]. 上海：同济大学出版社，2005：256-257.

③ 曹林娣. 中国园林文化[M]. 北京：中国建筑工业出版社，2005：114-118.

④ 韦秀玉. 文徵明《拙政园三十一景图》的综合研究[D]. 武汉：华中师范大学，2014：90-99.

⑤ 赵厚均，杨鉴生. 中国历代园林图文精选·第三辑[M]. 上海：同济大学出版社，2005：159-162.

A

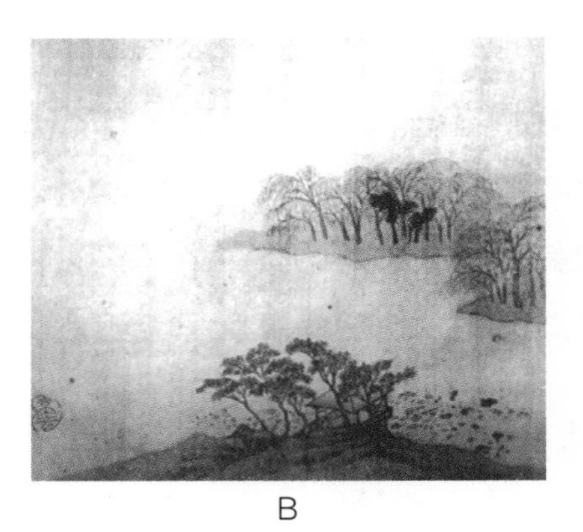
B

图 6-8-22　A. 明代文徵明《拙政园图咏》 B. 明代文徵明《拙政园三十一景图 • 水华池》

A引自蒋方根，张婕. 拙政园荷文化品赏［CD］//2009年第23届全国荷花展览暨荷花学术研讨会交流论文，2009：9–11；B引自韦秀玉. 文徵明《拙政园三十一景图》的综合研究［D］. 武汉：华中师范大学，2014：99.

A

B

图 6-8-23　A. 明代文徵明《拙政园三十一景图 • 芙蓉隈》
B. 明代文徵明《拙政园三十一景图 • 净深亭》

引自韦秀玉. 文徵明《拙政园三十一景图》的综合研究［D］. 武汉：华中师范大学，2014：91，99.

崇祯四年（1631），侍郎王心一修复拙政园东部，取名“归田园居”。其园记曰：“地可池则池之”，“池广四五亩，种以荷花，杂以荇藻，芬葩灼灼，翠带柅柅……有拂地之垂杨，长文之芙蓉”。夏日荷香沁鼻，深秋池畔，芦花摇曳，萧瑟有致①。

古猗园　古猗园位于今上海嘉定，初名猗园，由明代万历年间河南通判闵士籍所建，并邀请嘉定竹刻名家朱三松设计布置，后归明代书画家李流芳侄子李宜

① 蒋方根，张婕. 拙政园荷文化品赏［CD］//2009年第23届全国荷花展览暨荷花学术研讨会交流论文. 2009：12–13.

之所有。清乾隆十一年（1746）冬，由洞庭东山人叶锦所购并重葺，更名“古猗园”[①②]。

古猗园中青清园筑“荷风竹露亭”，亭前临水，每逢暑月芙蓉出水，袅娜清风，意境深邃（图6-8-24）。其松鹤园的荷花池内有宋代嘉定十五年（1222）建六面七级石塔（普同塔），为园中最珍贵文物之一，塔腰束饰莲花瓣，塔柱镌如来佛像，雕刻精美。戏鹅池之北筑三面临水石舫，有明代书法家祝允明题额“不系舟”三字，上有清人廖寿丰撰写的楹联：“十分春水比檐影，百叶莲花七里香。”

图6-8-24　古猗园荷景（李尚志摄）

图6-8-25　愚公谷荷景（李尚志摄）

愚公谷　愚公谷位于今江苏无锡惠山东麓，万历年间由湖广提学副使邹迪光建造。园主人依山取势而筑园，历时十年，建六十景。其中“玉荷浸与温凉沼接，而中设一堰，旁通三尺许，覆石为桥，有亭，亭之名曰：净月。亭在两池中，各分其胜。俯玉荷则右有丛桂，左有垂柳，中有芙蕖”[③]。可见，园内的荷柳景致秀美宜人（图6-8-25）。

影园　影园位于今江苏扬州荷花池公园，由明末扬州盐商郑元勋所建，且邀请造园名家、《园冶》作者计成亲自设计和监造，现已无存。据郑元勋《影园自记》所述：“前后夹水，隔水蜀冈蜿蜒起伏，尽作山势。环四面，柳万屯，荷千余顷，萑苇生之，水清而多鱼，渔棹往来不绝”；“堂在水一方，四面池，池尽荷，堂宏敞而疏，得交远翠，楣楯皆异时制”。又述：“荷池数亩，草亭峙其坻，可坐

① 陈丛周．中国园林鉴赏辞典[M]．上海：华东师范大学出版社，2001：130-131.

② 倪超英．荷风竹影古猗园[N]．建筑时报，2010-07-01.

③ 陈植，张公弛．中国历代名园记选注[M]．合肥：安徽科技出版社，1983：187-196.

而督灌者。花开时，升园内石磴、石桥，或半阁，皆可见之。”[①]表明园内园外相互联系，不仅园内的“石磴”“石桥”“半阁”俯瞰能见园内花景，而园外千余顷的自然荷景，临窗或凭栏也可观赏。

勺园　勺园位于今北京大学内，于明代万历年间由著名书画家米万钟所建，取“海淀一勺”之意，故名。在造园的过程中，园主人模仿江南园林风格，很注重荷花景观。据明人孙国光《游勺园记》云：“南有屋，形亦如舫，曰太乙叶，盖周遭皆白莲花也……莲花水上皆荫以柳线，黄鹂声未曙来枕上，迄夕不停歌……是日午后再雨，同西臣饭太乙叶中，听莲叶上溅珠声，快甚。”[②]看来赏荷不仅可赏其花朵艳丽，荷间听雨也是一种享受，真为园景增色不少。

史籍记载，明代私家园林中的荷景，还有今北京的清华园，江苏的溧阳彭氏园（王世懋《游溧阳彭氏园记》）、冶麓园（焦竑《冶麓园记》）、澹圃（王世贞《澹圃记》）、离赘园（王世贞《离赘园记》）、东亭园（王永积《游东亭园小记》）、学园（张师绎《学园记》）、郭园（刘凤《郭园记》）、吴氏园（刘凤《吴氏园池记》）、徐氏园（张凤翼《徐氏园亭图记》）、南园（宋仪望《南园书屋记》），上海的熙园（张宝臣《熙园记》）、归有园（徐学谟《归有园记》），浙江的毗山别业（李维桢《毗山别业记》）、蕺山文园（屠隆《蕺山文园记》），安徽的奕园（李维桢《奕园记》）、小百万湖（吴廷翰《小百万湖记》），山东的绎幕园（黄汝亨《绎幕园记》），湖北的自得园（张绍槼《自得园记》）、金粟园（袁中道《楮亭记》）等。[③]

（三）清代前中期私家园林荷景

清代前中期私家园林数量最多，主要集萃于以苏杭为中心的江南水乡，以及岭南、福建一带。它们因地制宜，利用溪塘池沼植荷种柳（或竹），如涉园、江村草堂、随园、筱园等。

涉园　位于浙江海盐县城南之涉园，由张惟赤所建，后毁于太平天国战乱。据叶燮《涉园记》：“往西南十余尺，过梧石濑，至莲叶池……南入莲叶坞室，亦名筼谷……桥北傍西有室二楹，书莲动竹喧，水回云渡八字于壁。”[④]“莲动竹喧”

① 陈植，张公弛．中国历代名园记选注［M］．合肥：安徽科技出版社，1983：220-227.
② 陈植，张公弛．中国历代名园记选注［M］．合肥：安徽科技出版社，1983：239-243.
③ 赵厚均，杨鉴生．中国历代园林图文精选·第三辑［M］．上海：同济大学出版社，2005：75-359.
④ 赵晓峰，孟怡然．清代浙江海盐张氏涉园平面复原研究［J］．中国园林，2018，34（1）：125-130.

取自王维《山居秋暝》中“竹喧归浣女，莲动下渔舟”之意。

江村草堂 草堂位于浙江余姚平湖，由清初书法家、收藏家、康熙帝近臣高士奇所筑。据高士奇《江村草堂记》述，园中景点三十二处：“墅中河水环流，幽深曲折，惟（泛绿）亭前潴为大池，北至问花埠，东至蔬香园，皆舟楫可通。五、六月时朱荷出水，炳射朝霞，或断虹霁雨，荡漾轻舠，采莲雪藕，可以超绝世氛。瀛山馆、红雨山房在池北岸，阑槛相望。秋空月皎，旷朗宜人，葭苇萧疏，芙蓉淡冶，不异五湖烟水也。”其中芙蓉湾“芦汀葭渚，景物萧瑟，独芙蓉临水，尚含鲜妍。抱瓮陂东北，清流数曲，野岸高低，与蓼花杂植，摇风泫露，倍觉怜人。时闻候雁呼群，秋声在耳，作尘外遐想”①。这两处是园中的观荷景点，可见园主对荷花的钟爱。

春草园 该园由清代著名藏书家、文学家赵昱（1689—1747）所筑。《春草园小记》由园主自撰。其中“泊花”之景云：“临池小憩，荷花环绕，额为李长蘅书。”“西池”之景曰：“池可三亩余，又凿其阴，令屈曲围绕。环植杨柳、芙蓉、芦苇，春风骀荡，秋雨扶疏，月落水平，荷香四起。鲒埼亭长以补陀雪藕来栽，品逾凡种，杂以金莲藻荇，水底如铺锦罽焉。赤鲤径尺，晚波拨刺，响振幽谷。昔人云：‘五亩之宅，山泽居半。’拟效《池上篇》，一写其闲适之乐，未易得也。”无疑，赵昱园中的荷景，那“竹竿千挺，疏柳依依，池沿荷芦，荇藻交横，文鱼游泳”之意境，也是模仿了白居易的造景手法②。

随园 该园由清代著名文人袁枚所筑，但袁枚撰写的《随园记》并未提及水西亭及双湖亭的荷景。后其族孙袁起撰《随园图说》称：“南出圆篱门，登池心桥，亭曰‘双湖’。两水夹镜，左右夹亭，柳浪荷风，清心濯魄。”③（图6-8-26）而袁枚有《水西亭》诗：“活化园内景，全在一池水。水声流向西，亭以成其美。荷花十二时，蒙蒙香不止。荡开蒹葭霜，明月乃在底。我学李王孙，喝月水中起。”园中的亭，既能憩闲，亦可赏荷之全景，反映了园主人造园的审美思想。④

① 陈植，张公弛. 中国历代名园记选注［M］. 合肥：安徽科技出版社，1983：321-332.

② 陈植，张公弛. 中国历代名园记选注［M］. 合肥：安徽科技出版社，1983：340-358.

③ 陈植，张公弛. 中国历代名园记选注［M］. 合肥：安徽科技出版社，1983：359-370.

④ 沈玲. 从随园看袁枚的园林美学思想［J］. 三峡大学学报（人文社会科学版），2010，32（3）：79.

图 6-8-26　袁起 1865 年乙丑本《随园图》中之荷景（李尚志摄）

筱园　该园由翰林院编修程梦星所筑。据李斗《扬州画舫录》述："康熙丙申，翰林程梦星告归，购为家园。于园外临湖浚芦田十数亩，尽植荷花，架水榭其上……凿池半规如初月，植芙蓉，蓄水鸟，跨以略彴，激湖水灌之，四时不竭，名'初月沜'……外垦湖田百顷，遍植芙蕖，朱华碧叶，水天相映，名曰'藕縻'。轩旁桂三十株，名曰'桂坪'。是时，红桥至保障湖，绿杨两岸，芙蕖十里。久之，湖泥淤淀，荷田渐变而种芹。迨雍正壬子，浚市河，翰林倡众捐金，益浚保障湖，以为市河之蓄泄。又种桃插柳于两堤之上，会构是园，更增藕堂莲界。"[①] 扬州的湖泊湿沼广阔，那"朱华碧叶，水天相映""绿杨两岸，芙蕖十里"的荷景蔚然壮观。

西园曲水　此园古时为西园茶肆，数易其主，多次修葺，乾隆年间归徽州大盐商鲍成一所有。西园曲水地处瘦西湖和南湖水及北城河水交汇之处，水势曲折，因地理位置而得名。有史料记载，该园以水取胜，水中有岛，岛外有桥，流水淙淙，亭榭临水，相映成趣。园中濯清堂前方池面积宽达十余亩，尽种荷花[②③]。园内荷花景致十分宜人（图 6-8-27）。

① 陈植，张公弛. 中国历代名园记选注［M］. 合肥：安徽科技出版社，1983：415-417.
② 周维权. 中国古典园林史［M］. 北京：清华大学出版社，2008：616-617.
③ 陈植，张公弛. 中国历代名园记选注［M］. 合肥：安徽科技出版社，1983：397-398.

图 6-8-27　清中期扬州西园曲水之荷花景致

引自赵之壁. 平山堂图志[M]. 刻本，1883(光绪九年).

四、寺庙园林荷景

通常寺庙园林筑于环境僻静、景致优雅的郊野山林，园林设计者则因地制宜地利用湖池湿沼植莲，或凿池植莲，以增添其氛围，如苏州狮子林。高僧天如禅师于元至正元年（1341）来苏州讲经时，众弟子特为他购地置屋建禅林，初名"狮子林寺"，后易名"普提正宗寺""圣恩寺"。狮子林的园林景致，有天如禅师《狮子林即景十四首》佐证，其中有二首写道："西邻母鹤唳无休，鹤意吾知为主忧。养得鹤成骑鹤去，扬州未必胜苏州。""灶儿深夜诵莲花，月度墙西桂影斜。经罢辘轳声忽动，汲泉自试雨前茶。"[①] 天如禅师的"深夜诵莲花"，指深夜诵读佛经，并非指莲花景致。此后狮子林寺院曾一度荒废。经明、清及民国时期屡次修葺重建，增建了荷花厅（今篮花厅）。荷花厅、真趣亭傍水而筑，装修雕刻精美。今人入园游览时，每逢夏日暑风徐徐，缕缕荷香扑鼻，令人如痴如醉。

北京的月河梵苑，据程敏政《月河梵苑记》描述："月河梵苑在朝阳关南苜蓿园之西，苑之池亭景为都城最……下为石池，接竹以溜泉，泉水涓涓自峰顶下，竟日不竭，僧指为水戏。台南为石方池，贮水养莲。"[②] 僧家在池内种养几柄红莲，清香溢满寺院。

① 钱谷. 吴都文粹续集[OL]. 殆知阁http://www.daizhige.org/集藏/文总集/吴都文粹续集-90.html.

② 程敏政. 篁墩文集[OL]. 殆知阁http://www.daizhige.org/集藏/四库别集/篁墩文集-24.html.

五、插花及花艺

元代插花之风不及前朝，只有少数文人利用既有花材进行插花，随想随插，随心意主观而创作，于是出现了“合象花”。明代的花卉园艺发展旺盛，插花逐步走向繁盛，活跃于文人阶层，艺术水平逐渐得到提高，出现了盘花、花篮。插花讲求美的结构，以前讲究“富丽堂皇，硕壮盘满”的效果，后来注重“稀疏淡远，荒妙空灵”的造型；讲求插花艺术的比例、尺度、疏密、均衡等，追求意境，这与当时的绘画、漆器、屏风、织锦、陶瓷的发展有一定关联。

明代插花逐步走向学术化，且有专门的理论，插花专著纷纷问世。专著如张谦德《瓶花谱》、袁宏道《瓶史》、屠本畯《瓶史月表》等，高濂《遵生八笺》、屠隆《考槃余事》、文震亨《长物志》、王象晋《群芳谱》等也有涉及。张谦德在《瓶花谱·事宜》中述：“荷花初折，宜乱发缠根，取泥封窍。海棠初折，薄荷嫩叶包根入水。”[①] 袁宏道《瓶史·品第》述，“莲花，碧台锦边为上”;《器具》云，“然花形自有大小，如牡丹、芍药、莲花，形质既大，不在此限”;《洗沐》云，“浴莲宜娇媚妾。标格既称，神彩自发，花之性命可延，宁独滋其光润也哉”;《使令》云，“莲花以山矾、玉簪为婢，木樨以芙蓉为婢，菊以黄白山茶、秋海棠为婢，蜡梅以水仙为婢。诸婢姿态，各盛一时，浓淡雅俗，亦有品评”。对荷花插花的品种、容器以及对插花的花材搭配等均有要求。《清赏》云：“茗赏者，上也，谈赏者，次也，酒赏者，下也。”[②] 对于插花的修养亦有着独到的见解。屠本畯《瓶史月表》称“花盟主：莲花、玉簪、茉莉”[③]，荷花可作为插花诸花之主。以上可见明时的荷花插花从理论到实际操作已趋于成熟。

清代前中期的荷花插花艺术无大的进展，但各种花事活动依然活跃，特别是盆景艺术蓬勃发展。在欧洲文化艺术风格的影响下，插花艺术在继承前朝遗风基础上更加追求自然美，一种盆景式插花开始风行。这种插花更注重形式美，体现一种自然主义的写实风格。这一时期善用插花材料的谐音进行造型或命题，如以百合、柏树、荷花等组成“百年好合”的主题插花等。

---

① 张谦德. 瓶花谱[OL]. 殆知阁http://www.daizhige.org/艺藏/草木鸟兽虫鱼/瓶花谱.html.

② 袁宏道，钱伯城. 袁宏道集笺校[M]. 上海：上海古籍出版社，2008：95-97.

③ 广群芳谱[OL]. 殆知阁http://www.daizhige.org/艺藏/草木鸟兽虫鱼/广群芳谱-14.html.

第七章

Chapter Seven

荷文化衰落期

（清晚期至 20 世纪 70 年代末）

第一节　概　说

从清道光二十年（1840）开始，经中华民国，再到中华人民共和国成立后的20世纪70年代，荷文化在园林中的传承和发展，处于一种衰落状态。

鸦片战争之后，欧美列强加紧侵华。第二次鸦片战争中，圆明园等清代诸帝精心经营的皇家园林变成一堆废墟，此后虽有重建，也未恢复到往日的辉煌。不过此时民间的私家园林却在不断建造，有条件的地方凿池植荷，南北各地，星罗棋布。清王朝被推翻，皇家园林也结束了其历史使命。但公共园林在这一时期有了发展，仅供帝王等少数人享乐的皇家园林对外开放。民国时，中央及一些地方政府组织进行了国花和市花的推选活动，虽荷花没有成为候选国花，但在上海市民投票评选中，荷花得票数仅次于棉花，说明荷花在百姓的心中有了一定地位。当时宁波市推选荷花为市花。

中华人民共和国成立初期，在“百花齐放”的方针指引下，文学艺术、工艺美术等领域取得可喜的成绩。为满足人民群众休闲游玩需要，党和政府亦十分重视园林绿化事业，并对园林事业的发展制定方针政策。各级地方政府根据财政条件，兴建或改建了许多公园，大多辟有荷花景致，如北京的紫竹院公园、上海的长风公园、武汉的东湖风景区、天津的水上公园、广州的东山湖公园、南京的莫愁湖公园、杭州的西湖等。“文化大革命”中，各地的园林绿化工作受到冲击，有些地方将公园的湖池变为农田。在“破旧立新”的号召下，园林花卉曾一度被视为“封、资、修”加以批判，公园被划割，花卉盆景被捣毁，游乐设施被破坏，名胜古迹被毁损，荷花品种大量流失。

第二节　莲灯擎蜡：荷花与文艺

清代文学从鸦片战争之后，开始了向新文学的过渡，传统文学虽日趋式微，但佳作不断，依然有不少吟咏荷花的作品。新文化运动后，白话文写作逐渐成为文学的主流，出现了不少关于荷花的诗歌散文，如秋瑾的《红莲》、苏曼殊的《莫愁湖寓望》、鲁迅的《莲蓬人》、朱自清的《荷塘月色》等，反映了这一时代的心声。中华人民共和国成立后，中国文学掀开了全新的篇章，但受到十年“文革”的冲击，文化领域包括园林花卉文化受到批判，与之相关的荷文化也受到波及。

一、关于荷花的诗歌

（一）清代晚期

晚清诗歌创作依然沿袭了传统的趣味风格，咏荷诗歌也不例外。如张之洞的《濂溪祠荷》。

濂溪祠荷

张之洞

岭外有别传，霁月悬光明。宋儒较气象，濂溪最宽宏。
遗爱阳春崖，猿鸟护题名。讲舍祀画像，学者示鹄正。
悠然会公意，净植涵波清。勤业策知能，息游和性情。
斫轮喻为学，甘苦持其平。报国拙寡效，所志人才成。
岭云自修阻，如闻弦诵声。所赖皋比师，切磋殚至诚。
文行具本末，博约无诟争。眼中彬彬彦，守道俱研精。
潮州拔赵德，琼岛识姜生。前贤得一士，今日罗群英。

佩此芳洁意，永保君子贞。[1]

此诗表达了作者对北宋大儒、理学大师周敦颐的敬仰之情。广雅书院乃中国近代著名书院之一，筑建于广州城西北，光绪十三年（1887）由两广总督张之洞创办。校内冠冕楼旁修建一座濂溪祠，以弘扬《爱莲说》“出淤泥而不染”的精神。祠前有一荷池，种满荷花，使人不由联想到不朽名篇《爱莲说》之作者濂溪先生周敦颐的深湛学问。

红莲

秋瑾

洛妃乘醉下瑶台，手把红衣次第裁。应是绛云天上幻，莫疑玫瑰水中开。
仙人游戏曾栽火，处士豪情欲忆梅。夺得胭脂山一座，江南儿女棹歌来。[2]

白莲

秋瑾

莫是仙娥坠玉珰，宵来幻出水云乡。朦胧池畔讶堆雪，淡泊风前有异香。
国色由来夸素面，佳人原不借浓妆。东皇为恐红尘涴，亲赐寒簧明月裳。[3]

著名的女革命者秋瑾也是近代杰出才女。《红莲》和《白莲》二诗是秋瑾与丈夫王廷钧结婚后，在湖南湘潭度过美好时光时所留下的诗句。

东居杂诗十九首

苏曼殊

之七

秋千院落月如钩，为爱花阴懒上楼。露湿红蕖波底袜，自拈罗带淡蛾羞。

之九

碧沼红莲水自流，涉江同上木兰舟。可怜十五盈盈女，不信卢家有莫愁。[4]

---

① 张之洞. 张之洞诗文集：上册［M］. 上海：上海古籍出版社，2015：127-128.
② 秋瑾，徐自华，郭延礼，等. 秋瑾集·徐自华集［M］. 北京：中华书局，2015：87.
③ 秋瑾，徐自华，郭延礼，等. 秋瑾集·徐自华集［M］. 北京：中华书局，2015：87-88.
④ 苏曼殊，柳亚子. 苏曼殊全集［M］. 哈尔滨：哈尔滨出版社，2016：190.

在清末民初名流人物中，苏曼殊是个另类。他曾三次剃度出家，法号前仍冠俗姓。他身着袈裟，奔走革命，与孙中山、章太炎、陈独秀等革命党人过从甚密，却很少与僧人往还。一生有如鸾飘凤泊，渡日本，赴暹罗，下南洋，四海飘零，留下不少清丽可人的诗文，却极少在寺院里盘桓。《东居杂诗》之七和之九，诗人妙用典故，匠心独运，将荷花的神韵与浪漫表达得淋漓畅快。

此时词的创作，依然深受清代中叶以来常州派的深刻影响，强调词的比兴手法和社会意义，以推尊词的地位。

水龙吟·白莲

王初桐

为谁卸了红衣，绿房迎晓霜绡翦？浣纱人去，凌波人在，水晶宫殿。几柄亭亭，银塘十里，冷香吹遍。在鸥昏鹭暝，花光缟夜，沉沉里、微茫见。

何况素云晴练，舞轻盈、半低纨扇。淡妆月艳，仙姿玉立，粉消铅浅。小艇回时，浮萍开处，镜奁窥面。怕遗珰、卷入凉波，又万叶、西风战。①

王初桐（1729—1821），字耿仲，号竹所，又号红豆痴侬，擅填词。此词上阕起首两句紧扣咏题，凭空发问，惹人注目。白莲卸却红衣，身着素装，亭亭玉立于晓色之中，给人以清新淡雅之感。下阕由晦而明，赋形绘色，承转自然。全词从多层面、多角度咏赞白莲，虽无深刻的寄寓，但色彩淡雅，不加雕饰，正如出水的白莲，给人以美感。

水龙吟·白莲

史蟠

一湖晓色通明，露华千点香吹定。最怜伊处，洁分双藕，愁栽几柄。画里禅空，诗边秋淡，鹭翘无影。怕玉纤催桨，和凉折取，片雪坠、鸳鸯醒。

缟夜罗衣自整，隔相思、遥烟做暝。凝铅写素，者番心苦，微茫暗省。有恨凌波，无言立月，一丝风冷。被霜娥点破，平空洗出碧琉璃镜。②

史蟠（1761—1808），字伯邵，号补堂，作诗清婉丽密，尤长于词。此词上、下两阕从不同的角度描写。上阕写拂晓，下阕写夜晚，时间跨度大，意义上也构

① 李文禄，刘维治．古代咏花诗词鉴赏辞典［M］．吉林：吉林大学出版社，1990：1013.

② 李文禄，刘维治．古代咏花诗词鉴赏辞典［M］．吉林：吉林大学出版社，1990：1011.

成递进。将白莲置于月色中，更能表现其神形，给人留下更加深刻的印象。[①]

（二）民国时期

这一时期仍有大量旧体诗词的创作。即使是白话文的代表作家，不少人于旧体诗词的创作也堪称精湛，如鲁迅的《莲蓬人》。

莲蓬人

鲁迅

芰裳荇带处仙乡，风定犹闻碧玉香。鹭影不来秋瑟瑟，苇花伴宿露瀼瀼。
扫除腻粉呈风骨，褪却红衣学淡妆。好向濂溪称净植，莫随残叶堕寒塘。[②]

莲蓬，又名莲房，是荷花谢后所结的果实。它挺生水际，飘逸高雅，风姿绰约，清香四溢，亭亭玉立如少女，故誉之"莲蓬人"。此诗作于 1900 年秋，是作者鲁迅赠予弟弟们的一首诗，是一首借物寓情、托物言志的诗作。作者通过对莲蓬人"芰裳荇带"的外貌装束，"风定犹香"的内在神韵，却红衣、学淡妆的绰约风姿，亭亭净植的正直风骨的叙写，描绘了一幅栩栩如生的莲蓬人的画像，赞美了莲蓬人"出淤泥而不染"的高尚节操和迎着秋风净植荷塘的抗争品格。

自新文化运动倡导白话文学以来，诗歌创作上也日益流行采用白话写诗，遂有"新诗"的出现，并以席卷之势，占领中国诗坛。新诗中也大量出现了吟咏荷花的作品。有些深受传统诗学的表现方式的影响，如朱湘的《采莲曲》，就是对六朝以来采莲诗清丽婉约风格的主动吸纳；有些则更具新时代的特征，也更突出了白话文作为文学语言的创作特点。

我来扬子江边买一把莲蓬

徐志摩

我来扬子江边买一把莲蓬。
手剥一层层莲衣，
看江鸥在眼前飞，
忍含着一眼悲泪——
我想着你，我想着你，啊小龙！

① 李文禄，刘维治. 古代咏花诗词鉴赏辞典[M]. 吉林：吉林大学出版社. 1990：1011-1012.
② 鲁迅. 集外集拾遗补编[M]. 北京：人民文学出版社，2005：532.

我尝一尝莲瓤，回味曾经的温存——
那阶前不卷的重帘，
掩护着同心的欢恋：
我又听着你的盟言，
“永远是你的，我的身体，我的灵魂。”

我尝一尝莲心，我的心比莲心苦。
我长夜里怔忡，
挣不开的恶梦，
谁知我的苦痛？
你害了我，爱，这日子叫我如何过？

但我不能责你负，我不忍猜你变，
我心肠只是一片柔：
你是我的！我依旧
将你紧紧的抱搂——
除非是天翻——
但谁能想象那一天？①

此诗是一首有特色而又写得真切的爱情诗，其特色不仅在其所表现的情感内容上，还在其新颖的艺术构思和艺术表现技巧上。

莲灯

林徽因

如果我的心是一朵莲花，
正中擎出一支点亮的蜡，
荧荧虽则单是那一剪光，
我也要它骄傲的捧出辉煌，
不怕它只是我个人的莲灯，
照不见前后崎岖的人生——
浮沉它依附着人海的浪涛

① 徐志摩，顾永棣．徐志摩全集［M］．杭州：浙江人民出版社，2015：130-131．

明暗自成了它内心的秘奥。
单是那光一闪花一朵——
象一叶轻舸驶出了江河——
宛转它飘随命运的波涌
等候那阵阵风向远处推送。
算做一次过客在宇宙里，
认识这玲珑的生从容的死，
这飘忽的途程也就是个——
也就是个美丽美丽的梦。①

此诗以“莲灯”喻生命，由“照不见前后崎岖的人生”再到“飘忽的途程”，由近及远，由具体至抽象，情绪日趋微妙而虚无，但仍要发光发热，活出生命的价值和精彩，意境优美，雅致隽永。

（三）中华人民共和国成立后到20世纪70年代

这一时期仍有旧体诗词的创作，如郭沫若的《题画莲》。

题画莲

郭沫若

亭亭玉立晓风前，一片清芬透碧天。尽有污泥能不染，昂头浑欲学飞仙。②

诗人为画莲题诗，在于借物抒情，通过赞美莲花“出淤泥而不染”的品格，赋予其一种清高飘逸、不染污泥、奋发有为的新意。全诗寄托深远，笔底含情，韵味悠长。

拟采莲曲③

叶嘉莹

采莲复采莲，莲叶何田田。鼓棹入湖去，微吟自叩舷。
湖云自舒卷，湖水自沦涟。相望不相即，相思云汉间。
采莲复采莲，莲花何旖旎。艳质易飘零，常恐秋风起。

① 林徽因. 林徽因诗集[M]. 北京：人民文学出版社，1985：9.
② 郭沫若. 郭沫若诗选[M]. 武汉：长江文艺出版社，2001.
③ 叶嘉莹. 迦陵诗词稿[M]. 北京：中华书局，2007.

采莲复采莲，莲实盈筐筥。采之欲遗谁，所思云鹤侣。

妾貌如莲花，妾心如莲子。持赠结郎心，莫教随逝水。①

叶嘉莹，号迦陵，中国古典文学研究专家。1924年7月出生于北京书香世家，现任南开大学中华诗教与古典文化研究所所长等。她对荷花特别钟情，坦言自己生于荷月、小名荷花，此生与荷花结缘，可谓“自喜荷花是小名”，“我是爱莲真有癖”。本诗就是她仿乐府诗而作，清新隽永，深得古典诗境之三昧。

中华人民共和国成立，新诗创作迎来新的高潮。1958年，为宣传“百花齐放”的方针，郭沫若选择100种花为题目，作诗集《百花齐放》，其中，就有吟咏荷花的诗篇。

荷花

郭沫若

宋朝的周濂溪曾做文称赞，
他说我们是“出淤泥而不染”。
这其实是攻其一点不计其余，
只嫌泥污，别的功用完全不管。

藕，我们的根，满身都是污泥，
莲藕与莲花难道不是一体？
谁要鄙视污泥而标榜清高，
那是典型的腐朽思想而已。②

此诗以第一人称口吻，借荷花的形象传诗人理智的托寓，颇具时代特点。在新的时代条件下，勉励同工农群众相结合之更高的精神境界，也是作者赋予荷魂的新意。

二、关于荷花的散文、小说及神话

新文化运动兴起，文言文不再是文学方面的主流，揭开了以白话文为主体的

① 叶嘉莹. 迦陵诗词稿[M]. 北京：中华书局，2007：37-38.

② 郭沫若. 百花齐放[M]. 上海：上海文艺出版社，1959：29-30.

现当代文学新篇章。描写荷花的散文，以朱自清的《荷塘月色》最具代表性。该文写了荷塘月色美丽的景象，含蓄而又委婉地抒发了作者对现实社会的不满情绪，渴望自由、想超脱现实而又不能的复杂思想感情，为后人留下了旧中国正直知识分子在苦难中徘徊前进的足迹。全文寄托了作者一种向往未来的政治思想，也表达了作者对荷塘月色的喜爱之情。

清末至民国时期，花神类的文学故事得到进一步的繁荣。这与当时的花卉事业兴起，民间对花神的信仰渐增的情形密不可分。这类花神故事可见于文人的笔记小说，如朱翊清在《埋忧集》中提到的“荷花公主”[①]（图 7-2-1），王韬在《淞隐漫录》中提到的“莲贞仙子”[②]，就是对《聊斋志异》中此类作品的效仿，以遇仙奇遇抒幽思不尽之情。

图 7-2-1　荷花公主

引自王毅，盛瑞裕. 中国花神花妖故事大观［M］. 武汉：华中理工大学出版社，1994：142.

三、荷花与舞蹈

荷花舞是中国民间舞蹈之一，最初由甘肃庆阳地区流行的“云朵子”演变而来[③]。民间艺人刘志仁热心群众文艺活动，对其舞蹈动作、调度、队形等做了改

① 朱翊清. 埋忧集［M］. 北京：商务印书馆，1979：82-84.
② 王韬. 淞隐漫录［M］. 北京：人民文学出版社，1983：40-44.
③ 张芳. 荷花舞的发展研究［J］. 艺术教育，2017（12）：87-88.

进和规整，使之更加专业化，并改为《荷花舞》。1944年陕甘宁边区在延安举行文教大会。会议期间，他为毛泽东、朱德、刘少奇、周恩来、任弼时等领导人表演了《荷花舞》，并受到毛泽东的亲切接见和热情赞赏。

中华人民共和国成立后，我国舞蹈艺术家戴爱莲在陇东采风时，搜集《荷花舞》的素材，对《荷花舞》进行再创作，在原有基础上去掉手提荷花灯等，从动作、步伐、服装、音乐等方面增强了舞蹈的表演性及艺术性。著名作曲家刘炽将《扬燕麦》重新创作为《荷花舞》的音乐，由程若新改写唱词，采用大型混合乐队，由中央歌舞团首演。舞蹈设计了领舞的白荷，白荷与粉荷交相辉映，画面清新，舞姿优美，意境高雅。戴爱莲改编的《荷花舞》进一步展现出古典舞的风格韵味，凸显了荷花“出淤泥而不染”的艺术思想境界。1953年，《荷花舞》在罗马尼亚首都布加勒斯特举行的第四届“世界青年与学生和平友谊联欢节”上荣获二等奖。

第三节　香远益清：荷花与绘画

一、清代晚期绘画

这一时期，被视为正宗的文人画流派和皇室宫廷画派日渐衰微，而辟为通商口岸的上海和广州正在成长为新的绘画要地，出现了海上画派和岭南画派。

（一）海上画派和岭南画派的兴起

海上画派（海派）　近百年来，上海一直是中国最大的工商业城市，海内外文人、画家纷纷聚集在此。为适应新兴市民阶层需要，绘画在题材内容、风格技巧方面都形成了新的风尚，被称为海上画派或海派。赵之谦、虚谷、任熊、任颐、吴昌硕是其中的代表。

赵之谦（1829—1884），初字益甫，号冷君，后改字抝叔，号悲盦、梅盦、无闷等。他是海上画派的先驱人物，其以书、印入画所开创的“金石画风”，对近代写意花卉的发展产生了巨大的影响。潘天寿《中国绘画史》述及：“会稽赵抝叔之谦，以金石书画之趣作花卉，宏肆古丽，开前海派之先河。”① 其画荷作品化板滞为灵活，信手拈来，更有余味（图 7–3–1）。

图 7-3-1　赵之谦《花卉图册》之荷花

引自闻玉智. 中国历代写荷百家[M]. 哈尔滨：黑龙江美术出版社，2001：159.

任熊（1823—1857），字渭长，号湘浦，是绘画全才，花鸟、山水、人物等无一不能。其花鸟画，工笔重彩与没骨写意兼收并蓄，将民间艺术与文人画融为一体，并吸取了外来的水彩画的方法，情调清新富有装饰趣味，有纵笔恣肆的画风（图 7–3–2）。任熊后寓居苏州，往来于上海、苏州一带，以卖画为生，成为海上画派的领袖人物。

图 7-3-2　任熊《四季花卉图册》之荷花

引自闻玉智. 中国历代写荷百家[M]. 哈尔滨：黑龙江美术出版社，2001：154.

① 潘天寿. 中国绘画史[M]. 上海：上海人民美术出版社，1983：115.

任熏（1835—1893），字舜琴，又字阜长，其父任椿、兄任熊都是画家。他兼工人物、花鸟、山水、肖像、仕女，画法博采众长，面貌多样，富有新意（图7-3-3）。与任熊、任颐时称“三任”，合任预为“四任”，并为海上画派代表画家之一。

图 7-3-3　任熏《荷塘幽趣图》

引自杨宏鹏，李东岳. 丹青锦囊：历代名家画荷花［M］. 郑州：河南美术出版社，2015：36.

任伯年（1840—1895），又名颐，初名润，字小楼，后字伯年，在“四任”之中成就最为突出，与虚谷、蒲华、吴昌硕并称“海派四大家”。他成年后的花鸟画最多，善于运用变化的线条表达情感，或轻盈或厚重，或抒情奔放，抑扬顿挫，富有变化，笔意刚挺，均有新意。早年仿北宋人法，纯以焦墨钩骨，赋色肥厚，近老莲派。后吸取恽寿平的没骨法，陈淳、徐渭、朱耷的写意法，笔墨趋于简逸放纵，设色明净淡雅，形成兼工带写、明快温馨的格调。这种画法，开辟了花鸟画的新天地，对近现代产生了巨大的影响。他的《荷花图》，画幅左侧有徐悲鸿题记：“伯年告生遗作，仲熊赠我，悲鸿题记”，钤二印。该画图绘荷花芦草，水墨写意，画面构图讲究主次虚实，靠右侧硕壮的荷花是画面主题，蕴妍于朴，苍劲中见柔媚（图7-3-4）。

图 7-3-4　任伯年《荷花图》

引自杨宏鹏，李东岳. 丹青锦囊：历代名家画荷花［M］. 郑州：河南美术出版社，2015：38-39.

张熊（1803—1886），又名张熊祥，字寿甫，亦作寿父，号子祥，晚号祥翁，别号鸳湖外史、鸳湖老人等。他擅长画花卉，其花鸟画宗恽寿平，后自成一家，富于时代气息，极受社会称赞。绘画用色艳而不俗，作品雅俗共赏，带动一批画家活跃于画坛，时称鸳湖派，是当时在上海、苏杭一带比较流行的画派。与任熊、朱熊合称“沪上三熊”（图 7-3-5）。

图 7-3-5　清代张熊《花卉图》之荷花

引自杨宏鹏，李东岳. 丹青锦囊：历代名家画荷花［M］. 郑州：河南美术出版社，2015：32.

虚谷（1823—1896），俗姓朱，名怀仁，法名虚白，字虚谷，别号紫阳山民、倦鹤等，有“晚清画苑第一家”之誉。工山水、花卉、动物、禽鸟。作画有苍秀之趣，敷色清新，造型生动，落笔冷峭，别具风格。其花鸟画秀雅鲜活，无一笔滞相，匠心独运（图 7–3–6）。

图 7-3-6　清代虚谷《花卉图》之荷花

引自杨宏鹏，李东岳. 丹青锦囊：历代名家画荷花［M］. 郑州：河南美术出版社，2015：33.

蒲华（1832—1911），字作英，亦作竹英、竹云，号胥山野史、种竹道人，斋名芙蓉庵、芙蓉盦、剑胆琴心室等。善花卉、山水，写意花卉多作梅、兰、竹、菊、荷花等，如《白莲图》《红蓼荷花图》（图 7–3–7）。

A　　　　B

图 7-3-7　A. 蒲华《白莲图》 B.《红蓼荷花图》

引自闻玉智. 中国历代写荷百家［M］. 哈尔滨：黑龙江美术出版社，2001：164–166.

任淇（生卒年不详），字竹君，号建齐，为“海上五任”之首。因其传世作品绝少，故画史鲜见提及。其《荷花双凫图》节选画面的局部，集中择取了荷之形象，尤其是突出表现了碧叶的白莲。此图着重以线条刻画荷花和荷叶，双勾赋彩，笔法精细，创造出极为强烈的装饰效果。花朵因负重而显弯曲下垂，面对清澈的池水，仿佛倩女顾影自怜。画家用白粉敷染花瓣，晶莹皎洁，在花青点染的荷丛中格外醒目（图 7–3–8）。

沙馥（1831—1906），字山春，号粟庵，别署香泾外史，工花鸟，笔致妍秀，饶富韵致，所作花卉，无不精妙。传世《荷花图》为绢本折扇，淡墨设色，绘在碧叶衬托下，一朵红艳似火的荷花舒展怒放。画家采用“情寓于约，淡蕴于浓”的技法，创造墨色苍劲的画格，用单纯的处理体现出浓郁的情趣，“以少胜多”，运用空灵化的手法来表情达意。作品粗而不流于俗，细而不流于媚，有清雅端庄之神韵（图 7–3–9）。

图 7–3–8　任淇《荷花双凫图》

图 7–3–9　沙馥《荷花图》折扇

图7–3–8、图7–3–9引自闻玉智. 中国历代写荷百家［M］. 哈尔滨：黑龙江美术出版社，2001：192，163.

吴昌硕（1844—1927），原名俊，字昌硕，别号缶庐、苦铁、老缶、缶道人等，近现代书画艺术发展过渡时期的关键人物，“诗、书、画、印”四绝的一代宗师。最擅长写意花卉，以书法入画，把书法、篆刻的行笔、运刀、章法融入绘画，形成富有金石味的独特画风。自云：“我平生得力之处，在于能以作书之法作画。”① 其《墨荷图》气势磅礴，浑厚老到，凌空写荷花两枝，稍以浅橙点染，壮实丰满。其下粗笔浓墨挥写的荷叶，覆盖大片画面，挥洒自如，气势夺人。画家注重构局，着意求奇，画中上下两端空白，必破其一端，左上端款题加印，使之不呆板、平板，复可气势流走，所谓“气口”是也。右上芦草披纷，其用笔则融入篆籀之法，长锋单毫悬肘挥运，力能扛鼎，笔势雄健，书意笔味隽永多神（图7–3–10）。

图 7-3-10　吴昌硕《墨荷图》

引自杨宏鹏，李东岳. 丹青锦囊：历代名家画荷花［M］. 郑州：河南美术出版社，2015：43–44.

岭南画派　居巢、居廉兄弟是 19 世纪中后期岭南画坛的重要画家，以“撞水”和“撞粉”之画法绘花鸟草虫著称，自称“居派”。居派绘画风格成为当时的岭南主流画风。

居巢（1811—1889），字梅生，号梅巢，其花鸟画多清雅绝俗，草虫则活灵活现，画面上的自题诗句往往使意境增色不少。居巢画荷作品不多，其《花鸟画册页》中的莲藕瓜果图，落笔冷峭，敷色清新，别具风格。

居廉（1828—1904），字古泉，号隔山老人，居巢之堂弟。在居巢花鸟画风格的基础上，首创“撞水”和“撞粉”之画法，以表现岭南地区润泽的花草与独特的风物。其所作没骨花卉草虫写生，风格清新，工写结合。画荷作品明净淡雅，格调温馨，表现出浓厚的岭南风格（图 7–3–11）。

① 最美艺术. 吴昌硕大写意花卉，艳而不俗[OL]. 搜狐网https://www.sohu.com/a/456421008_257033.

图 7-3-11　清代居廉《花卉图》之荷花图

引自番禺博物馆，广州美术馆. 番禺籍历代书画家作品集［M］. 广州：花城出版社，1997：75.

（二）清代晚期壁画

清代晚期宗教壁画的艺术水准和影响力逊于前代，但保存下来的如山东泰山岱庙、山西大同华严寺、阳泉关帝庙等寺庙壁画的艺术水平仍属上乘。山东泰山岱庙为道教壁画，壁画中的莲花隐约可见。山西大同华严寺壁画绘制佛经故事，西方十六观中，此壁画竖分五层，横分四、五段，每段画一个大圆圈，圈内各画观音，观音菩萨下面画有莲座。寺内大雄宝殿东墙南壁一角有墨书题记“云中钟楼西街兴荣魁信心弟子画工董安”字样，题记背景为卷云，下面以莲瓣衬托（图 7-3-12）。大同华严寺大雄宝殿壁画始绘于明代，清末光绪年间重绘[①]。

洪秀全建立太平天国，颇重视文化宣传，在天王宫殿或诸王府邸的大门、墙壁上流行绘龙虎或花鸟壁画。南京、天津、安徽绩溪、江苏宜兴和平衙、江苏江宁方山、江苏苏州忠王府、浙江金华、浙江绍兴等地都留下太平天国壁画遗迹，其中就有荷花壁画[②]（图 7-3-13）。

① 杜慧娥. 浅析大同华严寺大雄宝殿壁画内容及艺术价值［J］. 文博，2011（1）：78-81.

② 叶尚青. 中国花鸟画史［M］. 杭州：浙江人民美术出版社. 2015：370-371.

图 7-3-12　大同华严寺大雄宝殿题记下之荷饰

图 7-3-13　苏州忠王府后殿荷花鸳鸯壁画

图7-3-12引自杜慧娥. 浅析大同华严寺大雄宝殿壁画内容及艺术价值[J]. 文博, 2011(1): 81; 图7-3-13引自叶尚青. 中国花鸟画史[M]. 杭州: 浙江人民美术出版社, 2015: 371.

这一时期，藏文化中具有特色的唐卡绘画艺术形成了不同风格的画派，数量亦明显增多。唐卡的绘画艺术更趋成熟，表现在构图严谨，笔力精细，用笔细腻，风格华丽，构图讲究饱满。如《第八世司徒班钦•却杰迥乃自画像》绘制于 18 世纪，绘有多组莲花图案，其线条精细，着色淡雅，属工笔彩的画法。

（三）清代晚期版画

晚清民间的插图版画业颇为繁盛，许多文学故事、园林风景等方面的书籍均有插图。如小说《白鱼亭》有道光年间红梅山房刊本，此书八卷六十四回，插图四十幅，其中一幅为众女驾舟采莲的画面，单面版式（图 7–3–14 A）。除当时的小说配有插图外，这一时期的许多农书如《花史》《植物名实图考》《瓨荷谱》《治蝗书》等书中也均有插图（图 7–3–14 B）。

A

B

图 7-3-14　A. 清末小说《白鱼亭》中的采莲插图　B.《植物名实图考》中的莲藕插图

A引自周亮. 明清小说版画[M]. 合肥：安徽美术出版社，2015：231；B引自吴其濬. 植物名实图考·果类[M]. 刻本.

二、民国时期荷花绘画

民国时期的花鸟画形成中西融合与传统画派抗衡的局面[①]。时人或继承和发扬传统，熔诗、书、画、印于一炉，求索开拓；或将西方画技和艺术理念融入中国画中。关于荷花的绘画也是如此。

（一）北京、岭南、上海的写荷画家

北京地区写荷画家　民国时期，北京大学成立北大画法研究会，并聘请陈师曾、徐悲鸿等著名画家担任导师。研究会设国画和西画二科，且不时地举办画展及出版《绘学杂志》，获得较好的效果。另由金城、周肇祥等发起成立的中国画学研究会，其宗旨为“精研古法，博取新知”，参加成员有金城、周肇祥、陈师曾、王梦白、陈半丁等。

陈师曾（1876—1923），又名衡恪，号朽道人、槐堂，出身书香门第，祖父是湖南巡抚陈宝箴，父亲是著名诗人陈三立。陈师曾善诗文、书法，尤长于绘画、篆刻。其写意花鸟画近学吴昌硕，远宗明人徐渭、陈淳等大写意笔法，画风雄厚

① 叶尚青. 中国花鸟画史[M]. 杭州：浙江人民美术出版社，2015：370-371.

爽健，富有情趣。著有《中国绘画史》《中国美术小史》《中国文人画之研究》等。其《荷花图》立轴，构图别致，几片荷叶及两枝白莲由纤挺且修长的莲柄支撑着，凌空高挑，非常健爽。笔意放纵，竖勾横涂，有石涛的浑厚和沈周的风韵，但并不亦步亦趋（图 7–3–15）。

A B C

图 7-3-15 A. 陈师曾《荷花图》 B.《荷花》 C.《荷》

A引自闻玉智. 中国历代写荷百家[M]. 哈尔滨：黑龙江美术出版社，2001：211；B、C引自杨宏鹏，李东岳. 丹青锦囊：历代名家画荷花[M]. 郑州：河南美术出版社，2015：55–56.

金城（1878—1926），字巩北，一字拱北，原名绍城，号北楼，又号藕湖，原中国画学研究会会长，山水、花鸟皆能，兼工篆隶镌刻，旁及古文辞。写荷作品有《荷花蜻蜓图轴》，纸本设色，立意清新，构图空灵，一枝含苞欲放的荷花挺出水面，引一只蜻蜓飞来觅香；下首两片荷叶平展如蒲团，右侧用深青皴点出峭壁般的湖石，苍翠朦胧，渲染晨雾飘拂的湖景，使画面局部得以均衡，充满诗意（图 7–3–16 A）。

王梦白（1888—1934），名云，字梦白，号破斋主人，又号三道人，善花卉翎毛，喜写生。其写荷作品《池塘雅趣》，绘写池塘荷叶上的青蛙，全神贯注地盯住柳枝上的红蜻蜓，荷叶附近一群蝌蚪游来游去。构图新颖，意趣盎然（图 7–3–16 B）。

汤涤（1878—1948），字定之，号乐孙，亦号太平湖客、双于道人、琴隐后人，室名画梅楼等。年未弱冠而书画皆通，中年长居北京，与萧逊、王云同是民国年间北京画坛的重要画家。其写荷作品《荷花图》立轴，纸本设色，用大笔、花青淡绿，自右下斜出，寥寥数笔点染几片荷叶，其上以橙红勾画一朵红荷，饱满俊逸，意足神备（图 7–3–16 C）。他继承曾祖汤贻汾的画风，追求文人情趣，能独出心裁，而表现自己的面貌。

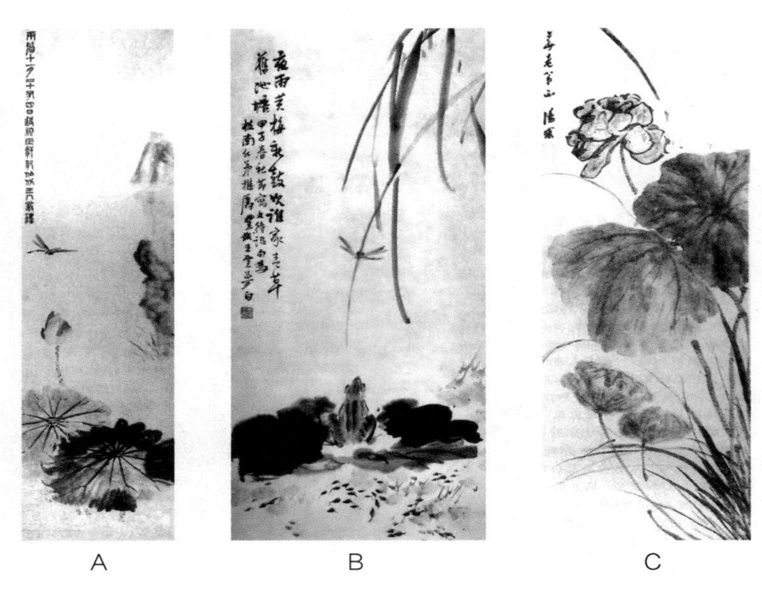

图 7-3-16　A. 金城《荷花蜻蜓图轴》 B. 王梦白《池塘雅趣》 C. 汤涤《荷花图》

A、B引自闻玉智. 中国历代写荷百家[M]. 哈尔滨：黑龙江美术出版社，2001：213，215；C引自杨宏鹏，李东岳. 丹青锦囊：历代名家画荷花[M]. 郑州：河南美术出版社，2015：62.

岭南地区写荷画家　岭南画派名家济济，英才辈出。高剑父与高奇峰、陈树人被称为“岭南三杰”。他们都留学日本，受西方绘画技法的影响，又吸纳日本画坛与东西方绘画创意，提倡融合西画以革新中国画，主张师法自然，强调写生，而反对一味模古之风。

高剑父（1879—1951），名仑，字剑父，以字行，与高奇峰、陈树人一起致力于中国画改革。他工山水、人物、翎毛、花卉以至草虫禽兽，无所不能。他大胆融合传统绘画多种技法，又借鉴日本画、西洋画，重视透视和立体感、设色大胆等表现技法，并注重写生，从而创立自己的新风格。写荷作品《白荷》为纸本设色，色彩鲜嫩素雅，用笔细腻不苟，形象生动逼真，借鉴了西画和日本画的光感技法，富有立体感。尤其是那莲瓣飘落在池面上而荡起的涟漪，层层扩散，微波起伏，光感效果极强（图 7–3–17）。

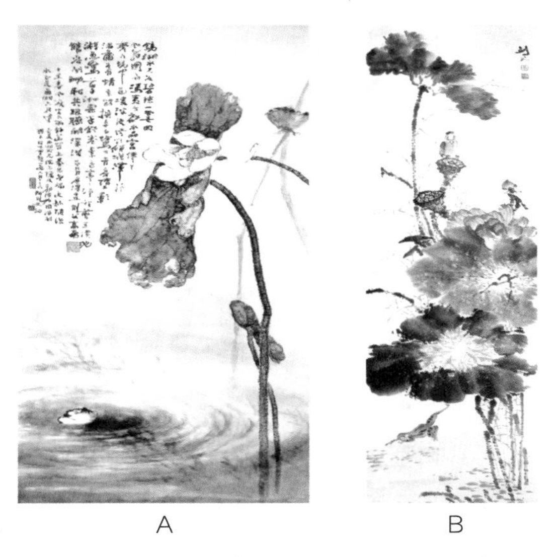

A　　B

图 7-3-17　A. 民国高剑父《白荷》 B. 民国高剑父《荷花翠鸟图》

A引自闻玉智. 中国历代写荷百家[M]. 哈尔滨：黑龙江美术出版社，2001：228；B引自番禺博物馆，广州美术馆. 番禺籍历代书画家作品集[M]. 广州：花城出版社，1997：97–98.

陈树人（1884—1948），号葭外渔子、二山山樵、得安老人，画风清新、恬淡、空灵，独树一帜。如写荷作品《夏日时光》运用没骨法，融合了勾花点叶法技巧（图 7–3–18 A）。

A　　B　　C

图 7-3-18　A. 陈树人《夏日时光》 B. 高奇峰《荷鸟图》 C. 叶少秉《荷花带雨飘》

引自番禺博物馆，广州美术馆. 番禺籍历代书画家作品集[M]. 广州：花城出版社，1997：123.

高奇峰（1889—1933），名嵡，字奇峰，以字行。他把传统的笔墨功夫，以及“撞水”“撞粉”等花卉画中的特殊技巧，运用于飞禽走兽和山水中，构成雄伟兼秀美的独特风格。其写荷作品有《荷鸟图》等（图 7–3–18 B）。

此外，写荷名家还有叶少秉（1896—1968），名在宜，字少秉，以字行，工于写生，被誉为“玫瑰王”。其写荷作品《荷花带雨飘》，几片荷叶及两朵荷花顺着雨势倾伏，其叶柄和花柄被风吹雨打后，向下弯垂，摇曳飘荡；荷叶上的雨水汇聚成白练向下倾泻飞溅，下方荷叶上的水珠荡漾成圆。构图新颖，别具一格（图 7–3–18 C）。

上海地区写荷画家 19 世纪的旧上海，被人称为“十里洋场”和“冒险家的乐园”。这时各地的艺术家都来上海闯荡，尤其以江浙地区的画家为多，各类绘画组织或团体也频频涌现，如海上题襟馆、金石书画会、艺苑绘画研究所、中国画会、白社、西泠印社、豫园书画善会等。这些组织团体常举办书画展、出版画集、组织观摩等，活动频繁，影响深远。写荷画家有吴湖帆、冯超然、张书旂等。

吴湖帆（1894—1968），初名翼燕，字遹骏，后更名万，字东庄，又名倩，别署丑簃，号倩庵，书画署名湖帆，与吴待秋、吴子深、冯超然并称为“三吴一冯”。善于画没骨荷花，写荷作品也不少，其中《香远益清》折面扇，纸本设色。全图着笔寥寥，仅见两枝红荷自右斜出，莲柄微倾，芦草散飘，水墨汪汪，呈现出荷塘晨露蒙蒙的画境（图 7–3–19）。

图 7-3-19　吴湖帆《香远益清》

引自闻玉智. 中国历代写荷百家[M]. 哈尔滨：黑龙江美术出版社，2001：235.

冯超然（1882—1954），名迥，号涤舸，别号嵩山居士，晚号慎得，工行草篆隶，骨力神韵并具，不论人物、仕女、山水、花鸟、昆虫、走兽，件件皆能。其写荷之作《荷塘清晓图》为折扇面，纸本设色，采用截取式构图，以花青点染残荷半片，朱红勾染鲜艳芙蓉一朵，清丽细致，文秀隽雅。该画运用主次、呼应、虚实及色调对比等手法，达到了情景交融的境界（图 7–3–20）。

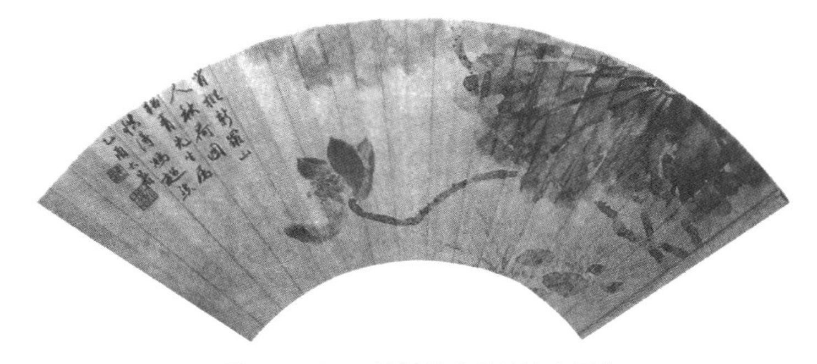

图 7-3-20　冯超然《荷塘清晓图》

引自闻玉智. 中国历代写荷百家[M]. 哈尔滨：黑龙江美术出版社，2001：229.

张书旂（1900—1957），原名世忠，字书旂，号南京晓庄、七炉居。善绘花鸟，取法于任伯年，作花鸟喜用白粉调和色墨，画面典雅明丽，颇具现代感。又得高剑父与吕凤子亲授，形成色、粉与笔墨兼施的清新流丽画风而独标一格，与徐悲鸿、柳子谷有“金陵三杰”之称。写荷之作《荷花翠鸟图》，采用粉技法而画成，用白粉勾涂的莲花晶莹纯净，清香四溢，达到惟妙惟肖、形神兼备的地步（图 7–3–21 A）。

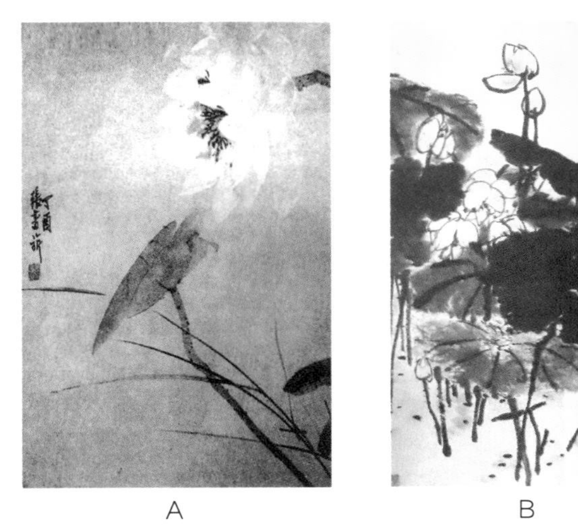

A　　B　　C

图 7-3-21　A. 张书旂《荷花翠鸟图》 B. 王震《墨荷图》 C. 丁宝书《荷花鸳鸯图》

A引自闻玉智. 中国历代写荷百家[M]. 哈尔滨：黑龙江美术出版社，2001：229，253；B引自李翰文. 中国传世花鸟画全集[M]. 北京：北京联合出版公司，2015：629；C引自闻玉智. 中国历代写荷百家[M]. 哈尔滨：黑龙江美术出版社，2001：209.

王震（1867—1938），字一亭，号白龙山人、梅花馆主、海云山主等，法名觉器，是海上画派代表人物之一。其画如《墨荷图》综合了任伯年和吴昌硕的特点，自成一家（图 7–3–21 B）。

丁宝书（1866—1936），字云轩，别署芸轩，号懒道人、幻道人。他笔下的花鸟草虫神态栩栩如生，色彩鲜明、雅纯，别具一格，所画鹦鹉、荷花尤佳。其写荷作品《荷花鸳鸯图》为立轴，纸本设色。构图下实上虚，中央是两株相竞盛放的荷花，其后为一株扶摇直上的芦苇，枝叶疏散，均衡着画面的结构。画幅左下是一对偎依的鸳鸯，其安闲的神态增添了画境的宁静感（图 7–3–21 C）。

（二）民国时期的壁画和版画

这一时期大规模的宫殿、寺观和墓室建筑基本停止，传统中国壁画失去依存的空间，也谈不上壁画中的荷文化了。版画及年画虽也呈衰微之态，但抗战期间，木刻版画在抗日救亡宣传活动中发挥了积极作用。著名版画家刘岘在延安鲁迅艺术文学院任教，培养了许多优秀的美术工作者，创作了大量反映抗战和边区军民生活的作品，其中木刻版画《荷塘袭敌》描绘了游击队员掩藏在荷叶丛中袭击日军，场面生动感人（图 7–3–22）。

图 7-3-22　现代版画家刘岘《荷塘袭敌》

引自化建国，高敏. 烽火燎原[M]. 郑州：河南美术出版社，2015：52.

（三）民国时期的漫画

漫画是以简练的手法，直接表露事物本质、特征的绘画，尤以讽刺与幽默见长。九一八事变后，国难当头，人民大众的爱国热情空前高涨，漫画界人士纷纷以画代笔，漫画创作空前繁荣。丰子恺的漫画富有浓郁的诗情画意，又饱含着深刻的哲理意蕴，耐人寻味。其作品《炮弹作花瓶，万世乐太平》作于民国三十四年（1945），类似炮弹的花瓶中插上一片荷叶、一枝荷花和一枝荷蕾。荷花是太平幸福的象征，作品虽简单明了，却蕴含哲理（图 7-3-23）。

图 7-3-23　丰子恺民国三十四年的漫画《炮弹作花瓶，万世乐太平》

引自丰子恺. 丰子恺漫画精品集［M］. 北京：中国青年出版社，2013：193.

三、中华人民共和国成立至 20 世纪 70 年代末的荷花绘画

中华人民共和国成立后，花鸟画的表现题材、方法、笔墨、意境均得到全方位的拓展和革新[①]。除了中国画外，其他画种如版画、年画、漫画等也得到了繁荣和发展。但这些在“文革”时都受到了冲击，写荷作品的创作也大受影响。

（一）中华人民共和国成立至“文革”期间写荷画家

黄宾虹（1865—1955），初名懋质，后改名质，字朴存，号宾虹，别署予向，擅画山水，为山水画一代宗师。精研传统与关注写生齐头并进，早年受“新安画派”影响，以干笔淡墨、疏淡清逸为特色，为“白宾虹”；八十岁后以黑密厚重、

① 叶尚青. 中国花鸟画史［M］. 杭州：浙江人民美术出版社，2015：392-396.

黑里透亮为特色，为“黑宾虹”。所作重视章法上虚实、繁简、疏密的统一；用笔如作篆籀，洗练凝重，遒劲有力，在行笔谨严处，有纵横奇峭之趣，尽显“黑、密、厚、重”的画风。其写荷作品有《荷花》（图 7–3–24）。

图 7–3–24　黄宾虹《荷花》

引自杨宏鹏，李东岳. 丹青锦囊：历代名家画荷花［M］. 郑州：河南美术出版社，2015：54.

齐白石（1864—1957），字渭清，号兰亭；后改名璜，字濒生，号白石、白石山翁等。近现代绘画大师，世界文化名人，擅画花鸟、虫鱼、山水、人物，笔墨雄浑滋润，色彩浓艳明快，造型简练生动，意境淳厚朴实。所作鱼虾虫蟹，天趣横生。他保留了以墨为主的中国画特色，并以此树立形象的骨干，而对花朵、果实、鸟虫等，往往施以明亮而饱和的色彩，将文人的写意花鸟画和民间泥玩具的彩绘构成一个新的艺术综合体。其写荷作品，画面构图简洁，流露出画家对日常生活情景的热爱和朴实深厚的人生体验，通过水墨和色彩把自己真挚的情感，质朴无华地熔铸于笔端（图 7–3–25）。

图 7–3–25　A. 齐白石《荷花鸳鸯》 B.《红荷》 C.《残荷》 D.《长年》 E.《瑞年佳期》

A、B引自何恭上. 荷之艺［M］. 台北：艺术图书公司，1990：60–61；C、D、E引自杨宏鹏，李东岳. 丹青锦囊：历代名家画荷花［M］. 郑州：河南美术出版社，2015：51–53.

张大千（1899—1983），原名正权，又名爰，字季爰，号大千，别号大千居士。其绘画、书法、篆刻、诗词均有一定造诣，画风工写结合，重彩、水墨融为一体，尤其是开创泼墨与泼彩，发展了中国画新的艺术风格。他爱画荷，也爱种荷，是中国写荷最多的画家，作品被徐悲鸿称为“为国人脸上增色”的“大千荷”。他通过与荷花朝夕相处，以其敏锐的观察力和高度的概括力，长期捕捉荷花的特征和瞬间的动态，然后用自己的审美感和艺术情趣加以提炼、夸张，使之寓意深刻，生机勃勃。其写荷作品可分三类：一是工笔荷；二是写意红荷和白荷；三是工笔与写意相结合的勾花点叶荷。这明显受明代周之冕勾花点叶画派的影响，荷花通敘红色，然后用泥金勾勒出轮廓线和花瓣上的细脉，使整朵荷花突显出来。这种“金丝荷花”，在他晚年画得最多（图 7-3-26）。

图 7-3-26　A. 张大千《红装照水》 B.《中秋网师园写荷》 C.《墨荷》 D.《荷花》 E.《荷花》 F.《荷花图》

A、B引自何恭上. 荷之艺［M］. 台北：艺术图书公司，1990：37，50；C、D引自杨宏鹏，李东岳. 丹青锦囊：历代名家画荷花［M］. 郑州：河南美术出版社，2015：70；E、F引自杨宏鹏，李东岳. 丹青锦囊：历代名家画荷花［M］. 郑州：河南美术出版社，2015：67-70..

陈之佛（1896—1962），又名陈绍本、陈杰，号雪翁，专攻工笔花鸟，于五代、宋、元写生花鸟之意境、气势、章法、造型、笔墨、设色极为用心，深得三昧，著有《陈之佛画集》《陈之佛工笔花鸟画集》等。其写荷作品有《秋塘冷露图》《秋荷白鹭》（图 7–3–27）。

A

B

图 7-3-27　A. 陈之佛《秋塘冷露图》 B.《秋荷白鹭》

引自何恭上. 荷之艺[M]. 台北：艺术图书公司，1990：74–75.

于非闇（1887—1959），原名魁照，后改名于照，字仰枢，别署非闇，又号闲人、闻人、老非，创作了《白荷蜻蜓》《红荷》《鸳鸯嘉藕》《烟波红莲》《白荷》《荷花图》等荷画。如《荷花图》造型严谨，线条挺拔有力，盛开的荷花富丽娇艳，招引蜂儿飞来飞去，画面在浓厚的装饰意味中，仍不乏盎然的生机，更显庄重典雅（图 7–3–28）。

图 7-3-28　于非闇《荷花图》

引自何恭上. 荷之艺[M]. 台北：艺术图书公司，1990：77.

刘海粟（1896—1994），原名槃，又名九，字季芳，号海翁，后改名海粟。现代杰出画家、美术教育家。早年习油画，苍古沉雄。兼作国画，线条有钢筋铁骨之力。后潜心于泼墨法，笔飞墨舞，气魄过人。晚年运用泼彩法，色彩绚丽，气格雄浑。他的泼彩荷花成为泼墨泼彩的保留题材（图 7–3–29）。

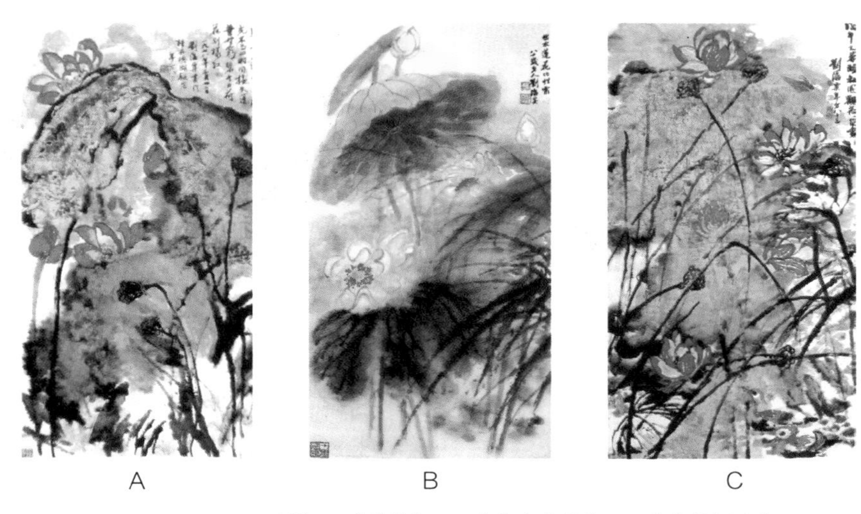
A　　　　B　　　　C

图 7-3-29　A. 刘海粟《荷花》 B.《出水莲花》 C.《荷花鸳鸯》

A引自叶尚青. 中国花鸟画史[M]. 杭州：浙江人民美术出版社，2015：432；B、C引自何恭上. 荷之艺[M]. 台北：艺术图书公司，1990：94–95.

潘天寿（1897—1971），字大颐，自署阿寿、寿者。现代著名画家、教育家。精于写意花鸟和山水，尤擅画鹰、蔬果及松、荷、梅等。落笔大胆，点染细心，墨彩纵横交错，构图清新苍秀，气势磅礴，趣韵无穷。每作必有奇局，结构险中求平衡，形能精简而意远。其写荷作品有《露气》《朝霞》（图 7–3–30）。

谢稚柳（1910—1997），原名稚，字稚柳，晚号壮暮翁，斋名鱼饮溪堂、杜斋、烟江楼、苦篁斋。江苏常州人。现代著名画家。早岁师从钱振学画，19 岁时倾心于陈老莲画风，后又直溯宋元，取法李成、范宽、董源、巨然、燕文贵、徐熙、黄筌及元人墨竹，1930 年起与张大千相过往，并追摹陈洪绶绘画。兼擅花鸟画，《莲塘鹡鸰》等作品入选第三届全国美展（图 7–3–31 A）。

陈半丁（1876—1970），即陈年，现代画家。家境贫寒，自幼学习诗文书画，拜吴昌硕为师。40 岁后到北京，初就职于北京图书馆，后任教于北平艺术专科学校。擅长花卉、山水，兼及书法、篆刻。写意花卉师承任伯年、吴昌硕，又师法陈淳、徐渭、石涛、李复堂、赵之谦诸家。临摹石涛等诸位前辈之画，画作几可乱真，故有“南方石涛”之称。其写荷作品有《花卉条屏》之《荷花》(图7–3–31 B)。

A　　B

图 7–3–30　A. 潘天寿《露气》　B. 潘天寿《朝霞》

引自叶尚青. 中国花鸟画史[M]. 杭州: 浙江人民美术出版社, 2015: 434–436.

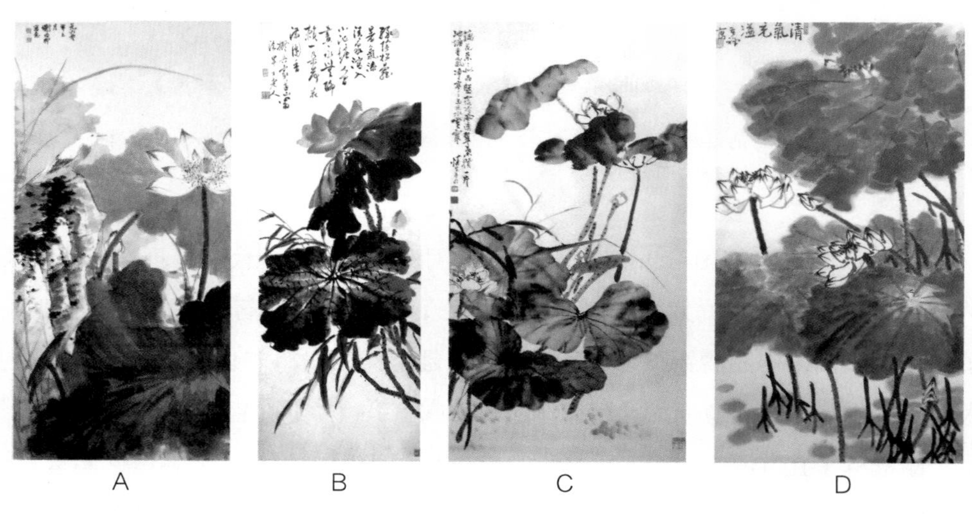

A　　B　　C　　D

图 7–3–31　A. 谢稚柳《莲塘鹡鸰》　B. 陈半丁《花卉条屏》之《荷花》
C. 汪慎生《墨荷图》　D. 李苦禅《清气充溢》

A、B引自叶尚青. 中国花鸟画史[M]. 杭州: 浙江人民美术出版社, 2015: 434–436; C、D引自杨宏鹏, 李东岳. 丹青锦囊: 历代名家画荷花[M]. 郑州: 河南美术出版社, 2015: 65, 71.

汪慎生(1896—1972)，名溶，以小写意花鸟画于北京画坛享有盛誉，民国时期同陈半丁、王雪涛等齐名。其写荷作品有《墨荷图》等(图7–3–31 C)。

李苦禅(1899—1983)，原名英杰，改名英，字超三、励公。擅画花鸟和鹰，晚年常作巨幅通屏。其写荷作品有《清气充溢》(图7–3–31 D)。

赵少昂（1905—1998），字叔仪，擅花鸟、走兽，继承岭南画派的传统，主张革新中国画。他的画能融汇古今，并汲取外国绘画的表现形式，同时又注重师法造化。其写荷作品有《碧水净无尘》《十里荷花阵阵香》（图 7–3–32）。

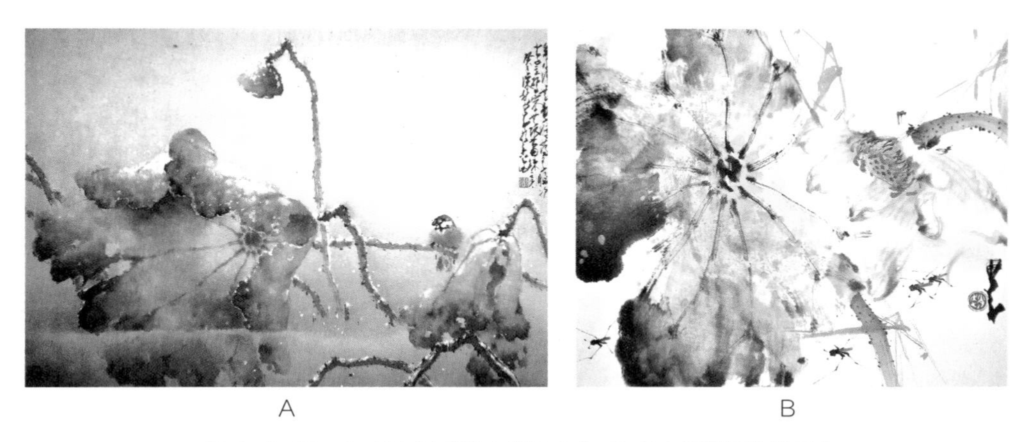

A　　B

图 7-3-32　A. 赵少昂《碧水净无尘》 B.《十里荷花阵阵香》

引自番禺博物馆，广州美术馆. 番禺籍历代书画家作品集［M］. 广州：花城出版社，1997：138–142.

黄幻吾（1906—1985），名罕，字幻吾，号罕僧，晚年称罕翁。他的花鸟画功夫独到，刻画真切，栩栩如生。其作品富有新意，能把水墨、彩色熔铸一炉，做到情调美、色彩美、构图美、形象美，达到“形神兼备，生机盎然，清新秀丽，雅俗共赏”的境地（图 7–3–33）。

A　　B

图 7-3-33　A. 黄幻吾《荷鸟图》 B.《荷花蜻蜓》

引自番禺博物馆，广州美术馆. 番禺籍历代书画家作品集［M］. 广州：花城出版社，1997：151–153.

陆抑非（1908—1997），名翀，初字一飞，1937年后改字抑非，别号非翁，又号苏叟。现代花鸟画家。写荷作品有《亭亭玉立苍波上》（图7-3-34 A）。

张其翼（1915—1968），字君振，号鸿飞楼主，当代花鸟画家。擅画各种禽鸟、猿猴等，兼工带写，独树一帜。写荷作品有《荷塘水禽》等（图7-3-34 B）。

王雪涛（1903—1982），原名庭钧，字晓封，号迟园。现代花鸟画家。历任北京画院院长、中国美术家协会理事、美协北京分会副主席。著有《王雪涛的花鸟画》等。写荷作品有《深夏荷塘》（图7-3-34 C）。

A　　B　　C

图7-3-34　A. 陆抑非《亭亭玉立苍波上》　B. 张其翼《荷塘水禽》　C. 王雪涛《深夏荷塘》

A、B引自杨宏鹏，李东岳. 丹青锦囊：历代名家画荷花［M］. 郑州：河南美术出版社，2015：77，82；C引自何恭上. 荷之艺［M］. 台北：艺术图书公司，1990：116.

陆俨少（1909—1993），又名砥，字宛若，擅画山水，兼作人物、花卉，书法亦独创一格。其写荷之作有《荷花》等（图7-3-35 A）。

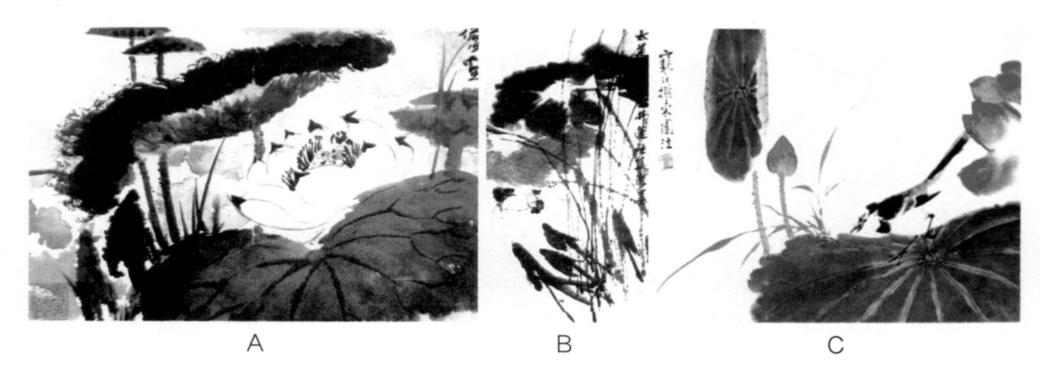

A　　B　　C

图7-3-35　A. 陆俨少《荷花》　B. 郭味蕖《太华峰头玉井莲》　C. 江寒汀《百花百鸟图》之九

A引自叶尚青. 中国花鸟画史［M］. 杭州：浙江人民美术出版社，2015：352；B引自闻玉智. 中国历代写荷百家［M］. 哈尔滨：黑龙江美术出版社，2001：268；C引自叶尚青. 中国花鸟画史［M］. 杭州：浙江人民美术出版社，2015：467.

郭味蕖（1908—1971），原名忻，后改慰劬、味蘧、味蕖，晚号散翁，堂号知鱼堂、二湘堂、疏园等。擅花鸟兼及山水，所作融会诸家，以工带写，画风清丽活泼，生动自然。其写荷作品《太华峰头玉井莲》，画面摄取池一角，右侧蒲草顶天立地，上端几片荷叶占左右画面，一朵白莲斜插画中，下重的花冠均衡了左下端的空白，然又以刚健的阔笔点簇数片蒲叶，稍显纷杂但颇有气势（图 7–3–35 B）。

江寒汀（1903—1963），原名荻、庚元，笔名江鸿，石溪，号寒汀居士。擅长花鸟画，对双钩填彩、没骨写生，均所擅长。尤对任伯年、虚谷画艺潜心揣摩，系统研究，以至于他临摹任伯年、虚谷的作品达到以假乱真的程度，在画坛上有“江虚谷”的美誉。其《百花百鸟图》册页中一百种花配绘一百只鸟，画中的花和鸟各具姿态，变化自然（图 7–3–35 C）。

唐云（1910—1993），字侠尘，别号药城、药尘、药翁、老药、大石、大石翁。擅长花鸟、山水、人物，可谓诗、书、画皆至妙境。花鸟取法清代八大山人、金农、华嵒诸家，抓住特点大胆落墨，细心收拾，笔墨上能熔北派的厚重与南派的超逸于一炉，清丽洒脱，生动有效。写荷作品有《荷花》《为见游鱼莲叶底》（图 7–3–36）。

A　　　　B

图 7–3–36　A. 唐云《荷花》　B.《为见游鱼莲叶底》

引自杨宏鹏，李东岳. 丹青锦囊：历代名家画荷花［M］. 郑州：河南美术出版社，2015：78–79.

此外，在近现代花鸟画家中，如刘奎龄、李鹤筹、李可染、叶浅予、杨善深、程十发、俞致贞、冯今松、侯及名、启功、李自强、鲁风等，也都留下许多绘荷作品。

（二）中华人民共和国成立至 20 世纪 70 年代壁画和版画

中华人民共和国成立后，党和政府十分重视文化建设，壁画也开始受到重视。

这时的美术院校开设壁画课，并派遣留学生出国学习壁画艺术。新建的公共建筑中，如宾馆、酒店、展览馆等建筑墙体开始绘制壁画，其中的花鸟题材就包括荷花。这一时期的版画追求突出政治色彩，在题材上彻底摈除世俗审美情趣的作品，注重重大题材表现和对工农兵英雄形象的塑造，如郭沫若《百花齐放》中的“荷花”木刻版画，由著名版画家刘岘所作（图 7–3–37）。

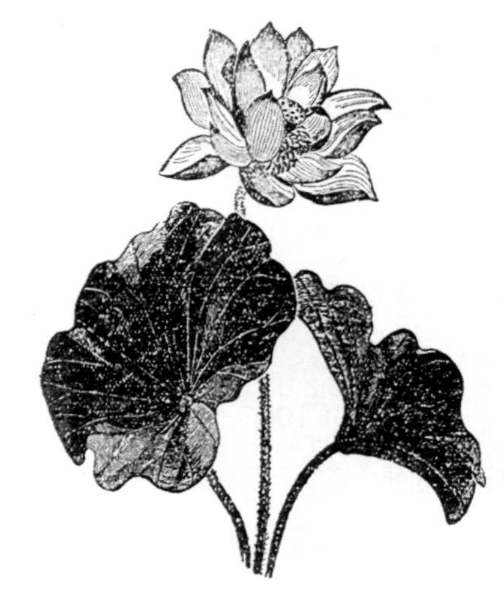

图 7-3-37　现代刘岘《荷花》

引自郭沫若. 百花齐放［M］. 上海：上海文艺出版社，1959：29–30.

（三）中华人民共和国成立至 20 世纪 70 年代漫画

中华人民共和国成立后，漫画创作出现新高潮。1950 年创刊的《漫画》月刊，对提高漫画的思想和艺术水平、培养青年漫画作者均做出贡献。这一时期的著名漫画家有华君武、廖冰兄、方成、米谷、丁聪、张乐平、王成喜、英韬、江有生、李滨声、朱宣咸等。漫画内容主要对社会上的不正之风和人民内部的错误思想进行揭露和批评，也有以荷花为题材的漫画，如丰子恺的《藕》《莲花生沸汤》幽默有趣，生动感人（图 7–3–38）。李滨声也有《荷花市场》漫画（图 7–3–39）。

A

B

图 7-3-38　A. 丰子恺《藕》　B.《莲花生沸汤》

图 7-3-39　李滨声《荷花市场》

图7–3–38A引自丰子恺. 丰子恺全集 · 美术卷［M］. 北京：海豚出版社，2016：171；图7–3–38B引自丰子恺. 丰子恺全集 · 美术卷. 北京：海豚出版社，2016：162；图7–3–39引自李滨声. 燕京画旧全编［M］. 北京：中华书局，2017：315.

第四节　一鹭莲升：荷花与工艺

一、建筑荷饰文化

这一时期的荷花工艺品，如建筑、陶器、漆器、玉器、服装纺织、家具等，在水平、数量及规模上均不如以往。建筑中的荷饰工艺技法比前朝历代显得日趋贫乏，但民间建筑荷饰工艺仍丰富多彩。

（一）莲瓣纹藻井

清代晚期的建筑藻井，中心图案为混沌状态图案或二龙戏珠等，以莲纹为主体的藻井图案较为少见。民间各地的庙宇、祠堂、戏台等建筑藻井构图中，有一些莲花或莲叶组合图案。

平遥财神庙戏台建造于同治三年（1864），藻井属于叠涩式，即尺度较大的斗拱一层一层叠落、聚集成藻井的砌法。此藻井由五重八角井组成，由下到上依次向内收缩，最下面的一组由平板枋、额枋和每个角的垂莲柱组成（图 7-4-1 A）。藻井图案取材丰富，类型多样，寓意深刻，分为神兽和植物，后者包括莲花、莲叶、牡丹、菊花、花苞等。垂莲柱图案由雕刻的莲花花瓣和莲叶呈聚拢对称状，由基本型反转 180 度首尾相接。此柱头分上下两部分，并体现莲花的四个

A

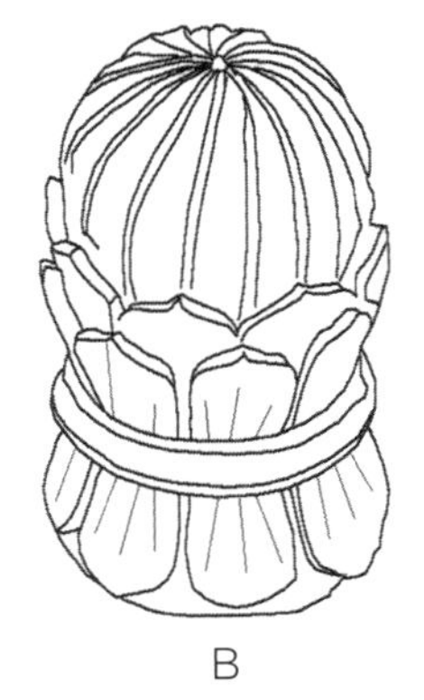

B

图 7-4-1　A. 山西平遥财神庙戏台藻井垂莲柱　B. 山西平遥财神庙戏台藻井垂莲柱（局部放大）

引自吕优. 平遥财神庙戏台藻井艺术特征考察[J]. 艺海，2013(6)：54-56.

生长过程，由刚开始的花苞到最后开花结果，基本构图一致，稍有微妙的变化。莲叶中间的一条横线显得柱头非常饱满有层次（图 7–4–1 B）①。

民国时期，在地方民间建筑中，仍保留着莲纹藻井的传统。陕甘宁边区虽然是窑洞，但内部装饰方面也有莲的构图。陕甘宁边区机器厂的前身是随中央红军长征到达陕北的红军兵工厂，厂房为石凿窑洞，由机房和宿舍窑洞构成。为了增加石窑内部的美观，石窑顶部凿出凹凸有致的莲花图案，这算是简易的藻井了②（图 7–4–2）。

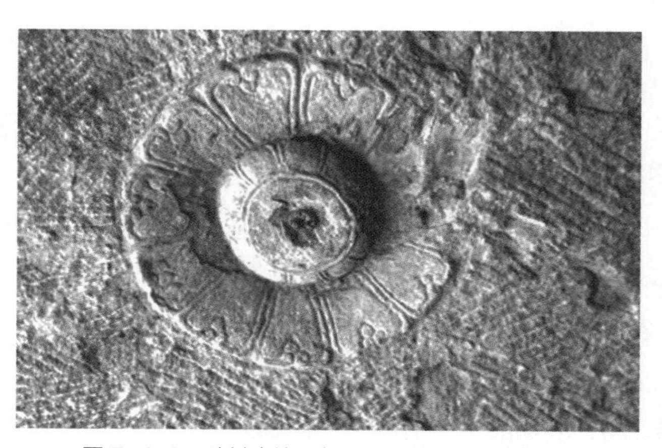

图 7-4-2　陕甘宁边区机器厂石窑顶部莲瓣藻井

引自王莉. 陕北近代建筑研究（1840—1949）[D]. 西安：西安建筑科技大学，2013：106.

（二）莲瓣纹瓦当

清代晚期的瓦当图案，以寿字及龙纹居多，慈禧重修颐和园时的遗存物可见莲纹瓦当（图 7–4–3）。南北各地的民间建筑瓦当、滴水、鸱吻等，在此时期比较少见莲瓣纹。但在云南本土瓦当中，植物纹瓦当数量最多，常见的题材有莲花、菊花、梅花、桃花、牡丹、山茶等。每一种花都有它相对应的花语，这些花语大多都带有吉祥如意的美好意蕴，体现了云南人民崇尚自然的生活理念③（图 7–4–4）。云南的莲花纹瓦当除纹饰设计形式丰富多变外，还是目前为止出土的云南瓦当中年代最为久远的瓦当纹饰，具有深远的历史文化意义。

---

① 吕优. 平遥财神庙戏台藻井艺术特征考察 [J]. 艺海，2013（6）：54-56.

② 王莉. 陕北近代建筑研究（1840—1949）[D]. 西安：西安建筑科技大学，2013：105-106.

③ 田云. 云南瓦当的装饰艺术研究 [D]. 昆明：云南艺术学院，2017：8-25.

图 7-4-3　清晚期颐和园莲纹瓦当

引自黄明哲. 皇家园林［M］. 北京：中国科学技术出版社，2015：82.

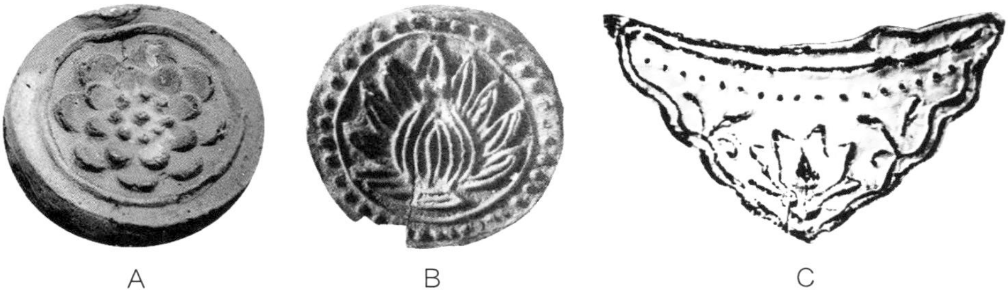

A　　　　B　　　　C

图 7-4-4　A. 清晚期昆明莲瓣瓦当　B. 清晚期昆明莲瓣瓦当　C. 清晚期昆明莲纹滴水

A、B引自詹霖. 云南瓦当［M］. 昆明：云南人民出版社，2017：41-43；C引自田云. 云南瓦当的装饰艺术研究［D］. 昆明：云南艺术学院，2017：24.

民国时期的建筑中，融合有许多西方建筑文化的元素，而传统的莲纹瓦当逐渐被兽纹、寿字瓦当所替代。目前所见，江苏近代建筑中保留有莲纹瓦当（图 7-4-5 A），此外，北京的四合院，山西的灵石王家大院、祁县乔家大院等，及西陲云南的一些民间建筑仍保留着前代莲纹瓦当装饰文化（图 7-4-5 B）。这些莲纹瓦当能较好地保存下来，实属不易。

中华人民共和国成立后，首都北京大兴土木，建起人民大会堂、革命历史博物馆、人民英雄纪念碑、民族文化宫、全国农业展览馆、北京火车站等大型建筑。受到苏联外来文化的影响，传统的莲纹瓦当装饰在这些大型建筑上就更少见了。

A

B

图 7-4-5　A. 民国时期南京莲纹瓦当　B. 民国时期云南莲纹瓦当

A引自刘先觉，王昕. 江苏近代建筑[M]. 南京：江苏科技出版社，2008：256；B引自詹霖. 云南瓦当[M]. 昆明：云南人民出版社，2017：42.

（三）莲瓣纹建筑构件

清代晚期构件上的莲纹装饰丰富多彩。如穿廊上的斗拱、额枋、雀替等处的木刻，以及柱础石、墙基石等装饰，形式多种多样，工序精巧，雅致大方，绚丽华美。清代晚期岭南潮州地区的揭阳文庙至今保留完整，其大成殿前廊左、右侧上由莲托木构件托起梁架①（图 7-4-6）。山西灵石王家大院的高家崖建筑群由静升王氏十七世孙王汝聪、王汝成兄弟俩修建于嘉庆元年（1796）至嘉庆十六年（1811），采用莲纹建筑构件较多，内容丰富，展示了王氏家族的治家理念。翼拱是一种建筑木构件，在表现内容上有四季花卉翼拱、文玩清供翼拱、瓶鼎彝尊翼拱等；从外观上有方形、曲线形和任意形等。翼拱的左右形态以对称形为主，有的形态对称但内容有别。王家大院的翼拱大多数为镂空雕刻，其翼拱上镂空雕刻荷花荷叶，而整个外观如鸟张开双翼凌空飞翔，栩栩如生，成为王家大院一道亮

图 7-4-6　广东揭阳清代文庙大成殿前廊右侧的莲托木构件

引自郑红. 潮州传统建筑木构彩画研究[D]. 广州：华南理工大学，2012：246.

① 郑红. 潮州传统建筑木构彩画研究[D]. 广州：华南理工大学，2012：245-246.

丽的风景（图 7–4–7）[①]。

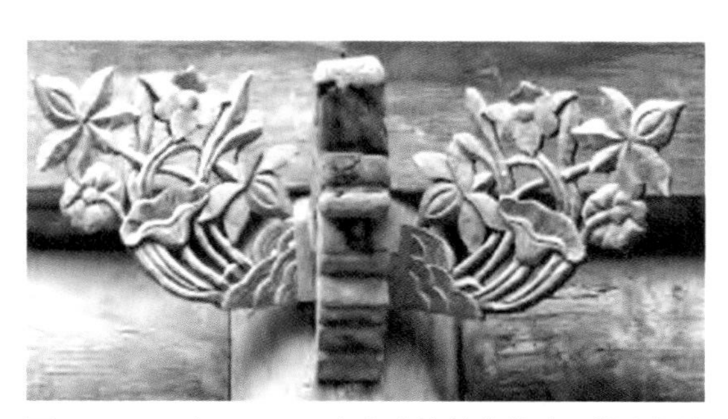

图 7-4-7　山西灵石王家大院的荷花荷叶翼拱木构件

引自魏艳萍，徐永义．山西王家大院古民居建筑群建筑装饰艺术探究［J］．建材技术与应用，2015（5）：38.

民国时期，南京的建筑装饰堪称衔接中华传统建筑装饰与近代装饰设计的中间环节，建筑构件中如柱础、斗拱、额枋、雀替等也饰以莲瓣纹。南京国民革命阵亡将士公墓纪念塔，始建于 1931 年，是整个建筑群最高的建筑。塔高九层，塔的底层拱券门做成圜门券石券脸，券脸石雕刻宝相花饰。塔身底部雕刻成清式须弥座形制，上下枭雕刻仰覆莲瓣，束腰部分雕刻宝相花饰[②]。而南京灵谷寺（国民革命阵亡将士公墓所在地）“大仁大义”石牌坊，牌楼的夹杆石立在雕有覆莲的噙口石上。还有玄武湖南岸九华山上的三藏塔，建于 1943 年，是一座舍利塔，为安葬唐代高僧玄奘法师灵骨而建造；塔拱门墙壁中央以混凝土雕出卷草纹，底层正中莲花须弥座上供奉石质舍利函。

在北方的山西，阎锡山故居东花园三院弥须座石雕墙础饰以 20 多幅莲瓣图案，东花园水池亦饰有莲瓣[③]。在南方地区的民国建筑上，莲饰出现较多（图 7–4–8）。民国后期，福建泉州永春县著名商人李武宗的李家大院是闽南民居建筑的典型代表作，堪称闽南建筑技艺的活化石。在李家大院建筑构件中，水车垛是闽南建筑特有装饰部位，主要位于檐口下方或山墙“鸟踏”等部位，为建筑立面水平装饰带。其装饰带内装饰内容丰富，色彩充满地域特色，风味浓厚，多以

① 魏艳萍，徐永义．山西王家大院古民居建筑群建筑装饰艺术探究［J］．建材技术与应用，2015（5）：33–38.

② 槐明路．南京民国建筑的装饰装修艺术研究［D］．南京：东南大学，2009：27–31.

③ 王春芳．中西交融的阎锡山故居［D］．太原：太原理工大学，2006：30–31.

荷花为题材（图 7-4-9）[①]。

A

B

图 7-4-8　A. 民国时期广州达保罗医院的垂莲柱
B. 民国时期连云港原东亚旅社大门柱头上饰以莲瓣

A引自赵芸菲. 广东近现代民族形式建筑彩画饰面研究[D]. 广州：华南理工大学，2013：42；B引自刘先觉，王昕. 江苏近代建筑[M]. 南京：江苏科技出版社，2008：369.

图 7-4-9　民国后期闽南泉州李家大院水车垛的荷饰

引自张晓慧. 民国后期闽南民居建筑装饰艺术研究——以永春李家大院为例[D]. 福州：福建师范大学，2014：29.

中华人民共和国成立后，建筑师们采取创新与传承的对策，使莲纹的装饰效果达到理想化。北京人民大会堂的柱头和柱础的处理原则是另起炉灶，既不是西洋古典五柱式的装饰形式，也不是传统木构的柱头卷杀，而是另有创新。通过和工艺美院的艺术家合作，柱头的装饰为向上翻卷成束莲瓣的形式[②]（图 7-4-10）。

① 张晓慧. 民国后期闽南民居建筑装饰艺术研究——以永春李家大院为例[D]. 福州：福建师范大学，2014：29-33.

② 姜娓娓. 建筑装饰与社会文化环境——以20世纪以来的中国现代建筑装饰为例[D]. 北京：清华大学，2004：159-161.

图 7-4-10　北京人民大会堂柱础莲瓣纹由传统母题覆莲纹处理而成

引自姜娓娓. 建筑装饰与社会文化环境——以20世纪以来的中国现代建筑装饰为例[D]. 北京：清华大学，2004：160.

（四）建筑莲纹彩画

清代晚期，建筑彩画由原来普遍用天然矿物质颜料，逐渐改为用现代化工颜料，使得建筑彩画整体效果，由原来的稳重、素雅、柔和变成了强烈对比。清末宫廷建筑彩画绘于同治或光绪年间，也保留有部分乾隆时的彩画。慈禧太后对苏画特别偏爱，将其居住过的宁寿宫等处的彩画均改作苏式彩画（图 7-4-11）。

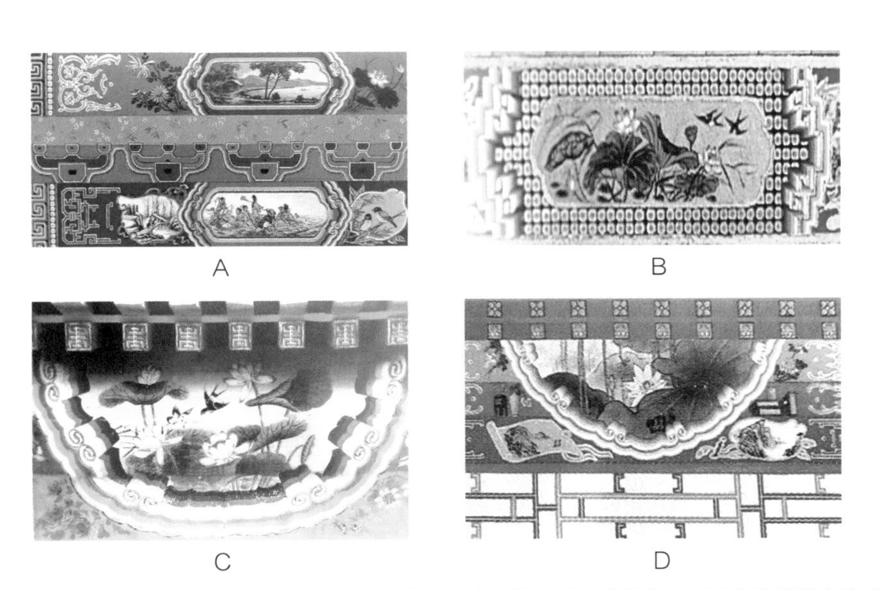

图 7-4-11　A. 清晚期枋心苏式彩画荷花及八仙过海（何仙姑手持荷花） B. 清末挂檐枋心苏式彩画荷花　C. 清时苏式彩画包袱荷花（马炳坚等摄） D. 清末宫廷苏式荷花彩画

引自何俊寿. 中国建筑彩画图集[M]. 天津：天津大学出版社，1999：59，62，131，72.

民国初期的建筑彩画，一方面继承清时的传统技法，另一方面有所创新。最初的新式彩画在摸索中尝试，格局定式上变化较小，图案套用宋、元、明、清式传统彩画及纹饰，变化不大。使用的色彩在内外檐上稍有区分，尤其是室内部分，在色彩运用上不太注重环境和使用功能，色调较为沉闷。外檐则多以传统彩画的纹饰另行组合而成，这是新式彩画的特点。新式彩画没有严格的等级规定，不受传统法式的约束，根据不同环境、部位、功能的需要设计施绘，表现手法灵活多样，一般以用金量多少、线条与设色层次繁简来区分级别（图 7-4-12）[①]。

图 7-4-12　民国初期新式莲瓣彩画

引自何俊寿. 中国建筑彩画图集［M］. 天津：天津大学出版社，1999：93.

中华人民共和国成立后的建筑彩画有了很大发展变化。这时的彩画在纹饰表现和色彩运用等方面都有了很大创新，大大推动了建筑彩画的发展。同时，传统的莲纹彩画亦渐渐消失。

二、莲饰石雕、砖雕、木雕

到了晚清，石雕、砖雕、木雕中莲饰文化仍沿袭了前代的技艺和风格。山西灵石王家大院的三雕技艺有目共睹，如石雕“鱼戏莲”、莲瓣柱础，砖雕“莲生贵子”及敦厚宅正门影壁拱眼砖雕莲花，木雕“鱼穿莲”“荷叶生子”等，这明显是受到佛教及儒家文化的影响[②]。此外，山西祁县乔家大院、榆次常家庄园，及一些江南民间建筑，也有三雕莲饰（图 7-4-13）。

① 何俊寿. 中国建筑彩画图集［M］. 天津：天津大学出版社，1999：90-91.

② 梁小民. 游山西话晋商［M］. 北京：北京大学出版社，2015：116-119.

图 7-4-13　A. 清晚期山西王家大院石雕“鱼戏莲”　B. 清晚期山西常家庄园影壁砖雕“莲塘图”
C. 清晚期山西王家大院木雕“鹭鸶采莲”　D. 清晚期山西王家大院木雕“垂莲”(李尚志摄)

民国年间，三雕莲饰延续着清代的传统技艺。现在江苏南京仍保存许多莲瓣纹石雕，如中山陵牌坊四柱的上、下端，华表，狮子座等均雕刻有莲瓣纹（图 7-4-14、图 7-4-15）。宁夏西吉县砖雕在继承传统艺术的同时，还吸收了伊斯兰文化艺术的特色，形成自己独立的艺术风格。某些砖雕纹饰图案取材于莲、牡丹等花草，创造出清净无欲的意境[①]（图 7-4-16 A）。甘肃临夏砖雕作品的题材也以莲、菊、石榴等花木为多（图 7-4-16 B）。

中华人民共和国成立后，随着建筑材料的现代化，莲纹或莲造型的石雕和砖雕行业不如过去。但木雕、竹雕等技艺在沿袭传统的技艺上，进一步创新发展。如周汉生创作的竹质高浮雕《莲塘牧牛图笔筒》及黄佳骏创作的玉雕《三蛙笔洗》等作品（图 7-4-17）。

① 王辉. 中国古代砖雕[M]. 北京：中国商业出版社，2015：122-123.

图 7-4-14　南京中山陵牌坊柱上、下端雕刻的莲瓣纹

图 7-4-15　南京中山陵石狮座上的莲瓣纹

引自张燕. 南京民国建筑艺术［M］. 南京：江苏科技出版社，2000：53，106.

A　　B

图 7-4-16　A. 宁夏西吉民国时期莲花砖雕　B. 甘肃临夏民国时期莲瓣纹砖雕

A引自王辉. 中国古代砖雕［M］. 北京：中国商业出版社，2015：123；B引自伍英. 中国古代雕刻［M］. 北京：中国商业出版社，2015：135.

A　　B

图 7-4-17　A. 20 世纪 70 年代的竹雕《莲塘牧牛图笔筒》（周汉生作品）
B. 20 世纪 70 年代的玉雕《三蛙笔洗》（黄佳骏作品）

A引自上海工艺美术博物馆. 上海工艺美术研究所60周年作品集［M］. 上海：上海人民出版社，2016：155；B引自王世襄. 竹刻艺术［M］. 北京：生活 · 读书 · 新知三联书社，2013：164.

三、莲饰陶瓷

清代晚期以来，陶瓷业生产规模逐渐下降。这时开始流行一种水墨与淡赭并用的绘瓷技法，即“浅绛彩”①。由清道光年间陶瓷艺人王炳荣创作的“一鹭莲升”瓷雕，是一件绿釉浮雕花鸟纹盖罐，其盖上以卷纹和火焰纹堆饰，器身装饰无论是水中的莲花还是白鹭，均在器面上微微凸起，形成一种浅浮雕装饰，全器内外全罩饰绿釉（图 7–4–18 A）。清道光年间出品的釉里红莲塘鸳鸯纹大缸，通体以釉里红绘纹饰，口沿下依次绘回纹、云蝠纹、莲塘鸳鸯纹等，花瓣饱满，莲叶脉络清晰，鸳鸯神态悠闲，且生动自然（图 7–4–18 B）。

A

B

图 7–4–18　A. 清道光年间的瓷雕“一鹭莲升”（王炳荣创作）　B. 清道光釉里红莲塘鸳鸯纹大缸

A李尚志摄于广东汕头博物馆；B引自叶佩兰. 古瓷收藏鉴赏宝典［M］. 香港：中华书局（香港）有限公司，2007：167.

同治朝是陶瓷业浅绛彩技法的繁盛期，浅绛绘名家辈出，浅绛彩装饰也得到空前发展，足可媲美纸绢绘画。此时产品基本囊括了晚清以前所有的传统器型，既有仿古，亦有创新。如荷叶式盖罐、加铜质提梁的茶壶等器型均为新创。清光绪朝出品了青花缠枝莲纹天球瓶、粉彩莲花纹盘等精品（图 7–4–19）。光绪末年至宣统时期，景德镇窑研究新法，技术上有所提高，品质样式方面都有改良，但终因时局混乱、经费不足，支撑不了而归于失败。故这一时期所留下的莲纹瓷器数量不多，至今为稀品。

① 梁基永. 中国浅绛彩瓷［M］. 北京：文物出版社，2000：2–3.

A
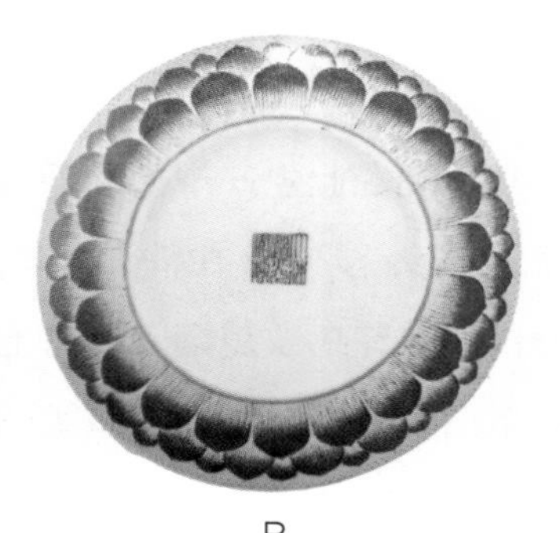
B

图 7-4-19　A. 清光绪青花缠枝莲纹天球瓶　B. 清光绪粉彩莲花纹盘

A李尚志摄于江苏扬州博物馆；B引自曹淦源，巴德伟. 陶瓷纹样鉴赏[M]. 北京：印刷工业出版社，2012：149.

民国时期，陶瓷装饰的形式除传承前朝技艺外，还受到西方国家的影响，从而呈现出多样化的特征。到 20 世纪 20 年代后因新粉彩大量盛行，浅绛彩逐渐退居次要地位；民国后期又有了洋彩，其颜色鲜艳，绘画手法简单，先由德国输入，后由日本引进。20 世纪二三十年代中国自行研制洋彩颜料，此后洋彩便在全国迅速发展起来①。洋彩装饰便于陶瓷生产，为陶瓷釉上彩绘新发展提供了必备条件，使得装饰形式越来越多样化，于是出现以洋彩颜料制作的瓷用贴花纸、腐蚀金、刷花、喷花、绘制瓷像、墨彩等多种装饰形式。贴花连年有余图笔筒、青花鸳鸯莲花罐、粉彩女童持荷瓷茶壶等对此有所体现（图 7-4-20）。

A

B

C

图 7-4-20　A. 民国贴花连年有余图笔筒　B. 民国青花鸳鸯莲花罐
C. 民国粉彩女童持荷瓷茶壶

A引自吴秀梅. 民国景德镇制瓷业研究[D]. 苏州：苏州大学，2009：126；B引自杨坚平. 潮州民间美术全集·潮州陶瓷[M]. 汕头：汕头大学出版社，2001：44；C李尚志摄于杭州博物馆.

① 吴秀梅. 民国景德镇制瓷业研究[D]. 苏州：苏州大学，2009：126-129.

中华人民共和国成立后，各地的陶瓷业逐渐得到恢复。江西景德镇以青花瓷、玲珑瓷、粉彩瓷及颜色釉瓷四大品牌闻名，尤其是粉彩瓷深受广大群众的喜爱。以莲为装饰题材制作的各种青花、粉彩，门类齐全，风格各异，既有大型花瓶，也有拇指般大小的瓷罐、杯、碗及盘；不仅有高雅贵重的陈列瓷，也有大众喜爱的日用瓷。作品构图新颖、层次分明、色调浑厚、笔力刚劲、画意生动，画面简练而富有装饰性。20 世纪 50 年代由河北邯郸制造的荷塘花鸟纹瓷盘，盘心绘粉彩荷塘荷花纹饰，盛开的荷花，深色的荷叶，一对鸟儿婉转鸣唱。画面庄重大方，色彩纯正高雅，层次丰富清晰（图 7–4–21 A）；50 年代后期由河北唐山出品的蝶恋花杯，杯面绘制荷蝶图，画工简练，色彩素雅（图 7–4–21 B）。

60 年代早期由湖南醴陵出品的莲花碗，胎质细腻，釉色莹润，制作精细，所绘莲瓣纹寓意美好（图 7–4–22 A）。60 年代景德镇制作的青花莲鱼盘，盘面通体青花满绘莲花和鲤鱼，盘沿书写“自力更生”，寓意自力更生，连年有余[①]。（图 7–4–22 B）。

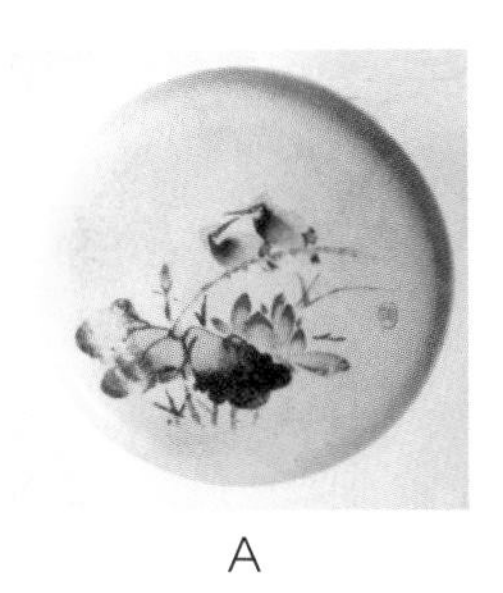

A

B

图 7-4-21　A. 20 世纪 50 年代河北邯郸荷塘花鸟纹瓷盘　B. 20 世纪 50 年代河北唐山蝶恋花杯

A引自崔晋新. 新中国瓷盘［M］. 北京：中国文史出版社，2013：50；B引自崔晋新. 新中国瓷杯［M］. 北京：中国文史出版社，2013：182.

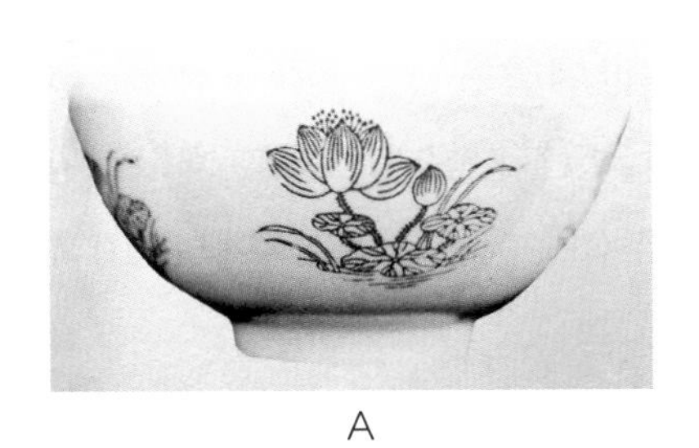

A

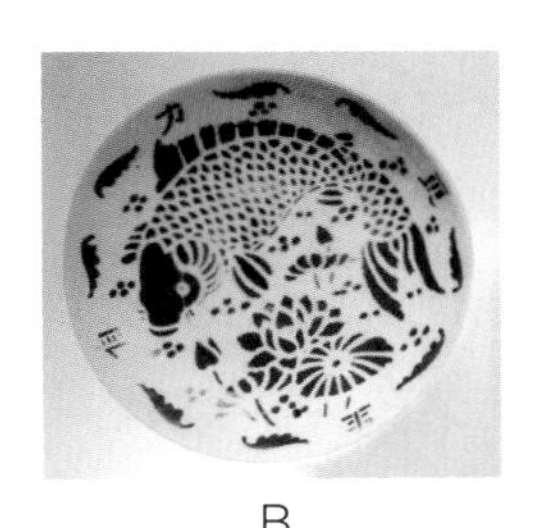

B

图 7-4-22　A. 20 世纪 60 年代湖南醴陵莲花碗　B. 20 世纪 60 年代景德镇青花莲鱼盘

A引自崔晋新. 新中国瓷碗［M］. 北京：中国文史出版社，2013：111；B引自崔晋新. 新中国瓷盘［M］. 北京：中国文史出版社，2013：94.

① 崔晋新. 新中国瓷盘［M］. 北京：中国文史出版社，2013：50–52.

“文革”期间瓷器装饰构图政治色彩较浓，莲饰瓷器仍时有出现。如华表下阿姨与儿童灯座，华表上莲瓣构图清新，艳丽醒目；少先队员手持红荷彩绘灯座，红艳圆润、玉肌水灵的荷花，象征着那火红的年代；夏赏绿荷池挂盘，盘面的红荷、碧盖、莲蓬以及叶下的鸳鸯，寓意吉祥，代表着美好的未来（图 7-4-23）。

A

B

C

图 7-4-23　A.“文革”时的华表下阿姨与儿童灯座　B.“文革”时的夏赏绿荷池挂盘　C.“文革”时的少先队员持荷灯座

引自樊建川.“文革”瓷器图鉴［M］. 北京：文物出版社，2002：331，226，330.

四、莲饰漆器

清代晚期漆器工艺呈现出衰退的趋势，但清末朝廷实行新政，对工艺品行业的发展起到一定的促进作用，漆器工艺也有所革新。北京的雕漆、苏州的髹漆、福州的脱胎漆器等在传统工艺的基础上进行了创新。如福州沈正镐制作的脱胎漆器莲花盘和茶叶箱，于 1898 年在巴黎世界博览会上荣获金牌奖。沈正恂制作的脱胎漆器古铜色荷叶瓶（图 7-4-24），以荷叶造型，瓶座饰以荷花、荷叶及花蕾，荷叶可卷可翻，随心所欲，变化自如，优美而又丰富，1910 年在美国圣路易斯博览会上荣获头等金牌。

民国时期，漆器工艺主要盛行于各地民间。就现存实物来看，这一时期漆器的造型及纹样装饰上少见莲纹。

中华人民共和国成立后，漆器行业获得了新生，中央及各级政府十分重视漆器的发展。扬州漆器在继承传统的技艺上有了创新发展，装饰题材以中国绘画、书法及传统的民族图案为主，莲纹成为扬州漆器装饰的传统特色（图 7-4-25）。

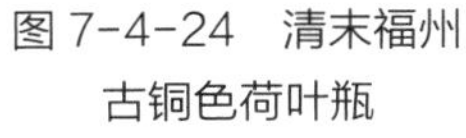
图 7-4-24　清末福州古铜色荷叶瓶

图 7-4-25　扬州漆画《荷香鸭肥》

图7-4-24引自徐民. 历史和现代的对接——清末漆器发展研究[D]. 南京：南京艺术学院，2011：13；图7-4-25引自李翔，梁白泉. 扬州漆器[M]. 南京：江苏人民出版社，2009：107.

五、莲饰金银铜器

清末金银器物种类繁多，造型也千变万化。现在故宫博物院所藏的金银器物，多数精品集锤鍱、掐丝、焊缀、镶嵌多种工艺于一身，纹饰精美，造型精巧，代表了这一时期金银器制作的最高工艺水平。在器物造型及纹样方面，以莲或莲纹、菊花纹等为多，如陈设于慈宁宫花园临溪亭内的清晚期银藕形香池，其功能与香炉相同，仅摆放燃香的方式有所区别，但制作精美，通体银质，整体是一段造型别致的莲藕（图 7-4-26）。清代晚期掐丝珐琅熏炉，熏炉下有莲瓣式高座承托，炉壁饰以折枝莲托、变体寿字，由鎏金铜片拼接组装而成，造型栩栩如生，整个

图 7-4-26　清晚期银藕形香池

引自文明. 慈宁宫花园[M]. 北京：故宫出版社，2015：350.

器物色彩绚丽，宫廷气息浓厚（图 7-4-27 A）。又如由蔡天赐提供的清末锡木制龙形烛台，以锡制成底座，上承莲花包木制台柱，锡制盘龙且加漆金，这是过去中上流家庭常用的礼器（图 7-4-27 B）。

A　　B

图 7-4-27　A. 清晚期掐丝珐琅熏炉　B. 清末台湾锡木制龙形烛台

A引自文明. 慈宁宫花园[M]. 北京：故宫出版社，2015：122；B引自简荣聪. 台湾民俗文物大观[M]. 台北："行政院"文化建设委员会，"国史馆"台湾文献馆，1997：160.

民国是近代金银器收藏丰富的时期。如荷花笔掭以写实的手法，表现出荷塘生态，荷叶舒展，莲蓬饱满，莲藕横卧底间，莲梗自然扶摇而上，荷叶、莲蓬相映成趣（图 7-4-28）①。而荷莲纹文房一组有荷莲纹兽耳如意三足香炉、荷莲纹苹果形水盂、荷莲纹壶形水滴和荷莲纹罐形水盂，造型十分规整，每件器具都錾刻以鱼子纹地，形成图案浅浮雕的效果。莲花、莲叶、花蕾、莲蓬等纹饰脉络清晰，锤鍱雕琢得逼真细致，清秀典雅，意趣恬淡，给人以稳重大方之感，是一组充满儒雅书卷之气的文房用具（图 7-4-29）。

中华人民共和国成立后，金银器及饰品延续传统技艺的同时，也在寻求创新。上海老凤祥银楼始建于晚清道光二十八年（1848），其金银器"精致时款金银首饰，中西器皿，宝星徽章，玲珑镶嵌，以及法蓝镀金，精致礼券，一应俱全"。②民国时，老凤祥在上海声名鹊起，影响甚广，为蒋氏家族、杜月笙等海上闻人、

① 狄连印. 银色余晖品味近代银质文房遗珍[J]. 收藏，2012(7)：89-92.

② 沈国兴. 镂金错彩老凤祥金银细工制作技艺[J]. 创意设计源，2011(3)：55-56.

图 7-4-28　民国时期银质荷莲笔掭

引自狄连印. 银色余晖品味近代银质文房遗珍[J]. 收藏，2012(7)：90.

图 7-4-29　民国时期银质“荷莲纹文房一组”

引自狄连印. 银色余晖品味近代银质文房遗珍[J]. 收藏，2012(7)：91.

达官贵胄制作多种金银器品。到 20 世纪 50 年代，上海市政府出资收购老凤祥，成立第一家上海国营金银饰品店。它先后为国务院、人民大会堂、上海中苏友好大厦等单位或部门制作银餐具、金银勋章、鎏金制品等；70 年代又制作如丹凤朝阳、百龙戏珠、持莲观世音等大型金银摆件[①]（图 7-4-30）。

图 7-4-30　20 世纪 70 年代上海老凤祥金银店制作的持莲观世音摆件

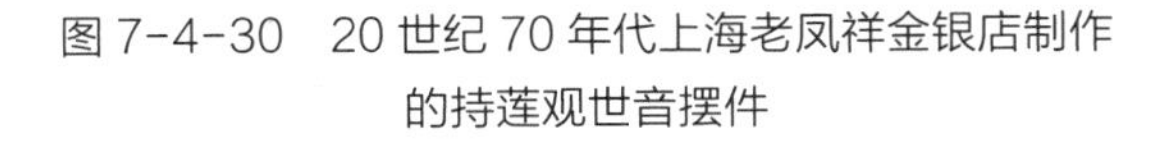

引自沈国兴. 镂金错彩老凤祥金银细工制作技艺[J]. 创意设计源，2011(3)：53.

① 沈国兴. 镂金错彩老凤祥金银细工制作技艺[J]. 创意设计源，2011(3)：55-56.

六、莲饰玉器

清代晚期传统玉器制作逐渐进入衰落期。清末，慈禧太后酷爱翡翠，翡翠玉雕兴起，翡翠开始融入中华玉器文化中。这时的莲饰玉器或以莲造型的玉器，不如以往那样镂雕精美圆润，图案设计或造型在沿袭前代的基础上，亦无创新。如清晚期的玉莲花插，主体由莲花、莲叶、莲蓬及湖石组成，莲蓬紧靠湖石，雕七粒莲子，莲叶内空，外琢叶脉，细致入微；右下侧雕一鸟，立于莲花之上，作回首状（图 7–4–31 A）。玉莲花钵为青玉，乃宫廷佛堂供器；钵底有一莲座，莲座内托一盆，外围雕 14 枚黄玉玉莲叶式花插，莲叶形束成筒；器底为足莲瓣，器口沿呈锯齿状，莲瓣上分别雕琢七佛，且有七佛偈语（图 7–4–31 B）。玉莲叶式花插为黄玉，莲叶形束成筒，中部缠绕绳一圈，莲叶柄盘于器底为足（图 7–4–31 C）。还有玉莲花式唾盂为青玉，局部有墨斑，沿口宽斜，呈碟状平张；琢成 16 瓣盛开的莲花形，颈部及足饰以俯仰莲纹，造型新颖别致，雕工精细，为贵族生活器具（图 7–4–31 D）。

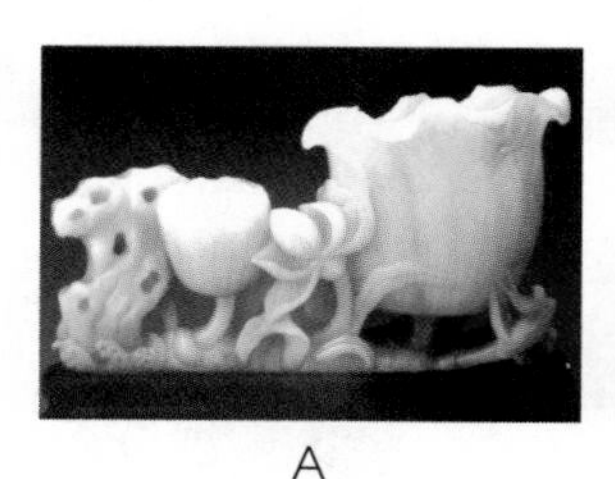
A

B

C

D

图 7–4–31　A. 清晚期玉莲花插　B. 清晚期玉莲花钵　C. 清晚期玉莲叶式花插　D. 清晚期玉莲花式唾盂

A、B、C引自王正雄. 山水堂藏玉［M］. 台中：台中县“文化局”，2002：62，141，65；D引自张广文，杨捷，赵桂. 玉器（下）［M］. 北京：商务印书馆，2006：29.

民国时期，社会用玉的质量层次差别不大，玉制品设计制作已进入市场化的销售渠道。这时所用的玉材种类出现多元化，如岫岩玉、青白玉等，各种玉材充斥市场，形成比较复杂的用料特征。民国期间，使用最多的就是岫岩玉。莲纹也是雕琢岫岩玉常用图案，如执荷童子图等。

中华人民共和国成立后，政府出于对玉器行业整合扩大生产的需要，将民间玉雕艺人重新聚集，成立合作社，再扩大为集体制玉器厂。当时，最著名的玉器厂包括北京玉器厂、上海玉石雕刻厂、扬州玉器厂和南方玉器厂。正是在翡翠玉石雕刻国营厂主导下，近代玉石雕刻艺术分化，形成多元化发展的格局。

七、莲饰家具

清代晚期的家具风格明显受到外来影响，如颐和园的部分家具。但在装饰题材上，大部分图案的组合仍沿袭传统，含有吉祥、富贵的寓意，采用象征、寓意、谐音、比拟等方法，颇具生活气息。以莲、荷等构图的家具很受喜爱（图7-4-32、图7-4-33）。

A

B

图 7-4-32　A. 清晚期扬州个园莲藕式座椅
B. 清晚期扬州个园莲藕式座椅扶手（局部放大）
（李尚志摄）

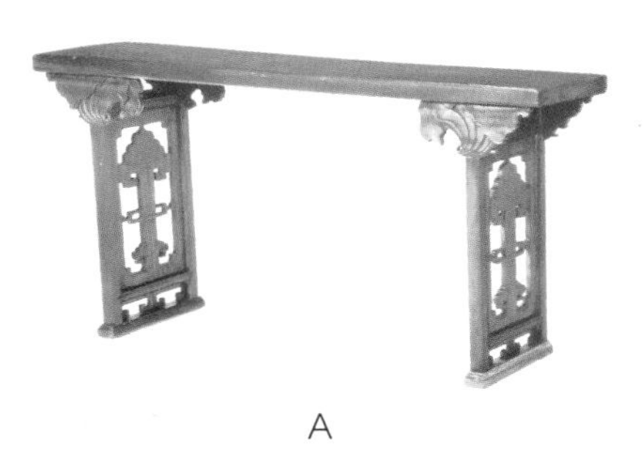
A

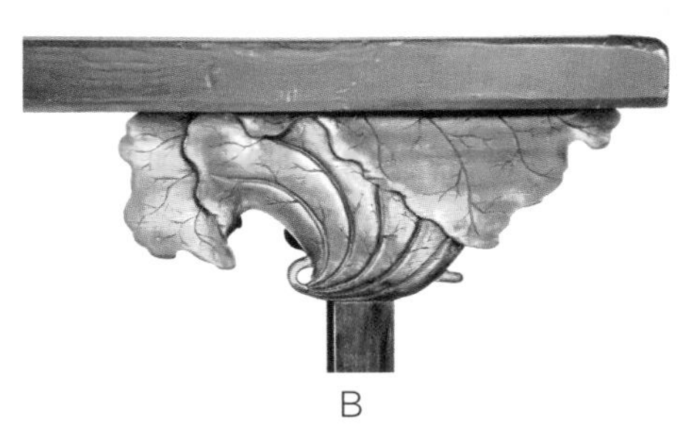
B

图 7-4-33　A. 清晚期红豆杉荷叶纹平案　B. 清晚期红豆杉荷叶纹平案（局部放大）

引自郑水镍. 香木凝晖[M]. 北京：故宫出版社，2015：22-23.

民国时期，西式家具流行，宫廷风格的家具也走入民间。这一时期家具装饰形式简化，由高档红木材质转向普通白木材质，体积增大，且式样吸取西洋家具的装饰风格，采用西式中做的手法，雕刻风格雄浑，曲线优美；家具中流行使用彩色玻璃和镀水银镜，用涡卷纹、垂花幔纹、夹穗纹和西番莲纹等雕刻装饰。在文化元素上，广东较早接触西方文化，故而广东红木家具从造型结构、雕刻图案到尺寸，都有挥之不去的西洋印记。从现存实物看，传统的莲瓣纹、牡丹纹等图案在广东家具上比较少见（图 7-4-34）。

A

B

图 7-4-34　A. 民国时期广东梅州莲饰座椅
B. 民国时期广东梅州莲饰座椅（局部放大）（由高锡坤提供）

中华人民共和国成立后，逐步建立起一批现代木器工厂，中国现代家具行业的发展迎来了高峰。但这一时期的家具造型简单，颜色单一，仅注重实用性和厚重感。“文革”又使蓬勃方兴的现代家具业受到冲击，莲饰家具更加少之又少了。

八、莲饰文房四宝

清末至民国时期，文房书斋中的笔、墨、纸、砚四宝，仍沿袭着前代的传统风格。相伴文房四宝而延伸的文房器具，则种类繁多、材质多样，情趣亦各异。就与笔相关的文具来说，有笔格、笔床、笔屏、笔筒、笔船、笔洗、笔掭等。香炉、袖炉、手炉、如意、扇坠、琴、剑等，也进入文人的书房成为清玩之物。如清晚期的竹雕荷花臂搁，正面浮雕荷花，其后荷叶舒展，角落处有菊叶数片，形象生动。还有清晚期的白玉鸳鸯荷花镇纸，鸳鸯口衔荷柄、荷叶和荷花分别卷垂两侧，身下卷边荷叶浮托，使鸳鸯隐现于荷叶之上。文玩中也有佛教题材，一种由黄杨木雕刻而成的佛像笔筒，菩萨坐于莲花座上，面容祥和，神情端庄，体态舒展；莲座上的莲瓣呈仰莲和覆莲状，刀工细腻流畅，用料十分考究，表达出佛的超然出世与慈悲众生的双重情怀（图 7-4-35）。

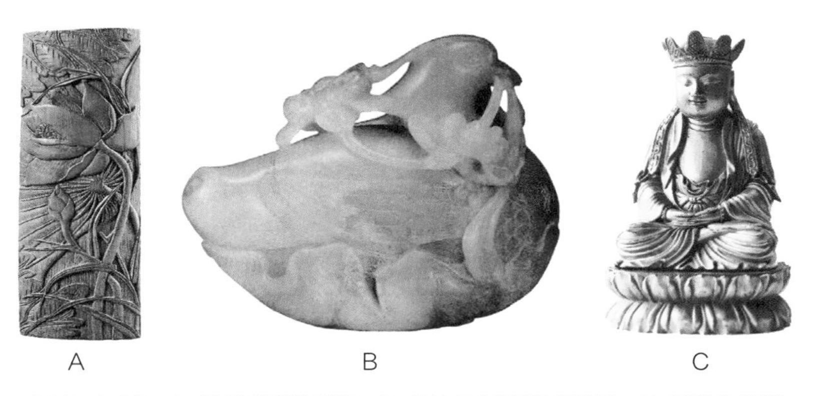

图 7-4-35　A. 清竹雕荷花臂搁　B. 清白玉鸳鸯荷花镇纸　C. 清佛像笔筒

A、B引自孙迎庆. 文房清供：文人雅客玩赏之物[J]. 东方收藏，2013(6)：41–42；C引自刘伟. 闲雅意趣——文玩清供与陈设收藏[J]. 室内设计与装修，2013(3)：127.

九、莲饰服装、刺绣及唐卡

（一）清代晚期

清代宫廷服饰，尤其是嫔妃的便服，许多均饰莲纹。同治年间明黄色直径纱绣品月万字地水墨荷花纹单氅衣，是清宫皇太后、皇妃的便服。这件氅衣面绣团簇荷花荷叶，布局疏朗；设色仿中国传统绘画水墨荷花风格，柔和雅致，晕色自然清秀；氅衣边饰绣白色荷花，为晚清的服饰风格（图 7-4-36）。光绪年间红色纳纱金银荷花纹单氅衣也是清宫后妃的便服。全衣平金银绣团簇荷花荷叶，布局

图 7-4-36　清同治年间明黄色直径纱绣品月万字地水墨荷花纹单氅衣

图 7-4-37　清光绪年间红色纳纱金银荷花纹单氅衣

引自殷安妮. 清宫后妃氅衣图典[M]. 北京：故宫出版社，2014：130，172.

疏朗，左右对称。这件氅衣饰多重衣边，从里到外饰织金三蓝蝴蝶绦、元青色纱绣银荷纹边、品月色万字曲水织金缎边，袖口饰白色纱绣荷花纹挽袖，绿色平金绣荷花纹边。此氅衣华丽的装饰风格彰显宫廷御用服饰的华贵，是清晚期后妃服饰中的精品①（图 7–4–37）。

清代晚期刺绣大量运用吉祥图案，莲纹图案相当流行。如晚清北京地区的荷花纹裁棱绣，先把布裁剪成所需要的图案，然后钉在绸缎布上，再按图案的需要画上色彩，这种工艺具较好的立体效果。这种绣品多以绿色为主色调，色彩鲜艳，使用的棱相对薄，工艺较精细。广东潮绣是一种平金绣，其部分颜色和针法均近似粤绣，但刺绣工艺相对粗糙（图 7–4–38）。

A

B

图 7-4-38　A. 清时北京裁棱绣荷花绣品　B. 晚清广东潮绣荷花鸳鸯绣品

引自李雨来，李玉芳. 明清绣品［M］. 上海：东华大学出版社，2015：89，100.

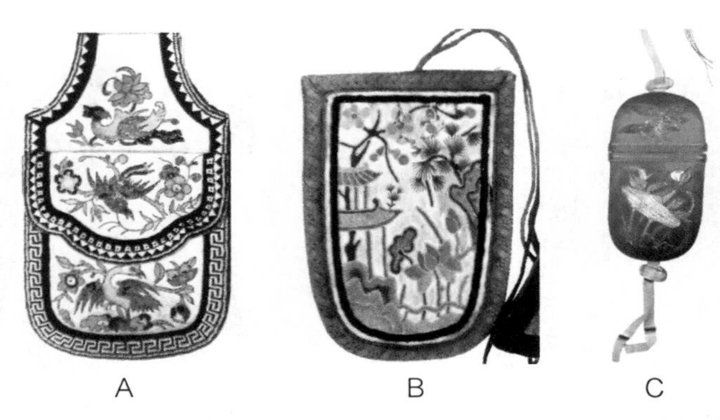
A　B　C

图 7-4-39　A. 清浙江多式绣荷纹钱荷包　B. 清浙江多式绣荷纹钥匙荷包
C. 晚清北京盘金绣荷纹眼镜袋

引自王金华. 中国传统服饰——绣荷包［M］. 北京：中国纺织出版社，2015：62，228，280.

① 殷安妮. 清宫后妃氅衣图典［M］. 北京：故宫出版社，2014：130–172.

清晚期的荷包纹饰有莲花、石榴、牡丹、鸟兽等，其中多数则饰以莲瓣纹。如浙江地区的多式绣钱荷包上，饰有莲、梅、海棠及鸟多种图案。苏杭地区流行的钥匙袋，上绣荷花、荷叶、小亭及其他花草。还有晚清北京盘金绣荷纹眼镜袋等，这些荷包绣品均设计巧妙，美观实用（图7-4-39）。

清代晚期唐卡绣品题材以藏传佛像为常见。如青海塔尔寺所藏的布画十八罗汉、绿度母等，十八罗汉唐卡的罗汉上方是祥云，下方则以写实手法饰数朵莲花及莲蕾。清代缂丝达摩佛像唐卡，原色半熟丝地，彩色纬丝织一红衣达摩立于白莲花之上，双手合十，身披蓝黄帔带，平视露胸，面色慈祥。织法以平织和钩织兼施，双子母经的运用相当纯熟，并辅以渲染补笔，增加了作品的艺术效果（图7-4-40）。

图7-4-40　晚清缂丝达摩佛像唐卡

引自香港市政局. 锦绣罗衣巧天工［M］. 香港：香港艺术馆，1995：343.

（二）民国时期

民国时期，由于当时西方服饰艺术大量传入中国，同时机器生产的洋布使用得日益广泛，趋洋趋新的观念推动了外来服饰风格的传播，也促进了中西服饰交流与融合。

如江苏民间收藏的彩绣高领长袄及绣花马面裙，袄裙上绣满花草，工艺精湛，长袄饰鸳鸯荷花这类象征男女永结秦晋之好的吉祥图纹。河南博物馆收藏的绣花长裤的裤脚处绣有荷花荷叶，花叶舒展流畅（图7-4-41、图7-4-42）。

这一时期的刺绣大致仍沿袭晚清的风格。在图案组织上采用独枝花、满地，适合图样布局，纹样也是牡丹、莲、菊等各类花卉与鸡、凤、蝶等动物的组合，寓意着吉祥、富贵，其针法的使用并无太大变化。如陕西宝鸡地区流行的鹭鸶戏莲刺绣图案、山东齐鲁民间艺术馆藏的刺绣鱼戏莲纹背心，都富有浓郁的生活气息（图7-4-43）。

图 7-4-41　民国时期江苏民间流行的彩绣莲花高领长袄

图 7-4-42　民国时期河南民间流行的莲饰长裤

引自高晓凌. 中国民间美术全集 · 穿戴编 · 服饰卷下［M］. 济南: 山东教育出版社, 1994: 168, 109.

A

B

图 7-43　A. 民国时期陕西宝鸡民间流行的鹭鸶戏莲刺绣
B. 民国时期山东民间流行的鱼戏莲刺绣背心

引自高晓凌. 中国民间美术全集 · 穿戴编 · 服饰卷下［M］. 济南: 山东教育出版社, 1994: 47, 111.

受西方服饰的影响，此时人们对荷包使用逐渐减少；但有不少地方仍保留这种传统习俗，如陕西民间使用的裁棱绣连生贵子褡裢荷包，上绣有荷花、荷叶及莲蓬，中间饰绣一童子，寓意连生贵子（图 7–4–44）。

这一时期，西藏唐卡绣品在承袭传统风格的同时，力求创新发展。如青海塔尔寺所藏的布画八世班禅丹白旺久和九世班禅曲吉尼马唐卡，画面均饰以莲花及莲座（图 7–4–45）。

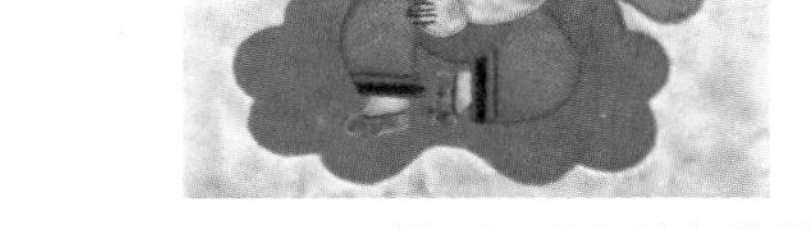

图 7-4-44　民国时期陕西民间流行的褡裢荷包　　图 7-4-45　九世班禅曲吉尼马唐卡

图7-4-44引自王金华．中国传统服饰——绣荷包［M］．北京：中国纺织出版社，2015：117；图7-4-45引自格桑本，刘励中．唐卡艺术［M］．成都：四川美术出版社，1992：179．

（三）中华人民共和国成立后到 20 世纪 70 年代末

中华人民共和国成立后，女性服饰由缤纷多彩转向简朴平实。“文革”期间，男女服饰日趋单调，更谈不上日常生活中的莲饰服装了。

刺绣与其他行业一样，得到了迅速的恢复和发展。许多地方为保持发扬当地的刺绣技艺特色，纷纷成立相应的研究机构，拨出专门的经费扶持推动刺绣技艺的整理研究和创新发展。1957 年苏州成立第一家苏州刺绣研究所，这是一个集研究、传承、生产和销售苏绣于一体的机构，下设创作设计室、针法研究室、情报资料室和刺绣实验工场等部门。1959 年 6 月，国务院副总理陈云在苏州考察时对苏绣发展作出重要指示：“苏绣是一种很高级的工艺品，但是我们还希望它成为大量的出口品。只有大量出口，才能更大量地发展它。一九五七年冬，我曾经提议刺绣合作社专门派人到外国去了解东欧与其他国家人民所喜欢的图案，现在仍然希望组成研究小组专门研究各国人民所喜爱的图案，以促外销。苏绣出口这一件事，所费原料不多，等于是劳动力出口，这是完全适合我国国情的，既有利于国家，又有利于民生，我这个想法希望终能实现。”（图 7-4-46）[①]20 世纪中叶，经过苏州刺绣研究所专家的搜集和整理，苏绣的基本针法从《雪宧绣谱》中的十八种发展至七大类绣法共计四十余种针法。特别是 1956 年由李娥英主编的

① 王欣．当代苏绣艺术研究［D］．苏州：苏州大学，2013：36-88．

《苏绣技法》，是对现代苏绣艺术技法的一个总结，对流失于民间的许多刺绣绝技加以系统研究和开发。从此，苏绣刺绣的针法内容大为丰富，绣品更为美丽，品类也更为繁多（图 7-4-47）。它在“双面绣”的基础上，又发展创研出“双面全异绣”，即在同一面料上正反两面能绣出画面、针法、色彩完全不同的绣品，堪称世界绝技。

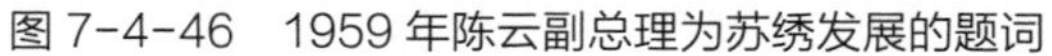

图 7-4-46　1959 年陈云副总理为苏绣发展的题词

图 7-4-47　20 世纪七八十年代的苏绣《泼墨荷花》

引自王欣. 当代苏绣艺术研究[D]. 苏州：苏州大学，2013：36，88.

此时人们生活节奏加快，对荷包的使用越来越少，但一些热爱中国传统文化和民间工艺的有识之士重视挖掘香囊、荷包等古老的工艺绣品的魅力，制作了苏绣莲饰香囊（图 7-4-48 A）等，让现代人有机会重温那份古典与浪漫。又如山东沂水县高桥镇手绣鸳鸯莲饰荷包，在鸳鸯下加一块绿色的布进行搭配代表荷叶，荷叶多是用绿色布做底色，再用黄线绣叶脉，所以用荷叶表现鸳鸯漂浮在水面之感，构思巧妙（图 7-4-48 B）。

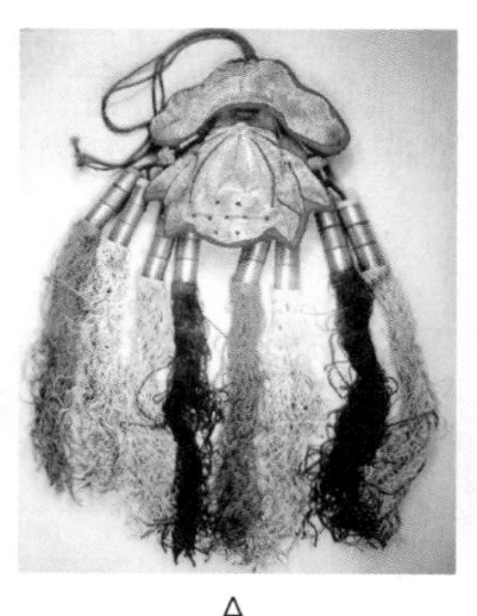

A

B

图 7-4-48　A. 苏州制作的莲饰香囊　B. 山东沂水县高桥镇手绣鸳鸯莲饰荷包

A引自宁方勇，沈建东. 丝线上的风雅[M]. 南昌：江西人民出版社，2010：35；B引自张晶. 沂水高桥手绣荷包研究[D]. 济南：山东工艺美术学院，2015：16.

十、莲饰年画、剪纸、灯彩及火花

（一）年画

清代中期年画称为“画纸儿”，直至道光年间（1821—1850）李光庭的《乡言解颐》一书问世，才正式提出“年画”一词。从此，年画就拥有固定含义，指木版彩色套印、一年一换的年俗装饰绘画作品。清代中晚期，天津杨柳青、苏州桃花坞等地的年画市场颇为繁荣。以荷（莲）为题材（或寓意）的年画数量不少（图7-4-49 A），且结合各地风俗发展出新的组合图案，如清中期新疆地区的“禧寿字”格景年画，由荷花、牡丹、蟠桃、水仙等吉祥花组成（图7-4-49 B）。

A

B

图7-4-49　A. 清末年画《四季发财》（高健忠藏）　B. 清代年画《禧寿字》（局部）

A引自广东省文史研究馆. 广东民间艺术志[M]. 广州：中山大学出版社，2016：11；B引自刘建超. 杨柳青木版年画[M]. 天津：天津杨柳青画社，2015：108.

20世纪初，瓦西里•阿列克谢耶夫（Vasily Alekseyev）和爱德华•沙畹（Edouard Chavannes）到天津旅行时，发现当地的年画业兴旺发达，有数十位生产者和一系列年画作品，从简单的单色神灵年画到艺术精雅、手工装饰的全景图等，种类、图案不一而足。但到20世纪20年代中期，特别是30年代，该产业处于衰落状态[①]。我国著名画家、中央美术学院吕胜中教授谈及：在北京通州区宋庄镇喇嘛庄村一旧货商贩杂乱库房中，曾见到近200种两千余幅（天津杨柳青）1919年之前的老版木版年画墨线版印品，可能是从画社库房流出，保存很

① 詹姆斯•弗赖斯，逄承国. 两批民国时期年画藏品的比较[J]. 年画研究，2013(00)：143-151.

A　　B

图 7-4-50　A. 民国年画《江东二乔》中的荷花　B. 民国年画《仕女时装》中的荷花

引自刘建超. 杨柳青木版年画［M］. 天津: 天津杨柳青画社, 2015: 29.

好，线条清晰，纸色洁净偶有黄斑，有的纸张存有老商号的印章。他不忍见其再度散失，经三番讨价还价后才如愿购得（图 7-4-50，图 7-4-51）。

图 7-4-51　民国年画《八仙庆寿图》中的荷花

引自刘建超. 杨柳青木版年画［M］. 天津: 天津杨柳青画社, 2015: 34.

中华人民共和国成立后，在“百家争鸣，百花齐放”方针指引下，年画获得新的发展。创作者们积极适应突出时代需要，在题材上摈除封建色彩审美情趣的作品，注重重大题材表现和对工农兵英雄形象的塑造，如《荷花鸳鸯图》（1963年，忻礼良作）和《四季生产屏》（1964年，江南春等作）等，画面中均有荷花图案（图7-4-52）。

A

B

图7-4-52　A. 忻礼良《荷花鸳鸯图》　B. 江南春等《四季生产屏》（局部）

A引自施大畏. 上海现代美术史大系·年画卷[M]. 上海：上海人民美术出版社，2017：212；B引自施大畏. 上海现代美术史大系·年画卷[M]. 上海：上海人民美术出版社，2017：260.

（二）剪纸

清代晚期以来，民间剪纸蓬勃发展，出现了许多特色剪纸产区，如山东莱州、高密、平度、郯城，河北蔚县、丰宁，陕西扶风、岐山、洛川，甘肃庆城，浙江金华，湖北鄂州、孝感，湖南凤凰等。民间剪纸与当地民俗有着紧密的联系，中国民俗文化所反映出来的社会心理对民间美术有着直接的影响。很多关于民俗文化的内容和题材，以及劳动人民对美好生活的向往和祈求神灵帮助等愿望，都常在剪纸艺术中反映出来，表达了人民对蓬勃生命的美好希望和对幸福健康的执着追求（图7-4-53）。

图 7-4-53　泛舟采莲（鲍家虎藏）

引自王伯敏. 中国民间剪纸史［M］. 北京：中国美术学院出版社，2006：88.

（三）灯彩

晚清的灯彩品种日趋繁多，灯会的内容愈加丰富，各地逐渐形成了各具特色的灯彩艺术风格。北京的灯彩以宫纱灯为主要特色，政府设立专门的灯市，民间的灯彩制作亦精美。江南各地的灯彩更是花样翻新，清时顾禄《清嘉录》述，江南“腊后春前，吴趋坊、申衙里、皋桥、中市一带，货郎出售各种花灯，精奇百出”①。灯彩中总少不了以荷、藕为题材造型，如人物类有西施采莲、刘海戏蟾等，花果类则有荷花、葡萄、瓜藕之属。

民国时，灯彩行业竞争激烈。七七事变后，灯彩业受到冲击，十分萧条。抗日战争结束后，北平的灯彩生意更加冷清，几乎无人问津。

新中国成立之初，为欢庆中华人民共和国的诞生，天安门城楼上一直高悬八盏大红纱灯。之后北京市政府为把天安门城楼上的大殿装饰得更富有古朴典雅的民族特色，决定在修缮彩绘的同时，将悬挂的宫灯也进行更换。当时由老舍先生出面，组织于非闇、徐燕荪、王雪涛等画家，以各自的风格、构思和笔墨，画出了一幅幅宫灯画片，并以此为素材新制宫灯，使其焕然一新。但后来受极左思潮的影响，这种创新无以为继。

① 顾禄. 清嘉录［M］. 南京：江苏古籍出版社，1999：31.

（四）火花

火柴盒贴画，亦名火花，指火柴盒上的贴画。火花是世界上五大收藏体系（邮票、火花、烟标、酒标、币）之一，也是中国收藏家们爱收藏的种类。

火花图案有变化，火花的题材也不断开拓创新，形式更加丰富多彩。如上海光华火柴厂出品的“采莲牌”、伟明火柴厂出品的“荷花牌”及长沙火柴厂、安阳火柴厂出品的“莲牌”都使用了荷花图案（图7-4-54）。

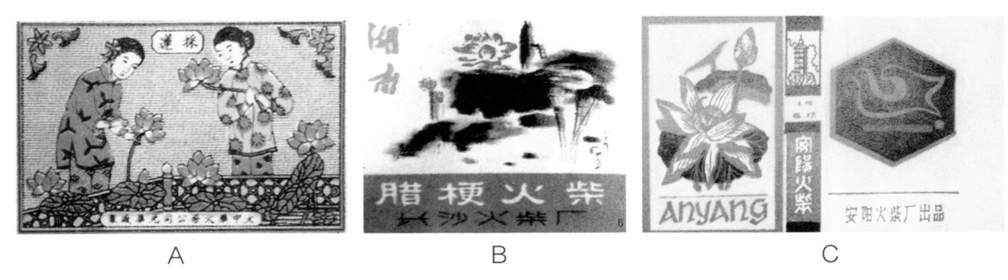

A　　B　　C

图7-4-54　A. 上海光华火柴厂出品的“采莲牌”　B. 长沙火柴厂出品的“莲牌”
C. 安阳火柴厂出品的“莲牌”

引自李毅民，崔文川. 趣味火花[M]. 北京：科学普及出版社，2013：29，62，138.

十一、其他莲饰文化

清末鼻烟逐渐被社会淘汰，但鼻烟壶作为精美的艺术品，成为人们研究、收藏、玩赏的对象，在工艺技法上不断更新。其中许多鼻烟壶继续饰以莲瓣纹，古朴典雅，凝重大方，美不胜收（图7-4-55）。

清末民初以至现代，紫砂壶有了长足的发展。在造型上，清末名家邵二泉以竹入壶，取蝠为福，且阴刻行书于壶上。民初紫砂大师程寿珍刻长命百岁花，以花蕾为壶纽，以花枝为壶嘴、壶把，并做圆珠为茶座支脚①。如今，紫砂壶装饰文化已趋成熟，它囊括形状的雕刻、色彩的选取，捏塑、堆塑、贴塑和压塑等技法的灵活运用，不仅可以惟妙惟肖地展现出日常生活万象，而且能使紫砂壶骨肉匀称、不显赘余，给观者带来美的享受，最终升华其艺术境界（图7-4-56）。

① 董程达. 紫砂壶装饰文化的研究[J]. 江苏陶瓷，2016(6)：9-10.

图 7-4-55　A. 清光绪内画莲饰鼻烟壶　B. 清晚期莲饰鼻烟壶　C. 清末内画莲花鼻烟壶

A引自翟艳艳. 内画鼻烟壶鉴赏[J]. 文物鉴定与鉴赏，2013（36）：20；B引自陈一诚. 鼻烟壶[M]. 合肥：黄山书社，2013：35；C引自四大流派内画鼻烟壶精品亮相恭王府[J]. 公关世界，2016（20）：20.

图 7-4-56　A. 民国王熙臣莲蕊一时新紫砂壶　B. 民国冯桂林莲蕊紫砂壶

引自杨长禄. 名家砂壶藏珍集[M]. 杭州：西泠印社出版社，2017：306，293.

第五节　芳液滑泽：荷花与食饮、药用及保健

一、荷花的食饮

到了清代晚期，莲花白酒成为宫廷御膳滋补酒。此酒采用北京万寿山昆明湖所产白莲花，用其莲蕊入酒，配制方法为宫中的御用秘方。每年农历六月二十五日莲花节，咸丰皇帝在万寿山藕香榭白莲池旁用此酒宴请皇亲国戚、有功大臣，纳凉消夏。后来，此酒扩大生产，向王公大臣供应。后北京商人获此秘方，经京

西海淀镇仁和酒店精心配制，首次供应民间饮用[①]。

据德龄公主记述[②]，慈禧太后每日必食莲子羹，她爱吃的“西瓜盅”中，就有鲜莲子、龙眼、松子、杏仁、核桃等食材。德龄又记载慈禧太后曾讲道[③]：“它（指荷花）是没有可糟蹋的，老根（藕）、梗子和叶儿全是药料里很重要的东西。尤其是它的叶儿，初采下时，简直比白纸还洁净，人们往往用它来包扎熟食。再有，它的花瓣和比较嫩一些的藕带，更是夏天最清隽的食品。”可知慈禧对莲的食用功能也很了解。

清末薛宝辰编著的《素食说略》一书，记述了晚清时期流行的一百七十余款素食的制作方法。薛宝辰晚年笃信佛教，崇尚素食，故书中充分论述素食，其中述及以莲藕为食材的多道素菜。如将莲藕“切片以糖蘸食，最佳；以水瀹过，盐、醋、姜末沃之，尤为清脆，若炒或煮，均失清芬”。还有藕圆的制作，把“藕煮熟切碎，与煮熟糯米同捣粘，作成丸子，以油炸过，加糖水煨之，略搭馐起锅，颇甘腴”。[④]

清末民初，江苏常熟一带的长华菜馆开业，名厨黄培璋将家厨叫花鸡加以改进，列入菜谱。叫花鸡当选用常熟特产三黄母鸡烹制，用鸡肫丁、火腿丁、精肉丁、香菇丁、大虾米等作配料，填塞鸡腹，以荷叶包裹鸡身，涂以酒坛封泥，入炉烤制。上席前脱泥解荷叶，其味独特，酥烂鲜嫩，荷香四溢。

民国时期，杨荫深在《谷蔬瓜果》中综述了莲藕的功用和吃法[⑤]，王稼句在《姑苏食话》也有所述及[⑥]。苏州人吃藕的方法多，最简单就是将鲜藕切成片，放入小碟里，用牙签挑着吃，慢慢咀嚼，能得藕的真味。莲藕除生吃外，还可将鲜藕刨成丝，用葛布沥汁制成藕粉，和入糖霜，以沸水冲之，清芬可口；或把藕片调以面粉，入油锅煎之，做成藕饼；或将藕片和青椒成一盘，青白分明，清脆爽口。苏州人还将面粉塞入藕孔，蒸之为熟藕，称为焐熟藕；或将藕切成块，和以糯米，煮成藕粥，都属家厨清品。种种食用方法及相关记载，集中反映了莲属作物在苏杭地区人们日常生活中的重要性和流行性（图7–5–1至图7–5–4）。

① 苏山. 中国趣味饮食文化[M]. 北京：北京工业大学出版社，2013：219–220.
② 德龄. 御香缥缈录：慈禧后私生活实录[M]. 北京：文化艺术出版社，2003：69–70.
③ 德龄. 御香缥缈录：慈禧后私生活实录[M]. 北京：文化艺术出版社，2003：291–299.
④ 薛宝辰. 素食说略[M]. 北京：中国商业出版社，1984：36.
⑤ 杨荫深. 谷蔬瓜果[M]. 上海：上海世纪出版股份有限公司，2014：169–171.
⑥ 王稼句. 姑苏食话[M]. 济南：山东画报出版社，2014：6–7.

A

图 7-5-1 民国时期杭州街头卖藕

B

图 7-5-2 民国时期杭州街头卖莲蓬

C

图 7-5-3 民国时期杭州街头卖焐熟藕

引自上海锦绣文章出版社. 图画时报·三百六十行营业写真［M］. 上海：上海锦绣文章出版社，2011：26–28.

图 7-5-4 民国时期华兴牌净素莲子粉商标

引自徐海荣. 中国饮食史［M］. 杭州：杭州出版社，2014：11.

王稼句在《姑苏食话》中还引周作人《藕的吃法》和《藕与莲花》二文，周作人在文中谈及莲藕的吃法，“其实藕的用处由我说来十有八九是在当水果吃，其一，乡下的切片生吃；其二，北京配小菱角冰镇；其三，薄片糖醋拌；其四，煮藕粥藕脯，已近于点心，但总是甜的，也觉得相宜，似乎是他的本色。虽有些地方做藕饼，仿佛是素的溜丸子之属，当作菜吃，未尝不别有风味，却是没有多少别的吃法，以菜论总是很有缺点的。擦汁取粉，西湖藕粉是颇有名的，这差不多有不成文律规定只宜甜吃”。[①]

中华人民共和国成立后，地方政府重视莲藕加工生产，如浙江杭州、湖南湘

① 王稼句. 姑苏食话［M］. 济南：山东画报出版社，2014：13.

潭、湖北孝感、江西广昌等全国主要莲产区均设有莲属作物加工厂，生产出品藕粉等多种莲产品。此外，莲子和豆沙可加工成莲蓉，而莲蓉又是制作月饼的上等食材，这从20世纪60年代广州、澳门、香港等地各报刊登出的月饼广告中可知一二（图7-5-5、图7-5-6）。

图7-5-5　20世纪60年代澳门月饼广告之一

图7-5-6　20世纪60年代澳门月饼广告之二

引自城市经纬·新马路及其周边街道特展［Z］. 澳门：澳门特别行政区民政总署，2012：86，89.

1972年美国总统尼克松访问我国时，曾在杭州品尝冰糖莲子。当见到一粒粒的莲子滚圆饱满，糖水清澈见底，烂而不碎，没有油味，且看上去似乎是一颗颗肥硕的珍珠浸在清水中，他赞不绝口道："这哪是食品，简直是艺术品！"翻译员告诉他这是经过加工的通芯莲，熟透而形不变，切忌搅拌，一动就烂成糊状。尼克松好奇地问及食品名字，他见盘中冰糖莲子热气腾腾，有点迷惑不解。翻译员又告诉他：这个"冰"不是真正的冰，而是中国人把白糖加工后，其色、形似冰块而得名。尼克松用生硬的汉语笑而作答："妙，妙品！"冰糖莲子、藕粉等莲产品制作的食材，大多入口一嚼，软烂如琼浆，汁流心头，喉底回甘，荡气回肠，余味无穷，真有点"妙处难与君说"之感[1]。

二、荷花的药用

在清代晚期成书的十多部医学著作中，对荷花的药用价值均有记述。章穆《调疾饮食辩》中述，"古方谓藕热节凉，极不可信，大抵性皆热。《本经》曰：久食令人心欢。古诗云：一湾西子臂，七窍比干心。亦用形之理也，然性更热。藕

① 玛格雷特·麦克米兰. 当尼克松遇上毛泽东：改变世界的一周［M］. 温洽溢，译. 天津：天津人民出版社，2017：151-153.

粉生食或捣汁和酒饮，能破血消瘀。藕粉和梨汁治吐血不止：用生地黄冷水浸捣绞汁，和生藕汁等分，加童便服；治小便血淋，即上方加等分生蒲桃汁；治跌打，瘀血积在胸腹作痛，唾血，生藕汁频饮（加生地黄、牛膝，捣汁服，更佳）。解蟹毒，解水莽草毒。(《圣惠方》) 治尘芒入目，生藕汁滴入即出。蒸熟食，健脾益心，补气血。凡脾热易饥、肺热咳嗽、吐血、心热惊悸、梦遗者，慎不可食。《普济方》中，治手足冻疮坼裂溃烂，以熟藕捣烂敷。藕粉：藕能入血而助热，澄粉则稍平，然热病亦不宜食”①。

荷花作为药物在清宫应用亦很普遍，太医治疗光绪帝时便用过荷叶及石莲子等②（图 7–5–7）。

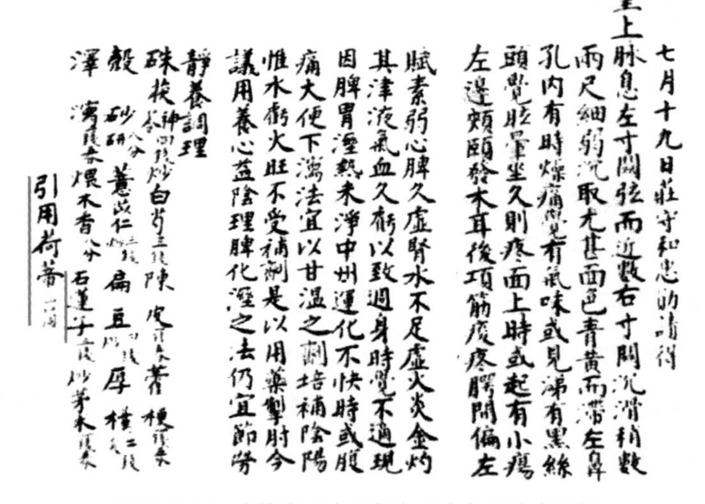
七月十九日莊守和忠勛請得
皇上脈息左寸關弦而近數右寸關沉滑稍數
兩尺細弱沉取尤甚面色青黃而滯左鼻
孔內有時燥痛覺有氣味或見涕有黑絲
頭覺眩暈坐久則疼而上時或起有小瘍
左邊頰頤發木耳後項筋痠疼腰間偏左
賦素弱心脾久虛腎水不足虛火炎金灼
其津液氣血久虧以致週身時覺不適現
因脾胃濕熱未淨中州運化不快時或腹
痛大便下溏法宜以甘温之劑培補陰陽
惟水虧火旺不受補劑是以用藥掣肘今
議用養心益陰理脾化濕之法仍宜節勞
靜養調理
硃茯神 炒白芍 陳皮
殼砂研八分 薏苡仁 扁豆 厚朴
澤瀉 煨木香八分 石蓮子 炒茅术
引用荷蒂

图 7–5–7　光绪帝三十四年七月十九日脉案记录

引自单士魁. 清宫的太医[J]. 紫禁城，1981(1)：12–13.

民国时期，荷花作为中药材应用十分普遍。在出口的中药材中也有荷花③。民国时出版的中药书籍中，均有莲花、莲叶、莲梗、莲藕、莲节、莲实、莲须的记述，如《民国名医临证方药论著选粹》《山西医学传习所金匮要略讲义》《指南案选》《民国中草药毛笔抄本》、王心远《方剂本义》、中华民国行政院卫生署中医药委员会《中华民国中药典范》等。

① 章穆. 调疾饮食辩[M]. 北京：中医古籍出版社，1999：103–104.
② 朱金甫，周文泉. 从清宫医案论光绪帝载湉之死[J]. 故宫博物院院刊，1982(3)：6–16.
③ 曹春婷. 1930–1940年代上海药材业及其群体研究[D]. 上海：上海师范大学，2011：35–97.

1949 年新中国成立，中央及各地政府重视中药材事业的发展，荷花的药用功能也越来越受到重视。1970 年由浙江省中医学院等编《浙江嵊县民间常用草药》、南京部队后勤部卫生部编《常用中草药》、安徽中医学院革命委员会编《单方草药选编》、1976 年由浙江人民出版社出版《浙江中草药制剂技术》等中草药专业书籍中，对荷花的药用价值均有较详细的描述。

三、荷花的保健功能

晚清慈禧太后笃信佛教，因荷花与佛有不解之缘，故宫中常摆饰荷花（图 7–5–8）。据德龄记述：“太后又说道：‘在我们未用早膳之前，尽先把它们用净瓶盛起来，供到观音菩萨的座前去。像这样罕见的奇花，理该先去供菩萨了。’……除掉供菩萨的绿荷之处，寻常的粉红色的荷花也采满了十几筐，太后今天真是得意极了。”[1] 慈禧不但爱荷花，还吃荷花，喝荷花茶，洗荷花浴。她常用荷花瓣蘸着汤料吃，还喜欢把荷花瓣和兰花加入牛奶和调料煎成糕点，当游玩时的消遣零食。慈禧太后的早膳有二十几样，但她最爱喝的是八宝莲子粥、荷叶粥及藕粥，这也反映了清代皇室对保健类菜肴的喜爱[2]（图 7–5–9）。

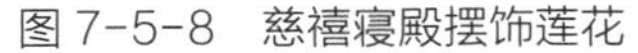

图 7–5–8　慈禧寝殿摆饰莲花

图 7–5–9　清代乾清宫宴席上的各种保健类菜肴

图7–5–8引自华蕾. 一位驻华外交官笔下的慈禧［M］. 王兵，译. 北京：中国文史出版社，2014：78；图7–5–9引自徐彻. 正说慈禧［M］. 上海：上海古籍出版社，2005：64.

① 德龄. 御香缥缈录：慈禧后私生活实录［M］. 北京：文化艺术出版社，2003：326–334.

② 徐彻. 正说慈禧［M］. 上海：上海古籍出版社，2005：64–65.

藕粉是一种传统保健食品，取藕以新鲜的老藕为宜，藕浆磨得越细越好，因为磨得越细出粉率越高。清诗人姚思勤《藕粉》吟："谁碾玉玲珑，绕磨滴芳液。擢泥本不染，渍粉讵太白。铺忟暴秋阳，片片银刀画。一撮点汤调，犀匙溜滑泽。"[①] 诗人是钱塘人，赞颂了当时杭州西湖藕粉的特点。

民国以来，荷花的保健及养生进一步得到传承和发扬。人们新推出了更多的莲系保健类食物，如甘麦枣莲藕汤、龙眼莲藕汤、竹叶莲桂羹、桂圆红枣莲子汤等[②]。

甘麦枣莲藕汤：将小麦洗净，泡水 1 小时；红枣洗净，泡软，去核；甘草洗净备用。再把小麦、甘草、红枣放入锅中，加入 6 杯水煮开，加入蜜莲藕以小火煮软，加盐调味即可。如果以蜜莲藕来制作此汤能兼具味道与功效，还可以选择新鲜莲藕、萝卜和竹笋，都有不错的养生效果。

龙眼莲藕汤：莲藕 500 克，枣（干）50 克，桂圆肉 50 克。其做法是把莲藕洗净，切成厚件。桂圆肉和红枣也分别洗净后，再与莲藕一起放进煲内，水可稍加多，煮至水呈现浅红色便可。

莲子羹：以龙眼肉、鲜莲子等食材制作而成。龙眼肉 100 克，鲜莲子 200 克，冰糖 150 克，白糖 50 克，湿淀粉适量。将龙眼肉放入凉水中洗净，捞出控干水分。鲜莲子剥去绿皮、嫩皮，并去莲子心，洗净，放在开水锅中氽透，捞出倒入凉水中。在锅内放入 750 克清水，加入白糖和冰糖，烧开撇去浮沫。把龙眼肉和莲子放入锅内，用湿淀粉勾稀芡，锅开盛入大碗中即成。

竹叶莲桂羹：新鲜苦竹叶 50 克，莲子 20 克，肉桂 2 克，鸡蛋 1 个。其做法是把竹叶、莲子熬水，莲子煮熟，肉桂细研成粉，鸡蛋打散，将竹叶、莲子水（沸水）倒入打散的鸡蛋内，加入肉桂粉，搅拌均匀，可根据个人喜好调味。

桂圆红枣莲子汤：桂圆 8 颗，红枣 10 颗，莲子 20 颗，银耳 3 朵，红糖 1 汤匙，清水 1000 毫升。其做法是先将银耳泡发，去除黄根，洗净新鲜莲子备用（干莲子需泡发）。再与桂圆肉、红枣一起放入锅中，倒入清水，大火煮开后调成小火，继续炖煮 20 分钟。煮好后，趁热加入红糖搅匀即可食用。

这几例莲（藕）养生羹汤比之传统的养生汤，在食材和做法上都有所改进，使得营养更为丰富，有益于滋阴润肺，增强免疫力。

---

① 藕粉的来源[OL]. 糖酒网http://www.tangjiu.com/art/xgb1gizmvmlv.html.

② 王惟恒，李艳. 中医经典食疗本草大全[M]. 北京：人民军医出版社，2014：50-51.

第六节　玭荷莳藕：荷花与园艺

一、荷花种植状况

（一）清代晚期

江南水乡自古盛产莲藕，清代更盛。如吴其濬《植物名实图考》（成书于道光年间）及谢堃《花木小志》等史籍均记有莲的种植。嘉庆《广西通志》云：莲藕“有塘藕和田藕之别，田种者尤肥美”。塘藕指深水藕，田藕为浅水藕。[①]种植田藕，挖时方便，节减成本，且莲藕品质优良，为藕农所接受。

清咸丰年间（1851—1861），袁景澜《吴郡岁华纪丽》载，“莲根为藕，吴农种在通潮之田”[②]，反映了苏州一带的“通潮之田”是一种低湖田生态环境。光绪年间（1875—1908）《钱塘县志》亦记：“盖谓湖旁多植莲藕、菱、芡之属，而又有鱼利也。”[③]自明清以来，浙江钱塘一带就盛产莲藕，藕农利用当地的湖塘湿沼种植莲藕、菱芡，获利丰厚。光绪三十四年（1908），东山仅单荷叶、莲蓬、藕粉三项，就收入三万五千二百元（银元），占是年东山物产总收入的百分之六，反映当时东山植藕之盛[④]。

作为晚清开埠口岸，上海地区的莲藕种植状况与其他地区不同。明时松江府（现上海）莲藕的种植较清代兴盛，到嘉庆《松江府志》中仅附录莲藕，大约此时已不重视种植莲藕；光绪《金山县志》中已不见录莲藕，上海、青浦二县亦不甚产莲藕；到同治年间，上海县已无产莲藕的记录了。可见自明清以来，松江一地莲藕种植呈逐渐衰落之势。说明了清末上海地区的藕农种植莲藕，其产值低收益少，只有改种其他增收的水生蔬菜了[⑤]。

在子莲种植方面，江西广昌的白莲，湖南湘乡、湘潭、衡阳等县的湘莲，福

① 叶静渊. 我国水生蔬菜栽培史略[J]. 古今农业，1992（1）：14.

② 袁景澜. 吴郡岁华纪丽[M]. 南京：江苏古籍出版社，1998：57.

③ 曹颖. 明清时期太湖地区水生蔬菜栽培与利用研究[D]. 南京：南京农业大学，2012：45.

④ 沈啸梅. 苏州水生蔬菜史略[J]. 中国农史，1982（2）：70-73.

⑤ 曹颖. 明清时期太湖地区水生蔬菜栽培与利用研究[D]. 南京：南京农业大学，2012：33-34.

建建宁的建莲，均为子莲名品。据同治《广昌县志》记载[①]："白莲池在县西南五十里，唐仪凤年间居民曾延种红莲。"同治《衡阳县志》记载[②]："衡阳岁收莲实有税者六千余万斤……馈遗自食者不其数。"清政府曾专门设局征税，称"莲实之税"。

（二）民国时期

绍兴地区的湖池湿沼密布，便利种植莲藕。民国时，这里的藕农仍传承种藕旧业。据冯至《允都名教录》所述[③]："诸暨七十二湖，非种菱，则种藕。故藕利也，暨为独茂。"

民国二十一年（1932）诸暨地区产藕一万六千余担。该地将藕莲分为家藕与湖藕，家藕的品质远远优于湖藕[④]。

福建也以产子莲著称，名为建莲。叶静渊引民国五年（1916）福建《建宁县志》及民国八年（1919）《大中华福建省地理志》记载，建莲以建宁县之西门所产最佳，但产量有限，年产仅千斤左右；市售之建莲，实际上皆产自建宁府（时建瓯县）。建瓯县建莲的产量远比湘莲多，每年约有万斤。实际上，鉴于民国时期的社会状况，江西广昌、湖南湘潭、福建建宁等子莲产区，在子莲种植面积、产量、质量上，能维持现状就已不错了。

民国时，种养碗莲一直是文人雅士较青睐的行为，苏州养碗莲最出色者就是卢彬士。卢彬士，名文炳，江苏吴县（今苏州）人，"碗莲"一名的首倡者。《莳荷一得·君子吟》是他种养碗莲的经验总结。卢文炳古法莳碗莲的方法在当时比较先进且独特，甚至被视为一种秘籍，而让人很有神秘感。当年他偶得安庆迎江寺之古莲，如获至宝，便着手培育碗莲。周瘦鹃在《谈谈莲花》一文中写道："老友卢彬士先生，是吴中培植碗莲的惟一能手，能在小小一个碗里，开出一朵朵红莲花来。今年开花时节，以一碗相赠，作爱莲堂案头清供。据说这种藕是从安徽一个和尚那里得来的。"[⑤]20 世纪 40 年代后期，江南许多荷花品种相继遗失。究其缘故，还是需要在政府倡导、社会稳定、国泰民安的环境下，荷花技艺才会提高和发展。

---

① 同治年广昌县志[M]. 影印本. 1868.

② 同治年衡阳县志[M]. 影印本. 1872.

③ 冯至. 允都名教录[M]. 诸暨冯氏丛刻, 1917.

④ 叶静渊. 我国水生蔬菜栽培史略[J]. 古今农业, 1992,(1):13-22.

⑤ 周瘦鹃. 花花草草[M]. 上海: 上海文化出版社, 1956: 28.

（三）中华人民共和国成立后到 20 世纪 70 年代末

这一时期不少著作提及荷花的种植情况，如黄岳渊《花经》、崔友文《华北经济植物志要》、俞德浚《华北习见观赏植物》第一集、中国科学院植物研究所《中国高等植物图鉴》第一册、关克俭《中国植物志》第二十七卷等，均研究和记述了荷花的形态特征和生长习性。张行言、王其超《荷花品种的形态特征及生物学特性的初步观察》、陈浩《杭州荷花品种调查及花梗生长习性与开花状况的初步观察》等论文，对武汉、杭州两地的荷花品种资源进行了调查。后来，张行言、王其超在《荷花》一书中提道，“荷花科研启动于 20 世纪 50 年代初期，即从中国科学院北京植物园的研究人员，在辽宁新金县泡子刘家村挖得千年古莲子开始，荷花科研工作重新启动。1959 年为庆祝中华人民共和国成立十周年，在上海举办的‘百花齐放’展览，荷花崭露新角。1960 年中国园艺学会在辽宁兴城召开了全国首届花卉工作会议，荷花受到应有的重视，1963 年由国家科委列项研究。工作刚起步，就受到极左思潮的干扰”。[①] 当时，在“抓革命，促生产”的背景下，只有湖北洪湖、孝感，安徽安庆，江苏宝应、金坛，浙江金华等地区的藕莲生产，以及江西广昌、湖南湘潭、福建建宁等地的子莲生产，尚维持现状，但在种植面积产量及质量方面均没有新突破。

二、荷花的品种

（一）清代晚期

这一时期成书多部花卉专著，荷花在清代吴其濬《植物名实图考》（1848 年）等农书中有所述及。杨钟宝的《瓨荷谱》成书问世，成为我国历史上第一部荷花专著。《瓨荷谱》不仅收集整理了当时江南地区的 33 个荷花品种，率先提出按荷花的花形、花茎、花色三级标准进行品种分类，以便于应用；还对民间荷花栽培技术进行了系统总结。其分类方法和“艺法六条”，把我国艺荷水平提到了新的高度[②]。杨钟宝《瓨荷谱》收集整理的荷花品种，有朱砂大红、朱家大红、杭州大红、嘉兴大红、绿放白莲、粉放白莲、一捻红、银红莲、大水红、淡水红、白重台莲、蜜钵莲、大白莲、小桃红、洒金莲、锦边莲、红台莲、白台莲、佛座莲、

① 张行言，王其超．荷花[M]．上海：上海科技出版社，1998：8–9.
② 张行言，王其超．荷花[M]．上海：上海科技出版社，1998：6–7.

大红、绿放圆瓣小白莲、粉放尖瓣小白莲、小水红、银红钵、小蜜钵等33个①。

在荷花品种分类上，《瓨荷谱》将所有荷花品种分为三大类，即单瓣群类（单瓣10大种及单瓣7小种）、千叶群类（千叶9大种及千叶6小种）及重台群类（1种），但《群芳谱》（荷品种25个）和《花镜》（荷品种22个）中所记载的分枝荷、五色莲、飞来莲、分香莲、傲霜莲、金莲、雪莲等全未录入，可见，《瓨荷谱》中所载的荷花品种，均是作者亲自所见或种过的缸荷品种，反映了杨钟宝的务实精神②。其中较著名的品种，如朱砂大红：小圆尖瓣，灿若丹霞，经宿不淡，为群花之领袖；杭州大红：花红，发茎不高，可在小缸栽植，秋后犹花，花瓣为红十八瓣；粉放白莲：叶淡碧而有白光，其花繁且早，其蕊略如傅粉，花开莹澈无瑕，是白十八瓣之珍品；一捻红：叶肥碧滑腻，花如莹玉而红润，姿质秾粹；蜜钵莲：其色如蜜，其形如钵，为重瓣中之绝品；大白莲：重瓣，花肥叶大，色茂香浓，为群芳长；小桃红：浓而不妖，丽而不俗，且百日开花不歇；洒金莲：花繁盛，一缸可开十余朵，入秋后色愈妍，红白平分，并无错杂；锦边莲：花瓣白色，朱丝绕之，细如缀锦，着花繁；佛座莲：有花心无莲房，初如露桃，渐如艳粉，一花次第开放，可持续七八日才脱落；粉放尖瓣小白莲：小花小叶，浮叶多，立叶少；小水红：藕如指大，碗钵中均可栽种，花柄抽出数寸即可着花，花如脂盒，流媚动人；银红钵：花似蜜钵，开则恒敛而不泛，落则蜕出风露。

除《瓨荷谱》所述外，其他地方也有荷花品种的记载。嘉庆《宁国府志》云：安徽宁国从浙江严州引种“玉荷”品种，“花似千瓣子，香逾茉莉”。又道光《福建通志》亦云：延平府有“红莲”“白莲”“瓣莲”“百叶莲”“并蒂莲”“观音莲”等③。

清代晚期的藕莲品种，据嘉庆《广西通志》载，藕以宁桂、全州产者佳，有塘藕、田藕之别，田种者尤肥美。而道光《安徽通志》亦载，太平府产藕，黄池稠塘出者，甘嫩无渣滓。

值得一提的是避暑山庄的敖汉莲。这是1741年敖汉旗王府扎萨克罗郡王垂木丕勒向清廷皇帝进贡的小河沿莲。据《热河志》载：“敖汉所产，较关内特佳，山庄移植之。……塞外地寒，草木多早黄落，荷独深秋尚开，木兰回跸时犹有开

① 杨钟宝. 瓨荷谱[M]//赵诒琛艺海一勺. 上海：上海书店，1987：337-356.

② 周肇基.《瓨荷谱》研究[J]. 中国农史，1989（3）：102-103.

③ 舒迎澜. 古代莲的品种演变[J]. 古今农业，1990（1）：35.

放者。”[①]1943 年日本侵占热河，将避暑山庄“长虹饮练”景点所在地填平改为靶场，从此敖汉莲长眠湖底。1983 年恢复“长虹饮练”之景之际，沉睡 40 年的敖汉莲竟奇迹般地重新绽放。

（二）民国时期

民国时期的荷花品种，正如王其超等《荷花》所述[②]：“国家处此逆境……许多珍贵的花卉种质资源被摧残、被掠夺，荷花境遇窘迫也就毫不足怪。原有的观荷景点一般维持下来已属不易，栽培技艺停滞不前，品种流离散失。”栽培花莲方面，其景状也不容乐观。20 世纪 40 年代，据卢文炳《莳荷一得·君子吟》所述[③]，当时江南民间荷花品种仅保存有 17 个。20 世纪 40 年代后期，像蜜钵这样的珍品相继湮没。

（三）中华人民共和国成立到 20 世纪 70 年代末

中华人民共和国成立后，在荷花品种较集中的武汉、杭州两地，园林科研人员着手调查品种资源，并提出荷花种植业的发展方向，对所收集的荷花品种的叶花形态特征、花形花色、地下茎、种实等作了细致观察和收集整理。他们认为，荷花的重瓣性愈强，结实率愈低，甚至不结实，藕的产量和品质也愈低下；反之，藕的产量愈高，质地优秀者多不开花，少数能开花者，都为单瓣，而且开花稀少；莲子产量高的品种，花多不美，藕的品质也低劣。这种规律说明荷花的栽培类型，表现有供观赏或供食用的极端性。而藕莲中“六月报”“湖南泡”等品种，花莲中“重台莲”“小桃红”等品种均有推广的价值。同时也出现具备多方面优秀质地的品种，如单瓣种中“单洒锦”“古代莲”“粉川台”等开花繁密，群体花期长达 45 天以上，单位面积莲子的结实率仅次于湘莲，是既能供观赏，又有希望作子莲发展的品种[④]。

1964 年，陈浩对杭州市现存的 40 多个荷花品种的花色、花瓣及种植情况作了记载。他在唐宇力主编的《杭州西湖荷花品种图志》之《序二》中提道：“20 世纪 50 年代后，为尽快恢复西湖荷花景色，经过园林职工对荷花品种逐年收集，

① 热河志[OL]. 殆知阁http://www.daizhige.org/史藏/地理/钦定热河志-126.html.

② 张行言，王其超. 荷花[M]. 上海：上海科技出版社. 1998：8.

③ 卢文炳. 莳荷一得 · 君子吟[M]. 蜡刻油印本. 1949（民国卅八年）.

④ 张行言，王其超. 荷花品种的形态特征及生物学特性的初步观察[J]. 园艺学报，1966，5（2）：89-101.

扩大栽植面积，至1963年荷花品种已有22个，栽种面积已近6.6公顷。”[①]张行言在该书《序一》中也提道：“1963年国家科委将‘荷花的系统研究’这一科研课题下达至杭州市园林管理局和武汉市园林局。当时杭州市园林管理局以杭州花圃为基地，武汉市园林局以东湖风景区花园为基地开展了此项研究工作。在各级领导和科技人员的辛勤努力下，圆满完成了课题的多项任务。收集整理荷花品种和培育新品种，是课题组的重要任务之一。1963年至1965年，杭州花圃和武汉东湖风景区的研究人员分别收集了30多个荷花品种。十年动乱期间，武汉东湖风景区的缸植荷花被迫全部倒入湖塘中。而杭州花圃的缸植荷花，在1980年恢复课题研究时，品种仍然保存完好，为我们以后的育种工作提供了重要资源。”[②]上述回忆文字反映了这一时期荷花育种的真实景况。

三、荷花的栽培与管理

（一）清代晚期

这一时期不仅花莲的栽培管理得到了提高，藕莲和子莲也在不断地改进和发展。杨钟宝《瓨荷谱》中，对缸（盆）栽荷花提出“出秧”“莳藕”“位置”“培养”“喜忌”“藏秧”等六条艺法，是作者的实践经验积累，对晚清种植缸（盆）荷发挥了重要影响。

有关藕莲的栽培管理，江南莲藕产区的藕农自古以来积累了丰富的经验。据光绪年间章震福《农家言》所述：清明时节，植种藕之前应“将池内积水用水车抽干”；且“夏季天热，藕自发生。倘时有阴雨，或遇夏凉，则生藕减色。种藕最喜风雨调和。倘适有大风，则花叶摇动，藕在泥中亦松，不能有所生长。或当藕已生长，猝来雨水致池满，使荷叶灭顶，旬日不退，则是年藕并不旺，且易腐烂。荷叶不宜先采，倘先三日采叶，再行起藕，则藕色变白，不能耐久，必随采随取。斯藕色略带微赤，可历多时。一池之内，荷花荷叶无一采摘，则无论何时起藕必不损坏。偶有采摘，其藕必烂无疑”。[③]他娓娓道出了莲藕产区

① 陈浩，等. 杭州市荷花品种调查及花梗生长习性与开花状况的初步观察[C]//杭州市园林学会1963年年会论文选编. 杭州市科学技术协会，1964：18-21.

② 唐宇力. 杭州西湖荷花品种图志[M]. 杭州：浙江科技出版社，2017：4-5.

③ 章震福. 农家言[M]. 铅印本. 1908（清光绪三十四年）.

的藕农长期种藕的经验。

据清宣统二年（1910）《江西物产总会说明书》记述，江西地区栽培浅水藕时，会先划出留种田，不予挖掘，莲叶亦不可刈割，并应保持一定的水层，切不可干，至次年春分前后挖出分栽。这表明人们已认识到，要保证来年莲藕丰产，留种很重要①。

（二）民国时期

这一时期江南产莲区为提高莲藕的产量，不断总结栽培技术。据苏州《洞庭东山物产考》（成书于民国九年，1920）所述："春分时将藕排种湖荡中，去其交草声根，四五年排过一次。若清明后排种，则花在叶下而不盛。"苏州产藕区一直有栽培深水藕的习惯，其栽培周期较长，一次栽培可多年采收。因而，藕农整地时须将杂草清除。而民国二十四年（1935）《广东通志稿》亦述，广东的藕农大都不留种藕，于每年农历三月间至菜市购买子藕充作种藕。据说是因为将土层浅的水田划为留种田，种藕在田中易腐烂，只有土层深厚的水田才能用作留种田。民国《盐城县志》（1936 年）、民国《宝应县志·土产》（1930 年）等地方志也记载了当地莲藕栽培种植情况。②

（三）中华人民共和国成立后到 20 世纪 70 年代末

这一时期在花莲的栽培管理技术上，仅有杭州西湖和武汉东湖两地的园林工作者做了一些专业的日常栽培管理。因当时围湖造田等政策影响，各地的莲藕种植面积曾一度缩减。在江苏、浙江、湖北等藕莲主产区，以及江西、福建的子莲主产区，莲农们对藕莲和子莲的栽培管理基本能够维持现况。

① 叶静渊. 我国水生蔬菜栽培史略[J]. 古今农业，1992(1)：14-15.

② 叶静渊. 我国水生蔬菜栽培史略[J]. 古今农业，1992(1)：15.

第七节　什刹观荷：荷花与园林应用

经清代前中期荷花造景的兴盛后，荷花在晚清以来的园林应用中日益走向低潮。晚清内忧外患，皇家园林荷景惨遭破坏。民国时期战事频发，大型公共园林荷景建设停滞不前。中华人民共和国成立至“文革”前，中央到地方各级政府的园林部门对园林花卉工作十分重视，杭州、武汉等地的园林工作者对园林水景着手规划设计。但“文革”期间荷花在园林上的应用受到了冲击。

一、皇家园林荷景

清代前中期兴建的圆明园、避暑山庄、清漪园，以及扩建的西苑，在嘉庆、道光年间一直保持着繁荣景象。咸丰十年（1860），英法联军攻占北京后，纵火焚烧圆明园，大火三日不灭，圆明园及附近的清漪园、静明园、静宜园、畅春园及海淀镇，均被烧成一片废墟。由康、雍、乾三代皇帝精心经营的皇家园林就这样被毁于一旦。

清漪园后于光绪十二年（1886）开始重建，光绪十四年（1888）建成，改名为颐和园，建造高大的东围墙把荷花池圈到颐和园外。此后，荷花池不再具有从颐和园内往东面借景之功能，而变为颐和园周边的景观过渡带①。1860 年到 1868 年期间，瑞士人阿道夫·克莱尔作为一家英国公司的丝绸监察和采购员在中国工作和生活，他喜好摄影，记录下不少晚清时期的中国影像，其中有照片反映了颐和园的荷花景观。照片上，远景是十七孔桥，桥左侧连接东堤，右侧（西）即南湖岛（图 7-7-1）。结合老照片，可遥想到当年的荷花景致多么艳丽壮观②（图 7-7-2）。

① 刘慧兰．从颐和园东墙外荷花池的恢复看颐和园周边环境的景观规划[J]．中国园林，2004(5)：33-36.

② 阿道夫·克莱尔．一个瑞士人眼中的晚清帝国[M]．上海：华东师范大学出版社，2015：113-114.

图 7-7-1　晚清颐和园南湖上荷景

图 7-7-2　晚清西苑南海瀛台迎薰亭荷景

图7-7-1引自阿道夫·克莱尔. 一个瑞士人眼中的晚清帝国[M]. 上海：华东师范大学出版社，2015：112；图7-7-2引自林京. 皇朝落日[M]. 北京：人民文学出版社，2015：203.

慈禧爱荷赏荷，还爱与荷花拍照。据德龄《清宫二年记》述，在一个阴雨连绵的日子，慈禧等人从颐和园乘船来到西苑。看到湖中盛开的荷花，慈禧说道："我们在这里至少住三天。我希望这几天天气好，因为我想在船里拍几张照。还有一个好主意，我想扮作观音来拍一张，叫两个太监扮我的侍者。必需的服装我早就准备好了。碰到气恼的事情，我就扮成观音的样子，似乎就觉得平静起来，好像自己就是观音了。这事情很有好处，因为这样一扮，我就想着我必须有一副慈悲的样子。有了这样一张照片，我就可以常常看看，常常记得自己应该怎样。"① 在慈禧七十大寿前的盛夏季节，她自比"大慈大悲救苦救难"的菩萨。于是便打扮成观音模样在荷花丛中拍下了一组照片（图 7-7-3）。她身穿团花纹清装或团形寿字纹袍，头戴毗卢帽，外加五佛冠，左手捧净水瓶或搁在膝上，右手执一串念珠或柳枝。李莲英扮善财童子或守护神韦驮站其身右，左边则有扮龙女者。据清代内务府档案载："七月十六日，海里照相，乘平船，不要篷。四格格扮善财童子，穿莲花衣，着下屋绷。李莲英扮韦驮，想着带韦驮盔、行头。三姑娘、五姑娘扮撑船仙女，带渔家罩，穿素白蛇衣服，想着带行头，红绿亦可。船上桨要两个，着花园预备。带竹叶之竹竿十数根，着三顺预备。于初八日要齐。"② 可见，皇家园林中的荷景艳丽绽开，清香袭人；而帝王太妃们的赏荷方式也奢侈华丽，

① 林京. 皇朝落日[M]. 北京：人民文学出版社，2015：126-127.

② 林京. 皇朝落日[M]. 北京：人民文学出版社，2015：128. 清代内务府档案所述"海里"泛指西苑三海。七月十六日即中元节的第二天，此前宫中当举行过相关的法事活动。慈禧太后经过精心策划、周密安排才决定于十六日正式拍照，迫不及待的她在初八日便要求将一切预备周全，呈览候检。

图 7-7-3　慈禧在荷花丛中饰观音

图 7-7-4　晚清慈禧与光绪皇后、瑾妃、德龄和李莲英等乘船在中海赏荷

图7-7-3、图7-7-4引自林京. 皇朝落日[M]. 北京：人民文学出版社，2015：174，171.

挥霍糜掷。慈禧不仅到湖上赏荷（图 7-7-4、图 7-7-6），其御座两旁也插上荷花（图 7-7-5）。慈禧御座周围的陈设随时更换，有一张照片上其御座旁有鹤灯九桃檀香熏炉、盛满水果的七宝锦鸡牡丹大瓷盒、插着盛开的荷花龙凤大胆瓶，另有兰花、青松、钟表等；上悬“大清国当今圣母皇太后万岁万岁万万岁”横匾，御座两旁竖着一对孔雀翎掌扇。

图 7-7-5　慈禧御座两旁的花瓶插上荷花

图 7-7-6　慈禧在李莲英的陪同下乘平板船赏荷

图7-7-5、图7-7-6引自林京. 皇朝落日[M]. 北京：人民文学出版社，2015：145，175.

二、公共园林荷景

（一）清代晚期

据晚清学者震钧《天咫偶闻》所叙："自地安门桥以西，皆水局也。东南为什刹海，又西为后海。过德胜门而西，为积水潭，实一水也，元人谓之海子。宋词所谓'浅碧湖波雪涨，淡黄官柳烟蒙'者也。然都人士游踪，多集于什刹海，以其去市最近，故裙屐争趋。长夏夕阴，火伞初敛。柳阴水曲，团扇风前。几席纵横，茶瓜狼藉。玻璃十顷，卷浪溶溶。菡萏一枝，飘香冉冉。想唐代曲江，不过如是。昔有好事者于北岸开望苏楼酒肆，肴馔皆仿南烹，点心尤精。小楼二楹，面对湖水。新荷当户，高柳摇窗。二三知己，命酒呼茶，一任人便，大有西湖楼外楼风致。"[①]"菡萏一枝，飘香冉冉"，"新荷当户，高柳摇窗"，反映了晚清时北京前海一带作为公共园林的荷景。

震钧出生于北京东城总捕胡同，其祖上几代世居京师，对帝京景物十分熟悉而又怀有深情。他在书中对晚清京城的园林环境变化，务求记述客观，故所述之景虽今已无存，但仍属可信[②]。

（二）民国时期

这一时期北京的西苑、颐和园等皇家园林属政府公共园林的一部分。北海公园因临近北京大学、北平图书馆等几所学术机构的缘故，"所以在清晨，时有大学教授等名流雅士，手提文明杖，漫步在荷叶青青、藕花艳艳的海岸"[③]，从侧面反映了当年北海公园的荷景娇美醉人。这里顺便一提，1925 年 2 月 23 日，溥仪离开北京，潜往天津日租界。他和大汉奸郑孝胥在天津合影时，其背景就是一盆荷花（图 7–7–7）。

南京玄武湖环洲东北角建有莲花精舍和诺那佛塔，建筑形态精美。莲花精舍是一座面阔三间单檐歇山式殿堂；诺那佛塔为九级六面，钢筋水泥结构，具传统的唐宋风格，底级四面刻有碑文，由国民党元老居正所撰。风荷苑西岸背倚假山，亭台楼榭滨水而建，有六朝建筑遗风。坐在楼台上面向东北，可见到樱桥卧于水

① 震钧. 天咫偶闻[M]. 北京：北京古籍出版社，1982：91–92.

② 项小玲. 震钧与《天咫偶闻》[J]. 满族研究，1992(4)：54–59.

③ 王建伟. 公园与民国北京市民的"新生活"[C]//张宪文. 民国研究(2014年秋季号). 北京：社会科学文献出版社，2014：81–85.

图 7-7-7　1925 年溥仪与大汉奸郑孝胥在天津合影的背景是一盆荷花

引自林京. 皇朝落日[M]. 北京：人民文学出版社，2015：392.

面，水中倒影飘逸；而东南面湖上更是满目红荷艳丽，碧波荡漾，别有一番“荷香带风远，莲影向根生”之意境。

杭州西湖作为享誉国内外的公共园林水景，“接天莲叶无穷碧，映日荷花别样红”的景色随处可见。如曲院风荷、花港观鱼、柳浪闻莺、断桥残雪、小瀛洲、北里湖、西湖博物馆等地，每逢炎夏，到处可见江荷摇曳，清香飘逸的景致，一阵清风徐来，神清气爽，让人陶醉（图 7-7-8 至图 7-7-15）。这里也是钟灵毓秀、名人荟萃之地。1918 年 8 月 16 日在浙江各界人士的陪同下，孙中山前往西

图 7-7-8　民国时期曲院风荷之荷景
（摄于20世纪20年代）

图 7-7-9　民国时期柳浪闻莺之荷景
（摄于20世纪20年代）

图 7-7-10　民国时期西湖断桥残雪之荷景
（摄于20世纪10年代）

图 7-7-11　民国时期西湖花港观鱼之荷景
（摄于20世纪20年代）

图 7-7-12　民国时期西湖放鹤亭之荷景
（摄于1915年前）

图 7-7-13　民国时期西湖外湖之荷景
（摄于1915年前）

图 7-7-14　民国时期西湖小瀛洲九曲桥之荷景
（摄于 1921 年前）

图 7-7-15　民国时期西湖北里湖之荷景
（摄于 1921 年前）

图7-7-8至图7-7-11引自赵大川，韩一飞. 西湖老照片［M］. 杭州：西湖出版社，2005：9，7，15，8；图7-7-12至图7-7-15引自“西湖天下”丛书编辑部. 西湖旧影［M］. 杭州：浙江摄影出版社，2011：141，61，41，37.

湖赏荷时说：“中华民国当如此花。”[①] 近代名人秋瑾、徐锡麟、苏曼殊、李叔同等为西湖的荷花景致留下了许多美好的诗篇和画作。

跨虹桥是苏堤六桥之一。民国九年（1920），苏堤六桥曾改造，跨虹桥是其

① 要闻. 孙中山先生游杭记［N］. 民国日报，1916-08-19.

中唯一一座移动过桥址的桥。放鹤亭为纪念宋代著名诗人和隐士林和靖而建造，最初为元代郡人陈子安修建，明嘉靖年间扩建过，又于1915年重建。暑日来临，放鹤亭前的朵朵荷花娇妍如云。小瀛洲岛中有湖，岛中荷叶田田，湖畔广植木芙蓉，秋日花开，映照水面，因此得名鱼沼秋蓉。清人翟瀚等《湖山便览》云："前接三潭印月，后为曲桥。三折而入，为轩三楹。又接平桥，为敞堂。进为层楼，环池植木芙蓉，花时烂若锦绣。增修十八景所称鱼沼秋蓉谓此。"①

（三）中华人民共和国成立后到20世纪70年代末

建国初期，国家财政困难，新公园建设较少。但在"一切建设为生产、人民生活服务"的建设方针下，不少城市为满足市民日常娱乐休憩的需求，也辟建了一些新公园，如北京陶然亭公园、上海人民公园、广州越秀公园、合肥逍遥津公园、南宁人民公园等。这一时期新建的公园都借鉴传统的造园手法，结合现代公共园林的功能需求，利用水面植荷造景②③④⑤。

1956年2月《人民日报》社论提出"绿化祖国"的倡导。1956年11月召开的全国城市建设工作会议，提出城市绿化工作的方针与任务是在普遍绿化的基础上，再考虑公园的建设。北京紫竹院是清代后期的行宫，新建公园后，园南部由山丘、林木、溪流构成山林野趣景区。湖中的两个岛将水面分成三湖，西部湖面宽阔，可开展游船活动。东部两个湖面较小，满植荷花，形成了虚实、大小的鲜明对比。南面的中山岛四周环水，由三座拱桥与外界相通，岛中央的土山上建有揽翠亭，可登高眺望园中荷花景色。

上海长风公园位于普陀区曹杨新村以南、吴淞江以北，北靠金沙江路，东邻上海师范大学，西临大渡河路。原址为吴淞江淤塞的河湾农田，地势低洼，多河塘。筹建时名为沪西公园，1958年局部建成开放时改名碧萝湖公园，1959年全园开放前夕，更名为长风公园。园中湖东、南、西南沿岸散布大小不等、形状各异的水池，池中植有荷花、睡莲等水生植物。夏日来临，红荷娇艳，满园飘香。

武汉东湖风景区以赏荷著名。1949年9月24日，根据周苍柏先生意愿，报请周恩来总理批准，周家海光农圃被作为民族资本接收。后经中南军政委员会第

① 《西湖天下》丛书编辑部. 西湖旧影[M]. 杭州：浙江摄影出版社，2011：61-141.
② 胡继光. 中国现代园林发展初探[D]. 北京：北京林业大学，2007：45-52.
③ 王丹. 中国现代园林（1949-1978）发展历程纲要性研究[D]. 海口：海南大学，2012：32-55.
④ 钟国. 武汉东湖风景区管理体制创新研究[D]. 武汉：华中科技大学，2006：24-31.
⑤ 武静. 武汉滨湖景观变迁实证研究[D]. 武汉：华中科技大学，2010：196-201.

二次会议决定，将海光农圃更名为东湖公园。1950 年 12 月 2 日，中南军政委员会第八十八号通令将东湖公园改名为东湖风景区，在风景区的听涛景区植有“东湖红莲”“青菱红莲”“红千叶”等十多个荷花品种。1954 年 3 月，朱德委员长游览武汉东湖后，曾满腔热情地赋诗：“东湖暂让西湖好，将来定比西湖强。”[①] 武汉另有莲花湖，也号称赏荷胜地。1958 年武汉汉阳区政府发动群众义务劳动，平整莲花湖，修建了长廊、水榭、湖心亭等园林建筑，当年建成莲花湖公园，并对外开放。时至今日，该园满湖荷花仍然格外香艳，环境幽雅，景色宜人。

三、私家园林荷景

萃锦园 即恭王府花园，位于北京西城区前海西街 17 号。据考证，恭王府原为官宅，第一代主人是清乾隆年权相和珅。之后，嘉庆帝将该府赐予庆禧亲王，改成庆王府。咸丰二年（1852），咸丰帝又将其转赐其弟恭亲王奕䜣，称为恭王府。光绪二十四年（1898），恭亲王次子载滢的长子溥伟承袭王爵，留住府内成为恭王府最后的主人。花园在造园手法上既有中轴线，也有对称手法。全园分为中路、东路、西路三路，成多个院落。东路以建筑为主，西路以山水为主。西路中心大方池，以水景和山林景观取胜。中心方塘之上的诗画舫，“取古人画舫之意，以陆为舟，以坐当游”。北面水池以荷花、睡莲居多。恭亲王奕䜣有《盆池荷花》诗：“汲井埋盆作小池，亭亭红艳照阶墀。浓香秀色深能浅，冒水新荷卷复披。”可看出，萃锦园的植物景观兼有皇家园林与江南私家宅园的双重特征，成为北方私园中赏荷之佳景[②③④]（图 7-7-16）。

---

① 李尚志摘自武汉磨山朱碑亭题诗。

② 周维权. 中国古典园林史[M]. 北京：清华大学出版社，2008：660-664.

③ 李春娇，贾培义，董丽. 恭王府花园植物景观分析[J]. 中国园林，2006，22(5)：84-85.

④ 张壮. 恭王府花园水系及水景观修复实践[J]. 古建园林技术，2004(3)：33-35.

图 7-7-16　北京萃锦园之荷景（李尚志摄）

图 7-7-17　潍坊十笏园之荷景（李尚志摄）

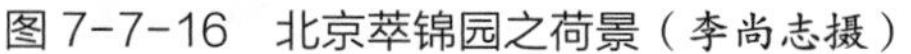

近春园　为清咸丰帝做皇太子时之旧居，位于今清华大学校园内。道光二年（1822）熙春园分为东西两园，近春园为西部分，清华园为东部分。园内河湖湿沼众多，以水景取胜。曾有文献描述近春园曰："水木清华，为一时之繁囿胜地。"咸丰十年（1860），英法侵华联军火烧圆明园，近春园得以幸免。同治年拟重修圆明园，因经费不足决定拆毁近春园，将石材用于圆明园的修缮。虽然宫殿建筑荡然无存，但这里的荷塘景色十分宜人。朱自清的著名散文《荷塘月色》描写的就是此地荷景[①②]。

十笏园　该园位于今山东潍坊潍城区，于清光绪十一年（1885）被首富丁善宝以重金购得，在明嘉靖年刑部郎中胡邦佐故宅砚香楼的基础上所建。全园布局精致，亭榭、曲桥、回廊相连，小池、红荷、假山点缀其间。正中池塘，碧波涟漪，荷香四溢。后来，康有为游园时写下《十笏园留题》吟："峻岭寒松荫薜萝，芳池水石立红荷。我来山下凡三宿，毕至群贤主客多。"[③④]（图 7-7-17）。

何园　该园位于今江苏扬州，又名寄啸山庄，光绪九年（1883）由湖北汉黄道台、江汉关监督何芷舠所造。全园由东园、西园、园居院落、片石山房四个部分组成。西园以水池居中，池上朵朵红云，片片碧荷，摇曳多姿，清香四溢。而池中央便是号称"天下第一亭"的水心亭，这座水心亭是现存仅有的水中戏亭，专供园主人观看戏曲、歌舞和纳凉赏荷之用[⑤⑥]（图 7-7-18）。

① 周维权. 中国古典园林史[M]. 北京：清华大学出版社，2008：652-653.
② 贾珺，朱育帆. 北京私家园林中的植物景观[J]. 中国园林，2010，26（10）：61-69.
③ 陈丛周. 中国园林鉴赏辞典[M]. 上海：华东师范大学出版社，2001：173-175.
④ 鲁晨海. 中国历代园林图文精选・第五辑[M]. 上海：同济大学出版社，2005：124-125.
⑤ 陈丛周. 中国园林鉴赏辞典[M]. 上海：华东师范大学出版社，2001：86-90.
⑥ 谢晓雯，宋伟玲. 浅谈何园"廊院式"庭院空间的构成特色[J]. 广东园林，2016（4）：50-53.

图 7-7-18　扬州何园之荷景（李尚志摄）

图 7-7-19　苏州怡园之荷景（李尚志摄）

怡园　该园位于今江苏苏州，建于晚清同治、光绪年间。由浙江宁绍台道顾文彬在明代尚书吴宽旧宅遗址上营造。该园由顾文彬第三子顾承主持营造，邀画家任阜长、顾芸、王云、范印泉、程庭鹭等参与筹划设计，园中一石一亭均先拟出稿本，待与顾文彬商権后方定。其中藕香榭（锄月轩）为全园主厅，鸳鸯厅式，厅北有大平台突入水池之中，池岸以湖石砌筑，石岸意趣，姿态多变，水无常形。池中植莲，清风徐徐，满园溢香（图 7-7-19）。

郭庄　又名端友别墅，位于今浙江杭州环湖西路卧龙桥畔，清咸丰年间由丝绸商宋端甫所建。主人引西湖水入园，园中有湖，名为苏池，池形如镜，一镜天开。曲廊环绕于水，叠石临照，水侧小桥勾连，水上红莲碧波。水木清华，楼台金碧，牖藏春水，帘卷画图①。

愚园　俗称胡家花园，晚清南京名园之一。初为明代中山王徐达后裔徐傅别业附园，名西园。后又易数主，乾隆年间日渐衰败。于同治十二年（1873）由胡恩燮辞归故里购得。邓嘉缉《愚园记》述，该园在清光绪初年仿苏州狮子林构筑，其中水石居前临清塘，大可数亩，芙蕖作花，疏密间杂，红房坠粉，掩映翠盖。长夏南窗毕启，薰风徐来，荷香晴袭，时有潜鱼跃波，翠禽翔集，倚栏披襟，溽暑荡涤。塘泛瓜皮小艇，可容二三人弄棹于藕花深处②。

小莲庄　属浙江湖州南浔镇首富刘镛之私园，位于今湖州南浔南栅万古桥西，北临鹧鸪溪，西与嘉业堂藏书楼隔河相望。始建于清光绪十一年（1885），在池周补植春柳，重栽菡萏，布置台榭，启建家庙，历时四十载，于 1924 年完成。

① 陈丛周. 中国园林鉴赏辞典［M］. 上海：华东师范大学出版社，2001：132-133.

② 鲁晨海. 中国历代园林图文精选・第五辑［M］. 上海：同济大学出版社，2005：221-224.

全园以荷池为中心，依地形设山理水，形成内外两园。外园以荷池为中心，池广约十亩，沿池点缀亭台楼阁，步移景异，颇具匠心。荷池南岸筑退修小榭，临池而建，设计精巧，是江南水榭建筑的精品；荷池北岸外侧为鹧鸪溪，沿溪叠有假山并植矮竹护堤，堤上建有六角亭。堤东端建有西式牌坊，门额上的“小莲庄”三字由郑孝胥所书。荷池东岸建有七十二鸳鸯楼，抗战时被毁。荷池西岸高处建东升阁，西洋式楼房，俗称“小姐楼”。盛夏时节，碧波荡漾，红荷万柄，景致格外醉人[①]（图 7–7–20）。

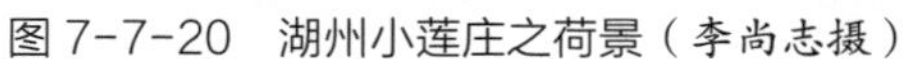
图 7-7-20　湖州小莲庄之荷景（李尚志摄）

图 7-7-21　东莞可园之荷景（李尚志摄）

可园　始建于清道光三十年（1850），位于今广东东莞，由江苏布政使张敬修所筑建，至咸丰八年（1858）竣工。空处有景，疏处不虚，小中见大，密而不逼，静中有趣，幽而有芳。加上摆设清新文雅，占水植荷，清香满园。湛明桥楹联为“瞍红桥，悟游鱼欢乐因景；观曲水，思碧荷芬芳理由”；风清室联为“竹荷并茂；人境双清”。极富岭南特色，乃广东园林之珍品[②]（图 7–7–21）。

余荫山房　又名余荫园，由邬彬于清代同治三年（1864）建于广东广州番禺，距今已有 150 多年的历史。整座园林布局灵巧精致，园地虽小，但亭桥楼榭、曲径回栏、荷池石山、名花异卉等一应俱全。西半部以长方形石砌荷池为中心，池南有造型简洁的临池别馆；池北为主厅深柳堂，是园中主题建筑。隔莲池相望，有临池别馆呼应主厅，夏日凭栏，风送荷香，令人欲醉[③]。

共乐园　位于今广东珠海唐家湾北面之鹅峰山下，为中国近代史上著名政治活动家、外交家唐绍仪的私家园林。始建于 1910 年，曾名小玲珑山馆，1921 年

① 周维权. 中国古典园林史［M］. 北京：清华大学出版社，2008：637–640.

② 陈丛周. 中国园林鉴赏辞典［M］. 上海：华东师范大学出版社，2001：47–48.

③ 同上。

扩建时改名共乐园，1932 年唐绍仪将共乐园赠予唐家村。依山傍水，亭榭相招，林荫蔽日，风景优美，富有特色和情趣。该园的“西湖九龙寸”仿照西湖一景，把苏堤、荷影、曲桥、假山、亭榭浓缩于一池之中，现为 1979 年所复修①②（图 7-7-22）。

图 7-7-22　珠海共乐园之荷景（李尚志摄）

四、寺庙园林

晚清各地的名寺大庙多为前朝所建造，都经历过数百或千余载风雨。如果政府重视，便大兴土木进行修葺，或择地重新筑建；若不重视，有些寺庙修葺难续，终因年久失缮，风雨摧残，墙垣圮毁。位于浙江舟山的普济寺，创建于后梁贞明二年（916），后屡兴屡毁，清康熙二十八年（1689），康熙南巡时下诏重建寺庙。寺前的海印池中植莲。每年六月莲花盛开，池中树影、亭影、桥影倒映，构成一幅美妙的图画。夏夜入静，荷香沁人，池中银花伴月影，形成普陀山“莲池夜月”之景，令人流连忘返（图 7-7-23、图 7-7-24，这两幅照片为同一地点由两位摄影者在不同年份所拍摄③④）。

① 陆琦. 珠海唐家共乐园[J]. 广东园林，2009(4)：78-80.

② 郭存孝. 唐绍仪及其“共乐园”[J]. 民国春秋，1998(3)：44-46.

③ 阿道夫·克莱尔. 一个瑞士人眼中的晚清帝国[M]. 上海：华东师范大学出版社，2015：89-90.

④ 汤姆逊. 中国与中国人影像[M]. 徐家宁，译. 桂林：广西师范大学出版社，2015：338-339.

图 7-7-23　晚清普济寺海印池之荷景

图 7-7-24　晚清普济寺海印池之荷景

图7-7-23引自阿道夫·克莱尔. 一个瑞士人眼中的晚清帝国［M］. 上海：华东师范大学出版社，2015：88；图7-7-24引自汤姆逊. 中国与中国人影像［M］. 桂林：广西师范大学出版社，2015：334-335.

又如北京大觉寺，也称西山大觉寺、大觉禅寺，位于北京西北郊外小西山山系之旸台山，始建于辽代咸雍四年（1068），名清水院，为金章宗西山八大水院之一。明宣德三年（1428）重建后，更名大觉寺。清康熙五十九年（1720）进行大规模修建。乾隆十二年（1747）重修，并赐建迦陵舍利塔。1930 年，山门遭雷击，被毁。解放初期，寺院荒芜，部分殿宇圮毁。1972 年，北京智化寺三世佛移到大觉寺。大觉寺以清泉、古树、玉兰、环境幽雅而闻名。寺院内松柏、银杏遍布，水中还遍植红、白莲花，碧盖净植，清香远溢。

中华人民共和国成立后，全国各地的寺院得以修缮，焕然一新，但在“文革”期间遭受冲击。

五、荷花生日与市花

（一）江南民间的荷花生日

清末至民国年间，江南民间有多种过荷花生日的说法：如“六月初四说”“六月二十说”“六月廿四说”及“雷祖生日说”等[①]。以下根据史料略作说明。

“六月初四说”　南宋时期，俗传南京地区农历六月初四为荷花生日。“是日，用纸制灯，燃放中流，以为荷花祝寿。有荷花的地方，都有人放荷花灯，以为祝嘏。”[②]可惜这集“祝寿、观荷、寻乐”于一体的景象，到民国时就渐渐消衰了。

① 李尚志. 荷美深圳［M］. 深圳. 海天出版社，2020：194-198.
② 邢湘臣. “荷花生日”三说［J］. 农业考古，2003（3）：234-235.

“六月二十说” 广州俗语“吐荷花”与观音菩萨有关。相传，观音菩萨云游归来之日，为农历六月二十日。可菩萨归来却无座可坐；于是，观音神驰构思，随之口吐一颗世上与天堂都没有的莲子，弹指扬空，顿化为一朵香溢天空、金碧辉煌的荷花为座。所以，观音菩萨云游归来之日（六月二十）即为“荷花诞”。广州人每当荷花诞之日，在莲田埂头烧香，且虔诚地望着荷花祈祷“荷田叶绿，多子多福”。祈语“子”，指莲子；“福”取“幅”的谐音，“幅”指荷叶，故有“一幅荷叶”之说。叶多藕长，象征岁岁丰收，图个好收成之意[①]。

“六月廿四说” 据清人顾禄《清嘉录》引《城南草堂集》所叙：“六月廿四，谓之荷诞，实无所出，惟《内观日疏》：‘是日为观莲节。晁采与其夫各以莲子相馈遗。’昔有扶乩者，是日降坛。诗云：‘酒坛花气满吟笺，瓜果纷罗翰墨筵。闻说芙蕖初度日，不知降种自何年？’盖嘲之也，云云。然相沿既久，类成风俗。”[②]传说这一天为观莲节，唐代大历年间，江南吴郡（今苏州）才女晁采与丈夫文茂情意绵绵。一次，她暗送莲子给文茂，并写道：“吾怜子（莲子）也，欲使君知吾心苦耳！”文茂见了，将莲子播院内水池，不久池中莲儿花开，居然是并蒂莲。文茂将新莲馈赠晁采，晁采欣喜之余，吟诗送文茂：“花笺制诗寄郎边，鱼雁往还为妾传。并蒂莲开灵鹊报，倩郎早觅卖花船。”所谓扶乩，通常是在竹架上吊一根细棍，二人扶着竹架，并叩问神灵下凡，其棍就在沙盘上画出字句，作为神旨。当然，这是一种迷信活动，属无稽之谈。但六月二十四观莲节作为荷花的生日，被江南民间传承，形成风俗。如苏州地区每逢此日，红男绿女画船箫鼓，纷纷集合于苏州葑门外二里许的荷花荡，给荷花上寿；且酒食征逐，热闹一番；逛完荷花荡后，再买些荷花或莲蓬带回家。因夏季又多雷雨，游人往往被淋得像落汤鸡一般赤脚而归，故俗有“赤脚荷花荡”之谣，足见其狼狈相了。

“雷祖生日说” 旧俗浙江嘉兴民间流传雷祖生日为荷花生日。据说，这一天市民倾城游南湖，可免费渡船；而农民则到烟雨楼附近的雷祖殿进香烧纸祝寿。南湖游船汇集，大小船只数百。小船盖有顶篷，摆渡载客。夜晚，南湖湖面放荷花灯，以纸扎灯，下系木片，中燃红烛，漂浮水上，多至千盏。烟雨楼则通宵达旦供应茶酒面食。还有昆曲社在湖上举行曲会助兴。

对以上几种说法，王其超有精辟的论述：“其实，荷花生日毫无根据。大家

① 全佛编辑部．佛教的莲花[M]．北京：中国社会科学出版社，2003：7-19.

② 顾禄．清嘉录[M]．南京：江苏古籍出版社，1986：16-166.

知道，荷花是古老植物之一，远在一亿三千五百万年以前，地球上便出现了荷花。谁能说清哪年是它的出生年呢？古人中也有不以荷花生日为然的，如清晁采降坛诗云：'酒坛花气满吟笺，瓜果纷罗翰墨筵。闻说芙蕖初度日，不知降种自何年？'" [①] 不过以上四种说法中，只有"六月廿四说"流传广泛，且符合荷花的生物学生长特性。清室后裔金寄水《王府生活实录》称："我家庆祝'荷花生日'，是在二十四日清晨。各个殿堂门外，摆设红白荷花各一盆（要摆到七月十五日才撤去）。室内的花瓶，都插上荷花和鲜荷叶。这一天所用的餐具，无一不是以荷花造型的，食品也无一不冠以与荷花有关的名儿，如荷叶鸡、荷叶肉、清汤荷叶莲子羹。虽与贾宝玉所喝的莲子羹不尽相同，如论色香味则恐有过之而无不及。又如，大冰碗，内盛鲜莲子、鲜藕、鲜菱角、鲜核桃……全呈白色，高雅纯洁，令人不能不想起这'出淤泥而不染'的君子之花的生日，分外的清新。这天所吃的主食为荷叶饼和莲子糕，最后，每人必喝一碗荷叶粥，才能统称吃了'荷花筵'。" [②]

（二）民国时期选国花和市花

民国期间开展了国花的遴选活动。1928 年国民革命军名义上统一全国后，因国际交往频繁，各国皆有国花，唯中国独无，选定国花被列入南京国民政府议事日程。一些文人雅士闻讯，纷纷撰文于报刊，积极参与其中。有建议兰花，有建议菊花，有建议荷花，有建议牡丹，还有的建议稻花，等等。民国年间，有人推荐荷花，可见荷花在百姓心中深受喜爱。

民国时期，一些大中城市也组织了市花遴选活动。1929 年春，宁波市政府宣布以荷花为市花。1929 年 1 月中旬，上海市六区国民党党部向市政府建议，以荷花为市花。同月 24 日，市社会局第十九次局务会议议决："以荷花、月季、天竹三者之一为本市市花，不日呈请市长择一鉴定。"上海市政府为选好市花，特向市民公开征求意见，采用市民投票评选的办法。荷花得票仅次于棉花，亚居第二 [③]。

---

① 张行言，王其超．荷花[M]．上海：上海科学技术出版社，1998：136-137.

② 金寄水．王府生活实录[OL]．豆瓣https://www.douban.com/group/topic/61572663/.

③ 刘作忠．中国近代的国花与市花小史[J]．文史春秋，2001(4)：77-78.

第八章 Chapter Eight

荷文化复兴期

（20世纪70年代末至今）

第一节 概 说

1978 年我国进入了改革开放的新时期，荷文化在文学艺术、工艺美术、食饮药用、园艺技术、园林应用、企业经营、生态旅游、科学研究、国际交流等诸多方面，均有了长足的进步，获得全面发展。

20 世纪 60 年代初，王其超和张行言开始承担原国家科委下达的荷花系统研究项目；1966 年，他们发表了《荷花品种的形态特征及生物学特性的初步观察》，是我国荷花研究工作的开端。“文革”使刚起步的研究工作停滞不前。直至 1978 年“科学的春天”来临，这一研究项目又重新启动。后续参加者有中国科学院武汉植物研究所、湖北省水产研究所、武汉市蔬菜研究所，以及杭州市园林局等。经过从品种收集、杂交选育、资源调查等不同角度的努力，才有了《中国荷花品种图志》《中国荷花品种图志·续志》在 20 世纪末的出版。其中 600 多个荷花品种全部获得国际睡莲水景园艺协会（IWGS）莲属品种国际登录，都有了通行国内外的“身份证”。荷花品种的分类，由王其超遵循观赏植物“二元分类法”的原理制定中国荷花品种分类体系（不包括子莲和藕莲）。按二元四级分类原理，分为 3 系、6 群、14 类、40 型。

1987 年在济南举办了第一届全国荷花展览会，之后连续举办数十届。据不完全统计，受全国荷花展览会的影响，每年各地举行的荷花节（或莲花节，或莲花文化节，或莲藕节等）数十场次；在举办全国荷花展览会的同时，还举办国际荷花学术研讨会，与来自俄罗斯、泰国、日本、澳大利亚、美国、韩国等十多个国家的专家学者进行交流，在世界上的影响十分广泛。21 世纪初，全国各地的农林高校院所十分重视荷花研究，也涌现出一批拔尖的专业人才，对荷花品种种质资源、品种选育、栽培管理、园林应用等方面进行广泛且深入的研究，取得了一项又一项优秀的科技成果。

20 世纪末至 21 世纪初，从中央到地方，对于荷花的种植栽培等制定了一系列行业标准和技术规程。如 2015 年 5 月农业部发布《植物新品种特异性、一致性和稳定性测试指南 莲属》农业行业标准；2004 年 8 月农业部发布《莲藕栽培技术规程》；湖南省农业厅组织制定《早熟菜藕栽培技术规程》；安徽省铜陵市制定《无公害莲藕栽培技术规程》；江苏省大丰市制定《浅水藕无公害栽培技术规程》；武汉市蔡甸区农业局制定《蔡甸莲藕标准化栽培技术》；武汉市蔬菜科学研究所制定《无公害子莲栽培技术规程》；2014 年福建省质量技术监督局也发布了《子莲种藕繁育技术规范》。

评选城市的市花活动，全国各地正积极开展。评选荷花为市花的城市，目前有十余个。荷花景观也和其他园林植物景观一样，讲究艺术构图，造景中以借景、添景、框景、漏景、对景、抑景、障景等手法最常见，运用多种构景手法表现荷花的自然之美，以求达到最佳境界。荷景常与建筑、雕塑及有生命的动物相配合，使之体现得更为生动，景题可引导游人在赏荷时增添丰富的想象空间。

这一时期的诗人、作家在报刊上发表荷诗、荷词、赞荷散文、颂荷小说及杂文等数量众多。以荷花为题材的歌曲（包括佛教音乐）也不少。到目前为止，各地出版荷花绘画和荷花摄影专集百余种。以荷花造型设计的各种装饰工艺，在传统的基础上，进行了大胆地改进和创新。经搜集整理，饰荷工艺门类有建筑、雕塑、陶瓷、漆器、金属装饰制品、玻璃工艺、秸秆工艺、现代家具、文房四宝、服装、刺绣及唐卡等；美术有年画、剪纸及灯彩、邮票工艺、广告艺术、大型舞台设计等，其观赏价值均有很大的提升。

以荷花为题材的各类雕塑，将艺术、技术及科学紧密地结合，成为一种具有观赏性的人文景观。以荷花造型的现代建筑物，如广东佛山三水荷花世界风景区的荷花建筑群、浙江平湖李叔同纪念馆、常州全国第八届花卉博览会景观建筑《荷韵》雕塑等，美观大方、栩栩如生，真实地反映了人们爱荷、崇荷的心理。荷花邮票是反映我国历史、科技、经济、文化、风土人情、自然风貌等特色的一个缩影。自 1980 年我国邮政部门发行一套 4 枚《荷花》邮票，及面值 1 元的小型张票，此后在发行各种纪念邮票中，有不少邮票设计有荷花元素。澳门特别行

政区的区旗区徽上以莲花为主图案，这成为澳门的一种象征。因而，澳门邮政部门陆续发行了一系列荷花邮票，以资纪念。

值得一提的是，2018 年 6 月 9 日国家主席习近平向俄罗斯总统普京授予首枚中华人民共和国“友谊勋章”，采用荷花、和平鸽、地球、握手等元素制作而成，象征着中国人民同俄罗斯等各国人民的友好团结、友谊长存，祝愿世界各国共同繁荣发展。

荷花全身都是宝，其宝贵之处在于它“药食同源”。荷花其叶、莲须、莲蓬、荷柄、莲子心、莲藕及藕节，均可食饮、药用或保健。荷花药膳是我国传统医学知识与烹调经验相结合的产物，“寓医于食”使食用者得到美食享受，又在享受中，使其身体得到滋补。这一优秀文化传统成果，在改革开放以来特别是 21 世纪快节奏的当代生活中得到越来越多的传承和弘扬。

第二节　探荷爱莲：荷花与文艺

荷花与文艺，渊源甚深。发展到了今天，荷花的“真、善、美”形象及谐音的意蕴，已非囿于一般吉祥的范畴，而有着重要的深层内涵。“荷”谐音“和、合”，“莲”谐音“联、连”，符合中华传统文化中“和为贵”“协和万邦”的重要理念。荷花对文艺的影响，可于文学、舞蹈与音乐见之。

一、荷花与文学

这一时期关于荷花的文学作品，诗歌、散文、戏剧和小说众体皆备。吟咏荷花的诗歌有旧诗，或赞颂荷花的自然景观，反映荷花的群体生态美；或吟咏荷之花、荷之叶、荷之莲蓬（或藕），表达荷花的局部美；或描写荷花品种之特性，展示荷花的个体美；或以“荷”与“和”之谐音，倡导“和合文化”，构建和谐社会；但更多是借荷出淤泥而不染的高尚品格与情操，弘扬政府和社会中的廉洁之风。下面主要从《中华诗词》《诗刊》《诗歌月刊》《诗潮》《诗林》《星星》等期刊上的佳作中试举数例。

荷塘初夏

孙燕

花将着色叶将齐，翠盖摇风滚玉玑。更有蜻蜓逐水面，为寻尖角故低飞。①

荷叶

曹永川

似着青蛙伞，光滑滚水珠。风来齐转侧，如令一声呼。②

虞美人·雨荷

高凤兰

黛云低处风摇萼，细雨潇潇落。水天短棹去无踪，看取一枝秀蕊沐凄风。
荷心如故怀春梦，不把馨香送。濯清污淖透红肥，玉立自成风景绽芳菲。③

与莲说

周节文

初发村塘似羸弱，栖泊湖陵见绰约。濂溪脉脉润芳苞，代代花开更灼灼。
年少识君心已倾，爱到耄龄情未薄。清涟濯身亦濯心，玉洁冰清树高格。
不尚雕饰凭素颜，本色示人犹洒落。但见清水出芙蓉，谁知大地育魂魄。
画舫摇摇入翠湖，靓女俊男尽耽乐。雅客常稀俗客多，倦听谀辞逢场作。
忽有西风挟霜寒，一季繁华渐萧索。荣枯交替悟炎凉，秋水无言烟漠漠。④

同时，也有很多关于荷花的新诗。

---

① 孙燕. 荷塘初夏[J]. 中华诗词, 2018(7): 21.

② 曹永川. 荷叶[J]. 中华诗词, 2018(6): 12-12.

③ 高凤兰. 虞美人·雨荷[J]. 中华诗词, 2017(6): 28-29.

④ 周节文. 与莲说[J]. 中华诗词, 2017(10): 35-36.

含苞的红莲

沙鸥

这一天充满霞光
你被渴望的目光追赶
狂乱的心
如枫叶一般战栗

爱情对你来说
还是一个陌生的词语
你含羞地把美丽
藏在胸间
红河谷
从此生长一对含苞的红莲

生命中的红莲
霞光中的红莲
红河谷里的红莲
含苞只是盛开的前奏
盛开一定不会幻灭①

莲花颂——迎接澳门回归祖国

赵月明

百年渴望
百年期待
在1999年12月20日
千万朵莲花争艳盛开
是那样的迷人
是那样的光彩

朵朵绽放的莲花

① 沙鸥. 含苞的红莲[M]//沙鸥. 诗说大千. 合肥：安徽文艺出版社，2016：4-5.

紧系着母亲的情怀
朵朵芬芳的莲花
举托着东方的世界
莲花出水让人赞颂
莲花开放令人喜爱

美丽的莲花
开放在亿万人民的心坎
芬芳的莲花
开放在碧波荡漾的南海
装扮着锦绣的江山
展示着祖国的风采

每一朵开放的莲花
都像一位能歌善舞的姑娘
载歌载舞迎接美好的未来
每一片芬芳的花瓣
都像一位激情豪放的诗人
颂扬赞美崭新的时代[1]

散文诗是兼有诗与散文特点的一种现代抒情文学体裁，注意语言外在节奏感和音律美的同时，更专注于语言的内在韵律美，追求内在情思旋律与语言流动的配合[2]。此时也出现了写荷的散文诗。

荷塘的心事

杨晓奕

夏日的阳光转到季节背面。
一只蜻蜓收起透明的翅膀停在荷叶上。
一枚饱胀的莲子跌进水里。
游鱼互相追逐。荷塘静得可以听到花开的声音。

① 赵月明. 莲花颂——迎接澳门回归祖国[J]. 人民教育, 1999(12): 53-54.
② 张翼. 论冰心散文诗语言的艺术魅力[J]. 武陵学刊, 2018, 43(5): 82-87.

霜凉露冷。残荷的红，隐退了芬芳。

雨落脚的音符，格外闪亮。

草鲤肥美。藕的手臂开始洁白丰腴。

从春到夏，从夏到秋，荷塘的心事，只有涟漪知道。①

这一时期有许多关于荷花的散文佳作。有写荷的艳丽，展现大自然的五彩缤纷；有写荷的高洁，颂扬其不染的精神和境界；还有写荷的宽阔胸怀，倡导和谐世界与和合文化，各具特色。值得一提的是科学家所撰写的带有科普性质的荷花散文。这种文章笔法严谨，客观真实，数据可靠；也不乏文采，写景秀色可餐，写人灵活生动，写事感人至深。作者虽不是文学家，却有文学家的文采和风范。在这里，笔者以荷花界泰斗王其超的《“普者黑”探荷》一文为例。

“普者黑”探荷

王其超

由于工作的关系，20余年来我考察过大江南北、长城内外许多著名的观荷景区，每到一处都给我留下美好回忆。我曾为调查中国古梅去云南8趟，访问了10多个市县，所经乡镇村野，仅见有菜藕栽培，却未发现荷花风景，以为花卉王国的云南省，或许短少观赏的荷花。1998年盛夏，我在旅途中偶尔从一页旅游小报上读到一则题为“普者黑5000亩荷花展笑脸”的简短新闻，使我大吃一惊。我不敢相信那山峦逶迤，高海拔、深湖泊的云南境内会有大面积的观荷佳处。报道未指明“普者黑”在何市县？更不知“普者黑”是啥含意。一时心潮澎湃，眼帘迷茫，就像透过云层俯览大地，朦朦胧胧。半月后，巧遇机会，重复西南行。在春城逗留期间，打听到“普者黑”位于昆明市东南280千米之遥的一个偏僻小县——邱北县境内，1996年经批准为省级旅游风景区。在我认识的朋友中，无人观光过，也不明白“普者黑”这个奇怪名称的来历。为揭开这个谜团，我决定前往探秘。更何况时值8月下旬，正当荷花盛开的季节，作为一个荷花研究者，花期调查，最具实效。

8月22日天朗气清，我和我的助手雇了一辆面包车，按地图所示，直奔邱北。汽车在蜿蜒崎岖的山路上颠簸6个小时始达城关，县城建局伍辉主任、杨立昌股长热情地接待了我们。住宿安顿后，顾不得休憩，便随主人驱车前往目的地。

---

① 杨晓奕. 荷塘的心事[J]. 散文诗，2018(9)：68-69.

一路白云飘移、峰峦变幻、稻香扑鼻、村寨隐约，沿途的田园风光已够醉人的了。车上主客无拘无束的交谈，使我这个远道而来的陌生人，对这块美丽的沃土懂得许多了，我心中的谜底慢慢地揭开了。

邱北县属文山州的一个多民族的山区县。海拔1451米，居住汉、壮、苗、彝、回、白、瑶等12个民族。原来“普者黑”是彝语，意指“山光明媚的鱼米之乡”。邱北县为低纬季风区域，具有多种气候类型，年平均气温16.4℃，最冷的元月，通常为5～6℃，极端最低气温−7.6℃，7月最热，也只达30℃，极端最高气温35.7℃。无霜期259天。年平均日照时数1800小时，年降雨量1100毫米，这样的气候非常适合荷花的生长发育。普者黑旅游风景区，由普者黑、锦屏、温浏、冲头和平寨5个景区组成。普者黑是主景区，地跨城北双龙营、曰者两乡，距城关13千米，交通便捷。面积约1000公顷，水面居半，约500公顷，由荷叶湖、情人湖、灯笼湖、阿细湖、仙人洞湖、蒲草湖等16个大大小小的弯弯曲曲的彼此贯通的湖泊组成，湖水系地下水涌聚而成，涨落平稳，不干不涸，清澈无染，是当今城镇附近难觅的秀水。湖泊沿岸，生长着茂密的荷花，一片一片，大者百十亩，小着十余亩，时而连接，时而分隔。湖中翠盖夹道，延绵10里无尽头。主人告知，这湖群里的荷花，盛时可达350公顷。普者黑迷人之处，还在于它有石灰石熔岩形成的座座苍翠的孤峰，星罗棋布在湖中，不少孤峰还有光怪离奇的溶洞，酷似桂林山水，故有“高原阳朔”之誉。

我等轻舟进湖，放眼湖山，白云山巅绕，秀峰萦萦迁，彝寨伴岩移，绿荷随岸延。云之倒影，山之倒影，寨之倒影，荷之倒影构成的画卷，尽在碧波上回旋。此刻，船在湖中荡，人在画中游，荷风过处，清香拂面，令人心旷神怡。我不禁忆起宋诗中有一首湖区即景：“人家星散湖中央，十里芹羹菰饭香，想得薰风端午后，荷花世界柳丝乡。”诗人描绘的江南旷野水乡图画，也是够美的了，如果诗人来普者黑赏荷，还会被湖中秀丽的群峰所吸引，创作的诗篇，或另有一层情韵。

赏荷的游船，都是木结构的，扁窄而长尖，颇具地方风格。一只船载客7−8人，由一位彝民操舵，游客划桨，轻巧自如。船上无蓬，游客们撑着自带的五颜六色伞具，或摘一张荷叶顶在头上，遮挡日晒。我们探荷的这一天，时逢周末，八方旅游者会聚普者黑，十里湖道，游船列队穿行，忽左忽右，时前时后，那彩色的柄柄伞盖和仕女们的华装艳服，像是散布在苍山秀水，绿树碧荷之间的条条花带，煞是好看。更有趣的是每只观荷的木舟上，都备有舀水的瓢盆。每当3−4

只游船相遇，不管各船的游客是否相识，不论男女老少，都会情不自禁地笑嘻嘻地互相泼起水来，直把对方的衣襟湿透，船儿划远，或一方示意求和免“战”方休。这场划船戏水的活动，在偌大的湖面，此起彼落，不断把赏荷情趣推向高潮。目睹此情此景，我以为人性在特定的环境下获得解放，迸发出青春的活力，为尽情享受自然美的本能表现。而那些追求画舫箫鼓，对酒当歌为赏荷乐事的文人雅士们是无法理解的。这种泼水赏荷逗趣，可谓普者黑的一绝，很可能是从傣族的“泼水节”移植过来的。今天赏荷游人逾 3000 人次，据说一周前农历六月二十四日（公历 8 月 15 日）是彝族人民的传统节日——“火把节”。那天来普者黑赏荷祝节的游人达 3 万之众，湖里游船如梭，红白荷花竞妍，岸边火把万盏，人们载歌载舞，盛况空前。无独有偶，农历六月二十四日还是荷花的生日呢！这里的人们尚不知晓。如果把荷花的故事，早早告诉他们，一日有双喜，竟这般巧合，既举火把欢庆佳节，又为荷花祝寿。游人定会增加，游兴还要浓烈。

靠山吃山，靠水吃水。祖居普者黑湖区务农的彝族同胞，除种植水稻、玉米外，捕鱼挖藕是重要副业。因寨子依山临水，彝族男女无不熟悉水性的。当我们的船划近村寨，便可看到勤劳的彝族妇女或在湖滨浣洗，或在水中打眼子菜、枯草、金鱼藻、孤尾藻之类的沉水植物作猪饲料。这儿的水不深，儿童们帮着大人干一会活，便泗入水中打闹，或钻进荷丛、蒲草丛捉迷藏。儿歌声、水声、桨声和荷叶的碰撞声合奏起的湖乡交响乐，不到普者黑探荷，别处是难以欣赏到的。

普者黑气候温和，水质优良，清明节前满湖荷花已露尖尖角，5 月下旬至 6 月上旬花蕾显露，盛花期在 6 月中旬至 8 月中下旬，9 月上中旬尚有稀疏的花朵开放，国庆节后荷叶才慢慢枯黄，整个赏荷期长达百日之久。这高原湖泊的荷花十分繁茂，远远望去是红白二色，白者居多，红者较少。我们把船划进荷丛深处，采得几朵细察。呵哟！原来它们与洪湖、巢湖、微山湖、洞庭湖、白洋淀、兴凯湖、镜泊湖的单瓣野生荷花截然不同，全是大型重瓣观赏品种。那些远观貌似一色的白花荷群，实际含两个品种：一为纯净如玉的白荷，姑且称它为“普者黑白荷”吧，花径 21–23cm，花瓣 69–72 枚，瓣基淡黄色，蕾尖桃形，绿色；另一种是白荷的瓣缘有较细的红色纹饰，花与“普者黑白荷”几乎等大，花瓣稍多，为 72–77 枚。花蕾也相仿，只是在叠合的绿瓣上显现红边。这是一奇种，名“小洒锦”。20 世纪 60 年代我曾收藏培养过，后失种。20 余年来，四处寻访不得，担心如此佳种离世绝迹。真未想过重逢在祖国边陲。探荷有获，我那喜悦的心情难以言表。继之，我们又在几个湖汊里发现成片的“小洒锦”，在普者黑永存。那红色种荷花，色泽鲜艳，花瓣重叠亦有62-65枚，我们暂叫它“普者黑红荷”吧。此花较之江南名品“红千叶”毫不逊色。

普者黑栽培保存的优良荷花种质资源，是何时从何地引进的？这片沃土从未生长野生荷花？第二天我们向50年代曾任村党支部书记的年届古稀的彝族毕大爷请教，他老人家只能告诉我们他在孩提时代，这儿的大小湖湾普遍生长着荷花。看来，普者黑的荷花栽培史，还有待进一步探索。

作为旅游风景区，普者黑人在注重赏荷景点开发的同时，把目光投向相应的旅游产品——莲藕的开发上。邱北农民历来有种植鲜藕的习惯和经验，但有限的鲜藕销售量制约了生产的积极性。1994年县有关部门投资，在普者黑景区内建藕粉厂拉动藕莲的生产，又为普者黑旅游提供了新鲜土产。现全县藕莲种植面积近350公顷，年产鲜藕600万千克，大部分被藕粉厂收购，计划至2000年发展750公顷。1998年藕粉厂生产藕粉20万千克，售于外地获纯利近百万元，为县经济增长做出贡献。可见，普者黑旅游风景区以赏荷旅游为重要特色，这一制定规划，分期实施，因地制宜地开发系列莲藕产品，大有作为。[①]

现代戏剧中，以荷花为题材的剧本不多见。但素有“千湖之省”美誉的湖北，在古代民间就流传许多荷花或莲藕的传说和风俗。如今，湖北汉川市文学艺术界联合会以荷花为题材新编古装传奇故事剧，再现古老的传说。由谢青安、庆德编写的《汈汉莲华》汉剧，通过神话故事，以《序幕》《祭湖》《遇船》《浴荷》《饮别》《化莲》等精彩篇目，塑造了荷花、湖郎、牡丹、潘渔伯、巧菱、潘埠曹、蚌精、瑶池真君等众多神话人物。瑶池仙女荷花和牡丹下凡，与湖郎相遇，为湖区人民寻医采药，消除疾病，并遭到潘埠曹、蚌精等妖孽的百般阻挠。湖郎遭遇不幸沉入湖中。荷花和湖郎真心相爱，为了消除湖区人民的疾病，不愿回归天宫，而被瑶池真君废夺仙姿，打入湖泥，永堕凡俗，供人采食。顷时，湖郎变成莲藕，荷花艳丽耀眼。闭幕前，湖郎拉着荷花的手，有牡丹相伴，从彩虹中微笑走来。“湖光莲华景象新，碧波昊天飘红云。芙蕖仙子藕郎恋，千古绝唱吟到今。”[②] 此剧虽是神话，但它也是百年来当地人民以种藕为生的真实写照。

关于荷花的小说，有当代作家安妮宝贝（后改名“庆山”）2006年3月出版的《莲花》。小说以神秘圣地墨脱为背景，讲述一个年轻女子庆昭在拉萨遇到可

① 王其超.“普者黑”探荷[M]//灿烂的荷文化. 北京：中国林业出版社，2001：136-138.

② 谢青安，庆德. 汈汉莲华[J]. 戏剧之家，2004(2)：47-60.

结伴一程的男子善生，他俩穿越雅鲁藏布江大峡谷，前往墨脱寻访善生旧友内河的故事。作者在序中这样写道："莲花代表一种诞生，清除尘垢，在黑暗中趋向光明。""墨脱"在藏语中即为"莲花"之意。①

30集青春励志剧《莲花雨》是为庆祝澳门回归祖国10周年编剧拍摄而成，因澳门特区的区旗区徽主图案为莲花而得名。它描绘澳门大都会生活的彩色画卷，鲜活呈现一群澳门年轻人的爱情、奋斗、创业故事，以及澳门回归前后两代人的恩怨情仇，折射出了澳门回归祖国10年以来的社会生活和人情冷暖，表现出当代澳门人百折不挠的创业精神和对未来的执着追求。

二、荷花与音乐

这一时期歌颂荷花的音乐层出不穷。如央吉玛《莲花秘境》，孙晓磊《心有莲花，与佛结缘》，蔡浩《美丽莲花》，庆吉《七步莲花》，冯寅和夕君《莲花开了》，高翊菲《爱如莲花》，刘奕君《青莲花》，何禹萱《梦·莲花缘》，戚颖《青莲花》，徐家麟和万娜《月下青莲花》，赵霏儿《月下莲花开》，梅子《莲花盛开的村庄》，杨淑廉《寻仙莲花台》，秦庚云和邓伟民《亲亲白莲花》，黄帅《步步莲花开》，秦平武词、孟勇曲《盛世荷花》，凤凰传奇《荷塘月色》，茅晓峰词、杨大成曲《白莲花》（图8-2-1），高占祥词、王和声曲《荷花吟》，谭建军词、胡旭东曲《荷花吟》，孙红莺词、薛承勇曲《莲的心事》，席慕蓉词《莲的心事》等。还有轻音乐《流水莲花》《赏莲花》等，歌声优美，旋律韵长，委婉动听。许多音乐刊物也载有以荷花为题材的歌词，如虞文琴《荷花姑娘》咏："你的美丽拴住了我的目光，你的清香让风儿弥漫芬芳，你一派天然纯净，让我看见美的真谛。你端庄微笑模样，让我忘记莫名的感伤。啊！荷花姑娘，美丽的女神；美丽的女神，荷花姑娘。你的美丽让世界如此美丽，你的清香让生活充满芬芳。你的清新优雅，让污浊无地自容；你的从容自在，让我找到宁静安详。啊！荷花姑娘，美丽的女神；美丽的女神，荷花姑娘。"②

① 安妮宝贝. 莲花[M]. 北京：作家出版社，2006：2.

② 虞文琴. 荷花姑娘[J]. 音乐生活，2011（11）：94.

白莲花

女声独唱

茅晓峰词
杨大成曲

图 8-2-1 女声独唱《白莲花》

引自茅晓峰词, 杨大成曲. 白莲花[J]. 音乐创作, 1999(4): 10-11.

在澳门回归祖国前后，许多词曲作者以澳门区旗区徽上的莲花为题材，作词谱曲来歌颂澳门回归祖国。如李谦词、张定聪曲的《莲花姑娘》，悠扬宛转，悦耳动听（图 8–2–2）。①

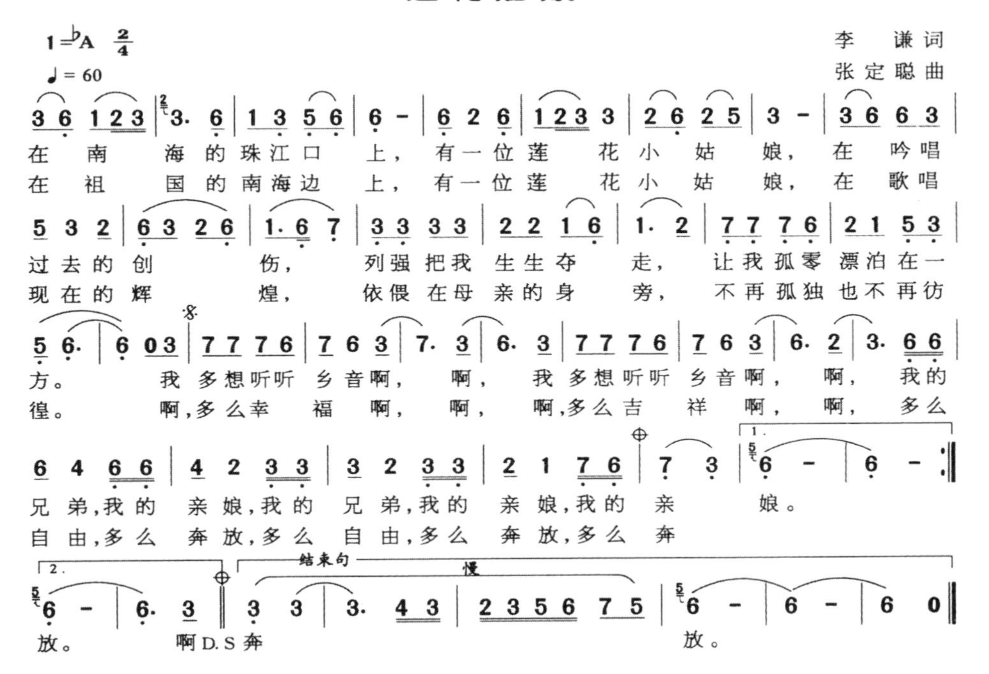

图 8-2-2 《莲花姑娘》

引自李谦词，张定聪曲. 莲花姑娘［J］. 歌海，2007（3）：62–63.

三、荷花与舞蹈

（一）荷花舞与“荷花奖”

20 世纪四五十年代，流行于甘肃一带民间的荷花舞，经我国舞蹈艺术家戴爱莲改进后，具有了中国古典舞的风格韵味。改革开放后，由戴爱莲创作的《荷花舞》又焕发出青春活力，1994 年荣获“中华民族二十世纪舞蹈经典作品金像奖”，被载入《二十世纪中国民族舞蹈经典》一书②。

① 李谦词，张定聪曲. 莲花姑娘［J］. 歌海，2007（3）：62–63.

② 张芳. 荷花舞的发展研究［J］. 艺术教育，2017（12）：87–88.

20 世纪末，中国文学艺术界联合会和中国舞蹈家协会以荷花冠名，隆重推出中国舞蹈艺术奖项——“荷花奖”，使荷花舞再次成为舞蹈界关注的焦点。由中国文联、中国舞协主办的中国舞蹈“荷花奖”评奖，是 1996 年经中宣部立项、中央两办批准的全国性专业舞蹈评奖活动，旨在奖励优秀的舞蹈艺术作品，表彰成绩突出的舞蹈创作与表演人员，活跃舞蹈理论与舞蹈评论，推动我国舞蹈艺术事业健康发展。

2016 年 5 月 11 日至 12 日在北京举行由文化部、中国文联主办，文化部艺术司、中国舞蹈家协会、中央芭蕾舞团承办，北京舞蹈学院协办的“纪念戴爱莲先生诞辰 100 周年”系列活动[①]。广东江门是戴爱莲的故乡。同时，5 月 22 日，由中国舞蹈家协会、广东省舞蹈家协会、江门市文联、江门市蓬江区人民政府联合主办“映日荷花舞坛永驻——纪念戴爱莲先生诞辰 100 周年”系列活动，旨在大力弘扬戴爱莲的舞蹈精神，引领江门市乃至全国热爱舞蹈的人们追忆戴爱莲精神，实现“人人皆可快乐舞蹈”的美好理想，将戴爱莲的舞蹈精神传承下去（图 8-2-3）。

图 8-2-3 《荷花舞》剧照

引自江青. 说爱莲——写在纪念戴爱莲先生诞辰100周年之际［J］. 舞蹈，2016（5）：53-57.

① 高雁，秦文枝. 第十届中国舞蹈“荷花奖”当代舞、现代舞评奖活动综述［J］. 舞蹈，2016（12）：8-12.

（二）现代荷花舞

荷花的花叶硕大飘逸，洒脱艳丽，动态的风荷极具戏剧性，因而现代舞坛上，选荷花为题材表演荷花舞，最能体现东方艺术的魅力。如1990年9月22日在北京举办的第十一届亚洲运动会开幕式上，由北京101中学承担表演的《碧水风荷》舞，以宏大的场面、辉煌的画卷，向世界展现了中国女性朝气蓬勃的青春美，也显示着亚洲人民热爱生活、热爱和平、浩若芙蓉的情操美。

当今，荷花事业发展迅速，荷文化不断弘扬光大。每年的全国荷花展览及各地举办的荷花节，荷花舞的表演形式届届有新意。十多年来，广东番禺莲花山风景旅游区每年举办荷花艺术节，每届荷花舞的表演形式均有不同（图8-2-4）。在举办荷花节期间表演荷花舞的还有白莲之乡江西广昌、广东东莞桥头等地。

图8-2-4　第22届广州番禺莲花旅游文化节期间表演莲花舞（李尚志摄）

（三）舞剧《荷花赋》

《荷花赋》是以戏曲大师陈伯华为原型，由梅昌胜编导的大型舞剧[①]，首次将中国戏曲舞蹈、民间舞蹈、芭蕾舞蹈融合，荣获“文华编导奖”。在剧中，心怀爱国志的荷花女拒为日寇演出，师兄被敌人枪杀，自己也受尽迫害，怀着民族仇、梨园恨，自己随戏迷章鹏逃亡海外结为夫妻，却仍苦恋着祖国和艺术，虽九死而不悔。当祖国掀起翻天覆地的变化之际，她毅然回归祖国报效人民。编剧者把握

① 杨泰权. 色彩造型美　人物情意生——谈舞剧《荷花赋》的服装造型[J]. 戏剧之家，1997(3)：14-15.

全剧主题，以出淤泥而不染为立意，歌颂荷花女高雅、圣洁、坚贞的品德，表现了荷花女曲折灿烂的人生。[①]

（四）甘肃庆阳传承发扬荷花舞

流行于甘肃庆阳地区的民间荷花舞，沉寂多年后，1992 年在庆阳市广大文艺工作者的努力下，改进了往日的社火表演及舞台表演形式，以 200 人的阵容亮相“首届庆阳艺术节”，获得良好的艺术效果。近年，荷花舞改良了演出服装，采用荷瓣制作的裙装，色彩也更加靓丽，还在舞蹈中加了金鱼、荷叶等元素，使舞蹈内容更加丰富，其音乐在原有民歌《扬燕麦》的旋律基础上更优美动听，配器也更加丰富。[②] 在国家重视传统民族文化、保护“非遗”的政策下，传统荷花舞寻找到了自身的生存空间，正在走向繁荣发展。

第三节　清水明妆：荷花与绘画、摄影及书法

改革开放后荷花事业的兴旺及荷文化的繁荣，为广大艺术家提供了采风、写实的广阔领域，为 20 世纪末至 21 世纪初中国画坛带来蓬勃发展的新局面，也将荷花绘画、摄影及书法艺术推到了一个崭新的历史阶段。

一、荷花绘画

这一时期中国绘画的发展，大致经历了三个时期，即 20 世纪 70 年代末到 80 年代中期的复苏时期；80 年代中期到 90 年代中后期的多元时期；20 世纪 90 年代后期到现今的回归传统时期[③]。现在花鸟画特别是荷花绘画是众多画家喜爱的题材，善于画荷的画家也层出不穷。

在写意画方面，鲁慕迅的绘荷作品具有民族文化内涵、时代风貌和个性特征。

---

① 吴健华. 新荷出水 香飘万里——观大型民族舞剧《荷花赋》[J]. 戏剧之家，1997（1）：39-40.

② 张芳. 庆阳荷花舞传承与发展研究[J]. 天水师范学院学报，2012，32（3）：127-130.

③ 付振宝. 中国画三十年发展的反思[J]. 美苑，2014（5）：18-20.

他认为："写意就是写己意，相对前人来说，就是写新意。"[①] 其《绿杨堤外柳丝香》《同根还并蒂》等绘荷作品把书法与画法融为一体，书因画生，画助书运，画线为肌，诗韵为骨，风格简静（图 8-3-1、图 8-3-2）。

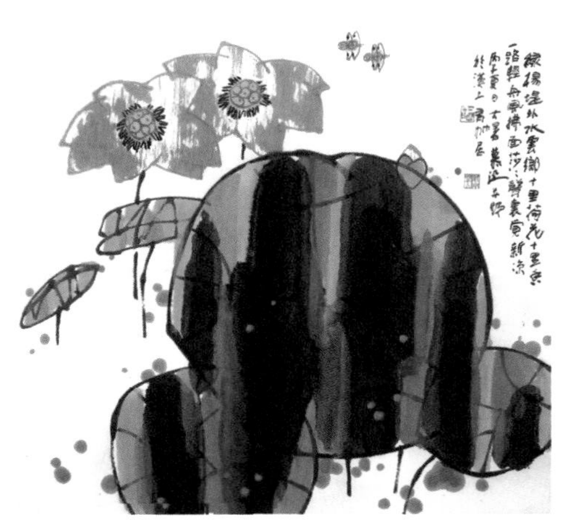

图 8-3-1 《绿杨堤外柳丝香》（鲁慕迅提供）

图 8-3-2 《同根还并蒂》（鲁慕迅提供）

岭南著名画家黎柱成的写意荷花，以"大景花鸟"的审美视野和美学风范，呈现出契合现代艺术精神和审美导向的生态美、气势美和笔墨美，把中国花鸟画的时代品格推到一个新的境界[②③]。从中不仅可看到吴昌硕、赵之谦、齐白石、李可染、黄宾虹等大师的影响，也可看到西方表现主义、印象派、立体派、超现实主义等现代画派的艺术踪迹（图 8-3-3、图 8-3-4）。

徐杨作为 80 后的新锐之秀，以对艺术执着追求的精神，独领一代风骚，成为当今画坛青年女画家中难得的佼佼者，她的写意荷画如《接天莲叶无穷碧》等，自然天成，无拘无束，和风而至，细品十里飘香（图 8-3-5）。

而在中国画工笔荷花作品中，不得不提著名工笔绘荷画家俞致贞和刘力上伉俪。1983 年二人合作的巨幅景屏《荷塘清趣》陈列于中南海紫光阁接待厅；国家邮政部门发行的一套 4 枚及 1 枚小型张荷花邮票，也是二人合作完成的作品[④]。当时，俞致贞为绘好荷花邮票图稿，到实地去写生，特选用盆栽的"佛座莲""碧

① 鲁慕迅. 感悟篇——人生艺术[OL]. http://blog.sina.com.cn/lumuxun.

② 贾德江. 大匠之门——黎柱成大景花鸟精品[J]. 海峡科技与产业，2014(6)：118-120.

③ 翟墨. 藏丘隐壑又何妨[J]. 美术观察，2005(9)：56-57.

④ 王其超，张行言. 中国荷花品种图志 • 续志[M]. 北京：中国建筑工业出版社，1999：58-59.

图 8-3-3 《荷塘清趣》(黎柱成提供)

图 8-3-4 《荷清图》(黎柱成提供)

图 8-3-5 《接天莲叶无穷碧》

图8-3-5引自徐杨. 徐杨画集[M]. 北京: 中国文联出版社, 2000: 31.

绛雪”及“娇容三变”三个荷花品种，按不同品种色彩各异的特点进行上色渲染。后来《荷花》小型张在日本获一等奖。《白菡萏》等也是二人合作的工笔写荷佳作（图 8-3-6）。

在中青年工笔花鸟画家中，李晓明的工笔荷花作品《荷花红蜻蜓》崇尚写实，求形似，片片碧叶舒卷摇曳多姿，朵朵红荷亭亭玉立，清香醉人（图 8-3-7）。

图 8-3-6 《白菡萏》

图 8-3-7 《荷花红蜻蜓》

图8-3-6引自俞致贞，刘力上. 俞致贞刘力上工笔花鸟画集［M］. 天津：天津人民美术出版社，2006：34；图8-3-7引自李晓明. 李晓明工笔花鸟作品精选［M］. 天津：天津杨柳青画社，2013：25.

荷花油画的风格有写实与抽象之分。当代著名超写实画家冷军的《莲蓬》中，盛放在铁盒里的干枯莲蓬质感沧桑，真实感胜过照片（图 8-3-8），其油画作品有了超越二维平面的立体雕塑感[①②]。而深圳大芬油画村画家杨柳的《荷花》油画作品，以抽象和写意为主，创作风格独特，既有中国画的传统古典，又有西方油画之特征，深受各界朋友的喜爱和收藏（图 8-3-9）。

图 8-3-8　冷军《莲蓬》

引自冷军. 冷军油画作品［M］. 长春：吉林美术出版社. 2012：35.

漆画是以天然大漆为主要材料的绘画，是当代画坛上的一个新生画种。漆画是艺术、工艺和科学的结合体，

① 冷军. 冷军油画作品［M］. 长春：吉林美术出版社，2012：35.

② 潘鸿. 冷军“超限绘画”的传承与演变［J］. 东方艺术，2013（1）：142-147.

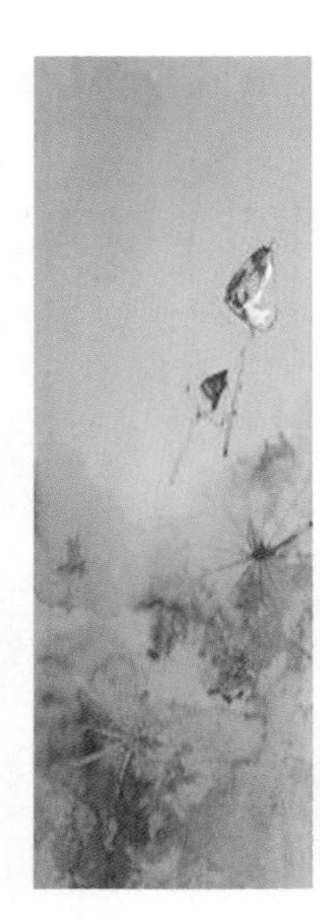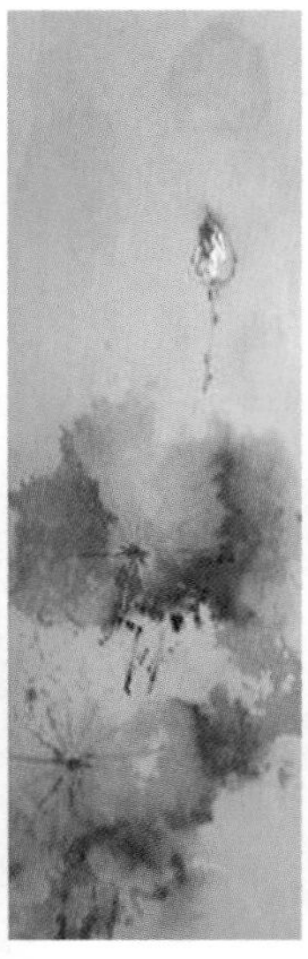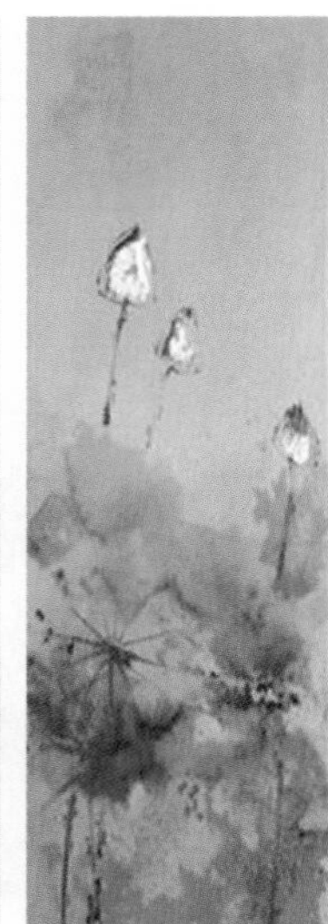

图 8-3-9　杨柳《荷花》(杨柳提供)

是最富民族特点的现代绘画。任宏的《荷塘月色》表达画家在创作的过程中经历长期的摸索和蜕变，集合绘画的特点，展示了个性所在（图 8-3-10）。吴守端的《玉立》(局部）则运用晕金法，一般多与彩绘相结合，在推光完成的漆面上为黑地或红地，用漆将画面需要的纹样填色，漆得净润无尘。王炳懿创作的戗金法漆画作品《残荷》，运用刻刀及锯条等工具以线及点的手法，细致地描绘出枯荷的质感，在刻画的痕迹中填以金色，使得金与漆黑光亮的背景相互交映，产生坚实、精致的画面质感（图 8-3-11）。

图 8-3-10 《荷塘月色》

图 8-3-11 《残荷》

图8-3-10李尚志摄于福州林则徐纪念馆；图8-3-11引自中国美术家协会漆画艺术委员会. 中国漆画技法读本［M］. 南京：江苏凤凰美术出版社，2016：64.

著名版画家徐龙宝创作的《荷花》采用木口木刻，即在木材的横断面上雕刻创作（图 8-3-12）。徐龙宝认为，木刻工具重要，但绝非作品成败的关键所在，关键在于创作者本身的审美情趣、表现能力，以及对版画的热忱。[①] 而易阳创作的铜版画《冷月清清莲》画面构图严谨，那布满屏风的荷花荷叶正是少女清纯洁雅之隐喻，莹光灼灼的莲蓬象征着生命的孕育。画家独特的水珠技法，令屏风呈现轻快的量感[②]（图 8-3-13）。

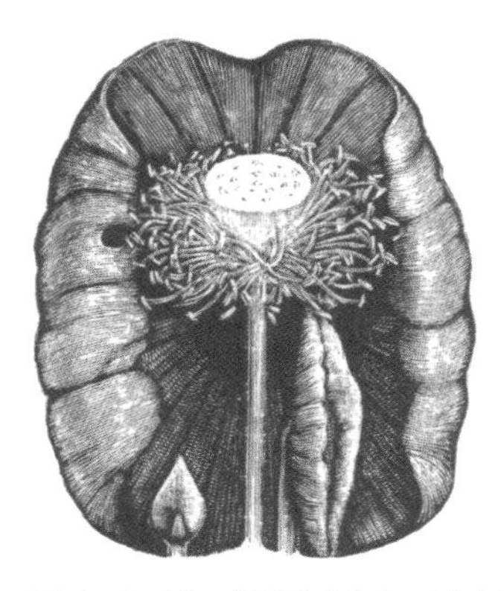

图 8-3-12 《荷花》（木口木刻）

图 8-3-13 《冷月清清莲》（铜版画）

图8-3-12引自徐龙宝. 一花一世界[M]. 上海：上海大学出版社，2016：64；图8-3-13引自易阳. 易阳铜版画作品集[M]. 武汉：湖北美术出版社，2012：36.

当今，无论机场、车站、宾馆等室内厅堂，还是社区、街道、公园等公共场所，以荷花为题材的壁画比比皆是。尤其是以荷花为背景，提倡“出泥不染，廉洁奉公”的大型宣传壁画，随处可见。也有以荷花为装饰的壁画（图 8-3-14、图 8-3-15）。

图 8-3-14 中国画荷花壁画（李尚志摄）

图 8-3-15 宾馆大堂内的饰荷图案壁画（李尚志摄）

① 徐龙宝. 一花一世界——徐龙宝木口木刻作品集[M]. 上海：上海大学出版社，2008：5-6.

② 李江涛，娄宇. 古典精神与浪漫情结——读易阳的近期创作[J]. 美术，1994（12）：59-61.

二、荷花摄影

荷花摄影属于景物摄影和写实摄影。荷花是我国摄影艺术中最为重要的传统题材，也是深深镌刻着中国荷文化内在基因的艺术意象。目前，各地每年举行各种形式的大小荷花节近百场次，大多数荷花节均开展荷花摄影比赛，如深圳洪湖公园的荷花节。过去，荷花摄影受到摄影器材的限制，如今数码相机的兴起，尤其是现在的手机也具有高分辨率摄像功能，使得荷花摄影的普及率及荷花摄影爱好者的审美水平均得到提高。

著名荷花摄影家马元浩是中国荷花界的名人，数十年来他走遍全国捕捉荷影，出版荷花摄影或相关的著作 20 余部。他还教导学生通过对荷花的写实，发扬荷花之精神。其影像作品画面清晰，构图合理，层次感强，生态自然，极富画意和韵味（图 8-3-16、图 8-3-17）。曾担任广西贵港华隆超市集团总经理的刘端爱

图 8-3-16 《普者黑荷景》(马元浩提供)

图 8-3-17 《清香徐来》

马元浩摄，引自王英超，马元浩. 出水芙蓉图[M]. 北京：中国林业出版社，2013：265.

好荷花摄影，长年动员企业种荷花，广交荷界朋友。2018 年贵港市政府与中国花卉协会荷花分会共同举办了第 32 届全国荷花展览会。在展览会上，他和他的摄影朋友展示了荷影作品，有特写，有自然生态景观，颇受各界人士的高度赞扬（图 8–3–18 至图 8–3–21）。

图 8–3–18 《众志成城织天衣》（梁苏华摄）

图 8–3–19 《金色乐章》（刘端摄）

图 8–3–20 《后天朝阳恋并蒂》（刘端摄）

图 8–3–21 《婀娜多姿》（刘端摄）

荷花影墨画是马元浩将摄影与水墨相结合，独创而成的一种影墨画艺术新形式，脱俗超尘，极富诗情画意，既有荷影的真实感，又具国画以形写神的特点。已故中国荷花界泰斗王其超对其这样评价："马元浩先生原是学中国画的……别具慧眼，看出荷花有点、线、面的外形姿态，正符合中国画的造型、结构和风骨，

特别是荷花的线条美在百卉中是独一无二的。”①（图 8-3-22、图 8-3-23）

图 8-3-22 《天真图》（马元浩提供）

图 8-3-23 《荷塘逸趣》（马元浩提供）

三、书法与荷花诗词

荷花主题的书法和绘画不一样，绘画艺术是画家把荷花的个体（或局部）绘成不同姿态画面，给人以美感；而书法艺术是书法家将赞美荷花的诗文，写成各种书体的文字呈现给观众。历史上书法家专门书写荷花诗文的作品并不多见，将荷花的诗文书写成各种字体在当代才开始兴起。

值得一提的是，为了弘扬荷文化和传统书法艺术，广东深圳洪湖公园建了一座百余米长的荷花碑廊。1998 年向全国书法名家如赵朴初、启功、沈鹏、佟韦、李铎、权希军、林凡等 90 人征集作品，共荟萃全国 23 个省、自治区、直辖市书法家的荷花诗文作品 29 件（图 8-3-24、图 8-3-25）。在这些作品中，有浑然古朴的篆隶，有工整隽秀的楷书，也有挥洒自如的行草，书写形式多样，风格异彩纷呈。而书写内容多为历代名家咏荷佳作绝句，亦有书法家自撰诗文。这不仅是书法艺术的展示，也是对荷花高尚品格的赞美。

这是全国唯一一座以荷花诗文为题材的碑廊，著名书法家沈鹏为该碑廊题写“咏荷碑廊”四字（图 8-3-26）。2001 年由花城出版社出版《咏荷碑廊作品集》。

---

① 王其超，张行言. 中国荷花品种图志·续志[M]. 北京：中国建筑工业出版社，1999：56-57.

A

B

C

图 8-3-24　A. 赵朴初（北京）　B. 启功（北京）　C. 沈鹏（北京）

A赵朴初：惠我一盆莲，感君多美意。清水照明妆，微风散香气。枝枝作佛供，叶叶任鱼戏。此花圣之和，浊世嗟难及。B启功：苑墙曲曲柳冥冥，林尽山空见一灯。荷叶似云香不断，小船拖曳入西陵。C沈鹏：竹无朱色便施朱，映日荷花着白裾。大作只求颜色好，心存天地抱冲虚。

引自赖桂芳. 咏荷碑廊作品集［M］. 广州：花城出版社，2001：2-4.

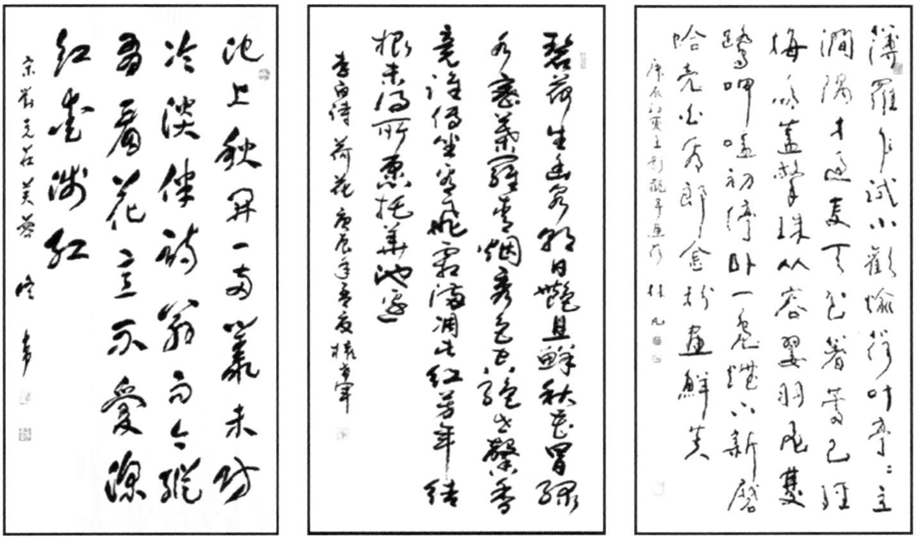

A

B

C

图 8-3-25　A. 佟韦（北京）　B. 权希军（北京）　C. 林凡（北京）

A佟韦：池上秋开一两丛，未防冷淡伴诗翁。而今纵有看花意，不爱深红爱浅红。B权希军：碧荷生幽泉，朝日艳且鲜。秋花冒绿水，密叶罗青烟。秀色空绝世，馨香竟谁传。坐爱飞霜满，凋此红芳年。结根未得所，愿托华池边。C林凡：薄罗乍试小欢愉，荷叶亭亭立涧隅。才过麦天花著蕾，已经梅雨盖擎珠。从容翠羽飞双鹭，呷嗑初停卧一凫。灯下新磨蛤壳白，看郎金粉画鲜芙。

引自赖桂芳. 咏荷碑廊作品集［M］. 广州：花城出版社，2001：5-10.

图 8-3-26　著名书法家沈鹏为深圳洪湖公园荷花碑廊题字（李尚志摄）

第四节　荷花世界：荷花与工艺美术

这一时期与人民生活直接关联的建筑装饰、室内环境、服装美术、商业美术及日用产品造型设计等现代工艺受到前所未有的重视，以荷花造型设计的各种装饰工艺成为当今工艺美术发展中一颗灿烂的明珠。而一些采用荷图案的传统工艺在保持原有特色、立足国际市场的同时，也在积极开拓国内市场和旅游商品市场。以传统手工技术为基础的民间工艺如剪纸等，在新时期的商品市场上赢得了越来越多消费者的欢迎。

一、建筑荷饰文化

当今有许多采用荷花造型或荷花图案装饰的现代建筑物，也有局部的墙体荷饰、亭榭桥柱荷饰、莲纹藻井、莲纹瓦当、莲纹砖等。随着科学技术手段不断更新，荷饰建筑工艺比起过去在观赏价值上有很大的提升。

（一）整体建筑荷花造型

目前，以荷花造型的整体建筑散见于南北各地，但以广东佛山三水荷花世界风景区的荷花建筑群最具代表性，主要反映了岭南荷乡的地域风情。大门左右各为三片巨大粉红色荷瓣，下边为绿色立柱与曲线弧梁，宛若一朵渐渐盛开的荷花（图 8-4-1），中间黄色网架代表莲蕊，那张拉钢绳意寓“藕断丝连”，其造型简洁醒目，文化意蕴深厚，让人浮想联翩。在清波荡漾的湖面上，“漂浮”三朵洁白淡雅的“荷花”，这就是景区的主体建筑——荷花文化展览馆。展览馆由三个大小不同的半球体展厅组成，塑造为三朵荷花，呈含苞、半开和盛放的姿态，表现出荷花洁身自爱的高尚情操。

图 8-4-1　三水荷花世界呈半开式荷瓣文化的展馆建筑（李尚志摄）

江苏常州武进莲花公园在人工湖畔筑建了三朵莲花造型的建筑综合体，呈盛开、半开放和含苞状态，建筑内包括展览空间和会议中心。夜间在灯光的照射下，三朵“莲花”尤为壮观。莲花会议中心成为象征武进城市发展和繁荣的代表性标志（图 8-4-2）。[①]

图 8-4-2　江苏武进莲花会议中心

引自常州市武进区人民政府网［OL］. www.wj.gov.cn.

① 常州市武进区人民政府网［OL］. www.wj.gov.cn.

2012年筑于内蒙古鄂尔多斯市达拉特旗中部的响沙湾莲花酒店，整体建筑布局呈现一朵荷花形状，在沙漠中绽放。其建筑构造看似简单，却可固定流沙，更具遮光通风的作用，兼具功能性与美观性（图8-4-3）。①

图8-4-3 内蒙古响沙湾莲花酒店

引自白芯. 响沙湾沙漠绽放莲花酒店——北新薄板钢骨新型房屋引领低碳度假风尚[J]. 住宅产业，2013(1)：28.

平湖李叔同纪念馆位于浙江平湖风景秀丽的东湖之畔，七枚荷花瓣造型设计独特，构图新颖，意境深邃，整座建筑犹如一朵高雅洁白的荷花，绽放在碧波粼粼的湖面上，体现出弘一法师那“清水出芙蓉”的宽广胸怀和高洁情操②（图8-4-4）。

图8-4-4 李叔同荷瓣造型纪念馆

引自平湖市人民政府网[OL]. www.pinghu.gov.cn.

① 白芯. 响沙湾沙漠绽放莲花酒店——北新薄板钢骨新型房屋引领低碳度假风尚[J]. 住宅产业，2013(1)：28-30.

② 程泰宁，梁檠天，邱文晓. 李叔同（弘一大师）纪念馆[J]. 城市环境设计，2011(4)：106-109.

到河北唐山西南渤海湾菩提岛上旅游，可看见一座白色似莲花的建筑。这是 2001 年由中央美术学院建筑学院设计的佛文化交流中心，因佛与莲渊源深远，故采用莲花造型。建筑上下由数十枚白色莲瓣构成，其顶部也有数十个莲蓬孔。此交流中心可供千人进行法事活动，同时具备展览、会议、禅修、茶室等功能（图 8-4-5）。

图 8-4-5　河北渤海湾菩提岛莲花造型的佛文化交流中心（李尚志摄）

山东济南万达文体旅游城位于济南经十路与凤鸣路交会处西南侧，外形为一朵含苞待放的荷花，由钢架结构造型，有 12 枚花瓣。建筑三面环水，从高处俯瞰犹如一朵超级荷花于水中绽放（图 8-4-6）。[①]

图 8-4-6　济南万达文体旅游城荷花造型

引自刘彪，罗晓飞. 万达文旅城易主，规划建设照旧[N]. 济南时报. 2017-07-11.

① 刘彪，罗晓飞. 万达文旅城易主，规划建设照旧[N]. 济南时报，2017-07-11：A16.

除整体建筑以荷花造型外，还有局部建筑或雕塑以荷花造型的建筑物和建筑群分布在全国各地。如台湾南投县埔里镇的中台禅寺，寺顶高耸壮观，以荷瓣造型，其外观融中西工法，规模庞大；江苏无锡《九龙灌浴》雕塑、常州《荷韵》雕塑、海南博鳌禅寺荷瓣喷泉广场、河南洛阳灵山莲花公园标志建筑、山东滨州钢结构莲花建筑等，均以荷花的花瓣、花蕾或荷叶为造型，构图优美，富有艺术感染力。

（二）建筑墙面荷饰

现代设计追求古朴典雅的设计风格，也喜爱绚丽幻彩的视觉效果。新材料和新技术的完美结合，为传统荷花纹样在现代设计中的应用和创新提供了更加广阔的表现形式与空间[①]。如广西贵港园博园展览馆墙面就是运用新材料和新技术结合，在第三十二届全国荷花展览会上展示了荷花的形象和美（图 8–4–7）。人们对荷花的形象进行简化处理和抽象提取，且按装饰的主题材质和形态，以符号的形式来记录和传达对荷花的普遍认知。故荷花在建筑等造型艺术上得到了广泛的应用。将荷花图案装饰于墙体，是一种新的艺术表现手法（图 8–4–8）。

图 8–4–7　广西贵港园博园展览馆墙面荷花图案（李尚志摄）

图 8–4–8　广东番禺石楼镇墙体荷饰（高锡坤提供）

（三）莲纹藻井及天花

莲纹藻井作为我国古代建筑特有的装饰形式，在这一时期应用不多。位于台湾南投县埔里镇的中台禅寺，以塔作为建筑造型的主体，塔状主体的中部是万佛殿，供奉着大木作的木塔药师七佛塔。为了构建塔中塔的建筑景观，殿堂南北两面设计莲花瓣造型的巨幅玻璃幕墙，夜晚在灯光下，塔中塔的景观尤为醒目。而

① 许丽娟. 中国传统莲花图案演变及在现代设计中应用研究[J]. 湖南师范大学，2015：45–48.

在各殿内有的饰以莲瓣纹藻井，也有的则装饰莲瓣纹或莲花天花，表达了莲在佛家心中的崇高地位（图 8-4-9、图 8-4-10）[①②]。

图 8-4-9　台湾省中台禅寺殿堂内的莲瓣纹藻井

图 8-4-10　台湾省中台禅寺殿堂内的莲花天花

图8-4-9引自吕江波，张琦. 当代中国佛教寺庙建筑的设计思考——以台湾中台禅寺和法封山为例[J]. 华中建筑，2011. 29(9)：45-48；图8-4-10引自徐铭华. 台湾"中台禅寺"建筑设计浅析[J]. 福建建筑，2005. 92(2)：5-7.

（四）莲花纹瓦当及滴水

莲花纹瓦当和滴水是我国古代建筑上举世闻名的屋檐装饰艺术，在一些当代仿古建筑上仍可观赏到它们的影迹。如浙江杭州承香堂，广东中山祥农洲农业生态园、广州番禺大夫山拾香画苑等地建筑，均饰以莲花纹瓦当和滴水。也有的类似于民国时期云南民间的莲花纹瓦当，如广西贵港刘端私宅（图 8-4-11、图 8-4-12）。

图 8-4-11　广东番禺大夫山拾香画苑莲花纹瓦当和滴水（高锡坤提供）

图 8-4-12　广西贵港刘端私宅的莲花纹瓦当（李尚志摄）

① 吕江波，张琦. 当代中国佛教寺庙建筑的设计思考——以台湾中台禅寺和法封山为例[J]. 华中建筑，2011，29(9)：45-48.

② 徐铭华. 台湾"中台禅寺"建筑设计浅析[J]. 福建建筑，2005，92(2)：5-7.

（五）亭、塔、榭、廊、桥及园道荷饰

我国南北各地许多以荷花为主题的公园、荷花湿地景区，或少数爱荷人的私园，其筑建的亭、塔、榭、廊、桥及园道都饰以荷花图案。现在的荷花造型比传统图案更接近生活，如深圳洪湖公园桥头的荷纹装饰，又如杭州植物园园道上嵌饰的荷花图案，呈现整株荷花的造型。（图 8–4–13、图 8–4–14）。

图 8–4–13　深圳洪湖公园围墙柱顶的荷花造型（李尚志摄）

图 8–4–14　杭州植物园园道上的荷花图纹（李尚志摄）

二、荷花雕塑艺术

以荷花为题材的雕塑，将艺术、技术及科学紧密地结合，成为一种具有观赏性的人文景观，起到美化环境、陶冶情操的作用。

（一）石雕、砖雕及木雕

随着荷花事业的发展、荷文化的传承和弘扬，一组组荷花或荷花仙女石雕展现在南北各地。如广东佛山三水荷花世界荷仙女、深圳洪湖公园荷花展览馆前的《不肯嫁春风》荷花女塑像、江苏金湖荷花荡的荷花仙子、广西贵港《藕童》雕塑、深圳圣莫丽斯花园湖旁躺在荷叶上的《青蛙先生》雕塑等（图 8–4–15、图 8–4–16）。

20 世纪我国城市浮雕文化墙兴盛一时，以荷花为题材的浮雕景墙大大地丰富了广大城市居民、旅游观光者的精神空间和心灵空地。如深圳洪湖公园主大门右侧的荷花浮雕景墙，设计者将古代咏荷诗词中的意境以浮雕的形式表现出来（图 8–4–17、图 8–4–18）。还有广州番禺莲花山旅游风景区、东莞桥头镇三正半山酒店等处均以荷景浮雕装饰景墙展示和弘扬荷文化。

图 8-4-15　广西贵港《藕童》雕塑（吴春勇摄）

图 8-4-16　深圳圣莫丽斯花园湖旁的荷叶雕塑（李尚志摄）

图 8-4-17　深圳洪湖公园大门旁的荷花浮雕景墙（李尚志摄）

图 8-4-18　深圳洪湖公园大门旁的荷诗《采莲曲》浮雕景墙（李尚志摄）

相对石雕而言，现代的仿古砖雕应用较少，仅在一些仿古建筑上可见到。广州沙湾古镇的何世良进一步弘扬发展岭南砖雕艺术，创作了荷花砖雕作品（图 8-4-19）；又如北京四合院座山影壁《夏日莲荷映满池》，由北京砖雕张第六代传人、北京德明阁古建筑装饰中心张彦所创作（图 8-4-20）。

图 8-4-19　广州番禺大夫山森林公园的荷花砖雕（高锡坤提供）

图 8-4-20　北京四合院座山影壁《夏日莲荷映满池》

图8-4-20引自张彦. 北京砖雕[M]. 北京：北京出版集团公司，2015：183-184.

这一时期木雕事业处于兴盛期。因各地的民俗、文化不同，资源条件取材不一，工艺也有所不同，形成了诸多具有浓郁地方特色的流派。在全国或当地均具影响力的，有福建泉州木雕、浙江东阳木雕、乐清黄杨木雕、广东潮州金漆木雕、福建龙眼木雕等[①]。在这些木雕作品中，除人物、飞禽、花鸟外，也少不了以荷花为题材的作品（图 8-4-21、图 8-4-22）。

图 8-4-21　广东潮州木雕《四季如春》

图 8-4-22　广东潮州通雕挂屏《荷花》

图8-4-21、图8-4-22引自陈培臣. 广东潮州木雕 • 陈培臣［M］. 深圳：海天出版社，2017：114，45.

（二）玉雕、牙雕及骨雕

当代玉雕艺术以精细的艺术形式传承着中国传统文化，同时挖掘和提炼当今时代的主旋律，把握当今时代的文化、艺术、精神、情感和审美趋向，用玉雕艺术的特殊语言和表现方式创作出具有当代风格和时代特征的玉雕艺术作品[②]。如翡翠玉雕《荷塘月色》作品，创作者一改以往玉雕整块玉料进行设计、构思、创作的模式，对一组翡翠玉料整体创作，用大小不同的翡翠雕琢成高低不一、错落有致的荷花荷叶，巧妙利用不同翡翠的色彩逐个雕琢成碧盖白莲组合，营造出江南水乡的情调，展现出朱自清散文《荷塘月色》中的意境[③]（图 8-4-23）。海派玉雕大师邱启敬的青花玉雕《荷花》作品，造型逼真，构图巧妙，技法灵活，开

① 田自秉. 中国工艺美术史［M］. 北京：东方出版中心，2010：268-269.
② 金瑛，王海涛，陈义. 浅析当代玉雕艺术创作方法［J］. 宝石和宝石学杂志，2016，18（2）：67-72.
③ 耿艺. 青年翡翠艺术家王俊懿新作《荷塘月色》赏析［J］. 中国宝玉石，2007（1）：96-97.

合舒展，线条流畅，纯洁淡雅，端庄可爱（图 8-4-24）。

图 8-4-23　王俊懿《荷塘月色》（翡翠玉雕）

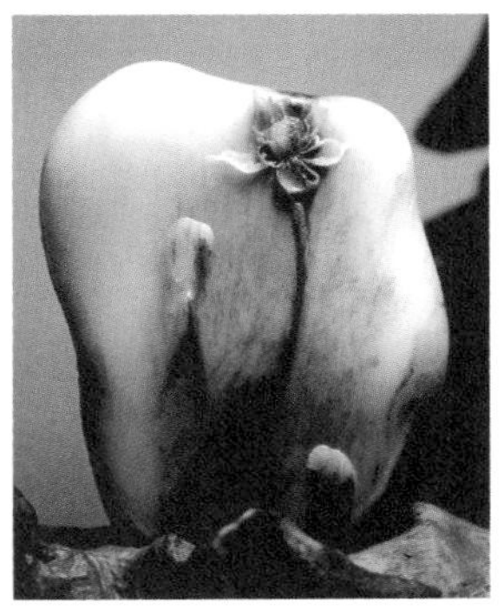

图 8-4-24　邱启敬《荷花》（青花玉雕）

图8-4-23引自王俊懿. 荷塘月色[J]. 中国宝玉石，2007（1）：97；图8-4-24引自邱启敬. 荷花[J]. 收藏，2012（22）：114.

目前，我国的牙雕工艺以北京、广州、上海、南京为主要代表，精细工整，玲珑剔透，富有装饰性。如中国工艺美术大师展“百花杯”银奖《和合二仙》牙雕作品，创作者突破了传统手法，运用木雕表现人物衣衫宽肥褶皱的技法及玉雕块面雕刻技法，再现了传说中和合二仙生动的稚童形象（图 8-4-25）。

骨雕和牙雕是姊妹工艺。现在骨雕艺术也在不断创新，人们对骨料经脱脂净化等系列新技术处理后，保证了其质量要求。如上海骨雕高手龚淑静，她所创作的《莲朵》等骨雕耳饰挂在耳上，小巧玲珑，别具韵致（图 8-4-26）。[①]

图 8-4-25　牙雕《和合二仙》

图 8-4-26　骨雕《莲朵》

图8-4-25引自王伟丽. 当今牙雕技艺的创新[J]. 上海工艺美术，2009（3）：103；图8-4-26引自大巫，周馨. 那一朵莲的姿态[J]. 中华手工，2009（1）：44-45.

① 大巫，周馨. 那一朵莲的姿态[J]. 中华手工，2009（1）：44-45.

（三）贝雕与核雕

贝雕是指选用某些有色贝壳，巧用其天然色泽和纹理、形状，经剪取、车磨、抛光、堆砌、粘贴等工序精心雕琢成平贴、半浮雕、镶嵌、立体等多种形式的工艺品[①]。贝雕品种繁多、壳质坚硬、色泽绚丽，具有晶莹的珍珠光泽，其装饰手法吸收了中国绘画及玉、牙、木、石雕等传统艺术技巧。如以荷花为题材的座屏《治本清源》，把贝壳经过切割、拼接而制成一幅贝雕画，反映出鲜明的地方特色，深受人们喜爱（图 8-4-27）。

核雕系我国民间以桃核雕刻而成的工艺品。往往穿孔系挂在身上作为“辟邪”之用，也有的制成佩件、扇坠、串珠等文人清玩[②③]。工匠在较小的果核上雕刻出复杂的题材，通常材料为橄榄核、核桃、杏核、桃核、松子核、缅茄子果等，所刻有诗文、百花篮、罗汉、荷花等题材（图 8-4-28）。

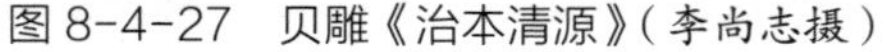

图 8-4-27　贝雕《治本清源》（李尚志摄）

图 8-4-28　核雕荷花手串（李尚志摄）

（四）泥塑及面塑

泥塑指用黏土捏成的工艺品，全国著名的工艺流派有天津“泥人张”和无锡惠山泥人。此外，还有南京泥人、凤翔泥塑、敦煌泥塑等。泥塑作品造型生动，色彩艳丽悦目，装饰精美，历久不衰，其中少不了以荷花为题材的作品。

面塑源于山东、山西、北京等地的民间传统艺术，以面粉为主料，调成不同色彩，用手和简单工具塑造出各种栩栩如生的作品，如《荷》等（图 8-4-29）。

① 于奇赫．贝雕艺术与审美价值［J］．上海工艺美术，2016（3）：79-81.

② 袁牧．苏作核雕［M］．苏州：苏州大学出版社，2015：19-32.

③ 承莉君．核雕——工艺与鉴赏［M］．北京：化学工业出版社，2016：47-93.

图 8-4-29　面塑《荷》

引自屈浩. 中国面塑[M]. 青岛：青岛出版社，2016：139.

（五）玻璃钢雕塑

玻璃钢亦称玻璃纤维增强塑料，是以玻璃纤维及其制品（玻璃布、带、毡、纱等）作为增强材料，而以合成树脂作基体材料的一种复合材料。当今，玻璃钢作为一种新型材料应用于雕塑艺术中，制作方便，造型美观，轻便耐用，且修复方便，其表面还可制成多种材质效果等①。在玻璃钢造型方面，有人物、建筑、山水自然景观、花鸟鱼虫等。在花草造型中，则以荷花、荷叶、莲蓬、莲藕见多，制作精细，大方简约，形象逼真，栩栩如生（图 8-4-30、图 8-4-31）。

图 8-4-30　玻璃钢雕塑《莲蓬》（李尚志摄）

图 8-4-31　玻璃钢雕塑《荷与青蛙》（李尚志摄）

① 薛志俭. 玻璃钢与雕塑艺术[J]. 玻璃钢，1982(3)：41-43.

（六）绿色雕塑

绿色雕塑是人们选用不同种类、色彩及形体的植物材料，按设计者事先的构思构图，通过植物材料选择、定向栽培、创意、定植、绑扎、编织、镶嵌、修剪、管护等工艺，且包容众多的艺术精华，融园艺学、文学、美学、生态学、植物学、建筑学等于一体，创造出各种季相美、图案美、色彩美、组合美、几何美的一种园林艺术景观。它同时具备绿植和雕塑内涵，是生态、环保、实用、艺术的统一，是利用植物材料进行艺术创作的新形式，被称为“无笔的画”“无言的诗”[①]。如2015年上海古猗园举办第29届全国荷花展览会、2018年深圳洪湖公园举办第29届荷花文化节期间，在公园入口处均有以荷花造型的绿色雕塑，给节日增添了文明、健康、舒适、有趣的文化氛围（图8-4-32）。

图8-4-32　深圳洪湖公园大门前的绿色雕塑《荷韵》（李尚志摄）

三、荷饰陶瓷

现代科技为陶瓷的发展开辟了无限的前景和空间，花色品种不断增加，装饰和造型在继承传统的文化艺术基础上，更加丰富多彩。以荷花为题材的陶器和瓷器，无论造型，还是图案，其文化底蕴和装饰效果均有所提升。[②]

① 卢廷高. 绿色雕塑——景观建设中的诗化艺术[J]. 浙江林业，2011(6)：26-27.
② 田自秉. 中国工艺美术史[M]. 北京：东方出版中心，2010：254-256.

（一）荷饰陶器

目前，我国陶器主要出产地有江苏宜兴、广东石湾、四川荣昌、云南建水和广西钦县、安徽界首、湖南铜官、湖北麻城、黑龙江绥棱，以及河南洛阳等。在全国出品的各类陶器中，以宜兴紫砂陶器为代表，也以其出品的紫砂壶最为出名。宜兴紫砂壶的造型审美，可通过形、泥、工、款、功来品赏[①]。

在现代众多的工艺大师中，蒋蓉（1919—2008）是突出的代表。1995 年她被授予中国工艺美术大师称号，所创作的紫砂壶作品中，有许多以荷花为题材，如《蛤蟆莲蓬壶》《莲藕倒流壶》等（图 8-4-33、图 8-4-34）。以荷花为主题的紫砂壶，还有吴文新《秋叶残荷》、顾美群《无言》（图 8-4-35、图 8-4-36）。

图 8-4-33　蒋蓉《蛤蟆莲蓬壶》（紫砂壶）

图 8-4-34　蒋蓉《莲藕倒流壶》（紫砂壶）

图8-4-33、图8-4-34引自贺云翱.朱棒. 宜兴紫砂[M]. 南京：江苏人民出版社，2014：90-91.

图 8-4-35　顾美群《无言》（紫砂壶）

图 8-4-36　吴文新《秋叶残荷》（紫砂壶）

图8-4-35、图8-4-36引自堵江华. 中国紫砂审美史暨宜兴紫砂名家谱[M]. 北京：中译出版社，2016：176，210.

（二）荷饰瓷器

我国瓷器主要出产地有江西景德镇，湖南醴陵，河北邯郸、唐山，山东淄博

① 沈美华. 浅析紫砂壶的造型内涵及艺术之美[J]. 数位时尚·新视觉艺术，2011（1）：78-79.

以及广东枫溪、广州等；还有各地传统的瓷窑，如河北曲阳的定窑，浙江的龙泉窑，河南禹县的钧窑、临汝的汝窑，陕西铜川的耀窑等，历史上的名瓷均得到恢复和生产，有的已超过历史水平①。

景德镇瓷器瓷质优良，造型轻巧，装饰多样。有以荷花为主题的，如熊婕的《综合装饰•池趣•瓷瓶》、徐岚的《陶艺•和盘》等（图 8–4–37、图 8–4–38）。而青花影青瓷是景德镇于 1983 年创出的新品种，其釉色酷似白玉，花纹晶莹剔透，釉层下的暗花与青花融为一体，使器物显得更加秀丽、高雅，具有独创性，有独特的艺术效果，是升级换代上高档的新产品，属国内首创。

图 8–4–37　熊婕《综合装饰・池趣・瓷瓶》

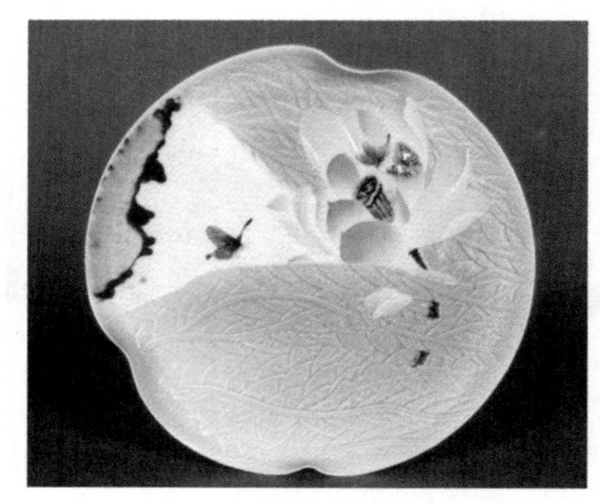

图 8–4–38　徐岚《陶艺・和盘》

图8–4–37、图8–4–38引自高显莉. 景德镇工艺美术作品集［M］. 北京：文化艺术出版社，2014：78，64.

浙江龙泉是著名的青瓷之都，种类齐全，产品多样，其中不少饰以莲瓣纹，如梅红玲的《荷塘月色哥窑圆罐》（图 8–4–39）。

图 8–4–39　梅红玲《荷塘月色哥窑圆罐》

引自高显莉. 浙江工艺美术作品集［M］. 北京：文化艺术出版社. 2014：135.

（三）荷饰景泰蓝

现代景泰蓝的制作技艺在颜色、花纹、造型方面都有了很大提高，品种也更加丰富多彩。在景泰蓝造型与装饰中，有许多以荷花造型或器面饰以荷花，如

① 田自秉．中国工艺美术史［M］．北京：东方出版中心，2010：254–256.

景泰蓝大师米振雄创作的《创大业》、李静创作的《莲想》等[①]。这些以荷为题材造型或装饰的景泰蓝作品，做工细腻，图案精美，格调灿烂，时代感强（图8-4-40、图8-4-41）。

图 8-4-40　米振雄《创大业》（景泰蓝）

图 8-4-41　李静《莲想》（景泰蓝）

图8-4-40引自米振雄. 景泰蓝制作技艺[M]. 北京：首都师范大学出版社，2015：143；图8-4-41引自段岩涛，等. 景泰蓝[M]. 北京：中国轻工业出版社，2016：60.

四、荷饰漆器

现代漆艺继承传统技法，不断创新。我国现有约 70 家漆器厂，主要分布于北京、福建、江苏、山西、四川、重庆等地。在日用漆器的装饰方面，有人物、动物、植物、建筑等，其中的花卉装饰或造型有许多以荷花为题材。2012 年 6 月在福州举办的第六届海峡艺术品交流会上，主办方精挑 70 件漆器精品同场亮相，其中由中国工艺美术大师王维韫创作的《荷叶薄料瓶》（图 8-4-42），装饰构图饱满，彩绘的笔势活泼，表面的漆色鲜艳。在装饰技法上，除继承前代素漆和镶嵌工艺外，更是创新了彩漆描绘等工艺技法，使漆器从简单的实用器物，一跃变成恢宏大气的精美艺术品，达到实用性和艺术性的完美结合[②]。

山西平遥出产的推光漆器，具有 1000 多年历史。这是一种手工艺性质精湛的高级大漆器具，从选料到成品，三十余道工序，耗时较长，工艺考究。其主要加工特色是利用我国特有的大漆，在精选的木胎上挂灰后，刷、涂、阴干、磨推，多至八九道工序，然后手掌蘸取麻油手工推光，谓之推光漆。再经描金彩绘、刻

① 段岩涛，钟连盛，孟曦. 景泰蓝[M]. 北京：中国轻工业出版社，2016：41-61.

② 潘才岳. 繁复秾丽叙漆器[J]. 收藏投资导刊，2014（15）：50-55.

灰、雕填、镶嵌工艺，装饰出花鸟、山水、人物、楼图及多变的纹泽图案。最后按不同规格、品种配以铜制饰品，如平遥的推光漆器荷花箱（图 8–4–43）。

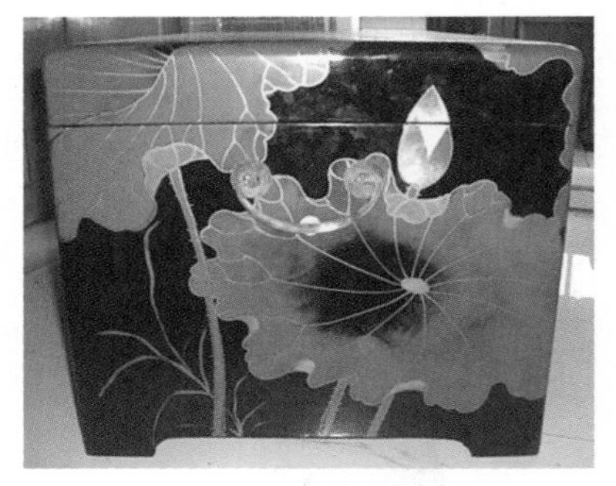

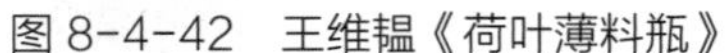

图 8-4-42　王维韫《荷叶薄料瓶》　　图 8-4-43　山西平遥推光漆器荷花箱

图8–4–42引自王维韫. 荷叶薄料瓶［J］. 收藏投资导刊，2014（15）：50–55；图8–4–43引自李媛. 浅析如何继承和发展中国漆艺［D］. 西安美术学院，2010：9–16.

五、荷纹金属饰物

随着我国金属工艺事业的迅速发展，金属装饰制品大量进入社会和家庭。在各类金属装饰艺术中，有许多以荷花、荷叶造型，或饰以荷纹、荷图等。如吴歌田的银花丝技艺《江南可采莲》作品（图 8–4–44），就是兼具传承与创新的佳作[①]。

图 8-4-44　吴歌田《江南可采莲》（银花丝摆件）

引自吴歌田. 江南可采莲［J］. 宝石和宝石学杂志，2016，18（5）：82.

① 杜运飞. 职业教育视野下的非物质文化遗产传承与创新——以成都银花丝制作技艺为例［J］. 宝石和宝石学杂志，2016，18（5）：78–83.

现代金属首饰由黄金、银、铜、彩色不锈钢等金属材料制成，以充分张扬个性、强调形式美感、注重时代特色为特点。金属壁画与壁饰是适用于装饰建筑墙壁的平面或浮雕形式的金属装饰艺术品。金属壁画种类有锻铜壁画、彩色不锈钢壁画、金属装置壁画、金属现成品壁画等，如安徽安庆制作的铁画《荷塘清趣》作品（图8-4-45）。金属建筑装饰品主要用于建筑的门、窗柱头、转角等建筑局部装饰件或其他本身，如门环、栏杆、彩色不锈钢、锻铁的大门等（图8-4-46）。金属纪念品是用于某些特定的纪念日、事件或人面设计的金属装饰艺术品，如2018年6月9日国家主席习近平向俄罗斯总统普京授予首枚中华人民共和国“友谊勋章”①。勋章以金色、蓝色为主色调，采用荷花、和平鸽、地球、握手等元素制作而成，象征中国人民同俄罗斯等各国人民友好团结、友谊长存，祝愿世界各国共同繁荣发展（图8-4-47）。

图8-4-45　安徽安庆《荷塘清趣》（铁画）

引自王其超，张行言. 中国荷花品种图志 • 续志[M]. 北京：中国建筑工业出版社，1999：64.

图8-4-46　建筑摆件荷花图案合页

图8-4-47　国家主席习近平授予俄罗斯总统普京的勋章

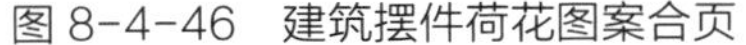

图8-4-46李尚志摄于广西贵港刘端私宅大门；图8-4-47引自新华社. 我国将首次颁授中华人民共和国“友谊勋章”[N]. 人民日报，2018-06-08：1.

① 新华社. 我国将首次颁授中华人民共和国“友谊勋章”[N]. 人民日报，2018-06-08：1.

六、荷饰玻璃水晶工艺品

玻璃工艺品是通过手工将玻璃原料或玻璃半成品加工而成，一般用作装饰材料或高档商务礼品①。在玻璃工艺品造型或装饰中，也有一些以荷花造型或荷图装饰的作品，构图精巧，美观可爱（图 8-4-48）。

水晶乃石英之结晶体矿物，古人称水玉、水精、水碧、石英，种类有天然水晶、合成水晶、熔融水晶等②。由水晶造型的荷花亦构图精美，栩栩如生（图 8-4-49）。

图 8-4-48　玻璃荷花灯（李尚志摄）

图 8-4-49　水晶造型荷花工艺品（杨源汉提供）

七、荷饰秸秆工艺品

秸秆画是利用农村的高粱、玉米、芦苇、麦类等农作物的秸秆为主要材料，通过对秸秆进行熏、蒸、烫、漂、染、烙、刻、贴等十几道处理工序，并吸收国画、版画、烙画、贴画等诸多艺术表现手法，制作成表现田园风光、花鸟鱼虫、人像写真等的工艺品。2003 年在河北白洋淀举办第十七届全国荷花展期间，举办方赠送参会代表的礼品，就是采用芦苇秆创作的工艺品（图 8-4-50、图 8-4-51）。河南、江苏、浙江等地乡村农民利用秸秆制作的工艺品，远销海内外

① 兆美. 你知道什么是玻璃工艺品吗［OL］. www.glass.com.cn.
② 徐利剑. 水晶文化与其雕刻工艺浅析［J］. 天工，2017（2）：42-43.

市场，给秸秆画这门艺术也带来了新的活力和生命①②。

图 8-4-50　芦苇秸秆画《荷风》（李尚志摄）

图 8-4-51　芦苇秸秆画《采莲》（李尚志摄）

八、荷饰家具

现代家具根据制作材料主要分为板式和实木式。其特点为：一、风格简约，简洁明快、实用大方；二、依靠新材料、新技术加上光与影的无穷变化，追求无常规的空间解构、大胆鲜明对比强烈的色彩布置，以及刚柔并举的选材搭配；三、注重品位、强调舒适和温馨；四、具备古典与现代的双重审美效果。

家具纹样图案是创意家具最主要的装饰手段，设计师对中国传统图案纹样进行识别、分析、解读、理解，然后进行提取和再设计，结合材料本身的图案和纹理展现出质朴之风，创作出现代创意家具③。荷花纹样在家具上的应用也不例外（图 8-4-52、图 8-4-53）。

图 8-4-52　餐桌上的荷饰图案

图 8-4-53　餐椅上的荷饰图案（局部）

（李尚志摄于广西贵港刘端宅府）

① 张旭．留守儿童巧将秸秆变身工艺品[N]．扬州日报，2015-12-11：A11.

② 马叶芬．古稀老人将秸秆制成工艺品[N]．嘉兴日报（嘉善版），2015-12-03：B2.

③ 叶璐．中国现代家具设计的传承与创新[J]．家具与室内装饰，2018（7）：68-69.

九、文房四宝荷饰

文房四宝通常采用瓷、玉、竹、木等材料制作，如诗筒、笔筒、砚匣等以竹、红木等为多；在造型上，如水注、笔掭等则以动物、名花为常见；在装饰方面，习见花草鱼虫，其中以荷花、荷叶、莲蓬、莲藕等较普遍（图 8-4-54、图 8-4-55）。

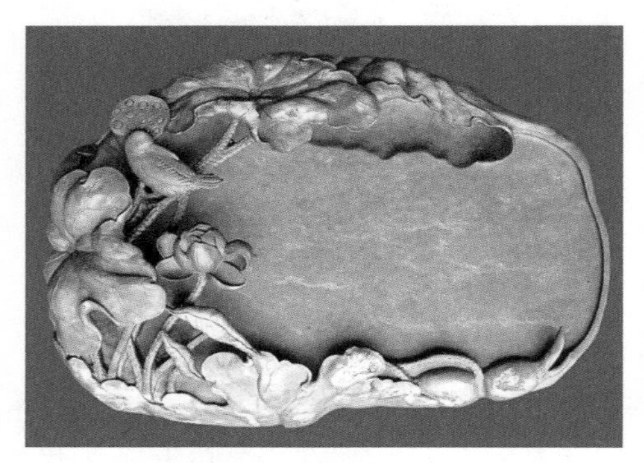

图 8-4-54　荷饰砚台（李尚志藏）

图 8-4-55　荷饰笔洗（李尚志藏）

十、年画、剪纸、灯彩及伞荷饰

传统年画、剪纸及灯彩都饰有荷花的元素，示以吉祥如意。时代不同，荷花所表达的含义也有区别。因“荷”谐音于“和”，符合当下所倡导的和谐世界观；而“莲”与“廉”则音谐，有助于宣传反腐倡廉，寓意社会风清气正。于是，年画、剪纸及灯彩中的荷花题材多表现社会和谐，政府清廉，祖国繁荣昌盛（图 8-4-56 至图 8-4-58）。

图 8-4-56　新春年画
（李尚志摄于深圳某购物中心）

图 8-4-57　新年剪纸
（李尚志摄于深圳某购物商场）

A

B

图 8-4-58　A. 节日荷花彩灯（吴卫东提供）　B. 荷花伞（刘端提供）

十一、荷花邮票

邮票通常是主权国家发行、供寄递邮件贴用的邮资凭证。邮票的方寸空间，常体现一个国家或地区的历史、科技、经济、文化、风土人情、自然风貌等特色，因而邮票除邮政价值之外，还具有一定的收藏价值。中华人民共和国成立后，国家邮政局发行的普通邮票、纪念邮票和特种邮票中，有许多荷花邮票。

如 1956 年 10 月 1 日发行了一套四枚《东汉画像砖》特种邮票，其中《画像砖·射猎农作·东汉》有荷花图案；1958 年 6 月 1 日发行了一套《儿童》邮票，第一枚邮票图案上一位母亲怀抱婴儿坐在荷丛中，荷花人面相映红，既展现母爱的甜蜜，又象征荷花的和谐安详之美；1958 年 9 月 25 日发行了一套三枚普通《花卉》邮票，由孙传哲设计，其中第二枚为荷花，图案以白色作为底衬，素雅大方，票型小巧玲珑，构图饱满，简洁淳朴，素中见艳，这是中华人民共和国首枚以“荷花”命名的邮票，在 1989 年被评为“建国 30 年最佳邮票之一”；1978 年发行的《工艺美术》邮票中的“荷花圆盘黑天鹅盒漆器”邮票，荷花造型栩栩如生，亭亭玉立，与盘巧妙地形成一个有机整体，更衬托出黑色漆器的古朴典雅（图 8-4-59）。

A

B

C

D

图 8-4-59　A.《东汉画像砖》邮票之《画像砖·射猎农作·东汉》，其中有荷花图案　B.《儿童》邮票中的荷花　C.《花卉》邮票中的荷花　D.《荷花圆盘黑天鹅盒漆器》邮票（李尚志藏）

1980 年 8 月 4 日（农历六月二十四日），当时的国家邮电部发行一套四枚《荷花》邮票，这天正好是民俗中“荷花生日”，可谓寓意深长。这套邮票是由邮票设计家陈晓聪在著名花鸟画家俞致贞和刘力上伉俪的创作基础上完成的。邮票上的红莲、白莲，红中透白，婀娜多姿，构思巧妙，别具一格，显示了高超的工笔技艺。第一枚《白莲》为藕莲；第二枚《碧绛雪》是半重瓣型的花莲品种；第三枚名为《佛座莲》；第四枚名为《娇容三变》，小型张票名为《新荷凌波》（图 8–4–60）。1997 年发行《潘天寿作品选》邮票，其中第二枚《朝霞图》，图案是一轮浓重焦墨荷叶和一朵旁逸斜出的淡红色的荷花，以寥寥数笔荷花作衬。荷叶用墨大笔挥泼，荷花气旺神强，杂草枝干穿插有致，风格独特，自成一派。1980 年发行《齐白石作品选》邮票，其中第六枚为《荷花》，舒展卷缩、浓淡相间的墨色荷叶丛中有一朵半露的红色荷花，形神兼备。1985 年发行的《花灯》邮票中，第一枚邮票《九莲献瑞》以九朵莲花载托花灯，象征吉祥如意；第四枚邮票《金玉满堂》以如玉的绿荷托着鲜活的金鱼，给人以丰盛繁荣的联想（图 8–4–61）。

图 8–4–60　T.54《荷花》邮票（李尚志藏）

A　B　C

图 8–4–61　A.《潘天寿作品选》邮票之《朝霞图》 B.《齐白石作品选》邮票之《荷花》
C.《花灯》第一枚和第九枚的主图案分别为莲花灯和金鱼灯（李尚志藏）

1989 年 11 月 25 日国家邮电部发行一套四枚《杭州西湖》纪念邮票，再现西湖春夏秋冬的不同风光，其中第二枚为《曲院风荷》。1991 年发行《景德镇瓷器》邮票，其中第四枚《清代五彩花鸟纹尊》，尊的上口和颈部、腹部和底座分上下两层，图案均由千姿百态的荷花组成。2002 年发行的《八大山人作品选》邮票，其中第三枚为《墨荷图》，图中高挺的几株荷叶背后隐藏着一朵荷花。2003 年 6 月 29 日发行《苏州园林——网师园》四连一体的特种邮票，分别为《殿春簃》《月到风来亭》《竹外一枝轩》和《万卷堂》，其中《竹外一枝轩》片片碧荷，清波荡漾（图 8-4-62）。

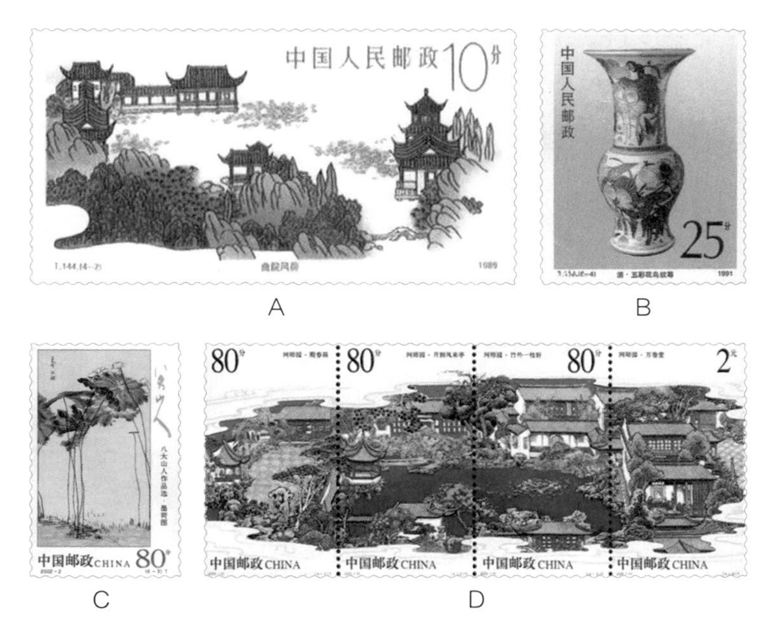

图 8-4-62　A.《杭州西湖》纪念邮票之《曲院风荷》 B.《景德镇瓷器》邮票之《清代五彩花鸟纹尊》 C.《八大山人作品选》邮票之《墨荷图》 D.《苏州园林——网师园》邮票（李尚志藏）

2003 年 1 月 25 日发行《杨柳青木版年画》特种邮票，其中第一枚为《五子夺莲》。2006 年发行《民间灯彩》邮票，其中第三枚为《莲花灯》，莲藕并生，花开并蒂，表示佳偶天成，新婚美满。2007 年 2 月 10 日发行《绵竹木版年画》特种邮票，其中第三枚为《双喜童子》。2009 年发行《石涛作品选》邮票，其中第六枚为《墨荷图》，池塘中凌风挺立数株如盖荷叶和隐于叶后数朵盛开的荷花。2011 年 9 月 1 日发行一套 10 枚《花卉》个性化邮票，其中有《荷花》单张。2015 年 8 月 20 日发行一套一枚《鸳鸯》特种邮票，上面也有荷花图案（图

8-4-63 F）。2004 年 7 月 30 日发行一套一枚影写版小型张邮票《八仙过海》，图案中的何仙姑手持荷花，风姿绰约。2010 年 5 月 25 日发行一套一枚第十届世界旅游旅行大会纪念邮票，邮票图案是著名画家黄永玉为北京荣宝斋大厦捐献的巨作《荷》（图 8-4-64 B）。

A　B　C　D　E　F

图 8-4-63　A.《杨柳青木版年画》邮票之《五子夺莲》 B.《民间灯彩》邮票之《莲花灯》 C.《绵竹木版年画》邮票之《双喜童子》 D.《石涛作品选》邮票之《墨荷图》 E.《花卉》邮票之《荷花》 F.《鸳鸯》邮票之荷花图案（李尚志藏）

A　B

图 8-4-64　A. 小型张邮票《八仙过海》之何仙姑手持荷花　B. 第十届世界旅游旅行大会纪念邮票之《荷》（李尚志藏）

澳门特别行政区的区旗区徽上饰有莲花，因而莲成为澳门的一种象征。澳门回归祖国之前，1983 年 7 月 14 日，澳门发行一套六枚药用植物邮票，其中第四枚是《莲》。回归之后，1999 年又发行中华人民共和国澳门特别行政区成立纪念小型张。1999 年 12 月 20 日国家邮政局发行《澳门回归祖国》纪念邮票一套两枚小型张，其中第一枚《中葡联合声明》饰以荷叶、荷花。2004 年发行一套五枚《澳门特别行政区成立五周年》纪念邮票（图 8–4–65）；2009 年 12 月 20 日发行一套三枚《澳门回归祖国十周年》纪念邮票，其中一枚饰以国旗、澳门区旗及金莲花雕塑等图案。2013 年 3 月 31 日发行一套两枚《澳门基本法颁布二十周年》邮票，邮票图案以漫画形式展现澳门民众兴高采烈地庆祝澳门基本法颁布 20 周年，其中一枚饰以莲花雕塑[①]。此外，还有澳门《年年有余》邮票、澳门《花卉》邮票中之白莲等（图 8–4–66）。2017 年 10 月 9 日发行的一套四枚《莲花》及一枚小型张（图 8–4–67、图 8–4–68）。

图 8–4–65 《澳门特别行政区成立五周年》纪念邮票（李尚志藏）

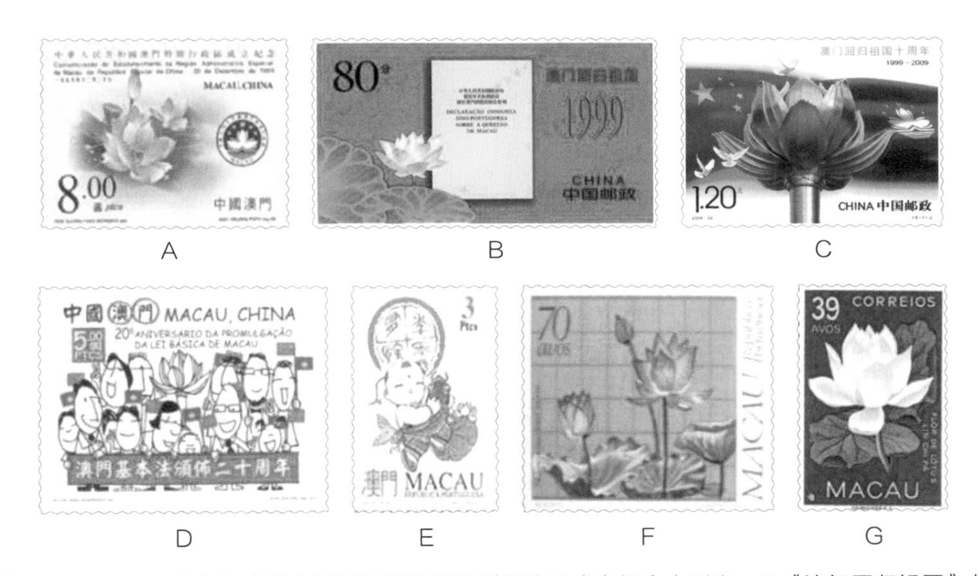

图 8–4–66 A.1999 年中华人民共和国澳门特别行政区成立纪念小型张 B.《澳门回归祖国》邮票之《中葡联合声明》饰以荷叶、荷花 C.《澳门回归祖国十周年》邮票中饰以国旗、澳门区旗及金莲花雕塑等 D.《澳门基本法颁布二十周年》邮票之莲花图案 E. 澳门《年年有余》邮票 F. 澳门药用植物邮票第四枚《莲》 G. 澳门邮票《花卉》中之白莲（李尚志藏）

① 陀乾秋.《澳门基本法颁布二十周年》邮票[J]. 上海集邮，2003(6)：10–10.

图 8-4-67 《莲花》邮票（左）（李尚志藏）　图 8-4-68 《莲花》小型张（右）（李尚志藏）

我国台湾属于热带及亚热带气候，荷花资源特别丰富，荷文化传承和发展十分繁荣，也有许多荷花邮票。常见的有《莲花》《何仙姑》《和合如意》《鸳鸯贵子》《连生贵子》《清•雍正莲花碗》等。

十二、荷花与广告

广告是向社会公众告知某件事物的宣传形式，通常指商业广告，为工商企业以收费方式推销商品或提供服务。自改革开放以来，我国广告产业进入良性发展①。

无论公益广告，还是商业广告，都有以荷花为题材的，这反映了荷花在公众视野中树立的美好形象。当今全国各地的铁路、公路、街道两侧，建筑墙面，室内公共场所等，张贴或悬挂以各类荷花为题材的广告比比皆是。如中央电视台播送山东滕州红荷湿地、江西广昌出产的“莲爽”品牌系列、湖北洪湖公路两侧矗立的莲藕饮品广告牌、南北各地城市有荷花画面的房地产广告、政府机关公共场所张贴有荷花素材的廉洁宣传画等，信息量大，内容丰富，影响广泛（图 8-4-69 至图 8-4-71）。

① 戎彦，李健超．景观户外广告，让城市更美好[J]．美与时代（上），2011(12)：78-80.

图 8-4-69　房产销售广告（李尚志摄于广东中山）

图 8-4-70　莲藕产品广告（李尚志摄于湖北洪湖）

图 8-4-71　以荷花为题材的法治宣传（李尚志摄于深圳图书馆）

十三、各大型舞台荷花设计实景

舞台为演员提供表演的空间，通常由一个或多个平台构成，虚实结合，布置出一种对比强烈、主旨突出的情景。舞台场景象征主要是通过舞台装置突出很强的空间感和层次感，适合表现有很强空间象征意义的艺术效果①②。比如 2013 年广东梅州中秋晚会，在舞台上放置大片荷花，表现出花好月圆、吉祥和谐的气氛（图 8-4-72）。又如 2016 年杭州召开二十国集团领导人峰会所举办的文艺晚会《最忆是杭州》的舞台环境空间设计上，第二曲《采茶舞曲》在成片的荷花、荷叶衬托下展开表演，传递了杭州西湖十里荷花、满城飘香的意境（图 8-4-73）。

图 8-4-72　2013 年梅州中秋晚会上的荷花布景（李尚志翻摄自中央电视台节目）

① 刘坚．舞台空间与舞台装置的艺术效果[J]．剧影月报，2012(1)：112-113.

② 董晓斌．刍议舞台空间与舞台装置的艺术效果[J]．艺术家，2017(6)：50-51.

图 8-4-73　2016 年杭州 G20 峰会文艺晚会上的荷景（李尚志翻摄自中央电视台节目）

十四、其他

我国的十大传统名花中，荷花在广大百姓心里树立了很好的艺术形象。在我们的生活中随处可见荷花的身影，如 2002 年发行的 5 角硬币上饰以荷花、澳门特别行政区 100 元纸币的正背两面饰以荷花；商品以荷花（或莲花）为名的如莲花牌味精；许多城市的商店亦以荷花（或莲花）命名；2017 年 12 月 6 日至 8 日，《财富》全球论坛在广州举行，当晚珠江两岸夜景中就有荷花投影（图 8-4-74）。

A

B

C

图 8-4-74　A. 澳门 100 元纸币饰以荷花　B. 人民币 5 角硬币饰以荷花
C. 广州夜景建筑上的荷花投影（李尚志摄）

第五节　本固枝荣：荷花与宗教

自十一届三中全会以来，在马克思主义指导下，党和政府的宗教理论政策不断丰富完善，为认识宗教问题和处理宗教关系、开创宗教工作的新局面提供了有力指导。党中央十分重视宗教工作，自改革开放以来，从中央到地方各级政府制定了一系列宗教方面的方针政策，有力地促进了我国宗教事业的稳步发展。

一、荷花在道教文化中的发展

由于荷花具有根茎发达、繁衍快速、花叶茂盛、莲实丰满之特点，故在道家文化中有“连生贵子”“鸳鸯戏莲”“五子戏莲”“并蒂同心”“莲里娃娃”“本固枝荣”等祈求人丁兴旺的吉祥隐语。在这一时期，许多专家学者发表论文对道教的生态思想进行论述①。道教经典对人类如何合理开发和保护自然资源，有具体准则：“不涸泽而渔，不焚林而猎……昆虫未蛰，不得以火田。育孕不杀，𪃈卵不探。鱼不长尺不得取，犬豕不期年不得食。是故，万物之发生若蒸气出。”②要求按照季节的不同和动物、植物的生长规律实现自然的和谐，而且特别告诫，如果破坏了自然的和谐，动物、植物就得不到正常的生长，甚至还会因毁坏自然导致自然灾害，使自然资源受到更大的损失。当前在生态危机面前，这些生态观仍闪烁着实用的光芒。有学者评价：“道家生态伦理思想的产生，对于构建当代和谐生态自然观的益处是不言而喻的。”③

将道教的生态思想再进一步扩展和延伸，可以应用到现代社会湿地生态修复上。湿地是人类社会赖以生存和发展不可或缺的重要资源，修复湿地生态效果良好的先锋植物就是荷花。因此，荷花在道教生态伦理思想与当代生态文明中有着十分重要的意义。

---

① 时彦茹．道教生态伦理思想研究[D]．郑州：郑州大学，2017：3-4.

② 文子[OL]．国学导航http://www.guoxue123.com/zhibu/0101/03wz/019.htm.

③ 王泽应．20世纪中国马克思主义伦理思想研究[M]．北京：北京师范大学出版社，2010：51.

二、荷花在佛教文化中的发展

如今，佛教中的莲花崇拜已融入当代社会，这是其他宗教不可比拟的。当今的佛教音乐中，有许多以荷花为题材的歌曲，如《莲花》《来生愿做一朵莲》《娑婆莲花》《青莲华》《心是莲花》《妙法莲花观世音》《几多莲花开》《吉祥莲花》《莲花处处开》等数十首。安妮宝贝在《莲花》中探索着人生的存在与虚无，努力超越生死之惑，揭开幸福的来源①。

佛诞节（又称浴佛节，农历四月初八日）和盂兰盆节（农历七月十五日）是我国佛教的两个重要节日。佛诞节期间，我国香港、澳门、台湾地区都要隆重举行佛诞吉祥文艺活动，如献莲花、闻佛音、唱莲歌等；在盂兰盆节期间，各地民间有放莲灯的习俗。

南北各地的寺庙和佛事场所的佛像（包括观音菩萨）均饰以莲座，佛具上亦饰以莲瓣图案，甚至是整个建筑呈莲花状造型，这一传统在现代得到发扬光大。如江苏常州宝林禅寺的观音阁高近百米，宛似一株含苞待放的净莲，外阁由 108 朵莲花瓣状的佛龛层叠而成；河北唐山菩提岛上的佛文化交流中心建筑亦呈莲花瓣状。这也是莲在当代佛教中受到崇敬的一个表现。

面临 21 世纪改革的新时代，佛教要适应新的社会发展形势，必须认真地审视过去的发展轨迹，挖掘其基本理论中对当代社会现实有价值的精神内核，与中国传统文化和现实社会主流文化实现新一轮的融合。而传统佛教的莲花崇拜和信仰，对于传承佛教基本理论、维护佛教权威、维持教内秩序、维系信徒心理憧憬，具有十分重要的现实意义和历史意义。

佛教中莲的崇拜和信仰，如何融合当代社会？第一方面，要确立以莲花崇拜为核心的道德信仰。其一，佛教创教以来就以莲为象征的道德寄托，成为引导僧众和信众追求之理想目标，奠定了佛教的基本形象；其二，确立以莲崇拜为核心的道德信仰，有利于当代佛教对其基本义理，在历史上多次结集的基础上删繁存简，去伪存真，去粗存精，求同存异，实现佛教义理的简洁、明白，僧俗共赏；其三，莲姿态之优美，芳香馥郁，观可悦目，赏可怡心，促使僧众和信众从其形态产生道德联想，直沁心脾。这种主观联想能让莲派生出新的意蕴，赋予莲新的内涵。确立以莲崇拜为核心的道德追求，有利于当代佛教顺应时代主流，使出世

① 王静. 浅析小说《莲花》中蕴涵的佛教思想[J]. 安徽文学，2008(1)：26-27.

法的心性修炼与入世法的促进社会和谐实现新的圆融。第二方面，要确立莲所象征的、以心性修养为宗旨的道德培育。当代佛教以心性修养为宗旨的道德培育，宜对众僧强调莲花“在泥不染”“自性开发”之特性，以道德追求为目标，改革“神道设教”的体例，弱化成佛成仙的修持动机，淡化生死轮回的业力报应观，摒弃地狱鬼神的虚妄恐怖说教。通过心性修养和道德实践，实现济世助人的本怀，培养新型僧众和大德高僧。第三方面，弘扬莲德，确立以纯净世风为责任的道德教化。佛教的优良传统是弘扬莲之德性，既为己也为人，不但追求个人解脱，也为社会安宁和民众福祉而奉献。故纯净世风，是佛教立教的宗旨之一；承担社会道德教化，也是佛教立教的重大责任之一。①

三、其他宗教

遍布云南大理白族地区的莲池会，产生于唐朝初年，具有千年历史，是白族妇女的民间宗教组织。莲池会敬奉的神灵众多，体系亦庞杂。从会期崇拜的神祇和念诵的经卷来看，莲池会敬奉所有天上地下的神灵，不分佛、道、儒、巫、本主、祖先，甚至日月、山水、五谷、六畜、动物、植物，不分厚薄，一视同仁。它以佛教观音信仰为核心，其产生与大理地区的观音崇拜有关，是观音崇拜的产物，并集众神崇拜于一体。20 世纪 80 年代以来，特别是进入 21 世纪以后，随着党的宗教政策不断落实与发展，莲池会再度浮现，且与当地的老年协会结合，以民间宗教和老年协会的双重形态活跃于当地社会，发挥着它应有的积极作用。②不过莲池会仅以“莲”为名，与荷花本身并无关联。

第六节　莲节荷宴：荷花与食饮、保健及药用

荷花全株营养丰富，荷叶、莲须、莲蓬、荷柄、莲子心及莲藕都可食用。这一时期荷花事业进入发展的快车道，同时也推动了各地荷花事业在食饮、保健及

① 侯青云. 从“荷香莲韵”观佛教的“佛境禅心”[J]. 湖南人文科技学院学报，2011(2)：31-34.

② 徐敏. 民间宗教“莲池会”的嬗变[J]. 广西社会主义学院学报，2011(03)：54-56.

药用方面的发展。

一、关于荷花的菜肴

每逢荷花节，南北各地举行的荷花宴不计其数，烹制的荷菜百种有余，美味可口（图 8-6-1 至图 8-6-6）。

图 8-6-1　荷花节荷花宴之一（刘阿梅提供）

图 8-6-2　荷花节荷花宴之二（刘阿梅提供）

图 8-6-3　广州番禺莲花节荷花宴之一（高锡坤提供）

图 8-6-4　广州番禺莲花节荷花宴之二（高锡坤提供）

我国民间一度流行采用荷叶包裹食物，清香美味，老少皆宜。荷叶清香味主要来自顺式 –3– 己烯醇及其乙酸脂，其中顺式 –3– 己烯醇含量高达 40% 左右，是荷叶的主要赋香成分。其他众多的含氧化合物，则对荷叶的香味起到协调和增强作用①。荷叶制成的知名菜肴，主要有荷叶糯米鸡、荷香叫花鸡等（图 8-6-5、图 8-6-6）。

---

① 傅水玉，黄爱今，刘虎威，等．荷叶香气成分的研究（I）荷叶天然香气成分的分析［J］．北京大学学报（自然科学版），1992，25（6）：699–705.

图 8-6-5　荷叶糯米鸡（高锡坤提供）

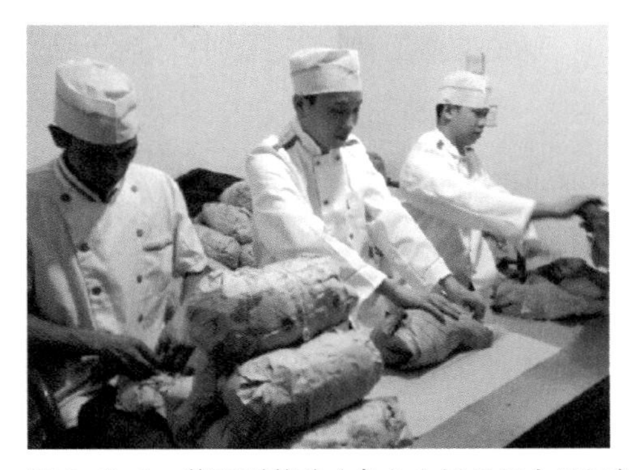

图 8-6-6　荷香叫花鸡（李尚志摄于河南漯河）

有研究表明，莲藕主要含有丰富的碳水化合物、蛋白质、维生素、矿物质、膳食纤维等，膳食纤维能改善人体消化系统中的菌群结构，纤维的持水力可增加排便速度。① 因而，多食莲藕有益健康。由莲藕烹制的现代菜肴也有很多，如莲藕炒秋葵、糯米糖藕等（图 8-6-7、图 8-6-8）。

图 8-6-7　莲藕炒秋葵

图 8-6-8　糯米糖藕
（李尚志摄于番禺粤海村）

图8-6-7引自张刚. 绿野山珍菌类菜[M]. 兰州：甘肃科学技术出版社，2018：42.

藕带是莲的幼嫩根状茎，由根状茎顶端节间和顶芽组成。藕带与莲藕为同源器官，条件适宜时，藕带膨大后就成为藕。藕带所含的营养成分与藕相同。湖北江汉平原一带的百姓自古就爱食藕带，《本草纲目》中记载的“藕丝菜”就是藕带。烹制藕带，炒、拌、煎、蒸、炸、熘皆可，既作主料，又作配料，荤素皆宜。知名菜肴有清炒藕带和酸辣藕带等 ②。

① 柳承芳，刘乐承. 莲藕的活性成分研究进展[J]. 长江蔬菜，2013(18)：48-53.

② 刘义满. 湖北特色蔬菜——藕带[J]. 长江蔬菜，2015(14)：38-40.

莲心是莲子加工过程中的副产品，每年我国的莲心产量达6万吨以上。将莲心按一定量添加到面粉中，可生产出色彩艳丽的莲心面条。这种面条色泽诱人，口感微苦，在炎炎夏日食用，具有清热解毒、增进食欲的效果①。还有一种用莲心和蒲菜为主要原料制作的面包，含1%的莲心粉，制得的面包营养丰富，外观色泽棕红，内部淡黄，体积膨胀适度，口感松软细腻，无莲心苦味和其他异味②。

莲蓬即莲房，埋藏雌蕊呈倒圆锥状的海绵质花托。花托表面有多数散生蜂窝状孔洞，受精后逐渐膨大称为莲蓬（或莲蓬壳）。莲蓬含有蛋白质、脂肪、糖类、粗纤维、灰分、胡萝卜素、烟酸、核黄素、维生素C及微量莲心碱等③。采用新鲜（干）莲蓬添加于牛肉品加工中，可作出荷香肉，成品色泽酱红，大小均匀，味道鲜美，荷香怡人，风味独特。由于莲蓬中粗膳食纤维含量较高，通过双酶法制备工艺将其淀粉和蛋白质酶解除去后，可得到高纯度的膳食纤维提取物④，用来制作含莲蓬膳食纤维的挂面，具有特殊的回味。

荷叶含有生物碱、黄酮类物质、挥发油、有机酸、甾体、维生素C、β－胡萝卜素、皂苷等多种活性成分，具有调脂减肥、降压、抗氧化、抑制高胆固醇血症、抑制动脉粥样硬化、抑菌、止痉等作用。于是一些以荷叶为原料的荷叶茶纷纷面市（图8-6-9、图8-6-10）。如荷叶复合袋泡茶，以荷叶、绞股蓝、西洋参入茶，口味醇香，清新自然⑤。老年型荷叶茶，以荷叶、山楂、枸杞进行调配，更适合于老年人饮用⑥。荷叶凉茶，一般以荷叶、菊花、金银花进行调配，是传统的降暑祛火饮品，有时可添加少量甘草，增加甜味⑦。荷叶还可以制作各种饮料，大多以荷花香味为主，茶味为辅，口感细腻、清爽、滑润。

① 刘洛宁，刘奕忍，孙丽娟，等. 莲芯面条的成分对其品质的影响［J］. 食品研究与开发，2006，27（10）：85-88.

② 万国福. 蒲菜莲子芯营养面包的制作研究［J］. 食品工业，2013，34（11）：86-89.

③ 中国科学院武汉植物研究所. 中国莲［M］. 北京：中国科学出版社，1987：46-53.

④ 龚超，孔萍，孙杰，等，双酶法制备莲房膳食纤维的工艺优化［J］. 农产品加工，2015（3）：22-26.

⑤ 朱珍，吴晖，安辛欣，等. 荷叶复合袋泡茶的研制［J］. 食品与机械，2009，25（4）：141-143.

⑥ 赵林林，黄友谊，段思佳，等. 一种老年型荷叶调配茶的配制［J］. 广东农业科学，2012，39（11）：107-109.

⑦ 柯茜，赵林林，程婷婷，等. 一种荷叶凉茶的调配研究［J］. 湖北农业科学，2013，52（15）：3639-3641.

图 8-6-9　湖北监利荷叶茶（李尚志摄）

图 8-6-10　江西广昌荷叶茶饮品（陈荣华提供）

古代就有荷花制曲酿酒的记载。荷花酒呈微绿色，清亮透明，荷叶香和酒香浓郁，药香芬芳，香味协调，清香怡人，口感醇厚甜润，柔和不烈，甜绵适口，回味悠长（图 8–6–11）。随着我国现代藕莲和子莲产业的快速发展，各地也开始利用荷叶酿制各类酒品，有荷叶酒、荷叶保健啤酒、绿豆荷叶酒等。

莲子可以制作莲子银耳罐头。在江西广昌、湖南湘潭、湖北洪湖等地莲产区，出品有不同类型的莲子罐头，如江西广昌出品的鲜磨莲子汁等（图 8–6–12）。

图 8-6-11　茅台镇荷花酒（李尚志摄）

图 8-6-12　江西广昌鲜磨莲子汁（陈荣华提供）

二、荷花的保健作用

莲子的营养成分主要为淀粉、棉子糖、蛋白质、脂肪，及钙、磷、铁等微量元素，可做成不同口味的羹、粥、汤类，如红枣莲子羹、银耳莲子羹、桂圆莲子粥、茶树菇莲子炖乳鸽汤等等，营养丰富，老少皆宜（图 8–6–13、图 8–6–14）。

图 8-6-13　桂圆莲子粥

图 8-6-14　茶树菇莲子炖乳鸽汤

图8-6-13引自百映传媒. 广东菜·汤·粥·点一本全[M]. 青岛: 青岛出版社, 2017: 205; 图8-6-14引自张刚. 绿野山珍菌类菜[M]. 兰州: 甘肃科学技术出版社, 2018: 209.

藕粉中含有蛋白质、水溶性碳水化合物、膳食纤维、多种氨基酸、多种微量元素，尤其是 γ-氨基丁酸，它属于强神经抑制性氨基酸，具有镇静、抗惊厥、催眠、降血压的生理作用[①]。以藕粉为原料制成的保健品，种类众多（图 8-6-15）。为保证出粉率，保证藕粉质量，加工时应选用外形整齐，粗细均匀，色泽正常，个体表面光滑洁净，无明显缺陷的新鲜成熟藕为原料。

图 8-6-15　红莲纯藕粉
（李尚志摄）

研究表明，莲须热水提取物可以作用于角质形成细胞，抑制黑色素细胞活化，有美白作用[②③]。莲瓣含有槲皮素、木犀草素、异槲皮苷等多种黄酮素[④⑤]。槲皮素对人体具有较好的保健作用。黄酮可改善人体内血液循环，降低胆固醇，提高免疫力。

① 孙松鹤, 方明, 许学书, 等. 藕粉的营养成分分析[J]. 食品科技, 2009, 34(6): 262-266.
② 高华娟, 吴锦忠, 黄泽豪. 莲须药用研究进展[J]. 海峡药学, 2006(3): 20-22.
③ 田中浩. 莲须的美白作用[J]. 国外医学: 中医中药分册, 2004, 26(5): 311-311.
④ 邓娇. 莲花瓣类黄酮色素分析及莲花瓣着色机理研究[D]. 北京: 中国科学院研究生院（武汉植物园）, 2015: 15-65.
⑤ 吴倩. 莲花花瓣和花粉类黄酮成分分析[D]. 南京: 南京农业大学, 2015: 11-50.

三、荷花的药用功能

荷花一身都是宝，荷叶、荷梗、藕节、莲瓣、莲子、莲衣、莲房、莲须、莲心等均可入药，治疗多种疾病。

荷叶性平无毒，气清香，味微苦涩，入肝、胆、脾、胃、心、肺、大肠等经，具有清解暑邪、轻宣透邪、升清降浊、醒脾开胃、止血散瘀、降脂减肥等功效。现代药理学研究表明，荷叶含有大量的生物碱，具有明显降脂作用[①]。由荷叶、山楂、红曲的醇提取物配制成复方荷叶制剂（荷叶含生物碱，山楂含三萜类化合物，红曲有降胆固醇活性及降血压的作用），对降低血脂有良好疗效，解放军104医院用荷叶煎剂治疗高脂血症取得一定疗效[②]。

荷梗是支撑荷叶的主要器官。梗内含有莲碱、原荷叶碱等多种生物碱，树脂及鞣酸等化学物质，具有清利暑湿的功能[③]。荷梗荷叶可制成清暑益气汤[④]。夏季感冒，暑湿者用荷梗[⑤]；暑发疮痈疔毒和下肢湿疹多用荷梗；若治暑厥，可将鲜荷叶与鲜荷梗同用[⑥]，还可以荷梗、淡竹叶为对药，用于中暑和热入气分证之小便不利。

在临床上，莲须具有抗血栓[⑦]、抗乙肝病毒[⑧]等作用，已引起药学界广泛的关注和研究。在民间，莲须常用于孕妇临床前促分娩，试验表明，莲须对动物的子宫有兴奋作用，并对实验动物有一定镇痛作用[⑨]。中医认为，莲须具有益血、止血崩、吐血功能，故有人用莲须提取物对动物体内血栓形成及凝血功能进行试验[⑩]，表明莲须具有弱镇痛作用和较强的抗溃疡活性。也有学者研究证明，莲须具有一

---

① 许腊英，毛维伦，江向东，等．荷叶降血脂的开发研究[J]．湖北中医杂志，1996，18(4)：42-43.

② 金晶，孙阳．复方荷叶制剂调节血脂作用的研究[J]．江西中医学院学报，2008，20(5)：69-70.

③ 姜兴俊．荷叶(含荷蒂、荷梗)古今应用概说[J]．中国中药杂志，1997，22(6)：377-378.

④ 王孟英．温热经纬[M]．北京：人民卫生出版社，1966：109-124.

⑤ 陆拯．近代中医珍本集・医案分册・陈莲舫医案秘钞[M]．杭州：浙江科学技术出版社，1994：91.

⑥ 上海中医学院．程门雪医案[M]．上海：上海科学技术出版社，1982：68-69.

⑦ 张明发，沈雅琴，朱自平，等．莲须的抗血栓形成、抗溃疡和镇痛作用[J]．中医药研究，1998，14(1)：16-18.

⑧ 徐燕萍，郑明实，等．酶联免疫吸附检测技术筛选300种中草药抗乙型肝炎病毒表面抗原实验研究[J]．江西中医学院学报，1995，17(1)：20-21.

⑨ 吴丽明，邱光清，陈丽娟．莲须的镇痛作用及对子宫收缩的影响[J]．中药药理与临床，1999，15(2)：31-32.

⑩ 同⑦。

定的抗乙肝病毒表面抗原作用；对治疗秋季腹泻也有疗效①；在对治疗婴儿脾虚泄泻 468 例临床观察中，总有效率为 95.7%②。还有实验研究，用莲须提取物对实验动物有促进子宫增大的影响③。

现代医学研究证明，莲心具有协同抗肿瘤、降血压、降血糖、正性饥力、抑制增生性瘢痕及皮保护等作用④。莲心（胚芽）中提取到的一种双苄基异喹啉生物碱（Nef），与逆转癌细胞的凋亡抗性有关。也有试验表明，莲心对四氧嘧啶引起的糖尿病降糖效果明显⑤。

藕节含有鞣酸、天门冬氨酸等，有收敛止血、化瘀等功效。试验人员从藕节中提取到促凝血有效成分，对试验动物的凝血时间（CT）、出血时间（BT）、活化部分凝血活酶时间（APTT）、凝血酶原时间（PT）及凝血酶时间（TT）等均有显著影响⑥。

第七节　荷品众多：荷花与园艺

荷花按其用途，有花莲、藕莲和子莲之分。20 世纪 80 年代初期，王其超、张行言、倪学明、赵家荣、黄国振、孔庆东、柯卫东、陈浩、冯祥珍、叶奕佐、刘光亮、谢克强等科技工作者主要对花莲、藕莲和子莲的种质资源进行了广泛的搜集整理，建立了中国荷花品种资源圃，还采用常规育种的方法，陆续选育花莲、藕莲和子莲新品种，并出版成册。王其超、张行言在《中国荷花品种图志·前言》

① 吴秀芳，高秀敏．莲须治疗秋季腹泻的疗效观察［J］．中华临床医药杂志，2003，4（29）：8.

② 庞桂香，高秀敏，王新梅，等．莲须治疗婴儿脾虚泄泻468例临床观察［J］．现代中西医结合杂志，2000，9（6）：497-498.

③ 吴丽明，张锦周，庄志雄．用子宫增重试验检测莲须的雌激素样作用［J］．现代临床医学生物工程学杂志，2003，9（2）：83-87.

④ 谢纲，曾建国．莲子心的主要成分和药理作用研究进展［C］//2007年中华中医药学会第八届中药鉴定学术研讨会、2007年中国中西医结合学会中药专业委员会全国中药学术研讨会论文集．湖南长沙，2007，8：388-386.

⑤ 倪淑梅，杜洪生，李永．莲子心降糖效果的研究［J］．山东食品发酵，2002（4）：33-34.

⑥ 曲筱静，张家骊，周新华，等．藕节促凝血有效组分的筛选及凝血作用研究［J］．食品与生物技术学报，2009，28（2）：259-261.

中提道："党的十一届三中全会后，科学的春风吹暖了大地。1979 年荷花研究被列入国家建委科研项目'花卉选种育种、栽培技术'之中。1980 年国家建委提出十年园林绿化科技发展规划，其中'中国名花的研究'一项列有荷花。1983 年城乡建设环境保护部以'中国几种名花品种资源的研究'项目向武汉市园林科研所下达《中国荷花品种图志》的研究任务。"①

王其超是当代中国荷花学术研究与荷文化产业的创始人和开拓者。1987 年他在全国发起成立荷花科研协作组筹备会，1989 年经中国花卉协会批准，成立中国花卉协会荷花分会。1991 年在武汉正式成立中国荷花研究中心。由此，以武汉为中心拉开了新时期荷花研究的序幕。到 21 世纪初，荷花的研究工作在全国高校院所、高新技术企业中全面展开，研究领域涉及荷花种质资源、新品种选育、生物学特性、繁殖方法及栽培管理等诸多方面。

一、花莲

（一）花莲种质资源

1978 年 3 月全国科学大会闭幕后，荷花研究工作逐步走向正轨，1963 年由国家科委立项、"文革"期间被迫中止的荷花研究项目又重新启动。当时荷花品种资源较集中的武汉和杭州，科技人员着手荷花品种资源的搜集和整理。时任武汉市园林研究所所长王其超和武汉东湖风景区张行言教授两人合作，从 1979 年开始，重新搜集整理荷花品种资源，到 2015 年为止，他们对国内外 153 个地区进行了考察。王其超发表《中国荷花品种资源初探》一文，对我国荷花栽培的历史、荷花品种的演变、古代荷花品种的辨析等做了论述。② 他在《荷花》一书中，将荷花栽培历史划分为"初盛时期""渐盛时期""兴盛时期""衰落时期""发展时期"五个时期。初盛时期为东周至秦、汉、三国（公元前 7 世纪至 265 年）约 1000 年；渐盛时期为晋、隋、唐、宋（265 至 1276 年）约 1000 年；兴盛时期为元、明、清代前期（1271 至 1840 年）约 500 年；衰落时期为清代后期至民国（1840 至 1949 年）约 100 年；发展时期为 20 世纪 50 年代至今。书中提出荷花在中国的地理分布图：荷花在大陆主要分布于长江、黄河、珠江三大流域及洞庭

① 王其超，张行言. 中国荷花品种图志[M]. 北京：中国建筑工业出版社，1989：Ⅲ.

② 王其超. 中国荷花品种资源初探[J]. 园艺学报，1981，8(3)：65-71.

湖、鄱阳湖、微山湖、白洋淀、巢湖、洪湖、太湖等大大小小淡水湖泊的浅水区。藕莲栽培以苏、浙、鄂、皖、鲁、粤诸省为主；子莲栽培以湘、赣、闽三省居多；花莲则以武汉、杭州、北京、济南、合肥、长沙、深圳等城市较为集中；中国是荷花的世界栽培中心，而武汉是中国荷花的研究中心[①]。当然，现在的情况发生了很大变化。过去一直认为无（或少）荷花栽培的青海、西藏等高海拔省份，如今也遍植荷花了，清香飘逸，景致宜人。同时，王其超等在《中国荷花品种图志·续志》中，对荷花品种资源圃的建设、荷花品种数据库及服务系统，以及荷花品种资源圃的效益等，均有详细描述。[②]

同一时期，由中国科学院武汉植物研究所倪学明研究团队主持，从黑龙江畔到海南岛，自东海之滨至云贵高原，对莲主要产区的种质资源开展调查、搜集和整理工作，并出版《中国莲》一书。它对莲的起源地、莲在植物分类学上的地位及其地理分布、莲的形态特征和染色体结构、莲的生物学特性与生态习性、莲品种分类和演化等进行研究[③]。与荷花研究相关的论文，有董振发、辛孝先、朱官有等的《黑龙江省荷花资源及利用》[④]，王其超、陈耀东、辛春德等的《黑龙江野生荷花资源考察》[⑤]，邹喻平、蔡美琳、王晓东等的《古代“太子莲”及现代红花中国莲种质资源的 RAPD 分析》[⑥]，等等。

进入 21 世纪，全国各高等学府、科研院所对荷花种质资源开展更深入的研究，涌现一批批专业人才，一篇篇探究荷花种质资源的论文脱颖而出。如郑宝东《中国莲子种质资源主要品质的研究与应用》[⑦]，薛建华、卓丽环、郭玉民等的《黑龙江省野生莲资源的现状及保护》[⑧]，郭宏波、李双梅、柯卫东《花莲种质资源的遗传多样性及品种间亲缘关系的探讨》[⑨]，薛建华《黑龙江流域野生莲的遗传多样

① 王其超，张行言. 荷花[M]. 上海：上海科技出版社，1998：2-9.

② 王其超，张行言. 中国荷花品种图志・续志[M]. 北京：中国建筑工业出版社，1999：26-34.

③ 中国科学院武汉植物研究所. 中国莲[M]. 北京：科学出版社，1987：9-79.

④ 董振发，辛孝先，朱官有，等. 黑龙江省荷花资源及利用[J]. 北方园艺，1996，2：51-53.

⑤ 王其超，陈耀东，辛春德，等. 黑龙江野生荷花资源考察[J]. 中国园林，1997，13(4)：39-41.

⑥ 邹喻平，蔡美琳，王晓东，等. 古代“太子莲”及现代红花中国莲种质资源的RAPD分析[J]. 植物学报，1998，40(2)：163-168.

⑦ 郑宝东. 中国莲子种质资源主要品质的研究与应用[D]. 福州：福建农林大学，2004：56-75.

⑧ 薛建华，卓丽环，郭玉民，等. 黑龙江野生莲资源的现状及保护[J]. 哈尔滨师范大学自然科学学报，2005，21(2)：87-91.

⑨ 郭宏波，李双梅，柯卫东. 花莲种质资源的遗传多样性及品种间亲缘关系的探讨[J]. 武汉植物学研究，2005，23(5)：417-421.

性》[1]，薛建华、卓丽环、周世良《黑龙江野生莲遗传多样性及其地理式样》[2]，瞿桢、魏英辉、李大威等的《莲品种资源的SRAP遗传多样性分析》[3]，郭宏波、柯卫东《千瓣莲品种资源的RAPD分析》[4]，郭宏波、柯卫东《莲属分类与遗传资源多样性及其应用》[5]，郭宏波、柯卫东、李双梅《花莲种质资源形态性状多样性研究》[6]，等等。上述论文大多采用现代分子标记方法分析莲品种之间的差异。如薛建华《黑龙江流域野生莲的遗传多样性》分别用RAPD、ISSR和SSR三种分子标记方法，在黑龙江流域野生莲个体和群体水平上分析遗传变异的大小及其遗传结构，认为野生莲的遗传多样性通常低于栽培莲。郭宏波等的《花莲种质资源的遗传多样性及品种间亲缘关系的探讨》，利用17个随机引物对来自中国和美国的29份花莲种质资源材料进行RAPD分析，说明中国花莲具有较丰富的遗传多样性。分析结果还显示出花莲种质资源可被分为2个品种群：品种群Ⅰ以大型花为主，品种群Ⅱ以中小型花为主；而美洲黄莲与中国莲的花莲之间在DNA水平上没有显著差异，与中小型花关系更近。

近年来，经过几代人的努力，通过对荷花品种种质资源调查，各地有条件的地方都建有荷花品种资源圃或资源库，如中国荷花研究中心、中国科学院武汉植物园、武汉市蔬菜科学研究所、南京中山植物园、上海辰山植物园等。2016年11月22日，中国花卉协会发布中花协字〔2016〕21号文件，即《中国花卉协会关于公布首批国家花卉种质资源库的通知》，公布确定了首批37处国家花卉种质资源库，其中上海辰山植物园荷花种质资源库和江苏省中国科学院植物研究所荷花种质资源库入选[7]。

① 薛建华. 黑龙江流域野生莲的遗传多样性[D]. 哈尔滨：东北林业大学，2006：1-3.

② 薛建华，卓丽环，周世良. 黑龙江野生莲遗传多样性及其地理式样[J]. 科学通报，2006，51（3）：299-308.

③ 瞿桢，魏英辉，李大威，肖丽舟，徐金星. 莲品种资源的SRAP遗传多样性分析[J]. 氨基酸和生物资源，2008，30（3）：21-25.

④ 郭宏波，柯卫东. 千瓣莲品种资源的RAPD分析[J]. 中国农学通报，2008，24（4）：66-68.

⑤ 郭宏波，柯卫东. 莲属分类与遗传资源多样性及其应用[J]. 黑龙江农业科学，2009（4）：106-109.

⑥ 郭宏波，柯卫东，李双梅. 花莲种质资源形态性状多样性研究[J]. 植物研究，2010，30（1）：70-80.

⑦ 刘红. 保护种质资源，提升核心竞争力，推动现代花卉产业发展[J]. 中国花卉园艺，2016（23）：7-7.

（二）花莲品种选育

中国荷花研究中心于1991年成立，挂牌在武汉东湖风景区磨山，并建立了荷花品种资源圃。自20世纪七八十年代开始，由武汉东湖风景区张行言教授领导的荷花育种团队，选育出数百个花莲新品种，并出版两个版本的《中国荷花品种图志》，以及《中国荷花品种图志·续志》，在三部荷志中记载了300多个花莲品种①②③。同一时期，中国科学院武汉植物研究所的研究人员也进行了荷花人工杂交育种，选育出近百个花莲新品种④。而中国科学院植物研究所北京植物园选育的花莲品种有数十个，由邹秀文等出版《中国荷花》对品种特征作了描述⑤。杭州西湖曲院风荷公园也选育了数十个花莲新品种，记载在李志炎等主编的《中国荷文化》中⑥。湖南农业科学院、武汉市蔬菜科学研究所、北京莲花池公园、江西广昌白莲研究所等种荷单位也先后选育出花莲新品种。全国各地私营企业也是选育花莲新品种的生力军，都采用不同的育种技术选育出不少花色艳、花型美、花大小不同的花莲新品种。

随着中国荷花事业的迅速发展，花莲新品种的选育工作也进入快车道。到了21世纪，全国各地选育的花莲新品种层出不穷。21世纪初，由王其超、张行言教授指导修建的广东佛山荷花世界专类园，可称得上全球最大的荷花品种专类园。由于采用了诱变育种（如空间育种、离子束育种）等现代技术，花莲育种效果显著提高。如江西广昌白莲研究所于2002年和2004年选送白莲品种开展航天搭载⑦，2005年重庆大足雅美佳水生花卉有限公司航天搭载12个荷花品种共150粒⑧种子。这就是利用太空特殊的、地面无法模拟的环境（高真空、宇宙高能粒子辐射、宇宙磁场、高洁净）的诱变作用，使莲子产生变异，再返回地面选育新品种的育种新技术。在离子束育种方面，北京莲花池公园与北京师范大学低

---

① 王其超，张行言．中国荷花品种图志[M]．北京：中国建筑工业出版社，1989：63-224.
② 王其超，张行言．中国荷花品种图志·续志[M]．北京：中国建筑工业出版社，1999：72-224.
③ 王其超，张行言．中国荷花品种图志[M]．台北：淑馨出版社，1994：74-235.
④ 黄国振．黄色荷花新品种——‘友谊牡丹’莲的选育[J]．园艺学报，1987，14(2)：129-132.
⑤ 邹秀文，赵锐．中国荷花[M]．北京：金盾出版社，1997：37-42.
⑥ 李志炎，林正秋．中国荷文化[M]．杭州：浙江人民出版社，1995：24-47.
⑦ 余红举．历经12天广昌白莲第四次遨游太空归来[N]．江西日报，2016-05-20.
⑧ 骆会欣．映日荷花别样红，品种选育立当头[N]．中国花卉报，2009-07-18.

能核物理研究所合作利用离子注入诱变处理[①]，江西广昌白莲研究所进行离子束育种[②]，其效果亦明显。

除了采用新的诱变技术，花莲新品种的选育通常是采用人工杂交育种的方法。21 世纪以来，选育花莲新品种的主要单位有中国荷花研究中心[③]、北京莲花池公园、杭州西湖曲院风荷公园[④]、江西广昌白莲研究所[⑤]、苏州农业科学院、中国科学院武汉植物园、南京中山植物园、中国林业科学院亚热带林业研究所、北京师范大学、山东济南花卉苗木开发中心、山东济宁园林处、上海辰山植物园等。全国各地的园林花卉大型知名企业有浙江人文园林股份有限公司、南京艺莲苑花卉有限公司、重庆大足雅美佳水生花卉有限公司、江苏盐城爱莲苑水生花卉有限公司、广东佛山三水荷花世界、山东青岛中华睡莲世界、河北廊坊莲韵苑水生花卉研究所、安徽临泉柳家花园、上海鲜花港水生花卉园等。

（三）荷花品种国际登录

花卉品种国际登录权是一种鉴别、判定花卉知识产权（或发现权、培育权）的母权，是现代花卉园艺产业中最重要的基础权利之一，新发现或新培育的观赏品种要经过国际园艺科学学会下属的命名和登录委员会批准，方能成为国际承认的新品种，被称之花卉植物的"国际身份证"。在 2005 年中国首届国际荷花学术研讨会上，国际睡莲水景园艺协会（International Waterlily & Water Gardening Society）莲属品种国际登录负责人维尔吉妮亚·海依斯（Virginia Hayes）女士宣读了《莲栽培品种国际登录》一文，文中提到"《中国荷花品种图志》两本书的作者王其超和张行言教授也同国际园艺学会联系，希望将他们书中的所有品种进行登录"。前述三部荷志中所记载的品种，随后拥有了自己合格的"身份证"[⑥]。

2010 年，总部设在美国的国际睡莲水景园艺协会（IWGS）受国际园艺

① 周云龙，李鹏飞，谢克强，等. 离子注入莲种子诱变培育新品种的研究[J]. 农业科技与信息，2014(9)：7-14.

② 谢克强，张香莲，杨良波，等. 白莲的离子注入诱变育种试验研究[J]. 江西园艺，2004(6)：80-82.

③ 张行言，王其超. 中国荷花新品种图志Ⅰ[M]. 北京：中国林业出版社，2011：62-257.

④ 唐宇力. 杭州西湖荷花新品种图志[M]. 杭州：浙江科技出版社，2017：63-119.

⑤ 胡鑫，丁跃生，金奇江，等. 观赏荷花新品种'首领'[J]. 园艺学报，2017，44(7)：1425-1426.

⑥ 李尚志. 读《中国荷花品种图志》有感[J]. 中国园林，2008(5)：82-87.

科学学会（ISHS）委托，正式任命中国科学院华南植物园田代科博士为莲属（Nelumbo）植物栽培品种国际登录负责人。后田代科调至上海辰山植物园工作，莲属植物栽培品种国际登录也随之迁往上海辰山植物园。

（四）荷花品种分类

20 世纪 60 年代初，著名园艺学家、资深工程院院士陈俊愉教授和周家琪教授首创观赏植物二元分类法。此后，陈俊愉在梅花品种分类研究中反复验证，不断修正，积 30 年的经验，证明二元分类法是一个融科学性与实用性于一体的适用于多种观赏植物的品种分类方法。20 世纪 80 年代以来，该法先后被荷花、桃花、紫薇、菊花、山茶、榆叶梅等花卉中进行品种分类的研究者所采纳，在园艺界影响日益扩大。

关于荷花品种分类问题，通过长期研究的总结，王其超等人遵循观赏植物二元分类法的原理提出“种和种型是荷花品种分类的前提”“品种分类应反映品种演化趋势为主、联系实用为辅”“以相对重要性状为基础”等三项基本原则。根据以上三项原则，确立了四级分类标准。第一级：确认种源组成，即首先区别荷花花莲的品种群与美洲黄莲及其种间杂种的品种群。第二级：品种的体型大小（花径大小与体型大小成正相关）。第三级：重瓣性。雄蕊最先瓣化，其演化次序为少瓣→复瓣→重瓣，然后雌蕊心皮瓣化，出现重台型，雌雄蕊全部瓣化，花托消失，才有千瓣型。第四级：花色。红色为原始色，粉红、白、绿白、黄绿较进化，而间色最进化[①]。

根据三项荷花品种分类原则和四级品种分类标准，中国科学家们制定了中国荷花品种分类体系。此体系仅就花莲而言，不包括子莲和藕莲。按二元四级分类原理，中国荷花可分为 3 系、6 群、14 类、40 型。

（五）花莲栽培管理

花莲的栽培技术及栽培管理，如陈俊愉、刘师汉等编的《园林花卉》，陈俊愉、程绪珂主编的《中国花经》等均有涉及，但描述不够全面。由王其超、张行言编著的《荷花》对花莲的形态特征、生态习性、繁殖方法、栽培管理等作了较全面的陈述；他俩又于 1999 年合作编写了第二版《荷花》，在第一版的基础上，更加丰富充实了栽培技术，指出荷花的反季节生产较为突出。20 世纪末由中国

---

① 王其超，张行言，胡春根．荷花品种分类新系统．武汉植物学研究[J]，1997，15(1)：19–26.

科学院武汉植物研究所编著的《中国莲》、邹秀文编著的《中国荷花》等著作中也记述了花莲的栽培及管理。2015 年 5 月农业部（现为农业农村部）发布了《植物新品种特异性、一致性和稳定性测试指南　莲属》农业行业标准。①

1999 年 12 月正逢澳门回归祖国，因澳门特别行政区的区旗区徽上有荷花图案，深圳市洪湖公园、佛山市三水荷花世界及珠海市农业科学院选送 3000 多盆（缸）荷花到澳门共襄盛会，由笔者负责养护且布置会场。“1999 年 10 月，为配合反季节莲花的生长环境，澳门临时特别行政区莲艺文化协会在妈阁火水巷 1 号地段建造了四个临时温室，邀请深圳市洪湖公园李尚志研究员来澳门三个星期，协助及指导临时温室功能提升，以达到最佳效果。”②

二、藕莲

（一）藕莲种质资源

1978 年全国科学大会结束后，各地的藕莲研究工作逐步恢复生机。武汉市蔬菜科学研究所、中国科学院武汉植物研究所、扬州大学农学院等院所对藕莲进行了品种资源调查。20 世纪 80 年代初期，孔庆东以战略家的眼光开展藕莲等水生蔬菜种质资源搜集、保存及研究工作，并创建国家种质武汉水生蔬菜资源圃，主编《中国水生蔬菜品种资源》，为我国藕莲等水生蔬菜产业的发展作出重要贡献。倪学明带领的研究团队对全国藕莲品种种质资源进行考察后，在其主编的《中国莲》一书中，对数十个藕莲品种的形态特征、品种特性及营养成分等作了描述。

进入 21 世纪，在全国藕莲种质资源研究方面，柯卫东研究团队的贡献十分突出，参加创建和发展国家种质武汉藕莲等水生蔬菜资源圃，使之成为全国水生蔬菜学术与产业发展的主要平台，先后获得国家科技进步二等奖、省市科技进步一等奖等科技成果奖 10 多项。柯卫东为国家藕莲等水生蔬菜研究领域的首席专家，农业部“948”项目首席专家，国家种质（武汉）藕莲等水生蔬菜资源圃、

① 李尚志，刘水，黄东光，等. 植物新品种特异性、一致性和稳定性测试指南　莲属（NY/T2756-2015）[S]. 北京：中国农业出版社，2015：1-13.

② 全国政协文史和学习委员会，澳门文史编辑委员会. 莲花绽放濠江巨变——澳门回归十五周年亲历记[M]. 北京：人民出版社，2014：100-106.

国家藕莲等水生蔬菜野外观测研究站主要负责人，他还是国家行业计划项目“水生蔬菜现代生产技术体系研究与建立”首席科学家。

据武汉大学莲藕中心利用分子标记 SRAP 技术对 17 个莲藕品种进行 DNA 多态性分析，表明它们之间存在遗传关系：一是亚洲莲与美洲莲之间有明显的差异；二是在亚洲莲内部，藕莲和花莲有明显的遗传分化，在花莲内部亚洲莲与美洲莲的杂交后代和其他花莲品种之间存在明显的差异；三是 SRAP 标记是做分子图谱的好标记，但很难区分遗传关系较近的品种①。汪岚等利用 ISSR 技术对 12 个莲藕品种进行 DNA 多态性分析，同样由 UPMGA 方法得到的聚类分析结果表明了 12 个品种间的亲缘关系，聚类结果与它们的系谱关系非常吻合②。浙江金华市农业科学研究院徐金晶、王凌云、郑寨生、张尚法等，对来自浙江省水生蔬菜种质资源圃 18 份不同地区的藕莲品种资源进行了特征特性考察和品质检测，结果表明，湖北藕莲品种资源与其他参试材料在农艺性状方面具有显著的差异，改良品种综合表现优于其他品种资源，但部分野生资源和地方品种品质性状优异，应重视并加以利用③。

（二）藕莲品种选育和栽培管理

自 20 世纪七八十年代开始，在搜集整理全国各地藕莲品种的同时，武汉市蔬菜研究所孔庆东研究团队陆续选育藕莲新品种。自 21 世纪初至今，柯卫东研究团队选育了许多优异的莲藕新品种，应用于市场。武汉市蔬菜科学研究所水生蔬菜研究室也选育有不少藕莲品种④。2004 年 8 月农业部发布了《莲藕栽培技术规程》，规定了莲藕产地环境技术条件和莲藕露地栽培、设施早熟栽培及节水设施栽培的基本方法⑤。有些莲藕产区也制定了各自的规程或标准，如湖南省农业厅组织制定湖南省农业技术规程《早熟菜藕栽培技术规程》⑥，安徽省铜陵市制定《无

---

① 刘月光，滕永勇，潘辰，等．应用SRAP标记对莲藕资源的聚类分析[J]．氨基酸和生物资源，2006，28(1)：29-32.

② 汪岚，韩延闯，彭欲率，等．ISSR标记技术在莲藕遗传研究中的运用[J]．氨基酸和生物资源，2004，26(3)：20-22.

③ 徐金晶，王凌云，郑寨生，等．18份藕莲品种资源特征特性与品质研究[J]．现代农业科技，2015(17)：115-116.

④ 柯卫东，刘义满，黄新芳，等．莲藕新品种03-12．长江蔬菜，2007(12)：10-11.

⑤ 操尚学，柯卫东，张纯军，等．莲藕栽培技术规程[S]．中华人民共和国农业行业标准(NY/T 837-2004)，2004.

⑥ 袁祖华，杨晓，童辉，等．早熟菜藕栽培技术规程．长江蔬菜，2015(22)：138-139.

公害莲藕栽培技术规程》[1]，江苏省大丰市（现为盐城市大丰区）制定《浅水藕无公害栽培技术规程》[2]等。当前全国各地的莲藕栽培技术与管理逐步实行规范化和标准化。湖北武汉蔡甸区是全国最大的莲藕生产基地，近十多年来，通过产业结构调整，莲藕种植已从湖泊发展到农田中，2016 年蔡甸莲藕栽培系统被农业部收录为农业文化遗产[3]。

三、子莲

（一）子莲种质资源

自改革开放以来，随着我国花莲、藕莲产业的迅速发展，子莲的种质资源研究工作也相继开展。各地对子莲资源进行了调查、整理、保护等措施。湖南的湘莲产地较多，品种名称不一。据调查整理和引种观察鉴定，湖南现有 8 个子莲栽培品种，此外，还有两个野生资源，说明湘莲的品种资源十分丰富[4]。20 世纪 90 年代，随着市场的需求，农业产业结构调整，我国子莲生产面积迅速扩大[5]。过去不种子莲的河南信阳、广东韶关、山东微山湖也开始大面积引种子莲。

在保护子莲品种资源方面，浙江地方政府的种质资源保护工作十分显著。如浙江丽水地区的处州白莲是当地传统特色子莲品种，具有粒大而圆、饱满、色白、肉绵、味甘五大特点，历史上一度处于濒危边缘。21 世纪初，在浙江农业部门的大力支持下，处州白莲被列入省级种质资源保护项目[6]。近年来，各地科研院所如武汉市蔬菜科学研究所、福建建宁县莲子科学研究所、福建农林大学园艺学院植物生物工程研究所、江西广昌县白莲科学研究所、湖南农科院园艺研究所、湖南农业大学园艺园林学院等对子莲种质遗传资源也做了大量的研究工作。

（二）子莲品种选育和栽培管理

我国的子莲品种丰富，地方品种也较多。在我国子莲育种方面，湖北省水产

① 林泉．无公害莲藕生产技术规程[J]．农业知识，2013(28)：14-15.
② 王爱梅．浅水藕无公害栽培技术规程[J]．现代农业科技，2008(3)：33-33.
③ 李茂年，朱汉桥，刘立军，等．蔡甸莲藕标准化栽培技术[J]．中国蔬菜，2017(9)：84-86.
④ 杨继儒．湖南子莲的品种资源[J]．作物品种资源，1987(4)：50-51.
⑤ 鲁运江．我国子莲生产现状、问题及发展对策[J]．蔬菜，2001(4)：4-6.
⑥ 郑亚伟，纪正鸿，余俞乐．处州白莲种质资源保护项目通过验收[N]．丽水日报，2010-07-05(2).

科学研究所、湖南省农科院园艺研究所、江西省广昌县白莲科学研究所、福建省建宁县莲子科学研究所选育出子莲新品种多个[①]。除传统的人工杂交及诱变育种外，20 世纪 90 年代江西广昌县白莲科学研究所率先开展航天搭载和离子注射育种试验，为子莲育种提供了新的育种手段，目前已在江西大面积推广，并辐射到湖北、江苏、福建等省[②]。2009 年武汉市蔬菜科学研究所制定的地方标准《无公害子莲栽培技术规程》（DB4201/T388–2009），对子莲大田栽培技术做了科学的规范化设计[③]。2014 年福建省质量技术监督局也发布了《子莲种藕繁育技术规范》（DB 35/T 1457–2014）地方标准[④]。

第八节　生态景观：荷花与园林应用

1978 年全国科学大会召开后，国家建委就提出十年园林绿化科技发展规划，并颁发《园林城市标准》。各级政府也把园林绿化列入国民经济和社会发展计划及政府的主要议事日程，增加相关的土地（包括湖泊湿沼）和资金投入，运用多种造园艺术手法，增加城市园林的文化内涵。整体上，这一时期的园林建设勇于创新、融贯中西、博采众长，进一步提高了园林设计水平。自 20 世纪 80 年代以来，荷花在园林水景中的应用越来越广泛，尤其是全国荷花展览会的举办有力地推动了各地荷花造景活动。

一、景观类型

（一）国家湿地或莲产区的荷景

20 世纪末至 21 世纪初，产生了一种以农业生态旅游为目的的新型生产经营

---

① 柯卫东，李峰，刘玉平，等. 我国莲资源及育种研究综述 · 下[J]. 长江蔬菜，2003(5)：5–8.

② 谢克强，徐金星，张香莲，等，白莲航天诱变育种研究[J]. 长江蔬菜，2001(增刊)：75–79.

③ 刘义满，柯卫东，朱红莲，等. 武汉地区无公害籽莲栽培技术规程[J]. 长江蔬菜，2011(3)：16–17.

④ 吴景栋. “子莲种藕繁育技术规范”解析[J]. 中国园艺文摘，2015(1)：161–162.

形式，如各地的荷花文化节、莲藕节等，利用莲藕、子莲产区或成片的荷花湿地等优势开发农业生态旅游项目。

荷花湿地景观有多种形式：一是原生态荷花湿地，有山东微山湖、河北白洋淀、湖北洪湖、湖南洞庭湖、宁夏鸣翠湖等；二是各地的莲藕产区，有湖北孝感、武汉蔡甸，江苏金湖、宝应等；三是各地的子莲产区，有江西广昌白莲产区、湖南湘潭湘莲产区、福建建宁建莲产区等（图 8-8-1 至图 8-8-3）。

图 8-8-1　山东微山湖荷花湿地景观（骆晓雷摄）

图 8-8-2　江苏金湖莲藕产区景观（李尚志摄）

图 8-8-3　湖南湘潭湘莲产区景观（李尚志摄）

（二）城市公园或风景区的荷景

随着创办国家园林城市及全国荷花展览会的影响，许多城市的园林部门利用本地的滞洪区、湖泊、湿沼、水库、荒废稻田等大量种植荷花。如西安曲江遗址公园、大唐芙蓉园，南京玄武湖公园、莫愁湖公园，武汉解放公园，成都桂湖公园等。有的在原遗址上恢复往日荷花景观；也有的在原基础上进一步扩大荷花面积，以修复水体质量，改善生态环境，为周边居民提供一个优雅的休憩、游乐、健身场所。在这一方面，广东地区做得比较突出，如深圳洪湖公园利用滞洪区种植荷花，修复生态的效果显著；东莞莲湖公园年年举办荷花文化节；广州番禺莲花山旅游区利用山体地势条件，筑建水池种植荷花和热带睡莲形成特色；佛山三水荷花世界景区将千余亩荒废水稻田种上荷花，成为远近闻名的赏荷景区（图 8-8-4）。

图 8-8-4　深圳洪湖公园由滞洪区改造形成的荷景（李尚志摄）

（三）展览会或荷花节之小景

自 1987 年在济南举办第一届全国性荷花展览会以来，现代荷花节至今已有 30 多年的历史。在办好荷展的过程中，举办方均设计且创作出意境各异、景致盎然的园林小品。小品规模有大有小，一平方米至数平方米不等，有临时性的也有永久性的，反映了地方特色及文化背景（图 8–8–5）。

图 8–8–5　苏州拙政园举办第二十三届全国荷展时创作的园林小景（李尚志摄）

（四）缸栽（或碗莲）荷花欣赏

缸栽荷花（或者碗莲）欣赏，是我国数千年传承下来的一种清赏项目。如今缸栽荷花之发展盛于历史上任何朝代。缸栽荷花（或者碗莲）可让人们近距离地观其姿与色，闻其香与味，而体验出个中的韵致。

盆荷的大小有差别。就容器而言，大者可见广东东莞桥头镇特制的玻璃钢盆，其口径达 3 米有余，盆高约 1.3 米；小者见于我们日常所用的饭碗（故名碗莲）；此外，当下还流行一种以盅（或酒杯）为容器的微型栽培，蕾如钱币，一叶一花，玲珑秀丽（图 8–8–6、图 8–8–7）。

图 8-8-6　东莞莲湖公园的超大型盆荷景观（李尚志摄）

图 8-8-7　深圳洪湖公园的微型荷景（唐桂生摄）

二、造景手法

在园林水景中，荷花景观和其他园林植物景观一样，必须具备科学性与艺术性两方面的统一，既满足荷花与环境在生态适应性上的统一，又要通过艺术构图原理，体现出荷花个体和群体的形式美，以及人们在赏荷的过程中所产生的意境美。荷花景观是有生命的，在构图设计时，应该考虑其生命周期与季相的变化，使其与建筑、雕塑、动物及岸边植物相配合。因而，荷花造景艺术的表现，同样运用园林造景的手法及遵循美学的原则，充分发挥荷花及组景的乔木、灌木、水生植物本身的形体、线条、色彩等自然之美，以满足自然环境各种功能和审美的要求，创造出生机盎然的园林意境和优美亮丽的荷花景观。笔者曾在《水生植物造景艺术》中陈述“水生植物造景手法”①，在这里本着园林造景应遵循美学的原则，再结合荷花景观实例进行综述。

多样统一性　多样与统一是植物造景的基本原则。荷花造景对统一原理的运用，主要体现在荷花的姿形、体量、色彩、线条等方面，要具有一定的相似性或一致性，给人以统一之感。凡是种植成片的同一荷花品种，最易形成统一的气氛，如山东滕州微山湖红荷湿地、河北白洋淀荷花湿地、湖北洪湖荷花湿地、湖南洞庭湖荷花湿地、宁夏银川鸣翠湖荷花湿地等。

多样性则表现在要利用不同的品种形态差异及轮廓线的变化，创造和谐而又富有变化的荷花景观。如中国荷花研究中心及广东佛山三水荷花世界的荷花专类

① 李尚志．水生植物造景艺术［M］．北京：中国林业出版社，2000：23-34.

园等，在同一园内筑池种植数百个株型不一、花色各异的品种，在池与池之间可将白、红、粉、黄、复色的荷花品种交错栽种。还有深圳洪湖公园莲香湖植有两个红白荷花品种，数年后这两个品种互相渗透、扩展（图 8-8-8、图 8-8-9）。

图 8-8-8　荷花专类园内五彩缤纷（李尚志摄于武汉东西湖）

图 8-8-9　“红白荷花共塘开”，反映统一中有变化（李尚志摄于深圳洪湖公园）

协调对比性　在大自然中，许多植物体存在着一定的比例协调关系。在造景过程中，应注意使荷花与岸畔不同种类植物体之间，建立起和谐的比例关系。这些配植方式在各地均有许多成功的实例，如北京北海公园的荷柳组合、上海古猗园的荷竹搭配等（图 8-8-10、图 8-8-11）。荷花造景还可以用民宅、桥梁、雕塑、园林石，甚至喷泉、天空、白云等来映衬，通过形态色彩对比或环境中的明暗度，强调某一特定的空间，加强人们对这一景点的印象。如苏州荷塘月色湿地公园的荷花景观，凭借远处一座座白墙黛瓦为背景，与大片的荷花、水面等相互映衬，显得格外醒目。整个景观形成开与合、明与暗、水平与垂直方向上的对比，且共融于自然景色之中，从而达到和谐的统一（图 8–8–12）。

图 8-8-10　荷柳组合（李尚志摄于北京大观园）

图 8-8-11　荷竹搭配（李尚志摄于上海古猗园）

图 8-8-12　以一座座白墙黛瓦为背景，形成开合、明暗等上的对比，使荷景达到和谐统一（李尚志摄于苏州荷塘月色湿地公园）

对称均衡性　均衡即平衡和稳定，对称是最简单的均衡，给人一种平衡、整齐、稳定的感觉。每年各地举行的荷花文化节，有些摆放盆荷或创作的园林小景，常采用对称均衡的布局，尤其是建筑两侧摆放对称式盆荷，既给人以整齐划一、井然有序的秩序美，又创造出欢快、舒适、优雅的环境气氛。但均衡也有不对称均衡，我国传统的造园艺术常运用不对称均衡的布局，利用植物体量、质地、色彩差异组合造景，创造生动活泼、丰富多样、意境深邃的植物景观，师法自然又高于自然（图 8–8–13、图 8–8–14）。

图 8-8-13　对称均衡荷景（李尚志摄于杭州西湖）

图 8-8-14　不对称均衡荷景（李尚志摄于苏州拙政园）

节奏韵律美　节奏普遍存在于大自然和人类生活中，韵律是节奏的较高级形态，是不同的节奏和序列的巧妙结合。荷景也有节奏和韵律感。在荷花的盛花时节，花叶由大到小，高低错落，排列有序，韵律节奏变化轻快明了，情趣盎然（图 8-8-15、图 8-8-16）。运用荷花的色彩、线条及形态与岸上植物进行配植，也会产生各种不同的韵律美。如杭州民谣云："西湖景致六吊桥，一株杨柳一株桃。"[①] 阳春三月的苏堤，桃红柳绿之间活泼跳动着"交替韵律"，与湖上的新荷相映，极富韵律美。

① 杭州市文化局. 杭州的传说[M]. 上海：上海文艺出版社，1980：30.

图 8-8-15 荷叶上的水珠
（李尚志摄于杭州西湖）

图 8-8-16 节奏韵律美
（李尚志摄于深圳洪湖公园）

荷花的意境美 在园林造景中，运用植物的总体布局、空间组合、体形线条、比例、色彩、质感等造型艺术语言构成特殊的艺术形象，使人们产生联想和回味，由此流露出丰富的精神内涵，是为意境美。荷花“出淤泥而不染”，展示出作为“花中君子”之气质，可见其品格。在荷花造景中，有柳的搭配，也有竹的组合。柳表达离情别意，竹则为高雅、纯洁、虚心、有节、刚直的精神文化象征。由荷、柳、竹组合的景致，给人许多的联想，是一种审美的享受。

我国园林构景的基本手法，有借景、添景、框景、漏景、对景、抑景、障景等，其手法因园林性质、规模等因地制宜、因时制宜。如深圳洪湖公园荷景远借山峦、邻借高楼群、俯借虹桥，来映托荷花湿地的气氛，构成园外有园、景外有景的效果（图 8-8-17）。广东东莞桥头镇莲湖荷景，在前景的莲湖南岸到后景的山塔之间添置建筑群和绿岛，使荷景画面显得空间层次丰富、和谐自然（图 8-8-18）。

图 8-8-17 借景（李尚志摄于深圳洪湖公园）

图 8-8-18　添景（李尚志摄于东莞桥头莲湖）

苏州拙政园西部长廊上的半亭隔着清香飘逸的荷池，与东端的“梧竹幽居”景点及倚虹亭遥遥相望，且透过亭窗，可将“人来间花影，衣渡得荷香”之秀色映入眼帘。在杭州西湖，从“曲院风荷”景点傍水古轩之窗，游人可凭窗将湖上景物收入眼底（图 8-8-19、图 8-8-20）。深圳洪湖公园通过漏窗、漏墙等，将其内外的美景组合，构建一种若隐若现、雅致迷离的景致（图 8-8-21）。

图 8-8-19　框景之一
（李尚志摄于苏州拙政园）

图 8-8-20　框景之二
（李尚志摄于杭州西湖曲院风荷）

图 8-8-21　漏景（李尚志摄于深圳洪湖公园）

荷花造景少不了园林建筑物的配合，以满足游人休憩和赏景的双重需要。荷花造景要做到荷花与建筑物在体量、比例方面相协调，使其主题明朗、意境深远，让人从中体会到荷景美和园林建筑的构造美。如杭州西湖曲院风荷的曲桥，将水面划分为两块。游人漫步曲桥上，有如荷中行，人倚花姿，花映人面，花人两相恋；阵阵清风徐来，荷香飘逸，沁人心脾，忧虑顿无（图 8–8–22）。广东佛山三水荷花世界的建筑群与大面积的荷花互衬互映，使荷景更显壮观，建筑群亦感雄伟气魄，达到互补的效果（图 8–8–23）；园内塑有荷花仙女，仿古代飞天形象，右手托莲花，肩披浣纱，从硕大荷花瓣中斜身而出（图 8–8–24）。

图 8–8–22　桥的组景效果（杭州厚厚提供）

图 8–8–23　建筑群与荷景（李尚志摄于佛山三水荷花世界）

图 8-8-24　飞天式荷花仙女（李尚志摄于佛山三水荷花世界）

荷花所生活的环境，离不开鸟、鱼、蛙、虫等动物的活动。荷花为鸟、鱼等提供了栖息的场所，而鸟和鱼的粪便也为荷花提供了营养物质；同时昆虫也为荷花传播了花粉。自然界中动植物互相依赖、共同生存的方式，形成了一个有序的生态环境。于是，人们师法自然，模仿自然，在荷池中放养水禽、鱼类，为荷景增添活力和野趣（图 8-8-25、图 8-8-26）。

图 8-8-25　荷池中成群的䴙䴘
（李尚志摄于深圳洪湖公园）

图 8-8-26　荷间红鳞出没
（李尚志摄于苏州拙政园）

三、园林景题与荷景

无论亭台楼阁，还是桥头石旁，往往能看到荷花的景题、楹联或石刻，引导游人在赏荷时增添丰富的想象空间。有关荷花的景题、楹联及石刻，文化悠久，内涵丰富，见于全国各地的风景名胜。

苏州拙政园是江南赏荷名胜，园中多处有关于荷花的匾额，如“荷风四面”“远香堂”等（图 8–8–27）。苏州怡园北面主厅悬“藕香榭”匾额，亦名荷花厅。无锡愚公谷的荷轩，轩名由当代著名画家吴作人所书。江西庐山爱莲池也有“爱莲轩”匾额（图 8–8–28）。济南大明湖北岸有一“雨荷亭”，亭的外院挂有“听荷”匾额。成都桂湖公园以夏荷秋桂为特色，故存“荷桂留香”景题。深圳洪湖公园的“清涟”匾额，出自《爱莲说》中“濯清涟而不妖”之句（图 8–8–29）。景题与荷景互为映衬，其意境深邃，文化内涵丰富，别饶情趣。

图 8–8–27 “荷风四面”匾额
（李尚志摄于苏州拙政园）

图 8–8–28 “爱莲轩”匾额
（李尚志摄于江西庐山市）

图 8–8–29 “清涟”匾额（李尚志摄于深圳洪湖公园）

楹联是由两个工整对偶语句所构成的独立篇章，是我国特有的文学形式之一。在我国南北各地赏荷景点中，荷花楹联甚多。如济南大明湖历下亭名士轩楹联

“杨柳春风万方极乐，芙蕖秋月一片大明”；铁公祠西门两侧楹联“四面荷花三面柳，一城山色半城湖”；藕神祠楹联“是也非耶，水中仙子荷花影；归去来兮，宋代词宗才女魂”。成都桂湖公园升庵祠廊柱楹联“人来蕊桂香飘里，祠在荷花水影中”（图 8–8–30、图 8–8–31）。

图 8–8–30 “四面荷花三面柳，一城山色半城湖”
（李尚志摄于济南大明湖）

图 8–8–31 “人来蕊桂香飘里，祠在荷花水影中”
（李尚志摄于成都桂湖公园）

云南昆明大观楼长联，享誉海内外。上联为:“五百里滇池，奔来眼底，披襟岸帻，喜茫茫空阔无边。看东骧神骏，西翥灵仪，北走蜿蜒，南翔缟素。高人韵士，何妨选胜登临。趁蟹屿螺洲，梳裹就风鬟雾鬓；更蘋天苇地，点缀些翠羽丹霞，莫辜（原文为“孤”）负四围香稻，万顷晴沙，九夏芙蓉，三春杨柳。”下联为:“数千年往事，注到心头，把酒凌虚，叹滚滚英雄谁在。想汉习楼船，唐标铁柱，宋挥玉斧，元跨革囊。伟烈丰功，费尽移山心力。尽珠帘画栋，卷不及暮雨朝云；便断碣残碑，都付与苍烟落照。只赢得几杵疏钟，半江渔火，两行秋雁，一枕清霜。”这副长联由昆明人孙髯所撰。上联写滇池风物，似一篇滇池游记；下联述云南历史，似一篇读史随笔。全联 180 字，有如一篇有声、有色、有情的骈文，妙语如珠，诵之朗朗上口，联想丰富，感情充沛，一气呵成，被誉为“海内外第一长联”。为了体现出长联中“九夏芙蓉，三春杨柳”的景观，该景区特筑构“九夏芙蓉”石刻,引导游人观荷赏景（图 8–8–32）。深圳洪湖公园石刻“廉”之景，由《爱莲说》扩展而来，这种言外之意、弦外之音的意境会给人许多联想，而有清馨淡雅、流连忘返之感（图 8–8–33）。

图 8-8-32 “九夏芙蓉”石刻
（李尚志摄于昆明大观楼）

图 8-8-33 “廉”之石景
（李尚志摄于深圳洪湖公园）

四、荷花插花欣赏

改革开放后我国的插花艺术事业发展迅速。从全国花卉协会到地方，各级花卉协会纷纷组建相关的插花花艺组织；有条件的院校相继设立插花花艺专业，或成立插花花艺学校培育人才，且涌现一批插花花艺大师，培养后起之秀；每年的全国荷花展览会及各地荷花节大多举办荷花插花花艺比赛，成绩显著；有关插花花艺的学术交流频繁，活动丰富，大量出版各类插花花艺书籍或教材，使得整个插花花艺行业呈现欣欣向荣的景象。近年来，中国花协荷花分会与各地政府联合举行全国荷花展览会的同时，也举办荷花插花比赛，来自全国各地的参赛选手，按各自准备的花材、造型花器，以巧妙构思创作出一件件设计新颖、意境深邃的作品（图 8–8–34 至图 8–8–37）。

图 8-8-34 第二十届全国荷展上的荷花插花作品
（李尚志摄于杭州西湖）

图 8-8-35 第二十三届全国荷展上的荷花插花作品（李尚志摄于苏州拙政园）

图 8-8-36　第三十届全国荷展上的荷花插花作品（李尚志摄于扬州瘦西湖）

图 8-8-37　第三十二届全国荷展上的荷花插花作品（李尚志摄于贵港园博园）

五、全国荷花展览会及地方荷花节

全国荷花展览会是荷花在园林中应用的一种集中展现。自 1987 年中国花卉协会荷花分会（其前身为中国花卉协会荷花科研协作组）在济南与地方政府联合举办第一届全国荷花展览会后，至今共举办了 34 届。依次是：

1987 年首届全国荷花展在山东济南大明湖举行。

1988 年第二届全国荷花展在湖北武汉东湖风景区举行。

1989 年第三届全国荷花展在北京市北海公园举行。

1990 年第四届全国荷花展在安徽合肥逍遥津公园举行。

1991 年第五届全国荷花展在上海人民公园举行。

1992 年第六届全国荷花展在四川成都举行。

1993 年第七届全国荷花展在浙江杭州曲院风荷公园举行。

1994 年第八届全国荷花展在山东济南举行。

1995 年第九届全国荷花展在广东深圳洪湖公园举行。

1996 年第十届全国荷花展在江苏苏州拙政园举行。

1997 年第十一届全国荷花展在河北承德避暑山庄举行。

1998 年第十二届全国荷花展在湖南衡阳西湖公园举行。

1999 年第十三届全国荷花展在广西桂林七星公园举行。

2000 年第十四届全国荷花展在澳门举行。

2001 年第十五届全国荷花展在广东三水荷花世界举行。

2002 年第十六届全国荷花展在云南昆明翠湖公园、大观园、普者黑风景区举行。

2003年第十七届全国荷花展在河北秦皇岛南戴河中华荷园举行。

2004年第十八届全国荷花展在江苏扬州瘦西湖公园举行。

2005年第十九届全国荷花展在北京莲花池、北京植物园、青岛三地先后举行。

2006年第二十届全国荷花展在浙江杭州西湖、广东东莞桥头两地先后举行。

2007年第二十一届全国荷花展在湖北武汉解放公园、辽宁大连普兰店两地先后举行。

2008年第二十二届全国荷花展在北京圆明园举行。

2009年第二十三届全国荷花展在江苏苏州拙政园、荷塘月色公园及澳门两地先后举行。

2010年第二十四届全国荷花展在安徽合肥植物园举行。

2011年第二十五届全国荷花展在重庆大足举行。

2012年第二十六届全国荷花展在上海古猗园举行。

2013年第二十七届全国荷花展在广东东莞桥头和江西莲花两地先后举行。

2014年第二十八届全国荷花展在江苏金湖和辽宁铁岭两地先后举行。

2015年第二十九届全国荷花展在台湾举行。

2016年第三十届全国荷花展在江苏扬州瘦西湖举行。

2017年第三十一届全国荷花展在云南昆明民族大观园和四川遂宁两地先后举行。

2018年第三十二届全国荷花展在广西贵港举行。

2019年第三十三届全国荷花展在澳门举行。

2020年第三十四届全国荷花展在广东广州番禺莲花山举行。

全国荷花展览会在举办城市集中展示荷花新品种、荷花景观（包括荷花自然湿地、各类荷花小品、插花、摆花等）、荷文化（包括荷文化长廊、荷花摄影、荷花绘画、荷花书法、荷花工艺品等）、颂荷文艺表演（包括朗诵、唱歌、舞蹈、音乐会、情景剧等），以及各种荷花美食，可谓内容丰富，场景壮观。

（一）全国荷花展览会的创办缘起

一是中华人民共和国成立后荷花产业的兴起要晚于其他名花，人们认知荷花还不够普遍，举办荷花展览具有新鲜感；二是荷花盛开于少花的夏季，其群体花期长，从栽培到荷花展出只需 60 ～ 75 天，使从未种过荷花的地方，只要有胆识、认真对待，首次引种、当年办展也会成功，从而可提高主办、承办单位的知名度；三是举办全国性荷花展览，承办单位能聚集来自全国的优良荷花品种，购置一批种荷容器，还可培训一支种荷的技术队伍，待全国荷花展览结束后，保留下的荷花品种和容器可供每年自行举行荷花展览或荷花节；四是参加展览的外单位积极配合，如将展品（藕秧）送到承办单位代培植，展出时悬挂参展单位的牌位，既省心、省事、省钱，又宣传了参展单位的形象，故各地均乐于参展；五是由中国花协荷花分会组织主办全国性荷花展览，能较集中且有效地宣传、普及、弘扬荷文化，促进中国荷花事业的发展及荷文化的繁荣①。

（二）全国荷花展览会的承办条件

申报城市在上一届全国荷花展览会上提交申请报告，陈述申报全国荷花展览的理由、基本概况及条件。中国花协荷花分会组织相关人员赴申报城市进行实地考察其是否达到举办全国荷花展览的要求。如果达到举办全国荷展的条件，需要向中国花卉协会申报批准；经中国花卉协会讨论决定后，再下文通知荷花分会，确定申报城市获得举办权。获得举办权后，申报城市政府部门与中国花卉协会荷花分会双方签订协议，按期举办全国荷花展览会。倘若申报城市提交申请报告，考察后认为举办全国荷展的客观条件尚不成熟，便告知申报城市需要进一步地努力创造条件。如果当年一众申报城市中有两座或三座城市都具备了举办的条件，那就破例，一届荷展在两座城市同时举办，或者先后举办。如 2005 年第十九届全国荷花展在北京莲花池、北京植物园和山东青岛崂山同时举行；而 2007 年第二十一届全国荷花展在湖北武汉解放公园、辽宁普兰店先后举行等。

（三）全国各地荷花节

近年来，在举办全国荷花展览会的同时，各地有条件的地方均年年举办荷花节或荷花文化节，或荷花艺术节，或莲藕节，或红荷湿地节，等等，其形式各种各样，丰富多彩。据粗略估计，每年全国各地举行的地方荷花节有近百场次，这也是其他名花所不及的。

地方荷花节与全国性荷展有所不同。地方荷花节主要是利用现有自然资源，如武汉蔡甸、江苏金湖等，利用百亩莲田作为资源举行莲藕节或荷花节；湖南湘

① 张行言，王其超．荷花[M]．上海：上海科技出版社．1998：135-139.

潭、江西广昌、福建建宁则以百亩子莲为资源举行荷花节；湖北洪湖、山东滕州等也以数百或千余顷荷花湿地作为旅游资源，活动成本低廉，所获取的效果良好。再如广州番禺莲花山旅游区年年举办莲花艺术节，在人们心中已可称得上华南地区著名的赏荷胜地。

第九节　继往开来：荷花产业兴起与企业发展

20世纪80年代末至90年代初，我国园林绿化事业迅速发展，当时荷花的种植以武汉、杭州等城市为中心，此后，浙江、江苏、广东、重庆、河北、广西等地的荷花产业也随之兴起。据不完全统计，全国各地以荷花（包括从事莲藕专业合作社）为主体的各类大小企业达200余家。按企业性质分为国有和私营两类，国有企业有广州番禺莲花山风景旅游区等少数企业；私营企业有浙江人文园林股份有限公司、武汉秀水生态工程有限公司、广西贵港华隆超市有限公司、河北廊坊莲韵苑水环境景观工程有限公司等近百家企业。依企业的经营模式等，则有有限公司、股份公司、合作社及淘宝店等。在这里需指出的是，有些公园如杭州西湖曲院风荷公园、北京莲花池公园、深圳洪湖公园等事业单位，其经营模式仍按企业的管理模式。从企业经营的范围看，有的主业为荷花，培育荷花新品种；有的以荷花为主业，兼营其他水生植物；有的以荷花为载体，承接各项园林水景或湿地工程；有的以荷花精神为企业之宗旨，经营荷花系列食饮商品；还有的以荷花优化地方环境，促进地方旅游业；等等。这些企业均经营有道，各具实力，为繁荣我国的荷花事业共同做出了贡献。

荷花产业的兴盛推动我国荷花事业的迅速发展，同时也促进了荷文化更加繁荣。改革开放的政策对荷花产业的发展起到推动作用，尤其是20世纪末至21世纪初，经营荷花（包括水生植物）的企业蓬勃兴起。以下对现有全国荷花企业所经营的模式、产生的效益等，作一简要分类和综述。

1. 以选育荷花新品种，保存荷花品种种质资源为主。如湖北武汉品荷园园艺有限公司、浙江杭州天景水生植物园有限公司、杭州西湖曲院风荷公园、江苏盐城爱莲水生花卉苑、南京艺莲苑花卉有限公司、北京莲花池公园、宁波莲苑生态农业有限公司、广州番禺莲花山旅游区、重庆大足雅美佳水生花卉有限公司等，每年运用各种选育手段，选育荷花新品种、保存荷花品种种质资源。其目的为销售荷花种藕，或莲子，或碗莲，或供游人观赏，或为园林水景提供布景材料。

2. 以种植和收集荷花、睡莲及水生植物为主，以满足承接各类园林水景或湿地工程的需求。如湖北武汉秀水生态工程有限公司、重庆大足雅美佳水生花卉有限公司、浙江杭州天景水生植物园有限公司、浙江伟达园林有限公司、宁波莲苑生态农业有限公司、河北廊坊莲韵苑水环境景观有限公司、安徽蚌埠韵莲苑景观园林有限公司、吉林长春吉美园林绿化工程有限公司、广东深圳铁汉生态环境股份有限公司等。

3. 以种植荷花、睡莲及水生植物为主，为游客提供观荷赏景、摄荷写生，以及食荷品鲜的场景（或旅游场所）。如广州番禺莲花山旅游区、重庆大足雅美佳水生花卉有限公司、江苏金湖荷花荡生态旅游有限公司、武汉后湖水乡荷花专业合作社、杭州天景水生植物园有限公司、湖南张家界荷花园生态旅游有限公司、宁波莲苑生态农业有限公司、广东佛山奇境文化投资有限公司、河北名品荷花园、深圳洪湖公园、杭州西湖曲院风荷公园、北京莲花池公园（凡种植荷花的公园均属此类）等。这一类企业的经济效益，源于门票或第三产业，而公园则强调社会效益和环境效益。

4. 经营莲藕的专业合作社在荷花企业中占有一定比例，以种植藕莲、掘藕及销售一条龙服务为主，也为游客提供观荷赏景、食荷品鲜的场景。如浙江诸暨山下湖康荣莲藕专业合作社、绍兴秋湖莲藕专业合作社、杭州湾里塘莲藕专业合作社、嘉兴秀洲区乐丰年莲藕专业合作社、象山光贤莲藕种植专业合作社、建德枫之岭莲藕专业合作社、乐清万荷园莲藕种植专业合作社、奉化丰和莲藕专业合作社、建德锦宏莲藕专业合作社、金华金孝荷花莲藕专业合作社、瑞安新先哥莲藕专业合作社，湖北武汉蔡甸区永新莲藕专业合作社、仙桃冯桥莲藕种植专业合作社、洪湖湖莲莲藕种植专业合作社、仙桃沙湖莲藕专业合作社、襄阳飘花莲藕专业合作社、监利仕洲莲藕种植专业合作社等。

5. 专营莲藕粉、莲子、荷叶茶、莲饮品等系列商品，这一类企业不计其数。但经营具有一定特色者，非广西贵港华隆超市有限公司莫属。华隆超市的企业文化，以荷品荷格为指引，“根植荷城，敬天爱人”。

6. 荷花淘宝店（微小型企业）以网络联系客户，出售碗莲、睡莲等一类的水生植物，以满足居民在家庭阳台或屋顶平台上种养。如湖南美丽莲花苑、南京艺

莲苑淘宝店、馨香荷花淘宝店等。

综合上述，荷花企业为获得良好的社会效益、环境效益和经济效益而努力探索，无论其经营模式如何，都可以弘扬和发展荷文化。如杭州湾里塘莲藕专业合作社为保证 G20 中国杭州峰会成功烹制杭州名菜“桂花糯米藕”和“叫花鸡”而提供优质的莲藕和荷叶，这是弘扬荷花的食饮文化；又如广西贵港华隆超市有限公司在销售荷花商品的同时，将门店及柜台以荷花或荷图装饰，加强荷文化氛围；而以旅游为主体的企业，如广东广州番禺莲花山旅游区、江苏金湖荷花荡生态旅游有限公司、湖北武汉后湖水乡荷花专业合作社、湖南张家界荷花园生态旅游有限公司等，均不断地发掘地方荷文化资源，以提升社会效益和环境效益，最终增加经济效益。可以说，弘扬荷文化是发展荷花事业的魂。

附 录

Appendixes

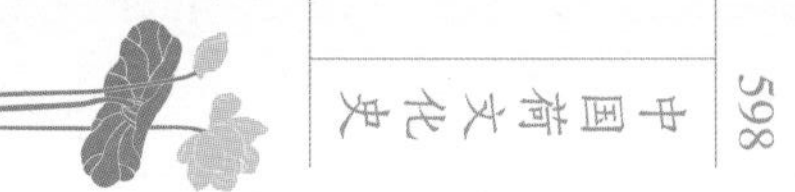

附录一：历代荷文化各领域名家

朝代	名家	领域	事例	备注
东周·吴	寿梦	园林造景	“夏驾湖，寿梦盛夏乘驾纳凉之处，凿湖池，置苑囿”。为我国最早帝王赏荷苑囿之所。	[宋]范成大《吴郡志》. 江苏古籍出版社，1986：531–532 姜光斗《以论北宋七绝能手杨备》. 无锡南洋学院学报 .2003.2（3）：75–78
南朝·梁	萧绎	园林造景	在其封地首邑江陵营建湘东苑，苑内“穿地构山，长数百丈，植莲蒲，缘岸杂以奇木”。……且筑有芙蓉堂；另作有《采莲曲》《乌栖曲》及《首夏泛天池诗》等多首莲诗	[宋]李昉等撰《太平御览·诸宫故事》. 中华书局，2010
南朝·陈	孙瑒	园林造景	在船上造园筑池植荷，“合十余船为一大舫，于中立池亭，植芰荷，良辰美景，宾僚毕集，泛长江置渌酒，亦一代之胜赏”	[唐]姚思廉《陈书》. 中华书局，1974
唐代	白居易	园林造景	白居易任苏州刺史时，曾将苏州白莲引到洛阳种植；也将庐山东林寺白莲引到长安种植。在其名篇《庐山草堂记》和《池上篇》中，倡导“荷竹组合”程式，堪称史上首位荷花造园之宗师	[清]曹寅等编《全唐诗》. 上海古籍出版社，1986
宋代	周敦颐	文学及园林造景	《爱莲说》问世，对后世影响极大；凿池植莲，筑“爱莲池”	周建华《〈爱莲说〉的创作地考论及其意蕴》. 南昌大学学报，2004.35（1）：36–39；梁绍辉《周敦颐评传》. 南京大学出版社，1994

（续表）

朝代	名家	领域	事例	备注
元代	胡助	园林造景	胡助《隐趣园记》云："隐趣园……壤地十数亩，坡阜联绵，松竹秀蔚，近可睡，远可憩，幽可规以为园。中有方池半亩许，植莲其内，名之曰君子池。地上间植青李、苿、檎、夭桃、红杏、芙蓉、杨柳，粲然成行，表曰春色。池左右植安石榴为洞，曰夏意。中植丹桂，作待月坛，坛之后，列海棠如步障，曰蜀锦屏。坛之前植山栀子，曰檐卜林。两傍夹以荼蘼棚，曰香雪壁。又植牡丹数本，甃石为台，曰天香台。结柏屏于后，回环砌石子为径，编竹为篱，种菊百数本，曰晚香径。东有松、竹、梅，结亭其间，曰岁寒。西有修竹涧泉，曰竹涧。余壤之沃者，杂树桑、麻、枣、栗、芋区蔬畦，亦成行列，绰有隐居之趣。"园中荷景之营造，并不亚于白居易《池上篇》中的荷景。在某种程度上，比《池上篇》的荷景更胜一筹	翁经方等编注《中国历代园林图文精选》第二辑．同济大学出版社，2005
	赵孟頫	园林造景	园主赵孟頫在浙江湖州建置别业"莲花庄"，园内筑有"松雪斋""大雅堂""集芳园""晓清阁""题山楼""鸥波亭"等，满园景色，四时各异。春醉桃柳，夏沁风荷，秋赏枫菊，冬观松竹，领略不尽，品味不竭。莲是莲花庄之本色，现代著名书法家赵朴初在松雪斋曾撰联："儒雅风流，一时二妙兼三绝；江山故里，青盖碧波拥白莲。"	陈丛周主编《中国园林鉴赏辞典》．华东师范大学出版社，2001：136–138
明代	文徵明	园林造景	园主王献臣建园时，曾邀请"吴中四才子"文徵明为其设计绘图。拙政园造景因地制宜，以水植荷见长。据文徵明《王氏拙政园记》记载，园内别疏小沼，植莲其中，曰"水花池"。池上美竹千挺，可以纳凉，中为亭，曰"净深"。这充分反映园中利用多积水的优势，疏浚为池，植荷为景，形成其个性和特色	赵厚均等编注《中国历代园林图文精选》第三辑．同济大学出版社，2005：159–162

（续表）

朝代	名家	领域	事例	备注
明代	计成	园林造景	计成《园冶•立基》论述："曲曲一湾柳月，濯魄清波；遥遥十里荷风，递香幽室。"明末扬州名园影园声名远播，乃园主郑元勋邀请计成设计所建。据郑元勋《影园自记》述："堂在水一方，四面池，池尽荷，堂宽敞明亮，得交远翠。"不难看出，草堂宽敞而疏朗，四面环境优雅，景色秀丽，坐在室内，框室外山影、水影、柳影、荷影于一景	杨光辉编注《中国历代园林图文精选》第四辑，同济大学出版社，2006
	文震亨	园林造景	文震亨在《长物志•广池》中论述："于岸侧植藕花，削竹为栏，勿令蔓衍。忌荷叶满池，不见水色。"可见，荷叶满池，无层次感；不见水色，观赏不到倒映，这是园林人最忌讳的事，也是现代园林水景中强调留白的手法	［明］文震亨著，陈植校注《长物志校注》，江苏科学技术出版社，1984
	袁宏道	花艺	袁宏道《瓶史•品第》述，"莲花碧台锦边为上"；《器具》云，"然花形自有大小，如牡丹、芍药、莲花，形质既大，不在此限"；《洗沐》云，"浴莲宜娇媚妾……标格既称，神彩自发，花之性命可延，宁独滋其光润也哉"；《使令》云，"莲花以山矾、玉簪为婢，木樨以芙蓉为婢，菊以黄白山茶、秋海棠为婢，蜡梅以水仙为婢。诸婢姿态，各盛一时，浓淡雅俗，亦有品评"。对荷花插花的品种、容器以及对插花的花材搭配等均进行了详细论述	［明］袁宏道著，钱伯城笺校《袁宏道集笺校》，上海古籍出版社，2008：95–97
清代	蒲松龄	文学及栽培学	蒲松龄撰写的《农桑经》在山东淄川一带流传甚广，书中论述藕种、莲种处理、泥土质量、浇水施肥、病虫防治等，这些技术措施对今人种荷仍有参考价值；而《聊斋志异》中《寒月芙蕖》等篇章，则表现出对荷花文学形象的神异描写	［清］蒲松龄著．李长年校注《农桑经校注》．农业出版社，1982；［清］蒲松龄著．路大荒整理《蒲松龄集》．中华书局，1962

（续表）

朝代	名家	领域	事例	备注
清代	爱新觉罗・玄烨	园林造景	康熙《芝径云堤》诗吟："万机少暇出丹阙，乐山乐水好难歇。避暑漠北土脉肥，访问村老寻石碣。……因而乘骑阅河隈，弯弯曲曲满林樾。测量荒野阅水平，庄田勿动树勿发。自然天成地就势，不待人力假虚设。……命匠先开芝径堤，随山依水揉福奇。司农莫动帑金费，宁拙舍巧洽群黎。"叙述作者亲自骑马北巡承德，实地踏查选址，了解地形地貌及社会习俗，明确建园的设计思路。他为承德避暑山庄命名了"曲水荷香""香远益清"等荷景	王志民，王则远校注《康熙诗词集注》. 内蒙古人民出版社，1994
	爱新觉罗・胤禛	园林造景	圆明园乃康熙帝赐予雍正的花园，后雍正改为离宫御苑，不断增建，且利用沼泽湿地改造河渠，串缀着许多小型水体，植荷造景。据《日下旧闻考》载：在乾隆时期圆明园四十景中，有二十八景由雍正帝所题署，与荷文化有关景点有"濂溪乐处""曲院风荷"等	［清］于敏中等编纂《日下旧闻考》. 北京古籍出版社，1983
	爱新觉罗・弘历	园林造景	乾隆南巡后曾命画家董邦达绘制杭州《西湖图》长卷，并题诗以志其事，示以模仿西湖景观之意图。乾隆《万寿山即事》"面水背山地，明湖仿浙西。琳琅三竺宇，花柳六桥堤"，明确指出以昆明湖摹写杭州西湖的造园主旨	王鸿雁《略论清漪园造园的艺术风格》. 中国园林，2004，20（6）：29–32
	杨钟宝	园艺	中国古代首部荷花专著《瓨荷谱》问世，书中记载荷花品种 30 多个	赵诒琛编《艺海一勺》. 上海书店，1987
	沈正恂	工艺	制作脱胎漆器古铜色荷叶瓶，1904 年在美国圣路易斯博览会上荣获头等金牌	徐民《历史和现代的对接——清末漆器发展研究》. 南京艺术学院，2011：13

（续表）

朝代	名家	领域	事例	备注
中华民国	孙中山	政治	赠送莲子给日本朋友田中隆先生，后者之子田中隆敏将莲子托人培育成“孙文莲”。现在“孙文莲”成为中日两国民间友好的象征	［日］古幡光男《孫文蓮について》. みとり美術印刷株式会社，1994（平成6年）
	朱自清	文学	散文《荷塘月色》发表，影响后世	朱自清《荷塘月色》. 人民文学出版社，1990
中华人民共和国	齐白石	绘画	其写荷作品不计其数，如《荷塘翠鸟》《荷花鸳鸯》等，画面构图简洁，流露画家对日常生活情景的热爱和朴实深厚的人生体验，通过水墨和色彩把自己真挚的情感，质朴无华地熔铸于笔端	杨宏鹏等主编《历代名家画荷花》. 河南美术出版社，2015
	张大千	绘画	张大千爱画荷，也爱种荷。其写荷作品达100多幅，是近现代中国写荷最多的画家。通过与荷花朝夕相处，以其敏锐的观察力和高度的概括力，长期捕捉荷花的特征和瞬间的动态，然后用自己的审美感和艺术情趣，加以提炼、夸张，使之寓意深刻，生机勃勃。徐悲鸿称之为“为国人脸上增色”的“大千荷”	杨宏鹏等主编《历代名家画荷花》. 河南美术出版社，2015
	倪学明、孔庆东、王其超、黄国振等	荷花品种资源、品种栽培及选育	现代中国荷花事业发展的带头人，他们对藕莲、子莲、花莲的种质资源整理、新品种栽培与选育以及促进国内外荷花交流等方面作出了贡献。	中国科学院武汉植物研究所著《中国莲》. 中国科学出版社，1987 王其超等编著《中国荷花品种图志》. 中国建筑工业出版社，1989 孔庆东《中国水生蔬菜品种资源》. 中国农业出版社，2004 黄国振《黄色荷花新品种——‘友谊牡丹’莲的选育. 园艺学报，1987.14（2）：129－132

（续表）

朝代	名家	领域	事例	备注
中华人民共和国	季羡林	语言学	在印度传统文化研究和翻译方面（印度学、佛教学等），取得突出成就。研究印度佛教的同时，亦探讨莲与佛之渊源。翻译［印度］蚁垤《罗摩衍那》（共7卷，书中包括莲诗及莲的故事，人民文学出版社，1980—1984），季羡林先生获2008年度印度国家最高荣誉奖“莲花奖”	《语文教学与研究》2008（4）：2
	高占祥	摄影、文学	高占祥是世界桂冠诗人，特别喜爱荷花。他写有数百首荷诗，拍摄了近千幅荷花摄影作品，为弘扬发展我国荷文化事业做出很大贡献	高占祥《咏荷四百首》（诗集）. 海天出版社，1997;《清莲颂》（诗集）. 长春出版社，1998;《荷花魂》（摄影集）. 文化艺术出版社，1997

附录二：荷花品种名称（异名）索引

佛头莲
佛座莲
芙蓉莲
芙蓉奇葩

G

赣白莲
赣莲 61 号
高杆莲
广昌白莲
广昌百叶莲
观音莲
古代莲
姑苏佳人

H

孩儿莲
海南州藕
海鸥展翅
杭州白花藕
杭州大红
濠江月
荷塘情深
红边白心
红灯高照
红佛手
红海葵
红莲
红莲花
红千叶
红丝巾
红丝绢
红狮子
红台莲
红头荷
红碗莲
红舞
红舞妃
红衣义士
红映朱帘
红盏托珠
洪湖红莲
花莲
黄莲花
花藕
花下藕
花港水墨
花好月圆
黄葛晚姿
黄帅
花弄影
黄舞妃
花藕
花欲笑
湖莲
湖南泡
湖南泡子
花香藕
辉煌

J

佳都
佳丽
奖杯
监利湖藕
建选 17 号
尖嘴红花
娇红
娇容三变
娇容碗莲
娇容醉杯
嘉鱼红莲
嘉鱼藕
嘉兴大红
姬美
拘牟陀花
金边莲
锦边莲
金碧留香
金翠牡丹
金叠玉
京广 2 号
惊鸿
惊鸿舞
济宁小酌
金莲
金陵女神
金盘承露
金如意
金镶玉印
九溪红
锦衣卫
俊愉凝丹
巨人
巨无霸

K

空顶朝冠

L

浪漫女孩
莲斗大
莲属
莲韵宝塔
莲韵牡丹
绿放白莲
绿放圆瓣小白莲
里海莲
六朝金粉
六月报
龙飞
龙珠
卢沟晓月
绿荷
罗兰紫
罗文藕
绿头荷
绿园紫绢

M

慢荷
慢藕
毛节
满江红

小毛节
小蜜钵
小洒锦
小三色莲
小水红
小桃红
小星红
晓雪
西湖红莲
新夺目
星空牡丹
新三
希陶飞雪
绣莲
夕阳落花港
西子梦瑶
西溪新红
炫彩
雪湖藕
雪莲

Y

崖城藕
杨池藕
烟花
烟笼夜月
艳阳醅酒
艳阳天
烟雨楼台
夜明珠
野生红莲
夜舒荷
夜舒莲
小红十八
衣钵莲
宜昌红莲
一房百子
阴白莲
印度莲
迎宾芙蓉
英雄印象
银红
银红莲
银红千叶
一捻红
印象西湖
银燕展翅
一品莲
优钵罗花
友谊牡丹莲
友谊红二号
友谊红三号
友谊牡丹莲
远东莲
圆舞曲
玉臂龙藕
越藕
玉荷
玉皇飞云
元丽莲
玉盘点翠
崖城藕

Z

早排荷
紫金红
紫莲
子莲
紫袍
紫烟
紫渚莲
召白藕
朝日莲
珍珠藕
芝麻湖藕
中国莲
中美娇
中日友谊莲
中山祥瑞
重水华
重台莲
州藕

附录三：全国重点赏荷景区一览（至 2021 年 12 月）

省（自治区、直辖市）	赏荷景区名称	景区性质	景区面积	特色	地址
北京市	圆明园遗址公园	原皇家园林	赏荷面积 140 公顷	“北京十六景”之一；2008 年曾举办第二十二届全国荷展；现每年举办地方荷花文化节	北京市海淀区清华西路
	颐和园	原皇家园林	赏荷面积数百亩（荷景散布于昆明湖东岸、谐趣园及西堤）	中国四大名园之一；1998 年被列入《世界遗产名录》；2007 年被批准为国家 AAAAA 级旅游景区；2009 年入选为中国世界纪录协会中国现存最大的皇家园林	北京市海淀区新建宫门路
	北海公园	原皇家园林	赏荷面积约 200 亩	全国重点文物保护单位；国家 AAAA 级旅游景区；1989 年举办第三届全国荷花展	北京市西城区文津街
	莲花池公园	市政公园	赏荷面积近 400 平方米	2005 年举办第十九届全国荷花展；现每年举办地方荷花文化节	北京市丰台区西三环南路
	紫竹院公园	市政公园	赏荷面积约 15 公顷	荷景“荷花渡”，园内荷文化丰富多彩	北京市海淀区中关村南大街
	翠湖湿地公园	国家城市湿地公园	赏荷面积数百亩	集住宿、餐饮、娱乐于一体；生态环境良好；具有文化气息的休闲场所	北京市海淀区上庄翠湖水乡翠湖北路
	稻香湖公园	农村田野公园	赏荷面积百余亩	由京郊农民集资建造的以农村自然景色为主的田野公园；集赏荷、婚纱拍摄、娱乐及种植于一体的综合郊野公园；每年举办荷花节	北京市海淀区稻香湖路

（续表）

省（自治区、直辖市）	赏荷景区名称	景区性质	景区面积	特色	地址
北京市	玉渊潭公园	市政公园	赏荷面积数百亩	多次举办荷花节	北京海淀区玉渊潭公园
	顺义区瑞麟湾温泉度假酒店	酒店商业	赏荷面积百余平方米	多次举办荷花节	北京顺义区瑞麟湾温泉度假酒店
	汉石桥湿地公园	自然保护区	赏荷面积百余亩	举办过荷花节	北京顺义区顺平路杨镇段南侧汉石桥湿地公园
	北京植物园	综合性植物园	赏荷面积数百平方米	国家AAAA级旅游景区；集科普、科研、游览等功能于一体；千年古莲、中日友谊莲及“孙文莲”等名贵品种百余个	北京市海淀区香山南路
天津市	水上公园	市政公园	赏荷面积万余平方米	为市民提供赏荷观景休闲场所	天津市区南侧
	蓟州区于桥水库荷景	湿地公园	赏荷面积万余亩	为市民提供赏荷观景休闲场所	蓟州区于桥水库南岸东侧三百户村北
	宝坻大唐庄荷景	农业生态旅游区	赏荷面积万余亩	农业生态旅游区	天津市宝坻区大唐庄镇
	宝坻小辛码头水生植物园	水生植物园	赏荷面积100亩	被誉为“天津第一水乡”特色村	天津市宝坻区黄庄乡小辛码头村
	西青郊野公园	郊野公园	赏荷面积近百亩（莲藕种植区）	农业生态旅游区；集垂钓、烧烤、休闲、宿营、游玩、体验于一体	天津市西青区大沽排河
	东丽湖自然艺苑区	园林生态景区	赏荷面积约2.3万平方米	大型户外生态休闲园林景区	天津市东丽区东丽湖路
	南翠屏公园	市政公园	赏荷面积约30万平方米	为市民提供赏荷观景的休闲场所	天津市宾水西道与水上公园西路交口处

（续表）

省（自治区、直辖市）	赏荷景区名称	景区性质	景区面积	特色	地址
河北省	承德避暑山庄	原皇家园林	赏荷面积数千亩	1997年举办第十一届全国荷花展；“中国四大名园”之一；1994年被列入《世界遗产名录》；2007年被批准为国家AAAAA级旅游景区；园内“曲水荷香”、“香远益清”、观莲所等景点均有荷景	承德市双桥区丽正门大街
	三河市燕郊植物园	地方植物园	赏荷面积百余亩	举办荷花节，打造“依湖置景，亲水赏荷，水衬荷香，荷耀清涟”的特色景观	廊坊市三河市燕郊镇
	保定古莲池	市政公园	赏荷面积约7000平方米	园内荷文化丰富；全国重点文物保护单位；荷文化历史悠久	保定市莲池区裕华西路
	白洋淀荷花大观园	湿地保护区	荷花大观园赏荷面积1560亩，园内种植近400个荷花品种	2003年举办第十七届全国荷花展；国家AAAA级旅游景区；集住宿、餐饮、娱乐于一体	保定市雄县白洋淀温泉城
	白洋淀农业科技园区	湿地保护区实验区	园区总面积2万亩，核心区300亩，中试基地2000亩	集种质资源保护、育种、科研、科普、示范、生产、销售、观光于一体。以赏荷景区为主，园内水生生物资源丰富	雄安新区安新县安新镇
	衡水湖荷花公园	国家级自然保护区	赏荷面积百余亩	国家级自然保护区；国家AAAA级旅游景区；举办地方荷花艺术节	衡水市桃城区106国道旁
	秦皇岛南戴河中华荷园	市政公园	赏荷面积600余亩	2003年举办第十七届全国荷花展；举办地方荷花艺术节；荷文化丰富	秦皇岛市北戴河新区黄金海岸北侧

（续表）

省（自治区、直辖市）	赏荷景区名称	景区性质	景区面积	特色	地址
河北省	廊坊香河荷花博览园	湿地生态旅游区	赏荷第一城，有百亩珍奇荷花，潮白河千亩荷景及刘宋镇万亩莲藕景观	每年举办地方荷花艺术节；获评AAAA级旅游景区	廊坊市香河县庆功台村
	石家庄植物园荷花坪景区	综合性植物园	赏荷面积10万余平方米	集科研、科普、示范、观光于一体；园内荷花品种丰富	石家庄市鹿泉区植物园街60号
黑龙江省	哈尔滨市政府广场荷花池	公共绿地	赏荷面积约500平方米	为市民提供赏荷观景的休闲场所	哈尔滨市金山大街10号
	哈尔滨太阳岛风景区	湿地草原型风景区	赏荷面积约1万平方米	国家AAAAA级旅游景区	哈尔滨市太阳岛风景区警备路
	哈尔滨金河湾湿地植物园	湿地生态旅游区	赏荷面积近百亩	植物园有六大功能区：一岛、二滩、三岗、四园、五池、六洲。其中五池为莲花池、睡莲池、芦苇池、浮萍池、菱角池	哈尔滨市松北区江湾路5000号
	哈尔滨群力雨阳公园	休闲型公园	赏荷面积约1.2万平方米	以赏荷、节能为主题，将生态、环保与科技相结合的休闲型公园	哈尔滨市道里区群力第六大道
	哈尔滨呼兰菱角泡度假村	湿地生态旅游区	赏荷面积近万平方米	大型户外生态休闲园林景区	哈尔滨市南京路利民东四大街
	哈尔滨白鱼泡湿地公园	湿地生态旅游区	赏荷面积数十亩	大型户外生态休闲园林景区	哈尔滨市道外区巨源镇
	哈尔滨北方森林动物园	综合性动物园	赏荷面积近万平方米	动植物资源丰富，其中荷花品种十多个	哈尔滨市阿城区哈牡高速
	大庆肇源西海湿地公园	湿地生态旅游区	赏荷面积约1200亩	大型户外生态休闲园林景区	大庆市肇源县城西郊1公里处
	宝泉岭尚志公园	纪念性公园	赏荷面积近万平方米	为市民提供赏荷观景的休闲场所	鹤岗市萝北县宝泉大街

（续表）

省（自治区、直辖市）	赏荷景区名称	景区性质	景区面积	特色	地址
黑龙江省	虎林月牙湖荷花湿地	湿地生态旅游区	赏荷面积万余亩（野生荷花景观）	每年举办寒地荷花节；有“中国野生荷花之乡”的称号	虎林市东部完达山南麓
	方正莲花湖公园	湿地生态旅游区	赏荷面积35公顷（天然莲花泡，目前国内少有的原生态荷花景观）	园内设有“柳荫藏荷”“紫燕嬉莲”“碧叶红霞”“芙蓉映月”“菡萏接日”等景点；每年举办荷花节；集餐饮、娱乐、住宿于一体的生态旅游景区	哈尔滨市方正县西郊五公里处
吉林省	长春净月潭湿地公园	国家森林公园	赏荷面积1000余公顷	国家AAAAA级旅游景区；打造健康、时尚、休闲生活方式的国际知名旅游文化活动胜地	长春市东南部长春净月经济开发区
	长春南湖公园	综合性市政公园	赏荷面积近万平方米	集休闲、娱乐于一体的综合性赏荷景区	长春市朝阳区工农大路2715号
	长春世界雕塑公园荷景	主题雕塑公园	赏荷面积数十亩	国家AAAAA级旅游景区	长春市人民大街9518号
	吉林北山公园	综合性市政公园	赏荷面积近百亩	踏春、消夏、赏荷、观雪的旅游胜地；远近香客朝山进香、拜庙祈神之福地	吉林市船营区德胜路51号
	白城镇赉南湖生态园	国家城市湿地公园	赏荷面积近万亩	集休闲娱乐、观光旅游于一体的生态旅游景区	白城市镇赉县县城南端
	延边珲春莲花湖公园	湿地公园	赏荷面积万余平方米（野生荷花景观）	集休闲、娱乐于一体的综合性赏荷景区	延边朝鲜族自治州珲春市沙草峰北侧
辽宁省	沈阳仙子湖风景旅游区	湿地生态旅游区	赏荷面积4000余亩（野生荷花景观）	“中国荷花之乡”；休闲度假、会议展览、旅游观光和运动娱乐胜地	沈阳市新民市前当堡镇
	沈阳法库灵山湖风景区	湿地生态旅游区	赏荷面积3000余亩	灵山湖荷花源于1000年前的辽朝，被誉为“大辽荷花祖源”	沈阳市法库县城东7公里

（续表）

省（自治区、直辖市）	赏荷景区名称	景区性质	景区面积	特色	地址
辽宁省	沈阳辽河七星湖荷景	湿地公园	赏荷面积2000余亩	集休闲、娱乐于一体的综合性赏荷景区	沈阳市沈北新区黄家乡
	铁岭莲花湖湿地公园	国家湿地公园	赏荷面积1000余公顷（野生荷花景观）	集景观、自然保护与生态修复于一体的多功能景区	铁岭市凡河新区黑龙江路与嵩山路交会处
	辽中蒲河湿地公园	国家湿地公园	赏荷面积千余亩	以保护生态环境，科研宣教，生态体验，保护栖息鸟类、水资源为主题且可持续利用的国家湿地	沈阳市辽中区境内蒲河下游
	东港太平湖公园	综合性生态公园	赏荷面积数十亩	为市民提供赏荷观景的休闲场所	丹东市东港市浪东线水利小区附近
	辽阳柳壕湿地	湿地公园	赏荷面积万余亩	大型户外生态休闲园林景区	辽阳市辽阳县柳壕镇泥鳅沟
	大连荷花湾生态园	荷花主题公园	赏荷面积600余亩	生态休闲公园	大连市金普新区炮台街道小刘村
	抚顺月牙岛生态公园	开放式生态型滨水公园	赏荷面积千余平方米	国家AAA级风景区；为市民提供休闲、健身、娱乐观光、科普的场所	抚顺市浑河南岸古城子河与浑河交汇处
	大连普兰店千年古莲园	农业生态园	赏荷面积50亩	生态休闲公园	大连市普兰店区挂符桥
内蒙古自治区	内蒙古呼和浩特满都海公园	文化休闲公园	赏荷面积约2000平方米	“藕塘烟雨”“敕勒天苍”“上下泉影”之景，别具一格	呼和浩特市赛罕区乌兰察布西街
	呼和浩特青城公园	综合性公园	赏荷面积千余平方米	夏日来临，赏荷、垂钓的人们络绎不绝（2014年举办“荷绽青城”——首届呼和浩特市荷花节）	呼和浩特市回民区中山西路

（续表）

省（自治区、直辖市）	赏荷景区名称	景区性质	景区面积	特色	地址
内蒙古自治区	呼和浩特扎达盖公园	综合性生态公园	人工湖2.4公顷，湖中筑岛，岛周边植荷	集游览观光、休闲度假、康体保健、科普教育功能于一体的综合性生态公园；供游人赏荷、划船、垂钓之乐趣	呼和浩特市新城区通道北路与北二环快速路交会处北侧
	通辽市科尔沁左翼中旗巴彦塔拉荷花湖旅游区	农业生态旅游区	赏荷面积700亩	1998年哲盟盟委宣传部、盟电视台制作音乐专题电视片《绿色风采》，由著名词曲作家张世荣与罗庆联袂，为荷花湖创作抒情歌曲《荷花湖上荡轻舟》	通辽市科尔沁左翼中旗南部白音塔拉农场
山西省	襄汾荷花公园	农业生态旅游区	赏荷面积万余亩	依托燕村荷花公园、丁村白莲基地等，结合现代农业和旅游文化，连续举办荷花文化节	临汾市襄汾县燕村
	太原晋祠大寺荷风苑	农业生态旅游区	赏荷面积300余亩	地方特色小吃有莲藕粉、米粉肉、御饼及琵琶酥	太原市晋源区
	太原南寨公园	综合性公园	赏荷面积9000余平方米	集休闲、娱乐、健身为一体的综合性赏荷景区	太原市尖草坪区新兰路
	芮城圣天湖	国家级湿地保护区	赏荷面积2000余亩	保护区有230多种飞禽和50余种鱼类，集江南水色与黄土高原风光为一体	运城市芮城县陌南镇
	左权麻田生态莲花园	农业生态旅游区	赏荷面积3000余亩	左权将军曾战斗过的革命老区	晋中市左权县麻田镇西安村
	榆次晋商公园	市政公园	赏荷面积5万余平方米	悠久的历史文化	晋中市榆次区中都北路与凤翔街交叉口
	浑源神溪湿地	国家级湿地公园	赏荷面积1000余亩	“神溪月夜”为浑源八景之一	大同市浑源县柳河路

（续表）

省（自治区、直辖市）	赏荷景区名称	景区性质	景区面积	特色	地址
山西省	孝义胜溪湖森林公园	综合性公园	赏荷面积百余亩	生态休闲公园	吕梁市孝义市时代大道
陕西省	西安王莽乡清水村荷景	乡村莲藕景区	赏荷面积千余亩	千亩莲藕种植基地	西安市长安区王莽乡清水头村
	西安莲湖公园	市政公园	赏荷面积十多亩	唐代长安城承天门遗址；明代朱元璋次子朱樉在此引水成池，广种莲花而得名	西安市莲湖区莲湖路58号
	西安大明宫遗址公园	国家遗址公园	赏荷面积十多亩	遗址成功列入《世界遗产名录》；全国重点文物保护单位	西安市新城区自强东路585号
	西安曲江遗址公园	遗址公园	湖心仙岛赏荷面积千余平方米	遗址公园内布置近百座唐代社会生活雕塑，石雕云集，塑像林立，极具时空的穿越感，大唐文化氛围十分浓厚；再现唐诗人韩愈“曲江荷花盖十里”之景	西安市雁塔区曲江池西路
	西安大唐芙蓉园	原皇家园林式文化主题公园	赏荷面积十多亩	国家AAAAA级旅游景区	西安市雁塔区曲江新区芙蓉西路
	西安沣东荷苑	主题公园	赏荷面积数百亩	西安首家荷花主题公园；每年举办荷花文化节	西安市西咸新区沣东新城斗门街道普贤寺村口
	西安浐灞湿地公园	国家级湿地公园	湿地公园水域面积2000多亩，其中赏荷面积数亩	国家AAAA级旅游景区	西安市灞桥区浐河东路
	西安植物园	综合性植物园	园内辟有水生植物区，荷花品种数百个	地方AAA级景区；从事植物科学研究、生物多样性保护、植物资源利用及科普教育的社会公益型科研单位	西安市翠华南路17号曲江新区植物园东路

（续表）

省（自治区、直辖市）	赏荷景区名称	景区性质	景区面积	特色	地址
陕西省	西安丰庆公园	市民休闲公园	赏荷面积数亩	仿唐建筑风格的皇家园林	西安市桃园南路和南二环交界西北角处
	华阴荷花苑	莲藕生产基地	号称“万亩莲藕荷景”，另辟种100亩观赏莲	荷花被选为华阴市市花；华阴每年举办荷花文化节；集生态旅游和莲藕加工为一体的荷花现代农业园区	华阴市城区东北三公里处渭河湿地
	大荔荷塘	农业生态旅游区	号称“黄河滩万亩荷塘”	赏荷期间可品尝黄河鲤鱼等	渭南市大荔县赵渡镇黄河滩
	商洛丹凤棣花古镇	国家AAAA级旅游景区	赏荷面积千余亩	著名作家贾平凹小说《秦腔》的实景地	商洛市丹凤县棣花古镇
	渭南洽川湿地	国家级风景名胜区	总面积176平方公里，其中赏荷面积数千亩	景区具有“万顷芦荡，千眼瀵泉，百种珍禽，十里荷塘，一条黄河”，自然风光十分迷人；文化遗址丰富，有帝喾、伊尹、太姒、大禹、达摩、子夏及古时莘国等遗迹；《诗经》文化、黄河文化、古莘文化源远流长	渭南市合阳县城东20公里黄河之滨
甘肃省	张掖国家湿地公园	国家湿地公园	赏荷面积近百亩	国家AAAA级旅游景区	张掖市甘州区312国道北段
	兰州榆中青城古镇	农业生态旅游区	赏荷面积百余亩	每年举办荷花旅游节，有赏荷、欣赏民间乐曲、划船等活动	兰州市榆中县青城古镇
	临夏永靖太极岛	湿地自然保护区	赏荷面积千余亩	湖光山色，荷香飘逸，一派江南景象，故有“陇上江南”之说	临夏回族自治州永靖县县城西三公里黄河处
	白银水川黄河湿地公园	国家湿地公园	赏荷面积千余亩	AAAA级景区；连续多年举办荷花节	白银市白银区水川镇

（续表）

省（自治区、直辖市）	赏荷景区名称	景区性质	景区面积	特色	地址
宁夏回族自治区	银川鸣翠湖国家湿地公园	国家湿地公园	赏荷面积600余亩	每年举办地方荷文化旅游节	银川市兴庆区掌政镇境内
新疆维吾尔自治区	新疆建设兵团五家渠青格达湖旅游风景区	多功能水库	赏荷面积500多亩	每年举行荷塘笔会、中秋咏荷等文化活动，还举办青湖特色美食节、果蔬采摘节、葡萄采摘节及甜瓜文化旅游节	五家渠市滨河南路4000号
	博斯腾湖莲花湖风景名胜区	风景名胜旅游区	湖内有全国最大的野生睡莲群落；莲花湖引种湘莲百余亩	国家级风景名胜区；新疆十大风景名胜旅游区之一；以野生睡莲、荷花为主题的旅游目的地，体现“莲海世界”旅游特色	新疆巴音郭楞蒙古自治州博湖县与和硕县之间
	石河子旅游区	农业生态旅游区	赏荷面积百余亩，荷花品种百余个	每年举办荷文化旅游节	石河子市第143团桃源旅游区
西藏自治区	拉萨群众文化体育中心公园	私营种荷试验区	赏荷面积约1200平方米，荷花品种百余个	为拉萨市民及游客提供观荷场景	拉萨市群众文化体育中心公园内
	拉萨高新区湿地公园	地方湿地公园	赏荷面积约1800平方米	集赏荷、休闲、娱乐于一体的景区	拉萨市青藏路
	墨脱莲花圣地公园	县城公共景区	赏荷面积约1000平方米	在藏语中，“墨脱”意为“隐藏的莲花”，集赏荷、休闲于一体的景区	林芝市墨脱县城
四川省	成都新都桂湖公园	纪念性公园	赏荷面积近十亩	园内有升庵祠；每逢中秋时节，荷花满塘，桂蕊飘香；每年举办一次赏荷桂花会	成都市新都区桂湖中路
	成都人民公园	综合性公园	园内有荷花池、荷花亭，荷花品种百余个	1992年举办第六届全国荷花展览会	成都市区青羊区蜀都大道少城路

（续表）

省（自治区、直辖市）	赏荷景区名称	景区性质	景区面积	特色	地址
四川省	成都荷花山庄	农业生态旅游区	赏荷面积百余亩	以荷花为品牌，荷文化为背景，具有游泳、垂钓等最佳休闲场所	成都市金牛区付家碾村八组
	成都双流公兴镇荷塘印象景区	农业生态旅游区	赏荷面积近百亩，以及盆栽荷花品种	双流蜀风牧山文化旅游走廊；品尝全藕宴	成都市双流区尖山路
	成都郫都区望丛祠	纪念性公园	赏荷面积近百亩	国家AAAA级景区；景区旅游配套服务设施完善，游廊回折，可边饮茶边赏荷	成都市郫筒镇望丛中路
	成都三圣乡荷塘月色景区	农业生态旅游区	数百亩荷塘	以商务、休闲度假、文化创意、乡村旅游为主的旅游度假胜地	成都市锦江区黉柏路
	成都彭州蜀水荷乡国际旅游度假区	农业生态旅游区	赏荷面积达万余亩	集运动、娱乐、观赏、休闲、度假、摄影、垂钓等于一体的成都近郊度假胜地	成都市彭州市红岩镇窝点村
	成都彭州鹿鸣荷畔	农业生态旅游区	景区有两个荷塘生态景观带	四川灾后重建科学发展的典型案例	成都市彭州市鹿坪村
	遂宁十里荷画旅游景区	农业生态旅游区	赏荷面积541公顷	国家级丘陵养生度假旅游区；2017年举办第三十一届全国荷花展	遂宁市船山区河沙镇
	泸州龙桥文化生态园	农业生态旅游区	赏荷面积达500亩	国家AAAA级旅游景区；全国休闲农业与乡村旅游示范点	泸州市泸县县城玉蟾街道以北3公里处
	宜宾永兴镇西部藕海景区	农业生态旅游区	约1000亩的莲藕梯田，错次排列构成梯田景观	展示“映日荷花别样红，西部藕海最宜宾”的胜景	宜宾市翠屏区永兴镇东北部
	宜宾筠连石龙湖旅游景区	农业生态旅游区	赏荷面积达百余亩	举办荷花生态旅游文化节	宜宾市筠连县武德乡
	南充营山城南镇荷塘景区	种植专业合作社	赏荷面积达千余亩	长达4公里的莲藕观光走廊	南充市营山县城南镇光荣村

（续表）

省（自治区、直辖市）	赏荷景区名称	景区性质	景区面积	特色	地址
四川省	内江龙江镇双河村	农民专业合作社	赏荷面积达百余亩	农民自办荷花节	内江市资中县龙江镇双河村
	巴中平昌千顷荷花景区	农业生态旅游区	莲藕品种扩繁园85亩；早、中熟品种莲藕700余亩	举办荷花节；集观光、休闲、娱乐于一体，品尝全藕宴	巴中平昌县灵山镇
	资阳陈毅故里	纪念性景区	百亩荷塘	国家AAAA级旅游景区；举办田园诗会，咏荷、诵荷、画荷、舞荷等活动	资阳市乐至县劳动镇
	内江隆昌白庙子生态湿地公园	地方湿地公园	赏荷面积近百亩	国家AAAA级旅游景区；集观光、休闲、娱乐于一体的旅游度假区	内江市隆昌市恒隆路东侧
重庆市	华岩寺	佛教圣地	每年展出万余盆荷花	华岩寺每年举办荷花展；赏荷悟禅，提出“一花一世界，一佛一人生”	重庆市九龙坡区华岩村5号附42号
	九龙坡天赐温泉	温泉度假区	赏荷面积数十亩	国家AAA级旅游景区；集赏荷、洗浴、养生、餐饮、垂钓、娱乐、休闲于一体的度假区	重庆市九龙坡区含谷开发区天赐路
	黄桷垭鲜龙井火锅公园	山庄式公园	赏荷面积数十亩	亭台楼阁，小桥流水，柳叶荷塘，杯盏交错，火锅飘香，景色别致	重庆市南岸区黄桷垭金竹村龙井旁
	沙坪坝中梁镇荷花山庄	地方湿地公园	赏荷面积数百亩	每年举办荷花节；集赏荷、垂钓、娱乐、休闲于一体的度假区	重庆市沙坪坝区中梁街14号
	茨竹十里荷花走廊	农业生态旅游区	赏荷面积1500亩	每年举办荷花节；集赏荷、垂钓、休闲于一体的度假区	重庆市渝北区茨竹镇十里荷花走廊
	碧津公园	市政公园	赏荷面积200亩	国家AAA级旅游区；集赏荷、休闲、娱乐、健身于一体的免费开放综合性文化休闲公园	重庆市渝北区两路镇胜利路

（续表）

省（自治区、直辖市）	赏荷景区名称	景区性质	景区面积	特色	地址
重庆市	铜梁爱莲湖湿地公园	地方湿地公园	赏荷面积2000亩，其中湿地荷花500亩，观赏荷花500亩，莲藕1000亩	集赏荷、休闲、旅游、商品莲藕生产及名优特色于一体，展示和发扬荷文化	重庆市铜梁区铜永高速公路
	璧山登云坪生态园	生态农业观光园	太空莲230亩	举办荷花艺术节；集观光、采莲、荷文化于一体的农业休闲园区	重庆市璧山区广普镇坪中村
	大足龙水镇雅美佳湿地公园	生态农业观光园及育种基地	赏荷面积达千余亩，自育荷花新品种百余个	以大足石刻为依托，以生态野趣、民俗民风为特色的观光农业园	重庆市大足区龙水镇盐河社区（龙棠干道旁）
	涪陵大木花溪荷花园	生态农业观光园	赏荷面积550亩	集赏荷、休闲于一体的农业休闲景区	重庆市涪陵区大木乡土井村
	合川荷花生态园	生态农业观光园	赏荷面积百余亩	集赏荷、休闲于一体的农业休闲景区	重庆市合川区三庙镇戴花村
云南省	昆明大观楼公园	综合性公园	赏荷面积近百亩	每年举办荷花节；2002年和2017年先后举办第十六届和第三十一届全国荷花展览	昆明市西山区福海乡五家堆村
	昆明翠湖公园	综合性公园	赏荷面积近百亩	2002年举办第十六届全国荷花展览	昆明市五华区翠湖南路
	昆明嵩明菱荷水乡	农业休闲园	赏荷面积不足百亩	集旅游观光、特色美食、采莲泛舟、荷文化传承于一体的农业休闲园区	昆明市嵩明县小房子村
	楚雄姚安光禄古镇荷花大观园	农业生态旅游区	赏荷面积达千余亩	每年举办荷花节；集赏荷、休闲、泛舟、娱乐于一体的景区	楚雄彝族自治州姚安县光禄古镇
	红河弥勒湖泉生态园	农业生态旅游区	赏荷面积百亩	集赏荷、休闲、娱乐于一体的景区	弥勒市温泉路
	红河石屏古城异龙湖	农业生态旅游区	号称“万亩荷景”	集赏荷、休闲、泛舟、娱乐于一体的景区	红河哈尼族彝族自治州石屏县城以东两公里

（续表）

省（自治区、直辖市）	赏荷景区名称	景区性质	景区面积	特色	地址
云南省	文山丘北普者黑风景区	国家湿地公园	号称“万顷荷景”	国家AAAA级旅游景区；集观光、休闲、娱乐于一体的旅游度假区；2002年举办第十六届全国荷花展览	文山市丘北县普者黑村
	昭通永丰镇绿荫村	农业生态旅游区	号称“万亩荷苑”	集赏荷、休闲、泛舟、娱乐于一体的景区	昭通市永丰镇绿荫村
	普洱宁洱城畔荷风景区	地方风景旅游区	赏荷面积500亩	集赏荷、休闲、娱乐于一体的景区	普洱市宁洱哈尼族彝族自治县城
	曲靖陆良白水塘	地方风景旅游区	赏荷面积6平方公里	国家AAAA级旅游景区；集赏荷、休闲、泛舟、娱乐于一体的景区	曲靖市陆良县三岔河镇
	玉溪澄江吉花荷藕庄园	农业生态旅游区	赏荷面积万余亩	以荷花为主题，集旅游观光、特色美食、户外烧烤、亲子乐园、荷文化传承、婚纱摄影、农耕文化体验、社群基地、科普于一体的综合型观光农业园区	玉溪市澄江县右所镇吉花村
	腾冲十里荷花	农业生态旅游区	千余亩荷花景观	集赏荷、观光、旅游于一体的旅游区	腾冲市腾越镇盈水村
贵州省	贵阳黔灵山公园	综合性公园	七星潭赏荷面积千余平方米	国家AAAA级旅游区	贵阳市云岩区枣山路
	贵阳偏坡布依族乡荷景	农业生态旅游区	赏荷面积约40亩	集赏荷、休闲、娱乐于一体的景区	贵阳市乌当区偏坡布依族乡偏坡村
	贵阳小车河城市湿地公园	城市湿地公园	“芰荷深处”有数十亩的荷景	集赏荷、休闲、娱乐于一体的景区	贵阳市南明区小车河路
	贵阳观山湖公园	综合性公园	赏荷面积5000余平方米	集赏荷、娱乐于一体的开放型休闲场所	贵阳市区观山大桥南北两侧

（续表）

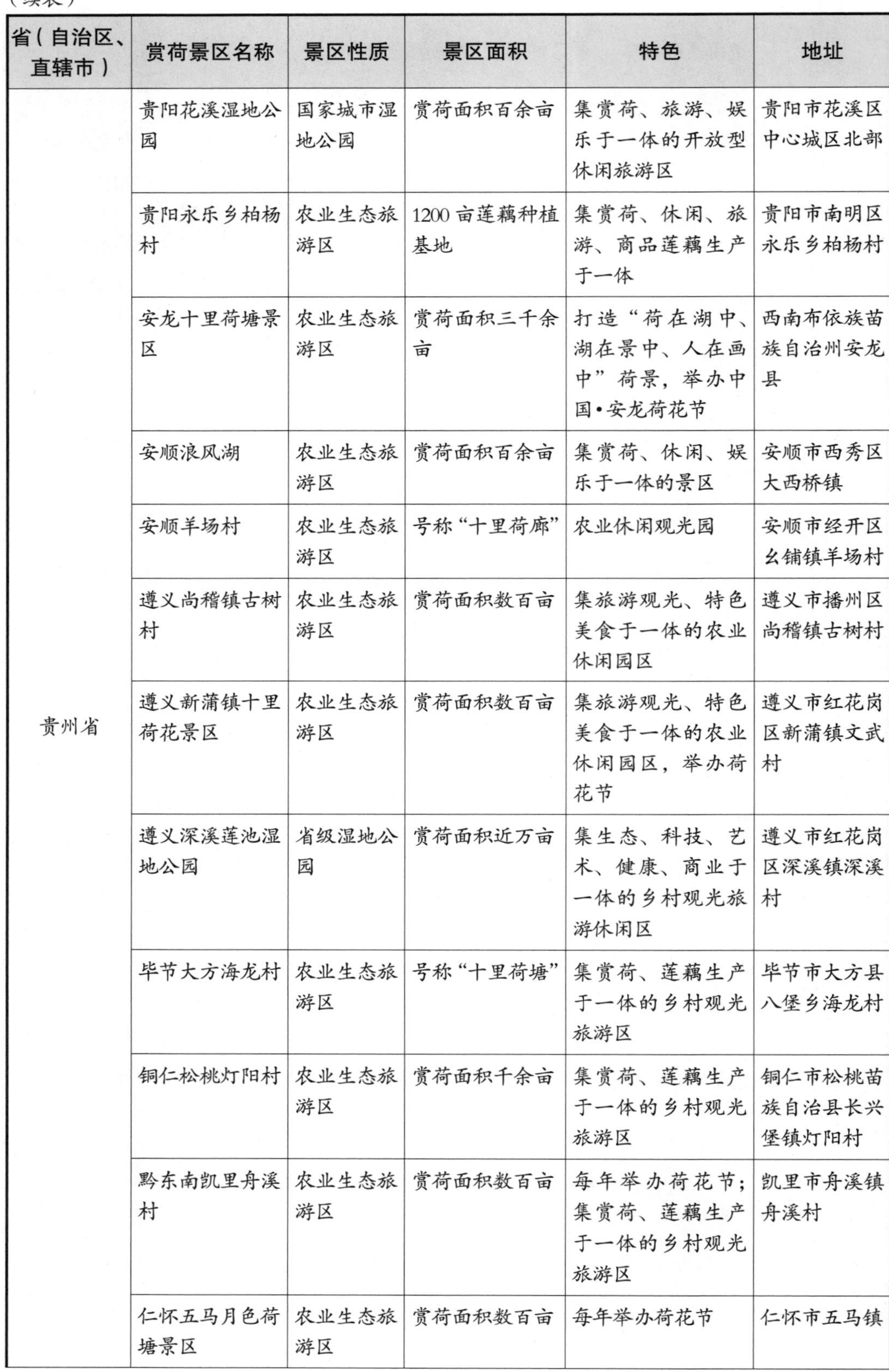

省（自治区、直辖市）	赏荷景区名称	景区性质	景区面积	特色	地址
贵州省	贵阳花溪湿地公园	国家城市湿地公园	赏荷面积百余亩	集赏荷、旅游、娱乐于一体的开放型休闲旅游区	贵阳市花溪区中心城区北部
	贵阳永乐乡柏杨村	农业生态旅游区	1200亩莲藕种植基地	集赏荷、休闲、旅游、商品莲藕生产于一体	贵阳市南明区永乐乡柏杨村
	安龙十里荷塘景区	农业生态旅游区	赏荷面积三千余亩	打造“荷在湖中、湖在景中、人在画中”荷景，举办中国•安龙荷花节	西南布依族苗族自治州安龙县
	安顺浪风湖	农业生态旅游区	赏荷面积百余亩	集赏荷、休闲、娱乐于一体的景区	安顺市西秀区大西桥镇
	安顺羊场村	农业生态旅游区	号称“十里荷廊”	农业休闲观光园	安顺市经开区幺铺镇羊场村
	遵义尚稽镇古树村	农业生态旅游区	赏荷面积数百亩	集旅游观光、特色美食于一体的农业休闲园区	遵义市播州区尚稽镇古树村
	遵义新蒲镇十里荷花景区	农业生态旅游区	赏荷面积数百亩	集旅游观光、特色美食于一体的农业休闲园区，举办荷花节	遵义市红花岗区新蒲镇文武村
	遵义深溪莲池湿地公园	省级湿地公园	赏荷面积近万亩	集生态、科技、艺术、健康、商业于一体的乡村观光旅游休闲区	遵义市红花岗区深溪镇深溪村
	毕节大方海龙村	农业生态旅游区	号称“十里荷塘”	集赏荷、莲藕生产于一体的乡村观光旅游区	毕节市大方县八堡乡海龙村
	铜仁松桃灯阳村	农业生态旅游区	赏荷面积千余亩	集赏荷、莲藕生产于一体的乡村观光旅游区	铜仁市松桃苗族自治县长兴堡镇灯阳村
	黔东南凯里舟溪村	农业生态旅游区	赏荷面积数百亩	每年举办荷花节；集赏荷、莲藕生产于一体的乡村观光旅游区	凯里市舟溪镇舟溪村
	仁怀五马月色荷塘景区	农业生态旅游区	赏荷面积数百亩	每年举办荷花节	仁怀市五马镇

（续表）

省（自治区、直辖市）	赏荷景区名称	景区性质	景区面积	特色	地址
山东省	济南大明湖公园	综合性公园	赏荷面积百余亩，300多个缸植荷花品种	荷花为济南市市花；山东省AAAAA级旅游区；1987年举办首届全国荷花展，1994年举办第八届全国荷花展；每年举办地方荷花节；一年一度荷灯会	济南市历下区大明湖路
	济南明水莲藕生态园	农业生态旅游区	赏荷面积2000多公顷	明水莲藕为地理标志证明商标及农产品地理标志产品；集赏荷、莲藕生产加工于一体的乡村观光旅游区	章丘区明水街道办事处十个行政村
	济西国家湿地公园	国家级湿地公园	赏荷面积1000多亩，睡莲300亩；精品荷花品种200个，睡莲品种300个	集赏荷、休闲、旅游于一体的大型生态风景区	济南市西部城区（槐荫区与长清区之间）
	济南市章丘区白云湖景区	国家湿地公园	赏荷面积1500多亩	集赏荷、莲藕生产加工、乡村旅游于一体的观光旅游区	济南市章丘区白云湖景区
	青岛中山公园	综合性公园	园内筑千余平方米的“孙文莲”池	1995年5月3日，为庆祝日本下关市与青岛市缔结友好城市15周年，下关中日友好协会会长田中满男特意将“孙文莲”种子回赠青岛，植于“孙文莲”池	青岛市市南区文登路
	青岛中华睡莲世界	农业生态旅游区	赏荷面积百余亩，300多个荷花品种	除睡莲外，有数百个荷花品种；2005年举办第十九届全国荷花展；2011年举办国际睡莲水景园艺协会学术研讨会暨第一届国际睡莲荷花品种展览会	青岛市李沧区毕家上流村东部

（续表）

省（自治区、直辖市）	赏荷景区名称	景区性质	景区面积	特色	地址
山东省	济宁微山湖湿地	省级湿地公园	赏荷面积万余公顷	荷花为济宁市市花；国家AAAA级旅游景区；每年举办地方荷花节	济宁市微山县城区南部
	济宁石桥万亩荷花园	农业生态旅游区	赏荷面积5000余亩	集赏荷、莲藕生产加工于一体的乡村观光旅游区	济宁市任城区石桥镇
	济宁太白湖景区	湿地生态公园	赏荷面积1.8万多亩，有莲等多种水生植物	集生态农业、旅游观光、休闲娱乐于一体的观光旅游区	济宁市太白湖景区
	滕州红荷湿地旅游风景区	省级湿地公园	赏荷面积达12万亩；有10万平方米荷花品种园	每年举办湿地红荷节；国家AAAA级旅游景区；全国中老年旅游休闲养生地	枣庄市滕州市滨湖镇境内
	淄博马踏湖风景区	国家湿地保护区	赏荷区万亩	国家AAA级景区、省级名胜景区；景区分为五贤祠景区、农家风情区、赏荷区、养鸭区、垂钓区等	淄博市桓台县起凤镇
	淄博五阳湖水利风景区	国家级湿地公园	赏荷面积400亩	可观、可赏、可游、可食、可闻、可住的水利名胜、生态景区和文化圣地	淄博市博山区石马镇
	淄博萌山湖荷花生态园	农业生态旅游区	赏荷面积800亩	以赏荷、娱乐、度假、休闲为特色的生态旅游景区	淄博市周村区萌水镇北安村滨博高速西
	东营垦利区莲心湾旅游度假区	田园综合体农业生态区	赏荷面积3000多亩	集赏荷、莲藕生产加工、文旅及科研于一体的观光旅游区	东营市垦利区莲心湾旅游度假区
	菏泽曹县万亩荷塘风景区	农业生态旅游区	莲藕面积8500亩，号称“万亩荷塘”	集赏荷、划船、垂钓等水上休闲活动于一体的观光旅游区	菏泽市曹县魏湾镇郑庄村黄河故道

（续表）

省（自治区、直辖市）	赏荷景区名称	景区性质	景区面积	特色	地址
山东省	潍坊寿光林海生态博览园	农业生态旅游区	赏荷面积千余亩，荷花品种百余个	赏荷、消夏、拜佛、祈福休闲，体验原生态生活	潍坊市寿光市羊口镇寿光林场
	台儿庄运河湿地公园	国家湿地保护区	万亩莲藕，精品荷花园荷花品种300个	集赏荷、观光、科普、自然体验于一体的湿地旅游区，且可享受摄影、钓鱼、钓虾等农家乐	枣庄市台儿庄区台儿庄运河湿地景区
	聊城东昌湖风景区	国家湿地公园	赏荷面积百余亩	集赏荷、泛舟、休闲、娱乐于一体的景区	聊城市东昌府区湖滨路
	临沂宝泉寺公园	综合性公园	赏荷面积百余亩	集赏荷观光、休闲游乐于一体的多功能综合性旅游景区	临沂市罗庄区朱陈西南村
	费县沂蒙风情荷花湾	综合性荷花主题公园	赏荷面积约18万平方米，300多个荷花品种	集科研、生产、旅游观光、科普教育等于一体的大型水景园	临沂市费县费城街道北石岗村
	德州金荷园	农业生态旅游区	莲藕面积1000余亩	集生态农业、科技示范、旅游观光、休闲娱乐、餐饮服务和农产品加工于一体的观光旅游区	德州市德城区顺河西路
	滨州十里荷塘	农业生态旅游区	赏荷面积500余亩，辟建精品荷花区，引种荷花品种近百个	以荷文化休闲观光长廊及沿黄荷香风情带为主题的十里荷塘休闲区	滨州市滨城区东五里庄村
	泰安东湖公园	综合性公园	赏荷面积千余平方米	集赏荷、休闲、旅游、商品莲藕生产于一体的观光旅游区	泰安市泰山区灵山大街
	日照东港荷花景区	专业合作社	赏荷面积30余亩	集赏荷、莲藕销售于一体的乡村观光旅游区	日照市东港区涛雒镇宅科村
	烟台大学三元湖	公共休闲场所	赏荷面积十余亩	赏荷、休闲场所	烟台市莱山区烟台大学三元湖

（续表）

省（自治区、直辖市）	赏荷景区名称	景区性质	景区面积	特色	地址
河南省	郑州紫荆山公园	综合性公园	赏荷面积千余平方米	举办荷花展览；为市民提供赏荷观景休闲场所	郑州市金水区金水路
	郑州西流湖公园	综合性公园	赏荷面积万余平方米	举办荷花展览；为市民提供赏荷观景休闲场所	郑州市中原区化工路
	郑州南环公园	综合性公园	赏荷面积数千平方米	为市民提供赏荷观景休闲场所	郑州市二七区南四环与大学南路交叉口东北角
	郑州东区湿地公园	人工湿地公园	赏荷面积近千平方米	为市民提供赏荷观景休闲场所	郑州市金水区郑东新区商务内环路北
	中牟万滩千亩荷塘	农业生态旅游区	赏荷面积1100余亩	集赏荷、休闲、旅游、商品莲藕生产于一体的乡村观光旅游区	郑州市中牟县万滩镇万滩村
	郑州古树苑	古木景观区	赏荷面积十余亩	苑内千年以上古树三棵，500年以上数十棵，百年以上古树近900棵；为市民提供赏荷观景休闲场所	郑州市惠济区政府西
	濮阳陈庄乡万亩莲藕生态园	农业生态旅游区	赏荷面积1.8万余亩	每年举办荷花节；集赏荷、莲藕生产于一体的乡村观光旅游区	濮阳市范县陈庄乡
	洛阳灵山莲花公园	大型旅游休闲地	赏荷面积1500余亩	集观赏荷花、温泉养生、水上娱乐、5D影院、水幕电影、梦幻观音、特色餐饮、快捷酒店、别墅度假于一体的旅游区	洛阳市宜阳县锦屏镇
	孟津会盟十里银滩万亩荷塘景区	农业生态旅游区	赏荷面积万余亩	每年举办荷花节；集赏荷、莲藕生产于一体的乡村观光旅游区	洛阳市孟津县会盟镇李庄村

（续表）

省（自治区、直辖市）	赏荷景区名称	景区性质	景区面积	特色	地址
河南省	开封铁塔公园	佛教参禅地	赏荷面积百余亩	国家AAAA级旅游景区；每年举办荷花节	开封市顺河回族区北门大街
	许昌护城河	公共休闲地	赏荷面积2.3万平方米	荷花为许昌市市花；集赏荷、消暑、泛舟于一体的旅游区；望仙桥筑有荷花仙子雕塑	许昌市区护城河两岸
	许昌鄢陵千亩荷塘景区	农业生态旅游区	赏荷面积2000余亩	集赏荷、消暑、度假、垂钓、踏青于一体	许昌市鄢陵县彭店乡刘庄村
	周口淮阳龙湖风景区	国家湿地公园	赏荷面积约2000亩	可领略《诗经》中“彼泽之陂，有蒲与荷”的原生态景观；每年举办荷花节	周口市淮阳县龙湖生态园
	信阳郝堂村万亩荷塘景区	乡村生态旅游区	赏荷面积万余亩	集赏荷、消暑、度假于一体的旅游区；艳艳的荷花，浓浓的乡愁	信阳市平桥区郝堂村
	信阳南湾湖	农业生态旅游区	赏荷面积百余亩	具有赏荷、旅游、休闲、度假、养生、文化、科研、教学等多功能的生态型旅游区	信阳市浉河区南湖路西段
	宝丰湛河源莲花湿地	地方湿地公园	赏荷面积千余亩	集赏荷、消暑、度假于一体的旅游区	平顶山市宝丰县平宝路与东五环交叉口
	平顶山白龟湖湿地公园	国家湿地公园	赏荷面积百余亩	国家生态文明教育基地；集赏荷、消暑、度假于一体的旅游区	平顶山市新华区清风路
	汝南小西湖湿地公园	荷花主题公园	赏荷面积百余亩	集赏荷、消暑、观光、休闲、娱乐于一体的综合性观景区	驻马店市汝南县汝南建业城南侧
	汝南南海荷花湿地公园	地方地标性荷花主题公园	赏荷面积（一期）300余亩；荷花、睡莲品种百余个	集赏荷、观光、休闲、娱乐于一体的综合性风景区	驻马店市汝南县梁祝大道旁

（续表）

省（自治区、直辖市）	赏荷景区名称	景区性质	景区面积	特色	地址
河南省	汝南县梁河、祝河荷花观景带	荷花主题观景带	观景带长达38公里，荷花品种300余个，水生植物多样化	为市民提供赏荷观景的休闲场所	驻马店市汝南县梁祝大道旁
	汝南县荷花品种选育基地	荷花科研、选育综合实验基地	实验基地200多亩，盆栽荷花16万多盆	现有荷花品种1000余个，集培育、观光、销售为一体的试验区，带动当地脱贫的优秀企业	驻马店市汝南县罗店镇
	驻马店老乐山旅游度假区	中原道教圣地	荷塘梯次层叠，面积百余亩	国家AAAA级旅游景区；全国休闲农业和乡村旅游示范点；中国森林养生基地；集赏荷、消暑、度假于一体的旅游区	驻马店市确山县老乐山景区
安徽省	合肥滨湖湿地森林公园	国家森林公园	赏荷面积百余亩	国家AAAA级旅游景区；集赏荷、消暑、度假于一体的旅游区	合肥市包河区大张圩
	合肥包河公园	纪念性公园	赏荷面积百余亩	举办包公园青莲文化节；包公园荷花突出“清廉”“荷韵”“秀美”三大韵味	合肥市包河区芜湖路
	合肥植物园	综合性植物园	赏荷面积数十亩，荷花品种百余个	2010年举办第二十四届全国荷花展，曾举办过多次区域性荷花节	合肥市蜀山区环湖东路
	合肥逍遥津公园	综合性公园	赏荷面积700平方米	1990年举办第四届全国荷花展	合肥市庐阳区寿春路
	合肥龙栖地湿地公园	地方湿地公园	赏荷面积万余亩，有花莲、子莲、藕莲品种百余个	到目前为止，共举办12届（次）荷花节，集赏荷、旅游、休闲于一体的生态型旅游区	合肥市瑶海区龙栖路
	合肥莲花湿地公园	农业生态旅游区	赏荷面积2000平方米	赏荷、泛舟、休闲、娱乐等功能生态型旅游区	合肥市经开区莲花路派河桥头

（续表）

省（自治区、直辖市）	赏荷景区名称	景区性质	景区面积	特色	地址
安徽省	合肥长丰龙门寺现代农业产业园	农业生态旅游区	赏荷面积千余亩	具有赏荷、旅游、休闲等功能的生态型旅游区	合肥市长丰县陶楼乡龙门寺现代农业示范园
	合肥大蜀山森林公园	国家级森林公园	湿地景观区有荷塘近万亩	具有赏荷、旅游、休闲等功能的生态型森林湿地旅游区	合肥市蜀山区玉兰大道
	阜阳颍州西湖风景区	地方赏荷风景区	号称千亩荷塘	具有赏荷、旅游、休闲等功能的生态型旅游区，并多次举办荷花节	阜阳市颍州西湖风景区
	阜阳临泉县柳家花园	乡村生态赏荷区	赏荷面积200多亩	赏荷区内有亭、廊等休闲设施，具有赏荷、旅游、休闲等功能的生态型旅游区	阜阳市临泉县柳家花园
	芜湖方村街道溜坝生态园	农业生态旅游区	赏荷面积400余亩	集赏荷、旅游、休闲、莲藕生产于一体的乡村观光旅游区	芜湖市镜湖区方村街道抖村
	芜湖陶辛水韵景区	农业生态旅游区	赏荷面积百余亩	景区建有香荷亭、垂钓亭、精品荷园；集观荷、泛舟、休闲、娱乐、美食于一体	芜湖市芜湖县陶辛镇陶辛水韵景区
	芜湖碧桂园湿地公园	社区湿地生态园	赏荷面积600余亩	具有赏荷、泛舟、休闲等功能的生态型旅游区	芜湖市三山区芜湖碧桂园内
	芜湖大阳埠湿地公园	地方湿地公园	赏荷面积数公顷	具有赏荷、泛舟、休闲、娱乐、美食等功能的大型生态旅游区	芜湖市鸠江区万春西路与阳瀚路交叉口东南
	安徽含山陶厂镇大渔滩湿地	地方湿地公园	赏荷面积7000余亩	以休闲农业为主题的保护湿地，集赏荷、泛舟、休闲、度假于一体的综合性现代农业示范区	马鞍山市含山县陶厂镇

（续表）

省（自治区、直辖市）	赏荷景区名称	景区性质	景区面积	特色	地址
安徽省	安庆潜山潘铺村	乡村生态旅游区	莲藕面积百余亩	潜山雪湖贡藕获批国家地理标志产品；集赏荷、旅游、莲藕生产、休闲度假、荷宴美食于一体的多功能农业生态旅游观光区；荷宴美食有“水晶蜜藕”“荷叶煎蛋”“荷叶全鸡”等	安庆市潜山市梅城镇潘铺村
	徽州西递宏村风景区	乡村生态旅游区	赏荷面积百余亩	世界文化遗产；国家AAAAA级旅游景区；中国画里的乡村；明清古村落	徽州市黟县西递镇宏村风景区
	黟县屏山长宁湖	乡村生态旅游区	赏荷面积近千亩	集赏荷、泛舟、休闲于一体的旅游区	徽州市黟县屏山村
	歙县牌坊群	乡村生态旅游区	赏荷面积近千亩	集赏荷、观光、旅游、休闲于一体的旅游区	徽州市歙县郑村镇棠樾村
	歙县溪头镇桃源十里景区	乡村生态旅游区	赏荷面积数百亩	集赏荷旅游、莲藕生产、休闲于一体的旅游区	徽州市歙县溪头镇桃源村
	淮北桓谭公园	综合性公园	赏荷面积数百亩	集赏荷、泛舟、休闲于一体的旅游区	淮北市相山区翡翠岛东门
	马鞍山濮塘自然风景区	自然风景保护区	赏荷面积千余亩	集赏荷观光、旅游度假、休闲娱乐、体育运动、商务会议等于一体的多功能区域	马鞍山市东部濮塘山区
	马鞍山当涂太白生态园	地方生态乐园	赏荷面积百余亩	集赏荷、观光、旅游、垂钓、休闲于一体的活动区，多次举办荷花节	马鞍山市当涂县太白镇
	六安中央森林公园	综合性公园	赏荷面积千余亩	集赏荷、观光、休闲于一体的活动区，多次举办荷花节	六安市中央森林公园

（续表）

省（自治区、直辖市）	赏荷景区名称	景区性质	景区面积	特色	地址
安徽省	蚌埠韵莲荷花园	乡村生态旅游区	赏荷面积120亩	集赏荷、观光、旅游、休闲于一体的旅游区；每年举办荷花节	蚌埠市101省道西侧
	蚌埠五河沱湖湿地	省级自然保护区	赏荷面积千余亩	集赏荷、观光、旅游、休闲于一体的旅游区	蚌埠市五河县沱湖湿地风景区
	舒城棠树乡龙泉荷苑	乡村生态旅游区	赏荷面积百余亩	集赏荷、观光、旅游、休闲于一体的旅游区	六安市舒城县棠树乡
	淮南焦岗湖风景区	国家湿地公园	号称千亩荷花淀	国家AAAA级旅游景区；集赏荷、泛舟、观光、旅游、休闲于一体的生态湿地风景区	淮南市凤台县毛集实验区兴湖路
江苏省	南京玄武湖公园	综合性公园	赏荷面积数百亩	国家重点公园；国家AAAA级旅游景区；集赏荷、泛舟、观光、旅游、休闲于一体的城市湿地景区	南京市玄武区玄武巷
	南京莫愁湖公园	综合性公园	赏荷面积近百亩	江南第一名湖；金陵第一名胜；金陵四十八景之首；集赏荷、泛舟、观光、休闲于一体的城市公园	南京市建邺区水西门大街
	南京浦口西埂莲乡	乡村旅游度假区	种植万亩莲藕	村内设有莲文化馆；打造集生态观光、休闲娱乐、餐饮美食、乡村度假于一体的综合性乡村旅游区	南京市浦口区浦合线永宁镇永宁村
	南京浦口艺莲苑	乡村生态旅游区	赏荷面积数百亩，选育荷花品种百余个	集赏荷、观光、旅游、休闲于一体的旅游区	南京市浦口区江浦街道五里村
	南京高淳横溪河	乡村生态旅游区	号称三十里荷花盛景	集赏荷、观光、旅游、休闲于一体的旅游区	南京市高淳区阳江镇横溪河

（续表）

省（自治区、直辖市）	赏荷景区名称	景区性质	景区面积	特色	地址
江苏省	南京六合池杉湖湿地公园	城市湿地公园	赏荷面积6000亩	集湿地生态科普教育、赏荷、观光、休闲体验、利用示范于一体的湿地公园；每年举办荷花节	南京市六合区程桥街道近安徽来安县雷官镇
	南京栖霞龙潭水一方景区	城市湿地公园	赏荷面积近万亩	集赏荷、观光、垂钓、泛舟、旅游、餐饮、休闲于一体的综合性生态旅游区	南京市栖霞区龙潭街道陈店村
	南京溧水九荷塘	民营农业观光园	赏荷面积500余亩（园内有藕莲、子莲和花莲）	集赏荷、观光、旅游、莲藕生产、休闲于一体的农业生态旅游区	南京市溧水区石湫街道九荷塘村
	苏州拙政园	江南古典园林	赏荷面积7000平方米	全国重点文物保护单位；被联合国教科文组织列入《世界遗产名录》；国家AAAAA级旅游景区；中国四大名园之一；1996年举办第10届全国荷花展；2009年举办第二十三届全国荷花展；每年举办荷花节	苏州市姑苏区东北街
	苏州荷塘月色公园	城市湿地公园	赏荷面积千余亩	园内建有百荷流香园、荷韵文化长廊、菱香舟影、荷塘迷宫、莲香品茗馆、荷香阁餐厅、荷塘夜景灯光等特色景点，集赏荷、观光、垂钓、泛舟、旅游、餐饮、休闲于一体的综合性生态湿地旅游区；2009年举办第二十三届全国荷花展	苏州市相城区太阳路

（续表）

省（自治区、直辖市）	赏荷景区名称	景区性质	景区面积	特色	地址
江苏省	苏州虎丘一榭园	江南古典园林	赏荷面积约2000平方米	国家AAAAA级旅游景区	苏州市姑苏区山塘街虎丘山门内
	苏州留园	江南古典园林	赏荷面积约200平方米	全国重点文物保护单位；联合国教科文组织列入《世界遗产名录》；国家AAAAA级旅游景区	苏州市姑苏区留园路
	苏州沙湖生态公园	城市湿地公园	赏荷面积约1000平方米	集赏荷、观光、旅游、休闲于一体的旅游区	苏州市吴中区中环东线
	苏州莲池湖公园	国际休闲度假区	赏荷面积万余平方米	集赏荷、观光、旅游、休闲于一体的旅游区	苏州市工业园区阳澄湖半岛莲池湖路
	苏州太湖三山岛湿地公园	国家湿地公园	赏荷面积10多万平方米	国家AAAAA级旅游景区；集赏荷、观光、旅游、休闲、餐饮于一体的旅游区	苏州市吴中区东山镇三山岛
	常熟尚湖风景区	湿地公园	赏荷面积近17万平方米	国家AAAAA级旅游景区；集赏荷、观光、旅游、休闲、餐饮于一体的旅游区	苏州市常熟市虞山镇外西三环路
	太仓南园	城市湿地	赏荷面积约1000平方米	集赏荷、观光、旅游、休闲于一体的旅游区	苏州市太仓市南园东路
	无锡蠡园风景区	江南古典园林	赏荷面积约3000平方米	国家AAAAA级旅游景区；每年举办荷花展览	无锡市滨湖区环湖路
	无锡鼋头渚风景区	国家重点风景名胜区	赏荷面积万余平方米	国家AAAAA级旅游景区；集赏荷、观光、旅游、休闲于一体的旅游区	无锡市滨湖区鼋渚路
	无锡长广溪湿地公园	国家湿地公园	赏荷面积近万平方米	集赏荷、观光、旅游、休闲于一体的旅游区	无锡市滨湖区山水东路东侧

（续表）

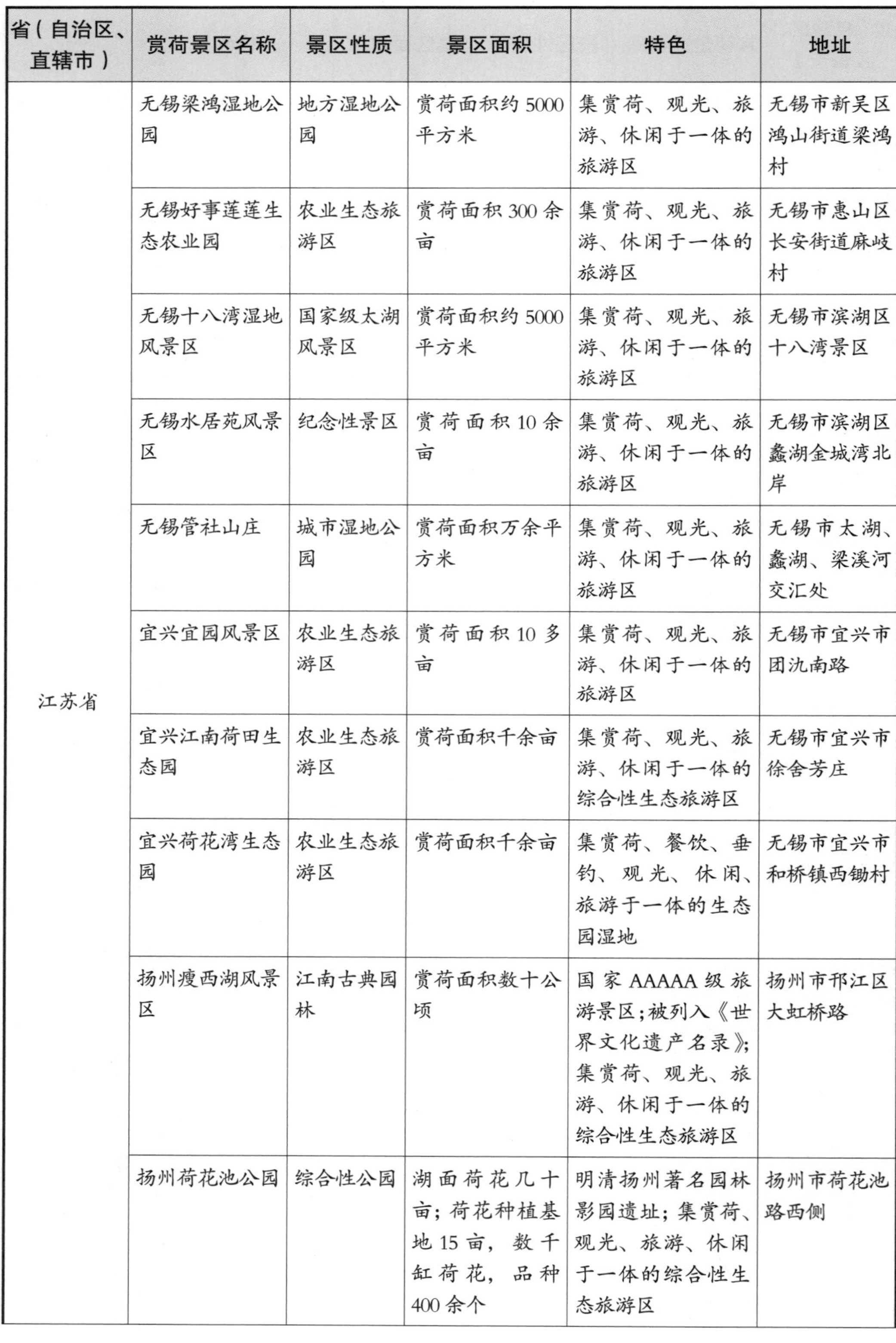

省（自治区、直辖市）	赏荷景区名称	景区性质	景区面积	特色	地址
江苏省	无锡梁鸿湿地公园	地方湿地公园	赏荷面积约5000平方米	集赏荷、观光、旅游、休闲于一体的旅游区	无锡市新吴区鸿山街道梁鸿村
	无锡好事莲莲生态农业园	农业生态旅游区	赏荷面积300余亩	集赏荷、观光、旅游、休闲于一体的旅游区	无锡市惠山区长安街道麻岐村
	无锡十八湾湿地风景区	国家级太湖风景区	赏荷面积约5000平方米	集赏荷、观光、旅游、休闲于一体的旅游区	无锡市滨湖区十八湾景区
	无锡水居苑风景区	纪念性景区	赏荷面积10余亩	集赏荷、观光、旅游、休闲于一体的旅游区	无锡市滨湖区蠡湖金城湾北岸
	无锡管社山庄	城市湿地公园	赏荷面积万余平方米	集赏荷、观光、旅游、休闲于一体的旅游区	无锡市太湖、蠡湖、梁溪河交汇处
	宜兴宜园风景区	农业生态旅游区	赏荷面积10多亩	集赏荷、观光、旅游、休闲于一体的旅游区	无锡市宜兴市团氿南路
	宜兴江南荷田生态园	农业生态旅游区	赏荷面积千余亩	集赏荷、观光、旅游、休闲于一体的综合性生态旅游区	无锡市宜兴市徐舍芳庄
	宜兴荷花湾生态园	农业生态旅游区	赏荷面积千余亩	集赏荷、餐饮、垂钓、观光、休闲、旅游于一体的生态园湿地	无锡市宜兴市和桥镇西锄村
	扬州瘦西湖风景区	江南古典园林	赏荷面积数十公顷	国家AAAAA级旅游景区；被列入《世界文化遗产名录》；集赏荷、观光、旅游、休闲于一体的综合性生态旅游区	扬州市邗江区大虹桥路
	扬州荷花池公园	综合性公园	湖面荷花几十亩；荷花种植基地15亩，数千缸荷花，品种400余个	明清扬州著名园林影园遗址；集赏荷、观光、旅游、休闲于一体的综合性生态旅游区	扬州市荷花池路西侧

（续表）

省（自治区、直辖市）	赏荷景区名称	景区性质	景区面积	特色	地址
江苏省	宝应荷园风景区	农业生态旅游区	赏荷面积万余亩	集赏荷、观光、旅游、餐饮、莲藕生产、休闲于一体的综合性生态旅游区	扬州市宝应县射阳湖镇水泗集镇西侧
	常州新闸荷园	开放型生态湿地公园	赏荷面积120余亩	集赏荷、观光、旅游、休闲于一体的综合性生态旅游区；举办一年一度的荷花节	常州市钟楼区新龙路
	常州雪堰镇雅浦村荷景	城市生态旅游区	赏荷面积十余亩	位于风景优美的太湖之滨，集赏荷、观光、休闲于一体的综合性生态旅游区	常州市武进区雪堰镇雅浦村
	常州红梅公园	综合性公园	园内辟有曲池风荷之景，赏荷面积千余平方米	集赏梅、赏荷、观光、旅游、休闲于一体的综合性生态旅游区	常州市天宁区丹青路28号
	洪泽湖湿地公园	国家级自然保护区	赏荷面积千余亩（荷花大观园、千荷园）	集观荷赏景、生态休闲、观光游览、科普教育于一体的旅游景区；国家级AAAA旅游景区	宿迁市泗洪县洪泽湖西畔
	宿迁宿豫区杉荷园	省级湿地公园	赏荷面积万余亩	集赏荷、观光、旅游、莲藕生产、休闲于一体的农业生态旅游区；AAAA景区	宿迁市宿豫区新庄镇朱瓦村
	泗洪洪泽湖湿地	国家湿地公园	赏荷面积万余亩	集赏荷、观光、垂钓、旅游、休闲于一体的综合性生态旅游区	宿迁市泗洪县城头乡
	盐城聚龙湖公园	综合性公园	赏荷面积百余亩	集赏荷、观光、旅游、休闲于一体的综合性生态旅游区	盐城市亭湖区新都路
	盐城黄尖镇黄尖牡丹园	农业生态旅游区	园内辟有荷花园，其面积300亩	集赏荷、观光、旅游、休闲于一体的综合性生态旅游区	盐城市亭湖区黄尖镇黄尖村

（续表）

省（自治区、直辖市）	赏荷景区名称	景区性质	景区面积	特色	地址
江苏省	盐城响水韩家荡莲藕之乡景区	农业生态旅游区	浅水藕种植面积15800亩	集赏荷、观光、旅游、休闲、餐饮、莲藕生产、产品加工于一体的综合性生态旅游区；每年举办荷花节	盐城市响水县张集中心社区境内
	盐城大马沟生态公园	城市湿地公园	园内辟有“荷塘月色”之景，面积百余亩	集赏荷、观光、旅游、休闲于一体的综合性生态旅游区	位于盐城市盐都区城西南片区
	响水县韩家荡天荷源景区	响水县金芙蓉农业科技有限公司荷花资源区	景区内莲藕面积2000亩；其中观赏荷花、睡莲300亩；荷花品种700个；睡莲品种200个	集赏荷、观光、旅游、休闲、餐饮、莲藕生产于一体的综合性生态旅游区	盐城市响水县张集中心社区韩荡村
	淮安金湖荷花荡	农业生态旅游区	荷花荡22.4平方公里	国家AAAA级旅游景区；集赏荷、观光、旅游、餐饮、休闲于一体的综合性生态旅游区；2014年举行第二十八届全国荷花展	淮安市金湖县闵桥镇横桥乡
	淮安楚秀园	农业生态旅游区	赏荷面积近5000平方米	集赏荷、观光、旅游、休闲于一体的综合性生态旅游区	淮安市清江浦区淮海南路
	淮安清晏园	综合性公园	赏荷面积近千平方米	荷望阁、荷芳书院；集赏荷、观光、旅游、休闲于一体的综合性生态旅游区	淮安市区人民南路西侧环城路北侧
	淮安荷花公园	综合性公园	赏荷面积百余亩	集赏荷、观光、旅游、休闲于一体的综合性生态旅游区	淮安市淮阴区黄河西路
	淮阴钵池山公园	综合性公园	赏荷面积近百亩	集赏荷、观光、旅游、休闲于一体的综合性生态旅游区	淮安市清江浦区南昌路

（续表）

省（自治区、直辖市）	赏荷景区名称	景区性质	景区面积	特色	地址
江苏省	徐州云龙湖风景区	农业生态旅游区	景区内辟有荷风岛之景，其面积120亩	国家AAAAA级旅游景区；集赏荷、观光、旅游、休闲于一体的综合性生态旅游区	徐州市泉山区湖中路
	徐州云龙公园	综合性公园	园内辟有荷花厅水榭，其面积百余亩	集赏荷、观光、旅游、休闲于一体的综合性生态旅游区	徐州市区王陵路南侧
	沛县微山湖千岛湿地	自然湿地	10万余亩野生红荷	集赏荷、观光、旅游、休闲于一体的综合性生态旅游区	沛县东部微山湖畔
	睢宁白塘河湿地公园	省级湿地保护区	赏荷面积百余亩	集赏荷、观光、旅游、休闲于一体的综合性生态旅游区	睢宁县城西北部
	徐州潘安湖湿地公园	湿地保护区	赏荷面积5万余平方米	集赏荷、观光、旅游、休闲于一体的综合性生态旅游区	徐州市贾汪区西南部
	镇江金山公园	综合性公园	赏荷面积万余平方米	集赏荷、观光、旅游、休闲于一体的综合性生态旅游区	镇江市润州区金山西路
	镇江白娘子爱情文化园	城市生态旅游区	赏荷面积2.9公顷	集赏荷、观光、旅游、休闲于一体的综合性生态旅游区	镇江市润州区金山路
	南通启秀园	城市生态旅游区	赏荷面积近百亩	集赏荷、观光、休闲于一体的综合性生态旅游区	南通市崇川区城山路启秀路交叉口南边
	泰州泰山公园秋雪湖	综合性公园	赏荷面积近万平方米	集赏荷、观光、休闲于一体的综合性生态旅游区	泰州市海陵区苏红路
	兴化万亩荷塘景区	农业生态旅游区	赏荷面积百余亩	集赏荷、观光、旅游、休闲、餐饮、莲藕生产、产品加工于一体的综合性生态旅游区	泰州市兴化市李中镇与周奋乡交界处
	泰州天德湖公园	综合性公园	赏荷面积4000余平方米	集赏荷、观光、休闲于一体的综合性生态旅游区	泰州市医药高新区海军东路

（续表）

省（自治区、直辖市）	赏荷景区名称	景区性质	景区面积	特色	地址
江苏省	靖江牧城公园	综合性公园	赏荷面积70余亩	集赏荷、观光、休闲于一体的综合性生态旅游区	泰州市靖江市滨江新城东侧
	连云港郁洲公园	综合性公园	赏荷面积近万平方米	集赏荷、观光、休闲于一体的综合性生态旅游区	连云港市海州区人民东路
	连云港月牙岛湿地公园	湿地保护区	荷景近万亩	集赏荷、观光、休闲于一体的综合性生态旅游区	连云港市海州区新浦大道
	连云港云台水生花卉园	农业生态旅游区	赏荷面积近万亩	集赏荷、观光、垂钓、旅游、休闲、餐饮、莲藕生产、产品加工于一体的综合性生态旅游区	连云港市海州区
上海市	古猗园	综合性公园	赏荷面积百余亩，荷花品种达300多个	国家AAAA级旅游景区；集赏荷、观光、旅游、休闲、度假于一体的旅游度假区；2012年举办第二十六届全国荷花展览；年年举办区域性荷花节	上海市嘉定区南翔镇沪宜公路218号
	宝山顾村公园	综合性公园	赏荷面积35000平方米，缸植荷花40多个品种	国家AAAA级旅游景区；集赏荷、观光、旅游、休闲、度假、美食于一体的旅游度假区；举办荷花节	上海市宝山区顾村镇沪太路
	黄浦人民公园	综合性公园	赏荷面积33000平方米	1991年举办第五届全国荷花展览	上海市黄浦区南京西路
	松江雪浪湖生态园	乡村生态旅游区	赏荷面积千余亩	国家AAA级旅游景区；集赏荷、观光、旅游、休闲、度假、农家乐生活体验于一体的旅游度假区；举办荷花节、荷花美食节	上海市松江区新浜镇胡曹路

（续表）

省（自治区、直辖市）	赏荷景区名称	景区性质	景区面积	特色	地址
上海市	松江荷花公社	乡村生态旅游区	赏荷面积300余亩	集赏荷、观光、旅游、休闲、度假、农家乐生活体验于一体的旅游度假区；举办荷花美食节	上海市松江区新浜镇
	闵行体育公园荷景	综合性公园	园内有湿地生态区，赏荷面积300余亩	集赏荷、观光、旅游、休闲、体育于一体的旅游区	上海市外环线西侧
	金山滨海公园	综合性公园	赏荷面积500余平方米	集赏荷、观光、旅游、休闲于一体的旅游区；举办荷花节	上海市金山区新城路
	海湾国家森林公园	国家级森林公园	园内有湿地生态区，赏荷面积近1200亩	国家AAAA级旅游景区；上海市文明公园；获得“全国休闲农业与乡村旅游五星级”称号；集赏荷、观光、旅游、休闲、度假于一体的旅游度假区；举办荷花节	上海市奉贤区随塘河路
	奉贤古华公园	综合性市政公园	赏荷面积10余亩	集赏荷、休闲于一体的景区；举办荷花节	上海市奉贤区南桥镇解放中路
	上海植物园	综合性植物园	赏荷面积3000余平方米	国家AAAA级旅游景区；集赏荷、观光、旅游、休闲、度假于一体的旅游区	上海市徐汇区龙吴路
	辰山植物园	综合性植物园	首个国际荷花资源圃；收集保存全球荷花资源700余份，活体材料共1800多池（缸）	目前世界上荷花资源最全、最具有代表性的资源圃；国际睡莲水景园艺协会下属国际荷花品种登录权设于此	上海市松江区辰花公路
浙江省	杭州西湖曲院风荷公园	江南古典园林	赏荷面积数十亩，缸荷数千缸，荷花品种数百个	集赏荷、观光、旅游、休闲、度假于一体的旅游区	杭州市西湖区北山街89号

（续表）

省（自治区、直辖市）	赏荷景区名称	景区性质	景区面积	特色	地址
浙江省	杭州八卦田遗址公园	遗址公园	赏荷面积百余亩	集赏荷、观光、旅游、休闲于一体的旅游区	杭州市上城区虎玉路
	杭州西溪湿地荷景	国家湿地公园	赏荷面积百余亩	国家AAAAA级旅游景区；集赏荷、观光、旅游、休闲于一体的旅游度假区	杭州市西湖区天目山路
	萧山湘湖荷花庄	生态旅游区	赏荷面积千余平方米	集赏荷、观光、旅游、休闲于一体的旅游区	杭州市萧山区湘湖路
	杭州天景水生植物园	私营水生植物园	赏荷面积150余亩	集赏荷、科研、科普、观光、旅游、休闲于一体的旅游区	杭州市西湖区双浦镇兰溪口村
	杭州塘栖琵琶湾生态农庄	农业生态旅游区	赏荷面积百余亩	集赏荷、观光、旅游、休闲于一体的旅游区	杭州市余杭区塘栖镇邵家坝村
	桐庐环溪莲海景区	乡村生态旅游区	赏荷面积300余亩	国家AAAA级旅游景区；集赏荷、观光、旅游、休闲于一体的旅游区	杭州市桐庐县江南镇环溪村
	桐庐孙家村	乡村生态旅游区	赏荷面积百余亩	集赏荷、观光、旅游、休闲于一体的旅游区	杭州市桐庐县横村镇孙家村
	临安伍村	乡村生态旅游区	赏荷面积百余亩	集赏荷、观光、旅游、休闲于一体的旅游区	杭州市临安区潜川镇伍村
	建德里叶村十里荷香景区	乡村生态旅游区	号称“百里荷香，万亩荷田”	里叶白莲为地理标志产品；集赏荷、摘莲、品莲、观光、旅游、休闲于一体的旅游区；举办多届荷花节	杭州市建德市大慈岩镇里叶村
	宁波新庄村	乡村生态旅游区	赏荷面积百余亩	集赏荷、摘莲、品莲、观光、旅游、休闲于一体的旅游区	宁波市海曙区高桥镇新庄村

（续表）

省（自治区、直辖市）	赏荷景区名称	景区性质	景区面积	特色	地址
浙江省	宁海九顷塘	乡村生态旅游区	赏荷面积110余亩	具有800多年的历史，有宁海“小西湖”之称	宁波市宁海县岔路镇九顷塘
	宁波日湖公园	综合性公园	赏荷面积十余公顷	集赏荷、观光、旅游、休闲于一体的旅游区	宁波市江北区湖西路
	宁波植物园	综合性植物园	赏荷面积3000余平方米，荷花品种300多个	集赏荷、观光、旅游、休闲于一体的旅游区	宁波市镇海区北环东路
	鄞州走马塘村	乡村生态旅游区	赏荷面积百余亩	集赏荷、观光、旅游、休闲于一体的旅游区	宁波市鄞州区姜山镇走马塘村
	宁波梁祝文化公园	爱情主题公园	赏荷面积百余亩	集赏荷、休闲、度假、娱乐、学术活动于一体的大型爱情主题公园	宁波市鄞州区梁祝路
	宁波镇海招宝山旅游风景区	宗教文化游览区	赏荷面积百余亩	国家AAAA级旅游景区；集赏荷、观光、旅游、休闲于一体的旅游度假区	宁波市镇海区甬江出海口
	北仑先锋村荷花园	乡村生态旅游区	赏荷面积百余亩	集赏荷、观光、旅游、休闲于一体的旅游度假区	宁波北仑大矸镇大路
	宁波新庄村	乡村生态旅游区	赏荷面积200余亩	集赏荷、观光、旅游、休闲于一体的旅游度假区	宁波市海曙区高桥镇新庄村
	奉化虎啸刘村	乡村生态旅游区	赏荷面积240余亩	集赏荷、观光、旅游、休闲于一体的旅游度假区	宁波市奉化区西坞街道虎啸刘村
	平阳南湖湿地荷花观光园	乡村生态旅游区	赏荷面积千余亩	集赏荷、摘莲、品莲、观光、旅游、休闲、莲藕生产加工于一体的旅游区	温州市平阳县水头镇南湖社区龙湖村
	温州龙湾莲情谷	乡村生态旅游区	赏荷面积200余亩	集赏荷、观光、旅游、休闲于一体的旅游度假区	温州市龙湾区永中街道郑宅村

（续表）

省（自治区、直辖市）	赏荷景区名称	景区性质	景区面积	特色	地址
浙江省	温州白鹿洲公园	综合性公园	赏荷面积1200平方米	集赏荷、观光、旅游、休闲于一体的旅游度假区	温州市鹿城区锦绣路
	乐清淡溪荷花博览园	以荷花为主题旅游区	赏荷面积百余亩	集赏荷、观光、旅游、休闲于一体的旅游度假区	温州市乐清县淡溪镇梅溪村
	温州三垟湿地公园	湿地公园	赏荷面积数百亩	集赏荷、观光、旅游、休闲于一体的旅游度假区	温州市瓯海区三垟街道
	金华梅园	植物主题公园	赏荷面积约千平方米	集赏梅、赏荷、观光、旅游、休闲于一体的旅游度假区	金华市婺城区东莱路
	武义十里荷花长廊	乡村生态旅游区	赏荷面积5000多亩（宣莲）	集赏荷、观光、旅游、休闲于一体的旅游度假区	金华市武义县柳城畲族镇祝村
	兰溪诸葛八卦村荷海	乡村生态旅游区	赏荷面积30余亩	集赏荷、观光、旅游、休闲于一体的旅游度假区	金华市兰溪市城西
	东阳花园村	生态农业园	赏荷面积30余亩	集赏荷、摘莲、品莲、观光、旅游、休闲于一体的旅游区	金华市东阳市南马镇花园村
	义乌塘边村	乡村生态旅游区	赏荷面积百余亩	集赏荷、观光、旅游、休闲于一体的旅游度假区；曾举办义乌莲藕节	金华市义乌市赤岸塘边村
	丽水大洋河公园	综合性公园	赏荷面积百余亩	集赏荷、观光、旅游、休闲于一体的旅游度假区；曾举办处州白莲节	丽水市莲都区囿山路
	丽水老竹畲族镇荷花园	乡村生态旅游区	处州白莲3500亩	集赏荷、摘莲、品莲、观光、旅游、休闲、莲藕生产加工于一体的旅游区	丽水市莲都区老竹畲族镇
	庆元安隆村	乡村生态旅游区	赏荷面积百余亩	集赏荷、摘莲、品莲、观光、旅游、休闲、莲藕生产于一体的旅游区	丽水市庆元县安南乡安隆村

（续表）

省（自治区、直辖市）	赏荷景区名称	景区性质	景区面积	特色	地址
浙江省	庆元莲湖村	乡村生态旅游区	赏荷面积百余亩	集赏荷、摘莲、品莲、观光、旅游、休闲、莲藕生产于一体的旅游区	丽水庆元县隆宫乡莲湖村
	衢江莲花镇荇荷景区	乡村生态旅游区	赏荷面积百余亩	集赏荷、摘莲、品莲、观光、旅游、休闲、莲藕生产于一体的旅游区	衢州市衢江区莲花镇西山下村
	龙游天池	乡村生态旅游区	赏荷面积千余亩	集赏荷、观光、旅游、休闲于一体的旅游度假区；曾举办横山荷花节	衢州市龙游县横山镇天池荷花景区
	常山聚宝村	乡村生态旅游区	赏荷面积500余亩	集赏荷、观光、旅游、休闲于一体的旅游度假区	衢州市常山县白石镇聚宝村
	绍兴秋湖村	乡村生态旅游区	赏荷面积5亩	集赏荷、观光、休闲于一体的旅游度假区	绍兴市柯岩街道秋湖村
	绍兴渔猎公园十里荷塘景区	湿地公园	赏荷面积600余亩	集赏荷、观光、旅游、休闲于一体的旅游度假区	绍兴市越城区灵芝镇解放大道
	新昌新联村百亩荷塘景区	乡村生态旅游区	赏荷面积百余亩	集赏荷、观光、闻荷香、品荷叶茶、旅游、休闲于一体的旅游度假区	绍兴市新昌县南明街道新联村
	诸暨白塔湖湿地公园	国家湿地公园	赏荷面积200余亩	国家AAA级景区；集赏荷、观光、旅游、休闲于一体的旅游度假区	绍兴市诸暨市阮市镇金家站村
	诸暨西施故里	乡村生态旅游区	赏荷面积数十亩	集赏荷、观光、旅游、休闲于一体的旅游度假区	绍兴市诸暨市苎萝东路
	绍兴兰亭	乡村生态旅游区	赏荷面积约一千平方米	集赏荷、观光、旅游、休闲于一体的旅游度假区	绍兴市柯桥区兰亭镇

（续表）

省（自治区、直辖市）	赏荷景区名称	景区性质	景区面积	特色	地址
浙江省	浙江钳口生态园	乡村生态旅游区	赏荷面积约200亩	集赏荷、观光、旅游、休闲于一体的旅游度假区	绍兴市嵊州市崇仁镇镇南园
	长兴吕山荷博园	以荷花为主题的旅游区	赏荷面积3000余亩	集赏荷、观光、采莲、品茶、旅游、休闲、廉政、科普教育于一体的综合生态农业旅游区	湖州市长兴县吕山乡杨吴村
	果儿塔湿地公园	乡村生态旅游区	赏荷面积60余亩	集赏荷、观光、旅游、休闲于一体的旅游区	湖州市安吉县孝丰镇潴口溪村
	湖州飞英公园	综合性公园	赏荷面积百余亩	集赏荷、观光、旅游、休闲于一体的旅游度假区	湖州市吴兴区塔下街
	南浔小莲庄	旧时私家园林	赏荷面积十余亩	全国重点文物保护单位；集赏荷、观光、旅游、休闲于一体的旅游度假区	湖州市南浔镇西南万古桥西
	嘉兴王江泾	农业生态旅游区	赏荷面积万余亩	每年举办荷花节；集赏荷、摘莲、品莲、观光、旅游、休闲、莲藕生产于一体的旅游区	嘉兴市秀洲区王江泾镇
	嘉兴南湖	纪念性胜地	赏荷面积千余平方米	每年放荷花灯；集赏荷、观光、旅游、休闲、瞻仰党的一大会址于一体的旅游区	嘉兴市市区东南南湖路西侧
	嘉兴植物园	综合性公园	赏荷面积15亩	集赏荷、观光、旅游、休闲于一体的旅游区	嘉兴市南湖区纺工路长水路口西侧
	温岭山园村	乡村生态旅游区	赏荷面积200亩	集赏荷、观光、旅游、休闲于一体的旅游区	台州市温岭市新河镇山园村
	天台寒岩村	乡村生态旅游区	赏荷面积200亩	打造以荷为媒、以花会友、以景系情、以莲倡廉的景区，让游客尽享荷花盛宴	台州市天台县龙溪乡寒岩村

（续表）

省（自治区、直辖市）	赏荷景区名称	景区性质	景区面积	特色	地址
浙江省	椒江市民广场	市民公共活动场所	赏荷面积千余平方米	集赏荷、观光、旅游、休闲于一体的旅游区	台州市椒江区中心大道与市府大道交叉口东北角
	舟山塘夹岙村	乡村生态旅游区	赏荷面积200亩	集赏荷、观光、祈福、旅游、休闲于一体的旅游区	舟山市定海区白泉镇塘夹岙村
	普陀山莲花池	宗教胜地	赏荷面积600余平方米	集赏荷、观光、祈福、旅游、休闲于一体的旅游区	舟山市普陀山普济寺门前
福建省	福州西湖公园	综合性公园	赏荷面积3700余平方米	举办荷花展览；集赏荷、观光、旅游、休闲于一体的旅游区	福州市鼓楼区湖滨路
	福州左海公园	综合性公园	赏荷面积26000平方米	集赏荷、观光、旅游、休闲于一体的旅游区	福州市鼓楼区铜盘路
	福州茶亭公园	综合性公园	赏荷面积3000余平方米	园内辟有荷风月影、荷香戏台之景，荷花品种200多个，集赏荷、观光、旅游、休闲于一体的旅游区	福州市台江区广达路与八一七中路之间
	福州黎明湖公园	综合性公园	赏荷面积8000余平方米	集赏荷、观光、旅游、休闲于一体的旅游区	福州市鼓楼区乌山路
	福州闽江公园	综合性公园	赏荷面积4000余平方米	园内辟有荷塘月色之景，集赏荷、观光、旅游、休闲于一体的旅游区	福州市台江区江滨大道
	厦门园博苑	综合性公园	赏荷面积两万余平方米，苑内辟有大沙园、武汉园、岭南园、苏州园等多处荷景	集赏荷、观光、旅游、休闲于一体的旅游区	厦门市集美区集杏海堤96号
	厦门五缘湾湿地公园	湿地生态园	赏荷面积十余亩	集赏荷、观光、旅游、休闲于一体的旅游区	厦门市湖里区汤屿路

（续表）

省（自治区、直辖市）	赏荷景区名称	景区性质	景区面积	特色	地址
福建省	厦门中山公园	综合性公园	赏荷面积200余亩	集赏荷、观光、旅游、休闲于一体的旅游区	厦门市思明区斗西路
	厦门南普陀寺公园	宗教胜地	赏荷面积千余平方米	集赏荷、观光、烧香、旅游、休闲于一体的旅游区	厦门市思明区思明南路
	厦门莲花公园	湿地生态园	赏荷面积万余平方米	集赏荷、观光、旅游、休闲于一体的旅游区	厦门市思明区凌香里
	厦门同安前垵湾	休闲农庄	赏荷面积200余亩	集赏荷、观光、旅游、休闲于一体的旅游区	厦门市同安区汀溪镇古坑村
	厦门园林植物园	综合性植物园	赏荷面积千余平方米	国家AAAA级旅游区；集赏荷、观光、旅游、休闲于一体的旅游区	厦门市思明区思明南路
	华侨大学秋中湖	校园休闲地	赏荷面积300余平方米	集赏荷、观光、读书、休闲于一体的校园	泉州市丰泽区城华北路
	泉州西湖公园	综合性公园	赏荷面积千余平方米	集赏荷、观光、旅游、休闲于一体的旅游区	泉州市丰泽区新华北路
	泉州东湖公园	综合性公园	赏荷面积近200亩	集赏荷、观光、旅游、休闲于一体的旅游区	泉州市丰泽区温陵北路
	泉州新告村小溪莲花园	乡村生态旅游区	赏荷面积近万平方米	集赏荷、观光、旅游、休闲于一体的旅游区	泉州市洛江区河市镇
	南安康美农场	乡村生态旅游区	赏荷面积十余亩	集赏荷、观光、旅游、休闲于一体的旅游区	泉州市南安县康美镇康美村
	建宁修竹荷苑	子莲生产农业生态园	赏荷面积5万余亩	全国农业旅游示范点；举办荷花节；集赏荷、观光、摘莲、旅游、休闲、莲子加工于一体的旅游区	三明市建宁县均口镇修竹村公路旁

（续表）

省（自治区、直辖市）	赏荷景区名称	景区性质	景区面积	特色	地址
福建省	宁化济村莲乡	乡村生态旅游区	赏荷面积数百亩	集赏荷、观光、摘莲、旅游、休闲、莲子加工于一体的旅游区	三明市宁化县济村乡济村
	将乐肖坊古村落荷塘景区	乡村生态旅游区	赏荷面积40余亩	集赏荷、观光、摘莲、旅游、休闲、莲子加工于一体的旅游区	三明市将乐县光明乡肖坊古村落
	沙县陈罗坑	乡村生态旅游区	赏荷面积40余亩	集赏荷、观光、旅游、休闲于一体的旅游区	三明市沙县南阳乡大基口村
	南平建瓯子莲乡	子莲生产农业生态园	赏荷面积6600余亩	集赏荷、观光、摘莲、旅游、休闲、莲子加工于一体的旅游区	南平市建瓯市吉阳镇新桥村、巨历口村、黄富村
	武夷山白莲之乡景区	子莲生产农业生态园	赏荷面积万余亩	举办荷花节；集赏荷、观光、摘莲、旅游、休闲、莲子加工于一体的旅游区	南平市武夷山市五夫镇
	漳平拱桥镇上界	地方赏荷旅游景区	赏荷面积数百亩	多次举办“相约拱桥•共享荷香”荷花节；集赏荷、摘莲、旅游、休闲于一体的旅游区	龙岩市漳平市桥镇上界村荷园广场
	连城塘前乡	乡村生态旅游区	赏荷面积百余亩	举办荷花节；集赏荷、观光、摘莲、旅游、休闲于一体的旅游区	龙岩市连城县塘前乡
	上杭才溪红军公田	乡村生态旅游区	赏荷面积百余亩	举办荷花节；集赏荷、观光、摘莲、旅游、休闲于一体的旅游区	龙岩市上杭县才溪乡
	漳州九龙公园	综合性公园	赏荷面积千余平方米	集赏荷、观光、旅游、休闲于一体的旅游区	漳州市胜利东路与元光南路交会处

（续表）

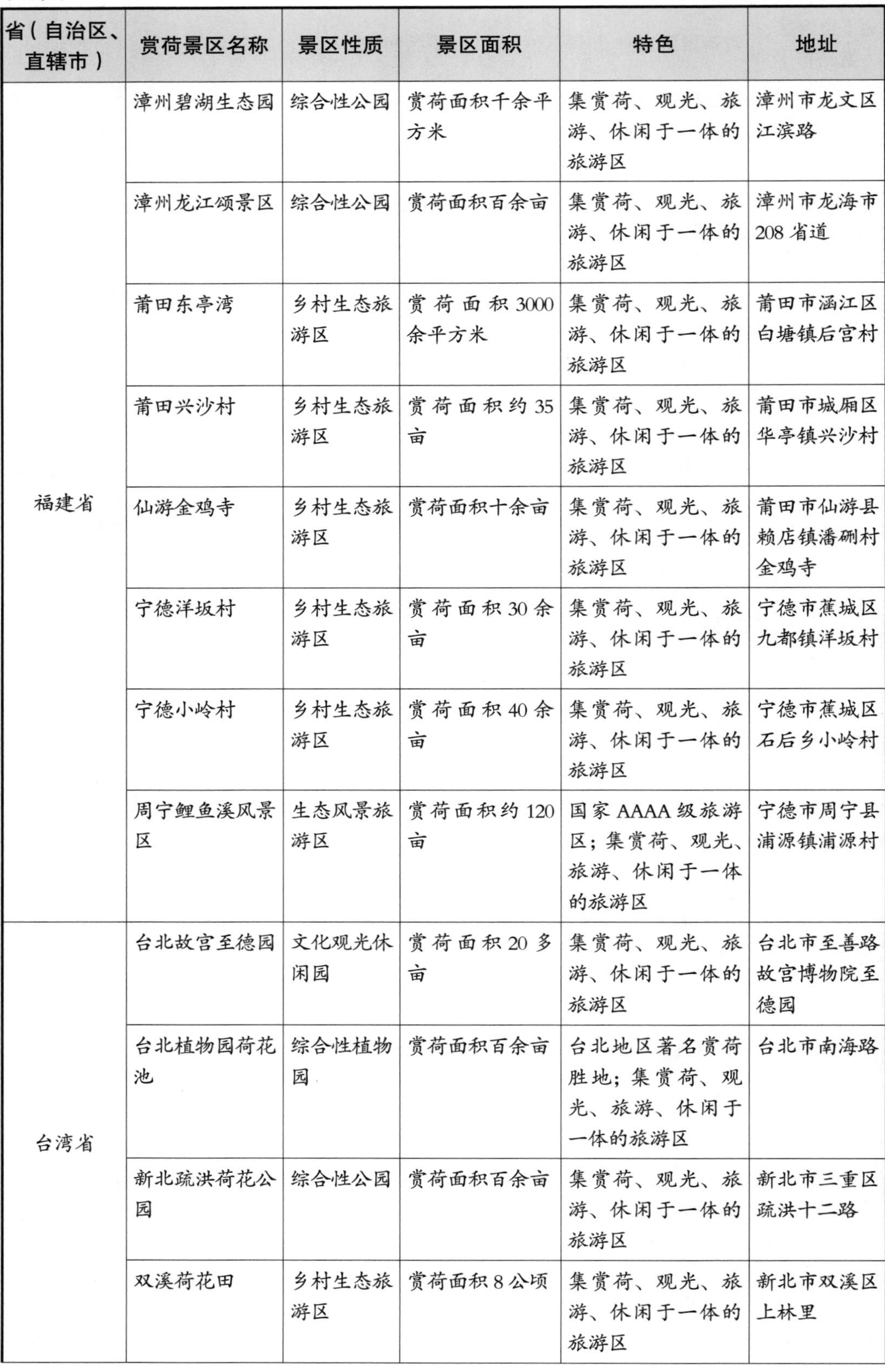

省（自治区、直辖市）	赏荷景区名称	景区性质	景区面积	特色	地址
福建省	漳州碧湖生态园	综合性公园	赏荷面积千余平方米	集赏荷、观光、旅游、休闲于一体的旅游区	漳州市龙文区江滨路
	漳州龙江颂景区	综合性公园	赏荷面积百余亩	集赏荷、观光、旅游、休闲于一体的旅游区	漳州市龙海市208省道
	莆田东亭湾	乡村生态旅游区	赏荷面积3000余平方米	集赏荷、观光、旅游、休闲于一体的旅游区	莆田市涵江区白塘镇后宫村
	莆田兴沙村	乡村生态旅游区	赏荷面积约35亩	集赏荷、观光、旅游、休闲于一体的旅游区	莆田市城厢区华亭镇兴沙村
	仙游金鸡寺	乡村生态旅游区	赏荷面积十余亩	集赏荷、观光、旅游、休闲于一体的旅游区	莆田市仙游县赖店镇潘砌村金鸡寺
	宁德洋坂村	乡村生态旅游区	赏荷面积30余亩	集赏荷、观光、旅游、休闲于一体的旅游区	宁德市蕉城区九都镇洋坂村
	宁德小岭村	乡村生态旅游区	赏荷面积40余亩	集赏荷、观光、旅游、休闲于一体的旅游区	宁德市蕉城区石后乡小岭村
	周宁鲤鱼溪风景区	生态风景旅游区	赏荷面积约120亩	国家AAAA级旅游区；集赏荷、观光、旅游、休闲于一体的旅游区	宁德市周宁县浦源镇浦源村
台湾省	台北故宫至德园	文化观光休闲园	赏荷面积20多亩	集赏荷、观光、旅游、休闲于一体的旅游区	台北市至善路故宫博物院至德园
	台北植物园荷花池	综合性植物园	赏荷面积百余亩	台北地区著名赏荷胜地；集赏荷、观光、旅游、休闲于一体的旅游区	台北市南海路
	新北疏洪荷花公园	综合性公园	赏荷面积百余亩	集赏荷、观光、旅游、休闲于一体的旅游区	新北市三重区疏洪十二路
	双溪荷花田	乡村生态旅游区	赏荷面积8公顷	集赏荷、观光、旅游、休闲于一体的旅游区	新北市双溪区上林里

（续表）

省（自治区、直辖市）	赏荷景区名称	景区性质	景区面积	特色	地址
台湾省	淡水屯山里荷花田	乡村生态旅游区	赏荷面积13公顷	集赏荷、观光、旅游、休闲于一体的旅游区	新北市淡水区屯山里石头厝
	高雄莲花潭	生态风景旅游区	景区内辟有“泮水荷香”之景，赏荷面积十余亩	集赏荷、观光、朝圣、旅游、休闲于一体的旅游区	高雄市左营区半屏山之南
	桃园莲荷农场	农业生态园	赏荷面积40公顷	举办荷花节；集赏荷、观光、摘莲、旅游、休闲于一体的旅游区；台湾岛知名赏荷胜地	桃园市观音区
	南投中兴新村	文化观光休闲园	赏荷面积0.5公顷	集赏荷、观光、旅游、休闲于一体的旅游区	南投县中兴新村
江西省	南昌象湖湿地公园	地方湿地公园	赏荷面积400余亩	集赏荷、观光、摘莲、旅游、休闲于一体的旅游区	南昌市青云谱区罗马壹号b区旁
	南昌艾溪湖湿地公园	地方森林湿地公园	赏荷面积百余亩	集赏荷、观光、旅游、休闲于一体的旅游区	南昌市青山湖区昌东大道
	南昌安义荷花小镇	乡村生态旅游区	赏荷面积300余亩	集赏荷、观光、摘莲、旅游、休闲于一体的旅游区	南昌市安义县长埠镇车田村
	九江共青源荷花园	农业生态园	赏荷面积千余亩	荷花被选为九江市市花；集赏荷、观光、摘莲、旅游、休闲于一体的旅游区	九江市共青城市共青源荷花园
	九江莲藕之乡景区	农业生态园	赏荷面积千余亩	集赏荷、摘莲、品莲、观光、旅游、休闲、莲藕生产加工于一体的旅游区	九江市柴桑区港口街镇
	九江和中广场	公共活动场所	赏荷面积百余亩	荷花被选为九江市市花；集赏荷、观光、旅游、休闲于一体的旅游区	九江市浔阳区南湖路

（续表）

省（自治区、直辖市）	赏荷景区名称	景区性质	景区面积	特色	地址
江西省	九江德安百亩太空莲区	子莲生产农业生态园	赏荷面积百余亩	集赏荷、摘莲、品莲、观光、旅游、休闲、子莲生产加工于一体的旅游区	九江市德安县吴山镇
	九江甘棠公园	综合性公园	赏荷面积百余亩	荷花被选为九江市市花；集赏荷、观光、旅游、休闲于一体的旅游区	九江市浔阳区庐山南路
	石城万亩荷乡景区	农业生态园	赏荷面积万余亩	举办荷花节；集赏荷、观光、摘莲、旅游、休闲于一体的旅游区	赣州市石城县琴江镇大畲村
	赣县旱塘村	农业生态园	赏荷面积千余亩	集赏荷、观光、摘莲、旅游、休闲于一体的旅游区	赣州市赣县江口镇旱塘村
	景德镇昌江百荷园	农业生态园	赏荷面积百余亩	集赏荷、观光、摘莲、旅游、休闲于一体的旅游区	景德镇市昌江区荷塘乡横柏山村
	浮梁坑口村梦田玉荷园	乡村生态旅游区	赏荷面积百余亩	集赏荷、观光、摘莲、旅游、休闲于一体的旅游区	景德镇市浮梁县湘湖镇坑口村
	广昌白莲之乡景区	农业生态园	赏荷面积十万余亩	中国著名白莲之乡；举办荷花节；集赏荷、观光、摘莲、旅游、休闲于一体的旅游区	抚州市广昌县所辖盱江等乡镇
	萍乡荷花博览园	农业生态园	赏荷面积3000亩	国家AAAA级旅游区；2013年举办第二十七届全国荷花展	萍乡市莲花县莲花村
	婺源严田古樟景区	乡村生态旅游区	赏荷面积近百亩	集赏荷、观光、旅游、休闲于一体的旅游区	上饶市婺源县赋春镇严田村
	新余湖头村荷花观光园	乡村生态旅游区	赏荷面积2000亩	集赏荷、观光、摘莲、旅游、休闲于一体的旅游区	新余市渝水区罗坊镇湖头村

（续表）

省（自治区、直辖市）	赏荷景区名称	景区性质	景区面积	特色	地址
江西省	上饶铅山杨林村	乡村生态旅游区	赏荷面积3000余亩	集赏荷、观光、摘莲、旅游、休闲于一体的旅游区	上饶市铅山县葛仙山乡杨林村
	上饶梧桐畈村	田园休闲观光区	赏荷面积千余亩	集赏荷、观光、摘莲、旅游、休闲于一体的旅游区	上饶市横峰县莲荷乡梧桐畈村
	宜春靖安水口乡	乡村生态旅游区	赏荷面积千余亩	集赏荷、观光、摘莲、旅游、休闲于一体的旅游区	宜春市靖安县水口乡龙井村
	吉安石语荷园	田园休闲观光区	赏荷面积3000余亩	举办荷花节；集赏荷、观光、摘莲、旅游、休闲于一体的旅游区	吉安市吉州区兴桥镇
	贵溪荷花谷	田园休闲观光区	赏荷面积300余亩	集赏荷、观光、摘莲、旅游、休闲于一体的旅游区	鹰潭市贵溪市流口镇横路村
	鹰潭西湖湿地公园	地方湿地公园	赏荷面积百余亩	集赏荷、观光、旅游、休闲于一体的旅游区	鹰潭市主城区西南胜利西路
湖北省	武汉东湖荷园	综合性公园	赏荷面积百余亩	每年举办荷花节；园内荷花品种一千多个；集赏荷、观光、旅游、休闲、科普教育于一体的旅游区	武汉市东湖生态旅游风景区鲁磨路
	武汉沙湖公园	综合性公园	赏荷面积数百亩	每年举办荷花节；园内荷花品种400多个；集赏荷、观光、旅游、休闲于一体的旅游区	武汉市武昌区秦园东路
	武汉解放公园	综合性公园	赏荷面积数百亩	每年举办荷花节；园内荷花品种百余个；集赏荷、观光、旅游、休闲于一体的旅游区	武汉市汉口区解放公园路

（续表）

省（自治区、直辖市）	赏荷景区名称	景区性质	景区面积	特色	地址
湖北省	武汉植物园	中国科学院综合性植物园	赏荷面积17000平方米	集赏荷、观光、旅游、休闲、科普教育于一体的旅游区	武汉市武昌区东湖风景区植物园路
	武汉金银湖湿地公园	国家城市湿地公园	赏荷面积数百亩	集赏荷、观光、旅游、休闲于一体的旅游区	武汉市东西湖区金山大道
	汉阳月湖公园	综合性公园	赏荷面积百余亩	集赏荷、观光、旅游、休闲于一体的旅游区	武汉市汉阳区琴台大道
	蔡甸金莲湾莲花水乡	农业生态园	赏荷面积1600亩	集赏荷、观光、旅游、休闲、莲藕生产加工于一体的旅游区	武汉市蔡甸区索河镇金莲湾
	江夏金水河子莲之乡景区	农业生态园	赏荷面积12万亩	集赏荷、观光、旅游、休闲、采莲、品莲及子莲生产加工于一体的旅游区	武汉市江夏区法泗镇金水河
	秀湖植物园	私营植物园	赏荷面积200亩	集赏荷、观光、旅游、休闲于一体的旅游区	孝感市云梦县下辛店镇洪庙村
	孝感莲花湖	地方湿地公园	赏荷面积200余亩	荷花被选为孝感市市花；“泮沼荷香”为孝感八景之一；集赏荷、观光、旅游、休闲、泛舟、采莲、品莲、垂钓于一体的旅游区	孝感市城西
	孝感朱湖湿地公园	地方湿地公园	赏荷面积万余亩	集赏荷、观光、旅游、休闲、泛舟、采莲、品莲、垂钓于一体的旅游区	孝感市孝南区菱角湖
	鄂州红莲湖旅游度假区	地方旅游风景区	赏荷面积约5.5平方公里	集赏荷、观光、旅游、休闲、泛舟、采莲、品莲、垂钓于一体的旅游区	鄂州市华容区庙岭镇
	荆州明月公园	综合性公园	赏荷面积百余亩	集赏荷、观光、旅游、休闲、垂钓于一体的旅游区	荆州市荆州区内环北路

（续表）

省（自治区、直辖市）	赏荷景区名称	景区性质	景区面积	特色	地址
湖北省	洪湖湿地公园	国家湿地公园	赏荷面积1.2万亩	荷花被选为洪湖市市花；集赏荷、观光、旅游、休闲、泛舟、采莲、品莲、垂钓于一体的旅游区	荆州市洪湖市瞿家湾镇
	十堰东沟	乡村生态旅游区	赏荷面积30余亩	集赏荷、观光、旅游、休闲、采莲、垂钓于一体的旅游区	十堰市茅箭区东沟路
	宜昌荷花镇	乡村生态旅游区	赏荷面积50余亩	集赏荷、观光、旅游、休闲、采莲、垂钓于一体的旅游区	宜昌市远安县荷花镇金桥村
	宜昌木鱼山百亩荷田景区	乡村生态旅游区	赏荷面积百余亩	集赏荷、观光、旅游、休闲、采莲于一体的旅游区	宜昌市夷陵区新场村
	襄阳黄家湾风景区	乡村生态旅游区	赏荷面积千余平方米	集赏荷、观光、旅游、休闲于一体的旅游区	襄阳市西郊黄家湾风景区
	咸宁斧头湖畔	农业生态园	莲藕种植近万亩	集赏荷、观光、旅游、休闲、采莲、垂钓、莲藕加工于一体的旅游区	咸宁市嘉鱼县渡普镇黄沙湾
	赤壁黄盖湖	农业生态园	赏荷面积千余亩	集赏荷、观光、旅游、休闲、采莲、垂钓于一体的旅游区	咸宁市赤壁市黄盖湖镇大湾村
	潜江曹禺公园	纪念性公园	赏荷面积百余亩	集赏荷、观光、旅游、休闲于一体的旅游区	潜江市章华北路
	荆门借粮湖	地方湿地公园	赏荷面积5万亩	集赏荷、观光、旅游、休闲于一体的旅游区	荆门市沙洋县毛李镇
	仙桃东沼红莲池	农业生态园	赏荷面积近千亩	集赏荷、观光、旅游、休闲于一体的旅游区	仙桃市古城东门

（续表）

省（自治区、直辖市）	赏荷景区名称	景区性质	景区面积	特色	地址
湖北省	黄州遗爱湖公园	综合性公园	赏荷面积千余亩	集赏荷、观光、旅游、休闲于一体的旅游区	黄冈市黄州区赤壁大道
	蕲春檀榜村	乡村生态旅游区	赏荷面积500余亩	集赏荷、观光、旅游、休闲于一体的旅游区	黄冈市蕲春县狮子镇檀榜村
	随州挑水村荷花园	乡村生态旅游区	赏荷面积千余亩	集赏荷、观光、旅游、休闲及子莲生产加工于一体的旅游区	随州市曾都区淅河镇挑水村
	恩施州城莲湖花园	乡村生态旅游区	赏荷面积百余亩	集赏荷、观光、休闲于一体的旅游区	恩施土家族苗族自治州施州大道
湖南省	湖南省植物园	综合性植物园	园内种植荷花品种600余个，3000多盆	集赏荷、观光、休闲于一体的旅游区	长沙市雨花区植物园路
	长沙月湖公园	综合性公园	赏荷面积数十亩	集赏荷、观光、休闲于一体的旅游区	长沙市芙蓉区东二环一段
	长沙烈士公园	纪念性公园	赏荷面积9000平方米	集瞻仰烈士、赏荷、观光、休闲于一体的旅游区	长沙市开福区东风路
	长沙洋湖湿地公园	地方湿地公园	赏荷面积约20000平方米	集赏荷、观光、休闲于一体的旅游区	长沙市岳麓区潇湘南路
	望城光明村荷花园	乡村生态旅游区	赏荷面积百余亩	集赏荷、观光、旅游、休闲及子莲生产加工于一体的旅游区	长沙市望城区白箬铺镇光明村
	湘潭湘莲文化园	乡村生态旅游区	赏荷面积万余亩	集赏荷、观光、旅游、休闲及子莲生产加工于一体的旅游区	湘潭市湘潭县花石镇湘莲文化基地
	湘潭盘龙大观园	综合性植物园	赏荷面积300余亩	集赏荷、观光、休闲于一体的旅游区	湘潭市岳塘区芙蓉大道
	毛泽东故居	纪念性景区	赏荷面积一亩有余	集瞻仰领袖、赏荷、观光、休闲于一体的旅游区	湘潭市韶山市韶山乡韶山村

（续表）

省（自治区、直辖市）	赏荷景区名称	景区性质	景区面积	特色	地址
湖南省	衡阳西湖公园	综合性公园	赏荷面积数十公顷	1998年举办第十二届全国荷花展；集赏荷、观光、休闲于一体的旅游区	衡阳市石鼓区蒸阳北路
	衡东白莲村千亩荷田景区	乡村生态旅游区	赏荷面积千余亩	集赏荷、观光、旅游、休闲及子莲生产加工于一体的旅游区	衡阳市衡东县白莲镇白莲村
	祁东莲湖湾十里莲乡景区	乡村生态旅游区	赏荷面积4000余亩	集赏荷、观光、旅游、休闲及子莲生产加工于一体的旅游区	衡阳市祁东县近尾洲镇莲湖湾
	新邵莲藕基地	农业生态园	种植300亩富硒莲藕	集赏荷、观光、旅游、休闲及莲藕生产加工于一体的旅游区	邵阳市新邵县坪上镇朗概山村
	邵阳田庄村荷园	农业生态园	赏荷面积200余亩	集赏荷、观光、旅游、休闲及子莲生产加工于一体的旅游区	邵阳市北塔区陈家桥乡田庄村
	岳阳团湖荷花公园	农业生态园	赏荷面积5000余亩	国家AAAA级旅游景区；每年举办荷花节；集赏荷、观光、旅游、休闲、采莲、垂钓、食莲于一体的旅游区	岳阳市君山区君山岛
	常德安乡万亩荷园景区	农业生态园	赏荷面积万余亩	每年举办荷花节；集赏荷、观光、旅游、休闲、采莲于一体的旅游区	常德市安乡县官垱镇
	常德城址荷园	农业生态园	赏荷面积千余亩	每年举办荷花节；集赏荷、观光、旅游、休闲、采莲、垂钓、食莲于一体的旅游区	常德市鼎城区韩公渡镇城址村

（续表）

省（自治区、直辖市）	赏荷景区名称	景区性质	景区面积	特色	地址
湖南省	张家界荷花生态专类园	农业生态园	赏荷面积700余亩	每年举办荷花节；集赏荷、观光、旅游、休闲、采莲、垂钓、食莲及传承荷文化于一体的旅游区	张家界市后坪镇荷花村
	周立波故居	纪念性景区	赏荷面积百余亩	集赏荷、观光、旅游、休闲于一体的旅游区	益阳市高新区谢林港镇石桥村
	曾国藩故里	纪念性景区	赏荷面积2000余亩	每年举办荷花文化旅游节；全国特色景观旅游名镇；集赏荷、观光、旅游、休闲于一体的旅游区	娄底市双峰县荷叶镇福托村
	双峰上尧荷花基地	农业生态园	赏荷面积千余亩	集赏荷、观光、旅游、休闲于一体的旅游区	娄底市双峰县锁石镇芙蓉村
	郴州吴山村百亩荷塘景区	农业生态园	赏荷面积百余亩	集赏荷、观光、旅游、休闲于一体的旅游区	郴州市北湖区华塘镇吴山村
	永州荷塘月色景区	乡村生态旅游区	赏荷面积万余亩	集赏荷、观光、旅游、休闲于一体的旅游区	永州市零陵区高贤村
	永州宁远九嶷山西湾荷花园	乡村生态旅游区	赏荷面积千余亩	集赏荷、观光、旅游、休闲于一体的旅游区；连续多年举办地方荷花节	永州市宁远县九嶷镇西湾村
	怀化花背村	乡村生态旅游区	赏荷面积500余亩	集赏荷、观光、旅游、休闲于一体的旅游区	怀化市鹤城区河西街道花背村
	通道侗族皇都村荷园	乡村生态旅游区	赏荷面积近300亩	集赏荷、观光、旅游、休闲于一体的旅游区	怀化市通道侗族自治县坪坦乡皇都村
广西壮族自治区	广西大学荷花池	校园休闲地	赏荷面积百余亩	每年举办荷花节；为学生创造赏荷、休闲、静读的环境	南宁市西乡塘区大学东路

（续表）

省（自治区、直辖市）	赏荷景区名称	景区性质	景区面积	特色	地址
广西壮族自治区	南宁狮山公园	综合性公园	赏荷面积200余亩，大小荷池分布十余处	集赏荷、观光、旅游、休闲于一体的旅游区	南宁市兴宁区秀厢大道
	南宁青秀山风景区	生态旅游景区	赏荷面积数十亩，5000缸缸植荷花	集赏荷、观光、旅游、休闲于一体的旅游区	南宁市青秀区凤岭南路
	南宁银林山庄	生态旅游景区	赏荷面积千余平方米	集赏荷、观光、旅游、休闲于一体的旅游区	南宁市西乡塘区邕武路
	宾阳黎塘荷香人间景区	现代农业示范基地	赏荷面积数千亩	集现代生态农业生产、特色农业观光、休闲旅游度假、农业文化体验等功能于一体的现代农业生态区及国家AAAA级旅游景区；举办“荷香人间”赏荷节	南宁市宾阳县黎塘镇青山村委里仁村
	柳江万亩荷塘景区	农业生态园	赏荷面积万余亩	每年举办荷花节；集赏荷、观光、旅游、休闲及莲藕生产加工于一体的旅游区	柳州市柳江区百朋镇下伦屯
	三江侗族和里村	农业生态园	赏荷面积千余亩	集赏荷、观光、旅游、休闲及莲藕生产加工于一体的旅游区；观荷、听荷、画荷、摄荷	柳州市三江侗族自治县良口乡和里村
	融安太平村荷花园	农业生态园	赏荷面积千余亩	集赏荷、观光、旅游、休闲及莲藕生产加工于一体的旅游区；荷花园农庄特供荷叶叫花鸡、莲子老鸭汤等莲食美味	柳州市融安县长安镇太平村
	桂林西山公园	综合性公园	赏荷面积百余亩	举办荷花节，集赏荷、观光、旅游于一体的休闲区	桂林市秀峰区（城西）丽君路西段、西山路东段

（续表）

省（自治区、直辖市）	赏荷景区名称	景区性质	景区面积	特色	地址
广西壮族自治区	桂林七星公园	综合性公园	赏荷面积百余亩	1999年举办过全国第十三届荷花展览，集赏荷、观光、旅游于一体的休闲区	桂林市漓江东岸
	临桂会仙湿地公园	农业生态旅游区	赏荷面积2000余亩	集赏荷、观光、旅游、休闲及莲藕生产加工于一体的旅游区	桂林市临桂区会仙镇三义村
	桂林大埠陶家村	农业生态旅游区	号称“万亩荷塘”	集赏荷、观光、旅游、休闲于一体的旅游区	桂林市雁山区大埠陶家村万亩荷塘
	灵川爱莲荷花园	农业生态旅游区	赏荷面积200余亩	园内筑周敦颐雕像，此地有周公后裔居住的九屋江头古村，荷文化渊源颇深	桂林市灵川县九屋镇江头村
	梧州潘塘公园	综合性公园	赏荷面积300余亩	集赏荷、观光、旅游、休闲于一体的旅游区	梧州市万秀区湖光水岸
	梧州玫瑰湖公园	综合性公园	赏荷面积千余平方米	集赏荷、观光、旅游、休闲于一体的旅游区	梧州市长洲区三龙大道
	北海福成村荷花湿地	乡村生态旅游区	赏荷面积近300亩	集赏荷、观光、旅游、休闲于一体的旅游区	北海市银海区福成镇福成村
	东兴松柏村荷花园	乡村生态旅游区	赏荷面积百余亩	集赏荷、观光、旅游、休闲于一体的旅游区	防城港市东兴市东兴镇松柏村
	东兴万尾村百亩荷园	乡村生态旅游区	赏荷面积百余亩	集赏荷、观光、旅游、休闲于一体的旅游区	防城港市东兴市江平镇万尾村
	钦州白石湖公园	综合性公园	赏荷面积千余平方米	集赏荷、观光、旅游、休闲于一体的旅游区	钦州市钦南区金海湾东大街
	浦北百亩荷花园	乡村生态旅游区	赏荷面积近200亩	每年举办荷花节；集赏荷、观光、旅游、休闲、采莲、垂钓、食莲于一体的旅游区	钦州市浦北县乐民镇街东南侧

（续表）

省（自治区、直辖市）	赏荷景区名称	景区性质	景区面积	特色	地址
广西壮族自治区	贵港覃塘区覃塘镇千亩荷塘景区	乡村生态旅游区	赏荷面积3000余亩	荷花被选为贵港市市花；每年举办荷花节；2018年举办第32届全国荷花展；集赏荷、观光、旅游、休闲及莲藕生产加工于一体的旅游区	贵港市覃塘区覃塘镇龙凤村平田屯
	贵港东湖公园	综合性公园	赏荷面积百余亩	荷花被选为贵港市市花；集赏荷、观光、旅游、休闲于一体的旅游区	贵港市港北区东湖西街东
	华隆荷花博览园	农业生态旅游区	赏荷面积数百亩	荷花被选为贵港市市花；集赏荷、观光、旅游、休闲于一体的旅游区	贵港市港南区消防大队旁
	新世纪广场	公共活动场所	赏荷面积数百平方米	荷花被选为贵港市市花；集赏荷、观光、旅游、休闲于一体的场所	贵港市港北区荷城路
	玉林人民公园	综合性公园	赏荷面积数百亩	集赏荷、观光、旅游、休闲于一体的旅游区	玉林市玉州区公园路
	容县红光村荷花农庄	农业生态旅游区	赏荷面积近千亩	集赏荷、观光、旅游、休闲及莲藕生产加工于一体的旅游区	玉林市容县容州镇红光村
	博白荷塘月色生态园	农业生态旅游区	赏荷面积千余亩	集赏荷、观光、旅游、休闲于一体的旅游区	玉林市博白县三滩镇三滩村莫屋屯
	百色平果千亩荷园景区	农业生态旅游区	赏荷面积2000余亩	集赏荷、观光、旅游、休闲、垂钓、荷食于一体的旅游区；园内辟有“稻香荷韵”“壮家荷味”等景点	百色市平果县坡造镇

（续表）

省（自治区、直辖市）	赏荷景区名称	景区性质	景区面积	特色	地址
广西壮族自治区	田东十里莲塘景区	农业生态旅游区	赏荷面积千余亩	集赏荷、观光、旅游、休闲、垂钓、荷食于一体的旅游区	百色市田东县祥周镇甘莲村
	龙凤岑祥荷花谷度假山庄	农业生态旅游区	赏荷面积百余亩	集赏荷、观光、旅游、休闲、垂钓、荷食于一体的旅游区	百色市田东县祥周镇九合村
	平桂双季莲藕农业示范区	农业生态旅游区	赏荷面积6000余亩	每年举办荷花节；集赏荷、观光、旅游、休闲及莲藕生产加工于一体的旅游区	贺州市平桂区石塔村
	河池牙洞村	农业生态旅游区	赏荷面积百余亩	集赏荷、观光、旅游、休闲于一体的旅游区	河池市金城江区九圩镇牙洞村
	南丹巴平村	农业生态旅游区	赏荷面积近百亩	集赏荷、观光、旅游、休闲于一体的旅游区	河池市南丹县芒场镇巴平村下街屯
	来宾红河红现代特色农业示范区	农业生态旅游区	赏荷面积近百亩	集赏荷、观光、旅游、休闲于一体的旅游区	来宾市正龙乡红河农场
	崇左园博园	综合性公园	赏荷面积数亩	集赏荷、观光、旅游、休闲于一体的旅游区	崇左市江州区石景林路
海南省	海口涵泳村荷园	农业生态旅游区	赏荷面积2000亩	集赏荷、观光、旅游、休闲于一体的旅游区	海口市龙华区龙泉镇涵泳村
	海口那央村百亩荷园景区	农业生态旅游区	赏荷面积百亩	集赏荷、观光、旅游、休闲、泡冷泉于一体的旅游区	海口市琼山区凤翔街道那央村
	琼海龙寿洋荷园	农业生态旅游区	赏荷面积百余亩	集赏荷、观光、旅游、休闲于一体的旅游区	琼海市嘉积镇
	博鳌禅寺	佛教活动场所	赏荷面积不足一亩	设有莲花馆，集赏荷、观光、旅游、休闲、拜佛于一体的旅游区	琼海市博鳌镇水城

（续表）

省（自治区、直辖市）	赏荷景区名称	景区性质	景区面积	特色	地址
海南省	澄迈金波村	农业生态旅游区	赏荷面积百余亩	集赏荷、观光、旅游、休闲于一体的旅游区	澄迈市福山镇金波村
	儋州东坡塘	纪念性公园	赏荷面积数百亩	集赏荷、观光、旅游、休闲于一体的旅游区	儋州市中和镇中心大道
广东省	广州烈士陵园	纪念性公园	赏荷面积 9000 余平方米	集赏荷、观光、旅游、休闲、瞻仰先烈于一体的旅游区	广州市越秀区中山二路
	广州流花湖公园	综合性公园	赏荷面积十多亩	集赏荷、观光、旅游、休闲于一体的旅游区	广州市荔湾区站前路
	从化吕田镇荷花村	乡村生态旅游区	赏荷面积百余亩	集赏荷、观光、旅游、休闲于一体的旅游区	广州市从化区吕田镇草埔村
	南沙湿地公园	地方湿地公园	赏荷面积百余亩	举办莲藕节；集赏荷、观光、旅游、休闲于一体的旅游区	广州市南沙区万顷沙镇新港大道
	番禺莲花山风景旅游区	生态旅游景区	赏荷面积近百亩，且荷景丰富多彩	集赏荷、观光、旅游、休闲于一体的旅游区；每年举办荷花节，且秋季举行睡莲文化节。2020 年举办第三十四届全国荷花展览	广州市番禺区石楼镇西门路
	深圳洪湖公园	城市湿地公园	赏荷面积 270 亩	每年举办荷花节；1995 年举办第九届全国荷花展览；集赏荷、观光、旅游、休闲于一体的旅游区	深圳市罗湖区文锦北路
	中国科学院深圳仙湖植物园	综合性植物园	赏荷面积数十亩	集科研、科普教育、赏荷、观光、旅游、休闲于一体的风景区	深圳市罗湖区莲塘仙湖路

（续表）

省（自治区、直辖市）	赏荷景区名称	景区性质	景区面积	特色	地址
广东省	深圳鹏城美丽乡村	生态旅游观光区	赏荷面积 300 亩	集赏荷、观光、旅游、休闲于一体的旅游区	深圳市大鹏新区鹏飞路与东山寺之间
	珠海圆明新园	综合性公园	赏荷面积数十亩	集赏荷、观光、旅游、休闲于一体的旅游区	珠海市香洲区九州大道兰埔路与白石路交界处
	华发水郡湿地公园	社区湿地	赏荷面积近百亩	集赏荷、观光、旅游、休闲于一体的旅游区	珠海市井岸镇珠峰大道
	珠海十里莲江景区	乡村生态旅游区	赏荷面积百亩有余	集赏荷、观光、旅游、休闲于一体的旅游区	珠海市莲洲镇莲江村
	汕头新溪荷园	乡村生态旅游区	赏荷面积 200 亩	集赏荷、观光、旅游、休闲于一体的旅游区	汕头市龙湖区新溪镇下九合村
	汕头绿梦湿地生态园	乡村生态旅游区	赏荷面积百余亩	每年举办荷花节；集赏荷、观光、旅游、休闲于一体的旅游区	汕头市金平区澄海路
	禅城中山公园	综合性公园	园内辟有十里荷风之景，赏荷面积数十亩	集赏荷、观光、旅游、休闲于一体的旅游区	佛山市禅城区中山路
	三水荷花世界	荷花主题公园	赏荷面积千余亩	2001 年举办第 15 届全国荷花展；集赏荷、观光、旅游、休闲于一体的旅游区	佛山市三水区西南南丰大道
	枫湾荷花世界	乡村生态旅游区	赏荷面积 500 亩	集赏荷、观光、旅游、休闲于一体的旅游区	韶关市曲江区枫湾镇浪石村
	乐昌荷花山庄	乡村生态旅游区	赏荷面积数十亩	集赏荷、观光、旅游、休闲于一体的旅游区	韶关市乐昌市河南大昌路麻纺厂旁
	遂溪孔圣山风景区	生态旅游风景区	赏荷面积近千亩	集赏荷、观光、旅游、休闲于一体的旅游区	湛江市遂溪县遂海路

（续表）

省（自治区、直辖市）	赏荷景区名称	景区性质	景区面积	特色	地址
广东省	肇庆宝月公园	综合性公园	赏荷面积32亩	荷花被选为肇庆市市花；集赏荷、观光、旅游、休闲于一体的旅游区	肇庆市端州区宝月路
	肇庆天湖生态村荷景	生态旅游风景区	赏荷面积500亩	荷花被选为肇庆市市花；集赏荷、观光、旅游、休闲于一体的旅游区	肇庆市鼎湖区沙浦镇天湖生态村
	江门古劳水乡荷景	生态旅游风景区	赏荷面积300亩	集赏荷、观光、旅游、休闲于一体的旅游区；举行"荷香一夏"欢乐节	江门市鹤山市古劳镇
	江海都市农业生态公园荷香园	农业生态公园	赏荷面积约300亩	集赏荷、观光、旅游、休闲于一体的生态公园	江门市江海区礼乐街道会港大道以南威东村
	江门新会小鸟天堂荷景	生态旅游风景区	赏荷面积数十亩	集赏荷、观鸟、观光、旅游、休闲于一体的旅游区	江门市新会区银湖大道中
	茂名森林生态公园荷景	生态旅游风景区	赏荷面积百余亩	集赏荷、观光、旅游、休闲于一体的旅游区	茂名市高州市南塘镇彭村
	高州荷花镇百亩荷塘景区	乡村生态旅游区	赏荷面积百余亩	集赏荷、观光、旅游、休闲于一体的旅游区	茂名市高州市荷花镇潘龙村
	茂南斜岭村莲藕基地	乡村生态旅游区	赏荷面积200余亩	集赏荷、观光、旅游、休闲、莲藕生产加工于一体的旅游区	茂名市茂南区镇盛镇斜岭村
	惠州西湖丰渚园	综合性公园	赏荷面积数十亩	集赏荷、观光、旅游、休闲于一体的旅游区	惠州市惠城区麦兴路
	梅城剑英公园	纪念性公园	赏荷面积十余亩	集赏荷、观光、旅游、休闲于一体的旅游区	梅州市梅江区华南大道

（续表）

省（自治区、直辖市）	赏荷景区名称	景区性质	景区面积	特色	地址
广东省	蕉岭十里荷塘景区	乡村生态旅游区	赏荷面积近千亩	集赏荷、观光、旅游、休闲于一体的旅游区	梅州市蕉岭县三圳镇九龄村
	汕尾内洞村百亩荷塘景区	乡村生态旅游区	赏荷面积200亩	集赏荷、观光、旅游、休闲于一体的旅游区	汕尾市陆河县河田镇内洞村
	和平百亩荷田景区	乡村生态旅游区	赏荷面积百余亩	集赏荷、观光、旅游、休闲于一体的旅游区	河源市和平县林寨镇明星村
	阳春黄村	乡村生态旅游区	赏荷面积数十亩	集赏荷、观光、旅游、休闲于一体的旅游区	阳江市阳春市岗美镇黄村
	佛冈荷花小镇	乡村生态旅游区	赏荷面积300亩	集赏荷、观光、旅游、休闲于一体的旅游区	清远市佛冈县迳头镇官塅围村
	东莞桥头莲湖	生态旅游风景区	赏荷面积300亩	全国荷花名镇；每年举办荷花艺术节；2006年举办第二十届全国荷花展及2013年举办第二十七届全国荷花展；集赏荷、观光、旅游、美食、休闲于一体的旅游区	东莞市桥头镇
	东莞华阳湖国家湿地公园	国家级湿地公园	赏荷面积500多亩	集赏荷、观光、旅游、美食、休闲于一体的旅游风景区	东莞市麻涌镇华阳湖国家湿地公园
	中山得能湖公园	综合性公园	赏荷面积百余亩	2006年举办庆祝孙中山先生140周年诞辰暨荷花博览会；集赏荷、观光、旅游、休闲于一体的旅游区	中山市康乐大道
	翠亨村孙中山故居	纪念性旅游区	赏荷面积数亩	故居园内植日本赠送的“孙文莲”	中山市翠亨大道

（续表）

省（自治区、直辖市）	赏荷景区名称	景区性质	景区面积	特色	地址
广东省	中山祥农洲农业生态园	生态旅游风景区	赏荷面积1500亩	2018年举办荷花节；集赏荷、观光、旅游、休闲于一体的旅游区	中山市沙溪镇
	潮州西湖公园	综合性公园	赏荷面积千余平方米	集赏荷、观光、旅游、休闲于一体的旅游区	潮州市湘桥区环城西路
	揭阳坡林村	乡村生态旅游区	赏荷面积数十亩	荷花被选为揭阳市市花；集赏荷、观光、旅游、休闲于一体的旅游区	揭阳市空港区炮台镇坡林村
	云浮大湾镇	乡村生态旅游区	赏荷面积40亩	集赏荷、观光、旅游、休闲于一体的旅游区	云浮市郁南县大湾镇五星村
香港特别行政区	香港公园	市政公园	赏荷面积百余平方米	集赏荷、观光、旅游、摄影于一体的休闲场所	香港岛中西区中区红棉路19号
	香港湿地公园	特区湿地公园	园内面积60多公顷，其中赏荷面积数亩	集赏荷、科普教育、观光、旅游、摄影于一体的旅游区	香港新界天水围（新市镇东北隅）湿地公园路
澳门特别行政区	澳门卢廉若公园	综合性公园	赏荷面积千余平方米	集赏荷、观光、旅游、休闲于一体的旅游区	澳门特区罗利老马路
	氹仔澳门龙环葡韵荷景	生态旅游风景区	赏荷面积数亩	集赏荷、观光、旅游、休闲于一体的旅游区	澳门特区氹仔岛嘉模堂区氹仔岛海边马路

注：表中赏荷景区主要从各地报刊、官方网站、中国花协荷花分会微信群、中国园艺学会水生植物分会微信群、中国水生植物微信群、中国荷文化微信群等渠道搜集而来，截止统计时间为2021年12月。

参考文献

一、基本史籍

朱熹 . 诗集传 [M]. 北京：中华书局，1958.
程俊英 . 诗经译注 [M]. 上海：上海古籍出版社，1985.
公木，赵雨 . 名家讲解《诗经》[M]. 长春：长春出版社，2007.
孔安国，孔颖达 . 尚书正义 [M]. 上海：上海古籍出版社，2007.
杨伯峻 . 论语译注 [M]. 北京：中华书局，2009.
郭璞，邢昺 . 尔雅注疏 [M]. 上海：上海古籍出版社，1990.
国语 [M]. 北京：中华书局，2007.
刘向 . 战国策 [M]. 北京：蓝天出版社，2007.
班固 . 汉书 [M]. 北京：中华书局，2000：101.
司马迁 . 史记 [M]. 北京：中华书局，2005.
姚思廉 . 陈书 [M]. 北京：中华书局，1972.
李延寿 . 北史 [M]. 北京：中华书局，1974.
宋濂 . 元史 [M]. 北京：中华书局，1976.
张廷玉 . 明史 [M]. 北京：中华书局，1974.
孟轲 . 孟子 [M]. 西安：三秦出版社，2008.
老聃，王弼 . 老子道德经注 [M]. 北京：中华书局，2011.
管仲 . 管子 [M]. 兰州：敦煌文艺出版社，2015.
墨翟，墨子 [M]. 郑州：中州古籍出版社，2008.
墨翟，孙诒让 . 墨子闲诂 [M]. 北京：中华书局，1954.
庄周，郭庆藩 . 庄子集释 [M]. 北京：中华书局，2006.
荀况，王先谦 . 荀子集解 [M]. 北京：中华书局，1988.
韩非，王先慎 . 韩非子集解 [M]. 北京：中华书局，1998.
刘安 . 淮南子 [M]. 上海：上海古籍出版社，2016.
刘安，何宁 . 淮南子集释 [M]. 北京：中华书局，1998.
朱熹 . 楚辞集注 [M]. 上海：上海古籍出版社，2001.

苏雪林．楚骚新诂 [M]. 武汉：武汉大学出版社，2007.

扬雄，张震泽．扬雄集校注 [M]. 上海：上海古籍出版社，1993.

应劭，吴树平．风俗通义校释 [M]. 天津：天津人民出版社，1980.

刘向，葛洪．列仙传 [M]. 上海：上海古籍出版社，1990.

陈直．三辅黄图校证 [M]. 西安：陕西人民出版社，1980.

葛洪．西京杂记 [M]. 西安：三秦出版社，2006.

嵇含．南方草木状 [M]. 北京：中国医药科技出版社，1993.

张华．博物志 [M]. 沈阳：万卷出版公司，2019.

王嘉．拾遗记 [M]. 北京：中华书局，1981.

宗懔．荆楚岁时记 [M]. 太原：山西人民出版社，1987.

杨炫之，范祥雍．洛阳伽蓝记校注 [M]. 上海：上海古籍出版社，1978.

贾思勰，缪启愉．齐民要术校释 [M]. 北京：中国农业出版社，2009.

刘勰，赵仲邑．文心雕龙译注 [M]. 桂林：漓江出版社，1982.

郭茂倩．乐府诗集 [M]. 北京：中华书局，1979.

逯钦立．先秦汉魏晋南北朝诗 [M]. 北京：中华书局，1998.

龚克昌，周广璜，苏瑞隆．全三国赋评注 [M]. 济南：齐鲁书社，2013.

全唐诗 [M]. 上海：上海古籍出版社，1986.

杜佑．通典 [M]. 北京：中华书局，1984.

王溥．唐会要 [M]. 北京：商务印书馆，1955.

李吉甫．元和郡县图志 [M]. 北京：中华书局，1983.

李白，瞿蜕园，朱金城．李白集校注 [M]. 上海：上海古籍出版社，1980.

顾学颉，周汝昌．白居易诗选 [M]. 北京：人民文学出版社，1982.

元好问．中州集：卷八 [M]. 上海：华东师范大学出版社，2014.

伊世珍．琅嬛记 [M]. 上海：上海博古斋，1922.

任中敏，卢前．元曲三百首 [M]. 郑州：中州古籍出版社，2012.

周霆震，张昱．石初集・张光弼诗集 [M]// 韩格平．元代古籍集成：第二辑．北京：北京师范大学出版社，2016.

段成式．酉阳杂俎 [M]. 台北：台湾商务印书馆，1986.

康骈．剧谈录 [M]. 上海：古典文学出版社，1958.

罗虬．花九锡 [M]// 唐人说荟．石印本．上海：扫叶山房，1925.

段公路．北户录 [M]. 上海：上海商务书馆，1932.

段安节．乐府杂录校注 [M]. 上海：上海古籍出版社，2010.

范成大．吴郡志 [M]. 南京：江苏古籍出版社，1986.

孟诜，张鼎．食疗本草 [M]. 北京：人民卫生出版社，1986.

孟元老．东京梦华录 [M]. 北京：中华书局，2006.

陶谷 . 清异录 [M]. 台北：台湾商务印书馆，1986.
宇文懋昭 . 大金国志校证 [M]. 北京：中华书局，1986.
普济 . 五灯会元 [M]. 海口：海南出版社，2011.
吴自牧 . 梦粱录 [M]. 台北：台湾商务印书馆，1986.
赵秉文 . 闲闲老人滏水文集 [M]. 北京：科学出版社，2016.
贾铭 . 饮食须知 [M]. 北京：人民卫生出版社，1988.
无名氏 . 居家必用事类全集・饮食类 [M]. 北京：中国商业出版社，1986.
倪瓒 . 云林堂饮食制度集 [M]. 北京：中国商业出版社，1984
袁宏道 . 瓶史 [M]. 上海：上海古籍出版社，1995.
戴羲 . 养余月令：卷十二 [M]. 北京：中华书局，1956.
刘文征 . 滇志 [M]. 昆明：云南教育出版社，1991.
陈循 . 寰宇通志 [M]. 北京：中华书局，1960.
王绍兰 . 管子・地员篇注 [M]. 寄虹山馆，1891（光绪十七年）.
王士禛 . 渔洋山人感旧集：卷六 [M]. 上海：上海古籍出版社，2014.
陈廷焯 . 白雨斋词话 [M]. 北京：人民文学出版社，1962.
赵之谦 . 勇庐闲话 [M]. 北京：中华书局，1985.
李亨特 . 绍兴府志 [M]. 写刻本，1792（乾隆五十七年）.
任兆麟 . 夏小正补注 [M]. 上海：上海古籍出版社，1995.
乔松年 . 古微书存考 [M]. 上海：上海书店出版社，1994.
和瑛 . 热河志略 [M]. 上海：上海古籍出版社，1995.
张潮 . 幽梦影 [M]. 郑州：中州古籍出版社，2008.
顾禄 . 清嘉录 [M]. 南京：江苏古籍出版社，1986.
赵学敏 . 本草纲目拾遗 [M]. 上海：上海古籍出版社，1995.
蒲松龄 . 聊斋志异 [M]. 北京：中国戏剧出版社，2006.
蒲松龄，李长年 . 农桑经校注 [M]. 北京：农业出版社，1982.
吴其濬 . 植物名实图考 [M]. 北京：中华书局，1963.
邓之诚 . 骨董琐记・骨董续记 [M]. 上海：上海书店，1996.
赵秉文 . 滏水集 [M]// 文渊阁四库全书 . 上海：上海古籍出版社，2003.
吴敬梓，李汉秋 . 吴敬梓集系年校注 [M]. 北京：中华书局，2016.
李渔 . 闲情偶寄 [M]. 沈阳：万卷出版公司，2008.
曹雪芹 . 红楼梦 [M]. 北京：作家出版社，2006.
无垢道人 . 八仙得道传 [M]. 武汉：长江文艺出版社，1993.
邢东风 . 马祖语录 [M]. 郑州：中州古籍出版社，2008.
李利安 . 白话法华经 [M]. 西安：三秦出版社，1998.
毗耶娑 . 摩诃婆罗多 [M]. 金克木，赵国华，席必庄，译 . 北京：中国社会科学出版社，2005.

佛本生故事选 [M]. 郭良鋆，黄宝生，译 . 北京：人民文学出版社，1985.

二、相关文献

商务印书馆编辑部 . 辞源 [M]. 北京：商务印书馆，1986.

郑振铎 . 插图本中国文学史 [M]. 北京：人民文学出版社，1982.

孙映逵 . 中国历代咏花诗词鉴赏辞典 [M]. 南京：江苏科技出版社，1989.

李文禄，刘维治 . 古代咏花诗词鉴赏辞典 [M]. 长春：吉林大学出版社，1990.

詹子庆 . 夏史与夏代文明 [M]. 上海：上海科技文献出版社，2007.

宋镇豪 . 夏商社会生活史 [M]. 北京：中国社会科学出版社，1994.

马银琴 . 两周诗史 [M]. 北京：社会科学文献出版社，2006.

吴功正 . 六朝园林 [M]. 南京：南京出版社，1992.

韦正 . 六朝墓葬的考古学研究 [M]. 北京：北京大学出版社，2011.

余开亮 . 六朝园林美学 [M]. 重庆：重庆出版社，2007.

全佛编辑部 . 佛教小百科 29：佛教的莲花 [M]. 北京：中国社会科学出版社，2003.

严迪昌 . 清词史 [M]. 南京：江苏古籍出版社，1990.

邓云乡 . 红楼风俗谭 [M]. 北京：中华书局，1987.

国际良渚文化研究中心 . 良渚文化探秘 [M]. 北京：人民出版社，2006.

周昆叔 . 环境考古 [M]. 北京：文物出版社，2007.

浙江省文物考古研究所 . 河姆渡：新石器时代遗址考古发掘报告 [M]. 北京：文物出版社，2003.

吴振华 . 杭州古港史 [M]. 北京：人民交通出版社，1989.

张朋川 . 黄土上下 [M]. 济南：山东画报出版社，2006.

林华东，任关甫 . 跨湖桥文化论文集 [M]. 北京：人民出版社，2009.

任式楠 . 任式楠文集 [M]. 上海：上海辞书出版社，2005.

岳南 . 考古中国：夏商周断代工程解密记 [M]. 海口：海南出版社，2007.

张道一 . 画像石鉴赏 [M]. 重庆：重庆大学出版社，2009.

艺术家工具书编委会 . 古代陶瓷大全 [M]. 台北：艺术家出版社，1989.

殷安妮 . 清宫后妃氅衣图典 [M]. 北京：故宫出版社，2014.

梁基永 . 中国浅绛彩瓷 [M]. 北京：文物出版社，2000.

崔晋新 . 新中国瓷盘 [M]. 北京：中国文史出版社，2013.

朱凤瀚 . 文物中国史・三国两晋南北朝时代 [M]. 香港：中华书局（香港）有限公

司，2004.

李光正 . 汉代漆器图案集 [M]. 北京：文物出版社，2002.

李国新，杨蕴菁 . 中国汉画造型艺术图典 · 纹饰 [M]. 郑州：大象出版社，2014.

关友惠 . 敦煌装饰图案 [M]. 上海：华东师范大学出版社，2016.

中央美术学院实用美术系研究室 . 敦煌藻井图案 [M]. 北京：人民美术出版社，1953.

赵力光 . 中国古代瓦当图典 [M]. 北京：文物出版社，1998.

吴焯 . 朝鲜半岛美术 [M]. 北京：中国人民大学出版社，2010.

王庭玫 . 你应该知道的 200 件古代瓷器 [M]. 台北：艺术家出版社，2008.

郎绍君，刘树杞，周茂生 . 中国造型艺术辞典 [M]. 北京：中国青年出版社，1996.

李盛东 . 中国漆器收藏与鉴赏全书 [M]. 天津：天津古籍出版社，2007.

孙晨阳，张珂 . 中国古代服饰辞典 [M]. 北京：中华书局，2015.

吴山 . 中国工艺美术大辞典 [M]. 南京：凤凰出版传媒集团，2011.

周汛，高春明 . 中国古代服饰大观 [M]. 重庆：重庆出版社，1994.

谭蝉雪 . 解读敦煌：中世纪服饰 [M]. 上海：华东师范大学出版社，2016.

肖尧 . 中国历代刺绣缂丝鉴赏与投资 [M]. 合肥：安徽美术出版社，2012.

黄能馥，陈娟娟 . 中华历代服饰艺术 [M]. 北京：中国旅游出版社，1999.

尚怀云 . 禅的故事全集 [M]. 北京：地震出版社，2006.

司南 . 诗僧的天涯 [M]. 西安：陕西师范大学出版社，2004.

郑午昌，郎绍君 . 中国画学全史 [M]. 上海：上海书画出版社，2017.

王伯敏 . 中国绘画通史 [M]. 北京：三联书店，2008.

冯远 . 中国绘画发展史 [M]. 天津：天津人民美术出版社，2006.

潘天寿 . 中国绘画史 [M]. 上海：上海人民美术出版社，1983.

马宝杰，等 . 辽海遗珍：辽宁考古六十年展（1954—2014）[M]. 北京：文物出版社，2014.

李东盛 . 中国漆器收藏与鉴赏全书 [M]. 天津：天津古籍出版社，2007.

陈丽华 . 故宫漆器图典 [M]. 北京：故宫出版社，2012.

张荣，赵丽红 . 文房清供 [M]. 北京：紫禁城出版社，2009.

故宫博物院 . 故宫钟表图典 [M]. 北京：故宫出版社，2008.

楼慧珍，吴永，郑彤 . 中国传统服饰文化 [M]. 上海：东华大学出版社，2003.

黄能福，陈娟娟，黄钢 . 服饰中华 · 中华服饰七千年 [M]. 北京：清华大学出版社，2013.

常沙娜 . 中国织绣服饰全集 · 历代服饰卷 · 下 [M]. 天津：天津人民美术出版社，2004.

沈从文 . 中国服饰史 [M]. 西安：陕西师范大学出版社，2004.
刘建超 . 杨柳青木版年画 [M]. 天津：天津杨柳青画社，2015.
中国民间文艺家协会，中国文联国际联络部 . 中国剪纸精品集 [M]. 北京：中国文联出版社，2016.
李苍彦 . 中华灯彩 [M]. 北京：北京工艺美术出版社，2013.
何俊寿 . 中国建筑彩画图集 [M]. 天津：天津大学出版社，1999.
梁小民 . 游山西话晋商 [M]. 北京：北京大学出版社，2015.
王辉 . 中国古代砖雕 [M]. 北京：中国商业出版社，2015.
周维权 . 中国古典园林史 [M]. 北京：清华大学出版社，2008.
李浩 . 唐代园林别业考论 [M]. 西安：西北大学出版社，1996.
赵有为 . 中国水生蔬菜 [M]. 北京：中国农业出版社，1999.
尚永琪 . 莲花上的狮子・内陆欧亚的物种、图像与传说 [M]. 北京：商务印书馆，2014.
赵雪倩 . 中国历代园林图文精选・第一辑 [M]. 上海：同济大学出版社，2005.
夏纬英 . 植物名释札记 [M]. 北京：农业出版社，1990.
施雅风，孔昭宸 . 中国全新世大暖期气候与环境 [M]. 北京：海洋出版社，1992.
石油化学工业部石油勘探开发规划研究院，中国科学院南京地质古生物研究所 . 渤海沿海地区早第三纪孢粉 [M]. 北京：科学出版社，1978.
陈植，张公弛 . 中国历代名园记选注 [M]. 合肥：安徽科技出版社，1983.
王其超，张行言 . 荷花 [M]. 北京：中国建筑工业出版社，1982.
王其超，张行言 . 中国荷花品种图志 [M]. 北京：中国建筑工业出版社，1989.
王其超，张行言 . 中国荷花品种图志・续志 [M]. 北京：中国建筑工业出版社，1999.
张行言，王其超 . 中国荷花新品种图志Ⅰ [M]. 北京：中国林业出版社，2011.
张行言，王其超 . 荷花 [M]. 上海：上海科学技术出版社，1998.
王其超 . 灿烂的荷文化 [M]. 北京：中国林业出版社，2001.
王其超 . 莲之韵 [M]. 北京：中国林业出版社，2003.
王其超 . 舒红集 [M]. 北京：中国林业出版社，2006.
王其超，等 . 薰风集 [M]. 北京：中国林业出版社，2009.
武汉市园林科研所 . 盆荷拾趣 [M]. 武汉：武汉出版社，1987.
中国科学院武汉植物研究所 . 中国莲 [M]. 北京：科学出版社，1987.
李尚志 . 水生植物造景艺术 [M]. 北京：中国林业出版社，2001.
李尚志 . 现代水生花卉 [M]. 广州：广东科学技术出版社，2001.
李尚志 . 水生植物与水体造景 [M]. 上海：上海科学技术出版社，2001.
李尚志 . 说荷 [M]. 香港：中国科教出版社，2010.

李尚志 . 荷花 [M]. 香港：中国科教出版社，2010.

中华舞蹈志编委会 . 中华舞蹈志 [M]. 上海：学林出版社，2000.

王莲英，陈魁杰 . 中国传统插花艺术 [M]. 北京：中国林业出版社，2000.

陈从周 . 梓室余墨 [M]. 北京：生活・读书・新知三联书店，1999.

林宽，周颖 . 北京大观园 [M]. 北京：北京美术摄影出版社，2002.

陈训明 . 外国名花风俗传说 [M]. 天津：百花文艺出版社，2002.

吴梅东 . 与莫奈赏花 [M]. 上海：上海文艺出版社，1999.

陈俊愉，程绪珂 . 中国花经 [M]. 上海：上海文化出版社，1990.

邹秀文，赵锐 . 中国荷花 [M]. 北京：金盾出版社，1997.

李志炎，林正秋 . 中国荷文化 [M]. 杭州：浙江人民出版社，1995.

唐宇力 . 杭州西湖荷花新品种图志 [M]. 杭州：浙江科技出版社，2017.

孔庆东 . 中国水生蔬菜品种资源 [M]. 北京：中国农业出版社，2004.

季林 . 一个美国人笔下的阎锡山 [M]. 哈尔滨：黑龙江教育出版社，1990.

英国尤斯伯恩出版公司 . 尤斯伯恩彩图世界史・古代世界 [M]. 姚乐野，等译 . 成都：成都地图出版社，2001.

A.H. 克里什托弗维奇 . 古植物学 [M]. 姚兆奇，张志诚，等译 . 北京：中国工业出版社，1965.

玛丽安娜・鲍榭蒂 . 中国园林 [M]. 北京：中国建筑工业出版社，1996.

Mark Griffiths. The Lotus Quest In Search Of The Sacred Flower[M]. New York：St.Martin's Press，2010.

柯卫东 . NY/T2182–2012 农作物优异种质资源评价规范 莲藕 [S]. 北京：中国农业出版社，2012.

李尚志，刘水，黄东光，等 . NY/T2756–2015 植物新品种特异性、一致性和稳定性测试指南 莲属 [S]. 北京：中国农业出版社，2015.

三、期刊论文和新闻报道

段宏振 . 白洋淀地区史前环境考古初步研究 [J]. 华夏考古，2008(1).

俞香顺 . 中国文学中的采莲主题研究 [J]. 南京师范大学文学院学报，2002(4).

竺可桢 . 中国近五千年气候变迁的初步研究 [J]. 考古学报，1972(1).

魏振东 . 采莲探源 [J]. 河北建筑科技学院学报（社科版），2006(1).

王心喜 . 中华第一舟 [J]. 发明与创新，2005(8).

杨丽芳 . 泉州“采莲舞”与中原古乐舞的渊源关系 [J]. 泉州师范学院学报，2004(3).

贺云翱 . 南京出土六朝瓦当初探 [J]. 东南文化，2003(1).

中国社会科学院考古研究所 . 西安唐长安城大明宫太液池遗址的新发现 [J]. 考古，2005(12).

王鸿雁 . 略论清漪园造园的艺术风格 [J]. 中国园林，2004，20(6).

李尚志 . 新石器时代荷花应用之探讨 [J]. 广东农业科学，2010(2).

李尚志 . 中国采莲文化的形成、演变及发展 [J]. 科学研究月刊，2003(5).

陈佳瀛 . 中国插花艺术哲理刍议 [J]. 花木盆景，1996(1).

邢湘臣 .“荷花生日”三说 [J]. 农业考古，2003(3).

何天杰 . 论雷祖的诞生及其文化价值 [J]. 华南师范大学学报（社会科学版），2008(3).

潘宝明 .《红楼梦》园林艺术的美学意义 [J]. 阴山学刊（哲学社会科学版），1989(4).

张世君 .《红楼梦》的园林艺趣与文化意识 [J]. 东莞理工学院学报，1995(2).

曹昌斌，曾庆华 . 从大观园探曹雪芹的造园思想 [J]. 古建园林技术，1989(23).

李尚志，赖桂芳，赖燕玲，等 . 冬季荷花花期控制研究 [J]. 广东园林，2000(1).

任增霞 . 蒲松龄与道家思想 [J]. 明清小说研究，2003(3).

倪学明 . 论睡莲目植物的地理分布 [J]. 植物学研究，1995(2).

王其超，张行言 . 怀念恩师陈俊愉院士 [J]. 中国园林，2012(8).

王晓明，赖燕玲，李尚志，等 . 深圳公园景名的文化涵义及审美特征 [J]. 风景园林·增刊，2008.

张靖 . 中国园林的景题艺术 [J]. 武汉大学学报（工学版），2005(4).

徐萱春 . 中国古典园林景名探析 [J]. 浙江林学院学报，2008(2).

余锋 . 汉画像砖艺术成就 [J]. 中国陶瓷，2001(6).

袁曙光 . 四川彭县等地新收集到一批画像砖 [J]. 考古，1987(6).

汪涵 . 顾恺之《洛神赋图》的人物形象美学赏析 [J]. 美与时代（下），2017(2).

王菡薇 . 从刘宋元嘉二年石刻画像与敦煌本《瑞应图》看南朝绘画 [J]. 文艺研究，2014(3).

饶宗颐 . 敦煌本《瑞应图》跋 [J]. 敦煌研究，1999(4).

翁剑青 . 佛教艺术东渐中若干题材的图像学研究之三 [J]. 雕塑，2011(2).

南京大学历史系考古组 . 南京大学北园东晋墓 [J]. 考古，1973(4).

南京市博物馆 . 江苏南京市富贵山六朝墓地发掘简报 [J]. 考古，1998(8).

潘达生，黄炳元 . 福建南安丰州狮子山东晋墓 [J]. 考古，1983(11).

钱国祥 . 汉魏洛阳城出土瓦当的分期与研究 [J]. 考古，1996(10).

王秀玲．北魏莲花化生瓦当研究 [J]. 文物世界，2009(2).

刘建国．江苏镇江市出土的古代瓦当 [J]. 考古，2005(3).

贺云翱，邵磊．南京毗卢寺东出土的六朝时代瓷器和瓦当 [J]. 东南文化，2004(6).

何志国．汉晋莲花的装饰特征及性质 [J]. 装饰，2006(2).

马金玲，王尚林．三国两晋南北朝时期的漆器纹样研究（续一）[J]. 中国生漆，2007(2).

郭明．魏晋南北朝士人绘画对漆器描金工艺发展的影响 [J]. 艺苑，2012(4).

王苏琦．汉代早期佛教图像与西王母图像之比较 [J]. 考古与文物，2007(4).

王剑平，雷玉华．阿育王像的初步考察 [J]. 西南民族大学学报（人文社科版），2007(9).

洛阳市文物工作队．洛阳东郊发现唐代瓦当范 [J]. 文物，1995(8).

赵孟林，冯承泽，王岩，等．洛阳唐东都履道坊白居易故居发掘简报 [J]. 考古，1994(8).

刘庭风．《池上篇》与履道里园林 [J]. 古建园林技术，2001(4).

赵鸣，张洁．《绛守居园池》考 [J]. 中国园林，2000(1).

余恕诚．中国古代散文发展述论 [J]. 安徽师范大学学报（人文科学版），2005(2).

黄新然．论北京法海寺壁画所表现印度佛教植物图案的艺术特征 [J]. 文化遗产，2017(3).

董小淳．外八庙古建筑中的龙文化 [J]. 河北民族师范学院学报，2014(3).

贾洲杰．元上都调查报告 [J]. 文物，1977(5).

王怡苹．“番莲花”纹释考 [J]. 南方文物，2012(3).

宫艳君．隆化鸽子洞出土元代被面小考 [J]. 文物春秋，2006(6).

潘行荣．元集宁路故城出土的窖藏丝织物及其他 [J]. 文物，1979(8).

叶曙明．慈禧：从“女人家”到政治家 [J]. 同舟共进，2014(3).

吕优．平遥财神庙戏台藻井艺术特征考察 [J]. 艺海，2013(6).

魏艳萍，徐永义．山西王家大院古民居建筑群建筑装饰艺术探究 [J]. 建材技术与应用，2015(5).

肇文兵，赵华．关于建国瓷的点滴记忆——访建国瓷亲历者金宝升先生 [J]. 装饰，2009(9).

狄连印．银色余晖品味近代银质文房遗珍 [J]. 收藏，2012(7).

沈国兴．镂金错彩老凤祥金银细工制作技艺 [J]. 创意设计源，2011(3).

詹姆斯·弗赖斯，逄承国．两批民国时期年画藏品的比较 [J]. 年画研究，2013.

吴文佳．当代中国传统民间年画研究状况述评 [J]. 山东艺术学院学报，2007(6).

董程达．紫砂壶装饰文化的研究 [J]. 江苏陶瓷，2016(6).

袁祖华，杨晓，童辉，等 . 早熟菜藕栽培技术规程 [J]. 长江蔬菜，2015(22).
林泉 . 无公害莲藕生产技术规程 [J]. 农业知识，2013(28).
王爱梅 . 浅水藕无公害栽培技术规程 [J]. 现代农业科技，2008(3).
李茂年，朱汉桥，刘立军，等 . 蔡甸莲藕标准化栽培技术 [J]. 中国蔬菜，2017(9).
杨继儒 . 湖南子莲的品种资源 [J]. 作物品种资源，1987(4).
鲁运江 . 我国子莲生产现状、问题及发展对策 [J]. 蔬菜，2001(4).
吴景栋，刘生财，杨盛春，等 . 30 份莲种质资源的 RAPD 遗传多样性分析 [J]. 长江蔬菜，2011(16).
柯卫东，李峰，刘玉平，等 . 我国莲资源及育种研究综述・下 [J]. 长江蔬菜，2003(5).
谢克强，徐金星，张香莲，等 . 白莲航天诱变育种研究 [J]. 长江蔬菜，2001（B08）.
谢克强，邹东旺，张香莲，等 . 利用离子注入法选育子莲新品系 [J]. 中国蔬菜，2007（增刊）.
杨良波，张香莲，邹东旺，等 . 子莲新品种京广 2 号的选育 [J]. 长江蔬菜，2010(14).
王其超 . 中国荷花品种资源初探 [J]. 园艺学报，1981(8).
董振发，辛孝先，朱官有，等 . 黑龙江省莲资源及利用 [J]. 北方园艺，1996(2).
王其超，陈耀东，辛春德，等 . 黑龙江野生莲资源考察 [J]. 中国园林，1997(4).
邹喻平，蔡美琳，王晓东，等 . 古代“太子莲”及现代红花中国莲种质资源的 RAPD 分析 [J]. 植物学报，1998(2).
薛建华，卓丽环，郭玉民，等 . 黑龙江野生莲资源的现状及保护 [J]. 哈尔滨师范大学自然科学学报，2005(2).
郭宏波，李双梅，柯卫东 . 花莲种质资源的遗传多样性及品种间亲缘关系的探讨 [J]. 武汉植物学研究，2005(5).
薛建华，卓丽环，周世良 . 黑龙江野生莲遗传多样性及其地理式样 [J]. 科学通报，2006(3).
瞿桢，魏英辉，李大威，等 . 莲品种资源的 SRAP 遗传多样性分析 [J]. 氨基酸和生物资源，2008(3).
郭宏波，柯卫东 . 千瓣莲品种资源的 RAPD 分析 [J]. 中国农学通报，2008(4).
郭宏波，柯卫东 . 莲属分类与遗传资源多样性及其应用 [J]. 黑龙江农业科学，2009(4).
郭宏波，柯卫东，李双梅 . 花莲种质资源形态性状多样性研究 [J]. 植物研究，2010(1).

刘红 . 保护种质资源，提升核心竞争力，推动现代花卉产业发展 [J]. 中国花卉园艺，2016(23).

黄国振 . 黄色荷花新品种——‘友谊牡丹’莲的选育 [J]. 园艺学报，1987(2).

张行言，王其超 . 冬荷品种选育与栽培技术研究 [J]. 中国园林，2004(10).

周云龙，李鹏飞，谢克 . 离子注入莲种子诱变培育新品种的研究 [J]. 农业科技与信息，2014(9).

谢克强，张香莲，杨良波，等 . 白莲的离子注入诱变育种试验研究 [J]. 江西园艺，2004(6).

胡鑫，丁跃生，金奇江，等 . 观赏荷花新品种‘首领’[J]. 园艺学报，2017(7).

胡光万，刘克明，雷立公 . 莲属 (Nelumbo Adans.) 的系统学研究进展和莲科的确立 [J]. 激光生物学报，2003(6).

索志立 . 莲科系统位置评述 [J]. 广西植物，2007(1).

黄秀强，陈俊愉，黄国振 . 莲属两个种亲缘关系的初步研究 [J]. 园艺学报，1992(2).

王其超，张行言 . 二元分类法在荷花品种分类中的应用 [J]. 北京林业大学学报，1998(2).

汪岚，韩延闯，彭欲率，等 . ISSR 标记技术在莲藕遗传研究中的运用 [J]. 氨基酸和生物资源，2004(3).

彭欲率，韩延闯，汪岚，等 . 应用 AFLP 技术检测莲藕遗传多样性的初步研究 [J]. 分子植物育种，2004(6).

刘月光，滕永勇，潘辰，等 . 应用 SRAP 标记对莲藕资源的聚类分析 [J]. 氨基酸和生物资源，2006(1).

徐金晶，王凌云，郑寨生，等 .18 份藕莲品种资源特征特性与品质研究 [J]. 现代农业科技，2015(17).

赵家荣，倪学明，周远捷，等 . 高产优质藕莲新品种选育研究 [J]. 武汉植物学研究，1999(4).

柯卫东，刘义满，黄新芳，等 . 莲藕新品种鄂莲 6 号的选育 [J]. 长江蔬菜，2007(16).

柯卫东，刘义满，黄新芳，等 . 莲藕新品种鄂莲 7 号 [J]. 园艺学报，2010(11).

黄来春，柯卫东，刘义满，等 . 藕带兼用型莲藕新品种鄂莲 8 号 [J]. 长江蔬菜，2013(9).

柯卫东，刘义满，黄新芳，等 . 莲藕新品种 03–12[J]. 长江蔬菜，2007(12).

柯卫东，彭静，朱红莲，等 . 早熟莲藕新品种鄂莲 10 号选育 [J]. 长江蔬菜，2017 (18).

刘义满，孙亚林，李峰 . 莲藕新品种“巨无霸”[J]. 农家顾问，2012(7).

李寓一 . 新装五年之一回顾 [N]. 申报，1931–01–11.

余红举 . 历经 12 天广昌白莲第四次遨游太空归来 [N]. 江西日报，2016–05–20.

骆会欣 . 映日荷花别样红，品种选育立当头 [N]. 中国花卉报，2009–07–27.

郑亚伟，纪正鸿，余俞乐 . 处州白莲种质资源保护项目通过验收 [N]. 丽水日报，2010–07–05.

邱志力 . 中国近代玉石雕刻艺术——形成、分化和融合 [G]. 珠宝与科技：中国珠宝首饰学术交流会论文集，2013.

四、学位论文

李应超 . 试论殷墟的生态环境 [D]. 郑州：郑州大学，2010.

唐峰 . 萧绎绘画及其理论研究 [D]. 镇江：江苏大学，2011.

袁承志 . 风格与象征——魏晋南北朝莲花图像研究 [D]. 北京：清华大学，2004.

李雪山 . 响堂山北齐石窟装饰艺术研究 [D]. 石家庄：河北师范大学，2009.

鲁方 . 中国出土瓷器莲纹研究 [D]. 广州：暨南大学，2012.

申云艳 . 中国古代瓦当研究 [D]. 北京：中国社会科学院，2002.

谭向东 . 清代建筑与装饰文化审美观研究 [D]. 哈尔滨：东北林业大学，2011.

孙兰 . 论明代陶瓷莲花纹样的研究 [D]. 景德镇：景德镇陶瓷学院，2009.

魏永青 . 清三代瓷器莲花纹装饰特征研究 [D]. 景德镇：景德镇陶瓷学院，2010.

刘珂艳 . 元代纺织品纹样研究 [D]. 上海：东华大学，2014.

罗二虎 . 西南汉代画像与画像墓研究 [D]. 成都：四川大学，2001.

周中军 . 南北朝佛教寺院经济的不同发展 [D]. 太原：山西大学，2008.

王瑞 . 乔家堡村落“三雕”的研究——以乔家大院为中心 [D]. 沈阳：沈阳师范大学，2017.

苏西亚 . 论元青花瓷器装饰中的莲纹 [D]. 北京：中央民族大学，2010.

马红艳 . 荷韵：画说荷花 [D]. 青岛：青岛科技大学，2016.

吴立 . 江汉平原中全新世古洪水事件环境考古研究 [D]. 南京：南京大学，2013.

李兰 . 江苏太湖地区早全新世环境演变与遗址缺失原因的环境考古研究 [D]. 南京：南京大学，2011.

申云艳 . 中国古代瓦当研究 [D]. 北京：中国社会科学院，2002.

王佳悦 . 明清至民国的新昌古戏台类型和建筑研究 [D]. 杭州：浙江大学，2016.

王莉 . 陕北近代建筑研究（1840—1949）[D]. 西安：西安建筑科技大学，2013.

田云 . 云南瓦当的装饰艺术研究 [D]. 昆明：云南艺术学院，2017.

郑红 . 潮州传统建筑木构彩画研究 [D]. 广州：华南理工大学，2012.

槐明路 . 南京民国建筑的装饰装修艺术研究 [D]. 南京：东南大学，2009.

王春芳 . 中西交融的阎锡山故居 [D]. 太原：太原理工大学，2006.

姜娓娓 . 建筑装饰与社会文化环境——以 20 世纪以来的中国现代建筑装饰为例 [D]. 北京：清华大学，2004.

薛建华 . 黑龙江流域野生莲的遗传多样性 [D]. 哈尔滨：东北林业大学，2006.

郑宝东 . 中国莲子（Nympheaceae Nelumbo Adans）种质资源主要品质的研究与应用 [D]. 福州：福建农林大学，2004.

杨文静 . 建国后景德镇陶瓷装饰绘画特征及其演变规律研究 [D]. 景德镇：景德镇陶瓷学院，2014.

吴秀梅 . 民国景德镇制瓷业研究 [D]. 苏州：苏州大学，2009.

徐民 . 历史和现代的对接——清末漆器发展队研究 [D]. 南京：南京艺术学院，2011.

王欣 . 当代苏绣艺术研究 [D]. 苏州：苏州大学，2013.

后　记

撰写《中国荷文化史》是在一次“花木深圳书系”工作座谈会上，与海天出版社副总编辑、出版人于志斌先生无意之间说起的。2016 年 7 月，笔者在扬州第三十届全国荷花展览暨荷花学术交流会上宣读的《荷史钩沉》一文，正好是撰写《中国荷文化史》的一个提纲，事后我稍做一些调整修改，经出版方认可，双方即签订出版协议。

历经近五个寒暑的鼠标敲点，《中国荷文化史》一书终于脱稿了。在写作过程中，书稿曾得到许多专家及同行的热心帮助。即将脱稿之际，笔者将书稿分别送给中国科学院院士倪嘉缵教授和中国工程院院士邓秀新教授审阅。二位院士在百忙之中为我审稿，提出许多宝贵的意见，并写序鞭策。在此，笔者深深地表示敬意和感谢。

在编写时，于志斌先生多次给予指导和鼓励，而陈嫣同志负责《中国荷文化史》一书的编辑而辛苦工作；还有全国荷界许多专家与同行提供资料，才使得本书如期脱稿，在这里笔者特示以由衷的谢意。由于笔者水平有限，书中谬误之处在所难免，敬请各位师长和同仁不吝赐教。

作者

2021 年 12 月